生态系统生态学学科发展研究报告

生态系统生态学

——回顾与展望

Ecosystem Ecology

Reviews and Perspectives

方精云　刘玲莉　主编

本书由中国科学院学部学科发展战略研究项目及
国家自然科学基金委员会基础科学中心项目（31988102）等资助

高等教育出版社·北京

内容简介

本书反映国内外生态系统生态学研究的前沿理论和技术成果。围绕生态系统营养级、物质-能量循环、污染物的生态行为、生物多样性与生态系统功能、生态系统对全球变化的响应、生态系统恢复等核心理论问题以及技术与平台，作者对生态系统生态学的国内外研究现状、发展历史和研究前沿开展系统调研和分析，对未来的发展趋势进行评估，在此基础上，提出我国生态系统生态学研究的优先领域和发展方向。

本书可供生态、生物、环境、地理、气象、水文、海洋和农林业等领域的科研教学人员和研究生使用，也可供生态、资源、环境等相关行业的管理人员和政策决策者参考。

图书在版编目(CIP)数据

生态系统生态学：回顾与展望/方精云，刘玲莉主编.--北京：高等教育出版社，2021.10（2024.11重印）

ISBN 978-7-04-056648-2

Ⅰ.①生… Ⅱ.①方… ②刘… Ⅲ.①生态系生态学-研究 Ⅳ.①Q148

中国版本图书馆 CIP 数据核字(2021)第 170113 号

策划编辑 李冰祥 殷 鸽　　责任编辑 殷 鸽　　封面设计 张雨微　　版式设计 杨 树
插图绘制 于 博　　责任校对 吕红颖　　责任印制 存 怡

出版发行	高等教育出版社	咨询电话	400-810-0598
社　　址	北京市西城区德外大街 4 号	网　　址	http://www.hep.edu.cn
邮政编码	100120		http://www.hep.com.cn
印　　刷	肥城新华印刷有限公司	网上订购	http://www.hepmall.com.cn
开　　本	787mm×1092mm 1/16		http://www.hepmall.com
印　　张	29.5		http://www.hepmall.cn
字　　数	680 千字	版　　次	2021 年 10 月第 1 版
插　　页	4	印　　次	2024 年 11 月第 2 次印刷
购书热线	010-58581118	定　　价	128.00 元

本书如有缺页、倒页、脱页等质量问题，请到所购图书销售部门联系调换

物 料 号　56648-00
SHENGTAI XITONG SHENGTAIXUE——HUIGU YU ZHANWANG

《生态系统生态学——回顾与展望》编委会

主要作者简介

方精云　中国科学院院士，第三世界科学院院士，北京大学生态学系教授，云南大学校长。主要从事全球变化生态学、植被生态与生物多样性、生态遥感等方面的研究。曾获国家自然科学二等奖、教育部自然科学一等奖以及惠特克杰出生态学家奖等奖项。现任国务院学位委员会生态学科评议组召集人和《中国大百科全书·生态学卷》主编等职。发表论文350余篇，被引4万余次。

刘玲莉　中国科学院植物研究所研究员。研究领域主要涉及大气污染及气候变化等全球变化驱动要素对植物-土壤的碳氮循环的影响。曾获国家自然科学基金委员会优秀青年科学基金。现任《植物生态学报》副主编和多个国际期刊编委。作为第一或通讯作者发表论文30余篇。

朱　彪　北京大学城市与环境学院长聘副教授、研究员。主要从事生态系统生态学、土壤生态学和全球变化生态学等方面的研究。曾获国家自然科学基金委员会优秀青年科学基金。曾获中国生态学学会青年科技奖和北京大学黄廷方/信和青年杰出学者奖等奖项。现任 *Soil Biology and Biochemistry* 副主编和多个期刊编委。发表学术论文100余篇。

何念鹏　中国科学院地理科学与资源研究所研究员，生态系统网络观测与模拟重点实验室副主任。研究方向为植物功能性状与生态系统碳氮循环。主持科技部基础调查重大项目和国家自然科学基金项目等6项。发表学术论文150余篇。

万　祎　北京大学城市与环境学院研究员。主要从事有害污染物的环境行为和生态健康效应研究。曾获国家自然科学基金委员会优秀青年科学基金。曾获国家自然科学二等奖，任 *ACS ES&T Water* 等4个期刊编委。发表学术论文80余篇。

王志恒 北京大学城市与环境学院副院长、长聘副教授、研究员,生态研究中心副主任。主要从事生物多样性与保护生态学研究。曾获国家自然科学基金委员会优秀青年科学基金。现任国务院学位委员会生态学科评议组秘书、国际生物地理学会理事会成员。曾获教育部自然科学一等奖、中国出版政府奖、上海图书奖一等奖等。出版专著2部,发表论文100余篇。

牛书丽 中国科学院地理科学与资源研究所研究员,博士生导师。主要从事全球变化与陆地生态系统研究。曾获国家自然科学基金委员会国家杰出青年科学基金,入选国家“万人计划”科技创新领军人才,曾获中国青年女科学家奖。任多个国际期刊编委。发表学术论文180余篇,成果入选ESI/IOP高被引论文。

黄振英 中国科学院植物研究所研究员、研究组长,博士生导师,内蒙古鄂尔多斯草地生态系统国家野外科学观测研究站站长。主要从事植物生理生态学、旱区植被恢复生态学等研究。任 *Plant Physiology and Biochemistry* 主编及4个国内外期刊编委。发表论文150余篇。

温学发 中国科学院地理科学与资源研究所研究员,中国科学院大学岗位教授。主要从事同位素生物地球化学与生态系统生态学研究。曾获国家科学技术进步奖二等奖、中国科学院优秀导师奖等。现任中国生态学学会稳定同位素生态专业委员会副秘书长等。发表论文150余篇,授权国家发明专利10余项。

杨元合 中国科学院植物研究所研究员,植被与环境变化国家重点实验室副主任。主要从事全球变化生态学、草地生态学等方面的研究。曾获国家自然科学基金委员会国家杰出青年科学基金。曾获中国科学院青年科学家奖、美国生态学会亚洲分会青年生态学家奖等荣誉。发表论文110余篇。

前　言

生态系统生态学是研究生态系统的组成要素、结构与功能、变化与演替以及人为影响与调控机制的生态学分支学科。它在整个生态学科体系中占有十分重要的位置，P. E. Odum 等人甚至把生态学定义为“研究生态系统的结构和功能的科学”，足见生态系统研究的重要性。

英国生态学家 A. G. Tansley 于 1935 年提出生态系统概念，后经 C. S. Elton、G. E. Hutchinson、R. L. Lindeman 等人的卓越工作，生态系统研究得到了快速发展，特别是二十世纪五六十年代，E. P. Odum 和 H. T. Odum 两兄弟关于生态系统物质循环和能量流动的研究，更将生态系统研究推向了新的高度，生态系统生态学也随之成为一门成熟的分支学科，并使生态学学科体系得到进一步完善和成熟。之后，在“国际生物学计划”（IBP）（1964—1974 年）的推动下，全球陆海生态系统生物生产力的研究得到了空前的进步，为 1980 年代中期实施“国际地圈-生物圈计划”（IGBP）（1987—2015 年）奠定了重要基础。在 IGBP 及其后续的研究计划中，生态系统的结构、功能和过程以及生态系统与气候系统的相互作用、人文因素和环境变化对生态系统的影响及反馈等议题始终是相关研究计划的核心内容。进入 21 世纪，生态系统生态学不仅研究生态系统的自然属性，更强调人文社会因素作用以及生态系统变化对人类福祉的影响。因此，生态系统生态学不仅是一门自然科学属性很强的分支学科，也成为支撑人类社会可持续发展的重要理论基础。

1980 年代初改革开放后，我国的生态系统研究得到了快速发展，从 1980 年代起步与跟踪、1990 年代追赶，到目前在部分领域（如陆地生态系统碳氮循环、生态系统恢复与管理等）接近或达到国际先进水平。特别是，中国共产党第十八次全国代表大会提出将生态文明建设纳入“五位一体”总体布局，为我国生态学的发展注入强大的动力，我国的生态学研究，特别是生态系统的研究进入发展的快车道。

为了全面梳理国内外生态系统生态学的研究进展、问题和未来发展趋势，制定我国生态系统生态学的学科发展战略，凝练我国未来该学科的发展方向，中国科学院生命科学和医学学部与地学部于 2016 年联合启动了“生态系统生态学学科发展战略研究项目”，成立了由方精云为组长的项目组，下设工作组和专家指导组。工作组主要由奋战在科研教学一线、在相关领域取得突出成就的青年科学家组成，他们承担了该项目调研的主要任务，并完成了报告的撰写；专家指导组由长期工作在相关领域、有重要学术影响的资深科学家组成，他们为项目调研和报告撰写提供指导。项目组先后召开各类线上线下研讨会、咨询会、专题会等会议 10 余次，就生态系统营养级、物质-能量循环、污染物的生态行为、生物多样性与生态系统功能、生态系统对全球变化的响应、生态系统恢复等核心理论问题以及技术平台建设进行了广泛和深入的交流和研讨。在此基础上,最终完成了本书的撰写。

本书由9章组成。第1章"生态系统生态学的学科定位及发展趋势",回顾生态系统的定义与内涵,阐述生态系统生态学的定义、发展历程、重要理论与代表人物,讨论生态系统生态学的学科定位以及与其他学科的关系。第2章"生态系统营养结构、动态与功能"总结过去30年间营养级、食物网及生态网络研究的重要进展,提出未来应加强对营养级结构与生态系统功能关系、营养级结构和功能的理论与实验研究的结合,以及食物网与生物多样性的整合等方面的研究。第3章"生态系统物质循环与能量流动"评述生态系统元素循环、能量流动及其耦合过程和调控机制,给出该领域的前沿方向及重点发展领域。第4章"有害污染物在食物网中的传递及其生态效应"介绍全氟化合物的生物放大现象及生态和健康效应,阐述有害污染物在食物网中的传递行为及生态效应,从代谢角度揭示污染物的富集机制。第5章"生物多样性与生态系统功能及服务"回顾生物多样性与生态系统功能研究的发展历史,梳理该领域的主要研究进展,提出未来应加强的主要研究方向。第6章"全球变化与生态系统"总结全球变化与生态系统研究的重要进展及存在的主要问题,展望未来全球变化研究的前沿方向。第7章"退化生态系统恢复的理论与技术"回顾退化生态系统恢复理论的发展历史,重点阐述恢复生态学核心方向的重要理论与技术进展,以及存在的主要问题。第8章"生态系统研究的新技术和新方法"总结生态系统生态学研究的主要技术和方法,介绍其重要进展及存在的主要问题,给出前沿方向及优先领域。第9章"生态系统观测网络及实验平台"梳理总结国内外主要的生态系统观测网络以及全球变化和生物多样性研究领域的代表性控制实验平台。可以说,本书汇聚了国内外生态系统生态学研究的最新成果、前沿理论和技术成果。

本书是在中国科学院生命科学和医学学部与地学部的直接指导下完成的,得到学部主任陈宜瑜院士和傅伯杰院士的大力支持和悉心指导。中国科学院学部学科发展战略研究项目和国家自然科学基金委员会基础科学中心项目(31988102)提供了部分经费资助。中国科学院生命科学和医学学部与地学部办公室薛淮处长、赵剑锋副处长为项目组的工作提供了大量支持和帮助;工作组共79名成员、专家指导组共34名成员参加了调研、讨论和报告撰写;北京大学生态研究中心朱江玲、吉成均、赵艳等帮助处理日常事务,苏豪杰、钟梦莹帮助整理文献及校对,中国科学院植物研究所沈海花、赵霞和耿晓庆承办会务等;高等教育出版社李冰祥博士和殷鸽编辑在出版过程中给予了认真编辑和校稿。在此,一并致谢。

方精云

2021年2月

目 录

第 1 章

生态系统生态学的学科定位及发展趋势

摘要：生态系统是在一定时间和空间范围内，由生物群落与非生物环境构成的，具有特定组成、结构和功能的，其中的生物组分与环境之间相互作用、相互依存的动态复合体。生态系统生态学是研究生态系统的组成要素、结构与功能、变化与演替以及人为影响与调控机制的生态学分支学科，个体、种群和群落生态学是其发展的基石。生态系统生态学与地理学、生物学和环境科学相交叉，它不仅研究生态系统的自然属性，也强调人文社会因素的作用。本章回顾生态系统的定义与内涵，阐述生态系统生态学的定义、相关概念与理论及其发展历程和代表人物；总结国内外该分支学科存在的问题及面临的挑战，提出未来的发展方向，即全球变化多因子交互作用及其对生态系统的影响、大尺度生态系统过程与评估、跨尺度和生态系统的联网研究以及面向应用的生态系统生态学研究等。

1.1 生态系统及生态系统生态学的定义

1.1.1 生态系统的定义及内涵

“生态系统”的概念首先是由 A. G. Tansley 在其 1935 年发表的论文《植被的概念和术语的使用及其滥用》(*The use and abuse of vegetational concepts and terms*)中正式提出的(Tansley，1935)。他将“生态系统”定义为：一个物理学意义上的整个系统，它不仅包括各种生物，而且包括构成被我们称为“(生态)生物群区(biome)环境”的全部物理因子，即最广泛意义上的生境因子(habitat factor)(Tansley，1935)。Tansley 所定义的生态系统是一个物理学意义上的概念，它不仅包含、体现生命有机体的成分与复杂性，也包含、体现非生命环境的物理成分与复杂性(Golly，1993)。

后经 C. S. Elton、G. E. Hutchinson、R. L. Lindeman 等人的不断推进，生态系统研究得到了快速发展，不同学者也对生态系统概念给出了不同的定义。1953 年，E. P. Odum 在《生态学基础》(*Fundamentals of Ecology*)中对生态系统给出的定义为：任何实体或自然单元都包含生命的和非生命的部分，生命与非生命要素之间相互作用，循着环形路径进行物质交换并形成稳定的系统；这个系统就是生态学系统或生态系统(Odum，1953)。这个定义强调了生态系统是生态学的基本功能单元，以及各组成要素之间的相互关系与作用。之后，E. P. Odum

又提出了大小不同的组织层次，进一步把生态系统的概念系统化（Odum，1969）。E. P. Odum在《生态学基础》（第三版）中将生态系统定义为：包括特定地段的全部生物（生物群落）和物理环境相互作用的任何统一体，并且在系统内部，能量的流动导致形成一定的营养结构、生物多样性和物质循环（即生物与非生物之间的物质交换）（Odum，1971）。在这一版中，E. P. Odum强调了生态系统的整体性、生态系统的层次结构性、生态系统的自我调节和自我维持的控制性功能等。此后，他在《生态学基础》（第五版）中将生态系统定义为：在一定空间中共同栖息着的所有生物（即生物群落）与其环境之间由于不断地进行物质循环和能量流动而形成的统一整体（Odum and Barrett，2004）。S. E. Jørgensen从系统的角度看待生态系统，认为生态系统是一个由许多生物体相互作用形成的有机整体，这些组分连接成一个互相协调、共同合作的生态网络（Jørgensen，2012）。尽管不同时期、不同学者对生态系统的定义不同，但生态系统定义的组成都离不开生物和无机环境两部分。

综合不同学者对生态系统的定义，我们认为，生态系统（ecosystem）是指在一定时间和空间范围内，由生物群落与非生物环境构成的，具有特定组成、结构和功能的，其中的生物组分与环境之间相互作用、相互依存的动态复合体。一个完整的自然生态系统既包含物质的生产者（主要为植物）、消费者（动物）和分解者（微生物）等有机生命体，也包含非生物环境（abiotic environment），即参加物质循环的无机元素、化合物和气候或其他物理条件（如土壤、水、大气、岩石等）。

生态系统的概念具有三个方面内涵：一是指明生态系统是生态学的属性，即生态系统强调有机体与环境的不可分割性，与物理系统的机械性存在本质区别；二是体现生态系统不是离散的分类单元，而兼为功能单元与地理单元，因此具有开放性、多样性、调控性与可持续性；三是突出系统论的科学观，即系统功能不完全等于各组分功能的相加，而是源自系统内各组分的集体效应。

生态系统不仅仅是一个地理单元（或生态区，ecoregion），还是一个具有输入和输出、具有一定的自然或人为边界的功能系统单位（Odum and Barrett，2004）。生态系统是生态学研究中的一个主要结构和功能单位。自然界中的生态系统多种多样，大小不一，具有不同的层次尺度，其范围和边界随研究问题的特征而定。生态系统既可以小到动物有机体内消化道的微生态系统，也可以大至区域的森林、草地等生物群区，甚至整个地球上的生物圈。

生态系统具有若干共同的特征。首先，生态系统具有能量流动、物质循环和信息传递三大功能。生态系统内的能量流动通常是沿着食物链单向流动而且逐级递减，能量耗散是单向的、不可逆转的，但物质的流动是循环式的。信息传递包括物理、化学、营养和行为等多种信息，构成一个复杂的信息网络。其次，生态系统具有自我调节能力，在受到外力干扰或胁迫下在一定范围内能够自行调节和恢复。系统内的物种数目越多、结构越复杂，其自我调节能力越强。最后，生态系统具有动态特征，任何生态系统都有其发生和发展的过程。

1.1.2 生态系统生态学的定义及发展

关于生态系统生态学（ecosystem ecology），至今并未形成一个权威统一的定义。F. S.

Chapin Ⅲ在《陆地生态系统生态学原理》(*Principles of Terrestrial Ecosystem Ecology*)中指出："生态系统生态学是研究地球系统(earth system)内部生物及其物理环境之间的关系的科学"(Chapin Ⅲ et al.,2011)。目前,生态系统生态学简单的定义是:以生态系统为对象,研究生态系统的生物群落与非生物环境之间如何通过能量流动和物质循环相互联系、相互作用的生态学分支学科。生态系统生态学将生物有机体及其环境视为一个整体,强调它们之间的相互作用。生态系统生态学的核心研究内容包括生态系统的组成要素、结构与功能、发展与演替以及人为影响与调控机制(于贵瑞,2009)。生态系统的组成要素多样,既包含植物、动物、微生物等生物要素,也包含土壤、水、大气、岩石等非生物要素,而且它们之间相互作用、相互联系。因此,生态系统生态学与植物学、动物学、地质学、地理学、气象学、土壤学、化学、物理学等学科相交叉,但生态系统生态学与这些学科存在本质的区别,有其自身的特点。生态系统生态学的特点在于研究层面的系统性,它不仅仅研究单一的生物要素或者单一的非生物要素,而是综合运用不同学科的研究方法和知识,将生物群落和其生活的环境作为一个相互之间不断地进行物质循环和能量流动的整体来进行研究。

综合不同学者对生态系统生态学的定义,我们认为,生态系统生态学是研究生态系统的组成要素、结构与功能、变化与演替以及人为影响与调控机制的生态学分支学科。

1.2　生态系统生态学重要概念与理论的发展

1.2.1　生态系统生态学的发展历程、重要理论及代表人物

(1) 生态系统生态学的萌芽期

早在19世纪末期,一些描述生物体和环境统一的类似术语已出现在德国、美国和俄国的生态学文献中。例如,1877年,德国生物学家K. Möbius把珊瑚礁上的牡蛎群落描述为"生物群落"(biocoenosis)。1887年,美国人S. A. Forbes在他的经典论文中把湖泊表述为"微宇宙"(microcosm)。俄国生态学先驱V. V. Dokuchaev和他的主要弟子G. F. Morozov着重强调"生物群落"一词。后来,该术语被苏联地植物学家B. H. Sukachev在1944年拓展为"生物地理群落"(biogeocoenosis)。他指出,生物地理群落是指生物群落(植物与动物)与生物生境(土壤与气候)的总和。在随后1965年的丹麦哥本哈根会议上,"生物地理群落"一词被正式确认为生态系统的同义词。

August Thienemann
(1882—1960)

生态系统生态学的发展是由生态学思想中的许多核心概念与理论所推动的,其中主要包括与营养级相互作用和生物地球化学循环相关的概念(框1-1)。最早,营养级(trophic level)的雏形概念由德国淡水生物学家A. Thienemann提出。Thienemann是20世纪早期湖

沼学发展的核心人物。在第一次世界大战之前,他就开始从层级关系和干扰动力学等方面来研究湖泊生态学。在 20 世纪 20 年代和 30 年代,他着手进行区域分析和研究,确定了食物链关系和营养循环模式。他分析了能量在绿色植物(生产者)与不同级别的动物(消费者)之间的转移关系。

框 1-1 生态系统生态学的相关重要概念

生态因子(ecological factor):对生物的生长、发育、生殖、行为和分布有直接或间接影响的环境要素。

物质循环(material cycling):指碳、氮、磷和其他元素在生物与大气、水体和土壤之间的循环。

能量流动(energy flow):指光合作用捕捉到的光能以化学能的形式沿食物网逐级传递并最终到达分解者的过程。

生产者(producer):指自养生物,主要为绿色植物,也包括一些化能合成细菌。初级生产者也是自然界生命系统中唯一能将太阳能转化为生物化学能的媒介。生产者合成有机物的过程是生物圈生命活动能量的源头。

消费者(consumer):属于异养生物,不能利用无机物质制造有机物质,而是直接或间接依赖于生产者所制造的有机物质作为食物源。

分解者(decomposer):属于异养生物,它们把动植物的残体、粪便和各种复杂的有机化合物分解为生产者能重新利用的简单的化合物。

食物链(food chain):指生物之间通过取食关系而相互联系形成的链状营养关系。

食物网(food web):指生态系统中由多条食物链相互交错连接成的营养关系。

营养级(trophic level):指处于食物链某一环节上的所有生物种的总和。

生态位(ecological niche):指在自然生态系统中,一个种群在时间、空间上的位置及其与相关种群之间的功能关系。

十分之一定律(ten percent law):又被称为“林德曼定律”(Lindeman’s law),指在一个平衡的生态系统中,食物链相邻营养级中的能量比例约为 10 : 1,即后一营养级获得的能量约为前一营养级能量的 10%,其余 90%的能量因呼吸作用或分解作用以热能的形式散失,还有小部分未被利用。

生态金字塔(ecological pyramid):指各个营养级之间的数量关系。可用生物量、能量和个体数目等来表示。

能量金字塔(pyramid of energy):由各营养级所固定的总能量值的多少来构成的生态金字塔,它是以相同单位面积和单位时间内的生产者和各级消费者所积累的能量比例来构造。

生物量金字塔(pyramid of biomass):以相同单位面积上生产者和各级消费者的生物量(即生命物质总量)建立的金字塔。

数量金字塔(pyramid of number):单位面积内生产者的个体数目为塔基,以相同面积内各营养级有机体数目构成塔身及塔顶。一般每一个营养级所包括的有机体数目沿食物链向上递减。

生态效率(ecological efficiency):各种能流参数中的任何一个参数在营养级之间或营养级内部的比值关系。

反馈调节(feedback regulation):当生态系统某一成分发生变化,必然引起其他成分出现一系列相应变化,这些变化又反过来影响最初发生变化的那种成分。

负反馈(negative feedback):系统中某一成分的变化所引起的其他一系列变化,抑制和减弱最初发生变化的那种成分的变化,使生态系统达到或保持平衡或稳态。

正反馈(positive feedback):系统中某一成分的变化所引起的其他一系列变化,反过来加速最初发生变化的成分的变化,使生态系统远离平衡状态或稳态。

生态平衡(ecological equilibrium):指生态系统通过发育和调节所达到的一种稳定状况,它包括结构上的稳定、功能上的稳定以及能量输入和输出上的稳定。生态平衡是一种动态平衡,生态系统内能量流动和物质循环总是在不间断地进行,生物个体也在不断地进行更新。

生态系统稳定性(ecosystem stability):当受到外来干扰时,生态平衡将受到破坏,但只要这种干扰没有超过一定限度,生态系统仍能通过自我调节恢复原来状态。主要包括抵抗力稳定性和恢复力稳定性。它不仅与生态系统的结构、功能和进化特征有关,而且与外界干扰的强度和特征有关。

抵抗力稳定性(resistance stability):生态系统抵抗外界干扰并使自身的结构和功能保持原状(不受损害)的能力。

恢复力稳定性(resilience stability):生态系统在受到外界干扰因素的破坏后恢复到原状的能力。

总初级生产力(gross primary productivity,GPP):单位时间内植物通过光合作用所固定的有机碳量,又称为总第一性生产力。GPP 决定了进入陆地生态系统的初始物质和能量。

净初级生产力(net primary productivity,NPP):表示植被所固定的有机碳中扣除本身呼吸消耗之后的部分,该部分用于植被的生长和生殖,又称为净第一性生产力。

净生态系统生产力(net ecosystem productivity,NEP):指净初级生产力减去异养生物呼吸消耗光合产物之后的部分。

净生物群区生产力(net biome productivity,NBP):净生态系统生产力减去各类自然和人为干扰(如火灾、病虫害、动物啃食、森林间伐以及农林产品收获)等非生物呼吸消耗所剩下的部分。

植物功能性状(plant functional trait):指植物对外界环境长期响应与适应后所呈现出来的可度量的特征,如叶片特征、根系特征等。

生态系统功能(ecosystem function):指生态系统所体现的各种功效或作用。主要表现在物质生产、能量流动、物质循环和信息传递等方面。

生态系统服务(ecosystem service):指生态系统与生态过程所形成及维持的人类赖以生存的自然环境条件与效用。

温室效应(greenhouse effect):指太阳短波辐射可以透过大气射入地面,而地面增暖后放出的长波辐射却被大气中的 CO_2 等物质所吸收,从而产生大气变暖的效应。

碳汇(carbon sink):指生态系统(如森林、草原、湖泊)从空气中吸收并储存 CO_2 的能力,或者从大气中清除 CO_2 的过程、活动或机制。

碳源(carbon source):指产生 CO_2 之源,它既来自自然界,也来自人类生产和生活过程。

此后,英国动物学家 C. S. Elton 在其 1927 年出版的《动物生态学》(*The Ecology of Animals*)一书中概述了动物行为和动物生活史研究的重要原则,首次提出食物链(food chain)的概念。食物链是指生物之间通过取食关系而相互联系形成的链状营养关系。他将每一种动物视为食物链中的一个环节,在食物链中,物质或能量从一种生物向另一种生物转移。生态系统中多条食物链彼此相互交错连接成复杂的营养关系,被称为食物网。他从动物的食性及其被其他生物捕食的关系说明了动物在群落中的地位(即生态位,niche),并以此来表示生态系统的结构。Elton 提出的营养结构概念为我们今天认识生态系统中的物质流提供了基本的框架。

20 世纪 30 年代,美国湖沼学家 G. E. Hutchinson 也深受 C. S. Elton 观点的影响,他提出有关矿物质从土壤转移到植被又回到土壤的运动过程的概念,并指出,湖泊中有效资源限制了藻类的生产力,藻类的生产力反过来又限制了以藻类为食的动物的多度。他从空间、资源利用等多方面考虑,对生态位概念予以数学描述,提出 n 维超体积的生态位空间概念,把生态位看成一个物种生存条件的总和(Hutchinson,1957)。

Charles S. Elton
(1900—1991)

George E. Hutchinson
(1903—1991)

Arthur G. Tansley
(1871—1955)

(2) 生态系统生态学的形成与建立

"生态系统"的概念首先由 A. G. Tansley 于 1935 年提出(Tansley,1935)。他之所以提出这一概念,与之前发生的"群落整体论与还原论的争论"有关。1916 年,F. E. Clements 提出"超级有机体"(superorganism)的群落思想。"超级有机体"的概念是"生态系统"概念形成的一个重要前身。Clements 指出,作为相互影响的动植物类群集合的群落是一个整体,类似于一个有机体，可以形成、发育、成熟和死亡（Clements，1916）。这是 Clements 群落“整体论”的思想。该理论自从提出后，就受到同行的关注，引起争论。以 H. A. Gleason 为代表的个体论者不同意上述观点，他们持还原论观点，认为任何将群落与有机体相比拟都是欠妥的，群落是个别物种的集合，群落的形成仅仅是一种巧合，群落模式可以通过个体水平上的过程而得到解释。Tansley 高度关注群落有机论（整体论）与个体论（还原论）的争论。他不同意 Gleason 的群落个体论（还原论），也反对 Clements 对自身观点的过分夸大，并因此将群落定义为“准有机体”（Tansley，1920）。Tansley 虽然不赞同 Clements 的“超级有机体论”，但却一直坚持整体论。他认为，相对稳定的顶极群落是一个或多或少具有明确结构的复杂整体。虽然有机体是研究的首要兴趣所在，但不能把生物体与其特定的环境分离（Tansley，1935）。这样一来，Tansley 的整体论不仅包含了生物因素，也包含了非生物因素。由此，他率先提出“生态系统”的概念，并于 1935 年正式把“生态系统”定义为：一个物理学意义上的整个系统，它不仅包括各种生物，而且包括构成被我们称为“生物群系环境”的全部物理因子，即最广泛意义上的生境因子（Tansley，1935）。

（3）生态系统生态学理论的发展

在 Tansley 提出生态系统概念后，该概念逐渐演化为现代生态学，引起了人们对生态系统能流的关注，并造就了开创性研究成果的问世。其中，最具代表性的工作为耶鲁大学 Hutchinson 的博士后 Lindeman 提出的著名的林德曼定律（Lindeman's law），又称十分之一定律。1938—1941 年，Lindeman 对美国明尼苏达州的赛达伯格湖（Cedar Creek Bog Lake）水生群落的能量活动进行了研究（Lindeman，1941）。基于对湖泊生态系统的深入研究，他在 1941 年发表的《美国明尼苏达州赛达伯格湖的发展历史》（*The developmental history of Cedar Creek Bog，Minnesota*）研究报告中提出了营养物质移动规律，创建了营养动态模型。他指出，生物量从绿色植物向食草动物、食肉动物等按食物链的顺序在不同营养级上转移时，有稳定的数量级比例关系，通常后一级生物量只等于或者小于前一级生物量的 1/10。如果把这种关系表明在图上，用横坐标表示生物量，在纵坐标上把食物链中各级消费者的生物量依次逐级标出，那么，整个图形就像一个金字塔，在生态学中称之为群落中的生物量金字塔。1942 年，Lindeman 又发表了名为《生态学中的营养动力论》（*The trophic-dynamic aspect of ecology*）的文章（Lindeman，1942），指出生态系统中能量与物质的流动在不同的营养级之间所存在的定量关系是维持所有生态系统稳定的重要因素。在一个生态系统中，从绿色植物开始的能量流动过程中，后一营养级获得的能量约为前一营养级能量的 10%，其余 90% 的能量因呼吸作用或分解作用而以热能的形式散失，还有小部分未被利用；能量通过营养级逐级减少，如果把通过各营养级的能量由低到高画成图，就成为一个金字塔，称为能量金字塔。Lindeman 把生态系统中能量的不同利用者之间存在的这种定量关系称为十分之一定律（Lindeman，1942）。人们把他的生态系统学说称为“生态学的营养动力学”。该定律具有划时代的意义，它开创了生态学从定性走向定量的新阶段，成为生态系统能量动态研究的基础。

Raymond L. Lindeman
（1915—1942）

在开展生态系统研究时，我们常常提及著名的美国 Hubbard Brook 生态系统研究项目。它是最早致力于发展一种详尽的、综合性的针对具体生态系统结构和功能的研究。从 1950 年开始，该项目在小流域尺度开展自然因素与人类活动（大气污染、森林砍伐、土地利用变化、气候变化等）对流域水文状况、养分通量和养分循环的影响等方面的研究（Bormann and Likens，1967），积累了大量水文学和水化学方面的数据。生态系统中生物组分的活动，特别是它们与水和营养物质的关系，是这项研究的首要内容。与其他的生态系统分析方法相比，该项研究更具实验性。

进入 20 世纪 60 年代以后，世界范围内的环境污染与生态破坏日益严重，环境问题和环境保护逐渐为国际社会所关注。美国海洋生物学家和作家 R. Carson 于 1962 年出版了《寂静的春天》（*Silent Spring*）一书，该书被认为是世界生态文学的经典之作，是环境保护主义的奠基石。正是这部划时代的作品扭转了人类思想的方向，使生态思想深入人心，推动了世界范围的生态思潮和环保运动的发展，并引发了环境政策的修正和革命。在这本书中，Carson 以生动而严肃的笔触，描写了因过度使用化学药品和肥料而导致的环境污染、生态破坏，最终给人类带来不堪重负的灾难，阐述了农药对环境的污染，用生态学的原理分析了这些化学杀虫剂对人类赖以生存的生态系统所带来的危害，指出人类用自己制造的毒药来提高农业产量，无异于饮鸩止渴，人类应该走“另外的路”。另外，她记录了工业文明所带来的诸多负面影响，直接推动了日后现代环保主义的发展。1972 年 6 月 5 日，联合国在瑞典首都斯德哥尔摩举行第一次人类环境会议，通过了著名的《人类环境宣言》及保护全球环境的“行动计划”，提出“为了这一代和将来世世代代保护和改善环境”的口号。这是人类历史上第一次在全世界范围内研究保护人类环境的会议。出席会议的 113 个国家和地区的 1300 名代表建议将大会开幕日定为“世界环境日”。

此后，Odum 兄弟（E. P. Odum 和 H. T. Odum）在生态系统概念的发展及研究方面提出了许多新的思想和方法。其中，被称为“现代生态学之父”的 E. P. Odum 创造性地提出了许多生态系统中结构和功能特征的变化规律，并在营养动态和能量流动方面提出了许多新思想和新方法。由 E. P. Odum 编著的著名教材《生态学基础》（*Fundamentals of Ecology*）被誉为史无前例的生态学教学参考书，实现了生态学从传统向现代的时代转换。在《生态学基础》（第五版）中，E. P. Odum 指出，生态系统是“在一定空间中共同栖息着的所有生物（即生物群落）与其环境之间由于不断进行物质循环和能量流动而形成的统一整体。生态系统不仅是一个地理单元（或者生态区），还是一个具有输入和输出、具有一定自然或人为边界的功能系统单位”。通过强调所有生物与其栖息环境之间由于物质循环和能量流动而形成统一整体，不仅用物质循环和能量流动作为贯穿主线将人与自然环境纳入相互依赖和相互影响的系统关系中，而且明确强调物质和能量对于维系这种关系的决定性作用。E. P. Odum 的这一贡献是对传统生态学在研究范围和研究主题上的一种超越。E. P. Odum 通过将整体论和系统论引入生态学研究领域，终结了生态学按物种研究的状态，夯实了生态学的基础；同时，也对生态学研究对象、范围和方法等均产生了重要影响。相比较 Tansley 对生态系统的定义，E. P. Odum 对生态系统的概念和内涵进行了多方位的扩展。Tansley 的生态系统是一个物理系统，是人为想象的便于研究的孤立系统；E. P. Odum 的生态系统是一个地理的和功能的单元，具备涌现性、开放性和层次整体性，其大小和边界可以视研究目的、兴

Rachel Carson
(1907—1964)

Eugene P. Odum
(1913—2002)

Howard T. Odum
(1924—2002)

趣以及功能和属性不同而确定。

H. T. Odum 创立了能值理论与方法,应用能值这一度量标准,可将生态系统内流动和储存的各种不同类别的能量和物质转换为同一标准的能值,评估生态系统内的自然资源的利用及其发展的可持续性,从而为制定经济方针政策提供科学依据。H. T. Odum 编著的《人和自然的能量基础》(*Energy Basis for Man and Nature*)一书被誉为生态系统能量研究方面的经典著作。

(4) 生态系统生态学研究的新阶段

生态系统过程具有复杂性、多尺度性和异质性等特点,单个样点的研究仅能反映特定环境条件下的结果,在大尺度上是否为普遍规律仍需要广泛的验证。自 20 世纪 70 年代以来,随着科学技术的发展,以网络化的生态观测和联网观测实验迅速发展,推动了多尺度生态系统生态学的发展。联网观测实验扩展了生态系统生态学的研究尺度,同时,生态系统生态学也由短期观测走向长期观测,这种多站点的网络化和长期性观测也是生态系统自身的复杂性决定的。例如,全球或区域性质的通量观测网络(FLUXNET、EUROFLUX、AmeriFlux、AsiaFlux 和 ChinaFLUX 等)的建立,为获取生态系统尺度的植被生产力、能量、水和碳交换等不同时间和空间变异的观测数据奠定了基础(于贵瑞,2009;李文华等,2013)。又例如,分布于全球草地生态系统的养分添加实验网络(Nutrient Network,NutNet)采用相同的实验设计与处理并测定相同的指标(Borer et al.,2014),为开展大尺度上养分富集如何影响草地生产力、生物多样性、群落结构、土壤碳储量变化等研究提供了平台,使得我们对某一生态过程的认识更加深刻而全面。同时,地理信息系统(GIS)、遥感(RS)和全球定位系统(GPS)的"3S 技术"和激光雷达等技术的发展也为区域乃至全球尺度的生态系统过程观测和研究提供了良好的技术支撑,使得在大尺度上的生态系统过程研究得以实现。

新技术的发展一方面扩展了生态系统生态学研究的尺度(scale),另一方面,也使得生态系统生态学的研究更为精细,能够更加真实地解释生态系统过程的机理。近几十年来,稳定同位素技术、核磁共振技术和分子生物学技术等新方法新技术的发展,使得我们能更加准确地了解特定生态系统的过程与功能的变化,进而探讨生态系统中生物要素的循环及其与环境的关系，研究不同时间和空间尺度的生态过程与机制等。例如，利用稳定同位素技术能够将微生物分解有机质的异养呼吸和根系自养呼吸进行区分并定量根际激发效应的大小与方向，从而有助于我们更加准确地理解植物根系和微生物在土壤碳排放中的相对贡献以及全球变化下的土壤碳排放动态。核磁共振技术的发展为探索土壤有机碳中不同化学组分特性（如烷基碳、烷氧碳、芳香碳、羰基碳所占的比例）的动态变化提供技术支撑，大大提高了土壤有机碳动态检测的灵敏度，有助于更加深入地理解生态系统碳转化过程的内在机理。分子生物学技术的发展为理解植物代谢、土壤微生物结构和功能等的动态变化提供更加精细的测定方法，从而为理解、模拟和预测生态系统结构和功能的变化提供新的视角。

除了观测手段与技术之外，在数据分析层面，新方法新技术的发展也为生态系统生态学的发展提供了良好的支撑，主要包括三种途径：整合分析（meta-analysis）、数据挖掘（data mining）和数据-模型融合（data-model fusion）。自20世纪90年代Curtis（1996）将整合分析方法引入生态学领域以来，整合分析已成为在大尺度上研究生态系统过程对全球变化要素响应的关键手段之一。作为一种对多个研究进行统计综合，并定性和定量地找出普遍结论、规律和差异的研究方法，整合分析被认为是目前为止最好的数量综合方法（郑凤英和彭少麟，2001）。例如Lu等（2013）通过研究与碳循环相关的13个过程（总生态系统和植被净初级生产力、净生态系统 CO_2 交换、生态系统呼吸和土壤呼吸、凋落物分解、光合作用，以及植物地上和地下、凋落物、土壤和微生物碳库等）发现，在气候变暖背景下，全球陆地生态系统将表现为碳汇（sink）而非碳源（source）。Wang等（2014）发现，土壤异养呼吸和自养呼吸对气候变暖的响应不同，随着增温幅度的增加，土壤呼吸对增温的响应呈非线性上升趋势。与整合分析不同，数据挖掘主要是指从大量的数据中通过条件学算法搜索隐藏于其中的信息，如对区域或全球的生态系统呼吸数据进行挖掘分析，揭示其大尺度上的生态规律与一般模式。数据-模型融合是指用观测数据或实验数据来验证和约束生态系统相关模型的参数，从而优化模型、提高模型预测的准确性和精度，降低不确定性，从而为尺度扩展等提供基础。

生态系统生态学除了研究生态系统的自然属性外，也逐步关注并解决人类社会发展过程中遇到的实际问题。随着世界人口的不断增加和社会经济的持续发展，人类社会也面临着越来越多的问题，例如全球气候变化、环境污染与退化、资源紧缺等。生态系统生态学为解决这些问题提供了新的思路，同时也需要与其他学科相结合，呈现出学科交叉的新趋势。随着可持续发展理念的提出以及普及，生态系统生态学也得到了长足的发展，逐步呈现出新的研究方向与热点，例如生物多样性保护与保育、生态系统评估、生态系统功能和价值评估、生态系统管理和生态系统恢复等。

1.2.2 生态系统研究相关的重要计划

国际生物学计划（International Biological Program，IBP）（1964—1974年）是较早成立的大尺度生态系统研究计划，是生态系统研究一个十分重要的发展阶段。该计划由联合国教科文组织（UNESCO）提出，主要包括陆地生产力、淡水生产力、海洋生产力和资源利用管理等七个领域，其中心是全球主要生态系统的结构、功能和生产力研究。该计划针对生态系统的物质循环和生产力开展了大量观测和实验工作，并开始建立模型，用系统分析的手段进行了生态系统功能过程的研究。虽然这个计划由于设计思想和技术等方面的原因未能获得预期的成功，但正是以 IBP 为代表的这些计划将生态学的发展推向了以生态系统研究为核心领域的新阶段。

联合国人与生物圈计划（Man and the Biosphere Program，MAB）是联合国教科文组织自1971年在世界范围内开展的一项长期、大型国际科学合作工程。其目的在于通过全球性的科学研究、培训及信息交流，为生物圈自然资源的合理利用和保护提供科学依据，同时为各国的自然资源管理培养合格的专门人才。目前，全世界已有113个国家和地区参与了这一计划，并相继成立了人与生物圈国家委员会。MAB 科学研究针对全球日益严重的人口、资源与环境的挑战，强调采用生态学方法研究人与环境之间的相互关系，用综合的、多学科的合作来解决当前自然资源和环境方面实际存在及面临的复杂问题。

国际地圈-生物圈计划（International Geosphere-Biosphere Program，IGBP）是20世纪80年代由国际科学联盟（ICSU）发起并组织的重大国际科学计划。IGBP 是超级国际科学计划，其科学目标集中在研究主导整个地球系统的相互作用的物理、化学和生物学过程，特别着重研究那些时间尺度为几十年到几百年、对人类活动最为敏感的相互作用过程和重大变化。计划的最终目标是提高人类对重大全球变化的预测能力，为国家和国际政策的制定提供科学基础。该计划具有高度综合和学科交叉的特点，标志着地球科学和生态系统生态学的研究跨入了一个新的深度和广度。

在20世纪80年代以后，全球环境变化与可持续发展成为当今人类社会面临的两大重要问题。为评估和应对全球气候变化，世界气象组织（WMO）和联合国环境规划署（UNEP）于1988年联合建立了政府间气候变化专门委员会（Intergovernmental Panel on Climate Change，IPCC）。它对联合国和 WMO 的全体会员开放。其主要任务是评估气候变化科学知识的现状，气候变化对社会与经济的潜在影响以及适应和减缓气候变化的可能对策。考虑到人类活动的规模已开始对复杂的自然系统（如全球气候）产生很大的干扰，许多科学家认为，气候变化会造成严重的或不可逆转的破坏风险，缺乏充分的科学确定性不应成为推迟行动的借口。决策者需要有关气候变化成因、其潜在环境和社会经济影响以及可能的对策等客观信息。而 IPCC 这样一个机构能够在全球范围内为决策层以及其他科研领域提供科学依据和数据等。IPCC 的作用是在全面、客观、公开和透明的基础上，对世界上现有的有关全球气候变化的最好科学、技术和社会经济信息进行评估。这些评估吸收了世界上不同地区数百位专家的工作成果。IPCC 的报告力求确保全面地反映现有各种观点，并使之具有政策相关性，但不具有政策指示性。

此外，为应对全球变化产生的重大问题，实现可持续发展，ICSU 进一步提出了为期十年（2014—2023年）的“未来地球”（Future Earth）科学计划。该计划整合了现有的四大国际研究计划（IGBP、IHDP、WCRP 和 DIVERSITAS），成为应对全球环境变化、推动全球可持续发展的科学联盟。该计划重视科研项目的协同设计，侧重不同尺度的研究，提供有力的决策支持和科学的政府间评估，并将围绕动态星球、全球发展和可持续性转变三个主题开展研究。计划旨在联合自然科学和社会科学研究，发展有效应对全球环境变化所带来的风险与机遇的知识，向社会普及知识，为决策者提供依据，促进全球可持续发展。最近，国际社会开始了另一项重大研究计划,即"生物多样性和生态系统服务政府间科学政策平台"(The Intergovernmental Science-Policy Platform on Biodiversity and Ecosystem Services, IPBES)。其概念来源于千年生态系统评估(MA)(2001—2005 年)后续行动和生物多样性科学知识国际机制(IMoSEB)(2005—2007 年)。国际社会整合了上述两个进程,以求在生物多样性领域建立一个类似于 IPCC 的政府间科学机制,加强生物多样性和生态系统服务领域科学和政策之间的沟通和联系。2008—2010 年(2008 年马来西亚、2009 年肯尼亚、2010 年韩国),UNEP 推动并组织国际社会召开了三次政府间会议,就如何加强生物多样性和生态系统服务领域科学与政策的沟通与联系开展讨论。第三次政府间会议达成"釜山成果",各国政府决定成立 IPBES,并就 IPBES 工作重点和主要运作原则达成共识。同年,"釜山成果"受到《生物多样性公约》第十次缔约方大会的关注和欢迎。2011 年,联合国大会第六十五届会议审议了"釜山成果",并决定采取适当措施建立 IPBES。2011 年 10 月和 2012 年 4 月,根据联合国大会第六十五届会议 65/162 号决议和 UNEP 第二十六届会议 26/4 号决议,IPBES 模式和机构安排的第一次、第二次全体筹备会议先后在肯尼亚内罗毕和巴拿马召开,会议就 IPBES 模式和机构安排的具体问题展开了深入谈判,对部分议题初步达成一致意见。巴拿马会议通过了建立 IPBES 的决议,标志着 IPBES 作为一个独立的政府间机构正式成立。IPBES 旨在增强各级政府运用科学进行决策的能力,并且回应生物多样性与生态系统服务相关多边环境公约的需求,以促进各项公约工作的协同和互补。

1.3 生态系统生态学的学科定位

1.3.1 生态系统生态学的研究对象

生态系统生态学不仅研究生态系统内部的植物、动物、微生物等生物要素和大气、水分、碳、氮等非生物要素的动态过程及其相互作用关系,还研究生态系统与外部环境和社会经济系统的关系(于贵瑞,2007)。

生态系统包括生物系统和非生物环境,其中生物系统范畴从基因系统、细胞系统、器官系统、个体系统、种群系统、群落系统延伸到生态系统层次。生态系统生态学的研究对象主要是群落以上的系统层次(Loreau et al., 2003;陈利顶等,2019),涉及局域、流域、区域乃至全球等尺度,如图 1-1 所示。

生物个体是生态学最基本的研究单元。个体生态学是连接生态系统、群落和种群不同层次研究的纽带。个体、种群和群落的研究是生态系统生态学产生和发展的基石(图 1-1),而社会需求直接推动了生态系统生态学的快速发展,使生态系统生态学成为过去半个世纪里生态学发展史上的一个亮点。生态系统的研究被认为是当代生态学发展的标志,是指导各种生产活动的理论基础。生态系统生态学的发展与不同时空尺度的环境问题研究计划密切结合,促进了以生态系统生态学为核心的大尺度生态学的发展,使生态学从生物学中的一个普通分支学科提升为一个举足轻重的生物学与地学交叉的新兴学科。

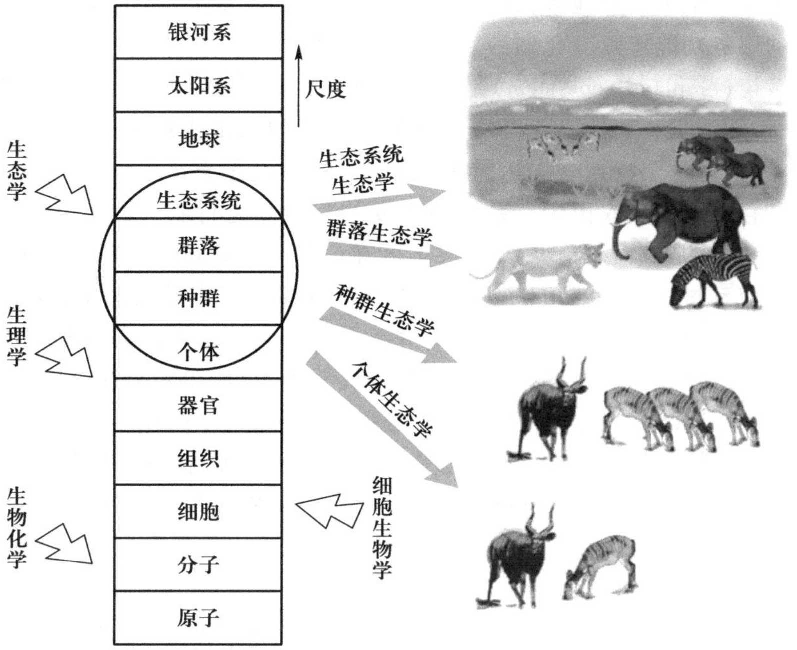

图 1-1 生态系统生态学的定位与研究工作的时空尺度

按照生物栖息环境、植被特征和地貌特征的不同,生态系统可以划分为多个类型,生态系统生态学所研究的生态系统类型主要包括森林、草地、农田、湿地、淡水、海洋和城市等。不同类型的生态系统具有不同的特点。

森林生态系统(forest ecosystem)是陆地生态系统中面积最大的自然生态系统,是以高大木本植物为主体的生物群落(植物、动物和微生物)及非生物环境(光、热、水、气、土壤等)综合组成的生态系统。与其他生态系统相比,森林生态系统具有 3 个特点。① 森林群落具有明显的垂直结构特征,群落结构复杂。森林群落垂直结构的主要表现形式是林冠分层,在森林生态系统中,大多数生物群落自上而下分别有乔木层、灌木层和草本层等,这样有利于提高群落利用阳光等环境资源的能力。② 森林生态系统是物种宝库,动植物种类繁多,是生物多样性最高的生态系统。研究表明,陆地植物有 90%以上存在于或起源于森林生态系统。森林中的动物种类和数量也远远大于其他陆地生态系统。③ 森林生态系统生物量、生产力和碳储量巨大,是陆地生态系统发挥碳汇功能的主体。在我国,森林生态系统贡献了陆地生态系统约 80%的固碳量(Fang et al.,2018),在全球碳循环和应对气候变化中起着至关重要的作用。

草地生态系统(grassland ecosystem)是指在中纬度地带大陆性半湿润和半干旱气候条件下,由草本植物群落为主要生产者的陆地生态系统。草地生态系统是全球分布最广的自然生态系统之一,占地球陆地面积的 37%(Suttie et al.,2005)。与其他生态系统相比,草地生态系统在类型组分、生态过程、环境条件及效用等方面都具有其自身特点。具体而言,它是一种以草地-土壤-家畜-牧民为一体的生物群落与生态环境之间相互作用所构成的复合生态系统。作为陆地生态系统的重要组分和畜牧业的生产基地,草地生态系统在维持自然生态系统格局、保障区域生态安全和食物供给等方面具有重要价值(O'Mara,2012)。草地生态系统主要分布在干旱半干旱地区，其群落结构和功能在很大程度上受降水量影响。因此，草地生态系统的服务功能年际变化剧烈，不稳定性较强。

农田生态系统(cropland ecosystem)是人类为满足生存需要，干预自然生态系统，依靠土地资源，利用农作物的生长繁殖来获得物质产品而形成的人工生态系统。与自然生态系统相比，农田生态系统有 4 个特点。① 具有高度的目的性，这是农田生态系统的本质特点，也是其产生根源和存在基础。农田生态系统最主要的目的是进行农产品生产，满足人类社会生存和发展的需要，这是农田生态系统的根本所在(尹飞等，2006)。② 具有独特的开放式物质循环和能量流动过程。在农田生态系统中，由于大量农畜产品的输出，为了维持农田生态系统的养分平衡，提高系统的生产力，农田生态系统就必须从系统外汲取较多的资源，如人和动物的劳力、化肥农药、杀虫剂、灌溉水、动力机械等，这使得农田生态系统具有较高的开放性。③ 农田生态系统的生物物种是人工培育与选择的结果，往往生物物种单一、营养结构简单、系统稳定性差、抗逆性差，容易遭受自然灾害。因此，农田生态系统对人类管理活动的依赖性很大，只有进行科学合理的人为干预才能维持农田生态系统的正常运行。④ 农田生态系统结构与生态过程的变动性远高于自然生态系统。农田生态系统受自然生态规律和社会经济规律的双重制约。在国家农业政策和市场经济规律的指导下，人类采取多种管理措施，以获得最多的符合市场需要的农产品和最大的经济效应，这导致农田生态系统具有较高的易变性(尹飞等，2006)。

湿地生态系统(wetland ecosystem)是指水淹(flooding)导致土壤以无氧过程为主，从而迫使生物(特别是有根植物)对水淹产生适应的生态系统(Keddy，2000)。湿地生态系统具有 4 个特点。① 土壤具有还原性。湿地中的水淹环境使得系统中土壤氧气缺乏，进而导致湿地土壤更多地处于还原态而非氧化态，这有利于有机质的保存(Keddy，2000)。② 生物具有较强的耐水淹能力。为了适应湿地的水淹环境，湿地生态系统中的水生植物和动物进化产生了一系列的生物特性，如发达的通气组织能够有效提高氧气的传输能力。③ 生物多样性较高。由于湿地是陆地与水体的过渡地带，因此它兼具丰富的陆生和水生动植物资源，形成了其他任何单一生态系统都无法比拟的独特生境，因而具有多样的动植物群落，对保护物种和维持生物多样性具有难以替代的生态价值。④ 生产力较高。一些类型的湿地生态系统具有较好的生产力，如木本沼泽和草本沼泽位列地球上生产力最高的生态系统，它们能够比肩热带雨林和农田生态系统(Whittaker and Likens，1973)。

城市生态系统(urban ecosystem)是一个高度复杂的“社会-经济-自然复合生态系统”，由城市居民、其他生命有机体和城市环境系统组成，不同于其他自然生态系统，城市生态系统由人工建造的社会环境系统(经济、政治、法律、文化教育)所主导，属典型的人工生态系统(马世骏，1984)。城市生态系统具有 3 个特点。① 社会-经济-自然复合的特性和整体性。城市生态系统包括自然、经济与社会三个子系统，是一个以人为中心的复合生态系统。组成城市生态系统的各部分相互联系、相互制约，形成一个不可分割的整体。任何一个要素发生变化都会影响整个系统的平衡，导致系统的发展变化。② 高度人工化。城市生态系统的生命系统主体是人，而不是各种植物、动物和微生物。与自然生态系统不同的是，城市生态系统需要外部生态系统物质和能量的输入才能维持正常运行。③ 高度的空间异质性和动态度。在城市生态系统中，建筑物和植被覆盖类型等，在很小的距离范围内可能有很大的变化,表现出不同于自然生态系统的高度空间异质性以及动态度。

1.3.2 生态系统生态学的学科定位

生态系统生态学属于自然科学范畴,从属于生命科学体系;在我国的学科门类和学科体系划分中属于一个二级学科方向,其一级学科为生态学。生态系统生态学处于分子生态学(molecular ecology)、个体生态学(autecology)、种群生态学(population ecology)、群落生态学(community ecology)、生态系统生态学(ecosystem ecology)、景观生态学(landscape ecology)、区域生态学(regional ecology)和全球生态学(global ecology)这个生态学学科体系的中间层次。生态系统生态学不仅研究生态系统的自然属性,也强调人文社会因素的作用。因此,生态系统生态学不仅是一门自然科学属性很强的学科分支,也成为支撑人类社会可持续发展的重要理论基础。

1.3.3 生态系统生态学的研究内容

(1) 生态系统组成、结构和动态

生态系统是生物群落(包括生产者、分解者和消费者)和无机环境(包括土壤、水和大气等)相互作用而构成的一个动态、复杂的整体。生态系统中生产者、消费者和分解者间通过取食过程形成层级结构和网络关系,驱动生态系统的物质循环和能量流动。生态系统的组成、结构与动态的研究是生态系统生态学的基础,而食物网则是这一领域的核心主题。具体而言,生态系统组成、结构和动态的研究主要关注营养级研究(相邻营养级关系和多营养级关系)、食物网研究(网络结构分析、网络构建机制及其与稳定性的关系)以及干扰对营养级与食物网的影响等多个方面。解析生态系统营养级间的互作关系、食物网的构建机制以及它们对干扰的响应,对深入理解生态系统的物质循环和能量流动至关重要。

(2) 生态系统物质循环与能量流动

物质循环和能量流动是生态系统的两大基本功能。物质循环通常是指组成生物体的C、H、O、N、P、S等元素在生态系统内生物群落与无机环境间反复循环的过程。能量流动是指生产者通过光合作用固定太阳能后,能量在生态系统内沿食物网或营养级传递和耗散的过程。生态系统中的物质循环与能量流动的研究围绕“库”(pool)与“流”(flux)两个经典概念来开展。库是指特定物质在循环过程中被长久或暂时固定的场所,如植物、动物、土壤、微生物和大气等。物质在生态系统中的循环实际上是在库与库之间彼此流通,而单位时间或单位体积的转移量就称为流,常用周转速率、周转通量和周转时间等描述。生态系统物质循环与能量流动的研究主要探讨库的大小及元素在库与库之间的周转速率。生态系统物质循环与能量流动是实现生态系统结构和功能的关键过程,是生态系统生态学的核心研究内容之一。

(3) 有害污染物在食物网中的传递行为与人群健康

与生态系统中能量沿食物链和食物网逐级递减相反,有害污染物会通过食物链和食物网传递并逐渐富集积累。换言之,食物网是有害污染物在生态系统中传递的重要途径。因

此，了解有害污染物在食物网中的传递行为与机制是有害污染物生态暴露风险评价的科学基础。近年来，除无机物的环境行为外，微量有机物，如持久性有机污染物（POP）、内分泌干扰物质（EDC）等在生态系统食物网中的传递行为越来越重要。该领域的关键核心科学问题是识别污染物对个体生物的毒性效应，以及个体生物的毒性效应如何传递到种群、群落等更高层次，进而产生影响生态系统的生态危害。研究的目标是揭示环境污染的生态健康危害，从而进行全球的污染控制和风险防范。这也是保护生物圈生物健康、生物资源量和种群稳定的重要研究方向。

(4) 生物多样性与生态系统功能及服务

生物多样性与生态系统功能（biodiversity and ecosystem functioning，BEF）之间的关系是连接群落生态学和生态系统生态学的中心枢纽，是一个经典的问题，也是一个热点话题。生物多样性与生态系统功能主要研究群落组成和结构（即生物多样性）及其动态对生态系统功能和服务的影响，以及生态系统变化对群落生物多样性的影响。生态系统服务是指对人类生存和生活质量有贡献的生态系统产品（goods）和服务（service）。因此，探讨生物多样性与生态系统功能和服务及其稳定性的关系，其实质是探讨生态系统中物种数量、物种质量、物种间进化关系以及生物与环境相互作用等如何影响生态系统功能和服务及其稳定性。近 30 年来，由于全球变化和人类活动加剧，全球生物多样性正面临巨大的风险。揭示生物多样性与生态系统功能的关系是准确认识和评估生物多样性丧失的生态后果的基础，是生态系统生态学核心研究内容之一。

(5) 全球变化和人类活动对生态系统的影响

全球变化是指由于自然和人为因素而造成的全球性的环境变化，主要包括气候变化和大气组成变化，以及由于人口、经济、技术和社会的压力而引起的土地利用/土地覆被的变化。具体而言，全球变化各驱动因子包括大气 CO_2 浓度升高、温度升高、降水格局改变、氮沉降、臭氧污染等以及人类活动，如森林采伐、土地利用变化等。自工业革命以来，全球变化与人类活动已经导致生物多样性、生态系统生产力和生态系统过程等发生深刻改变，这些改变将直接影响甚至威胁人类的生存环境及社会经济的可持续发展。全球变化和人类活动对生态系统的影响研究以生态系统的结构、功能及其对全球变化的响应和适应为主要内容，目标是实现人类对生态系统服务的可持续利用，是生态系统生态学的重点研究内容之一。

(6) 生态系统恢复和管理与可持续发展

在全球变化和人类活动的双重影响下，生态系统群落组成、结构和功能均会发生改变，最终可能导致生态系统退化甚至完全消失。现如今，由于人类的过度干扰，地球上的生态系统均有不同程度的退化甚至极度退化。生态系统退化对人类社会福祉和经济发展造成的冲击是不言而喻的，而合理的管理措施通常可以扭转生态系统的退化趋势，并增强其对人类福祉的贡献。因此，了解生态系统及其服务功能发生改变的历史过程及驱动力、近期现状及未来可能的发展趋势，利用生态系统的自我恢复能力，辅以人工措施，进行生态系统恢复与管理是至关重要的。生态系统生态学将从生态系统的角度探讨生态系统退化的原因以及退化生态系统恢复与重建的技术与方法、过程与机理，以期恢复退化生态系统的生物组合、生态过程和结构，使其能够自我维持，并得以可持续发展。

(7) 生态系统研究的新技术和新方法

生态系统的研究要从时间和空间尺度上考虑生态系统要素、结构和功能，使用的主要技术和方法包括观测、模拟与评价。根据调查和研究对象，具体可分为调查、采样、定位观测、控制/模拟实验、高空/遥感观测、模型模拟、系统评价等。近年来，随着生态学研究的不断发展，学术界研究并开发了大量新技术和新方法，为实现生态系统“天-空-地”一体化“观测模拟+评价”研究体系提供了可能。这些新技术和新方法包括以涡度相关为代表的生态系统通量观测技术、全土壤剖面增温为代表的新一代野外增温技术、碳氮水稳定同位素示踪技术、解析天然有机质来源的生物标志物技术、剖析土壤结构的土壤团聚体分析技术、揭示微生物群落组成与功能的微生物组学技术、以红外相机为代表的动物监测技术、生态遥感以及新一代生物圈模型等。

(8) 生态系统观测网络及实验平台

观测和实验是开展生态系统生态学研究的两种重要手段，两者对促进生态系统生态学的发展起到至关重要的作用。在观测方面，国内外学者依托生态系统定位研究站开展大量定位观测，并随着生态学研究的不断发展，学术界建立了一系列生态系统观测网络。按照观测对象和观测指标，这些观测网络大致可以分为两类，一类是以国际长期生态研究网络(ILTER)和美国国家生态观测站网络(NEON)为代表的综合观测网络，另一类是以全球物候监测网(GPM)和全球通量观测研究网络(FLUXNET)为代表的针对生态系统特定组分或者特定生态系统的观测网络。在实验方面，全球变化控制实验(如 CO_2 富集、养分添加、增温、降水格局变化等单因子和多因子交互实验)的出现为认识生态系统对全球变化的响应与适应提供重要手段。近年来，以 NutNet 和 Drought-Net 为代表的联网控制实验的发展进一步解决了以往单点不同实验中涉及的实验处理、测定指标以及测定方法不一致等问题，为认识生态系统对全球变化的响应与适应提供了重要依据。

1.3.4 生态系统生态学与其他学科及分支的关系

生态系统生态学研究范围广、涉及领域多，涵盖了生态系统的组成要素、结构与演替、系统内和系统间的能量流动和物质循环以及人为影响与调控机制等诸多方面，还包括对这些内容进行的整体性研究。生态系统生态学与地理学、生物学和环境科学等学科及其分支都有着紧密的交叉(图 1-2)，并涉及进化生物学、遗传学与气候学等多个学科。下面主要介绍与生态系统生态学密切相关的三个学科，即地理学、生物学和环境科学。

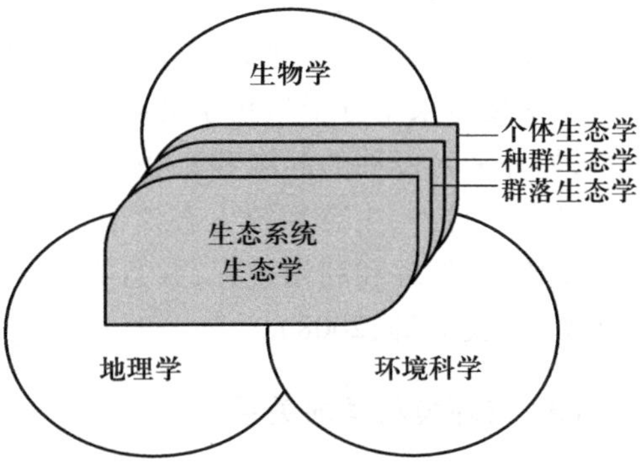

图 1-2 生态系统生态学与其他学科交叉关系

(1) 与地理学的关系

生态系统生态学与地球科学体系中的地理学学科在研究对象、研究内容以及研究方法上,都有很多相似和交叉的部分。地理学是研究水、土壤、大气、生物和人类活动等地理要素或者地理综合体的空间分布规律、时间演变过程和区域特征的一门学科(傅伯杰,2017)。其中,地理综合体由地理要素组成,可以是自然界中的一个生态系统、一个自然地带,或者是人类社会中的一个城市、城市的一个街区。因此,生态系统生态学与地理学在研究对象上有很大的相似之处,都关注水、土、气、生、人这五大要素。不同之处是,生态系统生态学更加侧重要素(生物与非生物环境因子)之间的相互作用和反馈机制、物质循环与能量流动,而地理学更加关注地理要素的空间分异特征与演变规律。在研究方法上,两个学科都重视系统论和综合性的理论和数量化的方法。事实上,有学者认为,自生态系统的概念提出以后,自然地理学的研究有"生态化"的趋势。20世纪60年代,系统论等方法论引入地理学以后,自然生态系统研究成了自然地理学研究的热点,从而形成新自然地理学和景观生态学等研究领域。而在人文地理领域,生态系统概念的引入促进了地理学对城市生态系统等的研究。这类研究与城市生态学类似,关注自然生态系统与社会经济系统之间的联系和转化。地理学与生态学,尤其是与生态系统生态学的交叉融合,产生了新的交叉学科,例如研究生态系统各组分关系和生态过程的地理空间分布格局或/和时间演变规律及其与地理环境耦合机制的生态地理学(傅声雷和傅伯杰,2019)。

(2) 与生物学的关系

生物学是研究生物各个层次的种类、结构、功能、行为、发育和起源进化的科学。生态学成为一级学科之前,在原有的学科体系分类中属于生物学的一个分支学科。因此,作为生态学的二级分支学科之一,生态系统生态学与生物学在研究对象、研究内容以及研究方法上有着诸多交叉和重叠。生物学的研究对象,包括植物、动物和微生物的生命现象及活动规律,是两个学科共同关注的焦点。研究生物的结构、功能和过程,注重个体生长发育规律及其生长周期各阶段的性状表现等,也是两者共同的研究内容。不同的是,生物学是强调生物内因的科学,侧重研究生物的生理方面,如生物体新陈代谢、生殖遗传与变异,以及宏观动物行为、种群、群落的演替变化等;而生态系统生态学是关注生物活动外因的科学,更侧重研究生命体与环境的相互关系。随着学科的不断交叉,尤其是伴随着分子生物学技术的迅速发展,两者在技术方法上相互渗透、不断融合,促进生态系统生态学的定量化研究。例如,生态系统生态学逐步采用分子生物学的技术手段,从基因、遗传和进化角度研究生物与环境之间的关系,如外来入侵种的起源和种群遗传动态以及重组生物体释放对环境的影响等(牛翠娟等,2015)。另外,生态系统生态学信息研究与生物生命科学相结合,不仅有利于提示不同层次信息传递、处理和利用过程,并且有利于揭示不同层次生物系统发育、进化的动态机制与内在本质(戈峰等,2008)。

(3) 与环境科学的关系

环境科学是一门研究人类社会发展活动与环境演化规律之间相互作用关系,寻求人类社会与环境协同演化、持续发展途径与方法的科学，是一门新兴的、典型的跨学科专业。环境科学与生态学，尤其是与生态系统生态学在研究对象、内容与方法等方面，都有诸多交叉。环境因子（如土壤、水、大气）的质量（或污染程度）、变化规律及其对生命有机体的影响，是生态系统生态学与环境科学共同关注的重点。不同的是，环境科学更加聚焦人类社会发展活动（如工业和农业发展）导致的水体、土壤和空气污染等的影响，尤其是对人体健康可能的危害，污染物产生的原因以及如何防治污染。随着人类活动强度的日益增加，资源短缺、环境污染和生态破坏等问题日趋严重。这类综合性的问题，依靠单一的学科很难解决，急需跨学科的研究和相关学科的发展。环境生态学，一门环境科学与生态学，尤其是与生态系统生态学相互交叉、相互融合而形成的一门新兴交叉学科，在这样的背景下应运而生。环境生态学以生态学理论为基础，通过研究人为干扰下生态系统内在变化机理与规律，关注如何采用生态学的方法系统地治理环境污染和解决生态破坏问题，以改善恶化的环境质量，修复受损的生态系统（卢升高，2010）。这种学科的交叉对生态环境的保护与修复、城市与区域的可持续发展极为重要。

1.4 生态系统生态学发展主要面临的问题与挑战

1.4.1 突破经典学科的限制

生态系统十分复杂，主要体现在其多要素、多功能、多变性和多层次等方面（蔡晓明，2000）。生态系统是由多种要素（组分）组成的统一整体，其组分可概括为非生物组分与生物组分。前者包括能量、气候和基质等；后者按其能量流动与物质循环中的作用可分为生产者、消费者和分解者。同时，生态系统还具有多种功能，如物种流动、能量流动、物质循环、信息流动、价值流、生物生产和分解作用等。目前，生态学家对单个生态系统所涵盖的要素与功能尚难完整、详细地描述，更不用说地球上处于不同时空格局的多种类型的生态系统。因此，了解生态系统的要素及其相互作用关系、过程与功能是生态系统生态学研究的基本任务与巨大挑战。

生态系统的多变性，即生态系统随时间（年、月、日、时等）的推移具有动态变化的特征，使生态系统研究面临着诸多不确定性，进而导致研究总体相对滞后，需长期且连续地开展观测与研究。例如，滥砍滥伐、火灾等可导致森林生态系统在较短时间中发生剧烈变化（Margono et al.，2014），而气候变化引起的森林生态系统变化却往往较为缓慢且呈现波动特征（Dale et al.，2001；Hansen and DeFries，2004）。对缓慢且波动的生态系统变化进行定量分析，往往需要在较长时间尺度上开展观测才能消除波动带来的干扰。此外，生态系统中复杂的过程与关系在时间尺度上表达的不确定性，也为生态系统观测频率的确定带来挑战（Thorpe et al.，2016）。例如，美国国家生态观测站网络对河流流量的监测频率为每分钟，观测频率的提高相应地提高了数据采集与分析的工作量。但在实际研究中，基于分钟数据产生日平均和月平均数据开展分析也的确能有效地提高结果的准确性与精度。此外，生态系统的多变性还体现在其受到内在或外在因素影响时发生的量变与质变。生态系统内部的复杂互作、不同生态系统的相互影响、外在物质与能量扰动均可导致生态系统发生不同程度的变化。因此,除了观测不足外,对于生态系统变化的内在与外在机制不明,也是生态系统研究存在诸多不确定性的原因。

生态系统具有多尺度性与多样性,为制定生态系统观测策略与准确刻画生态系统变化带来挑战。目前,国内外成熟的观测体系,如中国生态系统研究网络(CERN)、美国国家生态观测站网络(NEON)、全球陆地观测系统(GTOS)等,主要采用定位观测与遥感观测相结合的方式,在多尺度上开展研究(Elmendorf et al.,2016)。但由于生态系统中层次多样,且不同层次间相互关联,而目前对不同层次间关联的观测与定量刻画、生态系统的整体性变化研究还有待发展(肖显静和何进,2018)。另外,生态模型是研究生态系统多层性的必要手段。当前,虽然生态系统理论模型构建已取得了较多进展,但是如何将不同层次与尺度的观测数据用于模型的参数化,仍处于不断探索中。

总之,生态系统生态学作为生态学核心学科,发展一直较为迅速,但也因其研究对象的复杂性而存在诸多挑战。一方面,由于技术手段的限制,生态系统研究必然有所简化与偏重,生态系统生态学逐渐形成了一些较为固定的研究领域,相关理论与研究方法比较完善;另一方面,领域的固化亦导致了生态系统研究的片断化、孤立化,忽略了生态系统作为一个整体的基本特征,限制了学科发展。如何突破生态系统生态学经典学科领域的局限性,从而开展整体性、交叉性的生态系统研究,是生态系统生态学发展中需要解决的主要问题。

1.4.2 生态系统各组分的相互作用与整体性研究

生态系统内各组分(如植物等生物组分与土壤、水等非生物组分)间相互作用的量化是目前生态学研究中的难点,但却是准确地阐明生态系统结构、功能与动态的重要前提。目前,生态系统各组分间相互作用多为定性描述,缺乏对相互作用强度的量化,相关的理论与技术是当前尚未解决的难题。食物网研究是研究物种间相互作用的经典方向,重点解决“谁吃(消费)谁”的问题(Pimm et al.,1991)及物质循环与能量流动。早期相关研究主要为简单描述食物链及食物网结构,近年来,得益于网络分析及自适应系统概念的应用,食物网研究在揭示不同营养级物种互作对生物群落结构及动态的影响方面取得了重要进展(Cohen et al.,2012)。另外,过去20年来,物种互作研究扩展至互惠网络(如种子传播、传粉网络),强调互惠作用对生态系统动态的调节(Bascompte and Jordano,2013)。然而,由于生态系统各组成部分内部及之间均存在复杂的相互作用,当前生态系统各组成部分的相互作用与整体性研究仍显不足,主要表现在4个方面。

(1) 杂合生态网络研究不足

目前物种互作网络研究主要为食物网(包括寄生、捕食等)与互惠网络,但多是单独研究,与自然界多物种、多种相互作用共存的情况不符。生态系统中,生产者、消费者、分解者之间存在捕食、寄生、竞争、互惠、偏害、偏利等多种相互作用,形成杂合生态网络。有理论研究表明,种间互作的多样性对生态群落的稳定性有显著影响(Mougi and Kondoh,2012;Pocock et al.,2012;Fontaine et al.,2011)。因此,突破当前食物网、二相(寄生、互惠)网络研究的局限性，描述与整合生态系统中多类型的种间互作是当前生态网络及生物多样性研究面临的重大挑战。

(2) 分解者或微生物群落研究不足

自然界中微生物数量众多，既可为分解者又可为生产者，与动植物之间存在复杂的相互作用(Wardle et al.,2004)。以往物种互作研究主要关注较易观测的动植物，对于分解者(或微生物群落)与其他组分的相互作用研究较少。近年来，随着基因测序技术与生物信息学发展，植物地上-地下、植物-微生物、动物-肠道微生物等相关研究积累了大量的数据，一定程度上揭示了土壤动物、微生物群落在生态系统中扮演的重要角色。但是，分解者或微生物之间，以及它们如何与动植物发生互作，及其对生态系统结构、稳定性与功能的影响仍然不清楚。

(3) 生态系统内各组分之间的相互作用研究任重而道远

在生态系统中，除物种之间的相互作用外，生物与非生物组分之间以及非生物组分之间亦存在复杂的关联，由此形成多维度、多层次互作网络(Pilosof et al.,2017)。目前，许多研究关注于非生物组分对某一或少数生物组分的总体影响，或着重于生态系统内元素循环，未能将生物组分之间、非生物组分之间以及生物与非生物组分之间的相互作用统一，相关理论与经验工作均较为缺乏。这种情况可能与3个方面的原因有关。一是各组分相互作用的定量观测技术有限。在当前的技术条件下，直接观测某些组分间的相互作用仍有较大困难，因此，如何利用物种特征、遗传信息、种群动态、化学计量和环境变化等已有数据推断各组分互作的定量关系还存在很大的不确定性。对于某些可直接观测的组分间相互作用，在不同频率、时间与空间尺度以及情景下的定量评估力度仍然不够。二是操控性实验定量评估组分互作难度较大。实验性研究是量化各组分间相互作用较为直接准确的方法，但基于可操控性的简单生态系统所得到的观测结果很难直接用于复杂生态系统。三是多种观测手段、多种来源数据的整合存在问题。生态系统内不同组分相互作用的形式不同，采取的观测方式与手段也不同，如何利用各个领域的研究手段，并将多种来源的数据整合成生态系统各组分相互作用的统一框架，仍有待进一步研究。因此，剖析并定量生态系统各组分之间的相互作用成为当前生态系统生态学研究所面临的巨大挑战之一。

(4) 生态系统整体性研究缺乏

由于生态系统的复杂性，生态系统的实验研究难度很大。若要对生态系统各组分、过程与功能进行综合研究，生态模型的重要性不言而喻。通过数学模型与计算机模拟，可以估计与预测生态系统的结构与功能。然而，模型的参数化与验证仍须通过实验研究来实现。目前，实验研究往往关注生态系统中某一组成部分或过程，缺乏整体性实验。开展生态系统整体性实验面临很多困难，例如，生态系统各组分和过程的机制不清楚，大尺度生态系统研究的人力和物力耗费巨大，时间与空间的限制等。随着自动化、信息化、大数据等技术的发展，如何利用新技术、新方法完整地描述与控制典型生态系统，系统地研究各组成部分的功能与互作，构建更加完善的生态系统模型并加以验证，是生态系统生态学需要攻克的重要难题。

1.4.3 生态系统过程的非线性、临界点、复杂性和自适性

(1) 过程的非线性

生态系统中存在广泛的非线性过程,如种内及种间相互作用、生物对环境变化的响应等(Zhang et al.,2015)。非线性生态过程可能导致周期性、混沌等效应,其结果具有不可预测性(May and Oster,1976;Wood,2010)。关于非线性效应的理论、观测仍是未来生态系统研究的主要科学问题之一。

(2) 临界点及预警信号

生态系统临界点,即生态系统处于某一点时,其结构和功能可能因微小的内在或外在扰动发生剧烈的转变,且这种转变可能具不可逆性(Scheffer et al.,2001)。在全球变化的背景下,判断某生态系统是否具有临界点现象以及寻找临界点的预警信号是当前生态系统研究的重要方向(Drake and Griffen,2010;Hastings and Wysham,2010)。然而,目前除水生生态系统研究较多之外,其他类型生态系统的临界点研究仍然较少。

(3) 生态系统的复杂性

随着技术手段的提升,生态系统研究的方法逐渐从简单化转为复杂化。理论研究表明,生态系统的复杂性影响其功能与动态(May,1972;Thébault and Fontaine,2010),且简单系统的研究结果不一定能应用于复杂系统。因此,一方面,应提高生态系统监测的精度,从多种维度、全面详细地描述生态系统的各组分与相互作用;另一方面,不少复杂性对生态系统的影响仍然停留在理论层次,这些理论有待进一步的实验验证。

(4) 生态系统的自适性

生态系统具有维持自身稳态以及适应外界干扰的特性,称为自适性(Levin,1998)。生态系统自适性的机制是什么?各类生态系统自适性的内在机制可能不同,它们之间的共性与区别是什么?这些问题都有待解决。

1.4.4 跨尺度、跨生态系统类型研究

尺度是生态学中的一个基本问题。从维数来说,尺度包括空间尺度、时间尺度和组织尺度(邬建国,2000)。通常意义上的空间和时间尺度是指在观察或研究某一物体或过程时所采用的空间或时间单位,同时又可指某一现象或过程在空间和时间上所涉及的范围。而组织尺度是生态学组织层次(如个体、种群、群落、生态系统、景观、区域和全球等)在自然等级系统中所处的位置和所完成的功能(邬建国,2000)。尺度问题源于自然界的等级组织和复杂性。随着生态学向着分子尺度(超微观)和全球尺度(超宏观)两个极限不断扩展研究领域,生态观测正从传统的、不连续的样方地面观测向"天-空-地"多尺度、多要素、多过程的综合观测转变。多尺度、多要素、多过程的生态观测体系逐渐成为新一代生态观测系统的重要特征。然而,面对生态系统的复杂性和多尺度等特征,目前还没有发展出统一的大理论对

多个层次的众多过程在多时间尺度上进行概括，也没有建立一套有效的方法开展多尺度的定量描述和综合分析。如果要准确理解一个系统，必须在合适的时空尺度上，同时开发合适的模型来把各个尺度上的现象联系起来。这就要求我们采用多尺度观测、多方法印证、多过程融合、跨尺度模拟的技术途径对生态系统开展整合性的集成研究。因此，如何整合不同尺度的生态学过程，使从分子到个体层次的生态学现象能够在现实的生态系统格局和过程中得到体现，实现理论上的发展；如何在全球尺度开展跨生态系统研究，实现从局域、流域、区域到全球尺度的生态学过程认识，从而更好地管理生态系统，为社会和人类福祉服务，都是当前生态学的研究前沿。

1.4.5 生态系统生态学用于解决实际问题

全球人口的持续增长和人类社会经济的发展，给生态系统带来了前所未有的压力。受城市化、农业生产、矿产资源开发等高强度人类活动长期干扰的影响，在全球、区域和局地等多个尺度，生态系统的结构和功能发生了巨大的变化，部分生态系统退化严重，生态系统提供服务的能力下降，对生态安全及人类可持续发展产生了重要的影响。人类目前面临的生态系统退化、环境污染加剧等问题，与生态系统结构、过程的变化密切相关。导致这些变化的因素很多也很复杂，需要采用系统性、整体性的思路和方法予以解决。生态系统生态学系统性、整体性的研究思路与方法，可为解决人类面临的一系列生态环境和社会发展的复杂性问题提供新的思路与方法。

在诸多驱动生态系统结构和过程变化的因子中，人类的社会经济活动往往是直接或者间接的主导因素。但是长期以来，生态系统生态学的研究侧重自然生态系统，有意或者无意地忽视了人类社会经济的影响。如何通过与其他学科的交叉融合，更好地发挥生态系统生态学研究在解决人类目前面临的重大问题中的作用，是生态系统生态学发展面临的一个巨大挑战，同时也是一个重大的机遇。人类所面临的这些问题往往具有复杂性和系统性，生态系统生态学因其系统性与复杂性的学科特点，在解决此类复杂问题时必然起到关键的作用。但是，这些问题的解决不能仅仅依靠生态系统生态学单个学科，还需要综合生态学的其他分支学科以及社会科学、规划与管理、设计、工程科学等其他多个学科。学科的交叉，对于生态系统生态学来说，挑战与机遇并存。多学科的交叉需要采用新的视角，发展新的方法与理论，这些都充满了挑战；同时，这也给生态系统生态学的发展提供了更大的空间和方向。此外，虽然多学科交叉的科学研究让复杂问题的解决成为可能，但如何将科学研究成果转化为决策应用，也是生态系统生态学未来面临的巨大挑战。

1.5 生态系统生态学未来发展方向与建议

近年来，人类活动导致地球环境迅速恶化，强烈的社会需求驱动着生态系统生态学的理论发展和技术进步，生态系统生态学已经为濒危物种保育、生物入侵预警和控制、退化生态系统恢复、生物资源管理、全球变化及应对等诸多问题提供了知识基础和研究方法的支撑。

由于解决全球尺度上生态环境问题的需求，近年来，生物多样性保护、全球变化与陆地生态系统等分支方向蓬勃发展。另外，生态系统生态学的研究从生物群区结构与功能发展到生态系统的服务功能，最近更加明确地把生态系统与人类福祉的相互作用关系作为研究计划的核心科学问题，全球变化与陆地生态系统成为大尺度生态学研究的主题。如何发展和应用生态系统生态学的理论与方法，应对全球变化，减少城市化对生态系统的影响，是生态系统生态学研究的科学前沿，更是国家的重大科技需求。从科学前沿和国家需求出发，生态系统生态学未来的发展，应该加强以下5个方面的研究。

1.5.1 全球变化多因子交互作用对生态系统影响的研究

全球变化不仅表现为以大气 CO_2 浓度升高、温度升高和降水格局变化等为特征的气候变化，同时也伴随着大气氮沉降、磷沉降、酸沉降、土地利用变化、生物多样性丧失等环境变化。作为地球表层的重要组成部分，生态系统是人类生存和发展的物质基础，其对全球气候和环境变化的响应直接影响着地球和人类社会的未来（方精云等，2018）。气候环境是生态系统的重要组成部分，因此，包括气候变化在内的全球变化势必对生态系统的组成、结构和功能产生重要影响，同时，生态系统本身也会对全球变化做出反馈。在当前，围绕着全球变化单因子对生态系统组成、结构和功能的影响已经开展了相当多的案例模拟研究，研究内容主要集中在植物生长、物种组成和群落结构变化、生态系统碳循环和氮循环过程等。然而，在自然情况下，全球变化要素是相伴而发生的，而且不同要素之间常常存在交互作用（Yue et al.，2017）；单个因子的模拟研究并不能真实反映生态系统在自然状态下的变化。此外，现有的大多数实验研究通常在样地或林分水平上开展，且持续时间相对较短，对全球变化在景观和区域尺度上的长期影响仍缺乏认识。因此，亟待开展多要素交互作用对生态系统组成、结构和功能影响的研究，以及将样地尺度的研究逐步扩展到景观乃至区域和全球尺度的大尺度研究。

1.5.2 国家尺度生态系统过程与评估的集成研究

我国幅员辽阔，生态系统类型多种多样，既包括热带森林、温带森林和湿地等生态系统，也包括温带和高寒草甸与草原等草地生态系统。这些不同类型生态系统中的生态系统过程及驱动机理也不尽相同。尽管目前国内已经开展了相当多的案例研究，但鲜有利用生态模型和集成技术对国家尺度相关生态过程进行模拟和集成的研究。尤其是在全球变化背景下，大气 CO_2 浓度升高、温度升高、降水格局改变、大气氮磷沉降以及它们之间的交互作用对生态系统的组成、结构和过程产生深远的影响，势必会进一步影响生态系统的功能及生态系统服务。因此，亟须开展以生态系统生态学为基础的、涵盖不同类型生态系统的国家尺度生态过程模拟与预测研究。

1.5.3 跨学科、尺度和生态系统的联网研究

“山水林田湖草是一个生命共同体”体现了不同类型的生态系统是一个彼此相互联系、不可分割的生命共同体，它们之间只有保持着畅通的物质传递与能量传递，才能让人类得以可持续地生存与发展。因此，生态系统生态学不仅要研究单一的生态系统类型，也要同时将

多种生态系统类型综合起来进行跨尺度的监测与模拟实验研究，在空间上将样地尺度扩展到局域、区域乃至国家尺度。此外，在国内，虽然在不同的地点开展了针对生态系统的定量监测与模拟研究，但这些研究所采用的观测手段、观测技术和实验处理条件存在很大的差异，使得不同数据结果在整合的时候存在各种各样的问题。因此，亟须在国家层面开展不同尺度、不同生态系统类型的系统性、分布式、统筹的联网观测与模拟研究，并不断发展或推广新的观测技术，如稳定同位素、DNA 条形码和红外相机监测等(Burton et al.,2015;Layman et al.,2012)。同时，生态系统生态学也要与地理学、生物学、环境科学等其他学科相结合，以生态系统为研究的基本功能单位，涵盖植物、动物、微生物等生命体以及环境，建立国家层面的实时监测平台。这将极大地促进研究成果的整合，更好地提供更加具有精确性、针对性的政策与建议。

1.5.4 水生生态系统与城市生态系统研究

生态系统生态学的大部分工作是针对陆地生态系统开展的研究，而对水生生态系统的研究比较缺乏。另外，由于水生生态系统具有界限清晰、实验操作性强、营养级关系明确等优势，可作为模式系统研究生产者、消费者和分解者之间的互作网络关系，评估水生生态系统的生物多样性及动态趋势。未来可从以下 3 个方面进行重点研究。一是加强水生生态系统的生物多样性监测，了解生产者、消费者、分解者的种群数量、物种组成、功能特征，构建物种水平的相互作用网络。二是加强自然水生生态系统的长期监测研究。长期监测数据将有利于检验水生生态系统的动态特征和其对气候与人类活动的响应，以及预测未来变化趋势。三是加强控制性实验研究。利用水生生态系统易操作的特点，进行控制性实验研究，操控生产者、消费者、分解者的数量及组成，设计外界干扰条件并整合时空信息。这不仅可验证目前大量的理论研究成果，还可针对国家需求进行应用性较强的研究，为相关政策的实施提供科学依据。

城市生态学在最近 20 多年快速蓬勃发展，不仅为城市的生态建设与管理提供新的思路和方法，也为生态系统生态学中如何综合考虑人类社会经济的影响提供研究的范式(马世骏和王如松,1984;王如松和欧阳志云,2012;Pickett et al.,2016)。作为相对年轻的学科，城市生态学的学科理论体系、研究方法与技术还需要不断地研究、发展和完善。城市生态学未来的研究热点主要包括 3 点。一是理论范式与多学科交叉的综合研究。城市生态学家需要进一步深化对城市生态学研究范式的理解与应用，发展和构建新的概念框架，加强生态学、社会学、可持续发展科学、城市规划与设计等多学科交叉研究。二是新的概念模型与技术方法研究。需要基于现有的方法，不断地研究与发展新的研究方法和技术，尤其是系统、规范的观测、实验、分析和模型模拟的方法和标准。三是面向城市可持续发展的城市生态学研究。研究需要多学科学者、政府决策部门以及公众的通力合作，真正实现从生态系统的“观察者”到置身其中的“参与者”的转变，探索一条可持续发展道路。

1.5.5 面向应用的生态系统生态学研究

当前，国家、社会和公众把生态学提到了前所未有的高度，“生态文明建设”“五位一体”总体布局、“新发展理念”等都需要生态系统生态学提供理论支撑，生态系统生态学需要面向国家的战略需求,综合研究脆弱生态系统对全球变化和人类活动的响应与适应,脆弱生态系统的保护、恢复与重建理论与技术。另外,随着“绿水青山就是金山银山”的科学论断的提出,尊重自然、顺应自然、保护自然的生态文明理念逐渐融入社会建设各方面和全过程。面对资源约束趋紧、环境污染严重、生态系统退化的严峻形势,国家在这些生态与环境领域的国际活动和履约过程中迫切需要全面、翔实的科学数据和研究结论作为科技支撑,需要科学家提供准确的科学信息和对策方案,共同解决生态文明建设中遇到的问题,并为生态文明建设的持续发展提供理论支撑。

经典文献

文献	主要发现
Clements FE. 1916. Plant Succession: An Analysis of the Development of Vegetation. Washington DC: Carnegie Institute of Washington.	群落“整体论”思想的代表,提出“超级有机体”的概念,指出群落是一个整体,类似于一个有机体,可以形成、发育、成熟和死亡
Gleason HA. 1917. The structure and development of the plant association. Bulletin of the Torrey Botanical Club,44:463-481.	群落“个体论”/“还原论”思想的代表,认为群落只是个别物种的集合,群落的形成仅仅是一种巧合,群落模式可以通过个体水平上的过程而得到解释
Elton CS. 1927. Animal Ecology. New York:Macmillan.	从动物食性以及其他生物捕食的关系说明了动物在群落中的地位(生态位),这种营养结构的概念为我们今天认识生态系统中的物质提供了基本的框架
Tansley AG. 1935. The use and abuse of vegetational concepts and terms. Ecology,16:284-307.	定义了“生态系统”一词,并强调生态系统中无机成分与有机成分以及生物有机体之间物质交换的重要性
Lindeman RL. 1942. The trophic-dynamic aspect of ecology. Ecology,23:399-418.	Lindeman揭示了营养物质移动规律,创建了营养动态模型,成为生态系统能量动态研究的奠基者。他通过科学的数据,论证了能量沿着食物链转移的顺序,提出了著名的“十分之一定律”,标志着生态学从定性走向定量的阶段
Odum EP. 1959. Fundamentals of Ecology. 2nd ed. Philadelphia:Saunders Company.	被誉为史无前例的生态学教学参考书,实现了生态学从传统向现代的时代转换
Odum EP. 1969. The strategy of ecosystem development. Science,164:262-270.	提出生态系统机能的一般性结论
Golley FB. 1961. Energy values of ecological materials. Ecology,42:581-584.	比较深入地揭示了生态系统能量流动的渠道是食物链,能量在沿着各营养级流动时是逐渐减少的

续表

文献	主要发现
Ricklefs RE. 1973. Ecology. Newton: Chiron Press.	对生态系统概念的发展进行了梳理,强调应加强人类活动对生态系统和生物圈的影响
Golley FB. 1993. A History of the Ecosystem Concepts in Ecology: More than the Sum of the Parts. New Haven: Yale University Press.	绘制了生态系统中物质循环和能量流动的基本格局,形象地表明了生态系统中生物和非生物成分之间的相互作用和相互依赖的关系
Vitousek PM. 2004. Nutrient Cycling and Limitation: Hawaii as A Model System. Princeton: Princeton University Press.	详细地阐述了夏威夷热带森林生态系统的物质循环和养分限制
Coleman DC. 2010. Big Ecology: The Emergence of Ecosystem Science. Berkeley and Los Angeles: University of California Press.	详细回顾和总结了大尺度生态系统科学在全球和美国的发展历史
Chapin Ⅲ FS, Matson PA, Vitousek P. 2011. Principles of Terrestrial Ecosystem Ecology. 2nd ed. New York: Springer.	一本经典的生态系统生态学专著,系统地阐述了生态系统生态学的基本原理
Weathers KC, Strayer DL, Likens GE. 2013. Fundamentals of Ecosystem Science. New York: Academic Press.	多位作者合作的成果,详细阐述了生态系统科学的概念、原理和内容

参 考 文 献

蔡晓明. 生态系统生态学. 2000. 北京:科学出版社.

陈利顶,吕一河,赵文武,等. 2019. 区域生态学的特点、学科定位及其与相邻学科的关系. 生态学报,39:4593-4601.

方精云,朱江玲,石岳. 2018. 生态系统对全球变暖的响应. 科学通报,63:136-140.

傅伯杰. 2017. 地理学:从知识、科学到决策. 地理学报,72:1923-1932.

傅声雷,傅伯杰. 2019. 生态地理学概念界定及其经典案例分析. 地理科学,39:70-79.

戈峰. 2008. 现代生态学(第二版). 北京:科学出版社.

李文华. 2013. 当代生态学研究:全球变化生态学. 北京:科学出版社.

卢升高. 2010. 环境生态学. 杭州:浙江大学出版社.

马世骏,王如松. 1984. 社会-经济-自然复合生态系统. 生态学报,4:1-9.

王如松,欧阳志云. 2012. 社会-经济-自然复合生态系统与可持续发展. 中国科学院院刊,1:337-345.

邬建国. 2000. 景观生态学:概念与理论. 生态学杂志,19:42-52.

肖显静,何进. 2018. 生态系统生态学研究的关键问题及趋势——从"整体论和还原论的争论"看. 生态学报,38:31-40.

尹飞,毛任钊,傅伯杰,等. 2006. 农田生态系统服务功能及其形成机制. 应用生态学报,17:929-934.

于贵瑞. 2007. 生态系统生态学的研究进展:气候变化与碳循环和长期联网生态研究. 见:邬建国. 现代生态

学讲座Ⅲ:学科进展与热点论题. 北京:高等教育出版社.
于贵瑞. 2009. 人类活动与生态系统变化的前沿科学问题. 北京:高等教育出版社.
张扬建,范春捆,黄珂,等. 2017. 遥感在生态系统生态学上应用的机遇与挑战. 生态学杂志,36:809-823.
郑凤英,彭少麟. 2001. 植物生理生态学指标对大气 CO_2 浓度倍增响应的整合分析. 植物学报,43:1101-1109.
Bascompte J, Jordano P. 2013. Mutualistic Networks. Princeton: Princeton University Press.
Borer ET, Harpole WS, Adler PB, et al. 2014. Finding generality in ecology: A model for globally distributed experiments. Methods in Ecology and Evolution, 5:65-73.
Bormann FH, Likens GE. 1967. Nutrient cycling. Science, 155:424-429.
Burton AC, Neilson E, Moreira D, et al. 2015. Wildlife camera trapping: A review and recommendations for linking surveys to ecological processes. Journal of Applied Ecology, 52:675-685.
Carson R. 1962. Silent Spring. Boston: Houghton Mifflin Company.
Chapin Ⅲ FS, Matson PA, Vitousek P. 2011. Principles of Terrestrial Ecosystem Ecology. 2nd ed. New York: Springer.
Chapin Ⅲ FS, Walker BH, Hobbs RJ, et al. 1997. Biotic control over the functioning of ecosystems. Science, 277: 500-504.
Clements FE. 1916. Plant Succession: An Analysis of the Development of Vegetation. Washington DC: Carnegie Institute of Washington.
Cohen JE, Briand F, Newman CM. 2012. Community Food Webs: Data and Theory. New York: Springer.
Coleman DC. 2010. Big Ecology: The Emergence of Ecosystem Science. Berkeley and Los Angeles: University of California Press.
Curtis PS. 1996. A meta-analysis of leaf gas exchange and nitrogen in trees grown under elevated carbon dioxide. Plant, Cell and Environment, 19:127-137.
Dale VH, Joyce LA, McNulty S, et al. 2001. Climate change and forest disturbances: Climate change can affect forests by altering the frequency, intensity, duration, and timing of fire, drought, introduced species, insect and pathogen outbreaks, hurricanes, windstorms, ice storm, or landslides. BioScience, 51:723-734.
Drake JM, Griffen BD. 2010. Early warning signals of extinction in deteriorating environments. Nature, 467:456.
Elmendorf SC, Jones KD, Cook BI, et al. 2016. The plant phenology monitoring design for the National Ecological Observatory Network. Ecosphere, 7:e01303.
Elser JJ, Bracken MES, Cleland EE, et al. 2007. Global analysis of nitrogen and phosphorous limitation of primary producers in freshwater, marine and terrestrial ecosystems. Ecology Letters, 10:1135-1142.
Elser JJ, Sterner RW, Gorokhova E, et al. 2000. Biological stoichiometry from genes to ecosystems. Ecology Letters, 3:540-550.
Elton CS. 1927. Animal Ecology. New York: Macmillan.
Fang JY, Yu GR, Liu LL, et al. 2018. Climate change, human impacts, and carbon sequestration in China. PNAS, 115:4015-4020.
Gleason HA. 1917. The structure and development of the plant association. Bulletin of the Torrey Botanical Club, 44:463-481.
Golley FB. 1993. A History of the Ecosystem Concepts in Ecology: More than the Sum of the Parts. New Haven: Yale University Press.
Golley FB. 1961. Energy values of ecological materials. Ecology, 42:581-584.
Hansen MC, DeFries RS. 2004. Detecting long-term global forest change using continuous fields of tree-cover maps from 8-km Advanced Very High Resolution Radiometer (AVHRR) data for the years 1982–99. Ecosystems, 7:

695-716.

Hastings A, Wysham DB. 2010. Regime shifts in ecological systems can occur with no warning. Ecology Letters, 13: 464-472.

He Q, Bertness MD, Altieri AH. 2013. Global shifts towards positive species interactions with increasing environmental stress. Ecology Letters, 16: 695-706.

Hutchinson GE. 1957. Concluding Remarks. Cold Spring Harbor Symposia on Quantitative Biology, 22: 415-427.

Jørgensen SE. 2012. Introduction to Systems Ecology. Boca Raton: CRC Press.

Keddy PA. 2000. Wetland Ecology: Principles and Conservation. Cambridge: Cambridge University Press.

Layman CA, Araujo MS, Boucek R, et al. 2012. Applying stable isotopes to examine food-web structure: An overview of analytical tools. Biological Reviews, 87: 545-562.

Levin SA. 1998. Ecosystems and the biosphere as complex adaptive systems. Ecosystems, 1: 431-436.

Lindeman RL. 1941. The developmental history of Cedar Creek Bog, Minnesota. American Midland Naturalist, 25: 101-112.

Lindeman RL. 1942. The trophic-dynamic aspect of ecology. Ecology, 23: 399-418.

Loreau M, Mouquet N, Holt RD. 2003. Meta-ecosystems: A theoretical framework for a spatial ecosystem ecology. Ecology Letters, 6: 673-679.

Loreau M, Naeem S, Inchausti P, et al. 2001. Ecology-biodiversity and ecosystem functioning: Current knowledge and future challenges. Science, 294: 804-808.

Lu M, Zhou XH, Yang Q, et al. 2013. Responses of ecosystem carbon cycle to experimental warming: A meta-analysis. Ecology, 94: 726-738.

Luo Y, Wan S, Hui D, et al. 2001. Acclimatization of soil respiration to warming in a tall grass prairie. Nature, 413: 622-625.

Margono BA, Potapov PV, Turubanova S, et al. 2014. Primary forest cover loss in Indonesia over 2000–2012. Nature Climate Change, 4: 730-735.

May RM, Oster GF. 1976. Bifurcations and dynamic complexity in simple ecological models. The American Naturalist, 110: 573-599.

May RM. 1972. Will a large complex system be stable? Nature, 238: 413-414.

Mazancourt C, Isbell F, Larocque A, et al. 2013. Predicting ecosystem stability from community composition and biodiversity. Ecology Letters, 16: 617-625.

Mougi A, Kondoh M. 2012. Diversity of interaction types and ecological community stability. Science, 337: 349-351.

Naeem S, Thompson LJ, Lawler SP, et al. 1994. Declining biodiversity can alter the performance of ecosystems. Nature, 368: 734-737.

Odum EP. 1953. Fundamentals of Ecology. Philadelphia: Saunders Company.

Odum EP. 1959. Fundamentals of Ecology. 2nd ed. Philadelphia: Saunders Company.

Odum EP. 1969. The strategy of ecosystem development. Science, 164: 262-270.

Odum EP. 1971. Fundamentals of Ecology. 3rd ed. Philadelphia: Saunders Company.

Odum EP, Barrett GW. 2004. Fundamentals of Ecology. 5th ed. New York: Cengage Learning.

O' Mara FP. 2012. The role of grasslands in food security and climate change. Annals of Botany, 110: 1263-1270.

Pickett STA, Cadenasso ML, Childers DL, et al. 2016. Evolution and future of urban ecological science: Ecology in, of, and for the city. Ecosystem Health and Sustainability, 2: e01229.

Pilosof S, Porter MA, Pascual M, et al. 2017. The multilayer nature of ecological networks. Nature Ecology and Evolution, 1: 0101.

Pimm SL, Lawton JH, Cohen JE. 1991. Food web patterns and their consequences. Nature, 350:669.

Pocock MJ, Evans DM, Memmott J. 2012. The robustness and restoration of a network of ecological networks. Science, 335:973-977.

Reichsten M, Bahn M, Mahecha MD, et al. 2014. Linking plant and ecosystem functional biogeography. PNAS, 111: 13697-13702.

Ricklefs RE. 1973. Ecology. Newton: Chiron Press.

Scheffer M, Carpenter S, Foley JA, et al. 2001. Catastrophic shifts in ecosystems. Nature, 413:591.

Smil V. 2000. Phosphorus in the environment: Natural flows and human interferences. Annual Review of Energy and the Environment, 25:53-88.

Sterner RW, Elser JJ. 2002. Ecological Stoichiometry: The Biology of Elements from Molecules to the Biosphere. Princeton: Princeton University Press.

Suttie JM, Reynolds SG, Batello C. 2005. Grassland of the World. Plant Production and Protection Series No. 34, Food and Agriculture Organization of the United Nations (FAO), Rome.

Tansley AG. 1920. The classification of vegetation and the concept of development. Journal of Ecology, 8:118-149.

Tansley AG. 1935. The use and abuse of vegetational concepts and terms. Ecology, 16:284-307.

Thébault E, Fontaine C. 2010. Stability of ecological communities and the architecture of mutualistic and trophic networks. Science, 329:853-856.

Thorpe AS, Barnett DT, Elmendorf SC, et al. 2016. Introduction to the sampling designs of the national ecological observatory network terrestrial observation system. Ecosphere, 7:e01627.

Vitousek PM. 2004. Nutrient Cycling and Limitation: Hawaii as A Model System. Princeton: Princeton University Press.

Wang X, Liu L, Piao S, et al. 2014. Soil respiration under climate warming: Differential response of heterotrophic and autotrophic respiration. Global Change Biology, 20:3229-3237.

Wardle DA, Bardgett RD, Klironomos JN, et al. 2004. Ecological linkages between aboveground and belowground biota. Science, 304:1629-1633.

Weathers KC, Strayer DL, Likens GE. 2013. Fundamentals of Ecosystem Science. New York: Academic Press.

Whittaker RH, Likens GE. 1973. Carbon in the biota. Brookhaven Symposia in Biology, 24:281-302.

Wood SN. 2010. Statistical inference for noisy nonlinear ecological dynamic systems. Nature, 466:1102.

Yue K, Fornara DA, Yang W, et al. 2017. Influence of multiple global change drivers on terrestrial carbon storage: Additive effects are common. Ecology Letters, 20:663-672.

Zhang Z, Yan C, Krebs CJ, et al. 2015. Ecological non-monotonicity and its effects on complexity and stability of populations, communities and ecosystems. Ecological Modelling, 312:374-384.

本章作者：朱彪、陈蕾伊、严川、周伟奇、冯继广、胡会峰、朱江玲、吉成均
指导专家：方长明、张知彬、方精云

第 2 章

生态系统营养结构、动态与功能

摘要:生态系统中生产者、消费者和分解者间通过取食和被取食关系构成食物网,从而形成营养结构,驱动生态系统的物质循环和能量流动。本章总结过去 30 年间食物网及生态网络研究的重要进展,主要体现在以下三个方面:① 从过去多关注单一营养级或者相邻营养级的关系,转变为以多营养级研究为重点,揭示营养级联效应的作用机制以及食物网构建的进化和环境调控机制;② 对生态网络的拓扑结构、网络构建机制以及生态网络结构与稳定性的关系有了崭新的认识;③ 解析人类干扰导致的营养级错位、关键种丧失、物种入侵等过程对食物网结构和功能的影响。本章指出,未来应加强以下研究:① 种间互作、食物网及生态网络结构对生态系统功能的影响;② 借助新的观测技术和实验手段,实现生态系统营养结构、动态和功能的理论与实验研究的有效结合;③ 推动食物网、生态网络、生物多样性等相关理论的整合。

2.1 前　　言

生态系统是由无机环境(包括水体、土壤、大气等)和生物群落(包括生产者、消费者、分解者)共同构成的有机整体。生态系统中生产者、消费者和分解者间通过取食和被取食关系构成食物网,从而形成营养结构,驱动物质循环和能量流动。研究生态系统的组成、结构与动态是生态系统生态学的基础,而营养结构、食物网和生态网络则是这一领域的核心主题之一。生态系统不同组分间的相互作用深刻影响着生态系统结构与功能的各个过程。近年来,营养结构、食物网和生态网络等方面的研究迅速发展。

我们对营养结构、食物网和生态网络三个关键词进行了文献计量分析。从 1940 年开始,有关这三个方面的论文共约 8 万篇,近 80%发表于 2000 年以后,表明该领域在过去 20 年间得到快速发展。我国在该领域的研究起步较晚,从 20 世纪 90 年代开始才逐渐开展,但发展迅速,尤其 2010 年后论文发表数量快速上升。美国在这三个研究方向的论文发表量处于领先地位,英国其次,我国位于第 3~5 位,与加拿大、德国、法国接近,但高被引论文数量略低于这些国家(图 2-1)。

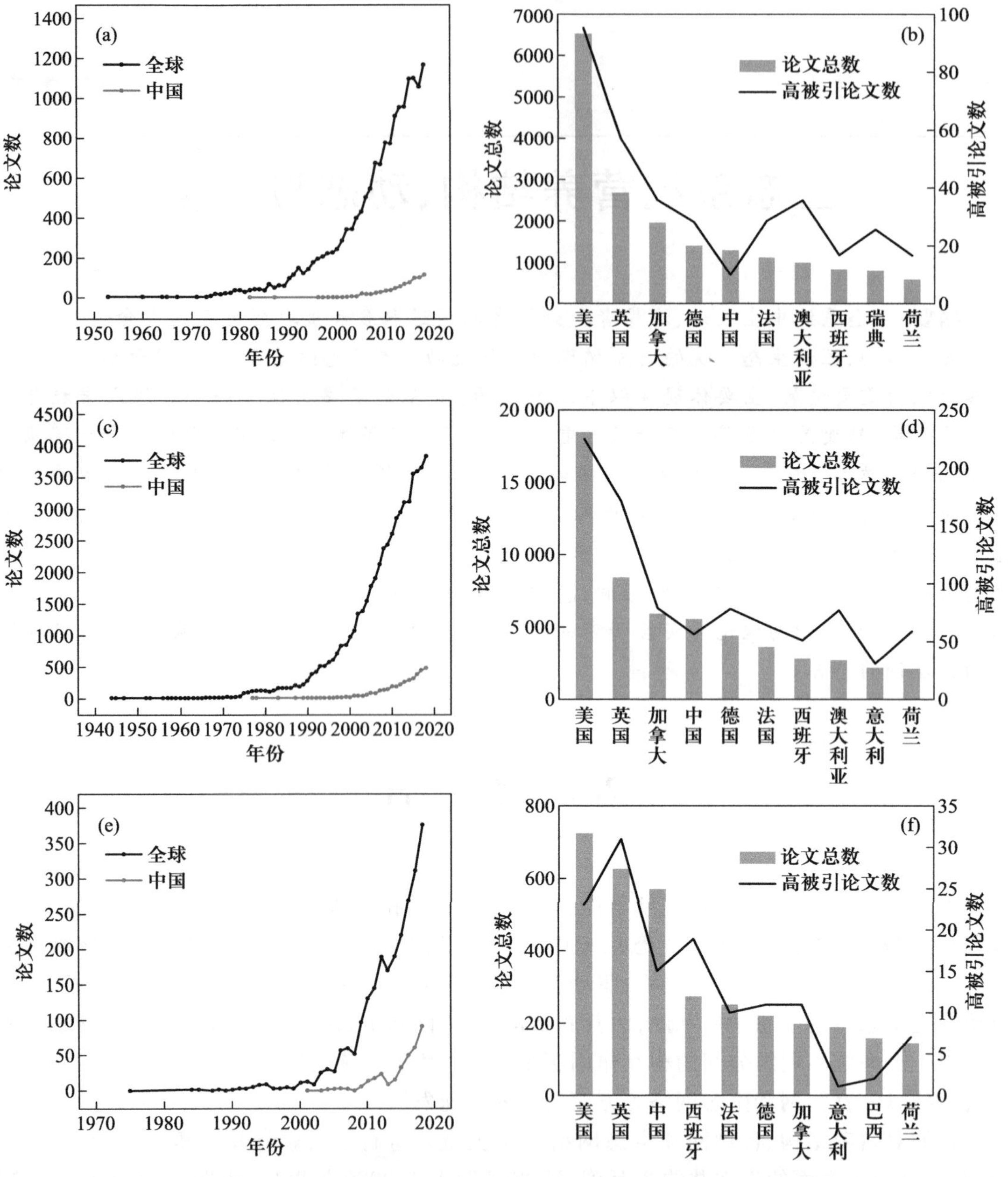

图 2-1　我国及全球在营养结构(a 和 b)、食物网(c 和 d)和生态网络(e 和 f)相关方向论文发表数逐年变化趋势及主要国家论文发表总数和高被引论文数的比较。文献计量数据由 Web of Science 平台关键词搜索获得,营养结构检索关键词组合为 TS = (" trophic level" OR" trophic dynamics" OR" trophic * cascade * " OR" trophic * interact * " OR" trophic pyramid") ;食物网检索关键词组合为 TS = (" food web * " OR" food chain * ") ;生态网络检索关键词组合为 TS = (" ecology * AND network * * ")

2.1.1　食物网概念的提出

食物网这一概念最早是由 Elton(1927)在其经典著作《动物生态学》中提出的。Elton 所揭示的几个规律依然是食物网研究的重要基础,例如,捕食者的体形往往比它们的猎物更大,而体形较小的生物通常处于食物链低端位置。Elton 的另一个重要贡献是引入了能量金字塔的概念:能量金字塔基部由初级生产者和食草动物组成,因为金字塔基部的生物繁殖率较高,个体较小,因此数量巨大;而处于金字塔顶部的捕食者往往个体较大,繁殖速度慢,因此数量也较少。此外,Elton 还指出,捕食关系决定了不同物种所处的生态位。

食物网研究的另一个奠基工作是 Lindeman(1942)提出的营养级动态(trophic dynamic)的概念。在 Elton 提出能量金字塔的基础上,Lindeman 量化了能量和物质在不同营养级间的流动,基于生产者和捕食者间的能量转化效率,测算了不同营养级所能支持的生物量,并提出了著名的"十分之一定律":即能量在金字塔形的食物链内逐级流动时,传递效率大约只有 10%。Lindeman 的一个重要贡献是阐释了生物和非生物组分之间通过物质循环和能量流动形成一个整体,即生态系统。此外他还认为,食物网结构决定了群落组成,从而影响生态系统功能,因此对食物网结构的量化研究是理解生态系统功能和稳定性的基础。Elton 和 Lindeman 关于食物网和营养级的奠基性工作至今仍影响着生态系统生态学的研究。

2.1.2 食物网及生态学网络理论研究的发展

在 20 世纪 70 年代,食物网研究进入生态网络这一新阶段,其中 R. May 关于生态网络复杂性与稳定性的研究是这一阶段的重要代表成果(May,1972)。May 将数学动态模型引入生态系统稳定性研究中,用节点数(node number)、节点间的平均连接数、节点间相互作用强度三个核心参数来描述网络结构。通过模拟节点受干扰后系统能否回到原来的平衡态来评估食物网的稳定性。May 的研究表明,生态系统的结构特征决定其稳定性,随着物种数和种间连接度增加、种间交互作用加强,生态系统的稳定性逐渐降低。May 对食物网的数学抽象描述与真实的食物网结构有很大差别,但他开创性地利用数学模型模拟来描述生态系统过程,这极大地丰富了理论生态学研究的方法体系。在 May 工作的基础上,食物网结构的定量数学分析(即食物网的拓扑结构研究)在 1980 年代后得到快速发展。这些研究采用了一系列定量指标来描述食物网的特性,例如连接度、食物链长度、杂食性程度、特定营养级物种数占总物种数的比例等。与 May 的工作不同,这些研究中营养级的关联是非随机的,因此模拟结果与真实食物网更接近,研究结果表明,营养级的数量受到群落动态的影响,营养级数量越多的系统,其稳定性也越低(Pimm,1984)。

为了更好地理解自然生态系统呈现的食物网结构特征,生态学家构建了多个食物网模型,如级联模型(Cohen et al.,1990)、生态位模型(Williams and Martinez,2000)等。这些模型可以较为准确地描述食物网的主要结构特征,因此也被广泛应用于食物网理论研究。此外,在 2000 年前后,复杂网络理论(complex network theory)迅速发展,并被引入生态网络研究中,通过节点和路径的分布特征描述系统的连通性和模块性,为生态网络的数学模拟提供新的研究框架(Watts and Storgatz,1998;Dunne et al.,2002a)。在不同类型的网络分析中,科学家发现,很多网络具有"小世界"(small world)和"无标度"(scale free)特征。食物网与小世界网络类似,往往具有较短的路径和较高的聚类性。由于多数食物网有较高的连接度,食物网比其他形式的网络更能抵抗物种灭绝带来的影响(Dunne et al.,2002b)。

2.1.3 食物网及生态网络实证研究

食物网的早期研究多为以数学模拟为基础的理论探索，但由于缺乏足够的野外观测证据，这些理论研究对捕食关系的描述与现实世界存在较大的差异。例如，多数食物网模型研究依赖于简单的二元网络（binary web），未考虑物种相互作用的强度（Briand and Cohen，1984）。要验证食物网模型模拟的准确性，需要大量真实食物网结构的野外观测数据，因此食物网结构的实证研究逐渐得到重视。

早期对食物网的野外研究多基于对消费者所摄取食物的观察，例如通过对消费者胃和粪便成分的调查，确定其食物来源。其中代表性的工作是 Kirk Winemiller 对热带水生生态系统营养级关系的研究（Winemiller，1990）。Winemiller 的研究表明，与理论模型所采用的二元网络不同，水生生态系统食物网中不同种间的互作强度存在巨大差异。此后一系列对食物网结构（如生产者、消费者、分解者等生物组分）以及格局（如连接度与食物链长度）的实验观测修正了早期的数学模拟假设。然而，此类研究也存在较大的问题，例如：其所构建的模式网络基本未考虑节点间的能量流动；网络的构建多基于文献数据和经验观察，对捕食/取食关系缺乏实际验证。此外，这些研究中对环境变化如何影响食物网结构的机制认识不足，对食物网的时空边界缺乏准确定义。因此，如何准确描述生态系统中不同营养级间物种的互作关系是生态学研究面临的一个难点。1990 年代后，稳定同位素技术、DNA 条形码（DNA barcoding）等新技术的发展，极大地提高了解析真实食物网的能力（Vander Zanden et al.，1999）。传统食物网研究中对胃和粪便成分的分析仅提供了短期瞬时的食物信息，而稳定同位素的分析则可以反映在较长时间和较大空间范围内物种间的营养关系。例如，$^{15}N/^{14}N$ 值越高，该物种所处的营养级通常也越高。而由于植物光合作用路径不同，植物间的 $\delta^{13}C$ 信号也存在差异，因此 $\delta^{13}C$ 也被用于判断食物碳的最初来源。稳定同位素的应用极大地推动了食物链长度、能量流动等的定量研究，弥补了早期食物网实验研究的不足（Post，2002）

基于野外观测的实验研究推动了一系列重要理论的发展。例如，营养级联（trophic cascade）的研究表明，顶级捕食者去除不仅影响群落结构，也会显著改变生态系统过程（Carpenter et al.，1985）。空间补贴（spatial subside）的研究表明，一个生态系统的物质和能量可能通过捕食或者物理传输转移到另一个生态系统，从而改变该生态系统的"消费者-资源"动态。空间补贴的研究推动了食物网与景观生态学研究的融合（Polis，1991）。近年来，食物网研究还重点关注生态系统结构、功能和稳定性的关系，例如，竞争如何引起种内营养分化（intraspecific trophic variation）（Bolnick et al.，2003），性状调控的间接相互作用（trait-mediated indirect effect）如何影响群落动态（Schmitz et al.，2000）等，这些研究的开展进一步推动了我们对生态系统营养结构与生态系统功能间关系的认识。

2.2 核心方向的重要进展及存在的主要问题

过去 30 年间，以食物网及生态网络为中心的研究在三个方向取得了重要的进展。

(1) 在营养级方面,从过去多关注单一营养级或者相邻营养级的关系,转变为以多营养级研究为重点,并拓展到地上-地下关系、间接相互作用等方面;定量地研究营养级控制效应的性质(正相互作用、负相互作用、上行调控、下行调控等)以及作用的强度;结合同位素、DNA 条形码等实验手段以及模型模拟等分析技术,在食物网结构分析、食物网构建的进化和生态调控机制等方面取得较大的进展。

(2) 在生态网络方面,互惠网络研究的崛起使得这一领域得到了快速发展。在生态网络的拓扑结构、网络构建机制及生态网络结构和稳定性等方面取得一系列进展。

(3) 在人类活动干扰影响生态系统营养结构方面,深入研究气候变化、过度捕猎、栖息地丧失导致的营养级错位、关键种丧失等过程,解析物种入侵对食物网结构和功能的影响。

以下将从营养级互作及食物网研究、生态网络研究、全球变化下的营养级和食物网动态等几个方面对这些内容进行详细阐述。

2.2.1　营养级互作及食物网研究

Lindeman(1942)首次定量研究了能量在不同营养级之间的传递过程,强调了食物网动态的上行调控作用(bottom-up control):高营养级受到低营养级的能量限制。随后,20 世纪 60 年代,美国生态学家 Hairston 等人提出“绿色世界假说”(green world hypothesis),也称 HSS 假说(Hairston et al.,1960)。该假说强调了捕食者对食草动物和植物的下行调控作用(top-down control):“绿色世界”的存在是因为食肉动物对食草动物的捕食限制了后者的种群大小,从而间接有利于植物的生长。上行和下行调控是营养级间互作乃至食物网中的种群动态的主要驱动力。绿色世界假说旨在解释自然界中的一个普遍现象:既然自然界中的植物通常被食草动物广泛取食,为什么这些动物从未能将生态系统的植物生物量消耗殆尽?绿色世界假说是营养级关系研究的奠基性理论。首先,该假说首次从多营养级的角度衡量食草动物的生态功能,指出食草动物在消耗食物资源(植物)的同时,其自身也是更高营养级食肉动物的食物资源。其次,该假说首次把“植物-食草动物关系”(plant-herbivore interaction)与“捕食者-猎物关系”(predator-prey interaction)串联起来作为一个整体研究,为后期营养级联(Paine,1980)等概念的提出奠定了理论框架。

在绿色世界假说的基础上,营养级关系的研究在其后几十年中蓬勃发展,并拓展出众多重要的研究分支。这些研究大体可分为两大方面:一方面的研究对多营养级关系进行分解,单独研究相邻营养级的互作关系,主要是“植物-食草动物关系”和“捕食者-猎物关系”;另一方面则进一步拓展绿色世界假说,对多营养级关系进行整体研究。近年来,这两方面的研究逐渐分化为众多领域,并形成一系列重要的理论和假说,这些进展使得营养级关系逐渐成为生态学科的核心研究领域之一。

(1) 相邻营养级关系

1) 动-植物互作关系

动-植物关系是自然界中存在最广泛的一种互作关系,也是营养级研究的基础。自然界中植物光合作用产物首先被初级消费者所利用。动-植物关系的研究主要围绕两个核心问题展开:① 食草动物对植物个体、种群和群落特征的影响及调控机制;② 植物对食草动物的防卫策略及两者的协同进化。

大量研究证明,食草动物的采食作用可以显著影响植物的物种多度、群落组成和生产力。早期的研究大多关注植物种群水平的响应。食草动物对植物组织的采食通常会降低被食植物的种群生长速率、繁殖力和存活率,从而对植物种群多度和分布范围产生负面影响(Harper,1977;Crawley,1983)。近年来,随着对植物多样性调节生态系统功能的认识加深,食草动物对植物群落多样性的影响成为研究热点。食草动物主要通过影响植物优势种与其他物种的竞争关系、种群更新、植物繁殖体的扩散等过程对植物多样性产生作用,因此,食草动物采食通常可以增加植物多样性(Collins et al.,1998;Liu et al.,2015)。但也有研究发现,采食对植物多样性的影响是负面或中性的(Ritchie and Olff,1999;Bakker et al.,2006)。

食草动物对植物多样性的影响受动物食性、动物群落组成、生境资源状况等多种因素影响。体型较小的动物,如食草昆虫等,通常喜食质量(如氮含量)较高的植物种类,因此具有较强的采食选择性,其对植物多样性的影响通常是负面的。体型较大的动物在采食过程中更重视食物数量而不是质量,大多喜食优势物种,因而通常可提高植物多样性(Ritchie and Olff,1999)。在多种食草动物共同作用的情况下,如果动物的食性差异较大,动物对不同植物物种的采食平衡了采食压力,产生互补效应(compensatory effect),则有利于维持植物群落多样性。例如,在我国东北松嫩平原,绵羊喜食杂类草,而蝗虫喜食禾草,两者对草地植物的采食平衡了植物的种间竞争关系,从而维持了植物多样性(Zhong et al.,2014)。类似地,随着家畜多样性的增加,其放牧活动会显著提高草地植物多样性,并有效维持高营养级生物多样性,从而对地上-地下生产力、养分循环和病虫害防控等生态系统多功能性(multifunctionality)产生积极影响(Wang et al.,2019)。相反,如果动物群落中动物食性相似,其对某一物种或者植物类群的采食压力会增强,产生叠加效应(additive effect),从而降低植物群落多样性(Ritchie and Olff,1999)。此外,植物生产力状况也是调节食草动物对植物多样性影响的重要因子。在生产力较高的生境中,食草动物的采食通常会增加植物多样性(Bakker et al.,2006)。

植物在个体、种群和群落水平上对动物采食的防卫策略是动-植物关系研究的另一个重要方面(框2-1)。早期研究主要关注植物在个体和种群水平上对食草动物产生的化学和物理防卫策略,及动植物协同进化的驱动机制(Stamp,2003)。1950年代,研究者在一些植物中发现次生代谢物(secondary metabolite),并认为这些化合物可能是植物用于防卫食草动物或病原体的攻击而产生的(Fraenkel,1959;Whittaker and Feeny,1971)。这些工作被认为是植物防卫理论研究的开端。随后,Ehrlich和Raven(1964)发现,蝴蝶对植物物种的采食是有选择性的,而这种选择性与植物的化学防卫特性有关,并提出协同进化(coevolution)的观点。该观点认为,一些植物物种逐渐进化出一些能够避免昆虫袭击的次生代谢物,从而让这些植物获益并占据新的生态位。反过来,食草昆虫也会通过适应性进化产生相应的策略,从而抵消或者减轻植物防御对自身的伤害。Feeny(1975)用军备竞赛(arms race)一词形象地描述了动-植物这种协同进化效应。此后,Karban和Myers(1989)发现,一些植物被食草动物取食后,可以产生挥发性化学物质,这些物质通过空气的传播而在同种甚至不同植物种之间进行交流,“提醒”邻居植物产生防御反应(Heil and Karban,2010)。

框 2-1 植物防卫机制及假说

基于大量的实验性研究，过去几十年间，在植物防卫机制领域中涌现出大量的新理论和新假说。这些理论和假说均塑造了相应的预测和假设，并在各自的领域中得到一定的支持而共存。影响力较大的假说有 4 个，分别是最佳防卫假说、生长速率假说、碳-养分平衡假说和生长-分化平衡假说。

最佳防卫假说（optimal defense hypothesis）：植物的防卫对次生代谢物的进化具有影响，这种影响的最终结果是使植物适合度最大化（Feeny，1975）。

生长速率假说（growth rate hypothesis）：植物防卫的质和量都与局部生境中资源的可用性有关，当环境资源供给能力低时，自然选择对那些具有较低生长速率的植物有利，同时伴随较高的植物防卫水平；而当资源供给能力高时，自然选择对那些具有高生长速率的植物有利，同时伴随较低的植物防卫水平（Coley et al.，1985）。

碳-养分平衡假说（carbon-nutrient balance hypothesis）：植物组织中次生代谢物浓度受环境碳-资源有效性控制，植物体内次生代谢物按照化学计量的要求进行分配，而资源分配给防卫物质的必要条件是资源供应量满足植物生长需求后仍有过剩（Bryant et al.，1983）。

生长-分化平衡假说（growth-differentiation balance hypothesis）：植物体内次生代谢物存在表型差异，该差异调控了植物-食草动物间的互作，食草动物和进化竞争的相对强度决定着植物体内的资源分配模式（Herms and Mattson，1992）。

2）捕食者-猎物互作关系

捕食者-猎物关系是自然界中另一种常见的相邻营养级关系。捕食（predation）是指食肉动物捕食食草动物或者其他食肉动物的现象。捕食者-猎物关系的研究主要围绕以下热点问题展开：① 捕食者-猎物的相互感知机制；② 猎物对捕食风险（predation risk）的响应规律；③ 生境结构在调节捕食者-猎物关系中的作用。

感觉器官（sensory organ）的功能、效率以及中枢神经系统处理信息的能力是决定捕食者或猎物种群在自然界能否成功延续的关键。近年来，越来越多的学者开始将感觉生理学与生态学结合起来，研究捕食者与猎物如何通过影响彼此的信息收集和处理过程，而在感觉能力上不断进行军备竞赛，从而使自身获得更大的生存机会。这一分支学科被称为“感觉生态学”（Stevens，2013）。捕食者和猎物主要通过听觉、视觉和嗅觉感知对方。例如，蝙蝠依靠发射包含超声频率（>20 kHz）的频闪脉冲，并接受周围环境反射回来的声波，从而能够探测昆虫等猎物（Jones and Teeling，2006）。反过来，如果蝙蝠对昆虫的捕食压力过大，则会驱动昆虫对超声波感觉能力的进化。蟋蟀和螽斯等昆虫进化出能够探测蝙蝠超声频率的听觉系统，从而有效逃避后者的捕食（Conner and Corcoran，2012）。与听觉相比，良好的视觉允许动物在较远的距离对环境进行快速探测，使其拥有更好的空间分辨能力。视觉的这些优势成为驱动动物视觉感觉系统进化的重要力量（Cronin，2005）。然而，捕食者与猎物利用视觉对空间进行探测的方式是截然不同的。猎物面临着来自各个方向的潜在捕食风险，因此视觉进化的方向往往为增加覆盖范围。而捕食者则反之，其视觉通常集中于较小的空间范围内。虽然较窄的视觉范围会降低捕食者发现猎物的概率，但其通常会产生另一个优势，即捕食者在探测或捕食猎物瞬间有更高的视觉敏锐性(Cronin et al.,2014)。嗅觉是捕食者和猎物相互感知的另一个重要途径(Greenfield,2002)。捕食者和猎物均可以产生多种挥发性化学信号，如捕食者产生性激素(sex pheromone)与聚集信息素(aggregation pheromone)，而猎物则会释放警报信息素(alarm pheromone)、标识信息素(marking pheromone)和防卫化合物(defensive compound)等(Stevens,2013)。

在早期的捕食者-猎物关系研究中，大部分模型假设两者的互作主要是由捕食者的捕食作用驱动，而猎物则是"反应迟钝"的被动群体(unresponsive entity)(Turchin,2003)。然而，随着动物感觉与行为生态研究的深入，研究者发现，猎物其实可以主动感知捕食风险，并迅速做出逃避或警戒等行为决策，以降低自身被捕食的风险(Sih,1987;Lima,1998)。猎物这些行为响应在使其获益的同时，也会使其付出能量损耗、取食量降低、生长和繁殖能力下降等代价。捕食者通过这些间接的非致命(nonlethal)作用方式对猎物群落和种群动态产生的负面影响与其对猎物的直接捕食效应同等重要，而且广泛存在(Abrams,1995;Clinchy et al.,2013)。在发现捕食风险对猎物行为影响后的数十年间，大量相关研究密集展开。在这些研究中，引人关注的科学问题主要有两个，即猎物种类对捕食风险的感知是否存在差异，捕食者捕食模式对猎物行为的影响有什么规律。研究表明，几乎所有的动物均会感知到重大的捕食风险事件(如捕食者的突然袭击)，但不同物种的猎物对细微捕食风险感知的敏感性不同(Lima,1998)。许多动物还可以精确分辨出不同捕食者之间的细微差别。一些猎物[如尤金袋鼠(*Macropus eugenii*)]对捕食风险的分辨能力甚至还可以遗传给后代(Blumstein et al.,2000)。另一方面，猎物对捕食风险的响应也受到捕食者的捕食模式(hunting mode)的影响。在美国新英格兰地区的草地生态系统中，Schmitz 和 Suttle(2001)发现，蝗虫(*Melanoplus femurrubrum*)在面对"坐等型"(sit-and-wait)蜘蛛(*Pisaurina mira*)的捕食风险时，其生境选择会从禾草植物(grass)转移到杂类草植物(herb)；而面对主动出击型(actively hunting)蜘蛛(*Phidippus rimator*)的捕食风险时，其生境选择却没有发生显著变化。这些结果表明，不同捕食者种类对猎物行为的影响是存在差异的，其与前者的捕食模式密切相关。

在自然界中，捕食者和猎物均占据一定的空间位置，其相互作用也发生在一定的空间范围内。由于人为干扰的影响，生境破碎化在全球范围内日益严重，近年来，研究者开始关注生境结构变化对捕食者-猎物关系的影响(董红娟等,2017)。空间大小、形状、方向和连通性等均可能对捕食者和猎物的行为及其互作关系有重要影响。例如，Roos 等(1991)的模型研究表明，空间变小将限制捕食者的行为和捕食，降低捕食者对猎物的控制能力。此外，生境的复杂性(habitat complexity)程度也是调节捕食者-猎物关系的重要因素。通常认为，结构越复杂的生境，其在为猎物提供更多庇护所(refuge)的同时，还会削弱捕食者的搜索和捕杀猎物的能力，从而降低天敌的捕食成功率(Grabowski,2004)。然而，也有研究发现，结构复杂生境中，捕食者种类和多度通常较高。因为复杂生境弱化了捕食者间的同类相食(cannibalism)作用，捕食者数量的上升反过来抑制了猎物种群的增长(Langellotto and Denno,2004)。当前，生态学家已经逐渐认识到空间结构对捕食者-猎物关系的重要意义,但尚未形成完整理论和方法体系,未来仍需大力继续开展空间结构与捕食关系的研究。

(2) 多营养级关系

营养级联效应(trophic cascade effect)是多营养级关系研究的核心领域。营养级联效应是指捕食者通过改变猎物多度或行为等特征,对猎物的食物资源产生间接作用的现象(Paine,1980)。如上文提到,营养级联概念最早可以追溯到1960年Hairston等提出的“绿色世界假说”。其后,Fretwell(1987)指出,捕食者对植物的影响取决于食物链的长度。Oksanen等(1981)则提出“开发生态系统假说”(exploitation ecosystem hypothesis,EEH),该假说认为,食物链的长度随着净初级生产力的上升而增加,食物链中的种群动态受到上行和下行调控的共同作用。其后的几十年内,生态学家在这些理论框架下开展了大量的实证研究,对这些假说进行检验和修正。近年来,我国学者在水体、草地和森林生态系统中也开展了相关研究,并取得一定进展。

1) 营养级联效应的普遍性

1949年,美国生态学家A. Leopold描述了美国森林生态系统中的狼群被大量捕杀后,会导致鹿群对森林灌木的采食增加的现象,这被认为是营养级联效应研究的开端。然而,尽管营养级联的发现源于陆地生态系统,早期的相关研究却大多集中在湖泊、溪流和潮间带等水域生态系统(Strong,1992;Bruno and O'Connor,2005;Burkholder et al.,2013)。在20世纪70年代,Estes和Palmisano(1974)比较了阿留申群岛西部海域中海獭对沿岸生物群落的影响,发现在海獭种群被移除的地区,海胆数量显著增加,间接导致大型藻类数量的降低。此后,Carpenter等(1985)在美国中西部的湖泊生态系统中检验了“食鱼性鱼类-食藻鱼类-浮游动物-浮游植物”四级食物网的互作关系。当湖泊中食鱼性鱼类的数量过高时,其对食藻鱼类和浮游动物的大量捕食会间接有利于浮游植物种群的生长和暴发,从而引起湖泊水华。由于早期营养级联的研究均来自水体生态系统,这使得研究者认为,该效应在陆地生态系统中可能强度较弱(Strong,1992)。

然而随着研究的深入,越来越多的营养级联效应在陆地生态系统中被证实(Ripple and Larsen,2000;Terborgh and Estes,2013;Ford and Goheen,2015)。其中的一个经典案例是“灰狼-马鹿-山杨”三级食物链的研究。在美国黄石国家公园,灰狼(*Canis lupus*)捕食马鹿(*Cervus elaphus*),而马鹿则喜食山杨(*Populus tremuloides*)。Ripple和Larsen(2000)分析了过去100年间美国黄石国家公园内山杨的种群数量动态后发现,1900年左右,山杨的种群生长出现停滞,而该时期正是灰狼被大规模捕杀的年代,因而他们推测,灰狼种群数量的减少导致马鹿种群数量泛滥,从而加剧了后者对山杨的采食压力。值得注意的是,碎屑食物网中也存在较强的营养级联效应。在我国西藏的高山草地生态系统,捕食性隐翅虫(*Philonthus purpuripennis*)通过抑制牛粪主要分解者——游荡蜉金龟(*Aphodius erraticus*)的种群数量,间接降低了牛粪的分解速率和土壤有效氮含量,对植物生长产生不利影响(Wu et al.,2011,2015)。由此可见,与水体生态系统一样,营养级联效应在陆地生态系统中也普遍存在。

2）营养级联效应的作用机制

早期的群落生态学观点认为，营养级联效应主要是由相邻营养级物种之间“食与被食”的关系导致的种群数量变化所驱动。以食肉动物-食草动物-植物组成的食物链为例，食肉动物可以通过直接捕杀食草动物而控制其种群数量，从而调节后者对植物的采食压力，间接影响植物生长。例如，在委内瑞拉 Lago Guri 水库的湖中岛屿上，人类活动导致一些岛屿上的美洲狮和美洲虎等大型捕食者的种群数量在 20 世纪 80 年代下降了 75%，这些顶级捕食者的衰退使得岛屿上食草动物如鼠类、鬣蜥蜴、吼猴和切叶蚁的种群数量分别激增了 35 倍、10 倍、30 倍和 100 多倍。泛滥的食草动物大量啃食植物，导致岛屿上树苗的密度下降了 50%，众多乔木种类消失（Terborgh et al.，2001）。上文提到的“灰狼-马鹿-山杨”营养级联效应，同样是由于捕食者对食草动物数量的控制而对植物产生间接影响。在上述例子中，由于涉及食草动物的密度变化，这种捕食者与植物之间的关系被称为密度介导的间接相互作用（density mediated indirect interaction，DMII）（Hairston et al.，1960；Paine，1980）。长期以来，密度介导的间接相互作用被认为是营养级联效应的主要作用机制。

近年来，研究者逐渐注意到，互作物种的功能性状对营养级联效应也有重要影响（Abrams，2001；Werner and Peacor，2003；Schmitz et al.，2004）。例如，在美国新英格兰草地生态系统中，即使蜘蛛没有对其猎物蝗虫进行直接捕食，其捕食风险也会对蝗虫的行为产生影响，使其从喜食但隐蔽性较差的禾草植物转移到适口性较差但隐蔽性较好的多皱一枝黄花（*Solidago rugosa*）等杂类草中进行采食（Beckerman et al.，1997）。蝗虫食性的这种变化进而对植物群落的生产力和多样性产生影响（Schmitz，2003，2008）。在碎屑食物网中，Zhao 等（2013）发现，捕食性步甲（*Agonum impressum*）的存在虽然没有显著降低蚯蚓（*Pheretima aspergillum*）的数量，其捕食风险却能驱使蚯蚓向深层土壤转移，后者的活动有效地改善了土壤的养分含量。在非洲大草原上，猎豹和野狗的捕食风险驱使羚羊从树林内部转移到开阔的林间空地活动，羚羊对生境中两种金合欢（*Acacia* sp.）树的选择性采食进一步改变了这两种树的竞争关系（Forb et al.，2015）。这些研究表明，虽然捕食者没有直接杀死猎物而改变其种群数量，但其对猎物行为特征的影响也间接作用于植物群落，这种效应称为性状介导的间接相互作用（trait mediated indirect interaction，TMII）（Abrams，1992）。性状介导的间接相互作用可能受到捕食者、猎物、生产者或碎屑的性状的影响（Werner and Peacor，2003；Borer et al.，2005）。目前，性状介导的间接相互作用被认为是营养级联效应的另一种主要作用机制。

综上所述，密度介导和性状介导的间接相互作用是营养级联效应的两种主要作用机制。在多数情况下，性状介导的营养级联效应的作用强度可能高于密度介导的营养级联效应的作用强度（Peacor and Werner，2004）。这是因为，物种性状的改变可能是长期的和可遗传的，进而导致种群结构和动态发生变化，这种改变比起物种数量上的变化对生物群落的影响可能更加深远（Werner and Peacor，2003）。

3）营养级联效应的控制因素

营养级联效应是一个复杂的生态过程，其作用强弱受到众多因素的影响，其中包括生态系统类型、物种多样性、生境结构和植物的抗性等（Borer et al.，2005；Shurin et al.，2002）。

生态系统类型被认为是决定营养级联强弱最重要的因素。通常而言，陆地生态系统中的营养级联效应要弱于水体生态系统（Shurin et al.，2002）。可能原因包括：水生植物的物理和化学防御能力较差，容易被食草动物大量采食；水体生态系统的生境异质性低，有利于捕食关系的发生；此外，水体食物网结构相对简单，捕食者的效应更容易传递到植物群落上。相反，陆生植物往往含有较高的次生代谢物来抵御动物采食；陆生植物还包含大量支撑结构，这些高纤维组织不易被食草动物采食和消化。不同营养级中物种的多样性是调节营养级联效应强度的另一个重要因子。在大西洋沿岸的盐沼生态系统中，Finke 和 Denno（2004）发现，随着捕食者蜘蛛的物种数增多，蜘蛛对蜡蝉属（*Prokelisia*）种群数量的抑制作用就越弱，导致后者对米草属（*Spartina*）的采食压力增加。Duffy 等（2005）则指出，猎物多样性也可以调节营养级联的强度。在海草微宇宙系统中，他们发现食草动物多样性较高时，捕食者对其多度的影响较小，但是捕食者仍然可以通过改变食草动物的采食行为提高海草生物量。此外，生境结构也可以调节营养级联效应的强度。如上文提到的，复杂的生境结构一方面为猎物提供庇护所，另一方面还可削弱捕食者的搜索能力和行动速度，从而降低捕食者对猎物种群数量的控制力，促使后者对植物群落的采食压力上升（Grabowski，2004）。最后，捕食者的类型（脊椎或无脊椎动物）、食草动物和食肉动物的新陈代谢强度差异（Borer et al.，2005）以及度量营养级联效应强度的参数和计算方法也会影响级联效应的强度（Polis et al.，2000）。在自然生态系统中，营养级联效应的强度并不只由单个因素决定，上述因素往往相互作用，交互控制着生物群落中营养级联效应的强度。

(3) 食物网模型构建

为了理解自然生态系统中错综复杂的营养级互作关系和营养结构特征，生态学家发展了一系列食物网模型，从而将两物种、三物种的营养级研究推广至复杂的食物网。May（1973）在其早期研究中所采用的随机矩阵方法是最简单的食物网模型，提供了检验食物网的一个零模型（null model）。随后，生态学家发展了更具生物学意义的食物网模型。Cohen 等（1990）提出了级联模型（cascade model），假定物种在某一生态位轴上顺序分布，且处于高生态位的物种具有一定的概率捕食低生态位物种。Williams 和 Martinez（2000）提出了食物网构建的生态位模型（niche model）。该模型同样假定物种在某一生态位轴上分布，但对于某一潜在捕食者来说，其捕食范围集中分布于某一连续的生态位区间，且该区间有可能包括该捕食者本身，即自食现象（框 2-2）。虽然生态位模型基于非常简单的规则，但却很好地刻画了自然食物网的主要结构指标，如杂食性、连接度分布等（详见表 2-1）。基于这一模型，近年来发展了多个改进的生态位模型，包括嵌套等级模型（考虑物种间的谱系关联）（Cattin et al.，2004）、最小潜力生态位模型（考虑捕食生态位的高维性）（Allesina et al.，2008）等。

在以上模型中，种间捕食关系的根本决定因素是物种的生态位。这里的生态位具体指影响物种捕食能力、运动能力等的相关性状。个体大小是食物网研究中关注最多的物种性状。一般而言，个体较大的物种更有可能捕食个体小的物种，也是级联模型所刻画的过程。这对应了一句谚语："大鱼吃小鱼，小鱼吃小虾。"然而，其他研究也表明，个体大的物种并不能取食所有个体更小的物种，而是对某一特定范围的个体大小具有最大的捕食概率

框 2-2 食物网构建的生态位模型

当给定物种数 S 和连接度 C 后构建一个食物网模型，本质上就是通过一些规则建立 S 个物种之间的捕食关系。Williams 和 Martinez(2000)提出的生态位模型通过三步实现：

① 物种生态位：在[0,1]区间内随机抽取 S 个均匀分布的随机数，假定为：$\eta_1<\cdots<\eta_i<\cdots<\eta_S$，作为相应物种的生态位。

② 取食范围：对任一物种 i，从 beta 分布 $\mathrm{Beta}\left(1,\frac{1}{2C}-1\right)$ 中抽取一个随机数 r_i，定义物种 i 的取食范围为 $r_i\eta_i$。其中，r_i 的期望值为 $2C$。进一步地，从 $\left[\frac{r_i\eta_i}{2},\eta_i\right]$ 区间随机抽取一个均匀分布的随机数 c_i，作为物种 i 取食范围的中心。

③ 捕食关系：对物种 i 来说，生态位 η_k 位于其取食范围的物种都作为它的猎物，也即在种 i 和 k 之间增加捕食关系。

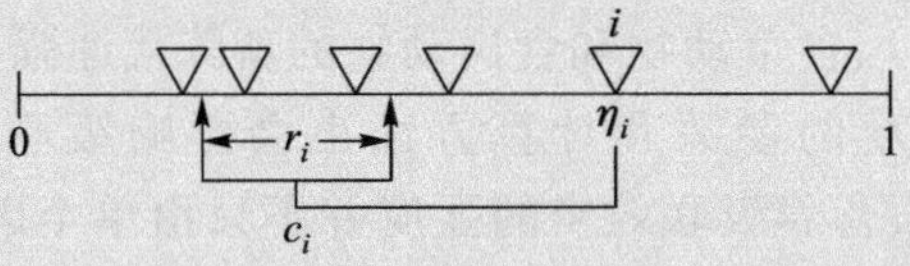

(Persson et al.,1998)。其可能的解释是，个体较小的猎物不容易被察觉，而且追捕个体较小的猎物的回报可能低于能量投入。对全球不同生态系统类型食物网数据的分析表明，捕食者与猎物的个体大小比例平均为 100~1000 倍，这一比例随生态系统类型、捕食者和猎物的代谢类型和运动类型而改变(Brose et al.,2006,2019)。基于这一认识，近期生态学家发展了基于个体大小的食物网模型(Schneider et al.,2016)。在这一模型中，植物和动物都具有随机生成的个体大小，两物种之间存在捕食关系的概率则由潜在捕食者和潜在猎物之间的个体大小比例决定。该模型中假定，捕食概率服从 Ricker 函数，该函数是一个单峰曲线，其峰值为最优个体大小比例(例如，捕食者和猎物的个体大小比例为 100 倍)。除了个体大小外，其他性状也可能对种间捕食关系产生重要影响，如前述的代谢类型和运动类型等都对捕食关系有影响(Gravel et al.,2016)。因此准确预测物种间捕食关系，需要考虑多维性状，这是生态位模型的改进模型之一——最小潜力生态位模型(Allesina et al.,2008)的出发点。

基于生态位模型或其改进模型，可以生成一个网络结构，通过简单规则来刻画自然生态系统中的食物网关系(Williams and Martinez,2000)。然而，如果要理解食物网中不同物种之间的互作关系、上行和下行调控以及网络结构对食物网功能和动态的影响，则需进一步利用微分方程刻画种群动态。Lotka-Volterra 模型是最早刻画捕食者-猎物关系的模型，其中捕食者的种群变化取决于取食猎物引起的种群增长和自身的死亡速率，而猎物的种群变化取决于自身种群增长和被捕食引起的种群下降。这一模型可扩展至复杂的多物种系统，刻画食物网中的种群动态。具体地，对食物网中的任一物种来说，其种群变化取决于摄食猎物

表 2-1　二分网络主要结构指数

水平	计算公式和参数说明	
网络水平网络参数	连接度 (connectance)	$C=L/AP$。式中,L 为实际连接数,A 和 P 为物种丰富度。其反映了网络的连接强度大小,即连接度值越高,连接强度越大
	物种平均连接数 (links per species,LPS)	*LPS*=连接总数/物种总数,同样反映网络的连接强度,即 *LPS* 越大,连接强度越大
	嵌套度 (nestedness,ND)	$ND=(100-T)/100$。式中,T 为温度(0~100),*ND* 值变化范围在 0~1。嵌套度描述了一种相互作用的模式,在这种模式中,与专性物种(具有少量互作伙伴的物种)相互作用的物种是与泛性物种相互作用的物种的子集,反映互作网络的结构信息,*ND* 值越高,说明嵌套结构越明显
	加权嵌套度 (weighted nestedness,WND)	同嵌套度一样反映网络的结构信息,其不仅包含了互作网络的所有拓扑信息,而且还含有互作强度的信息。数值为 1 时,意味着网络最嵌套;而数字为 0 时,意味着网络最混乱
	互作强度的非对称性 (interaction strength asymmetry,ISA)	$ISA(i,j)=\|d_{ij}^{P}-d_{ji}^{A}\|/\max(d_{ij}^{P},d_{ji}^{A})$。式中,$d_{ij}^{P}$ 和 d_{ji}^{A} 分别表示植物 i 对动物 j 的依赖程度和动物 j 对植物 i 的依赖程度,$\max(d_{ij}^{P},d_{ji}^{A})$ 为 d_{ij}^{P} 和 d_{ji}^{A} 之间的最大值,其可以量化发生互作关系的不同营养级的物种间影响与被影响的平衡
物种水平网络参数	物种度 (species degree,SD)	网络中某物种与其他营养级物种发生联系的数量。物种度的大小代表物种在互作网络中的重要程度
	物种强度 (species strength,SS)	指某一个动物或植物物种对植物或动物物种的依赖度或所受作用强度的总和
	嵌套等级 (nested rank,NR)	指在一个网络嵌套矩阵中所处的等级;数值越低,意味着某一物种具有更高的泛性,反之亦然
	专性指数 (specificity index,SI)	用来衡量物种的专化程度。同某一物种发生互作的物种越多,则该物种的专性指数越低
	相互作用非对称性 (interaction asymmetry,IA)	发生互作的物种不对称性。正值代表某一物种对另一个互作营养级的物种有更大依赖性或影响,负值代表某一物种是被另一个互作营养级的物种所依赖或影响
	连接多样性 (partner diversity,PD)	某一物种的连接伙伴的多样性,可以衡量物种的泛性程度:泛性更高的物种,其连接多样性也更高

(包括植物对非生物营养的摄入)引起的种群增长及被捕食和死亡引起的种群下降。其中,生态学家发展了"功能响应"(functional response)概念,来刻画捕食速率随猎物密度的变化。特别需要指出的是,当捕食速率随密度线性增长时,称为"一型功能响应"(type Ⅰ functional response),即经典 Lotka-Volterra 模型的假定。但很多实验表明,捕食速率随猎物密度的增长服从饱和曲线,因此食物网模型中较多使用饱和型的"二型功能响应"(type Ⅱ functional response)(Holling,1959)。此外,近期研究表明,种间捕食关系受到捕食者和猎物个体大小比例、温度等因素的影响,继而建立了参数化的食物网模型(Schneider et al.,2016;Binzer et al.,2016)。

2.2.2 生态网络研究

近三十多年来,相关研究在传统食物网的基础上向生态网络研究拓展。生态网络可作为生态系统中生命有机体间相互作用的一种表现形式,其中不同物种(节点)通过成对的相互作用关联起来。这些相互作用包括拮抗关系(如捕食等)、互惠关系(如传粉、种子传播等)、竞争、偏害共栖以及共生等。尽管生态网络是近年来群落生态学和生态系统生态学的研究热点,但国内有关生态网络的研究甚少,尤其是实证方面的研究非常缺乏。目前,国内基于实证的生态网络研究主要涉及网络拓扑结构的描述(Sanitjan and Chen,2009;郭彦林等,2012;Zhao et al.,2016;Zhang and He,2017;Zhao et al.,2018;Fang and Huang,2012)、影响网络构建的因素(Zhao et al.,2016)、人类活动对互作网络的影响(Yang et al.,2018)等,但对生态网络结构的功能和稳定性的研究极少。

(1) 生态网络结构分析

网络分析常被用来研究生态网络的结构和功能以及其他与网络相关的生态和进化过程(Pimm,1982;Cohen et al.,1990;Proulx et al.,2005)。在生态网络研究中,主要有两类数据。一类是定性网络(qualitative network)或未加权网络(unweighted network),即当物种之间存在相互作用时,连接就被定义为 1;当没有相互作用时,则定义为 0。另一类是定量网络(quantitative network)或加权网络(weighted network),是指物种间相互作用的强度表示连接的强度。虽然早期大部分食物网数据为定性网络,但随着分子生物学手段的发展,定量网络的研究逐渐增加。基于这些定量网络研究的数据,生态学家发展了刻画结构特征的不同指标,主要包括物种数、不同营养级物种比例、连接度(connectance)、度分布(degree distribution)、杂食性(omnivory)、分隔或模块(compartment 或 modularity)、相互作用强度(或依赖度)(interaction strength)、相互作用多样性(interaction diversity)、相互作用均匀度(interaction evenness)、嵌套度(nestedness)和非对称性(asymmetry)等(表 2-1)。

网络结构指标有利于直观地了解生态网络的结构特征。对于一个包含 S 个物种的群落而言,营养连接数量的理论最大值为 $S(S-1)/2$,如果实际营养连接数量为 L,则食物网连接度 $C=\dfrac{L}{S(S-1)/2}$。通常认为,食物网中物种数量越多,连接数量越多,连接度越高。这些结构指标也为定量研究网络结构对群落功能和稳定性的影响提供基础。例如,May(1973)基于随机矩阵模型发现,一个稳定的生物群落应该满足 $i(SC)^{1/2}<1$,式中,S 表示物种数,C 表

示连接度，i 表示种间作用强度。

早期研究多关注食物网，近年来，对其他网络类型的关注逐渐增加，尤其是两种不同类型的物种间相互作用所形成的二分网络（bipartite network），如互惠网络。针对二分网络，发展了一些特定指标（表 2-1）。近期研究也尝试将食物网与其他网络类型结合起来。Arditi 等（2005）首次尝试在食物网模型中加入其他种间关系类型，发现生态系统中能量、物质的传递效率随着种间关系强度的增加而增加。Goudard 和 Loreau（2008）通过更为复杂的包含营养关系和非营养关系的食物网模型，进一步阐述了基于非营养关系等种间关系的作用强度和连接度对生物多样性-生态系统功能关系的决定性影响。将营养关系和非营养关系同时纳入食物网研究，使生态网络研究得到进一步完善。

（2）生态网络构建机制

研究生态网络的构建机制能够为揭示生物多样性的形成和维持机制提供新视角。阐明群落内种间互作及互作网络结构是随机发生，还是由一系列生态和进化因素所决定，是生态网络构建机制的关键问题（Bascompte and Jordano，2013）。任何所观测到的生态网络结构可作为包含多种因素的一个函数，如物种表型、中性扩散过程，以及由此产生的群落结构（物种丰富度、组成和多度）、物种时空分布格局、关键性状匹配与进化过程以及取样效应等（图 2-2）（Vázquez et al.，2009a，2009b）。对不同影响因素的比较研究结果形成了生态网络构建机制的不同假说，主要包括中性假说（neutral hypothesis）、限制性连接假说（forbidden links hypothesis）以及亲缘关系假说（phylogenetic-related hypothesis）等（框 2-3）。中性假说认为，群落内个体间的互作是随机的，因此种间互作的发生概率受到物种多度的影响。而限制性连接假说则认为，物种在时空匹配的前提下，互作仅在种间形态或生理上相互匹配时才会发生，因此种间互作受到物种分布、物候、形态和生理等功能性状的限制（Jordano et al.，2003）。亲缘关系假说认为，近缘种往往具有相似的形态、物候、分布等特征，因此近缘种由

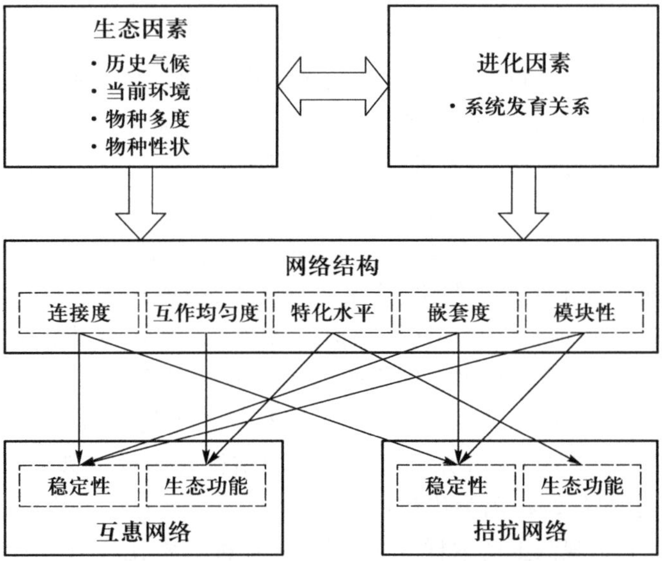

图 2-2 生态网络的构建、结构与功能和稳定性的关系

于系统发育限制，它们在网络中有相似的相互作用，从而扮演相似的角色（Olesen et al.，2007）。然而，排除取样效应这一随机因素，其他因素往往作用层次不同，且各因素间存在复杂的因果关系。因此，上述假说并非相互排斥或相互独立的，而是互补或共同作用于生态网络的构建。

框 2-3 生态网络构建的不同假说

- 中性假说：群落中个体之间的互作是随机的，多度越高的物种与其他物种发生互作的概率越高（Vazquz et al.，2005）。
- 限制性连接假说：物种间互作的发生受限于物种的时空分布以及形态、生理等特征的耦合度（Jordano et al.，2003）。
- 亲缘关系假说：亲缘关系近的物种在网络中扮演相似的角色（Olessen et al.，2007）。
- 系统发育信号假说（phylogenetic signal hypothesis）：生态网络中同一营养级的物种的互作模式与它们的系统发育关系高度相关（Ives and Godfray，2006）。

1）物种多度

物种多度对种间相互作用及网络结构有重要影响，例如，群落中的优势种比稀有种具有更多与之互作的物种。在群落中，物种多度分布表现为大部分物种多度很低，仅有小部分物种多度很高，呈对数正态分布。根据中性假说，种群规模大的物种与其他物种相遇以及发生互作的概率要高于种群规模小的稀有物种，导致多度高的物种能够与更多种类和个体互作，而多度低的物种趋于与多度高的物种互作，形成非对称性和嵌套性网络结构（Bascompte et al.，2003）。研究表明，在一些互惠网络中，仅用多度就能解释网络的连接数分布、嵌套结构、连接数及连接强度的非对称性等网络结构特征。

研究表明，网络结构也是群落中物种多度格局形成和维持的驱动力之一（Fort et al.，2016）。因此，研究物种多度和生态网络结构关系的同时，需要考虑：物种多度（或群落组成）是否以及如何影响种间互作，以及种间互作和网络结构如何影响群落物种多度（或生物多样性）（Bascompte and Jordano，2013）。如果物种多度影响网络结构，形成新的网络结构亦能反作用于物种多度（反馈作用），那么如何解决这个“鸡生蛋还是蛋生鸡”的循环性问题？Dormann 等（2017）对此提出了两个假说：首先，当种群大小和其活动节律主要受环境（如巢穴和极端温度）决定时，物种多度驱动网络结构。当种间互作高度特化时，网络结构会驱动物种多度格局的形成。因此，物种多度作为驱动因素可能更适合于以种子传播网络为代表的泛化食物网（Schleuning et al.，2011），而不适合于高度特化的宿主-拟寄生者互作网络（Maunsell et al.，2015）。其次，在研究多度和食物网结构时同样还涉及以下两个方面的机制。一是生态学上的取样效应，因为优势种通常更为泛化，具有较多的与之随机互作的物种（Fort et al.，2016）。二是观测上的取样效应，因为优势种通常比稀有种具有更多的观测数，使得稀有种更易受到取样的限制（Dormann et al.，2017）。尽管这两种取样效应在实际研究中难以区分,但在解释上却完全不同,应尽量予以区分。

2) 物种性状和时空耦合

仅用物种多度并不能完全解释某些群落中种间互作的模式以及所形成的网络结构,因为种间互作还受物种间时空分布和性状匹配的影响。如果物种的物候和分布存在差异,或互作双方性状不匹配,即使物种多度很高,也不能发生相互作用,即形成了限制性连接(Jordano et al.,2003;Olesen et al.,2011)。例如,性状匹配程度决定了植物与蜂鸟相互作用的强度(Maglianesi et al.,2014)。Vizentin-Bugoni 等(2014)通过独立采样控制物种多度后发现,限制性连接对种间互作的影响比多度的影响大。因此,群落中互作物种的功能多样性也是生态网络构建的驱动力(Albrecht et al.,2018)。植物-传粉者性状匹配假说认为,只有当传粉者口器的长度等于或大于花粉管的长度时,才会发生相互作用,故形态上的限制性连接表现为短口器传粉者不能取食长管花植物的花蜜,并为其传粉(Vizentin-Bugoni et al.,2014;Sazatornil et al.,2016)。性状匹配可发生在不同类型的生态网络中,从互惠的传粉网络、种子传播网络到拮抗的捕食者-猎物、寄生物-宿主互作网络(Eklof et al.,2013)。然而,限制性连接和取样不足导致的缺失连接在实际研究中仍难以完全区分开来。

3) 进化因素

进化和生态过程共同塑造了复杂的种间互作关系及其所形成的互作网络结构(Olesen et al.,2007)。如上所述,形态、物候、地理分布等物种特征会影响种间相互作用,而这些物种特征通常具有系统发育相关性,因此生态网络结构同样会受到物种进化历史(即系统发育)的影响(Rezende et al.,2007)。生态网络所描述的是物种当前相互作用的模式,如果过去的进化事件塑造了生态网络,那么当前网络中物种互作应有系统发育信号(Rezende et al.,2009)。系统发育信号可能来源于两个方面:一是物种间互作模式在长期的历史进化事件中得以保留,使得物种互作具有系统发育信号;二是当前生态因素会筛选具有相似生态特征的物种,从而使得群落中物种互作具有系统发育信号(Thompson,2005;Vazquez et al.,2009b)。通常,系统发育关系较近的物种倾向于拥有同样的连接数,但互作强度可能不同(Rezende et al.,2007)。由于系统发育限制,近缘种在网络中有相似的相互作用,并扮演相似的角色。生态网络模块内部由近缘种所组成,且模块内的物种趋于拥有相似的性状(Dupont and Olesen,2009;Donatti et al.,2011)。在同一个互作网络里,营养级间的系统发育信号通常具有不对称性(Bergamini et al.,2017)。例如,以捕食者-猎物为代表的拮抗网络中,系统发育对低营养级物种(猎物)的影响常高于对高营养级物种(捕食者)的影响。这是因为捕食者趋于捕食具有相似性状、亲缘关系较近的猎物,而近缘捕食者之间的种间竞争会导致它们趋于捕食不同的物种(Rezende et al.,2009)。然而,并非所有生态网络都具有系统发育信号,例如,Schleuning 等(2014)通过对种子传播网络研究发现,尽管物种的模块角色在系统发育上也是保守的,但是系统发育关系并不能完全解释模块性,而季节性气候则能够更好地预测网络的模块性。

除了上述因素之外,生态网络还受到环境因素的影响。例如,食物网的最高营养级受到环境能量和波动的影响。由于能量从低营养级向高营养级传递时只有 10%左右的效率

(Lindeman,1942),因此最高营养级受到环境总能量输入的限制,如生产力水平或生态系统大小(生境斑块的面积、湖泊大小等)(Post et al.,2000)。另外,环境波动越大,则顶级捕食者的种群波动越大、越难以维持,因此食物链长度越短(Menge and Sutherland,1987)。此外,模块和嵌套可能与群落的稳定性和抵御气候变化等干扰的能力有关,故历史气候波动可能会影响模块性和嵌套性。Dalsgaard 等(2013)利用全球传粉网络数据研究表明,在传粉网络的模块和嵌套结构形成方面,历史气候变化与当前气候同等重要。取样效应对研究和推断网络结构也有较大影响,在网络构建中应该予以考虑。系统发育信号本身往往无法推断出网络构建和种间互作模式的潜在机制。因此,如何解析系统发育和环境因素对网络构建和物种相互作用的影响,是一个值得关注的方向(Dehling,2018)。

(3) 生态网络结构与稳定性的关系

解析生态网络结构如何影响群落稳定性是生态学研究的热点问题之一。网络分析的重要性在于它能探究生态网络的哪些结构特征在应对自然和人为干扰因子时发挥何种作用,从而揭示和预测群落结构与功能、生物多样性与稳定性之间的关系。有关群落生物多样性、复杂性与稳定性关系的争论由来已久(May,1972;McCann,2000)。基于经验证据,Odum(1953)、MacArthur(1955)和 Elton(1958)等人认为,复杂的群落比简单的群落更稳定,即复杂性会促进稳定性。May(1972,1973)发现,当物种数、连接度或种间相互作用强度增加超过某一临界值时,生态系统会变得不稳定。此后,基于捕食者-猎物食物网以及竞争性群落的复杂性和稳定性关系受到了极大的关注。然而,自然界中存在很多高复杂性、高物种多样性的生态系统,这与理论预测的不稳定性形成一个悖论。如何解决理论和现实之间的矛盾是生态学领域一个悬而未决的重大课题。事实上,如前文所述,群落和生态网络的构建是非随机的,而正是这些非随机性可以促进物种在群落中持续存在。因此在探究生态网络结构、复杂性和稳定性的关系时应该充分考虑这些非随机性的过程。

不同的研究采用不同的稳定性概念来测度群落结构和稳定性间的关系。常见的稳定性概念包括抵抗力(residence)、恢复力(resilience)、脆弱性(fragility)和稳健性(robustness)等(McCann,2000;Ives and Carpenter,2007)(框 2-4)。其中,脆弱性和稳健性用于测度群落或者生态系统对环境变化的忍受程度。因此,在环境条件较为稳定时才能保持稳定的群落或系统称为脆弱系统;而在环境波动中仍能保持稳定的系统称为稳健系统(Thompson et al.,2012)。相关研究应注意区分不同的相互作用类型以及稳定性的测度指标。

迄今为止,已有大量研究描述生态网络的结构,并发现它们的结构模式会影响网络稳定性(Bascompte and Jordano,2013)。种子传播网络、传粉网络等互惠网络常具有较高的嵌套结构和模块结构(Donatti et al.,2011;Mello et al.,2011)。研究发现,模块结构和嵌套结构都有利于种间互作网络的稳定(Bascompte and Jordano,2013),从而维持较高的生物多样性(Bastolla et al.,2009)。在食物网中发现的许多结构模式,如杂食环、节点连接数的异质分布、模块化和嵌套结构等都倾向于促进群落稳定性和物种共存(Neutel et al.,2007)(图 2-2),并且生态网络中弱相互作用可能是促进系统稳定的关键因素(Neutel et al.,2002)。尽管如此,关于网络结构和稳定性的研究仍有较多争议。不同类型生态网络结构的驱动因子可能存在一定的差异,使得网络结构和稳定性的关系与相互作用类型相关。

例如，Allesina 和 Tang(2012)研究发现，在捕食网络中弱相互作用和嵌套结构并不一定利于稳定性。使用恢复力作为群落稳定性的指标时，Okuyama 和 Holland(2008)发现，在互惠网络中，群落恢复力的增加与物种多样性、物种相互作用数量(连通性)以及网络嵌套性和对称性相互作用强度的增加有关，并呈现与传统模式相反的正向复杂性和稳定性的关系。Fontaine(2010)发现，在互惠网络(传粉网络)中，高度连接和高度嵌套的网络结构促进了稳定性(恢复力)；而在拮抗网络(植食网络)中，则是高度模块化和低连接的网络结构促进食物网的稳定性。

框 2-4 稳定性的不同定义

- 复杂性(complexity)：群落和生态网络的复杂程度，通常用生态网络的连接度来表征(May,1973)；
- 抵抗力(residence)：群落免受外界干扰而保持原状的能力(MacCann,2000)；
- 恢复力(resilience)：群落受到外界干扰后回到原来状态的能力(MacCann,2000)；
- 持久性(persistence)：物种和相互作用在动态网络中持续存在的能力(MacCann,2000)；
- 稳健性(robustness)：生态群落或生态网络对物种的丧失导致次生灭绝的容忍度，用灭绝曲线下的面积表示(Memmott et al.,2004)；
- 次生灭绝(second extinction)：群落中某一些物种的灭绝导致其他物种随之灭绝的情形(Memmott et al.,2004)。

网络的稳定性会受到一系列人为活动的影响，如物种灭绝、生物入侵、栖息地丧失以及生态恢复等。因此，生物群落或生态系统应对环境变化的稳健性受到持续的关注，并成为当前生态网络稳定性实证和理论研究的热点问题(Saavedra et al.,2008；Pocock et al.,2012；Grass et al.,2018)。生物群落中一个物种的灭绝通常会导致其他物种的次生灭绝，尤其是与其关系密切的物种。食物网中与灭绝物种同一模块内的物种共灭绝可能性最大，但模块间的物种因相互作用较弱，则灭绝可能性较小。因此，食物网的模块化结构(图 2-3)能够有效缓冲群落中物种整体灭绝的风险，从而提高生态网络稳定性(Girvan and Newman,2002；Carscallen and Romanuk,2012)。此外，模块化特征对维持食物网中物种共存的贡献随系统复杂性的增加而增加，有助于调和自然群落复杂性和稳定性的矛盾(Stouffer and Bascompte,2011)。Bascompte 等(2003)首次发现植物与传粉者的互惠网络表现出明显的嵌套结构特征(图 2-3)。嵌套结构中一个物种的丢失往往不会导致与其共生物种的整体灭绝，而且随着物种丰富度、连接度和相互作用强度的增加，群落抵抗力增强(Bascompte et al.,2003；Okuyama and Holland,2008)。因此，嵌套结构的聚集度越高、越复杂，就越能有效减少种间竞争，增加共存物种的数量，从而有利于维持系统的稳定性(Okuyama and Holland,2008；Bastolla et al.,2009)。但是，互惠网络中的关键物种(连接度高的物种)丢失会降低稳定性(Memmott et al.,2004)。

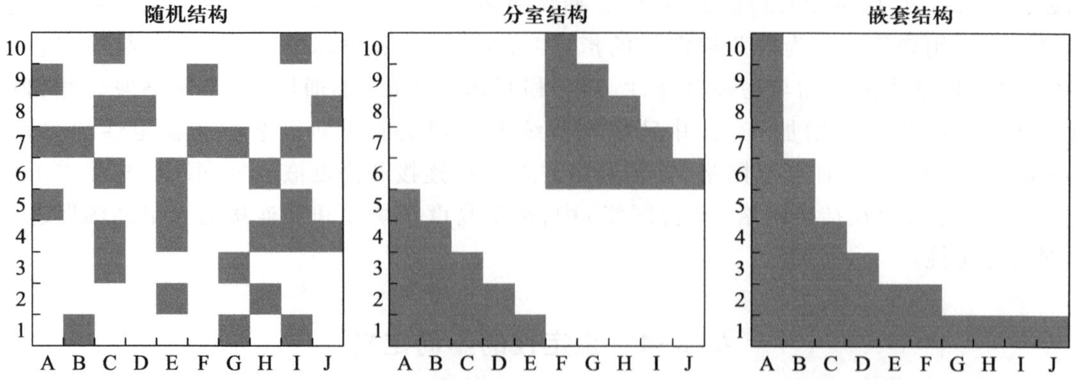

图 2-3 食物网结构矩阵图示。行(A~J)表示 10 个动物物种,列(1~10)表示 10 个植物物种(Lewinsohn et al.,2006)

网络的拓扑结构、物种性状、行为及多度均可影响生态系统在物种丧失后的稳健性。在结构上,较高的连接度、模块性和嵌套性可促进生态系统的动态稳定性或结构稳定性。例如,连接度增加会使得消费者次生灭绝的风险降低,从而增加群落的稳定性。在行为上,存在物种重新连接的生态系统在物种丧失后的稳健性要高于不能发生重新连接的静态网络。即当网络中某个物种消失时,幸存的物种之间形成新的相互作用,会增加网络的稳健性(Kaiser-Bunbury et al.,2010)。同样,在传统的食物网中,生态位重叠物种的存在会使得某些物种消失时,捕食者和猎物之间形成新的营养相互作用,因此重叠物种的比例与稳健性高度正相关(Staniczenko et al.,2010)。泛化的优势种通常在觅食行为上有较高的可塑性,当它们多度发生改变时,就会转而使用不同的资源(Kondoh,2003)。通过这种方式,它们可以利用已灭绝物种的生态位,从而保持网络的稳定性和群落功能(Valdovinos et al.,2016)。此外,多度最高的物种是网络稳定的关键,因为它们往往最不容易灭绝,并且它们会通过直接或间接的相互作用与网络中的其他物种发生紧密联系(Aizen et al.,2012)。相反,对于特化的种间相互作用或网络而言,环境变化所导致的物种灭绝或相互作用消失的风险往往更大(Aizen et al.,2012;Burkle et al.,2013)。因此,生态恢复对某一个功能群有利,不一定对其他功能群也有利。

(4) 生态网络结构对生态系统功能的影响

在生物群落中,捕食者与猎物之间的营养关系(植食、捕食和资源利用型竞争),不仅是生态系统物质循环和能量流动的决定因素,也会通过改变自然选择压力来影响生物群落中物种间的遗传变异程度(Pimm and Pimm,1982)。营养级内和营养级间的物种通过种间竞争、上行或下行控制的非对称性有差异地响应环境变化,可能导致群落结构的再组织,进而改变生物多样性格局以及生态系统过程和功能(Chase,2000)。在生态网络中,既有广受关注的营养关系,也有复杂的非营养关系。描述和量化网络中不同组分间的相互关系及其作用强度,不仅可以阐明群落物种多样性的维持机制和生物多样性影响生态系统功能的作用机理,而且可通过建立网络模型,预测全球变化和物种多样性丧失背景下生态系统结构和功能的演变趋势。

捕食者-猎物营养关系的生态效应包含捕食者对猎物的消耗效应和非消耗效应两个方面。关于捕食者对猎物的消耗效应研究最早可追溯到19世纪60年代提出的营养级联效应理论(Hairston et al.,1960)。以捕食者-食草动物-植物三级食物链为例,捕食者通过直接捕食食草动物而降低其数量,从而减轻了食草动物对植物的压力。因此,处于食物链不同位置的物种对环境变化的响应并不一致(Liao et al.,2017)。传统的群落生态学观点认为,能量需经过食物链传递。基于能量守恒定律,食物网中捕食者-猎物最基础、最直接的关系就是消耗型的营养关系。无论是关键捕食者效应、营养级联效应还是非对称竞争均可看作由食物网内物种的丰度变化衍生而来(Paine,1966;Oksanen et al.,1981)。但是,如果把物种作为群落生态学的基本组成单元,那么物种本身固有的特征才是种间关系发生的真正决定因素(Abrams,1992)。例如,捕食者对猎物的捕食过程通常受捕食者特征(大小、速度、捕食工具、搜寻能力、追击策略)和猎物特征(感知能力、大小、速度、形态和隐藏策略)的共同影响。此外,捕食风险(即捕食者释放的信息素等信号使猎物感受到了威胁,但猎物尚未被捕食)也会使猎物产生大小、活动、形态和行为等特征的改变,从而造成猎物种群适合度降低,即所谓的非消耗效应。非消耗效应涉及猎物甚至捕食者的物种性状的改变,是长期的和具有遗传性的。这种效应比起猎物仅仅在数量上的变化对种群的影响更为深远(Werner and Peacor,2003)。因此,非消耗型的营养关系在预测群落动态的理论框架中已越来越重要。

鉴于营养关系的重要性,在传统的食物网研究中,往往忽视自然群落中物种间的非营养关系(例如共生、传粉、种子传播、干扰性竞争、偏害等效应),但这些非营养关系是普遍存在的(Goudard and Loreau,2008)。例如,在非洲稀树草原的大象经常连根拔起灌木和乔木的幼树甚至成体,但并不以这些木本植物为食物,大象和这些植物之间不存在物质和能量转移的营养关系。然而,大象的这种行为可能减少其他动物的食物资源或庇护所,导致群落结构改变,因此这种行为可能是维持草地群落结构和功能的一种重要机制(Coverdale et al.,2016)。近年来,人们逐渐认识到,非营养关系能够修饰食物网结构及生态系统功能(Arditi et al.,2005;Goudard and Loreau,2008)。其中,碎屑食物网中的非营养关系在碎屑分解过程中的作用可能大于营养关系(Majdi et al.,2014)。模型分析表明,对于存在着非营养关系(如互利共生)的群落而言,非营养关系的作用强度越大,越有利于高效的生物群落构建(Arditi et al.,2005)。在地上与地下的连接网络中,碎屑食物网中的捕食者可以通过抑制碎屑分解者数量,降低碎屑分解速率,从而进一步降低土壤养分浓度及植物生长速率(Wu et al.,2011;Zhao et al.,2013)。级联效应的过程既包括营养关系,也包括非营养关系。尽管将两种关系完整结合起来对种间互作网络的研究非常重要,但在当前的生态系统生态学研究中还很少涉及。

"生态系统工程师"(ecosystem engineer)是自然生物群落的一种重要现象,主要体现在某些植物或动物通过改变周围生物和非生物条件,从而影响其他生物的生存状况(Jones et al.,1994)。这种情况下,"生态系统工程师"与受影响的生物之间的关系也是种间互作网络中的一种重要的非营养关系类型。例如,蚯蚓通过改变土壤物理结构和化学组成,影响其他土壤节肢动物群落结构和植物生长,但是蚯蚓与土壤节肢动物和植物之间不存在营养关系(Eisenhauer,2010)。"生态系统工程师"的生境修饰或重建作用能够增加营养级水平和食物链长度,从而改变食物网复杂性和稳定性(Sanders et al.,2014)。例如,在我国东北的松嫩草地生态系统,绵羊的采食活动显著改变了植物群落的结构。生境结构的改变没有影响横纹金蛛(*Argiope bruennichi*)的织网行为,但显著降低了异爪蝗属(*Euchorthippus*)的行走与跳跃频率,从而间接降低了前者对后者的捕食成功率(Zhong et al.,2017)。

人类活动使生物多样性受到严重的威胁,而生物多样性的丧失会对生态系统功能产生负面影响(Dirzo et al.,2014)。自20世纪90年代以来,生物多样性与生态系统功能研究(bidiversity and ecosystem functioning,BEF)极大地推动生态学理论的发展,而且对预测生物多样性丧失对生态系统功能的影响有潜在的应用价值,同时对生物多样性保护和探究生态系统功能维持有着重要的指导意义(Tilman et al.,2014)。传统BEF研究主要集中在针对单一营养级水平进行小规模试验,通过物种丰富度或功能多样性以及系统发育多样性对生态系统功能的影响,将生物多样性与生态系统功能联系起来。然而,目前对生态网络的结构多样性和BEF之间的关系仍然缺乏相关研究。因此,网络结构与生态系统功能维持是种间互作网络研究需要突破的重要问题之一(Bascompte and Jordano,2013;Schleuning et al.,2015)。

尽管生态网络和生态系统功能关系的研究尚处于初始阶段,但在概念、理论以及实证等方面也取得了一些成果。首先,种间互作和网络结构与生态系统功能之间存在线性或非线性的关系。和物种多样性与生态系统功能关系类似,在互惠传粉网络中,较高的蜜蜂多样性会增加种子产量,但是与蜜蜂多样性相比,蜜蜂物种间的功能互补性能更好地解释种子产量的变化,即增加功能生态位(网络特化水平和模块结构)更能实现传粉的成功。在种子传播网络中,鸟类多度和多样性促进种子扩散,而且被扩散的种子密度随着种子传播网络的特化程度增加而增加,表明植物-食果鸟互作网络的特化程度驱动了大尺度的种子传播过程。在一定的营养供给条件下,食物网中的总营养摄入量随食物网的垂直多样性增加而增加(Wang and Brose,2018)。此外,在拮抗网络中决定寄生虫共享宿主的因素(即宿主-寄生虫网络的结构)可能会影响种间寄生虫的传播和疾病传播模式(Pilosof et al.,2015)。其次,生态系统功能稳定性在一定程度上与生态网络的稳健性相关,而物种冗余(或互补)、嵌套结构以及模块结构可影响稳定性(Memmott et al.,2004),因此生态系统的稳定性可以通过网络的结构及其稳定性来预测。年际间共享的植物和传粉者,在网络中处于相对稳定的位置,且相对泛化的物种构成了稳定的传粉网络内核,这些物种可能与网络结构和生态功能稳定性的维持有关(Fang and Huang,2012)。此外,植物物种多样性能影响多个高营养级的相互作用多样性,而这些相互作用本身就是生态系统功能,如植食、寄生等。在BEF-China的一系列研究中发现,植物多样性会促进多个更高营养级的种间相互作用(Staab et al.,2015,2016;Fornoff et al.,2019),改变蚂蚁-半翅目互作多样性与植食率的关系(Schuldt et al.,2017)。然而,这些研究均未直接分析种间互作网络结构与生态系统功能的关系,因此亟须整合功能多样性、互作网络结构和生态系统功能研究的概念框架(Schleuning et al.,2015)。

2.2.3 全球变化下的营养级和食物网动态

全球变化能够改变食物网结构和种群动态,影响生态系统的上行与下行调控,威胁网络的稳定性并造成次生灭绝,降低生物多样性(Memmott et al.,2004;Butchart et al.,2010;王玉玉等,2013;Ripple et al.,2014)。在人类世(Anthropocene)中,人类活动造成包括全球气候快速变化、生境破碎化与环境污染等一系列干扰,已在全球范围内造成严重的生态后果

(Butchart et al.,2010)。例如,气候变暖和降水格局变化的背景下,众多物种的自然分布范围正发生巨大变化,甚至灭绝(Gilman et al.,2010);世界上几乎所有的森林生态系统均发生了片断化现象,导致动植物栖息地大量丧失(Taubert et al.,2018);此外,全球范围内频繁的人类活动,例如国际贸易等,促使大量外来物种入侵,直接改变入侵地生态系统中的物种组成与群落结构(Simberloff et al.,2013)。总体而言,全球变化对营养级和食物网动态的影响可大体归纳为三类:营养级错位、食物网关键种丧失与生物入侵导致的食物网退化。

(1) 营养级错位

生态网络中互作物种的物候特征往往存在时空耦合,例如植物的开花物候与传粉动物的活跃期和繁殖期重合,浮游生物的种群峰值与鱼类的繁殖期重合(Gilman et al.,2010)。然而,不同物种的物候特征对全球变化的响应存在巨大差异,这使得原本耦合的关系发生错配,导致营养级错位(trophic mismatching)。营养级错位可能改变不同营养级物种的相互作用强度,甚至消除这一关系,阻碍能量由低营养级向高营养级流动,导致高营养级物种多度下降甚至灭绝,进而降低食物链长度与食物网复杂性(Gilman et al.,2010;Sydeman et al.,2015)。

气候变暖是导致物候快速变化的主要驱动因素。Thackeray 等(2016)综合分析 10 003 条涵盖 812 种海洋、淡水和陆地物种的长期物候观察记录后发现,近 20 年间,几乎所有物种的重要物候特征发生期均提前了,但不同营养级物种提前的幅度不一,其中初级消费者物候特征发生期提前的时间最长,平均达 6.2 天。这种非同步的物候特征变化促使营养级错位的发生。物候特征变化会影响不同营养级间的种间关系,例如,全球范围内传粉者多度日益下降与气候变暖有关。植物在变暖环境中提前开花,使传粉昆虫活跃期与花期重叠时间减少,从而导致植物群落衰退(Gilman et al.,2010;Potts et al.,2010)。通过采用内耳石测量法分析青藏高原湖泊中的特有鱼类色林错裸鲤(*Gymnocypris selincuoensis*)的繁殖物候变化发现,该鱼类的繁殖期平均每 10 年提前 2.9 天,这一大型鱼类的物候特征变化可能会影响当地水生生态系统的食物网结构及其种群更新(Tao et al.,2018)。

营养级错位不仅发生于生态系统内部,不同生态系统中物种的物候变化能够在更大尺度上造成营养级错位。一项在荷兰的研究发现,1984—2004 年,栖息于森林生境的长距离迁徙食虫鸟类种数急剧减少,其原因是西欧的春天变得更为温暖,不同森林生态系统中的昆虫物候特征也发生快速变化,致使鸟类食物资源供应峰值与长距离迁徙食虫鸟类的到达和滞留时间不匹配(Both et al.,2010)。

营养级错位现象也在控制实验中得到了验证。以青藏高原草甸中的常见食草昆虫夜蛾(*Melanchra pisi*)及其宿主植物匙叶银莲花(*Anemone trullifolia* var. *linearis*)与龙胆属植物美丽龙胆(*Gentiana formosa*)作为研究体系,研究者发现,夜蛾幼虫主要以匙叶银莲花为食,而美丽龙胆通常在夜蛾幼虫密度达到高峰后才开花,从而避免花序被夜蛾幼虫过度啃食。然而,在为期三年的人工增温实验中,美丽龙胆花期和匙叶银莲花的营养繁殖物候在温度提升 1.5 ℃的情况下提前了一周,而夜蛾幼虫出现却推迟了两周;在升温状态下夜蛾幼虫密度增加了 10 倍,但匙叶银莲花的密度却仅下降了 30%(Liu et al.,2011)。这主要是由于物候特征变化使夜蛾幼虫主要取食美丽龙胆的花和胚珠,在升温环境下,夜蛾幼虫对美丽龙胆造成的损伤增加100倍(Liu et al.,2011)。这种急剧加强的营养级关联大大降低了龙胆植物的繁殖能力,因此气候变暖导致的营养级错位是植被衰退的潜在因素。

全球气候变化的另一个主要特征是昼夜温差加大,这一变化也会导致一些物种间的营养级错位。以瓶子草属植物 *Sarracenia purpurea* 叶片中的水生微生物群落为研究对象,与正常昼夜温差中的群落相比,昼夜温差上升后,处于第一营养级的细菌在实验初始阶段经历了密度增加,之后开始迅速下降;而位于第二营养级的原生生物由于生长节律与细菌群落动态错配造成食源匮乏,导致其 α 多样性急剧降低(Zander et al.,2017)。

除全球气候变化外,许多其他类型的人类干扰也能改变区域气候。例如,生境破碎化将大生境斑块分割为大量小生境片段,导致边缘效应增强,改变原有的林内小气候,从而改变物候特征,导致营养级错位,进而影响种间关系的稳定(Wilson et al.,2016)。物候特征异步变化是导致营养级错位的主要因素。在受干扰环境中,物候特征变化速率可能与物种的世代周期有关,世代周期越短的物种适应环境变化的速度越快,这与草本、灌木和小型消费者(例如食草昆虫)物候提前幅度较为一致(Both et al.,2009;Thackeray et al.,2016)。然而,目前尚不清楚不同生物类群适应气候变化的潜在机制,这可能涉及温度变化引发激素分泌变化从而调整生长节律,以及表观遗传因子引发可塑性变化。然而,尽管受全球气候变化影响,在某些生态系统中,物候特征在不同营养级中变化程度相似,并未发生营养级错位的现象(Hansson et al.,2013)。因此,需要更多案例研究以全面分析导致物候特征变化异步性的生物(例如种内遗传变异水平)与环境因素(气候变暖程度、昼夜温差范围、生境斑块大小等),从而更好地预测未来不同生态系统中食物网结构演变的趋势。此外,地下生物群落,尤其是土壤微生物与小型土壤动物群落,对生态系统服务功能贡献巨大,且对食物网结构具有重要的支持作用,但由于物种鉴定困难等原因,目前关于此类群落中营养级错位的报道较少。未来可结合DNA条形码(框2-5)技术,深入了解这些群落中的食物网结构与动态及其对气候变化的响应。

框2-5 相关名词解释

DNA条形码(DNA barcoding):是指生物体基因组中能够代表该物种的且在种间有足够变异的、易扩增的DNA片段。通过获取一个或多个DNA条形码片段信息并与数据库中相关序列进行对比,可快速、精确地完成物种鉴定。

进化军备竞赛(evolutionary arms race):自然选择在不断提高捕食者发现和捕获猎物的效率的同时也会不断改进猎物及时发现和逃避捕食者的能力,这种相互适应的进化历程被称为进化军备竞赛。

内禀优势(inherent superiority):外来种在繁殖和扩散的过程中,某些固有特征(如生理、生态、遗传和行为等)相对于本地种具有竞争优势,从而导致其成功入侵。

入侵崩溃(invasional meltdown):两个或多个外来种间产生互惠关系,促进它们在新生境中的种群建立、繁殖与扩散,最终导致这些物种共同入侵和原来的系统结构崩溃。

(2) 食物网关键种丧失

食物网中的关键种(keystone species)是对整个食物网稳定具有重要作用的物种,这些物种的丧失能够产生强大的营养级联效应,直接或间接导致大量物种灭绝(Zhao et al.,2016)。关键种在食物网中往往处于连接较多的节点上,或相互作用强度高的连接节点上。此外,能够对大量其他物种造成强烈间接影响的物种(例如顶级捕食者)也是关键种。气候变化、土地利用类型改变和环境污染等导致生态系统中大量关键种丧失(Butchart et al.,2010;Wardle et al.,2011)。不同营养级中关键种丧失对食物网结构造成的影响与作用机制存在较大差异。

顶级捕食者是广为认可的关键种,顶级捕食者丧失将引起生态系统下行调控机制丧失,刺激消费者密度快速增加,从而抑制生产者,最终导致整个食物网崩溃(图 2-4)。Ripple 等(2014)发现,包括狮子(*Panthera leo*)与灰狼(*Canis lupus*)在内的 7 种大型食肉动物的消失对食物网中其他物种产生显著影响,部分物种在这些顶级捕食者丧失后多度变化甚至超过 100 倍。顶级捕食者对食物网结构稳定性的贡献也体现于受损生态系统的修复过程中。通过恢复近岸生态系统中的顶级捕食者海獭的种群,可以促进大叶藻海草床的恢复(Hughes et al.,2013)。这是因为海獭能够抑制蟹类对食草动物的捕食,而食草动物增加使得导致大叶藻窒息死亡的附生海藻的数量下降。人类活动是造成顶级捕食者丧失的主要原因,过度狩

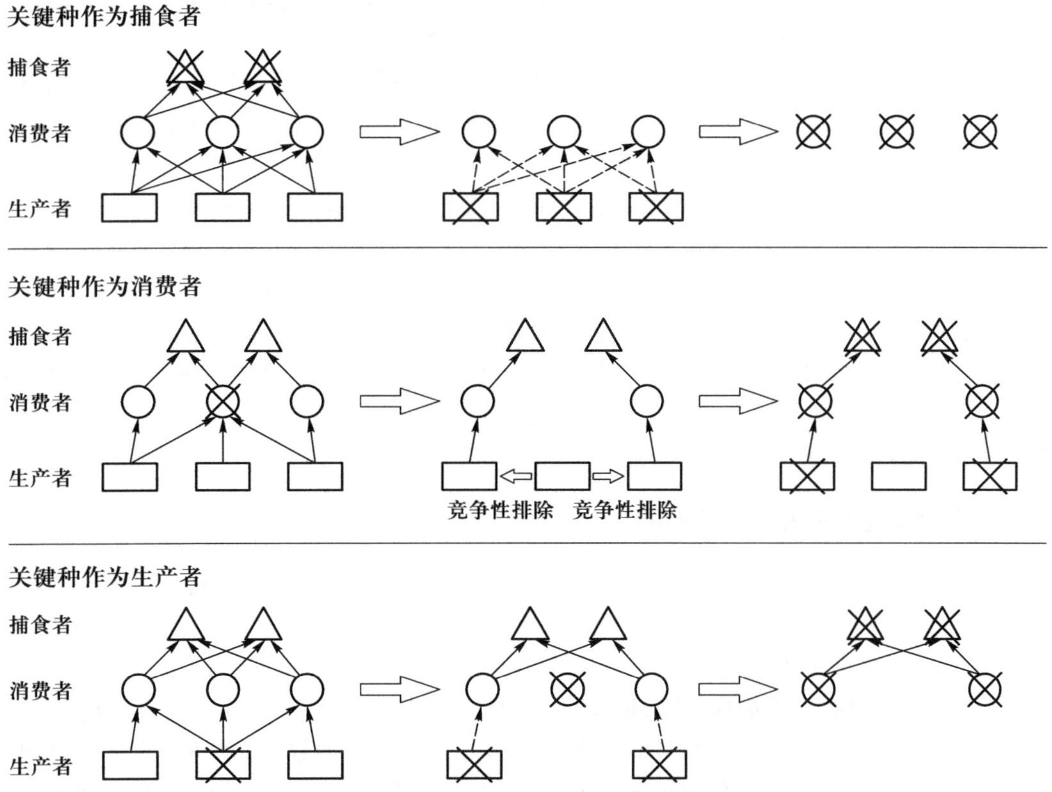

图 2-4 关键种丧失影响食物网结构示意图。实线箭头表示营养级关系;虚线箭头表示消费者取食力度增强

猎往往能在短期内大大减少大型食肉动物的数量，同时全球范围内土地利用类型的改变缩小了顶级捕食者的栖息地，并隔离残存种群，进一步威胁它们的生存（Ripple et al.，2014；Wilson et al.，2016）。

某些消费者也是关键种，它们往往既以多种生产者为食，也是众多捕食者的猎物。理论模型预测，消费者关键种的丧失可能阻碍营养级间的能量流动，影响捕食者多度与食物网稳定性（Kadoya et al.，2018）。同时，消费者关键种丧失可能改变竞争格局，导致植物间竞争加剧，物种数减少，降低食物网结构的复杂性（图 2-4）。传粉者、种子传播动物与根瘤菌是另一类消费者关键种，它们与植物构成的互惠网络维持植物种群的繁殖与更新。这一类群的衰退对生物多样性与生态系统服务功能的维持构成严重威胁（Potts et al.，2010）。消费者关键种丧失与过度狩猎、生境破碎化和气候变化等干扰因素有关（Potts et al.，2010；Ripple et al.，2015）。

生产者是食物网的基础，对其上各营养级施加上行调控效应（Scherber et al.，2010）。关键生产者的丧失可能会导致部分消费者灭绝，并加剧消费者对其他生产者的取食，破坏原有的种间关系，改变食物网结构（图 2-4）。群落中的优势植物物种往往被认为是关键种。然而，生产者中的稀有物种也可能成为食物网中的关键种。例如在岩质海岸生态系统中，将岩石表面固着生产者生物量小于 10% 的海藻与无脊椎动物移除后，消费者生物量下降了 42%～47%（Bracken and Low，2012）。因此，为了确定关键生产者，需在了解食物网结构的基础上，进一步量化分析食物网中各连接的强度。现有研究表明，陆地与水生生态系统中分解者多样性的丧失显著降低碳氮循环速率，影响生态系统物质能量流动（Handa et al.，2014），但是目前仍不明确关键分解者丧失对食物网结构的影响。

关键种丧失对食物网结构与稳定性影响的强弱与食物网复杂性有关。在复杂食物网中很少存在不可替代的物种，因而也往往很少存在关键种，即便某一营养级中物种的多样性发生变化，其效应可能仅能传递至相邻营养级（Scherber et al.，2010）。据此推测，在高纬度、高海拔地区，由于本地生态系统中食物网结构简单，关键种丧失将造成较为严重的影响。此外，食物网结构形成的生态与进化机制仍有待研究。目前认为，不同营养级间的互作物种可能存在进化军备竞赛（框 2-5），例如菜粉蝶（*Pieris rapae*）与其宿主植物拟南芥（*Arabidopsis thaliana*），细胞色素 P450 基因家族与谷胱甘肽转移酶等涉及植物防御与动物解毒功能的基因在进化上存在显著相关性，这在一定程度上解释了消费者与生产者间相互适应的方式（Nallu et al.，2018）。了解这种进化方式的起源与历程，有助于揭示关键种的形成机制，并预测其丧失带来的长期效应。

（3）生物入侵导致的食物网退化

生物入侵（biological invasion）是一个物种从原产地扩散到新环境后，成功适应新环境并破坏本地生态系统、威胁生物多样性维持的过程（Simberloff et al.，2013）。生物入侵已成为一个备受关注的全球性环境问题，它不仅降低入侵地的生物多样性，破坏生态系统功能，而且干扰农业生产，威胁人类健康（Wardle et al.，2011；Simberloff et al.，2013）。我国的生态系统已经受到生物入侵的严重干扰，目前已查明我国外来入侵物种数达 529 种，分布于全国各地，其中仅松材线虫（*Bursaphelenchus xylophilus*）就已毁灭松林超过 33 万 hm^2，对松林生态系统造成毁灭性打击（鞠瑞亭等，2012）。生物入侵加剧主要是由于日益频繁的人类活动干扰破坏本地生态系统,导致生态位空缺,为外来物种提供了可乘之机(Hulme,2009;Petitpierre et al.,2012)。此外,全球气候变化也能帮助外来物种适应新环境,促使其扩张(Butchart et al.,2010)。生物入侵能改变种间关系,造成严重的生态后果,因此伴随着生物入侵,入侵地食物网结构往往发生剧烈变化(Wardle et al.,2011;鞠瑞亭等,2012)。

外来入侵物种对同营养级物种具有很强的竞争优势,这可能是由于其具有内禀优势(框 2-5)、资源利用效率高、可塑性强等特点,也可能是经历了快速适应性进化与天敌释放过程,或者获得互利共生生物的协助(鞠瑞亭等,2012)。因此在入侵地食物网中,外来入侵物种通常没有强大的天敌,且对低营养级物种的捕食强度很高,排除同营养级物种后,大大降低食物网复杂性,阻碍营养与能量向高营养级流动(Ehrenfeld,2010;Gallardo et al.,2016)。

目前普遍认为,入侵植物对食物网结构的破坏最为严重。许多入侵植物能在入侵地获得传粉与种子传播动物以及共生微生物(如根瘤菌),在剥夺本地植物互惠网络的同时促进其种群扩张(Traveset and Richardson,2014)。例如,外来千屈菜科植物 *Lythrum salicaria* 的花序密度远高于本地植物种类,因而成功吸引更多的传粉昆虫为其传粉,使传粉者造访本地植物花序的频率至少下降了 20%(Goodell and Parker,2017)。许多豆科入侵植物在入侵地获得了共生根瘤菌,从而大大提高了其在新环境中的适合度(Traveset and Richardson,2014)。在缺乏消费者取食的情况下,入侵植物通过竞争排除其他植物,最后甚至可能导致本地消费者与捕食者灭绝,引发整个食物网的崩溃(Gallardo et al.,2016)(图 2-5)。例如,外来植物互花米草(*Spartina alterniflora*)入侵上海崇明东滩湿地后,造成本地优势植物海三棱藨草(*Scirpus mariqueter*)分布区迅速缩小,改变了地表植物凋落物理化性质与植物根系氧气含量,进而影响地下微生物与底栖动物群落组成,最终降低鸟类尤其是长距离迁徙候鸟多样性(鞠瑞亭等,2012)。在水生生态系统中,大型入侵水生植物能够从根本上改变本地食物网结构,大大减少处于最高营养级的鱼类多度(Gallardo et al.,2016)。外来植物入侵还可能协助更多外来物种的成功入侵,例如入侵松科植物与其共生菌根真菌(Dickie et al.,2010),加剧生物入侵对食物网的影响,造成入侵崩溃(框 2-5)。此外,入侵植物降低植物多样性,能改变土壤微生物群落,影响地下食物网结构(Kardol and Wardle,2010)。

入侵捕食者或者病原体可能改变消费者表观竞争格局,由此产生的营养级联效应可能导致消费者物种组成与群落结构的改变并影响下游营养级(图 2-5)。外来鱼类物种入侵能抑制底栖动物与浮游生物数量,从而促进浮游植物的生长(Gallardo et al.,2016)。此外,某些入侵捕食者通过捕食在不同生境间迁徙的消费者,从而改变本地植被组成。例如,北极狐(*Alopex lagopus*)入侵阿留申群岛的部分岛屿后大肆捕猎海鸟,导致海鸟数量快速下降,由此造成鸟粪匮乏,土壤肥力下降,从而导致当地原有的草原植被类型向适应贫瘠土壤的苔原植被类型转变(Croll et al.,2005)。然而,某些广食性外来捕食者的入侵也可能替代原有捕食者的作用,通过下行调控维持食物网稳定。例如,在澳大利亚干旱地区,移除外来顶级捕食者澳洲野狗(*Canis lupus dingo*)致使消费者与中型捕食者赤狐(*Vulpes vulpes*)的密度提高,从而使草地盖度与小型哺乳动物种类数量降低(Letnic et al.,2009)。

入侵消费者与入侵杂食动物对食物网影响的研究案例较少,其潜在威胁可能是减少消费者物种数并对生产者产生较大的取食压力,从而降低食物网复杂性(图 2-5)。例如 Gibson 等(2013)发现,在泰国水库岛屿森林中,本地小型哺乳动物由于外来啮齿动物的入

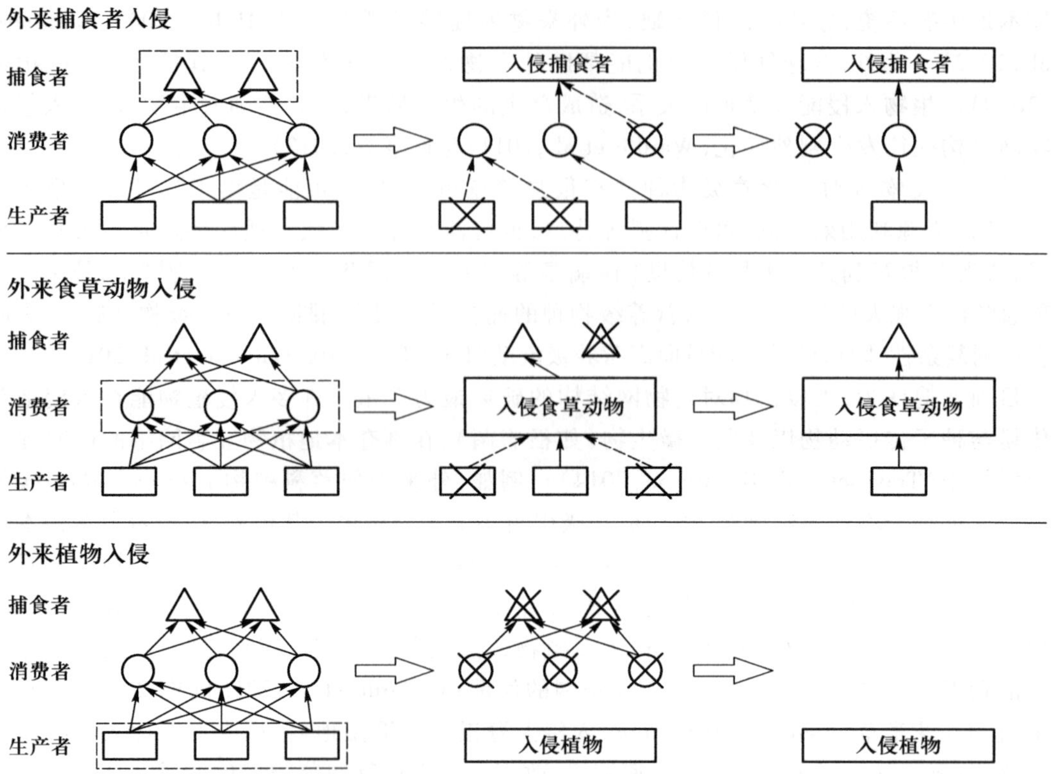

图 2-5 外来物种入侵影响食物网结构示意图。实线箭头表示营养级关系；虚线箭头表示消费者取食力度或捕食者捕食强度增强

侵而加速灭绝。此外，入侵土壤微生物可能影响地表植物获取根瘤菌，从而影响植物多样性以及食物网结构(Ehrenfeld，2010；Kardol and Wardle，2010)。

解析生物入侵破坏食物网结构与稳定性的机制，对生态修复具有重大应用价值。尽管清除入侵物种是开展生态修复的基础，但是针对不同入侵物种，在对其进行清除后，需开展不同的后续恢复措施。例如，移除入侵植物后应该尽量恢复本地动植物群落，通过占据生态位预防入侵植物再次侵袭的同时，促进地下生物群落的恢复；而消灭入侵捕食者后则需同时恢复本地顶级捕食者与消费者类群，以确保食物网中的营养级联效应与下行调控力度(Kardol and Wardle，2010)。

2.3 前沿方向展望及优先发展领域

2.3.1 种间互作与生态功能

(1) 种间互作与协同进化

有关协同进化的研究主要集中于互惠和拮抗两类种间关系；前者包括植物与传粉者、种子传播者之间的协同进化(Pyke,2016),后者包括植物与食草动物、寄生生物与寄主间的协同进化等(Turley,2013;Ashby and Boots,2017)。我国学者在传粉生物种间关系方面开展了杰出的研究,例如对榕树-榕小蜂系统的协同进化,从现象到机制都开展了不少研究(Chen et al.,2012;Wang et al.,2019)。今后的研究应更加注重4个方面的发展。

1) 新的协同进化样式或机制的探索

随着基因组学、化学生态学等新技术的发展和应用,许多新型的协同进化样式或机制正逐渐被发现。例如,以往协同进化研究比较多地关注动植物关系,但微生物研究技术的快速发展使得动植物和微生物关系得到更多的关注,如何从进化角度去理解植物根系及其根际微生物之间的互惠关系已成为根际生态学的一个重要视角(Frantzeskakis et al.,2018),动物(包括人类)与其肠道微生物之间的协同进化关系也成为当前研究的新热点(Quercia et al.,2014)。基于分子生物学技术、新型化学挥发物的分析技术、同位素技术以及行为生理分析技术等,能更精细地从化学生态学、行为学、基因功能等角度解释协同进化的机制(Buellesbach et al.,2013)。

2) 网络状协同进化关系

之前协同进化研究比较偏重分类单元上一对一配对,或者多物种参与的系统,未来将更注重动植物关系协同进化网络的研究(Russo et al.,2018)。以食物网研究为例,越来越多的研究发现食物网结构的嵌套性和分室化(compartment)特征,即食物网内由不同物种集合形成子模块,模块内物种间有较强的相互作用,而模块间的相互作用很弱。互惠网络的嵌套结构越复杂,就越能减少种间竞争,从而促进协同进化并提高物种的共存能力;而食物网结构的分室化可以减少群落中物种灭绝概率,有助于提高生态系统的稳定性。而基于网络状动植物关系的分析将能更好地了解群落中生物多样性的形成及维持机制,以及生态系统稳定性和恢复力等功能(Ings et al.,2009)。

3) 快速进化以及种间关系对全球变化的响应

传统观念认为,进化是一个缓慢的过程,与生态学动态不在一个时间尺度上,但近年来的研究发现,快速进化对种间关系具有深刻影响,生态-进化动态(eco-evolutionary dynamics)可以发生在同一时间尺度上。然而,对于自然界中快速进化如何影响群落中物种多样性的构建和维持还不是很清楚。地球正经历着气候变化、生境丧失、生物入侵等变化,生物之间的种间关系如何演变?协同进化关系如何对全球变化做出响应?这些方面的研究正在成为热点(Grady et al.,2017),而对这些问题的回答也会影响和促进相关学科(如保护生物学和恢复生态学等)的发展,对生物多样性保护和生态系统恢复的实践也具有指导作用。

(2) 地上-地下相互作用

长期以来,种间关系及生态网络研究通常集中于生态系统地上部分生物间的相互作用,有关生态系统地下生物间相互作用的研究则相对较少。近年来,随着土壤生态学和地下生态学的快速发展,越来越多的研究开始关注生态系统地上和地下生物组分的相互作用关系,并开始探究涵括地上和地下生物组分的生态网络(Wardle et al.,2004;Bardgett and van der Putten,2014)。在国际上,地上-地下生物相互作用研究自 20 世纪 90 年代即已得到广泛关注;在我国,相关研究在 2005 年左右才开始出现,近 10 年才呈现出快速增长趋势。

目前已有许多研究表明,生态系统的地上生物组分和地下生物组分通常是紧密联系、相互影响的(Wei et al.,2013,Huang et al.,2014)。今后研究需重点关注 3 个方面。

1) 地上-地下生物相互作用的时空变化

生物相互作用常依环境条件而不同。现有地上-地下相互作用的研究多开展于某一特定空间环境或时间点(Wardle et al.,2004)。我们仍不清楚地上-地下相互作用在降水、气温、养分、盐度、水位、生产力、演替等时空环境梯度上是如何变化的(van der Putten et al.,2009)。此外,现有研究多关注温带草地、森林等生态系统中的地上-地下生物相互作用(De Deyn and van der Putten,2005),缺乏有关热带雨林、高寒草甸、湿地等生态系统中地上-地下生物相互作用的研究。

2) 地上-地下生物相互作用的理论模型研究

虽然地上-地下生物相互作用已经在实证研究中逐渐受到认可,目前仍缺乏有关的理论性研究。由于受时空尺度和可控制因素数量的限制,实证研究往往无法推演到不同时空尺度下的这种相互作用,并进行预测。因此亟须通过建立概念性或数学理论模型来实现(van der Putten et al.,2009)。

3) 地上-地下生物相互作用对生态系统特征及全球变化的响应

一方面,气候变暖、CO_2 浓度升高、降水变化等可改变地上-地下生物的相互作用。例如,CO_2 浓度升高、气温升高、干旱等可通过改变养分的可利用性而改变地上-地下生物的相互作用(Stevnbak et al.,2012)。另一方面,地上-地下生物相互作用如何影响生态系统对全球变化的响应也缺乏研究。地上-地下生物相互作用或在全球变化下生物入侵、生物分布区偏移、生态系统演替等过程中起重要作用(van der Putten et al.,2009,2012),但目前缺乏相关的认知。

(3) 植物-微生物相互作用

分子生物学技术的快速发展为植物-微生物(包括土壤根际微生物、动植物寄生病菌、真菌等)相互作用研究提供了前所未有的有效手段。过去微生物生态学研究常采用磷脂脂肪酸分析(PLFA)、末端限制性片段长度多态性分析(T-RFLP)、变性凝胶梯度电泳(DGGE)等方法,虽然大体上可揭示微生物的群落组成,但无法揭示单个微生物类群的响应(Classen et al.,2015)。随着新测序技术的出现和宏基因组学、宏转录组学、宏蛋白质组学等生物组学的发展,生态学家已经可以在更高分辨率上分析微生物群落的变化,识别生态系统变化中的关键微生物及其功能(Sasse et al.,2018)。在国际上,相关研究自 20 世纪 90 年代以后即呈现出指数增长趋势;我国学者对相关领域的关注则较晚,2010 年后相关研究才呈增长趋势。

亟待研究的植物-微生物相互作用主要问题包括：① 植物-微生物相互作用影响生态系统的关键时空尺度是什么(Classen et al.,2015)？② 植物-微生物相互作用如何受食草动物(Silliman and Newell,2003)、生态系统工程师(Daleo et al.,2007)等第三方生物类群的影响？③ 环境变化如何作用于生态系统中关键植物-微生物的共生关系(Sasse et al.,2018)？环境变化是否会导致植物-微生物互作关系在本质上发生改变(由正相互作用转变为负相互作用,反之亦然)(Classen et al.,2015)？④ 植物-微生物互作关系是否影响生态系统对环境变化的抵抗力和恢复力(Silliman and He,2018)？

2.3.2 食物网与生态系统功能

生态网络中的物种通过营养和非营养互作,调控着物质和能量在生态系统中的循环和流动,因此,生态网络的组成和结构与生态系统功能关系密切。然而,传统的群落生态学研究更加关注生物群落的物种组成和多度,而生态系统生态学重点强调物质和能量在生产者、不同营养级的消费者和分解者之间的迁移、转化或循环。生物群落的结构与生态系统功能之间长期处于割裂状态。食物网研究很好地将群落生态学与生态系统生态学连接起来(Thompson et al.,2012),其与生物多样性、稳定性以及生态系统功能的关系是生态系统生态学未来的重要研究方向。

(1) 食物网复杂性与生态系统稳定性的关系

关于食物网结构复杂性与生态系统稳定性关系的研究仍在深入,自然群落的所有物种通过直接和间接(如非营养关系)相互关系构成一个完整的生态网络。不同的关系类型可能会对生态系统复杂性与稳定性关系产生不同影响(Allesina and Tang,2012)。那么,当考虑所有的种间关系类型时,食物网又将呈现什么样的结构呢？其结构与稳定性的关系又会如何呢？近年来,理论生态学家开始尝试探索这些问题。Mougi 和 Kondoh(2012)通过构建包含拮抗和互惠关系的生态网络模型发现,拮抗关系和互惠关系的适度融合能够稳定种群动态,而且生态系统的稳定性随着群落复杂性的增加而增加。此外,自然群落的结构和组成具有明显的动态特征,这无疑使群落复杂性与稳定性的关系变得更为复杂(Neutel et al.,2007)。截至目前,关于复杂性与稳定性关系的研究虽取得很大进展,但仍没有明确结论。

(2) 多营养级系统中生物多样性与生态系统功能的关系

生物多样性与生态系统功能的关系是现代生态学的研究焦点(马克平,1993;方精云,2009;Hooper et al.,2012;Wang et al.,2019)。一直以来,关于生物多样性与生态系统功能的大多数研究集中于单一营养级,即植物群落水平上(马克平等,1995;Tilman et al.,1997;Loreau et al.,2001;Hooper et al.,2012)。然而,自然生物群落中包含多个营养级,生物群落结构的维持同时依赖于营养级内和营养级间的种间关系(Hooper et al.,2005;Srivastava and Bell,2009)。因此,生物多样性实际上包括垂直方向上营养级的数量(营养级多样性)和水平方向上某一营养级内的物种数量(营养级内多样性)(图 2-6),生物多样性与生态系统功能的关系实际上取决于这两种多样性维度的综合效应(Srivastava and Bell,2009;Duffy et al.,2007)。尽管目前相关研究仍主要集中于水平多样性,但已有研究发现,营养级多样性对生态系统功能的影响在很大程度上取决于营养级联效应的强度(Hairston et al.,1960;Schmitz,2003;Duffy et al.,2005),其中的可能机制是食物链的长度(Duffy et al.,2007)。然而,在复杂的自然生态系统中,营养级多样性和营养级内多样性并不是单独发挥作用的,二者之间相互联系,其生态系统效应是相互影响的。一方面,营养级多样性能通过调控营养级内多样性影响生态系统功能;另一方面,营养级内多样性反过来也能调控营养级多样性及相关生态系统功能。目前,同时考虑到营养级内多样性和营养级多样性对生态系统功能影响的研究仍处于起步阶段,两种多样性维度的相对重要性与交互作用将会是未来研究的重点方向。

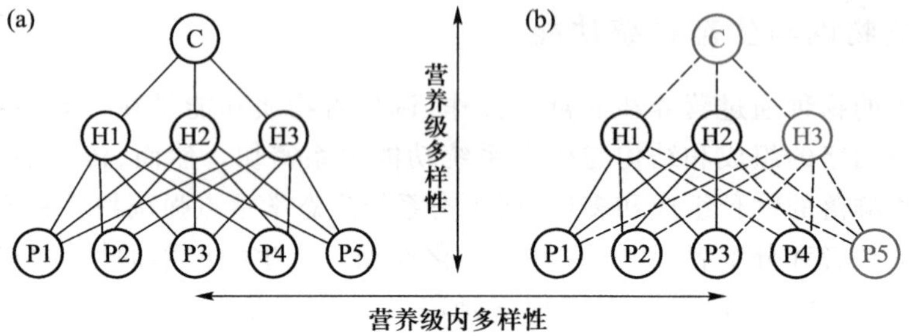

图 2-6 自然生物群落中(以三个营养级为例)的物种多样性包含垂直方向上营养级的数量(营养级多样性)和水平方向上某一营养级内的物种数量(营养级内多样性)。(a)物种没有丢失时的种间关系;(b)三个营养级分别丢失一种物种时的种间关系。C,顶级消费者;H,中间消费者;P,初级生产者

2.3.3 生态网络的结构和功能

近 30 年来,生态网络研究的发展为生态学家全面认识物种共存、群落构建机制、稳定性维持机制、生物多样性与生态系统功能关系提供了新的角度。在今后的研究中,需要利用机器学习和多层网络等来探究环境变化对生态网络结构和功能的影响,并亟待加强理论和实证的整合性研究。

(1) 网络结构的预测

通过已知的生态网络结构可预测生态系统功能的动态以及由环境变化导致的生态后果。然而,在一个群落中获取生态网络数据的难度要比获取生物多样性数据大得多。目前,已有大量的全球生物多样性数据库可供使用,包括分子数据库(如 NCBI)、物种系统发育数据库(如 Phylomatic、BirdTree 等)、功能性状数据库(如 TRY)、物种分布数据库(如 GBIF)等。亟须探索如何利用这些生物多样性数据和已知的生态网络的构建机制,预测群落中的物种之间是否会发生相互作用。根据前文所述的生态网络的构建机制,目前已有多个统计模型来推断物种之间相互作用发生的概率以及网络结构特征(Pearse and Altermatt,2013;Gravel et al.,2013;Pomeranz et al.,2019)。这些统计模型主要以特征匹配和系统发育关系机制为主。然而,这些模型在应对当前的生态大数据方面还存在一定的局限性。生态大数据往往是高维度的,变量之间存在着非线性和复杂的交互作用,同时变量之间存在较多的缺失值(Cutler et al.,2007)。应用传统的统计方法很难克服过拟合和多重共线性等问题,不利于对这些数据进行深入分析。因此,拓展新的模型和算法显得尤其必要。近年来,随机森林、

卷积神经网络等机器学习模型因解释简单、分类精度高、能够表征变量间复杂的相互作用而被生态学家广泛应用,但如何来推断物种间的相互作用仍有待研究(Derocles et al.,2018)。总之,运用生态大数据和有关机器学习算法在分析和推断物种间的相互作用方面有着宽广的发展前景。

(2) 多层网络的研究

生态多层网络(ecological multilayer network)是近年来生态网络研究领域的一个新方向(Pilosof et al.,2017)。尽管多层网络在社会学和物理学领域有着较好的理论和应用基础(Boccaletti et al.,2014),但是在生态学领域,有关理论和方法的研究仍有待开展(Hutchinson et al.,2018)。一个多层网络由4个部分构成:表征实体的"物理节点"(phyiscal node),如物种;表征不同的"层"(layer);表征"状态节点"(state node),每一个状态节点指的是物理节点在特定层上的表现;表征"边"(edge),把多层网络中的状态节点连接起来。层可以通过不同的研究系统来定义:通过跨空间或时间层定义,例如不同斑块和不同季节;通过不同互作类型定义,例如植食层、传粉层以及种子扩散层等;通过不同的功能群组来定义以及通过一个组织中不同水平来定义等。生态多层网络更能代表自然界中的真实情况。因此,无论是理论生态学还是实验生态学,都应加强多层网络的研究,以揭示生态系统过程以及生态系统功能的维持机制。当前生态多层网络的难点包括两个方面:一是如何找到具有生态学和生物学意义的多层网络结构指数,二是如何测度层与层之间连接的权重。针对第一个方面,目前已有一些指数用于描述多层网络的结构和功能,如模块性(Pilosof et al.,2017;Timoteo et al.,2018)、连通性、物种的角色(Hackett et al.,2019)等。但是,这些结构指数依然不足以描述多层网络的复杂结构和功能,仍需继续开发新的结构指数和预测指数。针对第二个方面,Hutchinson等(2018)提出了一系列方案来测度层与层之间连接的强度(例如物种在斑块间的扩散、多度的差异以及不同相互作用类型间的依赖性等),在目前仅有的几个案例中,大部分未加权重,或者把权重设置为从小到无穷大的梯度再进行计算。因此,这一系列的测度方法仍需大量的实验来检验。此外,也需要加强研究层间连接和层内连接是如何相互影响的。例如,在空间的种子传播多层网络中,动物在斑块间的移动会影响到某个斑块内动物对植物的取食强度;同样,斑块内食物资源的丰富程度以及动植物间互作的强度会影响到动物的移动以及植物在斑块间的传播。

2.3.4 生物互作与生态系统动态

生态系统的组成与结构不是一成不变的,而是随多种自然过程和人类活动影响而呈动态变化。随着人类活动对生态系统影响的剧烈化、普遍化和多样化,生态系统组成与结构的时空变化也变得日益剧烈和复杂。有关生态系统组成与结构时空变化的研究目前至少还存在三个前沿问题和热点问题:① 生物互作是否为干扰后生态系统次生演替(自然恢复)的关键调控因素?② 营养级间的互作对气候变化下物种分布区移位的影响是什么?如何更为准确地预测气候变化下物种分布区的变化规律?③ 营养级间的互作是否会对全球变化下生态系统的稳态转换产生关键影响?下面简要评述这三个问题的国内外研究趋势,并对未来重点研究方向进行展望。

(1) 生物互作与干扰后生态系统的次生演替

次生演替(secondary succession)是生态系统动态研究中最为经典的问题之一。次生演替是干扰发生后生态系统的演变过程,在这一过程中,生态系统可向以往状态自然恢复,也可随多种生物、非生物条件的变化而变化(Gedan et al.,2009)。在一些情况下,次生演替可导致多种不同生态系统稳态的产生。由于人类活动对生态系统干扰频度和强度的急剧增大,深入理解生态系统的次生演替过程及其机理正变得日益重要,这是有效开展退化生态系统修复和保护的前提。

以往有关次生演替与生物互作的研究多关注竞争作用,特别是不同植物的种间竞争。然而,大量研究表明,促进作用、植食作用(Gedan et al.,2009)、植物-微生物互作(Batterman et al.,2013;Gei et al.,2018)等生物互作关系对生态系统结构和功能也产生重要影响。这些生物互作关系如何影响干扰后生态系统的次生演替过程?是否会对次生演替的轨迹及可达的顶极群落产生关键作用?这些问题尚未得到科学阐释。另一方面,生物互作对次生演替的影响取决于不同物种的相对迁入顺序和时机。这种影响也被称为优先效应(priority effect)(Fukami et al.,2015)。优先效应可导致次生演替沿不同的轨迹向不同的顶极群落发展,这就使次生演替过程具有历史偶然性(historical contingency)。然而,目前有关次生演替过程中优先效应的研究多集中于植物群落,缺乏有关不同营养级、不同功能群生物群落相对迁入顺序和时间对次生演替影响的研究。此外,值得一提的是,虽然我国学者已经围绕次生演替开展了许多工作,但现有研究多为对不同演替阶段物种组成、多样性、土壤理化指标等变化趋势的描述,缺乏针对次生演替过程机理的实验研究或理论分析,而实验研究是揭示生物互作对次生演替影响机理的关键途径。

(2) 营养级间的互作与气候变化下的物种分布区移位

当前生态系统动态研究的另一个热点问题是气候变化下的物种分布区移位(species range shift)。生物地理分布在时间和空间上是动态变化的,而人类活动导致的气候变化正在导致物种分布区向两极、更高海拔或更深水域快速移位(Chen et al.,2011;Yalcin and Leroux,2017)。这种物种分布区移位现象在不同类型生态系统(如海洋、陆地、淡水)、不同生物类群(如植物、鱼类、哺乳动物等)、不同营养级生物功能群(如食草者、杂食者、食肉者、分解者等)中均有发生(Parmesan and Yohe,2003;Chen et al.,2011)。最早关于气候变化下物种分布区移位的研究出现于20世纪80年代左右。20世纪90年代以来,气候变化下物种的分布区移位问题开始得到广泛关注。在我国,有关物种分布区移位的研究仅在2000年以后才有所出现(Qi et al.,2015;Yan et al.,2017),至今发展缓慢,尚未得到充分关注。此外,我国现有研究多分析森林等生态系统中树木、鸟类等的分布区移位,对草地、湿地、海洋等生态系统中物种分布区移位的研究极少。

以往有关气候变化下物种分布区移位机理的研究多关注生物对气候因子等的生理表型适应,并通过气候包络模型(climate envelope model)等对未来气候变化情景下的物种分布区进行预测。根据埃尔顿噪声假说(Eltonian noise hypothesis),鸟类等的分布区移位主要在小尺度上对生物互作起作用,在大尺度上会被其他过程中和,因此不会影响大尺度上生物的分布。近来研究表明,竞争、促进作用等同营养级生物间的互作关系对气候变化下生物的分布区移位也产生重要调控作用。例如,Liang 等(2016)研究了竞争作用对青藏高原树线随气候变暖上移过程的影响。然而,食物网中营养级间的互作对气候变化下物种分布区移位的影响及机理仍缺乏研究。由于不同物种的分布区转移方向、速率等可能存在重要差异,生物在新分布区内的互作关系并不一定与其在原分布区内的互作关系完全一致。因而,气候变化所引起的物种分布区移位就可以导致不同营养级互作关系解耦现象的发生(van der Putten et al.,2010;Louthan et al.,2015)。由于营养级间的互作是自然选择过程中的重要驱动力,营养级间互作关系退耦所导致的捕食者与猎物、植物与食草动物、病菌及共生体之间关系的分裂可提升或阻碍生物在其新分布区内的适应、建群。例如,食草作用通常会抑制气候变化下植物的上向或极向移动。在我国青藏高原,高原鼢鼠(*Myospalax fontanierii*)的采食可抑制气候暖干化背景下蕨麻(*Potentilla anserina*)在高寒草地中的扩张(Li et al.,2011)。如果相对于新迁入植物,现有植物对动物的适口性更高,食草作用也可通过抑制与现有植物的竞争而促进新迁入植物的上向或极向移动(Cairns and Moen,2004)。但这种假说目前还缺乏实证研究。此外,有关捕食作用对物种分布区移位影响的研究仍较少。诚然,营养级间的互作对气候变化下物种分布区移位的影响规律是当前的活跃领域之一;后续研究将进一步丰富现有认知。

(3) 营养级间的互作与全球变化下的生态系统稳态转换

当前生态系统动态研究的一个前沿问题是生态系统的稳态转换(regime shift)(框 2-6)。稳态转换可视为次生演替的一种特殊类型,有关生态系统稳态转换的论文数量在 1997 年之后急剧增长。目前,生态系统稳态转换现象已在珊瑚礁、海藻林、浅水型湖泊及干旱区等不同类型的生态系统中得到了广泛证实(Scheffer et al.,2001;Wang et al.,2012);稳态转换现象的形成机理也日趋明晰(框 2-6)。在我国,有关稳态转换的研究仅在近 10 年才逐步有所增长,且现有研究多集中于浅水型湖泊或水库生态系统,关注富营养化、水位等水文条件变化与以藻类、水生植物等为主的系统的稳态转换(Liu et al.,2017;Yang et al.,2017)。有关海洋、草地、森林、滨海湿地、淡水湿地等生态系统稳态转换过程的研究仍十分缺乏。

由于食物网中营养级间的互作通常对作为生态系统基石的植物等基石种(foundation species)起重要的下行调控作用,营养级间的互作也是生态系统稳态转换现象的重要驱动因素(Scheffer et al.,1993)。近来研究表明,营养级间的互作还可影响环境胁迫下生态系统稳态转换发生的临界点。例如,在热带地区中,食叶动物(browser)可通过抑制树木的生长、促进易燃草本植物的生长而加剧火对树木的影响,从而促进荫蔽林地稳态向稀树草原稳态的转换(van Langevelde et al.,2003);在我国滨海盐沼湿地中,高密度小型蟹类的食草作用可降低在干旱胁迫下盐沼植被向裸滩稳态转换的临界点,加剧盐沼湿地植被的退化(He et al.,2017)。然而,不论在国际上还是在我国,目前相关研究仍较少;大多相关研究集中于食草作用,捕食作用等其他类型的营养互作是如何影响气候变化下生态系统稳态转换发生的临界点仍需理论分析和实验验证(Silliman and He,2018)。此外,营养级间的互作还可通过影响生态系统的恢复力而促进新稳态的形成(Wernberg et al.,2016;He et al.,2017),而目前相关研究仍较少。实际上,营养级间的互作在生态系统稳态转换中的作用对于退化生态系统的修复有重要借鉴意义。如何通过调控食物网结构或关键种提高气候变化下生态系统的稳定性，促进稳态转换发生后退化生态系统的恢复，也亟须研究。

框 2-6 生态系统稳态转换的概念及形成机制

稳态转换是生态系统中差异明显的不同稳定状态之间的突变(Scheffer et al.,2001)。稳态(regime 或 stable state)通常是由系统内部相互强化的过程或正反馈过程所维持。典型的正反馈过程包括促进作用等。例如，干旱区陆生植被的荫蔽作用等可通过改良微气候环境提高土壤含水量，而土壤含水量的升高会通过反馈作用进一步促进植被的生长。这种正反馈作用就会在一定范围内对陆生植被系统起到维持作用(Scheffer and Carpenter,2003;Xu et al.,2015)。稳态转换现象的发生并不必然由强烈的外部环境变化触发。稳态转换可由系统内部反馈过程或外部胁迫、干扰因素的平缓变化触发；当环境条件的微小变化导致超出临界阈值时，生态系统稳态转换即可发生。这种临界阈值也被称为"临界点"(tipping point)或"突变分叉点"(catastrophic bifurcation)(Scheffer and Carpenter,2003)。生态系统稳态转换的驱动因素包括非生物因素、生物因素、生境结构性变化因素等多种类型(deYoung et al.,2008)。常见的生物因素包括过度猎捕导致的食物网重建、关键种种群变化、食草作用等。

2.4 小 结

生态系统中生产者、初级消费者(食草动物)、次级消费者和分解者之间通过取食过程形成营养层级结构和网络关系，驱动生态系统的物质循环和能量流动(图 2-7)。互惠关系和同一营养级中种间互作关系也与生态系统稳定性和功能有着密切的联系，近年来，在食物网相关理论基础上形成了生态网络概念。对生态系统中所有生物因素进行整合分析发现，营养结构和生态网络关系对生态系统响应全球变化起到重要的调控作用。尽管在上述研究领域已开展了众多卓有成效的研究，但现有生态系统稳定性与功能的研究往往仅聚焦于植物多样性，而忽略了生态网络中其他组分的贡献。此外，当前理论研究与实证研究在很大程度上处于相对独立的状态，导致目前理论模型预测与实际结果可能存在较多争议，因此亟待实验生态学和理论模型研究的有效结合及相互印证。

未来的研究需结合新的观测技术和实验手段，开展典型生态系统营养结构和生态网络结构的分析，完善生态网络中各组分间关系尤其是植物-微生物互作关系的研究，揭示地上-地下生态系统的耦合机制，量化不同组分的生物量以及组分间碳氮和能量流动大小；采用基因组学技术，结合关键功能性状分析来研究生态网络中各物种的进化历程，解析生态系统中物种的进化历程与谱系特征和种间关系形成的分子机理，揭示种间关系与生态网络形成的机制与过程；阐明多营养级系统中生物多样性与生态系统功能以及食物网复杂性与生态系统稳定性的关系；揭示人类活动干扰下食物网营养级互作关系变化及生态系统的演替机制，构建全球变化-生态网络-生态系统稳态转化的理论模型。基于上述研究，最终整合食物网、生态网络、生物多样性、生物地球化学循环等理论，为生物多样性保护、生态系统管理与恢复以及应对全球变化等重大国家需求提供科学基础。

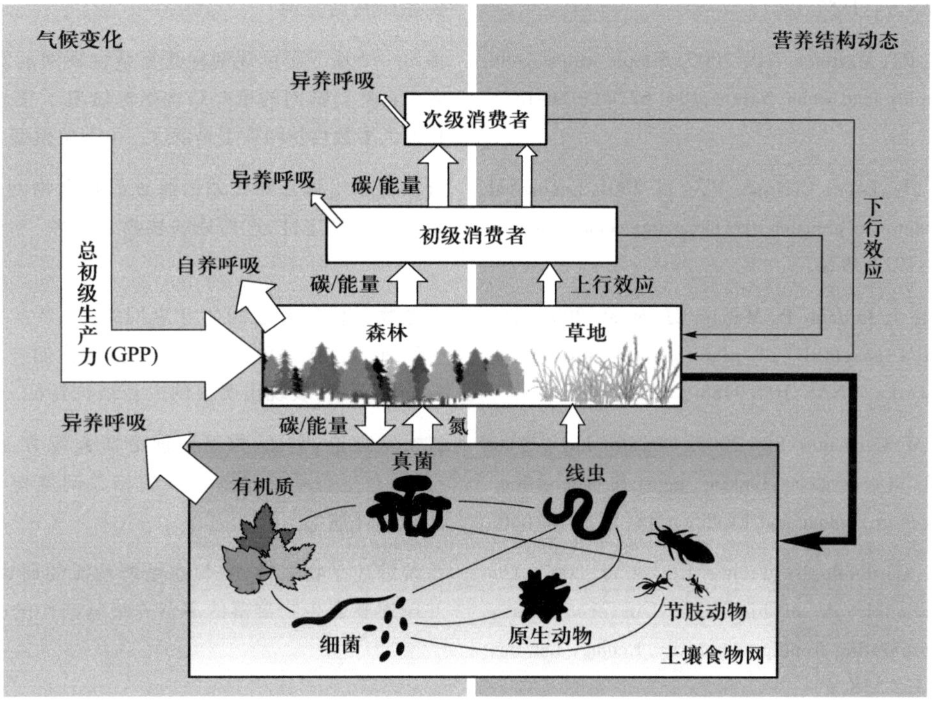

图 2-7　生产者、消费者和分解者共同调控生态系统物质循环。图中箭头越粗，表示作用强度越大，物质循环的通量越高

经 典 文 献

文献	主要发现
Lindeman RL. 1942. The tropho-dynamic aspect of ecology. Ecology, 23: 399-418.	首次从能量传递的角度研究生态系统过程，提出营养级、营养传递效率等重要概念，并对其做定量研究，发现营养传递效率在 1/10 左右
Hairston NG, Smith FE, Slobodkin LB. 1960. Community structure, population control, and competition. The American Naturalist, 94: 421-425.	揭示捕食者的下行调控对食草动物的负作用以及对植物产生的间接正作用，提出“绿色世界”假说，为营养级联理论的发展做了铺垫
May RM. 1972. Will a large complex system be stable? Nature, 238: 413-414.	提出由物种随机连接形成的食物网，当复杂性越高时，其稳定性越低，开创关于食物网结构与群落稳定性关系的讨论

续表

文献	主要发现
Tilman D, Lehman CL, Thomson KT. 1997. Plant diversity and ecosystem productivity: Theoretical considerations. PNAS, 94: 1857-1861.	通过控制实验阐明植物群落生产力随物种多样性的增加而增加，开创生物多样性与生态系统功能关系研究的先河
Williams RJ, Martinez ND. 2000. Simple rules yield complex food webs. Nature, 404(6774): 180-183.	提出一个基于简单规则构建复杂食物网的算法，对多个自然食物网的重要结构指标做出了很好刻画。目前大多数食物网模型是以这一生态位模型为基础
Terborgh JW, Lopez L, Nuñez P, et al. 2001. Ecological meltdown in predator-free forest fragments. Science, 294: 1923-1926.	首次揭示生境片断化如何通过影响食物网结构的完整性与稳定性，进而威胁生物多样性
Bascompte J, Jordano P, Melian CJ, et al. 2003. The nested assembly of plant-animal mutualistic networks. PNAS, 100: 9383-9387.	在植物与传粉者之间的互惠网络中，首次发现某一物种的连接对象是相对其更为泛化的连接对象的一个子集，表现出明显的嵌套结构特征
Scheffer M, Carpenter SR. 2003. Catastrophic regime shifts in ecosystems: Linking theory to observation. Trends in Ecology and Evolution, 18(12): 648-656.	该文从理论、实证、模型到前沿研究等方面，由简至繁，对生态系统稳态转换的相关问题进行系统回顾和评述
Duffy JE, Cardinale BJ, France KE, et al. 2007. The functional role of biodiversity in ecosystems: Incorporating trophic complexity. Ecology Letters, 10: 522-538.	系统综述生物多样性-生态系统功能的研究进展，并阐述整合生物群落的多营养级复杂性的必要性
Jason MT, Raphael KD, Jordi B, et al. 2008. Global change and species interactions in terrestrial ecosystems. Ecology Letters, 11(12): 1351-1363.	全面综述全球变化因子（CO_2 浓度升高、氮沉降、气候变化、土地利用变化等）对不同类型种间关系的影响，包括互惠、植食、捕食、寄生等关系等
Kiers ET, Palmer TM, Ives AR, et al. 2010. Mutualisms in a changing world: An evolutionary perspective. Ecology Letters, 13: 1459-1474.	对种间互惠关系进行论述，发现人类活动干扰能够改变种间关系，甚至可能将互惠关系转变为拮抗关系
Potts SG, Biesmeijer JC, Kremen C, et al. 2010. Global pollinator declines: Trends, impacts and drivers. Trends in Ecology and Evolution, 25: 345-353.	首次系统分析全球变化背景下传粉互惠网络生态系统服务功能的下降趋势，并揭示相关影响机制
Estes JA, Terborgh J, Brashares JS, et al. 2011. Trophic downgrading of planet earth. Science, 333: 301-306.	通过全球整合分析发现，人类干扰正在降低食物链长度与食物网稳定性，威胁生物多样性维持与生态系统服务功能
Wu X, Duffy JE, Reich P, et al. 2011. A brown-world cascade in the dung decomposer food web of an alpine meadow: Effects of predator interactions and warming. Ecological Monographs, 81: 313-328.	发现碎屑食物网中的捕食者通过减少分解者的数量降低碎屑分解速率，首次通过实验研究证实碎屑捕食者的“棕色世界”功能

续表

文献	主要发现
Mougi A, Kondoh M. 2012. Diversity of interaction types and ecological community stability. Science, 337:349-351.	首次将拮抗食物网和互惠食物网进行整合研究,探讨群落复杂性与稳定性的关系
Wang R, Dearing JA, Langdon PG, et al. 2012. Flickering gives early warning signals of a critical transition to a eutrophic lake state. Nature, 492:419-422.	我国学者针对典型湖泊生态系统开展的有关稳态转换预警信号的早期代表性研究之一,表明在高强度干扰生态系统中,稳态转换的预警信号可能不同于临界松弛
Zhao C, Griffin JN, Wu X, et al. 2013. Predatory beetles facilitate plant growth by driving earthworms to lower-soil layers. Journal of Animal Ecology, 82: 749-758.	首次发现碎屑食物网中的捕食者通过改变分解者的行为(即将分解者驱赶至土壤深层),释放深层土壤的有效养分,从而通过非营养级关系促进植物生长,挑战了碎屑捕食者抑制植物生长的传统观点
Fukami T. 2015. Historical contingency in community assembly: Integrating niches, species pools, and priority effects. Annual Review of Ecology, Evolution, and Systematics, 46:1-23.	近年来有关次生演替中群落构建机制的权威综述之一,对历史过程影响群落构建的内在机理进行系统阐述
Wang S, Brose U. 2018. Biodiversity and ecosystem functioning in food webs: The vertical diversity hypothesis. Ecology Letters, 21:9-20.	定量研究营养级多样性对生态系统功能的作用,提出了"营养级多样性假说",揭示上行和下行效应共同调控生产力的作用机制,修订传统的"上行效应"观点
Wang R, Chen XY, Chen Y, et al. 2019. Loss of top-down biotic interactions changes the relative benefits for obligate mutualists. Proceedings of the Royal Society B: Biological Sciences, 286:20182501.	首次验证第三营养级物种(传粉小蜂的拟寄生昆虫)的存在是维持榕树-传粉小蜂专性互利共生关系稳定的重要因素,揭示生态系统下行调控在高度特化群落中的重要作用

参 考 文 献

董红娟,吴新卫,王洪娇,等. 2017. 空间结构对捕食关系影响研究进展. 应用生态学报,28:712-720.

方精云. 2009. 群落生态学迎来新的辉煌时代. 生物多样性,17:531-532.

郭彦林,孟庆繁,高文韬. 2012. 长白山高山草甸植物-传粉昆虫相互作用网络可视化及格局分析. 林业科学,48:141-147.

马克平. 1993. 试论生物多样性的概念. 生物多样性,1:20-22.

马克平,黄建辉,于顺利,等. 1995. 北京东灵山地区植物群落多样性的研究. 生态学报,15:268-277.

Abrams PA. 1992. Predators that benefit prey and prey that harm predators: Unusual effects of interacting foraging adaptation. The American Naturalist, 140:573-600.

Abrams PA. 1995. Implications of dynamically variable traits for identifying, classifying, and measuring direct and indirect effects in ecological communities. American Naturalist, 146:112-134.

Abrams PA. 2001. Describing and quantifying interspecific interactions: A commentary on recent approaches. Oikos, 94: 209-218.

Aizen MA, Sabatino M, Tylianakis JM. 2012. Specialization and rarity predict nonrandom loss of interactions from mutualist networks. Science, 335: 1486-1489.

Albrecht J, Classen A, Vollstädt MG, et al. 2018. Plant and animal functional diversity drive mutualistic network assembly across an elevational gradient. Nature Communications, 9(1): 1-10.

Allesina S, Alonso D, Pascual M. 2008. A general model for food web structure. Science, 320(5876): 658-661.

Allesina S, Tang S. 2012. Stability criteria for complex ecosystems. Nature, 483: 205.

Arditi R, Michalski J, Hirzel AH. 2005. Rheagogies: Modelling non-trophic effects in food webs. Ecological Complexity, 2: 249-258.

Ashby B, Boots M. 2017. Multi-mode fluctuating selection in host-parasite coevolution. Ecology Letters, 20(3): 357-365.

Bakker ES, Ritchie ME, Olff H, et al. 2006. Herbivore impact on grassland plant diversity depends on habitat productivity and herbivore size. Ecology Letters, 9: 780-788.

Bardgett RD, van der Putten WH. 2014. Belowground biodiversity and ecosystem functioning. Nature, 515: 505-511.

Bascompte J, Jordano P. 2013. Mutualistic Networks. Princeton: Princeton University Press.

Bastolla U, Fortuna MA, Pascual-García A, et al. 2009. The architecture of mutualistic networks minimizes competition and increases biodiversity. Nature, 458: 1018-1020.

Batterman SA, Hedin LO, van Breugel M, et al. 2013. Key role of symbiotic dinitrogen fixation in tropical forest secondary succession. Nature, 502: 224-227.

Beckerman AP, Uriarte M, Schmitz OJ. 1997. Experimental evidence for a behavior-mediated trophic cascade in a terrestrial food chain. PNAS, 94: 10735-10738.

Bergamini LL, Lewinsohn TM, Jorge LR, et al. 2017. Manifold influences of phylogenetic structure on a plant-herbivore network. Oikos, 126: 703-712.

Binzer A, Guill C, Rall BC, et al. 2016. Interactive effects of warming, eutrophication and size structure: Impacts on biodiversity and food-web structure. Global Change Biology, 22(1): 220-227.

Blumstein DT, Daniel JC, Griffin AS, et al. 2000. Insular tammar wallabies (*Macropus eugenii*) respond to visual but not acoustic cues from predators. Behavioral Ecology, 11: 528-535.

Buellesbach J, Gadau J, Beukeboom LW, et al. 2013. Cuticular hydrocarbon divergence in the jewel wasp *Nasonia*: Evolutionary shifts in chemical communication channels? Journal of Evolutionary Biology, 26(11): 2467-2478.

Brose U, Jonsson T, Berlow EL, et al. 2006. Consumer-resource body-size relationships in natural food webs. Ecology, 87(10): 2411-2417.

Brose U, Archambault P, Barnes AD, et al. 2019. Predator traits determine food-web architecture across ecosystems. Nature Ecology and Evolution, 3(6): 919-927.

Burkle LA, Marlin JC, Knight TM. 2013. Plant-pollinator interactions over 120 years: Loss of species, co-occurrence, and function. Science, 339: 1611-1615.

Bolnick DI, Svanback R, Fordyce JA, et al. 2003. The ecology of individuals: Incidence and implications of individual specialization. American Naturalist, 161: 1-28.

Borer ET, Seabloom EW, Shurin JB, et al. 2005. What determines the strength of a trophic cascade? Ecology, 86: 528-537.

Both C, van Asch M, Bijlsma RG, et al. 2009. Climate change and unequal phenological changes across four trophic levels: Constraints or adaptations? Journal of Animal Ecology, 78: 73-83.

Both C, van Turnhout CA, Bijlsma RG, et al. 2010. Avian population consequences of climate change are most severe for long-distance migrants in seasonal habitats. Proceedings of the Royal Society B: Biological Sciences, 277: 1259-1266.

Bracken ME, Low NH. 2012. Realistic losses of rare species disproportionately impact higher trophic levels. Ecology Letters, 15: 461-467.

Briand F, Cohen JE. 1984. Community food webs have scale-invariant structure. Nature, 307: 264-267.

Bruno JF, O' Connor MI. 2005. Cascading effects of predator diversity and omnivory in a marine food web. Ecology Letters, 8: 1048-1056.

Burkholder DA, Heithaus MR, Fourqurean JW, et al. 2013. Patterns of top-down control in a seagrass ecosystem: Could a roving apex predator induce a behaviour-mediated trophic cascade? Journal of Animal Ecology, 82: 1192-1202.

Butchart SH, Walpole M, Collen B, et al. 2010. Global biodiversity: Indicators of recent declines. Science, 328: 1164-1168.

Bryant JP, Chapin Ⅲ FS, Klein DR. 1983. Carbon/nutrient balance of boreal plants in relation to vertebrate herbivory. Oikos, 40: 357-368.

Cattin MF, Bersier LF, Banašek-Richter C, et al. 2004. Phylogenetic constraints and adaptation explain food-web structure. Nature, 427(6977): 835-839.

Cairns DM, Moen J. 2004. Herbivory influences tree lines. Journal of Ecology, 92: 1019-1024.

Carpenter SR, Kitchell JF, Hodgson JR. 1985. Cascading trophic interactions and lake productivity. BioScience, 35: 634-639.

Carscallen WM, Romanuk TN. 2012. Structure and robustness to species loss in Arctic and Antarctic ice-shelf meta-ecosystem webs. Ecological Modelling, 245: 208-218.

Chase JM. 2000. Are there real differences among aquatic and terrestrial food webs? Trends in Ecology and Evolution, 15: 408-412.

Chen IC, Hill JK, Ohlemüller R, et al. 2011. Rapid range shifts of species associated with high levels of climate warming. Science, 333: 1024-1026.

Chen Y, Compton SG, Liu M, et al. 2012. Fig trees at the northern limit of their range: The distributions of cryptic pollinators indicate multiple glacial refugia. Molecular Ecology, 21(7): 1687-1701.

Classen AT, Sundqvist MK, Henning JA, et al. 2015. Direct and indirect effects of climate change on soil microbial and soil microbial-plant interactions: What lies ahead? Ecosphere, 6(8): 1-21.

Clinchy M, Sheriff MJ, Zanette LY. 2013. Predator-induced stress and the ecology of fear. Functional Ecology, 27: 56-65.

Cohen JE, Briand F, Newman CM. 1990. Community Food Webs: Data and Theory. Berlin, New York: Springer-Verlag, 20.

Coley PD, Bryant JP, Chapin Ⅲ FS. 1985. Resource availability and plant antiherbivore defense. Science, 230: 895-899.

Compant S, van der Heijden MG, Sessitsch A. 2010. Climate change effects on beneficial plant-microorganism interactions. FEMS Microbiology Ecology, 73: 197-214.

Conner WE, Corcoran AJ. 2012. Sound strategies: The 65-million-year-old battle between bats and insects. Annual Review of Entomology, 57: 21-39.

Cronin TW. 2005. The visual ecology of predator-prey interactions. In: Barbosa P, Castellanos I(eds). Ecology of Predator-prey Interactions. Oxford: Oxford University Press, 105-138.

Cronin TW, Johnsen S, Marshall NJ, et al. 2014. Visual Ecology. Princeton: Princeton University Press.

Collins SL, Knapp AK, Briggs JM, et al. 1998. Modulation of diversity by grazing and mowing in native tallgrass prairie. Science, 280(5364): 745-747.

Coverdale TC, Kartzinel TR, Grabowski KL, et al. 2016. Elephants in the understory: Opposing direct and indirect effects of consumption and ecosystem engineering by megaherbivores. Ecology, 97: 3219-3230.

Crawley MJ. 1983. Herbivory: The Dynamics of Animal Plant Interactions. Oxford: Blackwell Scientific.

Croll DA, Maron JL, Estes JA, et al. 2005. Introduced predators transform subarctic islands from grassland to tundra. Science, 307: 1959-1961.

Daleo P, Fanjul E, Mendez Casariego A, et al. 2007. Ecosystem engineers activate mycorrhizal mutualism in salt marshes. Ecology Letters, 10: 902-908.

Daleo P, Silliman B, Alberti J, et al. 2009. Grazer facilitation of fungal infection and the control of plant growth in south-western Atlantic salt marshes. Journal of Ecology, 97: 781-787.

Dalsgaard B, Trojelsgaard K, Gonzalez AMM, et al. 2013. Historical climate-change influences modularity and nestedness of pollination networks. Ecography, 36: 1331-1340.

Derocles SA, Bohan DA, Dumbrell AJ, et al. 2018. Biomonitoring for the 21st century: Integrating next-generation sequencing into ecological network analysis. Advances in Ecological Research, 58: 1-62.

De Deyn GB, van der Putten WH. 2005. Linking aboveground and belowground diversity. Trends in Ecology and Evolution, 20: 625-633.

Dehling DM. 2018. The Structure of ecological networks. In: Dehling DM (ed). Ecological Networks in the Tropics. Berlin: Springer-Verlag, 29-42.

De Roos AM, Mccauley E, Wilson WG. 1991. Mobility versus density-limited predator-prey dynamics on different spatial scales. Proceedings of the Royal Society of London Series B, 246: 117-122.

De Young B, Barange M, Beaugrand G, et al. 2008. Regime shifts in marine ecosystems: Detection, prediction and management. Trends in Ecology and Evolution, 23: 402-409.

Dickie IA, Bolstridge N, Cooper JA, et al. 2010. Co-invasion by *Pinus* and its mycorrhizal fungi. New Phytologist, 187: 475-484.

Dirzo R, Young HS, Galetti M, et al. 2014. Defaunation in the Anthropocene. Science, 345(6195): 401-406.

Dormann CF, Fründ J, Schaefer HM. 2017. Identifying causes of patterns in ecological networks: Opportunities and limitations. Annual Review of Ecology, Evolution, and Systematics, 48: 559-584.

Donatti CI, Guimaraes PR, Galetti M, et al. 2011. Analysis of a hyper-diverse seed dispersal network: Modularity and underlying mechanisms. Ecology Letters, 14: 773-781.

Duffy JE, Richardson JP, France KE. 2005. Ecosystem consequences of diversity depend on food chain length in estuarine vegetation. Ecology Letters, 8: 301-309.

Dunne JA, Williams RJ, Martinez ND. 2002a. Network structure and biodiversity loss in food webs: Robustness increases with connectance. Ecology Letters, 5: 558-567.

Dunne JA, Williams RJ, Martinez ND. 2002b. Food-web structure and network theory: The role of connectance and size. PNAS, 99: 12917-12922.

Dupont YL, Olesen JM. 2009. Ecological modules and roles of species in heathland plant-insect flower visitor networks. Journal of Animal Ecology, 78: 346-353.

Ehrenfeld JG. 2010. Ecosystem consequences of biological invasions. Annual Review of Ecology, Evolution, and Systematics, 41: 59-80.

Ehrlich PR, Raven PH. 1964. Butterflies and plants: A study in coevolution. Evolution, 18: 586-608.

Eisenhauer N. 2010. The action of an animal ecosystem engineer: Identification of the main mechanisms of earthworm impacts on soil microarthropods. Pedobiologia, 53: 343-352.

Eklof A, Jacob U, Kopp J, et al. 2013. The dimensionality of ecological networks. Ecology Letters, 16: 577-583.

Elton CS. 1927. Animal Ecology. London: Sidgwick & Jackson.

Elton CS. 1958. The Ecology of Invasions by Animal and Plants. London: Methuen and Co Ltd.

Estes JA, Palmisano JF. 1974. Sea otters: Their role in structuring nearshore communities. Science, 185: 1058-1060.

Fang Q, Huang SQ. 2012. Relative stability of core groups in pollination networks in a biodiversity hotspot over four years. PloS One, 7: e32663.

Feeny P. 1975. Biochemical coevolution between plants and their insect herbivores. In: Gilbert LE, Raven PH (eds). Coevolution of Animals and Plants. Austin: University of Texas Press, 3-19.

Finke DL, Denno RF. 2004. Predator diversity dampens trophic cascades. Nature, 429(6990): 407-410.

Fornoff F, Klein AM, Blüthgen N, et al. 2019. Tree diversity increases robustness of multi-trophic interactions. Proceedings of the Royal Society B, 286(1898): 20182399.

Ford AT, Goheen JR. 2015. Trophic cascades by large carnivores: A case for strong inference and mechanism. Trends in Ecology and Evolution, 30: 725-735.

Ford AT, Goheen JR, Augustine DJ, et al. 2015. Recovery of African wild dogs suppresses prey but does not trigger a trophic cascade. Ecology, 96(10): 2705-2714.

Fort H, Vazquez DP, Lan BL. 2016. Abundance and generalisation in mutualistic networks: Solving the chicken-and-egg dilemma. Ecology Letters, 19: 4-11.

Fraenkel GS. 1959. The raison d'etre of secondary plant substances. Science, 129: 1466-1470.

Frantzeskakis L, von Dahlen JK, Panstruga R, et al. 2018. Rapid evolution in the tug-of-war between microbes and plants. New Phytologist, 219(1): 12-14.

Fretwell SD. 1987. Food chain dynamics: The central theory of ecology? Oikos, 50: 291-301.

Fukami T. 2015. Historical contingency in community assembly: Integrating niches, species pools, and priority effects. Annual Review of Ecology, Evolution, and Systematics, 46: 1-23.

Gallardo B, Clavero M, Sanchez MI, et al. 2016. Global ecological impacts of invasive species in aquatic ecosystems. Global Change Biology, 22: 151-163.

Gedan KB, Crain CM, Bertness MD. 2009. Small-mammal herbivore control of secondary succession in New England tidal marshes. Ecology, 90: 430-440.

Gei M, Rozendaal DMA, Poorter L, et al. 2018. Legume abundance along successional and rainfall gradients in Neotropical forests. Nature Ecology and Evolution, 2: 1104-1111.

Gibson L, Lynam AJ, Bradshaw CJ, et al. 2013. Near-complete extinction of native small mammal fauna 25 years after forest fragmentation. Science, 341: 1508-1510.

Gilman SE, Urban MC, Tewksbury J, et al. 2010. A framework for community interactions under climate change. Trends in Ecology and Evolution, 25: 325-331.

Girvan M, Newman MEJ. 2002. Community structure in social and biological networks. PNAS, 99: 7821-7826.

Goodell K, Parker IM. 2017. Invasion of a dominant floral resource: Effects on the floral community and pollination of native plants. Ecology, 98: 57-69.

Goudard A, Loreau M. 2008. Nontrophic interactions, biodiversity, and ecosystem functioning: An interaction web model. American Naturalist, 171: 91-106.

Grabowski JH. 2004. Habitat complexity disrupts predator-prey interactions but not the trophic cascade on oyster reefs. Ecology, 85: 995-1004.

Grady KC, Wood TE, Kolb TE, et al. 2017. Local biotic adaptation of trees and shrubs to plant neighbors. Oikos, 126 (4): 583-593.

Gravel D, Poisot T, Albouy C, et al. 2013. Inferring food web structure from predator-prey body size relationships. Methods in Ecology and Evolution, 4(11): 1083-1090.

Grass I, Jauker B, Steffan-Dewenter I, et al. 2018. Past and potential future effects of habitat fragmentation on structure and stability of plant-pollinator and host-parasitoid networks. Nature Ecology and Evolution, 2: 1408-1417.

Gravel D, Albouy C, Thuiller W. 2016. The meaning of functional trait composition of food webs for ecosystem functioning. Philosophical Transactions of the Royal Society B: Biological Sciences, 371(1694): 20150268.

Greenfield MD. 2002. Signalers and Receivers: Mechanisms and Evolution of Arthropod Communication. Oxford: Oxford University Press.

Hackett TD, Sauve AM, Davies N, et al. 2019. Reshaping our understanding of species' roles in landscape-scale networks. Ecology Letters, 22(9): 1367-1377.

Hairston N, Smith FE, Slobodkin LB. 1960. Community structure, population control, and competition. The American Naturalist, 94: 421-425.

Handa IT, Aerts R, Berendse F, et al. 2014. Consequences of biodiversity loss for litter decomposition across biomes. Nature, 509: 218-221.

Hansson LA, Nicolle A, Granéli W, et al. 2013. Food-chain length alters community responses to global change in aquatic systems. Nature Climate Change, 3(3): 228-233.

Harper JL. 1977. The Population Biology of Plants. London: Academic Press.

He Q, Silliman BR, Liu Z, et al. 2017. Natural enemies govern ecosystem resilience in the face of extreme droughts. Ecology Letters, 20: 194-201.

Heil M, Karban R. 2010. Explaining evolution of plant communication by airborne signals. Trends in Ecology and Evolution, 25: 137-144.

Herms DA, Mattson WJ. 1992. The dilemma of plants: To grow or defend. Quarterly Review of Biology, 67: 283-335.

Holling CS. 1959. Some characteristics of simple types of predation and parasitism. Canadian Entomologist, 91(7): 385-398.

Hooper DU, Chapin FS, Ewel JJ, et al. 2005. Effects of biodiversity on ecosystem functioning: A consensus of current knowledge. Ecological Monographs, 75: 3-35.

Hooper DU, Adair EC, Cardinale BJ, et al. 2012. A global synthesis reveals biodiversity loss as a major driver of ecosystem change. Nature, 486: 105-108.

Huang W, Siemann E, Xiao L, et al. 2014. Species-specific defence responses facilitate conspecifics and inhibit heterospecifics in above-belowground herbivore interactions. Nature Communications, 5: 4851.

Hughes BB, Eby R, van Dyke E, et al. 2013. Recovery of a top predator mediates negative eutrophic effects on seagrass. PNAS, 110: 15313-15318.

Hulme PE. 2009. Trade, transport and trouble: Managing invasive species pathways in an era of globalization. Journal of Applied Ecology, 46: 10-18.

Hutchinson MC, Gaiarsa MP, Stouffer DB. 2018. Contemporary ecological interactions improve models of past trait evolution. Systematic Biology, 67(5): 861-872.

Ings TC, Bascompte J, Brown L, et al. 2009. Ecological networks—beyond food webs. Journal of Animal Ecology, 78 (1): 253-269.

Ives AR, Godfray HCJ. 2006. Phylogenetic analysis of trophic associations. The American Naturalist, 168 (1):

E1-E14.

Ives AR, Carpenter SR. 2007. Stability and diversity of ecosystems. Science, 317: 58-62.

Jones CG, Lawton JH, Shachak M. 1994. Organisms as ecosystem engineers. Oikos, 69: 373-386.

Jones G, Teeling EC. 2006. The evolution of echolocation in bats. Trends in Ecology and Evolution, 21: 149-156.

Jordan P, Bascompte J, Olensen JM. 2003. Invariant properties in coevolutionary networks of plant-animal interactions. Ecology Letters, 6: 69-81.

Ju RT, Li H, Shih CJ, et al. 2012. Progress of biological invasions research in China over the last decade. Biodiversity Science, 20: 581-611.

Karban R, Myers JH. 1989. Induced plant responses to herbivory. Annual Review of Ecology and Systematics, 20: 331-348.

Kadoya T, Gellner G, McCann KS. 2018. Potential oscillators and keystone modules in food webs. Ecololy Letters, 21: 1330-1340.

Kaiser-Bunbury CN, Muff S, Memmott J, et al. 2010. The robustness of pollination networks to the loss of species and interactions: A quantitative approach incorporating pollinator behaviour. Ecology Letters, 13: 442-452.

Kardol P, Wardle DA. 2010. How understanding aboveground-belowground linkages can assist restoration ecology. Trends in Ecology and Evolution, 25: 670-679.

Langellotto GA, Denno RF. 2004. Responses of invertebrate natural enemies to complex-structured habitats: A meta-analytical synthesis. Oecologia, 139: 1-10.

Letnic M, Koch F, Gordon C, et al. 2009. Keystone effects of an alien top-predator stem extinctions of native mammals. Proceedings of the Royal Society B: Biological Sciences, 276: 3249-3256.

Lewinsohn TM, Paulo IP, Jordano P, et al. 2006. Structure in plant-animal interaction assemblages. Oikos, 113: 174-184.

Li G, Liu Y, Frelich LE, et al. 2011. Experimental warming induces degradation of a Tibetan alpine meadow through trophic interactions. Journal of Applied Ecology, 48: 659-667.

Liang E, Wang Y, Piao S, et al. 2016. Species interactions slow warming-induced upward shifts of treelines on the Tibetan Plateau. PNAS, 113: 4380-4385.

Liao J, Bearup D, Blasius B. 2017. Food web persistence in fragmented landscapes. Proceedings of the Royal Society B: Biological Sciences, 284(1859): 20170350.

Lima SL. 1998. Nonlethal effects in the ecology of predator-prey interactions. BioScience, 48: 25-34.

Lindeman RL. 1942. The Trophic-dynamic aspect of ecology. Ecology, 23: 399-417.

Liu J, Rühland KM, Chen J, et al. 2017. Aerosol-weakened summer monsoons decrease lake fertilization on the Chinese Loess Plateau. Nature Climate Change, 7: 190-194.

Liu N, Kan HM, Yang GW, et al. 2015. Changes in plant, soil, and microbes in a typical steppe from simulated grazing: Explaining potential change in soil C. Ecological Monographs, 85: 269-286.

Liu Y, Reich PB, Li G, et al. 2011. Shifting phenology and abundance under experimental warming alters trophic relationships and plant reproductive capacity. Ecology, 92: 1201-1207.

Loreau M, Naeem S, Inchausti P, et al. 2001. Biodiversity and ecosystem functioning: Current knowledge and future challenges. Science, 294: 804-808.

Louthan AM, Doak DF, Angert AL. 2015. Where and when do species interactions set range limits? Trends in Ecology and Evolution, 30: 780-792.

MacArthur R. 1955. Fluctuations of animal populations and a measure of community stability. Ecology, 36(3): 533-536.

Maglianesi MA, Bluethgen N, Boehning-Gaese K, et al. 2014. Morphological traits determine specialization and resource use in plant-hummingbird networks in the neotropics. Ecology, 95:3325-3334.

Majdi N, Boiche A, Traunspurger W, et al. 2014. Predator effects on a detritus-based food web are primarily mediated by non-trophic interactions. Journal of Animal Ecology, 83:953-962.

Maunsell SC, Kitching RL, Burwell CJ, et al. 2015. Changes in host-parasitoid food web structure with elevation. Journal of Animal Ecology, 84:353-363.

May RM. 1972. Will a large complex system be stable? Nature, 238:413-414.

May RM. 1973. Stability and Complexity in Model Ecosystems. Princeton: Princeton University Press.

McCann KS. 2000. The diversity–stability debate. Nature, 405:228.

Menge BA, Sutherland JP. 1987. Community regulation: Variation in disturbance, competition, and predation in relation to environmental stress and recruitment. The American Naturalist, 130(5):730-757.

Mello MAR, Marquitti FMD, Guimares PR, et al. 2011. The Missing part of seed dispersal networks: Structure and robustness of bat-fruit interactions. PloS One, 6: e17395.

Memmott J, Waser NM, Price MV. 2004. Tolerance of pollination networks to species extinctions. Proceedings of the Royal Society B: Biological Sciences, 271:2605-2611.

Nallu S, Hill JA, Don K, et al. 2018. The molecular genetic basis of herbivory between butterflies and their host plants. Nature Ecology and Evolution, 2:1418-1427.

Neutel AM, Heesterbeek JAP, van de Koppel J, et al. 2007. Reconciling complexity with stability in naturally assembling food webs. Nature, 499:599-603.

Odum EP. 1953. Fundamentals of Ecology. Philadelphia: Saunders Company.

Oksanen L, Fretwell SD, Arruda J, et al. 1981. Exploitation ecosystems in gradients of primary productivity. The American Naturalist, 118:240-261.

Okuyama T, Holland JN. 2008. Network structural properties mediate the stability of mutualistic communities. Ecology Letters, 11:208-216.

Olesen JM, Bascompte J, Dupont YL, et al. 2007. The modularity of pollination networks. PNAS, 104:19891-19896.

Olensen JM, Bascompte J, Dupont YL, et al. 2011. Missing and forbidden links in mutualistic networks. Proceedings of the Royal Society B: Biological Sciences, 278:725-732.

Paine RT. 1966. Food web complexity and species diversity. The American Naturalist, 100:65-75.

Paine RT. 1980. Food webs: Linkage, interaction strength and community infrastructure. Journal of Animal Ecology, 49:667-685.

Parmesan C, Yohe G. 2003. A globally coherent fingerprint of climate change impacts across natural systems. Nature, 421:37-42.

Peacor SD, Werner EE. 2004. How dependent are species-pair interaction strengths on other species in the food web? Ecology, 85(10):2754-2763.

Pearse IS, Altermatt F. 2013. Predicting novel trophic interactions in a non-native world. Ecology Letters, 16(8): 1088-1094.

Persson L, Leonardsson K, de Roos AM, et al. 1998. Ontogenetic scaling of foraging rates and the dynamics of a size-structured consumer-resource model. Theoretical Population Biology, 54:270-293.

Petitpierre B, Kueffer C, Broennimann O, et al. 2012. Climatic niche shifts are rare among terrestrial plant invaders. Science, 335:1344-1348.

Pilosof S, Morand S, Krasnov BR, et al. 2015. Potential parasite transmission in multi-host networks based on parasite sharing. PloS One, 10: e0117909.

Pilosof S, Porter MA, Pascual M, et al. 2017. The multilayer nature of ecological networks. Nature Ecology and Evolution, 1(4):0101.

Pimm SL. 1984. The complexity and stability of ecosystems. Nature, 307:321-326.

Pimm SL, Pimm JW. 1982. Resource use, competition, and resource availability in Hawaiian honeycreepers. Ecology, 63:1468-1480.

Pocock MJO, Evans DM, Memmott J. 2012. The robustness and restoration of a network of ecological networks. Science, 335:973-977.

Polis GA. 1991. Complex trophic interactions in deserts—An empirical critique of food-web theory. The American Naturalist, 138:123-155.

Polis GA, Sears AL, Huxel GR, et al. 2000. When is a trophic cascade a trophic cascade? Trends in Ecology and Evolution, 15:473-475.

Pomeranz JP, Thompson RM, Poisot T, et al. 2019. Inferring predator-prey interactions in food webs. Methods in Ecology and Evolution, 10(3):356-367.

Post DM, Pace ML, Hairston NG. 2000. Ecosystem size determines food-chain length in lakes. Nature, 405(6790): 1047-1049.

Post DM. 2002. The long and short of food-chain length. Trends in Ecology and Evolution, 17:269-277.

Potts SG, Biesmeijer JC, Kremen C, et al. 2010. Global pollinator declines: Trends, impacts and drivers. Trends in Ecology and Evolution, 25:345-353.

Proulx SR, Promislow DE, Phillips PC. 2005. Network thinking in ecology and evolution. Trends in Ecology and Evolution, 20(6):345-353.

Pyke GH. 2016. Plant–pollinator co-evolution: It's time to reconnect with optimal foraging theory and evolutionarily stable strategies. Perspectives in Plant Ecology, Evolution and Systematics, 19:70-76.

Qi Z, Liu H, Wu X, et al. 2015. Climate-driven speedup of alpine treeline forest growth in the Tianshan Mountains, Northwestern China. Global Change Biology, 21:816-826.

Quercia S, Marco C, Cristina G, et al. 2014. From lifetime to evolution: Timescales of human gut microbiota adaptation. Frontiers in Microbiology, 5:587.

Rezende EL, Jordano P, Bascompte J. 2007. Effects of phenotypic complementarity and phylogeny on the nested structure of mutualistic networks. Oikos, 116:1919-1929.

Rezende EL, Albert EM, Fortuna MA, et al. 2009. Compartments in a marine food web associated with phylogeny, body mass, and habitat structure. Ecology Letters, 12:779-788.

Ripple WJ, Estes JA, Beschta RL, et al. 2014. Status and ecological effects of the world's largest carnivores. Science, 343:1241484.

Ripple WJ, Larsen EJ. 2000. Historic aspen recruitment, elk, and wolves in northern Yellowstone National Park, USA. Biological Conservation, 95:361-370.

Ripple WJ, Newsome TM, Wolf C, et al. 2015. Collapse of the world's largest herbivores. Science Advance, 1: e1400103.

Ritchie ME, Olff H. 1999. Herbivore diversity and plant dynamics: Compensatory and additive effects. In: Olff H, Brown VK, Drent RH (eds). Herbivores: Between Plants and Predators. Oxford: Blackwell Science, Ltd., 175-204.

Saavedera S, Reed-Tsochas F, Uzzi B. 2008. Asymmetric disassembly and robustness in declining networks. PNAS, 105(43), 16466-16471.

Sanders D, Jones CG, Thébault E, et al. 2014. Integrating ecosystem engineering and food webs. Oikos, 123:

513-524.

Sanitjan S, Chen J. 2009. Habitat and fig characteristics influence the bird assemblage and network properties of fig trees from Xishuangbanna, South-West China. Journal of Tropical Ecology, 25: 161-170.

Sasse J, Martinoia E, Northen T. 2018. Feed your friends: Do plant exudates shape the root microbiome? Trends in Plant Science, 23: 25-41.

Schleuning M, Fruend J, Garcia D. 2015. Predicting ecosystem functions from biodiversity and mutualistic networks: An extension of trait-based concepts to plant-animal interactions. Ecography, 38: 380-392.

Schmitz OJ, Suttle KB. 2001. Effects of top predator species on direct and indirect interactions in a food web. Ecology, 82(7): 2072-2081.

Shurin JB, Borer ET, Seabloom EW, et al. 2002. A cross-ecosystem comparison of the strength of trophic cascades. Ecology Letters, 5: 785-791.

Sih A. 1987. Predators and prey lifestyles: An evolutionary and ecological overview. In: Kerfoot WC, Sih A (eds). Predation: Direct and Indirect Impacts on Aquatic Communities. Hanover: University Press of New England, 203-224.

Scheffer M, Carpenter SR. 2003. Catastrophic regime shifts in ecosystems: Linking theory to observation. Trends in Ecology and Evolution, 18: 648-656.

Scheffer M, Carpenter S, Foley JA, et al. 2001. Catastrophic shifts in ecosystems. Nature, 413: 591-596.

Scheffer M, Hosper S, Meijer M, et al. 1993. Alternative equilibria in shallow lakes. Trends in Ecology and Evolution, 8: 275-279.

Scherber C, Eisenhauer N, Weisser WW, et al. 2010. Bottom-up effects of plant diversity on multitrophic interactions in a biodiversity experiment. Nature, 468: 553-556.

Schmitz OJ, Hamback PA, Beckerman AP. 2000. Trophic cascades in terrestrial systems: A review of the effects of carnivore removals on plants. The American Naturalist, 155: 141-153.

Schmitz OJ. 2003. Top predator control of plant biodiversity and productivity in an old-field ecosystem. Ecology Letters, 6: 156-163.

Schmitz OJ, Krivan V, Ovadia O. 2004. Trophic cascades: The primacy of trait-mediated indirect interactions. Ecology Letters, 7: 153-163.

Schmitz OJ. 2008. Effects of predator hunting mode on grassland ecosystem function. Science, 319: 952-954.

Schleuning M, Bluthgen N, Florchinger M, et al. 2011. Specialization and interaction strength in a tropical plant-frugivore network differ among forest strata. Ecology, 92: 26-36.

Schleuning M, Fruend J, Garcia D. 2015. Predicting ecosystem functions from biodiversity and mutualistic networks: An extension of trait-based concepts to plant-animal interactions. Ecography, 38: 380-392.

Schuldt A, Fornoff F, Bruelheide H, et al. 2017. Tree species richness attenuates the positive relationship between mutualistic ant-hemipteran interactions and leaf chewer herbivory. Proceedings of the Royal Society B: Biological Sciences, 284(1862): 20171489.

Silliman BR, He Q. 2018. Physical stress, consumer control, and new theory in ecology. Trends in Ecology and Evolution, 33: 492-503.

Silliman BR, Newell SY. 2003. Fungal farming in a snail. PNAS, 100: 15643-15648.

Simberloff D, Martin JL, Genovesi P, et al. 2013. Impacts of biological invasions: What's what and the way forward. Trends in Ecology and Evolution, 28: 58-66.

Sazatornil FD, More M, Benitez-Vieyra S, et al. 2016. Beyond neutral and forbidden links: Morphological matches and the assembly of mutualistic hawkmoth-plant networks. Journal of Animal Ecology, 85: 1586-1594.

Srivastava DS, Bell T. 2009. Reducing horizontal and vertical diversity in a foodweb triggers extinctions and impacts functions. Ecology Letters, 12: 1016-1028.

Staab M, Blüthgen N, Klein AM. 2015. Tree diversity alters the structure of a tri-trophic network in a biodiversity experiment. Oikos, 124(7): 827-834.

Staab M, Bruelheide H, Durka W, et al. 2016. Tree phylogenetic diversity promotes host-parasitoid interactions. Proceedings of the Royal Society B: Biological Sciences, 283(1834): 20160275.

Stamp N. 2003. Out of the quagmire of plant defense hypotheses. The Quarterly Review of Biology, 78: 23-55.

Stang M, Klinkhamer PG, Waser NM, et al. 2009. Size-specific interaction patterns and size matching in a plant-pollinator interaction web. Annals of Botany, 103: 1459-1469.

Staniczenko PPA, Lewis OT, Jones NS, et al. 2010. Structural dynamics and robustness of food webs. Ecology Letters, 13: 891-899.

Stevnbak K, Scherber C, Gladbach DJ, et al. 2012. Interactions between above- and belowground organisms modified in climate change experiments. Nature Climate Change, 2: 805-808.

Stevens M. 2013. Sensory Ecology, Behaviour, and Evolution. Oxford: Oxford University Press.

Stouffer DB, Bascompte J. 2011. Compartmentalization increases food-web persistence. PNAS, 108: 3648-3652.

Strong DR. 1992. Are trophic cacades all wet? Differentiation and donor-control in speciose ecosystems. Ecology, 73: 747-754.

Sydeman WJ, Poloczanska E, Reed TE, et al. 2015. Climate change and marine vertebrates. Science, 350: 772-777.

Tao J, He D, Kennard MJ, et al. 2018. Strong evidence for changing fish reproductive phenology under climate warming on the Tibetan Plateau. Global Change Biology, 24: 2093-2104.

Taubert F, Fischer R, Groeneveld J, et al. 2018. Global patterns of tropical forest fragmentation. Nature, 554: 519-522.

Terborgh J, Lopez L, Nuñez P, et al. 2001. Ecological meltdown in predator-free forest fragments. Science, 294: 1923-1926.

Terborgh J, Estes JA. 2013. Trophic Cascades: Predators, Prey, and the Changing Dynamics of Nature. London: Island Press.

Thackeray SJ, Henrys PA, Hemming D, et al. 2016. Phenological sensitivity to climate across taxa and trophic levels. Nature, 535: 241-245.

Thebaul TE, Fontaine C. 2010. Stability of ecological communities and the architecture of mutualistic and trophic networks. Science, 329: 853-856.

Thompson JN. 2005. The Geographic Mosaic of Coevolution. Chicago: University of Chicago Press.

Thompson RM, Brose U, Dunne JA, et al. 2012. Food webs: Reconciling the structure and function of biodiversity. Trends in Ecology and Evolution, 27: 689-697.

Tilman D, Isbell F, Cowles JM. 2014. Biodiversity and ecosystem functioning. Annual Review of Ecology, Evolution, and Systematics, 45: 471-493.

Timóteo S, Correia M, Rodríguez-Echeverría S, et al. 2018. Multilayer networks reveal the spatial structure of seed-dispersal interactions across the Great Rift landscapes. Nature Communications, 9(1): 1-11.

Traveset A, Richardson DM. 2014. Mutualistic interactions and biological invasions. Annual Review of Ecology, Evolution, and Systematics, 45: 89-113.

Turchin P. 2003. Complex Population Dynamics. Princeton: Princeton University Press.

Valdovinos FS, Brosi BJ, Briggs HM, et al. 2016. Niche partitioning due to adaptive foraging reverses effects of nestedness and connectance on pollination network stability. Ecology Letters, 19: 1277-1286.

van der Putten WH. 2012. Climate change, aboveground-belowground interactions, and species' range shifts. Annual Review of Ecology, Evolution, and Systematics, 43: 365-383.

van der Putten WH, Bardgett RD, de Ruiter PC, et al. 2009. Empirical and theoretical challenges in aboveground-belowground ecology. Oecologia, 161: 1-14.

van der Putten WH, Macel M, Visser ME. 2010. Predicting species distribution and abundance responses to climate change: Why it is essential to include biotic interactions across trophic levels. Philosophical Transactions of the Royal Society B: Biological Sciences, 365: 2025-2034.

Van Langevelde F, van de Vijver CA, Kumar L, et al. 2003. Effects of fire and herbivory on the stability of savanna ecosystems. Ecology, 84: 337-350.

Vander Zanden MJ, Shuter BJ, Lester N, et al. 1999. Patterns of food chain length in lakes: A stable isotope study. The American Naturalist, 154: 406-416.

Vázquez DP, Morris WF, Jordano P. 2005. Interaction frequency as a surrogate for the total effect of animal mutualists on plants. Ecology Letters, 8(10): 1088-1094.

Vazquez DP, Bluthgen N, Cagnolo L, et al. 2009a. Uniting pattern and process in plant-animal mutualistic networks: A review. Annals of Botany, 103: 1445-1457.

Vazquez DP, Chacoff NP, Cagnolo L. 2009b. Evaluating multiple determinants of the structure of plant-animal mutualistic networks. Ecology, 90: 2039-2046.

Vizentin-Bugoni J, Maruyama PK, Sazima M. 2014. Processes entangling interactions in communities: Forbidden links are more important than abundance in a hummingbird-plant network. Proceedings of the Royal Society B: Biological Sciences, 281: 20132397.

Wang R, Dearing JA, Langdon PG, et al. 2012. Flickering gives early warning signals of a critical transition to a eutrophic lake state. Nature, 492: 419-422.

Wardle DA, Bardgett RD, Callaway RM, et al. 2011. Terrestrial ecosystem responses to species gains and losses. Science, 332: 1273-1277.

Wardle DA, Bardgett RD, Klironomos JN, et al. 2004. Ecological linkages between aboveground and belowground biota. Science, 304: 1629-1633.

Watts DJ, Strogatz SH. 1998. Collective dynamics of "small-world" networks. Nature, 393: 440-442.

Wang YY, Xu J, Lei GC. 2013. Proximate and ultimate determinants of food chain length. Acta Ecologica Sinica, 33: 5990-5996.

Wei C, Yu Q, Bai E, et al. 2013. Nitrogen deposition weakens plant-microbe interactions in grassland ecosystems. Global Change Biology, 19: 3688-3697.

Wernberg T, Bennett S, Babcock RC, et al. 2016. Climate-driven regime shift of a temperate marine ecosystem. Science, 353: 169-172.

Werner EE, Peacor SD. 2003. A review of trait-mediated indirect interactions in ecological communities. Ecology, 84: 1083-1100.

Whittaker RH, Feeny PP. 1971. Allelochemics: Chemical interactions between species. Science, 171: 757-770.

Williams RJ, Martinez ND. 2000. Simple rules yield complex food webs. Nature, 404: 180-183.

Wilson MC, Chen XY, Corlett RT, et al. 2016. Habitat fragmentation and biodiversity conservation: Key findings and future challenges. Landscape Ecology, 31(2): 1-2.

Winemiller KO. 1990. Spatial and temporal variation in tropical fish trophic networks. Ecological Monographs, 60: 331-367.

Wu XW, Duffy JE, Reich PB, et al. 2011. A brown-world cascade in the dung decomposer food web of an alpine meadow: Effects of predator interactions and warming. Ecological Monographs, 81: 313-328.

Wu X, Griffin JN, Xi X, et al. 2015. The sign of cascading predator effects varies with prey traits in a detrital system. Journal of Animal Ecology, 84: 1610-1617.

Xu C, van Nes EH, Holmgren M, et al. 2015. Local facilitation may cause tipping points on a landscape level preceded by early-warning indicators. The American Naturalist, 186: E81-E90.

Yalcin S, Leroux SJ. 2017. Diversity and suitability of existing methods and metrics for quantifying species range shifts. Global Ecology and Biogeography, 26: 609-624.

Yan Y, Li Y, Wang WJ, et al. 2017. Range shifts in response to climate change of *Ophiocordyceps sinensis*, a fungus endemic to the Tibetan Plateau. Biological Conservation, 206: 143-150.

Yang JR, Lv H, Isabwe A, et al. 2017. Disturbance-induced phytoplankton regime shifts and recovery of cyanobacteria dominance in two subtropical reservoirs. Water Research, 120: 52-63.

Yang X, Yan C, Zhao Q, et al. 2018. Ecological succession drives the structural change of seed–rodent interaction networks in fragmented forests. Forest Ecology and Management, 419: 42-50.

Zander A, Bersier LF, Gray SM. 2017. Effects of temperature variability on community structure in a natural microbial food web. Global Change Biology, 23: 56-67.

Zhang M, He F. 2017. Plant sex affects the structure of plant–pollinator networks in a subtropical forest. Oecologia, 185: 269-279.

Zhao C, Griffin JN, Wu X, et al. 2013. Predatory beetles facilitate plant growth by driving earthworms to lower soil layers. Journal of Animal Ecology, 82: 749-758.

Zhao YH, Ren ZX, Lazaro A, et al. 2016. Floral traits influence pollen vectors' choices in higher elevation communities in the Himalaya-Hengduan Mountains. BMC Ecology, 16: 26.

Zhao YH, Lazaro A, Ren ZX, et al. 2018. The topological differences between visitation and pollen transport networks: A comparison in species rich communities of the Himalaya-Hengduan Mountains. Oikos, 128(4): 551-562.

Zhong Z, Wang D, Zhu H, et al. 2014. Positive interactions between large herbivores and grasshoppers, and their consequences for grassland plant diversity. Ecology, 95: 1055-1064.

Zhong Z, Li X, Pearson D, et al. 2017. Ecosystem engineering strengthens bottom-up and weakens top-down effects via trait-mediated indirect interactions. Proceedings of the Royal Society B: Biological Sciences, 284: 20170475.

本章作者：刘玲莉、王嵘、钟志伟、肖治术、吴新卫、贺强、王少鹏、吴纪华
指导专家：余世孝、王德利、孙书存、陈小勇

第 3 章

生态系统物质循环与能量流动

摘要:生态系统是具有特定边界的开放系统,其组分与外界环境存在着不断的物质和能量交换。因此,物质循环和能量流动是生态系统研究的核心内容。然而,在实践中,物质循环和能量流动密切相关,均沿食物网或营养级逐级传递,因此,难以分离量化。本章遵循物质循环研究的"库-流"经典模式,结合生态系统不同界面、凋落物分解过程等,评述生态系统元素循环、耦合过程及其调控机制。其主要内容包括:① 生态系统物质循环;② 生态系统冠层-大气界面物质交换及其耦合关系;③ 生态系统土壤-大气界面物质交换及其耦合关系;④ 径流的物质交换;⑤ 根际系统物质交换;⑥ 凋落物分解及其影响机制;⑦ 生态系统能量和物质沿营养级传递及其效率等。基于这些研究进展的梳理,指出该领域的前沿方向及重点发展领域,包括:生态系统物质循环与化学计量生态学的融合、生态系统物质循环的生物调控机制、特殊或敏感生态系统物质循环及其调控机制等。

3.1 引　　言

生态系统是指在特定空间内所有生物与物理环境所构成的统一整体,其中生物与环境相互作用并随时间变化(Odum,1973;Chapin et al.,2011)。无论何种类型的生态系统,其空间大小如何变化,都在时刻进行着内部的能量转换和物质循环,并与外界存在物质和能量交换。例如,在草地生态系统中,太阳能首先通过植物光合作用被固定成化学能,存储在有机物中;随后以有机物为载体,通过食物网随营养级逐级在生态系统内实现物质和能量的转换与耗散。因此,物质循环与能量流动不仅是生态系统最重要的核心过程,也是贯穿生态系统生态学研究的核心内容。

生态系统的物质循环通常指 C、N、P 等元素在生态系统内生物群落与无机环境之间的循环过程;而其能量流动则是在植物及部分细菌、藻类等生物固定太阳能后,沿营养级在生态系统内的转换和耗散过程。物质是能量的载体,而能量是物质循环的动力,两者相辅相成,共同维持生态系统的结构、功能及演变。然而,物质循环和能量流动过程又存在明显差异。首先,不同营养级的生物对元素需求存在较大变异,且不同化学反应所释放的能量也有明显差异,因此,虽然物质循环和能量流动同步发生,但两者之间的关系却不易量化。此外,能量流动遵守热力学基本定律,沿营养级呈逐级递减的单向流动;而物质循环遵循化学物质守恒定律,在生物群落与无机环境之间循环利用而不会消失。

生态系统中的能量，主要以生物量转换的形式进行吸收、储存、利用和释放，因此，通常与物质循环（尤其是碳循环）结合起来研究。在物质循环研究中，广泛采用“库-流”的经典模式（Lindeman，1942；Odum，1957）。库（pool）是指特定物质或元素在循环过程中被长久或暂时固定的场所，如植物、动物、微生物生物量、土壤、大气存储库等。流（flux）是指物质或元素在库与库之间的转移或运输速率，常用周转速率、周转通量、周转时间等描述。为此，本章按照“库-流”的经典模式，结合生态系统的纵向和横向界面，对生态系统能量和物质沿营养级的转换效率、主要元素循环过程、耦合关系及其调控机制等方面的研究进行简要回顾和展望，聚焦于当前最受关注的陆地生态系统的碳循环、氮循环及其耦合关系。因篇幅受限，本章较少涉及湿地、湖泊和海洋等生态系统。

3.2 历史回顾

在生态系统能量学上的开创性研究是1942年R. L. Lindeman对美国明尼苏达州赛达伯格湖（Cedar Creek Bog Lake）生态系统能量流动的测定，发现能量沿营养级逐级递减的转换效率约为10%，首次用数学关系定量描述生态系统营养级相互作用（Lindeman，1942）。1957年，H. T. Odum基于美国佛罗里达州银泉（Silver Spring）生态系统营养级和能量流动数据（Odum，1957），发展了生态系统能流模型。随后1960—1970年代，在全球多个典型生态系统开展能量流动的研究。1980年代后，该领域的研究重心转向生态系统初级生产力形成过程与调控机制，以及提高光能利用效率等方面（Field et al.，1998；Cohen and Newman，1991）。

生态系统物质循环的奠基性工作是1842年利比希（J. Liebig）在《无机化学及其在农业和生理学中的应用》中提出的，他指出植物生长都需要一定种类和数量的营养元素，而在植物生长的必需元素中供给量最少的元素决定着植物产量，即利比希最低量法则（Liebig's law of the minimum）（Liebig and Playfair，1842）。生物本身不仅包含C、H、O、N、P等大量元素，还有40多种微量元素，任何元素都可能成为限制性元素（He et al.，2020）。几乎所有生物种类均具有特定的元素组成，即相对稳定的化学计量比值（Elser et al.，2000；Sterner and Elser，2002）。随着人们对生物元素组成的逐步认识，人们以元素为对象在不同尺度开展了“库-流”的大量研究，并逐步发展到多元素耦合循环研究。

3.3 主要进展及存在问题

3.3.1 生态系统物质循环

目前，在生态系统物质循环中研究较多的是（点、区域、全球）碳储存及其分配，而对氮、磷、硫、钾、镁等元素的研究相对薄弱。本章主要介绍生态系统碳、氮、磷循环及其耦合关系的研究进展。

（1）生态系统碳循环

碳循环常指碳元素在生物圈、岩石圈、水圈及大气圈中相互交换的过程。地球上绝大多数碳（99.94%）储存于地壳岩石中，处于相对不活动状态；剩余的0.06%碳储量受自然和人为活动的驱动下，在大气、海洋、植物、土壤等碳库之间不停地周转，构成碳循环的主体。生态系统碳循环，是植物或部分藻类等通过光合作用从大气中吸收CO_2，转化为葡萄糖等有机化合物，经食物链/网随营养级被消费者、分解者等储存利用，同时以呼吸或分解作用回归到无机环境中的过程（图3-1；框3-1）。

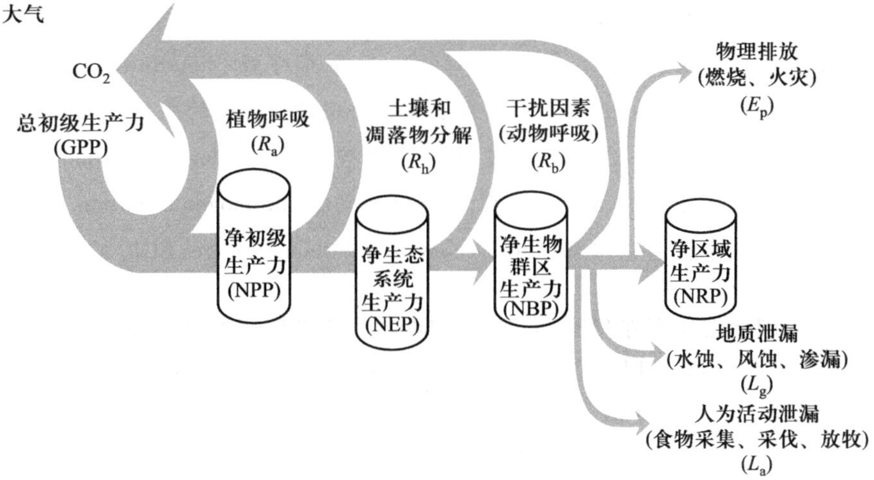

图3-1 陆地生态系统碳循环基本过程

过去40年，科学家对陆地生态系统碳储量和碳循环过程开展了大量研究。例如，Post等（1982）利用全球2700个土壤剖面的调查数据，估算全球主要生物群系的土壤碳储量。Cao和Woodward（1998）利用CEVSA模型估算全球植被和土壤碳储量分别为640 Pg C和1358 Pg C、全球NPP为57 Pg C · a^{-1}。Potter等（2012）基于MODIS数据和CASA模型评估2000—2009年全球不同区域陆地生态系统NPP的动态。同期，人们还基于经验模型、过程模型、遥感参数模型等途径开展全球碳循环过程研究（Ito，2008）。联合国政府间气候变化专门委员会（IPCC），围绕全球碳循环及生态系统碳固持效应已发布了五次评估报告，系统地总结相关研究成果（IPCC，2013），第六次评估的部分专题报告已陆续发布（IPCC，2019），集成报告预计于2022年正式发布。全球碳计划（Global Carbon Project）也对2010—2019年全球CO_2排放及大气、海洋、陆地碳库的年动态进行了评估（Friedlingstein et al.，2020）。当前，全球碳储量和碳循环的研究深度和广度不断拓展，尤其是更加注重山地冰冻圈等特殊区域（Pörtner et al.，2019）、土地管理等人为措施（IPCC，2019）以及COVID-19全球大流行等特殊扰动事件（Liu et al.，2020a）对全球碳储量及碳循环的影响。

框 3-1　生态系统碳循环的常用名词

生态系统生产力是生态系统各个碳循环过程中碳吸收和碳排放平衡后的结果，在短时间尺度内，常根据植被光合产物经过不同生物途径的呼吸损失阶段来定义，包括：总初级生产力(gross primary productivity, GPP)、净初级生产力(net primary productivity, NPP)、净生态系统生产力(net ecosystem productivity, NEP)、净生物群区生产力(net biome productivity, NBP)和净区域生产力(net regional productivity, NRP)，其相互关系为

$$NPP = GPP - R_a \tag{3-1}$$

$$NEP = GPP - R_a - R_h = NPP - R_h \tag{3-2}$$

$$NBP = GPP - R_a - R_h - R_b = NPP - R_h - R_b = NEP - R_b \tag{3-3}$$

$$NRP = NBP - E_p - L_g - L_a \tag{3-4}$$

式中，R_a 为自养呼吸(autotrophic respiration)；R_h 为异养呼吸(heterotrophic respiration)，R_b 为生物群区呼吸(biome respiration)；E_p 为燃烧等物理过程引起的碳排放(physical carbon emission)；L_g 为水蚀、风蚀、渗透等地质过程引起的碳泄漏(geological carbon leakage)；L_a 为食物采集、采伐、放牧等人为活动过程引起的碳泄漏(anthropogenic carbon leakage)；E_p、L_g 和 L_a 之和，为生态系统总碳泄漏(gross ecosystem carbon leakage, ECL_G)。

与此同时，中国陆地生态系统碳收支及其驱动机制也取得长足的进展。基于观测、遥感、模型、中国通量网(ChinaFLUX)等多种途径，揭示了陆地生态系统碳储量、碳通量的时空格局及其生物地理学机制。方精云等创建“连续生物量转换因子法”，利用野外实测及森林资源连续清查数据，揭示 1948—1992 年中国森林植被碳源/汇功能的变化(Fang et al., 2001)。1970 年代中国森林植被向大气净排放大量 CO_2，但近 20 年生物量碳汇功能明显增强，增加强度相当于同期中国工业 CO_2 排放总量的 4%～8%。模型预测 2010—2050 年，中国森林理论固碳速率为 0.34 Pg C · a^{-1}(He et al., 2017)。碳通量观测数据显示，亚洲东部亚热带森林的碳汇强度为 0.72 Pg C · a^{-1}，显著高于同纬度的欧洲和非洲森林，与北美洲东南部的亚热带森林相当(Yu et al., 2014)。遥感与地面观测数据相结合发现，1980—2000 年北方草地土壤有机碳储量变化不显著，但表层土壤无机碳库逐渐下移(Yang et al., 2010)。1980—2015 年中国北方草地整体处于弱碳源状态，其中植被碳储量略有增加，而土壤碳储量逐渐降低；其碳汇效应受降水、人为干扰、区域限制因子等多因素制约(Ma et al., 2017)。

近期研究已基本摸清中国陆地生态系统碳储量及其分布特征。例如，中国科学家对森林、灌丛、草地、农田等生态系统的 16 000 多个样地进行全组分碳储量调查发现，碳储量总量为 89.27 ± 1.05 Pg C，其中森林、草地和农田生态系统的碳储量最大(Tang et al., 2018)。2000—2010 年，中国重大生态工程(如三北防护林工程、天然林保护工程、退耕还林工程等)的固碳效应约为 132 Tg C · a^{-1}，在缓减全球变化过程中起着重要作用(Lu et al., 2018)。通过整合分析中国陆地生态系统 8210 个样地的植被和土壤碳属性数据(地上植被、根系、凋落物和土壤)(Xu et al., 2015)，2010 年中国陆地生态系统(包括森林、灌丛、草地、农田土壤、湿地和荒漠等)碳储量约为 99.15 Pg C，其中植被和土壤(0～100 cm 深)碳储量分别为

14.60 Pg C 和 84.55 Pg C(Xu et al.,2018),1980—2010 年的增长速率分别为 0.101 Pg C · a^{-1} 和 0.112 Pg C · a^{-1}(Xu et al.,2019)。

此外,利用土地利用、资源清查、大气 CO_2 浓度观测、遥感和气象观测等数据,综合研究中国陆地生态系统碳汇/源时空格局及其影响机制。据估计,1980—1990 年中国陆地生态系统碳储量平均增加 0.19~0.26 Pg C · a^{-1}(Piao et al.,2009),其碳汇效应主要归因于人工林增加、区域气候变化、CO_2 施肥效应以及植被(尤其是灌丛)恢复。此外,秸秆还田等农业管理措施也促进农田土壤碳积累(Zhao et al.,2018)。典型生态系统长期通量观测显示,中国陆地生态系统 GPP、生态系统呼吸(RE)和 NEP 分别为 965.5 g C · m^{-2} · a^{-1}、760.8 g C · m^{-2} · a^{-1} 和 252.9 g C · m^{-2} · a^{-1}(Yu et al.,2013)。多模型融合结果显示,近 30 年中国陆地生态系统 NEP 的变化趋势在 1982—2000 年呈下降趋势(−5.95 Tg C · a^{-1}),但 2000—2010 年转变为上升趋势(14.22 Tg C · a^{-1}),主要归因于东亚夏季风增强促进温带季风区的碳吸收(He et al.,2019a)。未来研究重点应是特殊区域(高寒区、冻土区、湿地等)碳循环过程及调控机制。

(2) 生态系统氮循环

生态系统氮循环是氮元素和含氮化合物在生态系统各组分间相互转换的过程,包括:植物从土壤中吸收铵盐和硝酸盐,将其同化成植物体内的蛋白质(有机氮);动物取食植物并同化成动物体内的有机氮;动植物残体、排泄物、凋落物等中的有机氮,被微生物分解后形成铵态氮释放,或被还原为 N_2 而释放回大气。自然界中大气氮气是最大的氮库,其次是土壤氮库,但土壤中真正能被植物直接吸收利用的活性氮较少(图 3-2)。土壤氮循环包括硝化作用、氨化作用、反硝化作用等多种过程(框 3-2),其受控的环境因素(强度和机制)各自不同,从而使任一过程在特定环境中均有可能成为土壤氮循环的主导过程,增加了氮循环过程

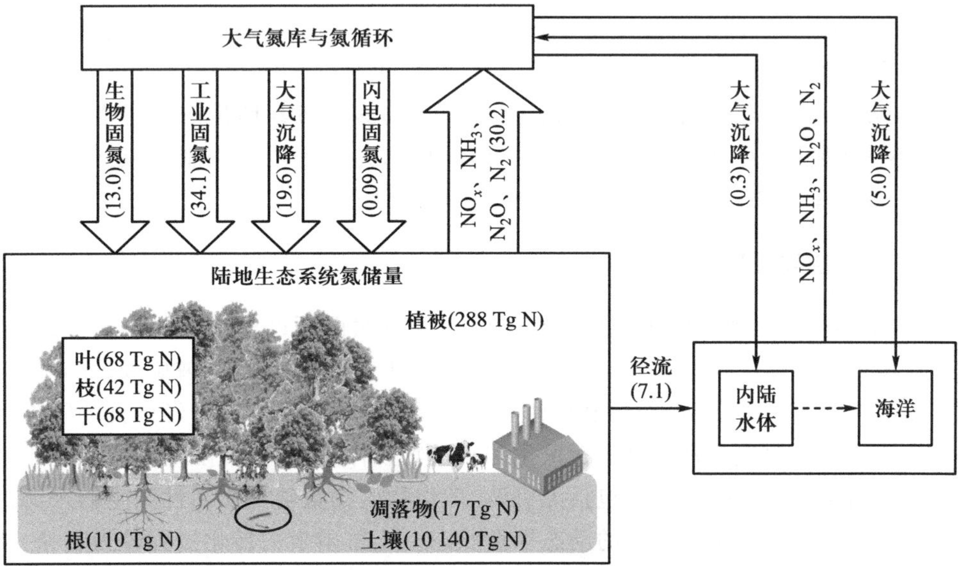

图 3-2 中国陆地生态系统氮循环(见书末彩插)

的复杂性(Vitousek and Howarth,1991)。氮是生物生长过程的必需元素,主要以氨基酸形式储存于蛋白质内,是构成核酸的基本元素,因此土壤微生物将有机氮转化为植物可利用无机氮的过程,一定程度上决定生态系统生产力及稳定性(Batjes,1996;Galloway et al.,2008)。

框3-2 生态系统氮循环的常用名词

生物固氮:是指固氮微生物或藻类将分子态氮还原成氨和其他含氮化合物的过程。

非生物固氮:是指通过闪电、高温放电等将分子态氮还原成氨和其他含氮化合物的过程。

土壤硝化作用:是指在硝化细菌、亚硝化细菌等的作用下,土壤铵态氮被氧化成亚硝酸,并进一步被氧化成硝酸的过程。

土壤氨化作用(又称脱氨作用):是指土壤微生物分解有机氮化物而产生氨的过程。

土壤反硝化作用:是指在反硝化细菌等的作用下,土壤硝酸盐被还原为氮气的过程。

前人在细胞、器官和个体水平围绕氮含量及其分配开展了卓有成效的研究,揭示植物氮分配策略,但在群落水平的研究较少(Dickson,1989);器官或个体水平的研究结论是否适用于群落水平仍待证实。学者采用统计法或模型法估算区域和全球陆地生态系统氮储量(Batjes,1996;Schlesinger,2013)。但受基础数据源的限制,特别是缺乏植被各器官氮含量及配套植物群落结构数据,鲜有基于调查数据估算区域或全球生态系统氮储量及分布格局。基于土壤调查数据,人们采用碳氮比法、类型统计法或模型模拟的方法估算区域或全球土壤氮储量(Delwiche et al.,1970;Post et al.,1985;Tian et al.,2006)为70~170 Pg N(Delwiche et al.,1970;Post et al.,1985;Batjes,1996)。近期,人们利用植物器官氮含量实测数据,结合4万多个地面群落调查数据,估算中国陆地生态系统氮储量、空间分布及其主要影响因素。由于解决了植物不同器官间氮含量差异显著的技术难题而大幅提高植物氮储量及其分配的估算精度(图3-2)(Xu et al.,2020)。

与碳循环相比,生态系统氮循环研究还相对滞后,除了对其储量的空间格局、分配和影响因素等不甚了解外,对氮循环的许多关键循环过程,尤其是调控机制等,还远未阐明。未来应进一步加强基础数据测定与积累,强化相关理论研究。

(3) 生态系统磷循环

生态系统磷循环是典型的沉积型循环。磷素的自然循环过程主要涉及地质运动、矿物风化、水流输运和海洋沉积等方面,循环速率缓慢。自工业革命以来,磷矿开采、含磷废水排放、海产品的捕捞等人类活动,深刻地影响生态系统磷循环过程。在未经干扰的陆地生态系统中,土壤磷素的来源主要是矿物岩石风化和动植物残体归还,因此陆地生态系统中磷循环较碳、氮循环简单。土壤磷素主要包括无机磷、微生物生物量磷和非活性微生物来源的有机磷,这三类磷素处于一个相互转化的动态平衡状态。土壤磷素的转化过程较为复杂,主要包括三个过程:① 无机磷溶解-沉淀、吸附-解吸附等物理化学过程和微生物无机磷竞争吸附、酸化等解磷过程;② 有机磷通过微生物作用的合成和矿化过程;③ 土壤微生物生物量磷的吸收、释放代谢过程。在这三个过程中，一般以无机磷转化过程为主。尽管土壤磷素总量较高，但磷素供给能力（或土壤有效磷）受限。磷一旦进入土壤，很容易被土壤矿物吸附，转化为生物有效性较低的无机态和有机态磷，从而限制植物与微生物对磷的利用。

1960 年代至 1980 年代，借助无机化学经典理论与方法（如热力动力学、溶度积理论、吸附-解吸附和溶解-沉淀理论等），对无机磷的化学固定和释放过程已有比较清楚的了解。在农业生态系统中大量施用磷肥的情况下，如何活化土壤中固持的磷素，是提高磷肥利用率、降低环境污染的关键之一，也是土壤生物学和环境科学研究的前沿。微生物是土壤磷循环的主要驱动者，在土壤-植物系统中通过溶解、矿化、固定、与植物共生等方式，驱动土壤磷素转化与循环。以往这方面的研究主要侧重在解磷菌的分离与鉴定，而对具有磷转化功能的微生物的分子生态、互作机理研究，尚处于起步阶段。

碳源是影响微生物群落结构变化的关键因素，碳源的竞争性利用差异可导致土壤微生物群落的快速演变，进而导致微生物活化磷素产生差异（Spohn and Kuzyakov，2013）。土壤有机酸作为微生物的碳源，不仅能通过微生物途径影响磷活化（Sun et al.，2018a），还能通过物理化学作用与磷酸根离子竞争吸附土壤表面的铁铝氧化物专性吸附位点，释放土壤铁铝吸附的磷，实现“以碳促磷”（图 3-3）（Sun et al.，2018a；Hu et al.，2018）。另外，生态系统磷循环是多元素耦合过程，基于生态化学计量学原理，外源有机物输入能够影响微生物生物量磷，这一过程受外源有机物碳/磷计量比调控，低碳/磷计量比（<200）下有机物分解释放的磷高于微生物需求，表现为净矿化并补充土壤有效磷；反之，当高碳/磷计量比（>300）时微生物在碳分解过程中固持更多的磷，降低了土壤磷的有效性（Wei et al.，2019）。

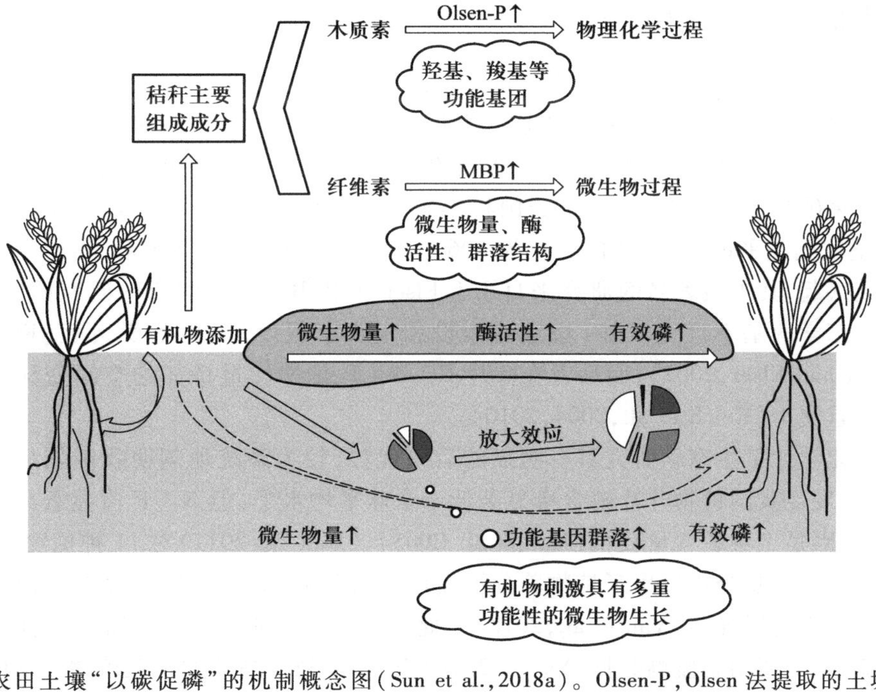

图 3-3 农田土壤“以碳促磷”的机制概念图（Sun et al.，2018a）。Olsen-P，Olsen 法提取的土壤速效磷；MBP，微生物生物量磷

深入理解土壤磷循环过程机理、探索磷素活化调控技术，是化解磷肥过量投入和磷污染矛盾的长效机制。今后的研究需以微生物调控机制为核心，重点开展如下三方面工作：① 开发应用高通量定量的土壤微生物碳、氮、硫和磷转化功能的基因芯片、拉曼光谱和稳定同位素标记相结合的解磷菌单细胞分选技术，揭示微生物驱动的磷素循环机制；② 以土壤-植物系统中“以碳促磷”相关理论为基础，通过碳同位素标记技术，深入解析根际微生物中磷活化菌群落的演替特征及计量学调控机制；③ 通过实践“以碳促磷”技术，探索适当耕作制度、开发微生物调理剂等技术产品的实际应用，切实提高作物磷素利用效率，维持生态系统磷素的高效循环。

(4) 生态系统碳-氮-水耦合

碳、氮和水循环是生态系统生态学和全球变化科学关注的三大物质循环。它们在自然生态系统中相互耦联，受生物、物理、化学、生物学等多个过程的共同调控。迄今为止，对陆地生态系统碳、氮、水循环的单个过程及生物学调控机理已有较清楚的认识(Yu et al.,2013；于贵瑞等,2014)，对其耦合关系及时空动态尚未系统了解，对耦合的关键环节，以及这些耦合关系与植物、土壤微生物功能群网络结构间的联系还有待深入研究。今后应重点探讨植被-大气-土壤-根系等界面上碳、氮、水交换的生物物理过程和生物学调控机制，以及制约生态系统碳-氮-水循环空间格局耦联关系的生物地理生态学机制，开展土壤-植物-大气连续体(SPAC)、典型陆地生态系统、区域尺度以及全球尺度的陆地生态系统碳-氮-水循环耦合机制研究(图 3-4)。

(5) 生态系统碳-氮-磷耦合

化学计量生态学(stoichiometrical ecology)是一门结合生态学和化学计量学的基本原理，利用物质守恒和元素比率来研究生物能量流动和多元素平衡(如 C、N、P)，探索各种生态过程的科学(Sterner and Elser,2002)。它开启了生态学研究的新领域，被认为是近代生态学最重要的理论突破之一。早在 1934 年美国科学家 A. Redfield 发现，海洋海水和浮游藻类的 C、N、P 含量比例几乎恒定(物质的量比为 106 ∶ 16 ∶ 1)。至 1990 年代末，陆地生态系统化学计量研究兴起，其中最著名的研究来自 J. J. Elser 和 P. B. Reich 领衔的研究团队：前者对化学计量生态学的基本理论发展(稳定性假设和生长率假设)做出重要贡献(Elser et al., 2000；Sterner and Elser,2002)，而后者在叶片 C ∶ N ∶ P 化学计量特征的空间变异及其调控机制方面贡献突出(Reich et al.,2004,2010)。

我国的化学计量生态学研究具有明显的后发优势，较为系统地阐明我国陆地植物化学计量学特征，发现我国植物叶片磷含量显著低于全球平均水平，但 N ∶ P 值显著高于全球平均值，主要原因是土壤磷含量较低(Han et al.,2005)。Han 等(2011)对 11 种植物 N、P、K 化学计量特征的进一步分析提出了植物养分平衡假说(限制元素稳定性假说)，该假说在拟南芥施肥实验中也得以证实(Yan et al.,2018)。此外，通过 N 和 P 长期添加实验、1200 km 样带调查和 27 年长期动态监测数据，Yu 等(2010)发现，内稳性高的物种在植物群落中具有较高的优势度和稳定性，是生态系统生产力稳定性的重要机制，推动了内稳性理论在陆地生态系统结构和功能中的应用。近期，我国科学家进一步揭示了元素化学计量比在叶-枝-干-

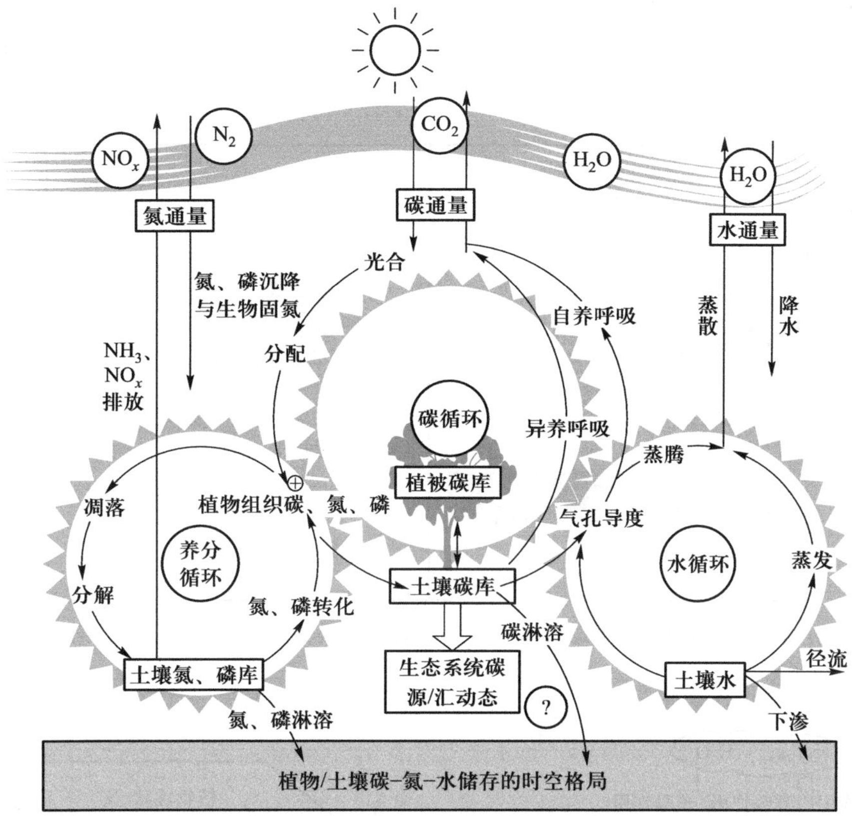

图 3-4 生态系统碳-氮-水循环的耦合关系(于贵瑞等,2014)

根多个器官间的变异规律,并发现我国东部典型森林植物 C∶N 值整体呈现为叶<根<枝<干,且均呈现出逐渐降低的演化趋势,反映了植物适应"N 供应限制"生态系统的一种优化分配策略。通过植物叶-枝-干-根 N 和 P 含量数据的分析发现,越活跃器官(叶片和根)的 N 和 P 含量越高且越稳定(Zhang et al.,2018a)。此外,基于 16 种元素含量的分析发现,植物叶-根元素存在协同变化,越活跃器官的大量元素(如 N、P)含量越高且种间变异越小(Zhao et al.,2016)。

在此基础上,科研人员进一步探讨了生态系统尺度的生态化学计量特征,定量评估了我国森林生态系统不同组分(植物、土壤、微生物、凋落物;叶、枝、干、根)的 C∶N∶P 化学计量特征从寒温带针叶林到热带雨林的空间变异规律及其影响因素(图 3-5)。结果发现,仅有与 P 相关的参数存在较明显的纬度升高格局,从化学计量特征判断我国南方森林更易受到 P 的限制(Zhang et al.,2018b)。在理论方面,He 等(2019b)提出了以单位土地面积标准化的群落性状(community trait)和生态系统性状(ecosystem trait)的概念体系,并发展了配套的从器官到群落的推导方法;拓展了植物群落性状研究的新领域,为在群落水平深入研究植物、动物、微生物间关系及其与环境间的关系提供了新途径(图 3-6)。新框架为人们准确认识植物生长适应陆生环境的途径提供了科学依据,为生态过程模型发展与优化提供了数据支撑。未来应考虑将生态系统不同组分间 C∶N∶P 化学计量特征与生态系统不同组分的

C、N、P储量及其周转速率相联系，逐步建立基于化学计量原理的“库-流”的生态系统物质流动新框架，破解在群落和生态系统尺度建立化学计量特征与物质周转速率的科学难题(Reichstein et al.,2014)。

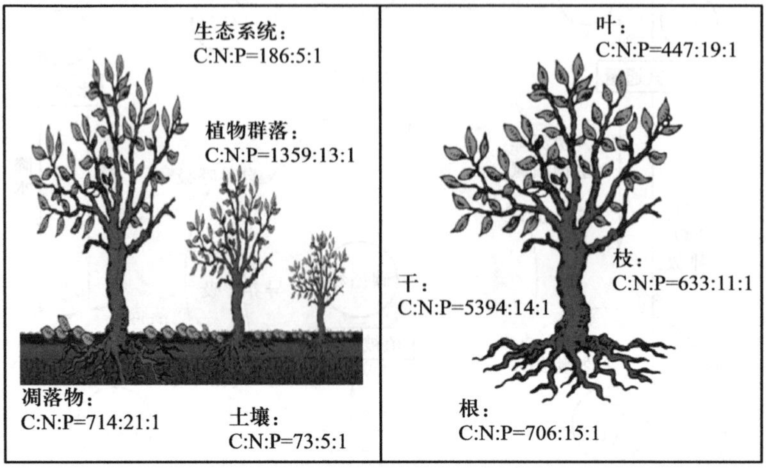

图3-5　我国森林生态系统C∶N∶P化学计量特征：从器官到生态系统

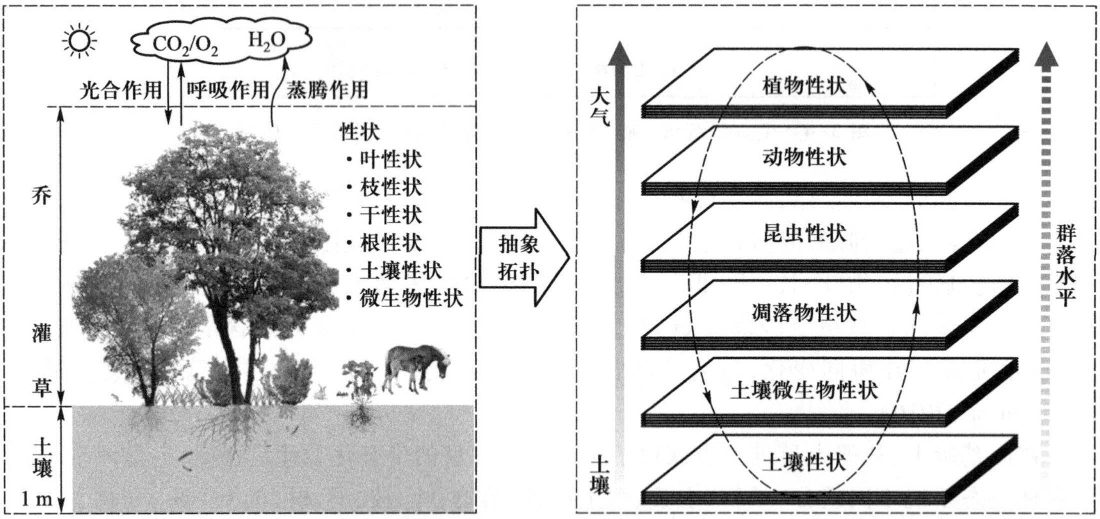

图3-6　单位土地面积标准化后生态系统性状的抽象示意图(改自He et al.,2019b)

此外，生态系统不同组分间的多种元素均是相互耦合的，未来应加强多元素关联性研究。He等(2020)创新性地提出和发展了植物性状网络(plant trait network)的概念、参数体系和应用案例，将相关研究推向了多维度的新领域(单一性状、多性状、多维度拓扑体积)。Zhang等(2021)利用多元素网络分析方法发现，模拟氮沉降下相对生物量变化越剧烈的植物，其多元素网络可塑性越弱，反之亦然。这些最新研究启示人们应尝试引入多维度网络理论及其分析方法，深入揭示复杂生态系统中多种元素优化分配策略及其对环境变化的响应机制。

3.3.2 生态系统冠层-大气界面物质交换

生态系统冠层-大气界面主要包括光合和呼吸作用两个碳交换过程，常用生态系统净交换量(net ecosystem exchange，NEE)来表征(Chapin et al.，2006)：NEE 正值表示生态系统向大气净释放 CO_2，负值表示净吸收 CO_2。伴随着碳交换，植被冠层会蒸腾失水，常用蒸散速率(evapotranspiration rate，ET)来表征。因此，植被冠层-大气界面的 CO_2 和 H_2O 交换密切关联(图 3-7)，在陆地生态系统与大气物质交换中起着重要作用。

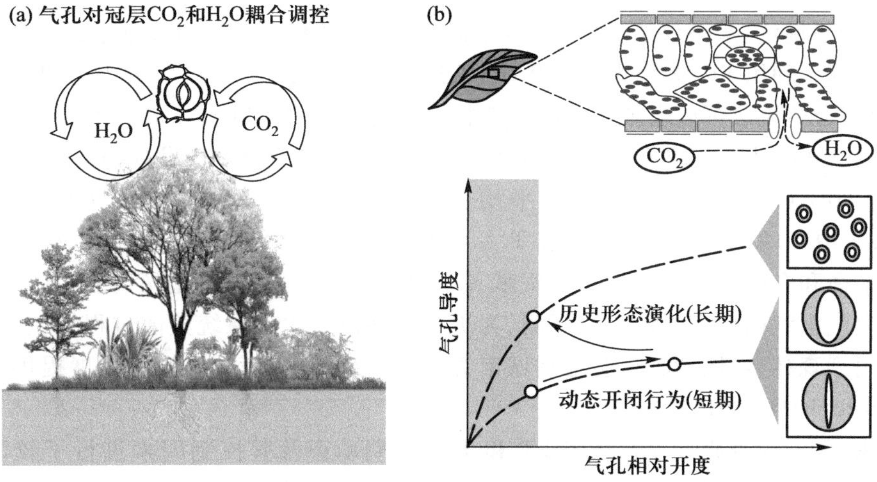

图 3-7 生态系统植被冠层 CO_2 和 H_2O 通量的气孔耦合控制机制

(1) 生态系统冠层 CO_2 交换

阐明生态系统冠层-大气碳交换(NEE)通量的时间动态(分、小时、天、月、季节、年、年代)，需要长期连续的观测，常采用 O. Reynolds(1985)建立的以涡度相关(EC)技术为基础的通量观测理论。自 20 世纪 60 年代以来，EC 技术开始用于自然生态系统 CO_2 通量观测(Monteith and Szeicz，1960)。1993 年，S. C. Wofsy 首次利用 EC 技术测定温带森林 NEE，成为植被-大气界面上气体交换通量直接测定的标准方法。迄今为止，全球已经建成 850 多个通量观测塔，形成区域和全球尺度上的生态系统碳通量观测网络(Urbanski et al.，2007)。近年来，遥感技术的快速发展，为大尺度碳循环观测提供新技术手段；它基于植被光合有效辐射吸收测定，估算区域乃至全球植被生产力和碳固定速率，与先前方法形成很好互补。此外，基于大气 CO_2 浓度和碳氧同位素的大气反演算法，用于探讨全球陆地生态系统碳循环或碳汇效应(Alden et al.，2016)。

近年来大量通量联网观测数据的公开，为整合分析不同区域甚至全球尺度生态系统碳循环过程及其机制带来契机(Beer et al.，2010；Gounand et al.，2018)。例如，Yu 等(2013)利用我国区域 52 个通量站点的数据，阐明我国陆地生态系统碳通量各组分的空间格局、相关性及主控因素。随后，Yu 等(2014)整合全球 106 个森林通量观测站 1990—2010 年的长期观测数据发现,20°N—40°N东亚季风区亚热带森林生态系统具有高强度的净CO_2吸收($362\ g\ C \cdot m^{-2} \cdot a^{-1}$),其区域总量约为$0.72\ Pg\ C \cdot a^{-1}$,约占全球森林生态系统NEP总量的8%。随着联网和大尺度研究的展开,人们可以深入研究点-区域-全球的生态系统碳循环过程,并与陆地生态系统碳源汇效应结合,评估陆地生态系统对全球变化的响应与反馈作用,更好地服务国家和国际社会制定应对全球变化的策略。

(2) 生态系统冠层H_2O交换

生态系统冠层的水交换(ET)是生态系统能量平衡和水循环的重要组分,主要包括表面蒸发(E)和植被蒸腾(T)。根据这些组分的特点,已经发展不同的观测方法,诸如水文学方法(包括水量平衡法、蒸渗仪法、茎流法等)、微气象学法(覆盖率法、EC法、波文比法等)、稳定同位素法等。利用EC技术虽然可以对ET进行连续测定,但难以区分E或T对ET的贡献程度,而结合茎流法可以实现对ET及其组分的同步测定(Hogg et al.,1997)。Schlesinger和Jasechko(2014)基于全球81个典型生态系统T和ET的整合分析发现,热带雨林T/ET最高(平均为70%),北方针叶林次之(平均为65%),地中海灌木林最低(平均为47%)。Jasechko等(2013)发现,陆地生态系统T占其ET的80%~90%;植被蒸腾耗水是陆地生态系统水分平衡和全球水分循环的主要贡献者。此外,稳定同位素激光光谱技术的快速发展,可以进行大气水汽同位素原位连续观测,为更精细地研究生态系统蒸散过程提供新途径,现已广泛应用到森林、草地、农田、湿地和城市等生态系统,为生态系统模型发展提供了可靠参数(He and Richards,2016)。

近年来,人们针对典型生态系统ET和T的长期动态及其控制因素进行了较深入分析(Fatichi and Ivanov,2014);并通过EC联网、地面观测、遥感等多途径结合,大多数研究在区域甚至全球尺度对生态系统ET和T进行机理性探讨(Shao et al.,2015)。在此基础上,将研究结果应用于区域水资源供应平衡或承载力评估,为区域可持续发展提供理论支撑(Zhang et al.,2010)。如何整合地面与遥感的ET观测,如何将地面可测定的生态系统性状融入分析以提高ET和T的预测精度,是今后的重要发展方向。

(3) 生态系统冠层碳-水交换的耦合

植被冠层光合作用的生化反应是生态系统碳-水耦合的理论基础。根据光合反应方程式,光合作用将CO_2和H_2O按照1∶1摩尔比例合成碳水化合物(CH_2O),而叶片呼吸作用基本可看成其逆方向。理论上,叶片气孔导度和叶面积决定蒸腾强度,而植物水分供需平衡关系影响着植物碳同化作用,从而表现出碳-水耦合关系。实际观测也证实从叶片、冠层尺度到区域和全球尺度,均普遍存在碳-水耦合关系(Frank et al.,2015)。

碳-水耦合关系常用水分利用效率(WUE)表征。冠层水平的WUE(即GPP与冠层蒸腾之比),很大程度上反映生态系统水平的碳-水耦合关系,是生态系统碳-水耦合过程及其对气候变化响应研究的重要参数(Lajtha and Getz,1993)。早前通常通过田间测定生物量动态和生态系统水文过程参数来估算WUE。后续研究利用遥感观测或模型模拟途径获得生物量和水分参数,进而计算不同时空尺度的WUE。如今,EC技术已广泛用于生态系统WUE研究(Hu et al.,2008),并发展了多种水汽通量拆分方法(Shuttleworth and Wallace,

1985;Bhattacharya et al.,2011)。由于气体交换法可适用于冠层、生物群体和区域 WUE 研究,逐步发展成为该领域最流行的技术(Huxman et al.,2004)。目前,WUE 研究主要围绕生态系统之间的比较、区域和全球生态系统 WUE 的时空变异及其影响因素(VanLoocke et al.,2012)。例如,Hu 等(2008)利用 EC 数据发现,我国典型生态系统 WUE 呈现明显单峰型季节变化格局。Sun 等(2016)发现,影响 WUE 时空变异的主要因素是饱和水汽压差、土壤水分状况、散射辐射在光合有效辐射中所占的比例、叶面积指数等。此外,研究人员还从 WUE 角度提出生态系统固碳阈值,并探讨生态系统碳汇管理的优化模式(Biederman et al.,2018)。

植物叶片气孔短期开闭行为,对生态系统碳、水循环通量及其耦合关系有很强的调节作用。气孔对光照、温度、CO_2 等环境因子的敏感性,决定气孔开闭时间长短;据此发展了最优气孔行为理论或气孔导度模拟算法(Hetherington and Woodward,2003)。叶片气孔形态特征,如气孔大小、气孔密度和气孔面积所占比例(SPI)的变异与进化,也会影响生态系统碳、水循环及其耦合过程,从而可以有效地解释 WUE 和 GPP 的空间变异(Liu et al.,2018)。叶片气孔密度与大小不断进化,但两者之间的权衡使 SPI 相对稳定(即最大气孔导度的相对稳定),使植物可以更好地响应周期性干旱与脉冲式降水。在自然群落中,植物为了适应复杂多变的环境、确保生产或生存需求,常演化出碳、水交换的时而耦合、时而解耦现象(Woerner and Martin,1999)。当生存环境适宜时,叶片 CO_2 和 H_2O 交换可能耦合;但当环境温度过高或过干旱时,植物为了降低水分丢失而牺牲光合,优先保证自身生存;当水分供应充足时,植物会不顾耗水成本而使光合最大化。因此,如何量化碳-水耦合及其对环境变化的响应和适应机制,仍然亟待攻克。此外,如何在自然群落尺度准确获得气孔形态特征和开闭状况参数,还面临巨大挑战(He et al.,2019b)。

3.3.3 生态系统土壤-大气界面的物质交换

土壤-大气界面的碳、氮交换过程非常复杂,涉及 CO_2、CH_4、N_2O、NO 和 NH_3 等多种气体。目前已基本摸清这些温室气体单个的释放过程及调控因素;但在自然环境下,它们同时发生、相互耦合的关系及调控机制,仍然是近年来研究的热点与难点。

(1) 土壤-大气界面温室气体交换

土壤呼吸包括植物根系、共生菌根根瘤等代谢产生的自养呼吸、凋落物分解、土壤微生物的异养呼吸。全球土壤呼吸释放的总碳量为 68~100 Pg C · a^{-1},是陆地生态系统最大的 CO_2 源(Raich and Schlesinger,1992)。水分非饱和土壤,通常是大气 CH_4 的吸收汇和 N_2O 的排放源。在好氧条件下,自养氨氧化细菌将 NH_4^+-N 氧化为 NO_2^--N,异构亚硝酸盐还原酶利用 NO_2^- 作为电子受体产生 N_2O(Schmidt et al.,2007);异养硝化细菌通过羟胺氧化酶(HAO)的催化作用,将氨氧化过程的中间产物羟胺转化为亚硝酸盐和 N_2O。在好氧条件下,甲烷氧化菌利用 O_2 将土壤 CH_4 和从大气中扩散进入土壤的 CH_4 氧化成 CO_2,然后释放入大气(Hütsch et al.,2001)。虽然甲烷氧化菌和氨氧化细菌能分别氧化 CH_4 和 NH_3,但两者的专一性和氧化能力却不同。在 CH_4 浓度低时,甲烷单氧酶(MMO)倾向于选择 CH_4 而

非 NH_3，土壤剖面中高浓度的 CH_4 也可以显著抑制土壤氨氧化(Schnell and King,1994)。相反，在土壤无机氮含量增加的情景下，土壤中高浓度的 NH_3 可把 CH_4 从结合位点上竞争下来，降低 CH_4 氧化量(Hütsch et al.,2001)。

土壤-大气界面 CH_4 和 N_2O 净交换通量是土壤甲烷氧化菌和氨氧化细菌耦合作用的结果，两者之间存在协同(Maljanen et al.,2006)、消长和随机(Lam et al.,2011)的关系(图 3-8)。具体什么关系，很大程度上取决于环境条件、土壤类型和氮素有效性等。Steudler 等(1991)发现，森林砍伐后增加了土壤氮素可利用性，导致土壤 N_2O 排放增加了两倍以上，但却显著抑制了土壤 CH_4 的吸收。类似的消长关系常见于其他森林和草地生态系统(Butterbach-Bahl et al.,2002;Jassal et al.,2011)。Maljanen 等(2006)发现，大气氮沉降增加不但促进了北方云杉林土壤 N_2O 排放，还显著促进了土壤 CH_4 的氧化和吸收，两者之间呈明显的协同关系。Carter 等(2011)发现，温度升高、夏季干旱延长和 CO_2 浓度富集的协同作用倾向于促进欧石南荒原土壤 CH_4 吸收，但对土壤 N_2O 排放无显著影响。总之，目前我们对水分非饱和土壤的 CH_4 吸收和 N_2O 排放的耦合过程已有一定了解，但对该耦合作用在时间和空间上的变异特征及主控因子尚不明晰。

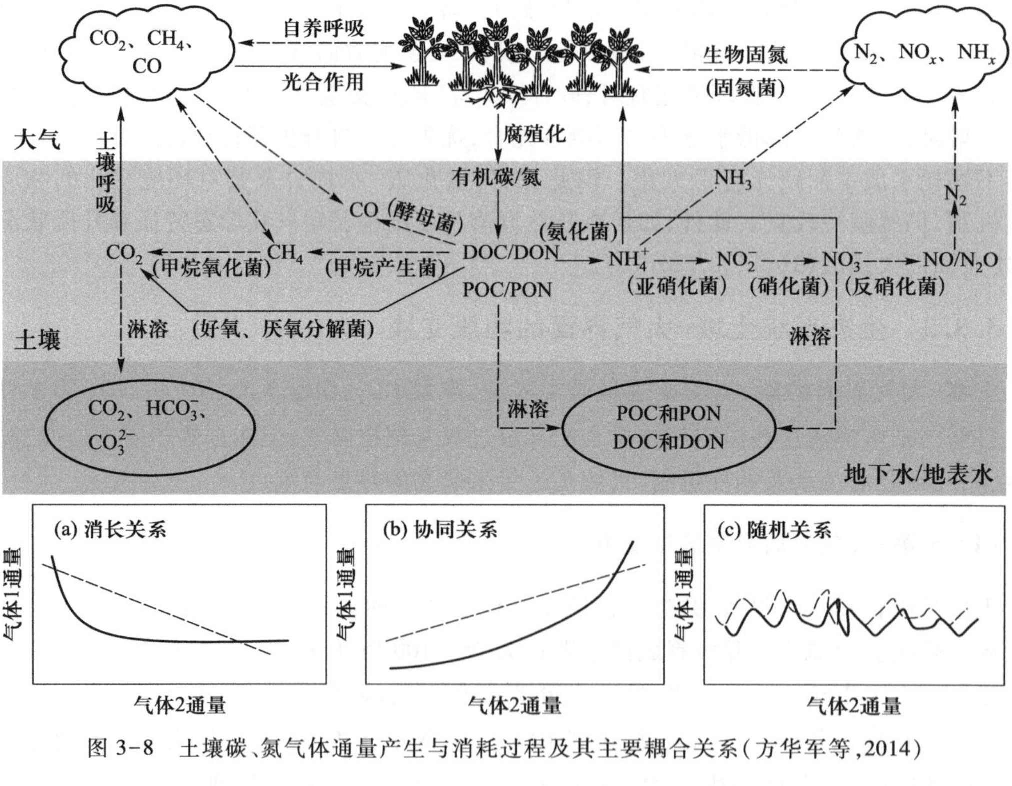

图 3-8 土壤碳、氮气体通量产生与消耗过程及其主要耦合关系(方华军等,2014)

(2) 温度变化的影响

温度对土壤-大气界面温室气体释放及其耦合关系具有重要的影响。增温处理总体上提高了土壤呼吸、异养呼吸以及根系呼吸，但增温对不同组分的效应不受处理时间的影响。

在长时间增温处理下，土壤呼吸和异养呼吸没有显著变化，但自养呼吸对增温的响应减弱（Wang et al.，2014）。土壤呼吸的温度敏感性在气候变暖的情况下会降低或者产生适应（adaption），且在高温情况下适应性更强；这与反应底物不足、土壤水分有效性的限制、氮素过量以及生物适应性等因素有关。如果土壤呼吸适应性在更大的时空尺度上存在，那么暖区生态系统比寒区生态系统对全球变暖就具有更强的适应能力（Luo et al.，2001）。温度升高会促进旱地土壤 CH_4 吸收，这是由于增温后土壤含水量下降，增加了 CH_4 由空气向土壤的扩散过程和 CH_4 氧化过程。在泥炭地和水稻田，温度对 CH_4 排放影响的变异较大（Dijkstra et al.，2012）。全球整合分析表明，温度升高可使土壤 N_2O 通量增加 14%，因为温度升高显著增加土壤无机氮浓度、显著促进土壤净氮硝化速率和反硝化潜势，进而促进了 N_2O 排放（Bai et al.，2013）。

(3) 水分变化的影响

水分条件是控制生态系统碳平衡最重要的因素之一。降水总量、降水频度、降水强度以及降水季节分配等都将影响陆地生态系统多个物质循环过程。在森林和草地中，人们常通过穿透水转移控制实验来模拟降水分配和干旱事件的影响，并发现土壤水分显著影响温带森林土壤有机质分解和根际呼吸。Borken 等（2006）研究表明，截水实验导致土壤呼吸速率显著下降，可达到生态系统年 NEE 的 10%～75%。此外，降水格局还会改变土壤 CH_4 吸收和 N_2O 排放。Davidson 等（2004）发现，移除降水可使北美温带森林土壤 N_2O 排放下降 40%，而 CH_4 消耗增加量约为 4 $mg \cdot m^{-2} \cdot d^{-1}$。水分添加显著增加了内蒙古典型草原生态系统 N_2O 排放通量，可归咎于水分添加改变了相关微生物的丰度和群落，增加了硝化、反硝化过程速率（Chen et al.，2013）。通过全球控水实验数据整合，人们发现，减少降水量会降低地上净生产力、土壤呼吸、生态系统呼吸和生态系统净交换量，反之亦然（Wu et al.，2011）。

(4) 氮素可利用性的影响

氮素可利用性对土壤 CO_2 排放的影响可表现为促进、抑制和无显著影响。它与生态系统类型、初始有效氮状态、施氮类型与剂量以及持续时间等因素有关，尤其取决于生态系统“氮饱和”阶段（方华军等，2019）。在全球不同生态系统中，氮输入提高了土壤呼吸，降低了异养呼吸，提高了自养呼吸（Zhou et al.，2014）。在时间序列上，土壤 CO_2 排放对增氮的响应呈现非线性，包括促进→不变→抑制三个演变阶段。施氮初期，植物地下碳分配增加刺激了土壤微生物活性（Keeler et al.，2009），凋落物中 C : N 值的下降提高了其易分解性（McDowell et al.，2004）。随着土壤无机氮累积，植物根系自养呼吸被促进，而土壤微生物异养呼吸则被抑制，两者间的权衡导致土壤 CO_2 排放对增氮响应不显著（Wang et al.，2015）。施氮后期，氮素富集会降低根系生物量、地下碳分配以及植物根冠比，抑制有机质降解的胞外酶活性，从而降低凋落物和土壤有机质分解（Peng et al.，2017）。

通过集成分析，人们发现，氮添加可使陆地生态系统 CH_4 排放量增加 95%；主要是因为氮添加有助于产生更多凋落物，解除了产甲烷菌的能量限制，进而增加 CH_4 产生量（Liu and Greaver，2009）。此外，氮添加显著增加不同陆地生态系统 N_2O 排放（增加 216%），除石楠灌丛外;不同氮肥类型均可显著增加 N_2O 排放,其中以硝态氮最显著;此外,氮添加量越高,N_2O 排放越多(Lu et al.,2011)。氮添加对水分非饱和的森林土壤 CH_4 吸收和 N_2O 排放的影响仍无定论,但施氮整体倾向于抑制土壤 CH_4 吸收而促进 N_2O 排放(方华军等,2014)。MacDonald 等(1997)发现,氮添加降低了云杉林土壤 CH_4 氧化速率,土壤 N_2O 高排放通量与高氮添加相对应。Jassal 等(2011)研究表明,冬季添加氮可显著降低花旗松林土壤 CH_4 吸收,土壤 N_2O 由弱吸收转变为显著排放。综上所述,水分非饱和土壤 CH_4 和 N_2O 净交换通量对氮可获得性和持续时间的响应尚无定论,亟须深入研究。

(5) 土壤 CH_4 吸收与 N_2O 排放的耦合

从微生物学角度来看,水分非饱和土壤 CH_4 吸收和 N_2O 排放的耦合作用及其对氮可利用性的响应,一定程度上与甲烷氧化菌群落和 N_2O 产生菌群落的活性和结构变化有关。甲烷氧化菌可分为低亲和力的Ⅰ型甲烷氧化菌(MOBⅠ)和高亲和力的Ⅱ型甲烷氧化菌(MOBⅡ),氮添加后倾向于抑制 MOBⅡ的活性,但对 MOBⅠ的活性无影响甚至表现为促进作用(Shrestha et al.,2010)。Nyerges 和 Stein(2009)发现,不同甲烷氧化菌群落对外源性氮添加的耐受力不同,森林土壤 MOBⅠ和 MOBⅡ的相对丰富度可以用来指示微生物对 NH_4^+ 和 NO_2 毒性效应的耐受力。Maxfield 等(2011)利用 $^{13}CH_4$-PLFA-SIP 技术研究草地和农田土壤 CH_4 吸收机制,发现施加有机肥导致土壤甲烷氧化菌群落向Ⅰ型甲烷氧化菌转变,并提升了土壤甲烷氧化菌生物量。Kandeler 等(2009)发现,移除氮后不影响土壤总细菌、硝酸还原菌和反硝化细菌群落活性。除了硝化细菌外,甲烷氧化菌对好氧环境下土壤 N_2O 排放的贡献也比较大。由于甲烷氧化菌和氨氧化菌在生理学和生物化学方面相似,任何抑制 CH_4 氧化的过程均能促进 NH_3 的氧化。然而,有关水分非饱和状况下土壤甲烷氧化菌和氨氧化菌的竞争程度及重要性知之甚少。

3.3.4 径流物质交换

水文要素通过物理作用和化学作用调控着不同区间的物质交换,进而控制陆地和水生生态系统中的生物地球化学过程。这些交换和运输过程蕴含了不同的生物地球化学动力学机制。流域物质循环需要考虑整个河网系统,把在空间格局中的任何一点的流速与生物地球化学过程联系起来(Bouwman et al.,2013)。流域的陆地-水体系统空间异质性形成了统一周转时间内不同的物质循环过程,不仅可增强对水文胁迫的缓冲能力,还提供了强大的养分保持能力。

(1) 流域水文与营养物质循环的时空耦合

碳及其他营养物质通过土壤淋溶和侵蚀作用进入溪流,并最终汇入江河湖海。水文要素通过物理作用(如储存与水文活动区)和化学作用(如有机与无机化合物转化)调控不同水文单元区间的碳和其他营养物质的交换,进而控制陆地和水生生态系统中的生物地球化学过程(Manzoni and Porporato,2011)。流域营养物质交换及生物地球化学过程导致从贡献区输出(异地效应)到河流形态转换(原地效应)的生物地球化学反应动力学,同时由于水文气候驱动因素的波动,其在时间上也是高度变化的(Gao et al.,2013)。

(2) 时间尺度

流域水文通过波峰波谷动态变化改变流域物质循环的边界条件,同时流速变化也改变了河流的生物地球化学反应的动力学。当河流流速较高时,流域生物地球化学过程主要受来自上游源头或被洪水、强降雨破坏的底栖群落的异地碳和养分输入的影响(Valett et al.,2008)。在基流和降水-径流过程中,当地和外部环境的变化分别控制了流域生物地球化学过程时,河流和土壤的水文循环与营养物质循环耦合方式是相似的(Gao et al.,2014)。

强降雨事件会使植被树冠、林地和土壤受到冲刷从而造成养分和可溶性碳流失,并通过淋溶和冲刷效应迁移至土壤深层或流入河网,这将大大提高土壤微生物分解的基质生物可利用性,同时改善植被群落的营养状况(Kalbitz et al.,2000)。在永久性或季节性干旱和半干旱的流域生态系统中,水分限制条件占主导地位,生物地球化学通量受到孔隙水的可利用性和时间变异性的影响(Schimel et al.,2007)。降雨事件通过提升土壤含水量而使土壤生物活性增强,涉及土壤微生物和植物根系-土壤间的所有生物化学反应(Schwinning and Sala,2004),例如,降雨事件增加了植被对土壤养分的吸收,在干旱的条件下也会增加土壤养分积累(Augustine and McNaughton,2004)。因此,干旱期间的生物地球化学动力学与降雨发生后的动力学在性质和数量上存在差异,类似于在河流中的基流和峰值水流条件下发生的生物地球化学行为。

(3) 空间尺度

Webster(1975)提出了营养物质螺旋概念,它可以描述为一个综合的稳态流域模型,即悬浮物质或溶液作为一个整体区间被运输并且相互作用于静态的流域单元(Cross et al.,2005)。完整的流域模型需要重视空间-时间的耦合,常采用平流-反应-扩散方程相结合的途径来解决(Bencala and Walters,1983)。现有生物地球化学模型发展的不足之处是它们通常忽略了水文驱动因素的时间变异性,即营养物质的径流输送过程随时间的动态变化;此外,在侧重于基流条件时,原地物质输出过程也是主要考虑的因素。与河流养分循环(Fisher et al.,2004)相比,营养物质在土壤中的螺旋长度要短得多,因为土壤的水渗流很缓慢,通过某些化学形式的有机分子或物理形式的土壤团聚体的运输时间较长;类似的“山坡螺旋”也包括高度间歇性以及养分的下游平流运输则要长很多,其中在运输过程中存在着有机和无机形式交换,如藻类生长、死亡和沉积、分解、有机化合物的矿化、矿物颗粒磷的吸附/解吸和反硝化过程。

(4) 空间-时间尺度耦合

陆地-水体的空间耦合异质性一定程度上缓冲了水文压迫,提供了强大的养分保持能力。空间变异性(输送时间分布)和时间变异性(气候驱动因素)的耦合,导致了流域物质运移过程的高度复杂性,并因不同流域而不同(Katul et al.,2007)。基于径流和溶质运输时间分布的拉格朗日方法,在水文和溶质运输模型(Rinaldo et al.,1989)及陆地生物地球化学模型中被广泛应用(Manzoni and Porporato,2009)。在水生和陆地系统中,这些随机模型可简明地捕捉到空间和时间耦合尺度下水文驱动营养物质循环的变异(图 3-9)。

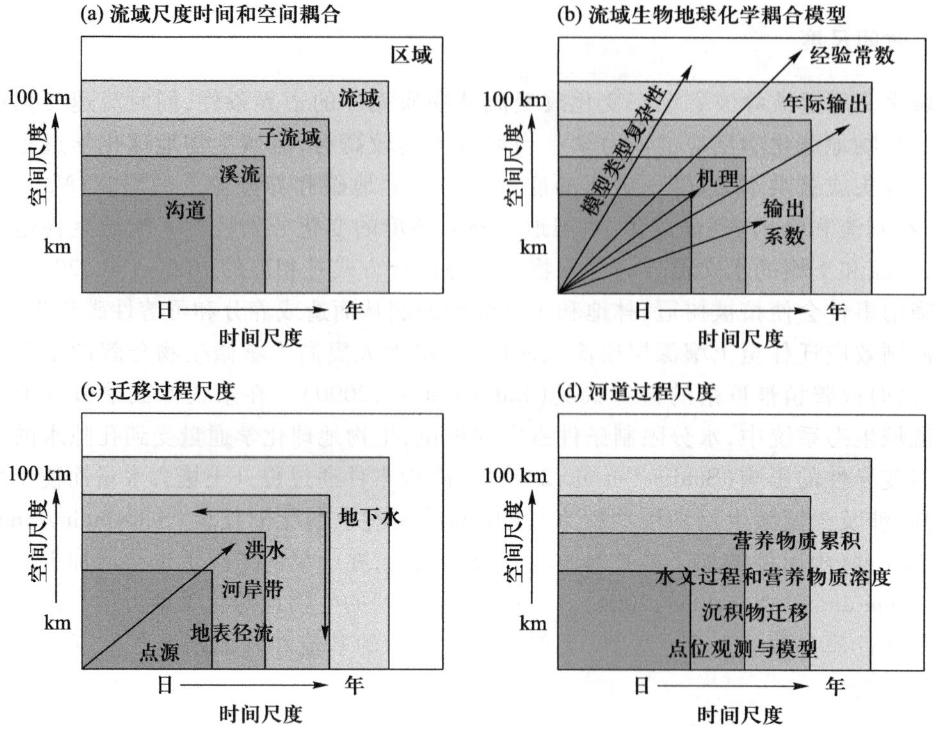

图 3-9 流域生物地球化学空间和时间尺度过程(a)、河流系统复杂性和模型耦合(b)、营养物质输移尺度(c)和河道过程尺度(d)(Bouwman et al.,2013)

目前空间-时间尺度耦合模型可分为 3 类。① 基于水文过程的扩展模型。这类模型基于降水-径流关系,耦合关键的生物地球化学和水质迁移过程,代表性模型有 HSPF(Bicknell et al.,1993)、ANSWERS(Bouraoui and Dillaha,2014)、GBNP(Yang et al.,1998)、HBV-N(Arheimer and Brandt,2000)、TVGM(Zhang et al.,2016)和 HYPE(Lindström et al.,2010)等。② 基于河流水质迁移过程的扩展模型。这类模型重点关注水体污染物的迁移转化过程,可以精确模拟河道水系中高时空分辨率的水质要素(如不同形态氮素等)变化,代表性模型包括 WASP(di Toro et al.,1983)、EFDC(Hamrick,1992)。③ 基于生物地球化学过程的扩展模型。这类模型在模拟区域尺度植被生理生态过程、营养元素(碳、氮、磷等)和水分在土壤中的垂向运动等方面具有较强优势,代表性模型有 SOILN(Johnsson et al.,1987)、EPIC(Sharpley and Williams,1990)、DNDC(Li et al.,1992)和 ICECREAM(Tesoriero et al.,2009)。

养分从陆地向海洋的运移研究反映了水生和陆地生态系统中碳和营养物质耦合的生物地球化学过程。河口系统的动力学反映河口系统内的养分循环及叠加溶质的平流运输过程(Manzoni et al.,2009),养分比例反映近海河流中浮游植物的物种变化。土壤溶质运输路径和时间尺度在陆地和水生系统间存在较大差异,在土壤中的运移长度比河流中更短。基流和暴雨径流条件下,营养物质运移的瞬时动态变化(Manzoni and Porporato,2011)、季节变化(Halliday et al.,2012),甚至更长时间尺度(十年、世纪)的变化,与河流是否能截留或释放相关的营养物质密切相关。因此,大气、陆地、河流、河口和海洋系统形成了一个连续体,营养元素运移在时间-空间尺度上发生了耦合,并由水、气体和气溶胶通量进行物理连接。

3.3.5 根际系统物质交换

根际是植物根系周围数毫米范围内植物-土壤-微生物强烈相互作用的微域环境，发生在根际各种活跃的元素物质交换过程统称为根际系统物质交换（Kuzyakov and Razavi, 2019）。植物-土壤间相互作用的根际过程，与全球陆地生态系统约50%的 CO_2 释放量密切相关（Cheng et al.,2014）。根际物质交换在生物地球化学循环中扮演重要角色，围绕根际过程深入探究陆地生态系统 C-N 耦合过程，不仅有助于深入理解该关键过程的生物调控机制，更有助于深入揭示这些循环过程对未来气候变化的响应与适应机理。

(1) 细菌、真菌、原生动物及病毒对根际系统物质交换的影响途径与机制

土壤有机质（SOM）分解过程是由土壤微生物群落介导，并受以微生物为食的土壤动物类群（特别是线虫和原生动物）调控（Griffiths,1994）。近期研究还发现，病毒也能通过影响细菌和真菌来调控土壤中的元素循环，为植物提供养分（Kuzyakov and Mason-Jones,2018）。

研究人员发现，易分解有机物质进入土壤后，首先是由细菌尤其是 *r*-对策的细菌进行获取或代谢（Paterson et al.,2007），有机质分解将加速土壤细菌生长和世代周转（Morrissey et al.,2017）（图 3-10）。土壤真菌（主要为 *K*-对策的生物）则主要获取和降解大多数细菌难以利用的底物，真菌数量与活性随着根际区易利用资源的消耗而增加。与细菌相比，真菌不仅可以通过菌丝从低营养区扩展到高营养斑块获取养分和水分（Püschel et al.,2020），还能够促进胞外酶的分泌以促进土壤有机质分解（图 3-10）。

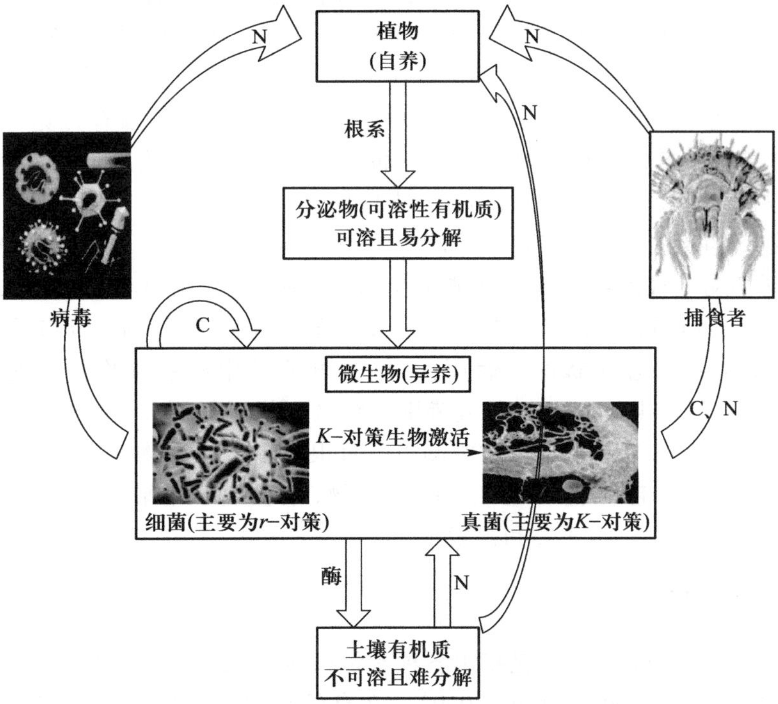

图 3-10 土壤细菌、真菌、原生生物及病毒等与根际系统物质交换（Kuzyakov and Mason-Jones,2018）

“菌根”(mycorrhiza)作为植物与专性真菌形成的共生体，在80%以上高等植物体上均能被观察到(Brundrett,2009)。植物以渗出物的形式为菌根提供碳和能量，换取菌根真菌的水分和养分供应(Govindarajulu et al.,2005)。丛枝菌根真菌(arbuscular mycorrhizal fungi, AMF)能够加速土壤有机质分解，增强植物氮获取能力(Hodge et al.,2001)。豆科植物与根瘤菌共生形成的根瘤能够利用植物提供的碳去固定氮气，为植物提供可利用性氮素(Compant et al.,2010);同时，与豆科植物共生的菌根真菌还能通过菌丝把氮供给周围其他植物。除了扩大吸收表面积、扩展到更大可用空间外，菌根还可以释放更多的酶来溶解土壤多种矿质元素，然后通过菌丝将营养物质运回根部，促进根系生长和植物宿主的养分获取。然而，根际放线菌、原生动物、古菌等其他类群对土壤有机质分解过程及作用机制仍未弄清。

土壤原生动物和线虫，可以通过摄食细菌来影响土壤微生物的生长与繁殖，进而利用食物网来调控营养物质流转。首先，植物根系将富含碳的底物释放到根际，通过刺激根际微生物的生长、胞外酶的释放，加速土壤有机质分解(Zhang et al., 2019)，增加微生物数量(Kuzyakov and Xu,2013)。随后，土壤原生动物等数量随之增加(Crotty and Adl,2019)，通过取食根际微生物将多余氮素释放回土壤中，随着根际微生物密度逐渐降低，土壤动物生长会受到一定程度的抑制。植物吸收这些矿质氮素后，促进植物生长和根系发育，产生反馈，从而增强有机碳向根际的释放。

病毒可能是世界上最丰富的生物类群，其在土壤中丰度高达 $10^{10}\cdot g^{-1}$(Williamson et al., 2017)，但当前人们对其在土壤养分循环或食物网中的作用或功能却知之甚少。噬菌体没有独立代谢，其繁殖完全依赖于遇到合适的细菌宿主细胞并将其遗传物质引入宿主的细胞质中。然而，土壤中被噬菌体感染细菌无处不在，噬菌体感染调节着微生物死亡率和周转速率，是土壤细菌死亡的主要原因(Kuzyakov and Mason-Jones,2018)。尽管还缺乏严格控制的实验数据，然而大部分理论推导认为，噬菌体在土壤微生物周转中有着比捕食者更强的影响(Emerson et al.,2018)。此外，由于土壤微生物也是可利用性氮的强有力竞争者(Kuzyakov and Xu,2013)，能够快速固持根系释放的氮。病毒可以通过调控快速地裂解细胞来控制微生物类群，释放矿质氮而加速土壤元素循环，为植物提供养分元素。

细菌、真菌、原生动物和病毒都对根际物质交换具有重要影响。这些根际微生物与植物相互作用，共同推动了根际物质循环和能量流动。现阶段，采用 ^{13}C-PLFA 的方法进行根际微生物研究属于相对较先进的方法，然而这种方法无法区分死的(休眠)与活的微生物，只能体现出土壤微生物的总体状况。然而，土壤分解活动中起主导作用的是活跃微生物(Blagodatskaya and Kuzyakov,2008)，精确辨别活跃微生物进行研究更能体现其科学价值和真实作用。采用 Nano-SIM 和酶谱原位观测也是对根际土壤微生物活动观测的先进而有效的方法。此外，近来兴起的包含植物、原生动物、细菌、真菌等在内的微生物食物环(microbial loop)也值得进一步研究和探索。

(2) 土壤激发效应

土壤激发效应(priming effect)是指由各种有机物质输入土壤而引起土壤有机质周转过程快速而强烈的改变(Kuzyakov et al.,2000)。在自然界中，土壤激发效应普遍存在于根际(rhizosphere)、碎屑周际(detritusphere)、动物通道(drillosphere)和其他的生物间隙(biopore)

等(Kuzyakov,2010)。这些区域主要存在外源性碳输入,尤其是根际和凋落物周围,因根系分泌物输入和凋落物分解产生较多可利用的外源性有机碳,活的有机质和死的有机质之间存在强烈的相互作用。

在众多微生物活性热区中,根际是最重要的。研究已证实,植物生长过程中根际土壤有机质分解很快并释放较多养分(Cheng,2009;Hoffland et al.,2020)。植物根系通过向根际微生物提供可利用有机物(rhizodeposition,根际沉积物)(Paterson,2003)、根系与微生物对矿质元素竞争(Liu et al.,2020b)或改变根际的物理和化学条件等均影响微生物活性和数量,从而促进或抑制土壤有机质分解。

氮是植物和土壤微生物生长与繁殖所必需的营养元素,两者对氮具有相似的养分需求;在氮限制环境中,两者对氮的竞争异常激烈(Kuzyakov and Xu,2013)。在漫长的进化和演替过程中,植物和土壤微生物围绕养分(尤其是氮素获取),发展出既竞争又合作的互惠关系(Kuzyakov and Xu,2013)。在氮受限的环境中,植物将较多光合产物投资到地下(Dijkstra et al.,2008),增加根系分泌物输入来促进微生物生长和活性,进而导致根际有效氮被快速消耗。有效氮的大量消耗会促使微生物增加胞外酶的分泌(Burns et al.,2013),进而加速土壤有机质分解,释放矿质氮和其他养分,从而诱发正的根际激发效应。在氮富集的条件下,植物能获得充足的氮,并降低根际的碳投资(Carrara et al.,2018),同时根际微生物也不需要通过分解难以利用的 SOM 来获取氮,而是偏好更易于利用的根系分泌物(Kuzyakov et al.,2000),减少胞外酶分泌从而导致负的根际激发效应(Dijkstra et al.,2013)。

现阶段,虽然有越来越多的学者开始关注根际激发效应,但激发效应的原位研究还十分欠缺。由于技术手段的限制,激发效应的研究多为室内模拟培养实验,且多为添加型实验,而在土壤中种植鲜活植物以研究激发效应的研究尚不多见。未来研究应注重植物与微生物的一体性,努力从技术手段攻克原位激发效应研究的壁垒。同时,土壤养分的可利用性,尤其是内源性有机质对激发效应的影响非常值得深入探讨。

(3) 植物-微生物养分“权衡”

在漫长的进化与演替中,植物与微生物之间形成了既竞争又合作的互惠关系。植物主要通过根系向根际微生物提供光合产物来换取其生长所必需的养分元素。由于植物和微生物吸收,根际的养分限制远远大于非根际土壤(Kuzyakov and Xu,2013),根系和根际微生物对可利用性养分存在着强烈竞争关系。伴随着复杂的根际食物网络,根际成为物质交换过程最复杂、最快的场所之一。

据估计,植物所同化的碳有 30%~50%被分配到地下(Moreau et al.,2019);其中,15%~25%通过根系及其共生体重新被释放到根际土壤(Kuzyakov,2002)。这部分根系分泌物包括氨基酸、碳水化合物和有机酸等可溶性有机化合物,极易为根际微生物所利用。尽管根系分泌物是植物碳损失的一个重要部分,然而根系分泌物所提供的可利用性碳可为根际微生物和土壤动物提供重要的食物来源,从而增加了微生物数量与活性以及胞外酶的产生,加速土壤有机质分解,进而增加了土壤可利用性氮含量(Williams and de Vries,2020)。这一方面提高了植物的存活率和竞争力,另一方面维持了有助于根际健康的微生物类群和土壤动物类型,使植物和土壤微生物达到了“双赢”。

根际系统十分复杂，尤其是由植物根系分泌物以及根系快速周转驱动了根际物质交换及耦合关系。其核心是：植物对养分的需求与微生物对碳和能源的需求驱动了植物和根际微生物以碳换氮的内在机制，最终形成了以根系过程为主的根际微食物网络关系，维持着根际物质交换及耦合关系。除此之外，在根际还存在植物间、植物与微生物间以及微生物间的复杂信号传递。然而，当前人们对根际方面的研究还存在很多知识空白，需要进一步厘清植物与微生物间的协同进化关系及生态效应，量化根际物质交换及耦合关系的内在联系以及复杂的信号传递。未来研究应重点以碳-氮-水关键过程为主线，从植物-土壤-微生物联动角度，量化根密度、菌根、根际微生物、植物之间相互作用及机制，以及 pH、土壤类型、养分可利用性等非生物因素对植物与根际微生物间养分“权衡”的调控作用，从而揭示土壤有机质累积、分解、周转等生态过程及其调控机制，提升人们对土壤有机质累积动态和稳定性的认知水平。

3.3.6 凋落物分解过程及其影响机制

凋落物分解是生态系统养分循环的重要过程之一。据估计，植物从土壤吸收的 90% 氮和磷、60% 矿质元素都是经过凋落物分解过程来重新参与生态系统的养分再循环（Chapin et al.，2002）。

(1) 凋落物分解研究的进展

凋落物分解是在微生物及各种酶的作用下把复杂的有机化合物转化为简单的盐类分子和易于植物吸收的无机化合物的过程，主要包括淋溶过程、粉碎过程和代谢过程。早在 1876 年，德国学者 E. Ebermayer 在其经典著作《森林凋落物产量及化学组成》中就阐述了凋落物分解在养分循环中的重要性（Ebermayer，1876）。Melin（1930）率先使用 C∶N 来分析北美几种森林凋落物的分解特征，C∶N 后来成为评价凋落物分解的经典参数。在凋落物分解过程研究中，一般采用 Olson（1963）提出的负指数衰减模型来描述凋落物物质残留与分解时间的关系（$M_t/M_0=\mathrm{e}^{-kt}$），方程中 M_t/M_0 为分解 t 时刻凋落物残留率（%），即凋落物在 t 时刻的质量与初始质量的百分比，t 为分解时间，k 为凋落物分解系数，k 值越大表明凋落物的分解速率越快。

目前，凋落物分解研究主要集中在易于观测的地上凋落物部分（Jia et al.，2018）。但必须指出的是，地下凋落物年输入量占总凋落物量很大的比重，如在森林和草地生态系统中分别达到 48% 和 33%（Freschet et al.，2013）。一般而言，根系凋落物分解速率明显低于叶片凋落物（Luo et al.，2017），Sun 等（2018b）对阔叶红松林 35 种木本植物 6 年分解研究表明，大部分叶片被分解（77%左右），而根尖仅分解了 35%左右。不仅如此，根系与地上凋落物的分解环境和调控因素均存在很大差异，将地上凋落物分解规律应用到地下凋落物分解会对生态系统养分循环造成一定的偏差（Jiang et al.，2018）。如 Xia 等（2018）对美国 4 种阔叶林研究发现，氮添加早期促进了树木凋落叶的分解，但晚期对细根分解产生抑制作用。另外，研究表明，不同树种间细根与叶片凋落物分解速率并不相关（Hobbie et al.，2010）。

为更好地模拟自然界凋落物的分解过程，科学家设计了混合凋落物分解实验，通过凋落物单种组分分解速率与质量比例的加权，得到混合凋落物分解速率的期望值，再与实际分解速率相比较,判断凋落物分解过程是加和效应还是混合效应。Wardle 等(1997)对 32 个物种叶凋落物进行了 70 个不同组合分解实验,发现 45 个处理表现出正效应,13 个处理表现出负效应,12 个处理表现出加和效应。凋落物混合后除了对分解速率产生影响,还会对化学元素的释放动态产生影响。如 Gartner 和 Cardon(2004)统计了 123 个混合凋落物分解元素释放实验,76%的研究显示出显著的混合效应;其中,养分转移、土壤动物和抑制性次生化合物均可以影响混合效应(Liu et al.,2020c)。国内凋落物混合效应的研究从 2000 年开始增多,重点是关注混合凋落物物种组成、多样性与分解的相互影响机制。凋落物混合效应研究对于农林复合经营模式、人工造林树种选择、外来入侵物种对本地植物凋落物分解影响评估等方面具有重要参考价值。此外,还应注重长期研究,不同分解阶段表现出来的混合效应可能会有所差异(Hansen and Coleman,1998)。

(2) 分解过程中凋落物化学元素含量与化学计量特征的变化

"底物碳氮化学计量学"假说认为,微生物与分解底物之间存在碳氮化学计量间的差异,微生物的生理约束角度驱动着凋落物分解和养分的释放(Hessen et al.,2004)。碳是构成植物体内干物质的最主要元素,是细胞结构及供能物质的主要成分,氮和磷是构成蛋白质和遗传物质的两种重要组成元素。目前我国在凋落物分解研究中对碳、氮、磷三大元素进行了大量报道,但多集中于凋落物基质质量、化学元素释放动态等方面。

除碳、氮、磷外,其他元素对有机体和生态系统结构与功能也有重要的影响。例如,钾是限制微生物生殖繁衍的主要因素(Ganjegunte et al.,2005);湿地土壤酶活性主要受铁浓度的影响(Wang et al.,2017);锰是合成木质素降解酶的一个关键组分,凋落物分解后期与锰浓度密切相关(Berg et al.,2007);Kaspari 等(2008)对热带森林研究发现,磷添加提高叶凋落物分解速率 30%,而微量元素的添加则提高了 81%,说明除磷之外,另有其他元素可能参与并促进凋落物的分解。微生物分解者的生长和发育有较严格的化学计量要求,可能某种养分有效性的缺乏限制了凋落物分解。目前我国凋落物分解研究中大多聚焦于大量元素,未来应加强微量元素如何影响凋落物分解的机制研究。

(3) 凋落物分解的热点问题

在全球变化背景下,自然或人为驱动的元素输入必将对凋落物分解产生重要影响,进而影响区域或全球的碳平衡。我国有关氮和磷等多因子交互作用对凋落物分解影响的研究正逐渐增多,约占氮沉降全部研究的 22%。值得注意的是,几乎所有凋落物全部分解完所需要的时间为 3~10 年,而现有的凋落物分解试验大部分<2 年;因此,将短期分解试验结论应用于长时间尺度的问题时,需要特别谨慎(Moore et al.,2017)。

增温、降水变化、雪被变化和冻融循环等均是驱动凋落物分解的重要因子。目前我国有关雪被变化、冻融循环的研究 90%以上集中在我国西南部的高山、亚高山生态系统,所得结果具有一定的地域局限性。其中,季节性雪被格局变化在高纬度地区尤为明显(Aerts et al.,2009),应加强高纬度冻土区季节性雪被变化、冻融循环对凋落物分解驱动机制的研究。另外,水分亏缺的干旱半干旱地区,光降解作用是凋落物分解的主要方式。UV-B 辐射和总辐射减弱促使凋落物分解分别降低 33%和 60%(Austin and Vivanco,2006)。我国是世界三大酸雨区之一,应关注特定环境条件下太阳辐射(特别是UV-B辐射)、酸雨等对凋落物分解的影响。

3.3.7 生态系统能量和物质沿营养级传递及其效率

(1) 植物光合作用的能量固定

GPP和NPP是研究生态系统能量流动和物质循环的重要参数。早期研究主要基于站点的测定外推到区域尺度;近年来,随着数据源的丰富和研究方法的改进,特别是遥感技术的快速发展,使NPP大尺度估算得到快速发展。全球陆地生态系统NPP为53.5~61.5 Pg C · a^{-1}(Field et al.,1998;Li et al.,2017),且主要分布在中低纬度地区;海洋生态系统NPP为48.5~52 Pg C · a^{-1}(Field et al.,1998),在两极周围高纬度地区分布最大。

森林是陆地生态系统的主体,其NPP占全球陆地生态系统的50%(Bonan et al.,2008)。截至目前,国内外科研人员从区域、国家(Fang et al.,2003)及全球尺度对森林生态系统初级生产力大小及分布进行了系统报道(Cleveland et al.,2013)。据统计,全球森林NPP为25.9~32.6 Pg C · a^{-1}(Field et al.,1998;Beer et al.,2010;Cleveland et al.,2013);其中,北方森林、温带森林、热带森林的NPP分别约为2.6 Pg C · a^{-1}、8.1 Pg C · a^{-1}和11.5 Pg C · a^{-1}(Beer et al.,2010;Potter et al.,2012)。

(2) 次级生产力及其效率

Brey(1990)在Lindeman基础上概括出广为大众所接受的次级生产力的定义。它通常是指动物通过生长、繁殖而增加的生物量或储存的能量,是衡量生物生产能力的重要指标。虽然我国对次级生产力的研究起步较晚,但发展迅速。目前,关于次级生产力及其效率的研究大都集中于河流、湖泊、海湾等水生生态系统,并重点关注大型底栖动物,研究区域涉及胶州湾(黄海)、深圳湾(南海)、江苏潮间带等多个水域(周福芳等,2012)。近年来,针对特定生境或特定物种的次级生产力估算模型得到迅猛发展。例如,Cusson和Bourget(2005)整合分析了全球海洋大型底栖动物次级生产力,并提出了用于沙滩生境的沙质估算模型;Troost等(2018)验证并修正了用于估算桡足类生物次级生产力的蜕皮速率经验公式;Aguiar等(2015)则利用昆虫、寡毛纲、软体动物、扁形动物等物种的瞬时生长率经验模型估算出各物种的瞬时次级生产力。国内广泛使用Brey经验公式,逐种、逐站、逐类群地计算(贾胜华等,2017)。

(3) 食物链长度假说

食物链概念用于指示能量从初级生产者到顶端捕食者之间的逐级流动,它是多个生态学理论的基础,如能量金字塔、绿色世界理论、营养级联理论等。生态系统中各生物则通过特定的摄食关系构成复杂的食物网结构,是物质转换与能量传递的综合性指数。

目前,共有6个假说被用来阐述食物链长度的决定因素,它们分别是:资源可利用性假说(energy limitation hypothesis)(Hutchinson,1959)、生产力空间假说(productive space hypothesis)(Schoener,1989)、生态系统大小假说(ecosystem size hypothesis)(Schoener,1989)、动态稳定性假说(dynamic stability hypothesis)(Moore et al.,1993)、最适搜食假说

(optimal foraging hypothesis)(MacArthur and Pianka,1966)和设计约束假说(design constraint hypothesis)(Pimm,1982)(表3-1)。Rossiter等(2017)对77个食物网进行整合分析发现,水生生态系统的平均食物链长度显著高于陆地生态系统,且体型大小与是否为恒温动物对食物链长度具有显著影响;而Ward和McCann(2017)发现,生态系统大小是低生产力生态系统食物链长度的最主要驱动因素,而生产力大小则是高生产力生态系统的主要驱动因素。von Prillwitz等(2020)则发现,食物链长度存在中域效应(mid-domain effect),即在生态系统的区域中心达到峰值,并向边界降低。

表3-1 与食物链长度密切相关的假说及其内容

假说	基本内容
资源可利用性假说	资源可利用性假说也称为能量限制假说,由Hutchinson(1959)在Lindeman理论上发展。该假说以热力学第二定律为基础,认为能量在营养级间传递时不断减少,故能量传递效率和可利用资源决定食物链长度
生产力空间假说	生产力空间假说又称能量流假说,是资源可利用性假说的延伸,引入了生态系统大小的因素(Schoener,1989),认为生产力空间与初级生产力共同决定了物种多样性和群落组成,从而决定食物链长度
生态系统大小假说	生态系统大小假说结合理论研究与生产力空间假说而提出(Schoener,1989),认为大的系统能为食物网提供更多资源,还能通过增加物种多样性、栖息地可利用性与异质性、捕食者-猎物相互作用的稳定性,降低消费者杂食性,提高食性专一性程度,形成更丰富的营养多样性以及空间异质性,从而可维持更长的食物链
动态稳定性假说	动态稳定性假说基于Lotka-Volterra模型动态性与稳定性,认为长的食物链对干扰的恢复力相对较差(Moore et al.,1993),由于生态系统始终受到一定强度和频率的干扰,食物链会随着干扰的增加而变短
最适搜食假说	最适搜食假说也称为最优觅食假说。认为个体取食的最佳选择决定食物链长度(MacArthur and Pianka,1966)。随着觅食适应性的增加,食物链长度相对稳定,甚至会随着资源可用性的增加而变短;而非适应性的对应食物链长会随着资源可用性的增加而增加;在物种丰富度较高或潜在链长较大的情况下,最大链长随资源可利用性的增加而快速变短
设计约束假说	设计约束假说(Pimm,1982)认为,食物链长度受到捕食者需求大于猎物的约束。在大小结构一定的食物链中,捕食者-猎物体型比例的降低会使食物链长度增加,或初级生产者和顶级捕食者之间的级数会增加

(4) 典型生态系统能流分析

Ovington(1962)和Gosz等(1978)先后对人工经营和自然状态下的森林生态系统能流状况进行分析,结果都表明森林生态系统所固定的能量中,大部分沿着腐食食物链进行流动,而沿牧食食物链流动的能量微乎其微。随着涡度相关技术的发展,能流分析又成了研究热点。谭正洪等(2015)利用亚洲东部17个森林站点的实测数据发现,亚热带森林能量交换明显高于温带森林和热带森林;日照时长、割草活动、云和降水扰动等均会对能量平衡产生一定的影响。此外，针对能量平衡不闭合现象，学者发现，土壤-植被-大气的能量储存未充分计入是造成能量平衡不闭合的主要因素之一(Yang et al.,2008;Gerken et al.,2018)。我国关于森林生态系统能量流动的研究起步较晚，且偏重森林能量平衡方面。例如，20世纪80年代开始对北方针叶林、油松林、常绿阔叶林、天然次生林等不同林型能量平衡进行了较为系统的研究(肖文发等,1992)。近几年，涡度相关技术在探讨我国森林生态系统能量平衡中的应用逐渐增多，并发展为该领域主流的研究手段(Ma et al.,2017)。对于草原生态系统，虽然国际上对其能量流动的报道较少，但我国在这方面的研究却相对较多，研究区域大多集中于东北和内蒙古草原(祖元刚,1987;马克平,1995)。

对于水生生态系统能流，自Lindeman于1942发表能流分析研究后，便有大批学者在此基础上进行深入研究。如Odum(1957)对美国佛罗里达州的银泉进行了能流分析，首次将分解者考虑进能量的流向中；Tilly(1968)则对一个泉水生态系统(锥泉)进行了能流分析，是异养生态系统的经典研究。在对水生生态系统进行能流分析的方法中，稳定同位素比值分析法在近年来被国内外广泛应用：$\delta^{13}C$可以用来判断食物网中不同生物的能量来源、$\delta^{15}N$则用于确定生物在食物网中所处的营养级位置(Jun et al.,2010)。Guzzo等(2011)通过分析美国伊利湖初级生产者碳、氮稳定同位素的时空变化，研究了湖泊环境时空异质性对生物营养级变动的影响。

以R. L. Lindeman理论为基础，并结合Odum(1969)的研究结果，国际水生资源管理中心和加拿大哥伦比亚大学渔业中心，推出了水生生态系统模拟工具——EwE工具(Atkinson and Grigg,1984)，该工具逐渐成为研究水生生态系统能量流动的主流分析工具。利用EwE工具能较清楚地反映能量在食物网中流动和生物量的产生过程及结果，并能探究渔业、环境干扰等对水生生态系统的影响(Vega-Cendejas et al.,2001)。Pauly等(1998)根据已发布的60多个Ecopath模型进行重新计算发现，全球捕捞营养级由1950年的3.3下降到了1990年的3.1，表明当前全球渔业资源开发模式的不可持续性，并探讨其变化原因。我国EwE工具的应用主要集中于南海、东海等部分海域，长江流域及其周边湖泊地区，如长江口、滆湖、太湖、巢湖(张效嘉和线薇微,2016)。

虽然生态系统能量沿食物链传递及其效率研究已经取得了重要进展，但在三个方面仍需加强：① 植物初级生产和消费者次级生产能量的准确估算存在极大的不确定性，使用不同的模型可能会降低不同研究间的可比性，未来亟须完善模型使用规范来降低此方面的不确定性；② 影响生态系统食物链长度的因素尚需探索。以往研究结果多来自模型或微宇宙实验而非真正的生态系统，相关结论仍具有一定的局限性；③ 生态系统能量流动分析的总体研究十分缺乏，尤其是关于灌丛、荒漠、极地的研究相对较少。

3.4 前沿方向及优先领域

生态系统物质循环与能量流动的研究历史悠久，研究领域也在快速拓展。未来研究应更注重系统性和多要素耦合，同时也应对特殊生态系统加以重视。具体优先领域如下。

3.4.1 生态系统物质循环与生态化学计量学

以典型生态系统为对象，首先精细化定量揭示生态系统不同组分的 C、N、P 储量与流量，然后基于生态化学计量学的基本理论阐释不同尺度（器官-物种-群落-生态系统）C、N、P 变异规律及机制；在此基础上，通过联网式研究探讨生态系统 C、N、P 变异规律的区域差异及影响因素，为实现生态化学计量学与生态系统物质循环的有机联系提供新视角和开拓新研究领域。虽然生态化学计量学已从化学计量内稳性较高的水生生态系统扩展到异质性更大的陆地生态系统，并被逐步应用于生物个体营养动态、养分利用效率、限制性元素的判断、寄主-病原关系、生物共生关系、种群或群落动态、消费者驱动的养分循环、生态系统演替与衰退及全球 C、N、P 生物地球化学、资源竞争理论等领域，成为解决或预测生态系统物质循环的重要研究手段，但目前实证型研究并不多见。

在具体研究过程中，首先应更加精细化地揭示生态系统不同组分的 C、N、P 储量及化学计量特征（库），再结合物质流动的关键过程或界面（流）深入研究并探究其调控机制（图 3-11）。在冠层性状调控机制中，应系统调查生态系统叶冠层结构特征（如叶片形态性状、解剖性状、气孔性状、非结构性碳、叶绿素含量等），同时结合塔吊和无人机配套测定叶片光谱特征、群落冠层光谱特征，通量观测塔测定生态系统碳水交换通量，探讨植物冠层性状对生产力的影响途径和调控机制。多器官如何单独或协同地控制冠层的物质循环？群落尺度性状与功能的定量关系？在根系性状调控机制中，应加强探讨群落或生态系统水平的根系性状与生产力或物质循环间的联系与调控机制。近期发展的植物群落性状概念体系，为深入揭示植物叶冠层和根系冠层性状对生态系统物质循环调控机制提供了新思路（He et al.,2019b）。在自然取食和去除大型动物取食状况下，揭示生态系统各组分 C∶N∶P 化学

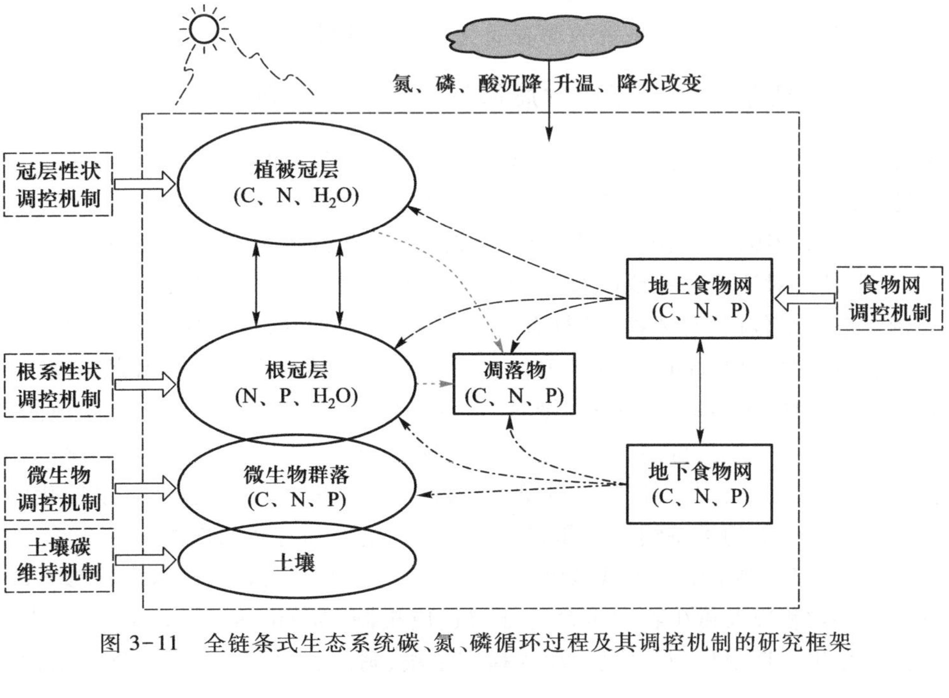

图 3-11 全链条式生态系统碳、氮、磷循环过程及其调控机制的研究框架

计量特征的内稳性，整合生态化学计量理论与代谢理论，解译生态系统生产力的形成机制。在凋落物及微生物调控机制中，可以通过自然取食和去除大型动物取食的对比研究，分析上行-下行效应如何通过改变食物网结构影响凋落物分解过程，厘清凋落物性状如何影响凋落物分解过程和生态系统生产力。可以通过野外连续采样和室内模拟控制实验，解析微生物对生态系统碳、氮周转的调控机制。

3.4.2 生态系统碳、氮、水耦合及其调控机制

目前我国已初步建立了陆地生态系统联网观测、联网实验和科学数据-模型工作平台，积累了大量定位观测的碳、氮、水通量数据。在此基础上，比较全面和深入揭示了我国主要生态系统的结构、功能及动态特征，从而推动了生态系统碳、氮、水循环研究向三者耦合研究的转变。结合国际研究前沿与国家重大需求，还应关注如下两个重要科学问题。

（1）陆地生态系统响应全球变化的关键碳、氮、水耦合过程与机理。陆地生态系统观测与实验是认识碳、氮、水耦合过程与机制的基础。生态系统观测应以现有的我国生态系统研究网络为核心，制定“天-空-地表-地下”一体化生态系统观测标准，采集跨尺度、多维度、多要素、多过程的生态系统变化精准数据。组建不同生态系统塔群式联网观测系统，协同开展碳、氮、水耦合关键机制实验，探索生态系统响应气候变化的普适性规律、区域差异及尺度效应。

（2）宏系统（macrosystem）模式下多种生态系统的碳、氮、水耦合调控机制研究。提出生态系统碳、水、能量和营养元素循环耦合的定量模拟方法，加强生态系统关键过程与地表过程的耦合，发展能描述生态系统结构和功能变化的综合动态模型。在地球系统模型框架下加强陆地生态系统模型与气候系统模式的耦合，综合考虑对全球尺度有重要影响的因素（气温升高、CO_2浓度富集、对流层臭氧浓度上升、氮素输入、土地利用/覆盖变化）和区域/局地尺度重要影响的因素（植物、动物、微生物、人为干预），模拟限制因子的生态影响及其对地球系统功能的影响，预测生态系统的动态变化趋势及其对气候变化的作用。

3.4.3 特殊或敏感生态系统物质循环及其调控机制

当前针对典型生态系统物质循环及其对全球变化响应方面已经开展了大量工作，但对特殊或敏感生态系统，如高纬度或高寒生态系统、潮间带生态系统、极地生态系统的研究相对匮乏（Kou et al.，2010）。碳循环是物质循环方面的研究热点，而针对氮循环和磷循环的研究相对较少，尤其是对这些特殊地区 C、N、P 耦合循环研究的报道更是极少。

潮间带生态系统（红树林或盐沼）具有高的植被生产力和碳沉积速度，是单位面积碳固持最高的生态系统之一（Donato et al.，2011）。影响其碳循环的主要环境因素是潮汐、温度、盐度、水位变化等（Osland et al.，2018），围垦、富营养化、放牧可能削弱潮间带湿地的碳汇功能，而气温升高、海平面上升可能会增加其碳汇功能的脆弱性（Valiela et al.，2018）。未来研究需要更好地理解不同类型、不同地域的潮间带湿地碳循环与人为干扰和气候变化的关系，为潮间带湿地碳汇功能的可持续管理和利用提供更加精准和有效的依据。

目前，极地研究主要集中在土壤微生物多样性、微生物的生命特征、微生物参与冰盖/冰川地球化学循环过程以及微生物的生命特征与适应机制（Musilova et al.，2015）。未来需要加强青藏高原冰川长期定位观测实验，深入探究土壤、湖泊和大气微生物的群落结构、功能、

多样性及空间分布,充分理解极地环境不同介质中微生物的群落结构、功能及其与环境因子的相互作用机制。

经 典 文 献

文献	主要发现
Melin E. 1930. Biological decomposition of some types of litter from North American forests. Ecology, 11: 72-101.	首次使用碳氮比来分析北美几种森林植物凋落物的分解特征,碳氮比成为评价凋落物分解的经典指标
Lindeman RL. 1942. The trophic-dynamic aspect of ecology. Ecology, 23: 399-417.	首次在生态系统层面上进行了能量流动分析,并提出了生态效率(即林德曼效率)等多项能流分析指标
Odum HT. 1957. Trophic structure and productivity of Silver Springs, Florida. Ecological Monographs, 27: 55-112.	首次对生态系统营养级结构及能量流动进行分析,并将有机体划分为生产者、消费者、分解者等营养级
Ovington JD. 1962. Quantitative ecology and the woodland ecosystem concept. Advances in Ecological Research, 1: 103-192.	较早、较详细地研究了人工林内能量流动过程
Odum EP. 1969. The strategy of ecosystem development. Science, 164: 262-270.	较早地提出生态系统演替理论,定义了生态系统的主要演替阶段
Fogel R, Cromack JK. 1977. Effect of habitat and substrate quality on Douglas fir litter decomposition in western Oregon. Canadian Journal of Botany, 55: 1632-1640.	提出氮和木质素是影响凋落物分解速率的重要因素,两者交互调控作用至今仍是相关研究的重点
Post WM, Pastor J, Zinke PJ, et al. 1985. Global patterns of soil-nitrogen storage. Nature, 317: 613-616.	采用多源数据集成途径,初步构建了第一个全球氮循环的库-流模式
Cohen JE, Newman CM. 1991. Community area and food-chain length: Theoretical predictions. American Naturalist, 138: 1542-1554.	系统地在113个群落中对食物链长度假说进行了验证,从不同维度分析了影响假说的主要因子
McGuire AD, Melillo JM, Joyce LA, et al. 1992. Interactions between carbon and nitrogen dynamics in estimating net primary productivity for potential vegetation in North America. Global Biogeochemical Cycles, 6: 101-124.	率先揭示碳-氮耦合对生态系统的影响,提出生态系统碳-氮循环的生物地球化学模型
Schimel DS, Braswell BH, Parton WJ. 1997. Equilibration of the terrestrial water, nitrogen, and carbon cycles. PNAS, 94: 8280-8283.	提出稳态下生态系统水、氮、碳循环相对平衡观点,强调了生态系统演变研究应重视碳-氮-水耦合过程与机制

续表

文献	主要发现
Vitousek PM, Mooney HA, Lubchenco J, et al. 1997. Human domination of Earth's ecosystems. Science, 277:494-499.	基于Century模型构建凋落物分解模型，把植物残体分为代谢物质和结构物质
Field CB, Behrenfeld MJ, Randerson JT, et al. 1998. Primary production of the biosphere: Integrating terrestrial and oceanic components. Science, 281: 237-239.	较系统地整合了陆地和海洋净初级生产力的分布区域
Kuzyakov Y, Friedel JK, Stahr K. 2000. Review of mechanisms and quantification of priming effects. Soil Biology and Biochemistry, 32:1485-1498.	评述了土壤根际微生物与土壤交互作用及其机制，提出了激发效应的概念和研究框架
Luo Y, Wan S, Hui D, et al. 2001. Acclimatization of soil respiration to warming in a tall grass prairie. Nature, 413:622-625.	发现土壤呼吸对增温具有适应性，减弱了增温-土壤呼吸-大气 CO_2 浓度的正反馈效应
Hetherington AM, Woodward FI. 2003. The role of stomata in sensing and driving environmental change. Nature, 424:901-908.	系统评述了气孔对植物光合作用与蒸腾作用的影响，强调了气孔在调控植物对局域与全球环境变化的重要作用
Farquhar GD, Ehleringer JR, Hubick KT. 1989. Carbon isotope discrimination and photosynthesis. Annual Review of Plant Biology, 40:503-537.	从植物生理和酶活性角度阐释了光合作用过程中碳同位素分馏的理论基础
Huxman TE, Snyder KA, Tissue D, et al. 2004. Precipitation pulses and carbon fluxes in semiarid and arid ecosystems. Oecologia, 141:254-268.	系统阐述了干旱生态系统的土壤呼吸对降水脉冲的响应过程、碳源/汇转变及生态学意义

热 点 文 献

文献	主要发现
Brey T. 1990. Estimating productivity of macrobenthic invertebrates from biomass and mean individual weight. Archive of Fishery and Marine Research, 32:329-343.	提出了广泛用于估算次级生产力的Brey公式，是次级生产力估算方法的基础
Elser JJ, Sterner RW, Gorokhova E, et al. 2000. Biological stoichiometry from genes to ecosystems. Ecology Letters, 3:540-550.	率先将生物化学计量与生物进化建立联系，并提出生物C∶N∶P化学计量与生物体生长速率密切联系的观点

续表

文献	主要发现
Baldocchi DD, Falge E, Gu L, et al. 2001. FLUXNET: A new tool to study the temporal and spatial variability of ecosystem-scale carbon dioxide, water vapor and energy flux densities. Bulletin of the American Meteorological Society, 82: 2415-2434.	建立了全球生态系统观测网络，为分析生态系统碳、氮、水耦合循环提供了数据基础
Fang JY, Chen AP, Peng CH, et al. 2001. Changes in forest biomass carbon storage in China between 1949 and 1998. Science, 292: 2320-2322.	系统估算了我国森林植被碳库的变化动态，指出森林经营管理有助于抵消工业 CO_2 排放
Hetherington AM, Woodward FI. 2003. The role of stomata in sensing and driving environmental change. Nature, 424: 901-908.	系统评述了气孔对植物光合作用与蒸腾作用的影响，强调了气孔在调控植物对局域与全球环境变化适应中的作用
Luo YQ, Hui DF, Zhang DQ. 2006. Elevated CO_2 stimulates net accumulations of carbon and nitrogen in land ecosystems: A meta-analysis. Ecology, 87: 53-63.	率先集成分析了 CO_2 富集对陆地生态系统碳、氮净累积的影响，发现 CO_2 富集增加植物和土壤碳、氮含量
Galloway JN, Townsend AR, Erisman JW, et al. 2008. Transformation of the nitrogen cycle: Recent trends, questions and potential solutions. Science, 320: 889-892.	系统分析了全球氮循环变化趋势及可能的影响，并绘制了全球大气氮沉降分布图
Piao SL, Fang JY, Ciais P, et al. 2009. The carbon balance of terrestrial ecosystems in China. Nature, 458: 1009-1012.	通过多种方法评估了我国陆地生态系统碳收支过程及驱动机制
Cheng W. 2009. Rhizosphere priming effect: Its functional relationships with microbial turnover, evapotranspiration, and C-N budgets. Soil Biology and Biochemistry, 41: 1795-1801.	发现根际分泌物增加了土壤微生物的周转速率，且根际激发效应会加速土壤有机质分解
Wan SQ, Xia JY, Liu WX, et al. 2009. Photosynthetic overcompensation under nocturnal warming enhances grassland carbon sequestration. Ecology, 90: 2700-2710.	发现非对称增温导致温带典型草原从微弱碳源转变为碳汇，负反馈于全球变暖
Beer C, Reichstein M, Tomelleri E, et al. 2010. Terrestrial gross carbon dioxide uptake: Global distribution and covariation with climate. Science, 329: 834-838.	结合通量数据和各种模型估算了全球陆地总初级生产力

续表

文献	主要发现
Sabo JL, Finlay JC, Post DM. 2010. Food chains in freshwaters. Annals of the New York Academy of Sciences, 1162: 187-220.	综合分析了31个在淡水生态系统关于食物链长度的研究结果，较系统地讨论了影响食物链长度的因素
Wu ZT, Dijkstra P, Koch GW, et al. 2011. Responses of terrestrial ecosystems to temperature and precipitation change: A meta-analysis of experimental manipulation. Global Change Biology, 17: 927-942.	集成分析了增温和降水变化交互作用对生态系统生产力和碳、氮过程的影响，两者效应相反
Reichstein M, Bahn M, Mahecha MD, et al. 2014. Linking plant and ecosystem functional biogeography. PNAS, 111: 13697-13702.	提出将性状纳入分析，将有助于揭示生态系统功能在生物地理尺度上的变化机制
Houghton RA, Skole DL. 2000. Annual fluxes of carbon from deforestation and regwowth in the Brazilian Amazon. Nature, 403: 301-304.	发现亚洲的亚热带森林生态系统在全球碳循环及碳汇功能中的重要作用
Elser JJ, Fagan WF, Denno RF, et al. 2000. Nutritional constraints in terrestrial and freshwater food webs. Nature, 408, 578-580.	引入化学计量比，探讨生态系统生产力和食物网
Tian HQ, Lu CQ, Ciais P, et al. 2016. The terrestrial biosphere as a net source of greenhouse gases to the atmosphere. Nature, 531: 225-228.	测算了人类活动引起的全球净温室气体排放，并提出减缓对策
Bonan GB, Doney SC. 2018. Climate, ecosystems, and planetary futures: The challenge to predict life in Earth system models. Science, 359: eaam8328.	指出地球系统中碳、氮、水循环耦合的必要性及主要挑战
He NP, Liu CC, Piao SL, et al. 2019. Ecosystem traits linking functional traits to macroecology. Trends in Ecology and Evolution, 34: 200-210.	发展了基于单位土地面积的群落性状和生态系统性状，为传统性状和宏观生态研究构建了新的桥梁
Gartner TB, Cardon ZG. 2004. Decomposition dynamics in mixed species leaf litter. Oikos, 104: 230-246.	发现高养分元素含量凋落物会为低养分含量凋落物有机体提供养分，促进凋落物分解

参考文献

方华军，程淑兰，于贵瑞，等. 2014. 大气氮沉降对森林土壤甲烷吸收和氧化亚氮排放的影响及其微生物学机制. 生态学报，34: 4799-4806.

方华军，耿静，程淑兰，等. 2019. 氮磷富集对森林土壤碳截存的影响研究进展. 土壤学报，56: 1-11.

贾胜华，寿鹿，廖一波，等. 2017. 海洋大型底栖动物群落次级生产力估算模型研究进展及应用评价. 海洋通报，36: 370-378.

马克平. 1995. 小叶章草地生态系统结构与功能的研究:Ⅳ. 能量的固定和分配. 生态学报,15:23-31.

谭正洪,于贵瑞,周国逸,等. 2015. 亚洲东部森林的小气候特征:1. 辐射和能量的平衡. 植物生态学报,39:541-553.

肖文发. 1992. 油松林的能量平衡. 生态学报,12:16-24.

于贵瑞,王秋凤,方华军. 2014. 陆地生态系统碳-氮-水耦合循环的基本科学问题、理论框架与研究方法. 第四纪研究,34:683-697.

张效嘉,线薇微. 2016. 1985—1986 年长江口生态系统能流网络分析. 海洋科学,40:60-72.

周福芳,史秀华,邱国玉,等. 2012. 深圳湾不同生境湿地大型底栖动物次级生产力的比较研究. 生态学报,32:6511-6519.

祖元刚,祝廷成. 1987. 羊草种群的能量流动及其稳定性分析. 植物学报,29:95-103.

Aerts R, Callaghan TV, Dorrepaal E, et al. 2009. Seasonal climate manipulations result in species-specific changes in leaf nutrient levels and isotopic composition in a subarctic bog. Functional Ecology, 23:680-688.

Aguiar AF, Gücker B, Brauns M, et al. 2015. Benthic invertebrate density, biomass, and instantaneous secondary production along a fifth-order human-impacted tropical river. Environmental Science and Pollution Research, 22:9864-9876.

Alden CB, Miller JB, Gatti LV, et al. 2016. Regional atmospheric CO_2 inversion reveals seasonal and geographic differences in Amazon net biome exchange. Global Change Biology, 22:3427-3443.

Arheimer B, Brandt M. 2000. Watershed modelling of non-point nitrogen pollution from arable land to the Swedish coast in 1985 and 1994. Ecological Engineering, 14:389-404.

Atkinson MJ, Grigg RW. 1984. Model of a coral reef ecosystem. Coral Reefs, 3:13-22.

Augustine DJ, McNaughton SJ. 2004. Temporal asynchrony in soil nutrient dynamics and plant production in a semiarid ecosystem. Ecosystems, 7:829-840.

Austin AT, Vivanco L. 2006. Plant litter decomposition in a semi-arid ecosystem controlled by photodegradation. Nature, 442:555-558.

Bai E, Li S, Xu W, et al. 2013. A meta-analysis of experimental warming effects on terrestrial nitrogen pools and dynamics. New Phytologist, 199:441-451.

Batjes NH. 1996. Total carbon and nitrogen in the soils of the world. European Journal of Soil Science, 47:151-163.

Beer C, Reichstein M, Tomelleri E, et al. 2010. Terrestrial gross carbon dioxide uptake: Global distribution and covariation with climate. Science, 329:834-838.

Bencala KE, Walters RA. 1983. Simulation of solute transport in a mountain pool-and-riffle stream: A transient storage model. Water Resources Research, 19:718-724.

Berg B, Steffen KT, McClaugherty C. 2007. Litter decomposition rate is dependent on litter Mn concentrations. Biogeochemistry, 82:29-39.

Bhattacharya BK, Mallick K, Nigam R, et al. 2011. Efficiency based wheat yield prediction in a semi-arid climate using surface energy budgeting with satellite observations. Agricultural and Forest Meteorology, 151:1394-1408.

Bicknell BR, Imhoff JC, Kittle JL. 1993. Hydrologic Simulation Program-FORTRAN (HSPF): User's Manual for Release 10. Report, No. EPA/600/R-93/174.

Biederman JA, Scott RL, Arnone JA, et al. 2018. Shrubland carbon sink depends upon winter water availability in the warm deserts of North America. Agricultural and Forest Meteorology, 249:407-419.

Blagodatskaya E, Kuzyakov Y. 2008. Mechanisms of real and apparent priming effects and their dependence on soil microbial biomass and community structure: Critical review. Biology and Fertility of Soils, 45:115-131.

Bonan GB. 2008. Forests and climate change: Forcings, feedbacks, and the climate benefits of forests. Science, 320:

1444-1449.

Borken W, Davidson EA, Savage K, et al. 2006. Effect of summer throughfall exclusion, summer drought, and winter snow cover on methane fluxes in a temperate forest soil. Soil Biology and Biochemistry, 38: 1388-1395.

Bouraoui F, Dillaha TA. 2014. ANSWERS-2000: Runoff and sediment transport model. Journal of Environmental Engineering, 122: 493-502.

Bouwman AF, Bierkens MFP, Griffioen J, et al. 2013. Nutrient dynamics, transfer and retention along the aquatic continuum from land to ocean: Towards integration of ecological and biogeochemical models. Biogeosciences, 10: 1-23.

Brey T. 1990. Estimating productivity of macrobenthic invertebrates from biomass and mean individual weight. Archive of Fishery and Marine Research, 32: 329-343.

Brundrett MC. 2009. Mycorrhizal associations and other means of nutrition of vascular plants: Understanding the global diversity of host plants by resolving conflicting information and developing reliable means of diagnosis. Plant and Soil, 320: 37-77.

Burns RG, DeForest JL, Marxsen J, et al. 2013. Soil enzymes in a changing environment: Current knowledge and future directions. Soil Biology and Biochemistry, 58: 216-234.

Butterbach-Bahl K, Breuer L, Gasche R, et al. 2002. Exchange of trace gases between soils and the atmosphere in Scots pine forest ecosystems of the northeastern German lowlands: 1. Fluxes of N_2O, NO/NO_2 and CH_4 at forest sites with different N-deposition. Forest Ecology and Management, 167: 123-134.

Cao M, Woodward F. 1998. Net primary and ecosystem production and carbon stocks of terrestrial ecosystems and their responses to climate change. Global Change Biology, 4: 185-198.

Carrara JE, Walter CA, Hawkins JS, et al. 2018. Interactions among plants, bacteria, and fungi reduce extracellular enzyme activities under long-term N fertilization. Global Change Biology, 24: 2721-2734.

Carter MS, Ambus P, Albert KR, et al. 2011. Effects of elevated atmospheric CO_2, prolonged summer drought and temperature increase on N_2O and CH_4 fluxes in a temperate heathland. Soil Biology and Biochemistry, 43: 1660-1670.

Chapin FS Ⅲ, Matson PA, Mooney HA. 2002. Principles of Terrestrial Ecosystem Ecology. New York: Springer Verlag.

Chapin FS Ⅲ, Matson PA, Vitousek P. 2011. Principles of Terrestrial Ecosystem Ecology. 2nd ed. New York: Springer Science & Business Media.

Chapin FS Ⅲ, Woodwell GM, Randerson JT, et al. 2006. Reconciling carbon-cycle concepts, terminology, and methods. Ecosystem, 9: 1041-1050.

Chen H, Peng CH, Wu N, et al. 2013. The impacts of climate change and human activities on biogeochemical cycles on the Qinghai-Tibetan Plateau. Global Change Biology, 19: 2940-2955.

Chen W, Zheng X, Chen Q, et al. 2013. Effects of increasing precipitation and nitrogen deposition on CH_4 and N_2O fluxes and ecosystem respiration in a degraded steppe in Inner Mongolia, China. Geoderma, 192: 335-340.

Cheng W, Parton WJ, Gonzalez-Meler MA, et al. 2014. Synthesis and modeling perspectives of rhizosphere priming. New Phytologist, 201: 31-44.

Cheng W. 2009. Rhizosphere priming effect: Its functional relationships with microbial turnover, evapotranspiration, and C-N budgets. Soil Biology and Biochemistry, 41: 1795-1801.

Cleveland CC, Houlton BZ, Smith WK, et al. 2013. Patterns of new versus recycled primary production in the terrestrial biosphere. PNAS, 110: 12733-12737.

Cohen JE, Newman CM. 1991. Community area and food-chain length: Theoretical predictions. American Naturalist,

138:1542-1554.

Compant S,Clément C,Sessitsch A. 2010. Plant growth-promoting bacteria in the rhizo- and endosphere of plants: Their role,colonization,mechanisms involved and prospects for utilization. Soil Biology and Biochemistry,42: 669-678.

Cross WF, Benstead JP, Frost PC, et al. 2005. Ecological stoichiometry in freshwater benthic systems: Recent progress and perspectives. Freshwater Biology,50:1895-1912.

Crotty FV,Adl SM. 2019. Competition and predation in soil fungivorous microarthropods using stable isotope ratio mass spectrometry. Frontiers in Microbiology,10:1274.

Cusson M,Bourget E. 2005. Global patterns of macroinvertebrate production in marine benthic habitats. Marine Ecology Progress,297:1-14.

Davidson EA,Ishida FY,Nepstad DC. 2004. Effects of an experimental drought on soil emissions of carbon dioxide, methane,nitrous oxide,and nitric oxide in a moist tropical forest. Global Change Biology,10:718-730.

Delwiche CC. 1970. The nitrogen cycle. Scientific American,223:137-146.

Di Toro DM,Fitzpatrick JJ,Thomann RV. 1983. Water Quality Analysis Simulation Program(WASP) and Model Verification Program(MVP)-Documentation. New York:Hydroscience,Inc.

Dickson RE. 1989. Carbon and nitrogen allocation in trees. Annales Des Sciences Forestieres,46:631-647.

Dijkstra FA, Carrillo Y, Pendall E, et al. 2013. Rhizosphere priming: A nutrient perspective. Frontiers in microbiology,4:216.

Dijkstra FA,Pendall E,Mosier AR,et al. 2008. Long-term enhancement of N availability and plant growth under elevated CO_2 in a semi-arid grassland. Functional Ecology,22:975-982.

Dijkstra FA,Prior SA,Runion GB,et al. 2012. Effects of elevated carbon dioxide and increased temperature on methane and nitrous oxide fluxes:Evidence from field experiments. Frontiers in Ecology and the Environment, 10:520-527.

Donato DC,Kauffman JB,Murdiyarso D,et al. 2011. Mangroves among the most carbon-rich forests in the tropics. Nature Geoscience,4:293-297.

Ebermayer E. 1876. Die Gesammte Lehre der Waldstreu mit Rucksicht auf die Chemische Statik des Waldbaues. Berlin:Julius Springer.

Elser JJ,Sterner RW,Gorokhova E,et al. 2000. Biological stoichiometry from genes to ecosystems. Ecology Letters, 3:540-550.

Emerson JB,Roux S,Brum JR,et al. 2018. Host-linked soil viral ecology along a permafrost thaw gradient. Nature Microbiology,3:870.

Fang JY,Piao S,Field CB,et al. 2003. Increasing net primary production in China from 1982 to 1999. Frontiers in Ecology and the Environment,1:293-297.

Fang JY,Chen AP,Peng CH,et al. 2001. Changes in forest biomass carbon storage in China between 1949 and 1998. Science,292:2320-2322.

Farquhar GD,Ehleringer JR,Hubick KT. 1989. Carbon isotope discrimination and photosynthesis. Annual Review of Plant Biology,40:503-537.

Fatichi S, Ivanov VY. 2014. Interannual variability of evapotranspiration and vegetation productivity. Water Resources Research,50:3275-3294.

Field CB,Behrenfeld MJ,Randerson JT,et al. 1998. Primary production of the biosphere:Integrating terrestrial and oceanic components. Science,281:237-239.

Fisher SG, Sponseller RA, Heffernan JB. 2004. Horizons in stream biogeochemistry: Flow paths to progress.

Ecology, 85:2369-2379.

Fogel R, Cromack JK. 1977. Effect of habitat and substrate quality on Douglas fir litter decomposition in western Oregon. Canadian Journal of Botany, 55:1632-1640.

Frank DC, Poulter B, Saurer M, et al. 2015. Water-use efficiency and transpiration across European forests during the Anthropocene. Nature Climate Change, 5:579-586.

Freschet GT, Cornwell WK, Wardle DA, et al. 2013. Linking litter decomposition of above- and below-ground organs to plant-soil feedbacks worldwide. Journal of Ecology, 101:943-952.

Friedlingstein P, O' Sullivan M, Jones MW, et al. 2020. Global carbon budget 2020. Earth System Science Data, 12: 3269-3340.

Galloway JN, Townsend AR, Erisman JW, et al. 2008. Transformation of the nitrogen cycle: Recent trends, questions and potential solutions. Science, 320:889-892.

Ganjegunte GK, Condron LM, Clinton PW, et al. 2005. Effects of mixing radiata pine needles and understory litters on decomposition and nutrients release. Biology and Fertility of Soils, 41:310-319.

Gao Y, Yu GR, He NP. 2013. Equilibration of the terrestrial water, nitrogen, and carbon cycles: Advocating a health threshold for carbon storage. Ecological Engineering, 57:366-374.

Gao Y, Zhu B, Yu GR, et al. 2014. Coupled effects of biogeochemical and hydrological processes on C, N, and P export during extreme rainfall events in a purple soil watershed in southwestern China. Journal of Hydrology, 511:692-702.

Gartner TB, Cardon ZG. 2004. Decomposition dynamics in mixed species leaf litter. Oikos, 104:230-246.

Gerken T, Ruddell BL, Fuentes JD, et al. 2018. Investigating the mechanisms responsible for the lack of surface energy balance closure in a central amazonian tropical rainforest. Agricultural and Forest Meteorology, 255:92-103.

Gosz JR, Holmes RT, Likens GE, et al. 1978. The flow of energy in a forest ecosystem. Scientific American, 238:92-102.

Gounand I, Little CJ, Harvey E, et al. 2018. Cross-ecosystem carbon flows connecting ecosystems worldwide. Nature Communications, 9:4825.

Govindarajulu M, Pfeffer PE, Jin H, et al. 2005. Nitrogen transfer in the arbuscular mycorrhizal symbiosis. Nature, 435:819.

Griffiths BS. 1994. Microbial-feeding nematodes and protozoa in soil: Their effects on microbial activity and nitrogen mineralization in decomposition hotspots and the rhizosphere. Plant and Soil, 164:25-33.

Guzzo MM, Haffner GD, Sorge S, et al. 2011. Spatial and temporal variabilities of $\delta^{13}C$ and $\delta^{15}N$ within lower trophic levels of a large lake: Implications for estimating trophic relationships of consumers. Hydrobiologia, 675:41-53.

Halliday SJ, Wade AJ, Skeffington RA, et al. 2012. An analysis of long-term trends, seasonality and short-term dynamics in water quality data from Plynlimon, Wales. Science of the Total Environment, 434:186-200.

Hamrick JM. 1992. A three-dimensional environmental fluid dynamics computer code: Theoretical and computational aspects. The College of William and Mary, Virginia Institute of Marine Science, Special Report, 317.

Han WX, Fang JY, Guo DL, et al. 2005. Leaf nitrogen and phosphorus stoichiometry across 753 terrestrial plant species in China. New Phytologist, 168:377-385.

Han WX, Fang JY, Reich PB, et al. 2011. Biogeography and variability of eleven mineral elements in plant leaves across gradients of climate, soil and plant functional type in China. Ecology Letters, 14:788-796.

Hansen RA, Coleman DC. 1998. Litter complexity and composition are determinants of the diversity and species composition of oribatid mites(Acari:Oribatida) in litterbags. Applied Soil Ecology,9:17-23.

He HL,Wang SQ,Zhang L,et al. 2019a. Altered trends in carbon uptake in China's terrestrial ecosystems under the enhanced summer monsoon and warming hiatus. National Science Review,6:505-514.

He NP,Li Y,Liu CC,et al. 2020. Plant trait networks:Improved resolution of the dimensionality of adaptation. Trends in Ecology and Evolution,35:908-918.

He NP,Liu CC,Piao SL,et al. 2019b. Ecosystem traits linking functional traits to macroecology. Trends in Ecology and Evolution,34:200-211.

He NP,Wen D,Zhu JX,et al. 2017. Vegetation carbon sequestration in Chinese forests from 2010 to 2050. Global Change Biology,23:1575-1584.

He SY,Richards K. 2016. Stable isotopes in monsoon precipitation and water vapour in Nagqu,Tibet,and their implications for monsoon moisture. Journal of Hydrology,540:615-622.

Hessen DO,Agren GI,Anderson TR,et al. 2004. Carbon sequestration in ecosystems:The role of stoichiometry. Ecology,85:1179-1192.

Hetherington AM,Woodward FI. 2003. The role of stomata in sensing and driving environmental change. Nature, 424:901-908.

Hobbie SE,Oleksyn J,Eissenstat DM,et al. 2010. Fine root decomposition rates do not mirror those of leaf litter among temperate tree species. Oecologia,162:505-513.

Hodge A,Campbell CD,Fitter AH. 2001. An arbuscular mycorrhizal fungus accelerates decomposition and acquires nitrogen directly from organic material. Nature,413:297.

Hoffland E,Kuyper TW,Comans RN,et al. 2020. Eco-functionality of organic matter in soils. Plant and Soil,455:1-22.

Hogg EH,Black TA,den Hartog G,et al. 1997. A comparison of sap flow and eddy fluxes of water vapor from a boreal deciduous forest. Journal of Geophysical Research-Atmospheres,102:28929-28937.

Hu YJ,Xia YH,Sun Q,et al. 2018. Effects of long-term fertilization on *pho*D-harboring bacterial community in Karst soils. Science of the Total Environment,628:53-63.

Hu ZM,Yu GR,Fu YL,et al. 2008. Effects of vegetation control on ecosystem water use efficiency within and among four grassland ecosystems in China. Global Change Biology,14:1609-1619.

Hutchinson GE. 1959. Homage to Santa Rosalia or why are there so many kinds of animals? American Naturalist, 93:145-159.

Hütsch BW. 2001. Methane oxidation in non-flooded soils as affected by crop production. European Journal of Agronomy,14:237-260.

Huxman TE,Smith MD,Fay PA,et al. 2004. Convergence across biomes to a common rain-use efficiency. Nature, 429:651-654.

IPCC. 2013. Summary for policymakers. In:Stocker TF,Qin D,Plattner G-K,et al(eds). Climate Change 2013:The Physical Science Basis. Contribution of Working Group I to the Fifth Assessment Report of the Intergovernmental Panel on Climate Change. Cambridge,UK and New York,USA:Cambridge University Press.

Ito A. 2008. The regional carbon budget of East Asia simulated with a terrestrial ecosystem model and validated using AsiaFlux data. Agricultural and Forest Meteorology,148(5):738-747.

Jasechko S,Sharp ZD,Gibson JJ,et al. 2013. Terrestrial water fluxes dominated by transpiration. Nature,496: 347-359.

Jassal RS,Black TA,Roy R,et al. 2011. Effect of nitrogen fertilization on soil CH_4 and N_2O fluxes,and soil and bole respiration. Geoderma,162:182-186.

Jia BR, Xu ZZ, Zhou GS, et al. 2018. Statistical characteristics of forest litterfall in China. Science China Life Sciences, 61: 358-360.

Jiang L, Kou L, Li S. 2018. Alterations of early-stage decomposition of leaves and absorptive roots by deposition of nitrogen and phosphorus have contrasting mechanisms. Soil Biology and Biochemistry, 127: 213-222.

Johnsson H, Bergstrom L, Jansson PE, et al. 1987. Simulated nitrogen dynamics and losses in a layered agricultural soil. Agriculture, Ecosystems & Environment, 18: 333-356.

Jun X, Zhang M, Ping X. 2010. Variability of stable nitrogen isotopic baselines and its consequence for trophic modeling. Journal of Lake Sciences, 22: 8-20.

Kalbitz K, Solinger S, Park JH, et al. 2000. Controls on the dynamics of dissolved organic matter in soils: A review. Soil Science, 165: 277-304.

Kandeler E, Brune T, Enowashu E, et al. 2009. Response of total and nitrate-dissimilating bacteria to reduced N deposition in a spruce forest soil profile. FEMS Microbiology Ecology, 67: 444-454.

Kaspari M, Garcia MN, Harms KE, et al. 2008. Multiple nutrients limit litterfall and decomposition in a tropical forest. Ecology Letters, 11: 35-43.

Katul G, Porporato A, Oren R. 2007. Stochastic dynamics of plant-water interactions. Annual Review of Ecology Evolution and Systematics, 38: 767-791.

Keeler BL, Hobbie SE, Kellogg LE. 2009. Effects of long-term nitrogen addition on microbial enzyme activity in eight forested and grassland sites: Implications for litter and soil organic matter decomposition. Ecosystems, 12: 1-15.

Kou D, Yang GB, Li F, et al. 2020. Progessive nitrogen limitation across the Tibetan alpine permaforest region. Nature Communication, 11: 3331.

Kuzyakov Y, Friedel JK, Stahr K. 2000. Review of mechanisms and quantification of priming effects. Soil Biology and Biochemistry, 32: 1485-1498.

Kuzyakov Y, Mason-Jones K. 2018. Nano-scale undead drivers of microbial life, biogeochemical turnover and ecosystem functions. Soil Biology and Biochemistry, 127: 305-317.

Kuzyakov Y, Razavi BS. 2019. Rhizosphere size and shape: Temporal dynamics and spatial stationarity. Soil Biology and Biochemistry, 135, 343-360.

Kuzyakov Y, Xu X. 2013. Competition between roots and microorganisms for nitrogen: Mechanisms and ecological relevance. New Phytologist, 198: 656-669.

Kuzyakov Y. 2002. Factors affecting rhizosphere priming effects. Journal of Plant Nutrition and Soil Science, 165: 382-396.

Kuzyakov Y. 2010. Priming effects: Interactions between living and dead organic matter. Soil Biology and Biochemistry, 42: 1363-1371.

Lajtha K, Getz J. 1993. Photosynthesis and water-use efficiency in pinyon-juniper communities along an elevation gradient in northern New-Mexico. Oecologia, 94: 95-101.

Lam SK, Lin E, Norton R, et al. 2011. The effect of increased atmospheric carbon dioxide concentration on emissions of nitrous oxide, carbon dioxide and methane from a wheat field in a semi-arid environment in northern China. Soil Biology and Biochemistry, 43: 458-461.

Li C, Frolking S, Frolking TA. 1992. A model of nitrous oxide evolution from soil driven by rainfall events: 1. Model structure and sensitivity. Journal of Geophysical Research-Biogeoscicence, 97: 9759-9776.

Li P, Peng C, Wang M, et al. 2017. Quantification of the response of global terrestrial net primary production to multifactor global change. Ecological Indicators, 76: 245-255.

Liebig J, Playfair L. 1842. Chemistry in Its Application to Agriculture and Physiology. London: Taylor & Walton.

Lindeman RL. 1942. The trophic-dynamic aspect of ecology. Ecology, 23: 399-417.

Lindström G, Pers CP, Rosberg R, et al. 2010. Development and test of the HYPE(Hydrological Predictions for the Environment) model—A water quality model for different spatial scales. Hydrology Research, 41: 295-319.

Liu CC, He NP, Zhang JH, et al. 2018. Variation of stomatal traits from cold temperate to tropical forests and association with water use efficiency. Functional Ecology, 32: 20-28.

Liu J, Liu XY, Song QN, et al. 2020c. Synergistic effects: A common theme in mixed-species litter decomposition. New Phytologist, 227: 757-765.

Liu L, Greaver TL. 2009. A review of nitrogen enrichment effects on three biogenic GHGs: The CO_2 sink may be largely offset by stimulated N_2O and CH_4 emission. Ecology Letters, 12: 1103-1117.

Liu M, Adl S, Cui XY, et al. 2020b. *In situ* methods of plant-microbial interactions for nitrogen in rhizosphere. Rhizosphere, 13: 100186.

Liu Z, Ciais P, Deng Z, et al. 2020a. Near-real-time monitoring of global CO_2 emissions reveals the effects of the COVID-19 pandemic. Nature Communications, 11: 1-12.

Lu F, Hu HF, Sun WJ, et al. 2018. Effects of national ecological restoration projects on carbon sequestration in China from 2001 to 2010. PNAS, 115: 4039-4044.

Lu M, Yang YH, Luo YQ, et al. 2011. Responses of ecosystem nitrogen cycle to nitrogen addition: A meta-analysis. New Phytologist, 189: 1040-1050.

Luo D, Cheng R, Shi Z, et al. 2017. Decomposition of leaves and fine roots in three subtropical plantations in China affected by litter substrate quality and soil microbial community. Forests, 8: 412.

Luo Y, Wan S, Hui D, et al. 2001. Acclimatization of soil respiration to warming in a tall grass prairie. Nature, 413: 622-625.

Ma AN, He NP, Xu L, et al. 2017. Grassland restoration in northern China is far from complete: Evidence from carbon variation in the last three decades. Ecosphere, 8: e01750.

MacArthur RH, Pianka ER. 1966. On optimal use of a patchy environment. American Naturalist, 100: 603-609.

Maljanen M, Jokinen H, Saari A, et al. 2006. Methane and nitrous oxide fluxes, and carbon dioxide production in boreal forest soil fertilized with wood ash and nitrogen. Soil Use and Management, 22: 151-157.

Manzoni S, Katul GG, Porporato A. 2009. Analysis of soil carbon transit times and age distributions using network theories. Journal of Geophysical Research-Biogeosciences, 114: G04025.

Manzoni S, Porporato A. 2011. Common hydrologic and biogeochemical controls along the soil-stream continuum. Hydrological Process, 25: 1355-1360.

Maxfield P, Brennand E, Powlson D, et al. 2011. Impact of land management practices on high-affinity methanotrophic bacterial populations: Evidence from long-term sites at Rothamsted. European Journal of Soil Science, 62: 56-68.

Mbow HOP, Reisinger A, Canadell J, et al. 2017. Special Report on Climate Change, Desertification, Land Degradation, Sustainable Land Management, Food Security, and Greenhouse Gas Fluxes in Terrestrial Ecosystems(SR2). Ginevra, IPCC.

Mcdowell WH, Magill AH, Aitkenhead-Peterson JA, et al. 2004. Effects of chronic nitrogen amendment on dissolved organic matter and inorganic nitrogen in soil solution. Forest Ecology and Management, 196: 29-41.

McGuire AD, Melillo JM, Joyce LA, et al. 1992 Interactions between carbon and nitrogen dynamics in estimating net primary productivity for potential vegetation in North America. Global Biogeochemical Cycles, 6: 101-124.

Melin E. 1930. Biological decomposition of some types of litter from North American forests. Ecology, 11: 72-101.

Monteith JL, Szeicz G. 1960. The CO_2 flux over a field of sugar beets. Quarterly Journal of the Royal Meteorological Society, 86: 205-214.

Moore JC, Ruiter PCD, Hunt HW. 1993. Influence of productivity on the stability of real and model ecosystems. Science, 261: 906-908.

Moore TR, Trofymow JA, Prescott CE, et al. 2017. Can short-term litter-bag measurements predict long-term decomposition in northern forests? Plant and Soil, 416: 419-426.

Moreau D, Bardgett RD, Finlay RD, et al. 2019. A plant perspective on nitrogen cycling in the rhizosphere. Functional Ecology, 33: 540-552.

Morrissey EM, Mau RL, Schwartz E, et al. 2017. Bacterial carbon use plasticity, phylogenetic diversity and the priming of soil organic matter. The ISME Journal, 11: 1890-1899.

Musilova M, Tranter M, Bennett SA, et al. 2015. Stable microbial community composition on the Greenland Ice Sheet. Frontiers in Microbiology, 6: 193.

Nyerges G, Stein LY. 2009. Ammonia cometabolism and product inhibition vary considerably among species of methanotrophic bacteria. FEMS Microbiology Letters, 297: 131-136.

Odum EP. 1969. The strategy of ecosystem development. Science, 164: 262-270.

Odum EP. 1973. Fundamentals of Ecology. 3rd ed. Philadelphia: Saunders Company.

Odum HT. 1957. Trophic structure and productivity of Silver Springs, Florida. Ecological Monographs, 27: 55-112.

Olson JS. 1963. Energy storage and the balance of producers and decomposers in ecological systems. Ecology, 44: 322-331.

Osland MJ, Gabler CA, Grace JB, et al. 2018. Climate and plant controls on soil organic matter in coastal wetlands. Global Change Biology, 24: 5361-5379.

Ovington JD. 1962. Quantitative ecology and the woodland ecosystem concept. Advances in Ecological Research, 1: 103-192.

Paterson E, Gebbing T, Abel C, et al. 2007. Rhizodeposition shapes rhizosphere microbial community structure in organic soil. New Phytologist, 173: 600-610.

Paterson E. 2003. Importance of rhizodeposition in the coupling of plant and microbial productivity. European Journal of Soil Science, 54: 741-750.

Pauly D, Christensen VV, Dalsgaard J, et al. 1998. Fishing down marine food webs. Science, 279: 860-863.

Peng Y, Guo D, Yang Y. 2017. Global patterns of root dynamics under nitrogen enrichment. Global Ecology and Biogeography, 26: 102-114.

Piao SL, Fang JY, Ciais P, et al. 2009. The carbon balance of terrestrial ecosystems in China. Nature, 458: 1009-1012.

Pimm SL. 1982. Food Webs. Netherlands: Springer.

Post WM, Emanuel WR, Zinke PJ, et al. 1982. Soil carbon pools and world life zones. Nature, 298 (5870): 156-159.

Post WM, Pastor J, Zinke PJ, et al. 1985. Global patterns of soil-nitrogen storage. Nature, 317: 613-616.

Potter C, Klooster S, Genovese V. 2012. Net primary production of terrestrial ecosystems from 2000 to 2009. Climate Change, 115(2): 365-378.

Püschel D, Bitterlich M, Rydlová J, et al. 2020. Facilitation of plant water uptake by an arbuscular mycorrhizal fungus: A Gordian knot of roots and hyphae. Mycorrhiza, 30: 299-313.

Pörtner HO, Roberts DC, Masson-Delmotte V, et al. 2019. IPCC special report on the ocean and cryosphere in a changing climate. IPCC: Geneva, Switzerland.

Raich JW, Schlesinger WH. 1992. The global carbon dioxide flux in soil respiration and its relationship to vegetation and climate. Tellus B, 44: 81-99.

Redfield AC. 1934. On the Proportions of Organic Derivatives in Sea Water and Their Relation to the Composition of Plankton. Liverpool: University Press of Liverpool.

Reich PB, Oleksyn J, Wright IJ, et al. 2010. Evidence of a general 2/3-power law of scaling leaf nitrogen to phosphorus among major plant groups and biomes. Proceedings of the Royal Society B: Biological Sciences, 277: 877-883.

Reich PB, Oleksyn J. 2004. Global patterns of plant leaf N and P in relation to temperature and latitude. PNAS, 101: 11001-11006.

Reichstein M, Bahn M, Mahecha MD, et al. 2014. Linking plant and ecosystem functional biogeography. PNAS, 111: 13697-13702.

Reynolds O. 1895. On the dynamical theory of incompressible viscous fluids and the determination of criterion. Philosophical Transactions of Royal Society of London, 174: 935-982.

Rinaldo A, Marani A, Bellin A. 1989. On mass response functions. Water Resources Research, 25: 1603-1617.

Rossiter W, King G, Johnson B. 2017. Revisiting the energetic efficiency hypothesis: Body mass, metabolism, and food chain length. American Midland Naturalist, 177: 1-14.

Schimel J, Balser TC, Wallenstein M. 2007. Microbial stress-response physiology and its implications for ecosystem function. Ecology, 88: 1386-1394.

Schimel DS, Braswell BH, Parton WJ. 1997. Equilibration of the terrestrial water, nitrogen, and carbon cycles. PNAS, 94: 8280-8283.

Schlesinger WH, Jasechko S. 2014. Transpiration in the global water cycle. Agricultural and Forest Meteorology, 189: 115-117.

Schlesinger WH. 2013. Biogeochemistry: The Global Cycles of Nitrogen and Phosphorus. 3rd ed. San Diego, CA: Academic Press.

Schmidt CS, Hultman KA, Robinson D, et al. 2007. PCR profiling of ammonia-oxidizer communities in acidic soils subjected to nitrogen and sulphur deposition. FEMS Microbiology Ecology, 61: 305-316.

Schnell S, King GM. 1994. Mechanistic analysis of ammonium inhibition of atmospheric methane consumption in forest soils. Applied and Environmental Microbiology, 60: 3514-3521.

Schoener TW. 1989. Food webs from the small to the large: The Robert H. MacArthur Award lecture. Ecology, 70: 1559.

Schwinning S, Sala OE. 2004. Hierarchy of responses to resource pulses in and semi-arid ecosystems. Oecologia, 141: 211-220.

Shao JJ, Zhou XH, Luo YQ, et al. 2015. Biotic and climatic controls on interannual variability in carbon fluxes across terrestrial ecosystems. Agricultural and Forest Meteorology, 205: 11-22.

Sharpley AN, Williams JR. 1990. EPIC—erosion/productivity impact calculator: 1. Model documentation. Technical Bulletin-United States Department of Agriculture, 4: 206-207.

Shrestha M, Shrestha PM, Frenzel P, et al. 2010. Effect of nitrogen fertilization on methane oxidation, abundance, community structure, and gene expression of methanotrophs in the rice rhizosphere. The ISME Journal, 4: 1545.

Shuttleworth WJ, Wallace JS. 1985. Evaporation from sparse crops—an energy combination theory. Quarterly Journal of the Royal Meteorological Society, 111: 839-855.

Spohn M, Kuzyakov Y. 2013. Phosphorus mineralization can be driven by microbial need for carbon. Soil Biology and Biochemistry,61:69-75.

Sterner RW,Elser JJ. 2002. Ecological Stoichiometry: The Biology of Elements from Molecules to the Biosphere. 2002. Princeton,NJ:Princeton University Press.

Steudler P, Melillo J, Bowden R, et al. 1991. The effects of natural and human disturbances on soil nitrogen dynamics and trace gas fluxes in a Puerto Rican wet forest. Biotropica,23:356-363.

Sun Q,Qiu HS,Hua YJ,et al. 2018a. Cellulose and lignin regulate partitioning of soil phosphorus fractions and alkaline phosphomonoesterase encoding bacterial community in phosphorus-deficient soils. Biology and Fertility of Soils,55:31-42.

Sun T,Hobbie SE,Berg B,et al. 2018b. Contrasting dynamics and trait controls in first-order root compared with leaf litter decomposition. PNAS,115:10392-10397.

Sun Y,Piao SL,Huang MT,et al. 2016. Global patterns and climate drivers of water-use efficiency in terrestrial ecosystems deduced from satellite-based datasets and carbon cycle models. Global Ecology and Biogeography, 25:311-323.

Tang XL,Zhao X,Bai YF,et al. 2018. Carbon pools in China's terrestrial ecosystems: New estimates based on an intensive field survey. PNAS,115:4021-4026.

Tesoriero AJ, Duff JH, Wolock DM, et al. 2009. Identifying pathways and processes affecting nitrate and orthophosphate inputs to streams in agricultural watersheds. Journal of Environmental Quality,38:1892-1900.

Tian HQ, Lu CQ, Ciais P, et al. 2016. The terrestrial biosphere as a net source of greenhouse gases to the atmosphere. Nature,531:225-228.

Tian HQ,Wang SQ,Liu JY,et al. 2006. Patterns of soil nitrogen storage in China. Global Biogeochemical Cycles, 20:GB1001.

Tilly LJ. 1968. The structure and dynamics of Cone Spring. Advanced Materials Research,38(2):169-178.

Troost TA, Desclaux T, Leslie HA, et al. 2018. Do microplastics affect marine ecosystem productivity? Marine Pollution Bulletin,135:17-29.

Urbanski S,Barford C,Wofsy S,et al. 2007. Factors controlling CO_2 exchange on timescales from hourly to decadal at Harvard Forest. Journal of Geophysical Research—Biogeosciences,112:G02020.

Valett HM,Thomas SA,Mulholland PJ,et al. 2008. Endogenous and exogenous control of ecosystem function: N cycling in headwater streams. Ecology,89:3515-3527.

Valiela I,Lloret J, Bowyer T, et al. 2018. Transient coastal landscapes: Rising sea level threatens salt marshes. Science of the Total Environment,640:1148-1156.

VanLoocke A, Twine TE, Zeri M, et al. 2012. A regional comparison of water use efficiency for miscanthus, switchgrass and maize. Agricultural and Forest Meteorology,164:82-95.

Vega-Cendejas ME, Arregun-Sánchez F. 2001. Energy fluxes in a mangrove ecosystem from a coastal lagoon in Yucatan Peninsula,Mexico. Ecological Modelling,137:119-133.

Vitousek PM,Howarth RW. 1991. Nitrogen limitation on land and in the sea: How can it occur? Biogeochemistry, 13:87-115.

Vitousek PM, Mooney HA, Lubchenco J, et al. 1997. Human domination of Earth's ecosystems. Science, 277: 494-499.

Von Prillwitz K, Blasius B. 2020. Mid-domain effect for food chain length in a colonization-extinction model. Theoretical Ecology,13:301-315.

Wang X,Liu L,Piao S,et al. 2014. Soil respiration under climate warming: Differential response of heterotrophic and autotrophic respiration. Global Change Biology,20:3229-3237.

Wang Y, Cheng S, Fang H, et al. 2015. Contrasting effects of ammonium and nitrate inputs on soil CO_2 emission in a subtropical coniferous plantation of southern China. Biology and Fertility of Soils, 51: 815-825.

Wang Y, Wang H, He JS, et al. 2017. Iron-mediated soil carbon response to water-table decline in an alpine wetland. Nature Communications, 8: 15972.

Ward CL, McCann KS. 2017. A mechanistic theory for aquatic food chain length. Nature Communication, 8: 2028.

Wardle DA, Bonner KI, Nicholson KS. 1997. Biodiversity and plant litter: Experimental evidence which does not support the view that enhanced species richness improves ecosystem function. Oikos, 79: 247-258.

Webster JR. 1975. Analysis of potassium and calcium dynamics in stream ecosystems on three southern Appalachian watersheds of contrasting vegetation. Doctoral Thesis. Athens: University of Georgia.

Wei XM, Razavi BS, Hu YJ, et al. 2019. C/P stoichiometry of dying rice root defines the spatial distribution and dynamics of enzyme activities in root-detritusphere. Biology and Fertility of Soils, 55: 251-263.

Williams A, de Vries FT. 2020. Plant root exudation under drought: Implications for ecosystem functioning. New Phytologist, 225: 1899-1905.

Williamson KE, Fuhrmann JJ, Wommack KE, et al. 2017. Viruses in soil ecosystems: An unknown quantity within an unexplored territory. Annual Review of Virology, 4: 201-219.

Woerner AC, Martin CE. 1999. Mechanistic basis of differences in water-use efficiency between a CAM and a C_3 species of *Peperomia* (Piperaceae). New Phytologist, 144: 307-312.

Wofsy SC, Goulden ML, Munger JW, et al. 1993. Net exchange of CO_2 in a mid-latitude forest. Science, 260: 1314-1317.

Wu ZT, Dijkstra P, Koch GW, et al. 2011. Responses of terrestrial ecosystems to temperature and precipitation change: A meta-analysis of experimental manipulation. Global Change Biology, 17: 927-942.

Xia M, Talhelm AF, Pregitzer KS. 2018. Long-term simulated atmospheric nitrogen deposition alters leaf and fine root decomposition. Ecosystems, 21: 1-14.

Xu L, He NP, Yu GR, et al. 2015. Differences in pedotransfer functions of bulk density lead to high uncertainty in soil organic carbon estimation at regional scales: Evidence from Chinese terrestrial ecosystems. Journal of Geophysical Research—Biogeoscience, 120: 1567-1575.

Xu L, Yu GR, He NP, et al. 2018. Carbon storage in China's terrestrial ecosystems: A synthesis. Scientific Reports, 8: 2806.

Xu L, Yu GR, He NP. 2019. Increased soil organic carbon storage in Chinese terrestrial ecosystems from the 1980s to the 2010s. Journal of Geographical Science, 29: 49-66.

Xu L, Yu GR, He NP. 2020. Nitrogen storage in China's terrestrial ecosystems. Science of the Total Environment, 709: 136201.

Yan ZB, Li XP, Tian D, et al. 2018. Nutrient addition affects scaling relationship of leaf nitrogen to phosphorus in *Arabidopsis thaliana*. Functional Ecology, 32: 2689-2698.

Yang DW, Herath S, Musiake K. 1998. Development of a geomorphology-based hydrological model for large catchments. Journal of Hydraulic Engineering, 42: 169-174.

Yang K, Wang JM. 2008. A temperature prediction-correction method for estimating surface soil heat flux from soil temperature and moisture data. Science in China Series D: Earth Sciences, 51: 721-729.

Yang YH, Fang JY, Ma WH, et al. 2010. Soil carbon stock and its changes in northern China's grasslands from 1980s to 2000s. Global Change Biology, 16: 3036-3047.

Yu GR, Chen Z, Piao SL, et al. 2014. High carbon dioxide uptake by subtropical forest ecosystems in the East Asian monsoon region. PNAS, 111: 4910-4915.

Yu GR, Zhu XJ, Fu YL, et al. 2013. Spatial patterns and climate drivers of carbon fluxes in terrestrial ecosystems of China. Global Change Biology, 19: 798-810.

Yu Q, Chen QS, Elser JJ, et al. 2010. Linking stoichiometric homoeostasis with ecosystem structure, functioning and stability. Ecology Letters, 13: 1390-1399.

Zhang JH, He NP, Liu CC, et al. 2018a. Allocation strategies for nitrogen and phosphorus in forest plants. Oikos, 127: 1506-1514.

Zhang JH, Zhao N, Yu GR, et al. 2018b. C : N : P stoichiometry in China's forests: From organs to ecosystems. Functional Ecology, 32: 50-60.

Zhang JH, Ren TT, Yan JJ, et al. 2021. Leaf multi-element network reveals the change of species dominance under nitrogen deposition. Frontiers in Plant Science, 12: 580340.

Zhang K, Kimball JS, Nemani RR, et al. 2010. A continuous satellite-derived global record of land surface evapotranspiration from 1983 to 2006. Water Resources Research, 46: W09522.

Zhang X, Dippold MA, Kuzyakov Y, et al. 2019. Spatial pattern of enzyme activities depends on root exudate composition. Soil Biology and Biochemistry, 133: 83-93.

Zhang YY, Shao QX, Ye AZ, et al. 2016. Integrated water system simulation by considering hydrological and biogeochemical processes: Model development, with parameter sensitivity and autocalibration. Hydrology and Earth System Sciences, 12: 4997-5053.

Zhao N, Yu GR, He NP, et al. 2016. Coordinated pattern of multi-element variability in the leaves and roots across Chinese forest biomes. Global Ecology and Biogeography, 25: 359-367.

Zhao YC, Wang MY, Hu SJ, et al. 2018. Ecologics- and policy-driven organic carbon input enhancement dominates soil organic carbon accumulation in Chinese croplands. PNAS, 115: 4045-4050.

Zhou LY, Zhou XH, Zhang BC, et al. 2014. Different responses of soil respiration and its components to nitrogen addition among biomes: A meta-analysis. Global Change Biology, 20: 2332-2343.

本章作者：何念鹏、韩文轩、王娓、贾丙瑞、方华军、徐兴良、高扬、汤秋鸿、葛体达、赵宁
指导专家：王传宽、唐艳鸿、胡水金、周国逸、王根绪

第 4 章

有害污染物在食物网中的传递及其生态效应

摘要：大量化学品的出现给社会生活带来了极大的便利，同时一些化学品会随着生产和使用进入生态系统，通过食物网的传递而富集在较高营养级的生物体中，产生有害的生态和健康效应。有害物质在食物网中的传递行为、机制和效应成为生态毒理领域研究的热点。本章首先选取备受关注的水溶性高生物富集物质(全氟化合物)，介绍其与蛋白质的高结合活性，从而产生显著的生物放大现象及生态和健康效应。接着，针对易于富集的脂溶性污染物，从污染物的生物富集系数、食物网动力行为、生物富集决定因子和生物放大物质优控筛选等角度，阐述有害污染物在食物网中传递行为的研究方法和重要进展，从代谢角度揭示污染物的富集机制。相应的研究能够为生物放大物质提供优控筛选方法，最终用于化学品管理和风险控制，降低野生生物和人类的生态健康风险。

4.1 前　　言

生态毒理学(ecotoxicology)是生态学和毒理学的交叉前沿研究领域。1969 年，Truhaut 首次提出该概念，经过半个世纪的发展，生态毒理学被定义为研究污染物在生物圈行为及其生态效应的科学。它主要研究个体、种群、群落和生态系统各层次污染物产生的毒性效应及其在各层次之间的关系(Newman and Clements，2008)，是保护生物圈生物健康、生物资源量和种群稳定的重要研究方向。早期，人们对无机物的环境行为进行了大量研究，但近年来，微量有机物[如持久性有机污染物(persistent organic pollutant，POP)、内分泌干扰物质(endocrine disrupting chemical，EDC)等]在生态系统中的行为受到越来越多的关注，但从生态学角度的研究不多。本章就有害污染物在食物网的传递行为和对生态健康的影响进行系统梳理。

人类社会步入工业时代以来，生产力得到了飞跃发展，人们生活中出现了众多新化学品，给社会生活带来了极大的便利。但是，自 20 世纪 50 年代起，全球出现了一系列化学物质滥用导致的污染事件，产生了严重的生态危害，引起社会公众的广泛关注和重视。1962 年，美国科普作家 R. Carson 出版了《寂静的春天》一书，描述了过度使用化学药剂导致的环境污染和生态破坏，用生态学原理分析了这些化学杀虫剂对人们赖以生存的生态系统带来的危害，针对人类生活生产产生的化学品危害问题，提出了严重警告(Carson，1962)。在该书的影响下，1962 年年底就有 40 多个限制杀虫剂使用的提案在美国多个州得到通过，环境保护组织也纷纷成立,并促使联合国于1972年在斯德哥尔摩召开“人类环境大会”,由各国签署了《人类环境宣言》,开始了世界范围的环境保护事业。1996年,美国科学家J. Meyers等出版的《我们被偷走的未来》是继《寂静的春天》后又一本轰动全球的环保科普著作。该书提出了另一类备受关注的环境污染物——内分泌干扰物质(EDC),这些物质会对野生生物、人类的生殖和后代产生健康危害(Colborn et al.,1996)。到20世纪末期,人们逐渐认识到人工合成化学物质对自然界生物产生的生态危害。为了加强化学品的管理,减少有毒有害化学物质引起的生态健康危害,国际社会达成了一系列多边环境协议。2001年,全球124个国家签署《关于持久性有机污染物的斯德哥尔摩公约》,减少和限制高毒性、持久性、易于生物累积并在环境中长距离转移的化学品的生产和使用(UNEP,2001)。2012年,122个国家和地区政府、19个国际组织和22个非政府组织将内分泌干扰物质列为联合国化学品综合管理的新主题,要求全球合作应对。

在上述事件的大背景下,生态毒理学学科逐渐形成。科学家发现,许多化学物质对人类和野生生物存在着潜在持久的危害。这些化学物质在生产、运输、使用和废弃过程中,会通过各种途径进入环境,并能以较低的浓度持续影响环境和人类的健康。全球各地有大量化学物质中毒和污染效应的例子。例如,滴滴涕类物质会导致鸟类卵壳变薄、孵化率降低并影响胚胎发育,从而可能影响鸟类种群的繁衍;船舶涂料中的三丁基锡会导致海洋螺类雄性化,直到2004年限制使用三丁基锡后,螺类种群数量才得以恢复;作为涂料和农药使用的三苯基锡导致我国一级保护动物中华鲟的幼鱼畸形;多氯联苯类物质引发的日本“爱知米糠油事件”,因食用该油而患病的人数超过10 000人,其中16人死亡;越南战争时期美国在越南撒下含高浓度二噁英类物质的落叶剂,导致当地居民畸胎大量发生;近年的研究调查发现,男性精子数量的减少和女性乳腺癌发病率的上升都与化学物质的使用有关(Carson,1962;Colborn et al.,1996;UNEP/WHO,2013)。这些案例中,化学物质产生的个体生物毒性效应最终都影响生物种群的数量和稳定,引起全世界对环境健康、生态安全问题的重视。针对化学物质带来的环境问题,发达国家政府、政府间组织、非政府组织和科学家展开了大量的研究,包括筛选出优先控制的物质,弄清化学物质在环境中的迁移转化规律,在此基础上制定相应的管理指标和法律,从而管理和规范化学物质的生产和使用。

4.2 核心方向的重要进展及存在的主要问题

目前,全球合成的化学物质已超过1000万种,每年新登记注册并投放市场的物质超过1000种。为了对化学物质进行有效的管理,需要从众多化学品中筛选出优先控制的污染物,重点控制这些物质的使用和排放,形成一整套物质管控标准,应用于新增化学物质的评价和管理。

《关于持久性有机污染物的斯德哥尔摩公约》是各国政府在全球范围内共同控制和管理污染物的重要依据,也为其他污染物的环境危害性评估提供了管理指标。该公约所涉及的有机污染物具有毒性、难降解性和生物蓄积性,并能通过空气、水和迁徙物种进行跨越国家边界的迁移,沉积在远离其排放地点的地区,随后在陆地和水域生态系统中分配和传递(UNEP,2001)。因此,持久性(persistence)、生物蓄积性(bioaccumulation)、毒性(toxicity)和长距离传输能力(long-range transport)是持久性有机污染物的主要筛选和评价指标。其中,生物蓄积性是指化学物质能够随着营养层级升高发生显著富集的现象,是污染物从低营养层级生产者到高营养层级捕食者的重要传递过程,也是评估污染物生物暴露的一个重要指标。一般认为,污染物的脂溶性决定其生物富集效应,脂溶性高的物质易于呈现生物放大现象。但也有研究发现,一些水溶性物质[如全氟化合物(perfluorniated compound,PFC)]在水生食物网中呈现生物放大现象,而一些脂溶性的物质(如多环芳烃)沿着营养层次发生稀释现象(Kelly et al.,2007)。因此,单纯从脂溶性判断生物富集效应可能存在很大的偏差,全氟化合物可能由于与蛋白质的高结合活性产生显著的生物放大效应,而易于代谢的多环芳烃在生物体内难以富集。因此,本章将针对上述问题,先从备受关注的水溶性高富集化合物(全氟化合物)阐述其生物富集及相应的生态效应,再着重从代谢角度阐述脂溶性污染物的富集机制和生物放大物质筛选等研究。

4.2.1 全氟化合物的生物富集及生态效应

(1) PFC 的生物富集和放大效应

PFC 的化学结构中,与碳原子连接的氢原子全部被氟原子所取代,故该类物质取名全氟化合物。PFC 的分子通式为 $C_nF_{2n+1}R$,主要由疏水性的烷基碳链(长度为 4~16 个碳)和亲水基团的末端构成,可以显著降低水的表面张力,具有良好的热稳定性、化学稳定性、疏水疏油性和表面活性。正是由于这样的化学性质,PFC 作为表面活性剂和表面保护剂被广泛添加到多种工业产品中,包括泡沫灭火剂、碱性清洁剂、润滑剂和地板抛光剂等(Lau et al.,2007)。据统计,PFC 的生产原料产量在 1970—2002 年达到了 12.25 万吨(周炳升等,2018)。根据 PFC 亲水亲油的性质,科学家普遍认为,这类物质应该不会发生显著的生物放大现象,但实际调查却发现了相反的现象。一系列的研究表明,该类物质易于与生物蛋白结合,在生物体内富集并引发相应的生态效应。为此,这类特殊的物质在生态毒理领域内被重点关注研究,部分 PFC 已经被联合国环境规划署列入持久性有机污染物的清单,成为一类被重点关注的全球污染物。

PFC 在生产和使用过程中不可避免地会被释放进入环境。越来越多的环境调查研究发现,PFC 的环境污染问题具有全球普遍性,在世界各国的空气、人居环境、土壤、自然水体、饮用水、野生生物和人体组织中具有很高的检出率(Lau et al.,2007)。例如,针对两种典型 PFC[全氟辛烷磺酸(perfluorooctane sulfonates,PFOS)、全氟辛酸(perfluorooctanoic acid,PFOA)]的空气调查发现,PFOA 在日本和美国部分城市空气中的浓度范围为 0.07~0.9 $\mu g \cdot m^{-3}$(Barton et al.,2006;Harada et al.,2006);PFOS 在美国俄亥俄州和北卡罗来纳州室内灰尘中的平均浓度为 201 $ng \cdot g^{-1}$,最大浓度达 12 100 $ng \cdot g^{-1}$(Strynar and Lindstrom,2008);在美国、韩国和日本的自然水体中,PFOS 和 PFOA 具有很高的检出率(Lau et al.,2007);在我国松花江、浑河、长江、珠江的河水、部分城市自来水以及远离人类活动地区的水样中都发现,PFOS 的污染水平与国外相当(Jin et al.,2009;So et al.,2007;Chen et al.,2009;周炳升等,2018;Zhang et al.,2019)。

针对 PFC 的富集机制研究发现,PFOS 和 PFOA 能够和人的β-脂蛋白、白蛋白和肝脏的脂肪酸绑定蛋白结合,导致这类物质在生物组织内具有很强的生物累积性。Giesy 和 Kannan(2001)分析了全球野生动物肝脏和血液的冻存样品,首次发现 PFOS 在全球范围内具有很高的检出率,且呈现生物累积性和食物链放大效应。此后,多个国际实验室针对 PFC 在野生生物及人体组织中的污染暴露开展检测,证实了 PFC 污染的全球普遍性(Lau et al., 2007)。在没有人类工业活动的极地生态系统中,研究发现,水貂、海豚、北极熊和环斑海豹等野生动物体内富集了极高浓度的 PFOS(Lau et al.,2007)。在我国,Li 等(2008)检测了野生东北虎血清中 PFC 的浓度后发现,栖息在工业区的东北虎血清样本中 PFC 浓度(平均浓度 4.31 ng · mL^{-1})显著高于非工业区东北虎的血清样本(平均浓度 1.57 ng · mL^{-1})。除了野生生物,在我国沈阳、北京、郑州、常州、武汉、舟山、贵阳、厦门和福州的血样调查中,PFOS 在人血中被广泛检出,其中沈阳人血样品中的 PFOS 浓度最高,平均值为 79.2 ng · mL^{-1} (Yeung et al.,2006)。PFC 在环境中的广泛发生性和高生物富集效应可能对暴露生物和人类产生潜在的生态和健康效应。

(2) PFC 的生态效应

1) 鱼类和两栖类的生殖系统毒性

由于 PFC 具有显著的生物放大性,这类物质的生物浓度在水生生态系统中沿食物网营养层级表现出数量级的升高,能在高营养层级的鱼、哺乳动物和人体内以很高的浓度富集,产生各种生态效应。鱼类是水生动物的重要代表,两栖类是跨越水生和陆生的特殊生物群体,因此生态毒理学研究常以鱼类和两栖类为研究模型,评估 PFC 对两类生物的生态毒性。

研究证实,PFOS、PFOA 和含氟调聚物醇(fluorotelomer alcohol,FTOH)在离体细胞模型中能够与鱼类的雌激素受体(estrogen receptor,ER)结合,诱导类雌激素效应(Liu et al., 2007),同时,PFC 与 ER 的绑定亲和力要远远小于其与内源雌激素 E2 的亲和力,因此属于弱的类雌激素物质(Benninghoff et al.,2011)。正是由于 PFC 与 ER 较弱的绑定亲和力,PFC 会部分竞争 E2 与 ER 的结合位点,因此在部分鱼类中表现出抗雌激素效应(Liu et al., 2007)。活体实验发现,斑马鱼仔鱼暴露 PFOS,显著降低了性腺体质常数(gonadal-somatic index,GSI),同时上调了肝脏中卵黄蛋白原基因的表达,在活体中验证了 PFOS 的雌激素效应(Du et al.,2009)。剑尾鱼作为一种卵胎生动物,PFOS 对其的类雌激素效应也受到了关注。研究发现,成年的雄性剑尾鱼暴露 PFOS 显著上调了肝脏中卵黄蛋白原基因的表达(Han and Fang,2010)。此外,PFOA 也具有类雌激素效应。Wei 等(2007)以性成熟稀有鮈鲫为对象,研究发现,PFOA 上调了雌鱼和雄鱼肝脏中 ER 和卵黄蛋白原基因的表达,诱导雄鱼性腺中出现了介于精巢和卵巢之间的组织形态,表现出类雌激素效应。同样,一项长期暴露研究发现,低剂量 PFOS 显著抑制了斑马鱼雄鱼和雌鱼的生长和性腺分化,损伤雄鱼的性腺发育(Wang et al.,2011)。程艳等(2012a,2012b)也发现,PFOS 上调了斑马鱼血浆、全鱼以及头尾匀浆液中卵黄蛋白的含量,证明其具有雌激素效应。最近的一项关于胚胎到性成熟的斑马鱼全生殖周期暴露实验发现,PFOS 暴露显著上调了芳香化酶基因(*cyp19a*)的表达,提高了雌鱼和雄鱼血清中的雌二醇水平。芳香化酶是雄激素转化为雌激素的关键酶,因此推测 PFOS 可能是通过干扰芳香化酶的酶活性,进而影响血清中性激素的变化,导致卵泡的过成熟现象(Chen et al.,2016)。

除了 PFOS 和 PFOA 外,其他 PFC 对鱼类也具有繁殖毒性。其中典型的物质为 FTOH,6∶2 FTOH 能够显著影响斑马鱼生殖轴上的基因表达,导致生殖轴上转录水平的改变;在生理水平上,显著提高血清中性激素睾酮和雌二醇的浓度,降低睾酮和雌二醇的比值;在器官水平上,显著提高性腺体质常数(GSI)和肝脏体质常数(HSI),说明 6∶2 FTOH 暴露也会引起组织和器官层面的变化(Liu et al.,2009)。Liu 等(2010)还评价了 8∶2 FTOH 对斑马鱼生殖的影响,发现 8∶2 FTOH 能够显著影响睾酮和雌二醇的浓度,改变生殖直接相关基因的表达,导致精子和卵子的质量和数量降低,影响鱼类的生殖功能。

关于 PFC 对两栖类动物的生殖毒性研究较少。以黑斑蛙(*Rana nigromaculata*)为模式生物研究发现,PFOA 暴露能够显著降低雄性黑斑蛙血清中的睾酮含量,增加精子的畸形率;且 PFOA 可通过影响 P450 芳香化酶的表达而最终改变类固醇激素的含量(卢向明和陈萍萍,2012)。蝌蚪暴露 PFOS 两个月,虽然没有发现对死亡率、体重以及性腺体质常数等的影响,组织学研究却发现,PFOS 损伤了肝脏和雄性性腺组织形态,导致精原细胞和肝细胞退化(Lou et al.,2013)。通过基因表达分析发现,PFOS 能显著升高雄性蝌蚪脑中的雌激素和雄激素受体基因表达,而 PFOS 暴露仅显著上调了肝脏中雌激素受体的基因表达。

2) 鸟类的生殖系统毒性

PFC 对鸟类的生殖毒性研究相对较少。以雌鹌鹑为鸟类代表,宋锦兰等(2008)评估了 PFOS 暴露对雌性鸟类的生殖毒性,发现 PFOS 暴露显著降低了雌鹌鹑的体重,诱导部分雌鹌鹑出现死亡现象;同时还延长了起始产卵时间,显著降低了卵量、受精率、孵化率等。另外,张小梅等(2011)评估了 PFOS 对雄性鹌鹑的生殖毒性,发现 PFOS 暴露引起雄性鹌鹑睾丸和附睾脏器系数及附睾中精子数量的下降,睾丸萎缩,睾丸组织和血清中睾酮含量下降。以上结果表明,PFOS 可推迟雌鹌鹑产卵时间,降低产卵率,对受精率、孵化率及孵化后雏鹌鹑的生存和发育均有不利影响。同时,PFOS 可引起雄鹌鹑睾丸组织结构损伤,导致睾丸组织萎缩,并影响睾丸组织中酶活性及血清中性激素含量,导致雄鹌鹑睾丸组织中生精细胞发育停滞,造成内分泌干扰效应。

3) 哺乳动物的生殖系统毒性

由于 PFC 在人体内富集了很高的浓度,研究较多关注 PFOS 和 PFOA 对哺乳动物的生殖毒性。例如,雄性和雌性大鼠分别通过灌胃方式暴露 PFOS 后,对大鼠的繁殖性能(交配、发情周期和生育能力)并没有产生显著的影响,但是暴露组子代的幼鼠在哺乳期 1~4 天出现大量的死亡现象,并且存活的子代幼鼠发育缓慢(Luebker et al.,2005)。进一步研究发现,PFOS 能够引起雄性哺乳动物的内分泌紊乱,诱发精子畸形率增加、精子数减少和生育能力下降的生殖毒性(Luebker et al.,2005)。以 Wister 成年雄性大鼠为研究对象发现,PFOS 暴露显著降低了睾丸组织中参与供能的两种标志酶——乳酸脱氢酶同工酶和山梨醇脱氢酶的活性,引起能量供应不足,造成精子数量及活动度的下降和畸形率的上升(范轶欧等,

2005)。以大鼠为研究对象发现,PFOS暴露显著降低了雄性大鼠血清中睾酮的水平(刘清国等,2010);而青春期到成年期的暴露引起雄性大鼠血清中睾酮浓度的显著降低(李丽等,2013)。可见,PFOS暴露显著抑制了雄性睾酮的合成并且引起精巢的氧化损伤,进而导致精子数量减少和精子畸形率的升高,其中雄性睾酮含量的下降可能是PFOS影响精子正常发育成熟的重要机制之一。类似的研究也在小鼠中被发现,性成熟CD1雄鼠经PFOS灌胃暴露21天后发现,PFOS暴露显著地降低血清睾酮的水平和附睾中精子的数量,基因分析也发现,睾丸中性激素途径上的关键基因表达被显著下调(Wan et al.,2011),说明PFOS通过下调类固醇合成相关的基因表达降低了精子的数量。综合以上研究,PFOS暴露可能通过影响睾酮合成途径中相关基因的表达,导致睾酮水平降低,并引起性腺发育异常,最终影响生殖功能。

下丘脑-垂体-性腺轴参与内分泌系统的反馈与负反馈,调控人类生殖和性行为。具体过程为:睾酮的合成受生殖轴调控,下丘脑促性腺激素释放激素刺激垂体促黄体生成素(LH)和卵泡刺激素(FSH)的合成,LH和FSH经过血液循环作用于睾丸,LH在睾丸间质细胞内促进睾酮的合成,而FSH在支持细胞内调节精子形成。研究表明,PFOS可以干扰大鼠的下丘脑-垂体-性腺轴功能。作用机制为:PFOS暴露引起雄性大鼠下丘脑中GnRH的基因表达显著下调,而LH和FSH转录水平显著上调;在激素水平上,PFOS暴露引起血清中GnRH、FSH和LH含量的改变(López-Doval et al.,2014)。PFOS暴露还会对雌鼠产生生殖毒性,成年雌鼠通过灌胃暴露环境相关剂量PFOS 4个月,引起成熟卵泡及卵巢黄体数量显著减少,而且发情和求偶期间雌鼠血清中雌激素和孕酮的水平显著降低。相关的机制研究发现,PFOS主要是通过减少StAR的组蛋白乙酰化作用,从而抑制雌激素的合成,损伤卵泡的发育(Feng et al.,2015)。

PFOA暴露也能引起哺乳类动物生殖内分泌系统的紊乱。CD大鼠通过灌胃暴露PFOA 14天,显著升高了雄性大鼠血液中雌二醇的水平,降低了血液中睾酮的水平,同时肝脏中芳香化酶的活性显著升高。因此推测,PFOA可能是通过影响性激素的合成引起生殖毒性(Biegel et al.,1995)。后续研究进一步验证了其生殖毒性,雌性和雄性SD大鼠暴露PFOA,其子代幼鼠存活率及体重显著降低。子代幼鼠断奶后继续暴露PFOA,其睾丸、附睾和精囊腺尺寸在成年时显著增大,前列腺发生萎缩,并且PFOA的暴露推迟了仔鼠性成熟,显著改变了仔鼠的生殖周期(Butenhoff et al.,2004)。Guruge等(2006)利用基因芯片微阵列技术分析了PFOA暴露后SD大鼠肝脏中基因转录的变化,发现PFOA暴露21天后,大鼠肝脏500多个基因的转录显著改变。通路分析表明,显著升高的基因主要与脂质尤其是脂肪酸的转化和新陈代谢有关,同时,PFOA还影响了细胞通信、黏着、生长、凋亡、激素调节、蛋白质水解和信号传导等有关通路的基因表达。

全氟十二烷酸(PFDoA)暴露也能干扰哺乳动物的生殖内分泌系统。雄性大鼠经口服PFDoA,睾丸重量显著降低,并引起睾丸间质细胞和支持细胞的形态异常;血清中胆固醇含量显著升高,LH和睾酮含量则显著减少;结合基因表达分析发现,PFDoA可通过影响固醇类合成相关基因的表达、性激素水平以及睾丸的超微结构等层次干扰大鼠的生殖内分泌系统(Shi et al.,2007)。同样,研究发现,PFDoA也能对雌鼠造成生殖内分泌系统的损伤。Shi等(2009)将断奶且青春期前的雌鼠经口服暴露PFDoA 28天,雌鼠体重以及血清中雌激素含量被发现显著降低，而胆固醇含量显著升高，PFDoA 可通过影响雌激素合成以及相关基因的表达产生内分泌干扰效应。陈思怀等(2014)评价了长期低剂量 PFDoA 暴露对大鼠的内分泌干扰效应，发现 PFDoA 的慢性暴露干扰垂体 FSH 的信号，从而产生内分泌干扰效应。

总结关于 PFC 对哺乳动物的生殖系统毒性研究可以发现，PFC 具有如下毒性效应：① 可以通过 ER 介导雌激素效应，干扰机体雌激素的稳态以及肝脏卵黄蛋白原的生成；② 影响 GnRH、LH 和 FSH 的合成，对卵子和精子的产生造成影响；③ 干扰固醇类合成通路上关键基因的表达以及芳香化酶活性，影响性腺中性激素的合成；④ 升高性腺中丙二醛(MDA)的含量，降低超氧化物歧化酶(SOD)和过氧化氢酶(CAT)的含量，对性腺造成氧化损伤(图 4-1)(周炳升等，2018)。

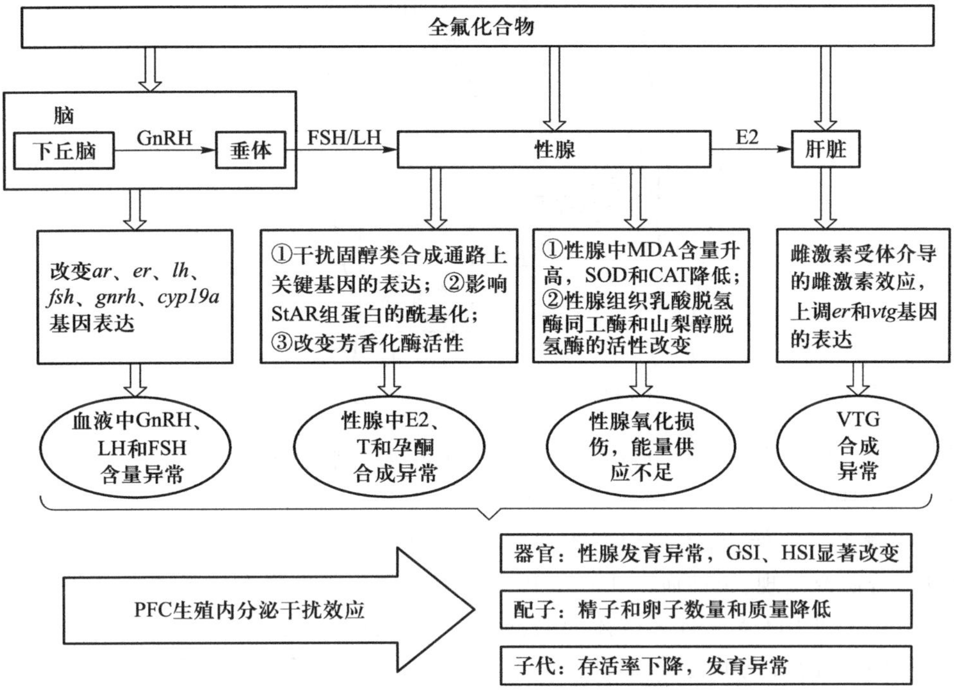

图 4-1 PFC 的生殖内分泌干扰效应及相关致毒机制(周炳升等，2018)

4) 人体生殖系统的毒性效应

目前关于 PFC 的流行病学研究报道较少，已有的研究表明，PFC 暴露可能通过干扰人的性激素水平，进而影响人的生殖能力(图 4-2)(周炳升等，2018)。流行病学研究发现，部分 PFC 暴露可能会影响人体的生殖系统。Tsai 等(2015)检测了台北市 540 名年龄在 12~30 岁的青少年和青年人血清中 PFC 浓度和生殖激素水平。结果发现，男性 PFOS 水平普遍高于女性，18~30 岁的青年人血清 PFOS 水平高于青少年，且高身体质量指数(BMI≥24)人群血清中 PFOS 含量更高。通过分析 PFC 和性激素水平之间的关系发现，女性血清中性激素结合球蛋白含量会随着 PFOA 含量的升高而降低。在 12~17 岁的青少年中，促卵泡激素水平与 PFOS 含量呈负相关关系，而睾丸激素仅与女性 PFOS 含量呈负相关。该研究说明，

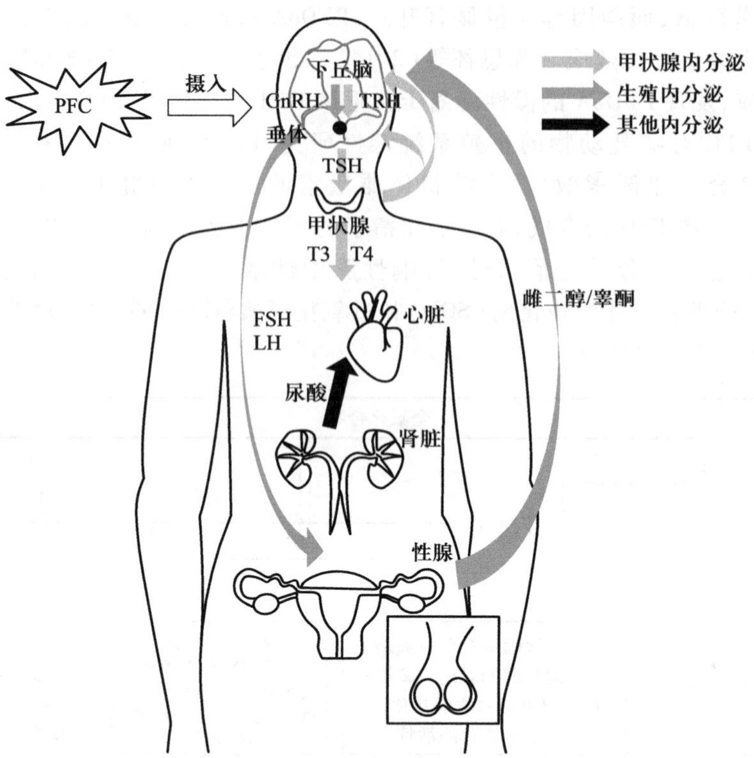

图 4-2　流行病学报道 PFC 暴露干扰人体生殖内分泌系统（周炳升等，2018）

PFC 可能影响人体正常生殖内分泌系统，且对未成年人影响更大。

Olsen 等（1998）分别在 1993 年和 1995 年调查了 3M 公司生产员工的健康状况发现，员工血清中睾酮水平降低，与体内较高浓度的 PFOA 存在关联性。Toft 等（2012）对一个 588 人的队列进行研究发现，男性血清 PFOS 和 PFOA 含量与正常形态精子数目呈负相关，推测可能是由 PFOS 和 PFOA 干扰了机体的内分泌功能或影响了精子细胞膜功能所致。此外，Raymer 等（2012）的研究也表明，男性血清中 PFOA 和 PFOS 含量与促黄体激素水平呈正相关。Vélez 等（2015）系统调查了 2008—2010 年参与加拿大母婴环境化学品研究（The Maternal-Infant Research on Environmental Chemicals，MIREC）的母婴样品，探究 PFOA 和 PFOS 对女性生育能力（生育能力通过妊娠所需时间来判断）的影响，发现 PFOA 的浓度与女性人群的生育能力呈负相关。Fei 等（2009，2012）检测了丹麦 1240 名妊娠 4～14 周孕妇的血清中 PFOA 和 PFOS 浓度，并调查了她们受孕所需时间，两者关系分析结果显示，血清 PFC 水平越高的孕妇，受孕所需时间越久。

4.2.2　化学物质的生物富集和放大现象

前述的 PFC 是一类水溶性的化合物，由于蛋白亲和作用呈现出极高的生物放大效应。相比之下，大多数脂溶性化学物质被认为能不断地被生物体组织吸收，并在生物体内持续累积，沿着食物网营养层次升高，浓度显著增加，在高等生物体内出现很高浓度（图 4-3），影响高等生物体的健康（EPA，2002）。在陆地生态系统中，草本植物会累积少量污染物，食草动物啃食草本植物后,污染物被传递到其体内;接着食草动物被食肉动物捕获,污染物又会在高一级的生物体内富集。在海洋生态系统中,生物的食物来源比陆地生物复杂,海洋中的多种浮游植物或被小型浮游动物捕食,或被低等无脊椎生物捕食,污染物经由食物关系进入低等生物体内。之后浮游动物或无脊椎生物被鱼类捕食后,污染物被进一步富集,最后污染物在鸟类或哺乳动物体内大量累积。如果人类食用高营养层级的生物(如鱼类),高浓度污染物将进入人体。一般认为,脂溶性是决定污染物经过层层捕食和被捕食关系发生富集和放大效应的关键因子,但是一系列亲脂性物质(如多环芳烃)却发生了生物稀释的食物网传递效应,这一结果吸引大量的生态毒理学家,开展众多化学物质的食物网传递行为调查,尝试解析物质放大的真正机制和决定因子,并用于化学品管理和风险控制,降低野生生物和人类的生态健康风险。

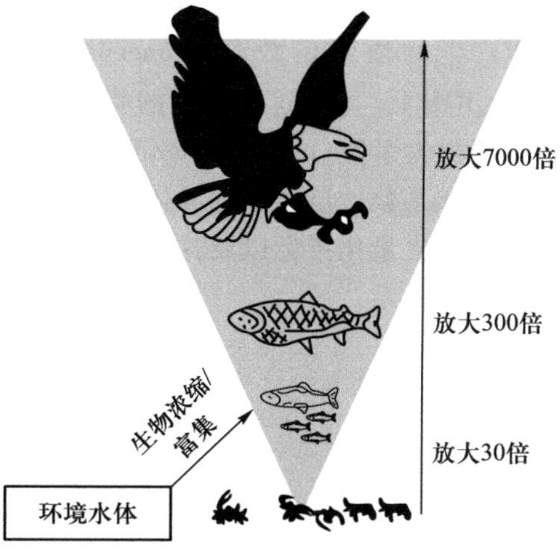

图 4-3 滴滴涕类物质在食物网的生物富集及放大效应

大量研究证实,典型脂溶性化学物质可通过食物链的营养传递产生浓度富集。例如,在经过杀虫剂处理的果园里,松鼠体内的滴滴涕类物质和狄氏剂(dieldrin)的浓度分别是 48 $\mu g\cdot kg^{-1}$ 和 1.2 $\mu g\cdot kg^{-1}$。当用它们喂食美洲鹰 60 天后,两种物质在美洲鹰体内的浓度分别达到 232 $\mu g\cdot kg^{-1}$ 和 5.9 $\mu g\cdot kg^{-1}$(段昌群,2004)。滴滴涕类物质和狄氏剂的浓度在捕食者和被捕食者之间大约增加到 5 倍。又如,在美国密歇根湖中,底泥的滴滴涕浓度大约是 0.014 $\mu g\cdot kg^{-1}$;湖中的浮游生物(片脚类动物)体内该物质的浓度为 0.41 $\mu g\cdot kg^{-1}$,被放大了约 30 倍;而在鱼体内,污染物的浓度被进一步放大到 300 倍左右,达到 3.35~5.6 $\mu g\cdot kg^{-1}$。最后在银鸥的胸肌内检测到的浓度为 98.8 $\mu g\cdot kg^{-1}$,大约是水体内的 7000 倍;而在其脂肪中的浓度更高,达到 2441 $\mu g\cdot kg^{-1}$,相当于水体的 1.4×10^6 倍(段昌群,2004)。再以美国长岛河口区生物对滴滴涕的富集和放大为例,该地区水中浮游生物体内的滴滴涕浓度为 0.04 $\mu g\cdot kg^{-1}$;浮游生物被小鱼(如银汉鱼)所食,小鱼体内滴滴涕浓度增加到 0.5 $\mu g\cdot kg^{-1}$;其后小鱼被大鱼所食,大鱼体内滴滴涕浓度增加到 2 $\mu g\cdot kg^{-1}$;最后海鸟捕食鱼类,其体内滴滴涕浓度增加到 25 $\mu g\cdot kg^{-1}$(段昌群,2004)。

这些例子表明,环境浓度较低的污染物可通过食物链的逐级放大作用,最终在高营养层级生物体内达到相当高的浓度水平,导致高营养层级生物体出现毒性效应。因此,化学物质的生物放大性直接关系着物质的生态危害和基准制定。在美国,正是由于持久性有机污染物的生物放大作用及其导致的生态危害,美国国家环境保护局(EPA)已制定计划要建立以保护鸟类等高等生物为目标的环境基准(An et al.,2006)。

4.2.3 常用的生物富集和放大评价指标

污染物通过水体和沉积物等环境介质富集于生物体,并进入水生食物网,发生生物放大的生态效应,产生各种生态风险。为了量化这一富集过程,研究人员提出了众多衡量生物富集效应的量化指标。如图4-4所示,常用的指标有生物富集系数(bioaccumulation factor, BAF)、生物浓缩系数(bioconcentration factor, BCF)以及生物放大系数(biomagnification factor,BMF)。除了这些常用的指标,生态毒理学家自2000年以来提出了新型评价指标营养层级放大系数(trophic magnification factor,TMF),从整个食物网层面定量描述污染物的食物网传递系数。该系数的具体算法和相关调查在第4.2.6节详细介绍。以下具体描述常用的生物富集量化指标以及这些指标与污染物在生物体内吸收、分配、排泄和代谢等毒代动力学过程的关系。

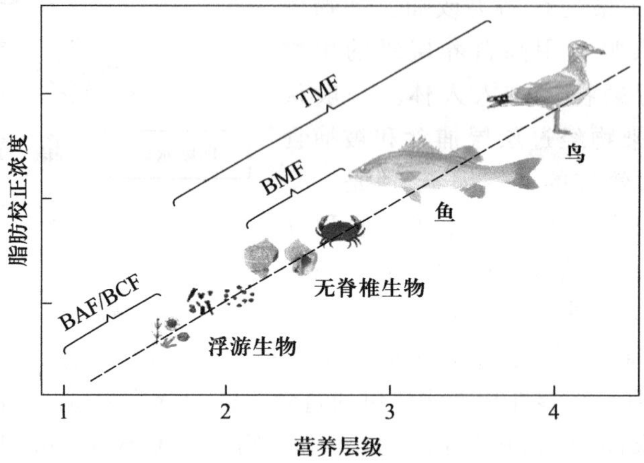

图4-4　生物富集和放大效应的评价指标。BAF/BCF描述污染物从水体富集于生物的过程(BCF针对实验室生物的富集过程),BMF量化污染物在捕食者和被捕食者之间的富集,TMF定量描述污染物在整个食物网的传递行为

污染物主要通过取食、呼吸和接触等方式进入生物体体内,并经过生物体的各种生理过程,最终在体内累积。图4-5展示了污染物进入生物体的主要途径和污染物在生物体内的去除过程。环境科学家根据污染物进入生物体的不同途径定义化学物质富集和放大参数(包括BCF、BAF和BMF等),并利用这些参数定量地评价化学物质的生物富集和放大效应(以鱼为例)(Borga et al.,2004;Arnot and Gobas,2006;Mackay and Fraser,2000)。

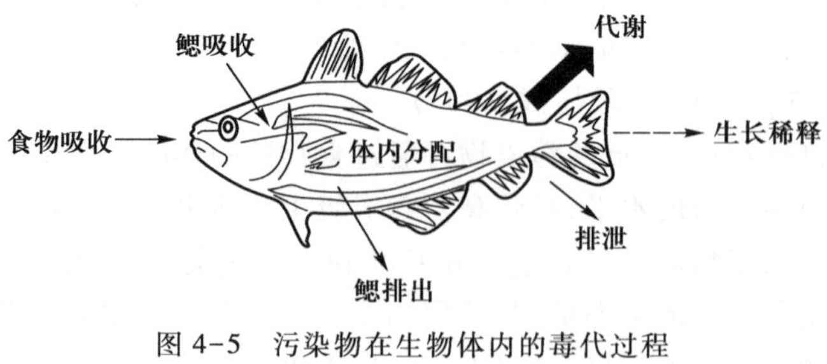

图4-5　污染物在生物体内的毒代过程

(1) BCF

对于水生生物,污染物能通过生物体与水直接接触以及腮的呼吸过程直接进入生物体内,利用生物体内的污染物浓度和水中浓度的比值可以获得化学物质的BCF。在此条件下,

生物体内的浓度随时间变化可以用公式(4-1)表示：

$$dC_B/dt = (K_{RI}C_W) - (K_{RO}+K_E+K_M+K_G)C_B \tag{4-1}$$

式中,C_B 为污染物在生物体内的浓度,K_M 为污染物在生物体内的代谢系数,K_G 为污染物在生物体内的生长稀释系数,K_{RI} 和 K_{RO} 分别为污染物通过鳃呼吸的吸收系数和排出系数,K_E 为污染物在生物体内的排泄系数,C_W 为污染物在水中的浓度。在稳态条件下($dC_B/dt=0$),BCF 可以用公式(4-2)表示：

$$BCF = C_B/C_W = K_{RI}/(K_{RO}+K_E+K_M+K_G) \tag{4-2}$$

只有在实验室条件下,才能控制生物仅通过水富集污染物,因此该参数主要来自实验室的暴露数据。目前很多研究表明,生物体内的污染物主要通过食物途径富集,研究者把食物途径考虑后,重新定义了 BAF。

(2) BAF

在水生生物体内,利用污染物通过各种吸收途径(水和食物等)以及各种可能的去除途径(代谢和排泄等)后的净残留浓度和水中浓度的比值,即可得到化学物质的 BAF。在此条件下,生物体内的浓度随时间变化可以用公式(4-3)表示：

$$dC_B/dt = (K_{RI}C_W + K_DC_D) - (K_{RO}+K_E+K_M+K_G)C_B \tag{4-3}$$

式中,K_D 为污染物通过食物的吸收系数,C_D 为污染物在食物中的浓度。在稳态条件下($dC_B/dt=0$),BAF 可以表示为

$$BAF = C_B/C_W = [K_{RI}+K_D(C_B/C_W)]/(K_{RO}+K_E+K_M+K_G) \tag{4-4}$$

在稳态模型中,生物体内污染物的吸收和去除效率比值稳定,该参数也为定值。由于参数计算考虑了各种吸收和去除途径,该参数在实验室模拟实验和野外调查中都能获得,并常用于经验和机理模型的计算。但是,该参数仅仅从机理上考虑了化学物质的生物放大效应,数值上反映的依然是污染物在生物体与水体间的分配系数。

(3) BMF

污染物通过食物途径进入生物体内,导致生物体内的污染物浓度高于食物中的污染物浓度,利用污染物在捕食者和被捕食者之间的浓度比值得到化学物质的 BMF,如公式(4-5)所示：

$$BMF = C_B/C_D = [K_{RI}(C_W/C_D)+K_D]/(K_{RO}+K_E+K_M+K_G) \tag{4-5}$$

该参数可以从实验室和野外调查中获得。

(4) 沉积物生物富集系数

污染物也能通过沉积物进入生物体内(特别是底栖生物)。利用生物体内的污染物浓度($C_{organism}$)和沉积物中浓度($C_{sediment}$)的比值得到化学物质的沉积物生物富集系数(biosediment accumulation factor,BSAF)(Sundelin et al.,2004)。该参数常用于野生生物的调查,也能通过实验室暴露实验获得：

$$BSAF = C_{organism}/C_{sediment} \tag{4-6}$$

上述参数从 20 世纪 80 年代开始被应用于化学物质的个体生物富集和放大性评价。

4.2.4 生物富集和放大的模拟研究

为了获得各种化学物质的生物富集和放大系数,很多初期研究在实验室内或野外环境中对实验生物进行暴露实验,通过测定生物体体内与环境中的污染物浓度获得对象物质的 BCF 或者 BAF。由于生物的个体种间差异和实际环境因素影响,这些暴露数值很难与野生生物的富集放大系数完全一致,但这些数值反映了一个"真实"的暴露状态(各种环境因素都得以控制),根据这些数值建立经验模型,就能对更多化学物质的生物富集和放大效应进行预测。

1971 年,Hamelink 等首次定量研究了污染物的生物富集效应,他们以氯代有机化合物为研究对象,提出污染物在介质(水相和生物相)间的分配很可能是导致物质生物富集的主要原因(Hamelink et al.,1971),获得了一系列有机污染物的 BCF 值,并发现 BCF 值与物质的辛醇/水分配系数(log Kow)有着很好的线性关系(Neely et al.,1974)。之后,Veith 等(1979)研究了更多的化学物质,对关系式进行了修正。1982 年,Mackay 重新研究了 Veith 等人的数据,得出 BCF 和 log Kow 的线性关系(Mackay,1982)。Bintein 等于 1993 年提出了 BCF 与 log Kow 的非线性关系,即当 log Kow 大于 6 时,化学物质的 BCF 值会呈下降趋势,其原因归于随着 log Kow 的增高,化学物质的生物可利用性呈降低趋势(Bintein et al.,1993)。1999 年,Meylan 等则给出了更为完善的基于 log Kow 的 BCF 值预测公式,其中包括离子化和非离子化的物质在不同的 log Kow 区域的 BCF 值(Meylan et al. ,1999)。早期的经验模型采用单一物理化学参数(log Kow)对物质进行评价,会对很多化学物质的生物富集效应产生错误判断。例如多环芳烃类物质,根据其 log Kow 判断应该具有很高的生物富集效应,但是这类物质在鱼体内不会出现很高的富集浓度,并且食物网也不呈现生物放大现象。另外,加拿大国家化学物质列表中的很多物质都呈极性和水溶性,但它们有些却是呈现明显生物富集的,这些物质包括阻燃剂、活性剂、农药、含氟类物质、可塑剂、个人护理品等(Kelly et al.,2004)。因此,越来越多的研究提倡,根据化学物质在生物体内的物质平衡机理来构建模型,进而对污染物的生物富集效应进行评价。

早在 1975 年,Branson 等将污染物的生物富集现象概念化为污染物在鱼和水两个箱子间的动力学交换过程,建立了两箱动力学模型(Branson et al.,1975)。Barber(2003)通过实验室暴露或野外实测获得污染物在生物体内的各种生理过程参数,然后建立了污染物生物富集的生理学模型,Mackay 等则将逸度概念引入生物富集的研究,通过逸度、逸度通量、亨利常数和逸度容量等参数统一量化污染物进出生物体的通量,建立了一系列的逸度评价模型(Mackay,1982;Mackay and Fraser,2000)。Nichols 等则利用药代动力学模型研究污染物在生物体内参与的各种生理过程,进而评价污染物的生物富集效应(Nichols et al.,1990)。随着各种模型的出现和发展,两箱动力学模型被进一步拓展,Gobas 和 Mackay 也重新定义了基于逸度的生物富集过程(Gobas et al.,1986;Gobas and Mackay,1987)。在对生物富集过程模拟和理解的基础上,研究者开始认为,食物吸收在生物富集和放大过程中具有重要性。1988 年,Connolly 和 Pederson(1988)指出,仅仅将生物富集看作介质分配和逸度平衡是错误的,并在调查了五大湖区内鱼的污染物浓度后发现,鱼和水的逸度比(特别是大鱼)超过 1,这与热动力学相矛盾。为了解释这个矛盾现象,Clark 等于 1990 年提出,可能是由胃消化过程导致的(Clark et al.,1990a)。该假设被 Gobas 等(1993,1999)的实验证实,这是最早的生物放大机理解释。接着,一些以鱼为研究对象并同时考虑了食物吸收和腮交换的模型出现了,这些模型更细化了污染物在生物和水体间的交换过程(Thomann and Connolly,1984;Clark et al.,1990b),Mackay 等人利用逸度概念对这些过程提出了理论公式(Gobas et al.,1989)。同时,研究者弄清了污染物在沉积物和底栖无脊椎生物间的传递过程,产生了一系列模型(包括两箱动力学模型、机理动力学模型等)(Bierman,1990;Morrison et al.,1996)。从最初简单的分配研究到现在多种方式的生理过程研究,生物富集模型在生物个体水平上已经非常成熟,而且一些模型已经被各国政府应用于化学物质的生物富集效应评价。但是,上述模型局限于生物个体与环境介质的传递过程,污染物的生物放大机理还是得不到明确解释,无法建立以高营养级生物为保护目标的评价方法。

4.2.5 生物富集和放大效应的野外调查研究

除了实验室内的模拟实验,很多研究者通过直接调查野生生物体内各种污染物的浓度水平,进而计算其生物富集和放大系数,调查的结果验证了实验室的暴露模拟结果,并对当地指示生物种选择、生物敏感性研究、新型污染物质的生物富集评价提供了帮助。以下以有机氯、多环芳烃和麝香类物质为例做简要介绍。

大量的研究以有机氯类物质为对象。1995 年,Colombo 等利用亚洲蛤作为拉普拉塔河口有机氯污染的指示生物,发现该生物体内林丹和氯丹类物质的浓度分别是水中浓度的 130 600 倍和 7 373 000 倍(BAF),生物体内的多氯联苯类物质浓度是沉积物中浓度的 380~9700 倍(BSAF),进一步分析发现,林丹和氯丹类物质的 BAF 值随 log Kow 的升高而升高(Colombo et al.,1995)。2002 年,Kucklick 等对阿拉斯加北部地区北极熊体内的有机氯类物质进行调查发现,北极熊与其食物(海豹)中滴滴涕和多氯联苯类物质的 BMF 值都显著大于 1(Kucklick et al.,2002)。研究还发现,靠近北极海洋的北极熊的 BMF 值要高于靠近阿拉斯加 Barrow 地区的北极熊,这是由于靠近海洋的北极熊主要捕食一些营养层级较低的生物(Kucklick et al.,2002)。Ruus 等调查了有机氯类物质在海豹、鳕鱼和毛背鱼三种具有食物关系的生物间的 BMF,计算出六六六类、滴滴涕类、多氯联苯类物质和氯丹类物质的 BMF 值分别为 2.1~2.5、3.7~36.9、3.2~32.2 和 3.2~35(Ruus et al.,1999)。

多环芳烃类物质的生物富集效应与有机氯类物质相比很低。Vives 等调查了多环芳烃类物质在西班牙高山湖食物网中的富集行为,得出了两种生物体内多环芳烃类物质的 BAF 值范围为 10^4~10^7(Vives et al.,2005)。在北美洲的伊利湖,Gewurtz 等对比研究了四种无脊椎生物对多环芳烃和多氯联苯类物质的富集行为发现,多环芳烃类物质的 BSAF 值(大多数小于 1)要显著低于多氯联苯类物质(1~10),并且多环芳烃类物质的 BSAF 值随 log Kow 升高呈下降趋势,和多氯联苯类物质的趋势相反(Gewurtz et al.,2000)。

麝香类物质是一种用途广泛的香料,由于其产量大并且具有潜在的内分泌干扰等毒性,受到环境科学家的关注。为了了解这类物质的生物富集和放大效应,Gatermann 等(2002)通过比较水生生物体内的物质浓度与环境水体中的浓度,获得了这类物质的 BAF 值(20~40 000),并发现 BAF 在不同的生物种间数值差异很大。麝香类物质的 BAF 值说明这类物质的生物富集效应要低于一般的有机氯类物质,并且不同生物种具有不同的敏感性。

不同化学物质的生物富集和放大效应研究表明,化学物质在野生生物体内的富集行为受其本身的理化性质影响。除此之外,生物体自身的生物因素也会对其污染物的富集行为产生很大影响。这些因素包括:生物的脂肪含量、季节性行为、繁殖、个体大小、营养层级、年龄、性别、生命周期、迁徙行为和食物组成等(Borga et al.,2004),并且这些因素不是孤立的,它们存在着有机的联系,共同影响污染物在野生生物体内的富集和放大效应。

4.2.6 化学物质在食物网的传递动力学研究

(1) 污染物在食物网各营养层级间的放大系数

个体生物的富集和放大效应研究主要以鱼为模型生物,建立的模型和评价方法主要适用于水生生物。但是,一些调查研究发现,化学物质的生物放大效应在不同的生物种间有很大差异。例如,多氯联苯(PCB153)在无脊椎生物和鱼体内的 BMF 值分别为 5 和 10,在鸟体内是 20~60,在海洋哺乳动物、狼和人体内则接近 100(Kelly et al.,2004);巴伦支海水生食物网中各生物的 BMF 调查发现,恒温动物的 BMF 值要显著高于冷血动物(Fisk et al.,2001;Hop et al.,2002)。不同生物种体内的生理过程存在着很大差异,导致污染物不同的富集行为,因而利用个体生物获得的污染物信息评价物质的生物富集和放大效应是非常片面的,需要从食物网的层次上研究污染物的传递行为。在生态学中,将生态系统的组织结构用简单的营养层级来划分,为系统内能量的流动传递研究提供了很好的基础,这种方法对于污染物的食物网传递研究有非常重要的借鉴作用。

BCF、BAF 和 BMF 都是针对个体生物定义的富集和放大参数,对于食物网层级上的污染物传递行为研究,主要采用营养层级放大系数(TMF)来定量研究。TMF 是指污染物随营养层级升高而增加的倍数,它大于 1 表明污染物在食物网中的传递行为呈现生物放大,小于 1 表明污染物在食物网中的传递行为呈现营养层级稀释,该系数已经越来越多地被环境科学家应用于水生生态系统中污染物的食物网传递研究(Fisk et al.,2001)。

TMF 的计算公式见公式(4-7)和(4-8):

$$\mathrm{Log}[C_{\mathrm{organism}}]_{\mathrm{lipid\ weight}} = a \times \mathrm{Trophic\ Level(TL)} + b \tag{4-7}$$

$$\mathrm{TMF} = 10^{a} \tag{4-8}$$

式中,$[C_{\mathrm{organism}}]_{\mathrm{lipid\ weight}}$ 为不同营养级生物体内污染物的浓度(脂重矫正),Trophic Level 为生物的营养级。

从公式中不难看出,为了获得污染物在食物网中的 TMF 值,首先需要确定各生物之间的捕食关系和整个食物网的营养结构。在生态学中,确定生物种间营养关系的常用方法有经验方法和胃容量方法。经验方法就是根据多年的观察资料,确定各生物之间的捕食关系,人为地赋予各种生物营养层级数值,这种方法主观性很强,在定性研究中可以使用。胃容量方法通过直接分析生物体胃中残留物的组成来计算生物体的营养层级,需要及时解剖对象生物并分析其胃中的食物种类和比例,因而该方法只能反映采样时期内生物的食性,受时间和空间的限制很大(Fisk et al.,2001;Hop et al.,2002)。在过去几十年里,稳定同位素的分析技术有了很大提高,并被广泛应用于生态系统研究。一些研究发现,元素本身与其同位素在生物的生理过程中存在着一定的差异,该差异可以用来反映长时间内生物的摄食信息,所以利用稳定同位素比值能连续并准确反映生物间的捕食关系,弥补传统胃容量方法的不足,因而近年来被环境科学家应用于污染物的食物网传递研究。

(2) 稳定同位素种类及其用途

食物和食物网关系是生态系统中的重要环节,整个生态系统的结构和功能也因食物因子得以维系。稳定同位素技术是基于生物体内天然存在的同位素比值与食物之间存在相对稳定的关系而建立起来的(DeNiro and Epstein,1978)。常用的稳定同位素有碳、氮、硫和氢同位素,尤其以碳和氮同位素应用最为广泛。实际测定中,通过仪器分析获得同位素丰度比值(包括$^{13}C/^{12}C$、$^{15}N/^{14}N$、$^{2}H/^{1}H$和$^{34}S/^{32}S$),然后通过公式(4-9)计算:

$$\delta R_{样品}=[(R_{样品}/R_{标样})-1]\times 1000 \tag{4-9}$$

式中,R是各种同位素丰度比值(如:$^{15}N/^{14}N$值)。由于稳定同位素在动物组织与其食物间存在着分馏效应,其比值从食物网底层生物到高营养层级生物以一定比例增长,其中$^{13}C/^{12}C$和$^{15}N/^{14}N$的增长幅度比较明显,分别为1‰~2‰和3‰~4‰;其他稳定同位素($^{2}H/^{1}H$和$^{34}S/^{32}S$)也以一定的幅度沿营养层级进行规律性富集,但增长比例要低于氮和碳的同位素比值。因此,分析整个食物网各生物种的稳定同位素比值,可以用来解析食物网生物种间的营养关系,定量计算各个生物在食物网中的营养层级。

相对于传统的经验方法和胃容量方法,稳定同位素方法反映生物较长时间尺度上的食物信息,提供一段时间内生物体的食物累积效应,揭示生物长时间的食性和食物网生物种群的营养动态。在生态领域,一些研究者在20世纪80年代就开始尝试利用高营养层级生物和低营养层级生物$^{13}C/^{12}C$和$^{15}N/^{14}N$值的差异分析物种间的营养和食物关系。Wada等(1987)利用这一技术研究了南极罗斯海中生物群落的营养关系。近年来,碳和氮的稳定同位素技术已被广泛应用于研究海洋及河口生态系统的营养流动(Hobson and Welch,1992;Peterson et al.,1985),并描绘出该生态系统的食物网营养结构和能量流动关系。基于这些研究,生物组织内碳、氮、硫和氢稳定同位素比值研究已经被证明是一种分析食物网各生物间营养和食物关系的有效方法。

(3) 基于稳定同位素技术的污染物食物网动力学研究

稳定同位素技术不受时空限制,并能准确地对食物网的营养关系进行定量分析,因而被生态毒理学研究者引入并应用于污染物的食物网传递研究。利用稳定同位素技术(主要是氮同位素)可以分析被污染区域食物网中生物间的营养和食物结构,从而连续地量化各生物种的营养层级。被污染区域食物网的营养结构与对照区域的对比分析反映了污染物对生态系统的影响,进一步分析食物网中各生物的污染物浓度水平,结合污染物浓度与生物的营养层级能定量地研究污染物在食物网的传递行为。这种研究方法在环境领域的研究历史不长,研究对象仅局限于极地水生生态系统,对象物质主要以有机氯类物质为主,现总结如下。

1992年,Broman等(1992)第一次利用稳定氮同位素研究了二噁英类物质在波罗的海食物网的传递行为。在此之后,稳定同位素技术被一些环境科学家用于淡水和海洋环境中污染物的食物网传递研究。由于湖泊封闭的环境和稳定的物种组成不容易引入其他干扰因素,早期的一些研究以极地湖泊为研究区域。此外,其他研究主要关注POP在北极海域食物网的传递行为,因为北极海域没有人为排污,当地的 POP 主要来自大气长距离输送,单一的污染来源和生物间稳定的食物关系为污染物的食物网传递研究提供了很好的条件(表 4-1)。

在内陆湖泊研究中,Kidd 等在加拿大靠近极地的多个湖泊生态系统中,利用稳定同位素技术研究了 POP 在湖泊食物网中的传递行为,同时还比较了传递行为在不同湖泊间的差别。1995 年,Kidd 等人发现,Laberge 湖的鱼体内有异常高浓度的毒杀芬,浓度明显高于其他湖泊的同种鱼类(Kidd et al.,1995)。排除污染物输入的原因后,Kidd 等利用稳定同位素技术分析了所有湖泊的营养层级结构,发现 Laberge 湖与对照湖泊内的食物网长度有很大差异,同种鱼在 Laberge 湖的稳定氮同位素比值要显著高于其他湖泊。从而得出结论:根据同位素测定的食物网长度是影响湖泊鱼体内污染物浓度的主要原因。正是由于首次揭示了营养层级在污染物食物网传递中的决定性作用,该工作在 *Science* 发表。文章发表后,却遭到很多环境研究者的质疑,他们认为,Kidd 等人忽略了其他生物因素对污染物富集行为的影响,如脂肪含量、个体大小等对污染物生物放大的影响。针对这些意见,Kidd 等于 1998 年对该区域所有湖泊的水生食物网进行了更加详细的研究,重新测定了 Laberge 湖泊和其他湖泊中主要生物体内的氯苯、氯丹、滴滴涕和氯莰烷类物质,同样发现,Laberge 湖中上述污染物在同种生物体内的浓度比其他湖泊高 2~40 倍。通过研究生物体的脂肪含量、鱼年龄、鱼个体大小和营养层级等因素对污染物浓度水平的影响,再次证明,上述物质的生物放大现象仍然存在于当地水生食物网中,并且在所有因素中,生物体的营养层级仍然是决定其体内污染物浓度的最主要因素(Kidd et al.,1998a)。在比较各个湖泊同种物质的 TMF 值时,Kidd 等人发现,同种化学物质在不同的湖泊中其 TMF 值也不相同,例如,p,p'-DDE 在安大略湖、贝加尔湖、Laberge 湖和 Peter 湖中的系数分别为 1.4、1.8、1.9 和 1.5,这些差异被认为是由不同食物网的能量传递效率导致的(表 4-1)(Kidd et al.,1998b)。

大部分有机污染物属于易挥发类物质,根据全球蒸馏理论,这类物质在温度较高的低纬度地区容易蒸发进入大气,通过大气传递迁移至寒冷的高纬度地区而沉降。由于两极地区无人为活动,因此极地地区的污染物主要来自大气传输。单一的污染来源以及完整和稳定的物种关系,使得极地海域的水生生态系统成为研究污染物食物网传递行为的重要区域,该区域污染物研究不仅能证明污染物的全球迁移性,也能准确地研究物质的生物放大效应。湖泊食物网的研究中,生物的营养层级直接由其稳定氮同位素比值代替,这种做法没有考虑不同物种的同位素分馏比的差异。而海洋食物网的生物种类较多,既有无脊椎动物和鱼类,也有海鸟和哺乳动物,这些物种间同位素的吸收比例有很大差异。因此,对不同的生物需要采用不同的稳定同位素富集因子计算其营养层级。目前,根据不同物种的分馏比建立的计算方法已被广泛应用于污染物在极地水生食物网的传递研究。

2001 年,Fisk 等(2001)全面研究了大部分 POP 在靠近北极的巴芬湾内水生食物网的富集和放大行为。结果发现,不同生物的 BMF 差别很大,例如,不同种鸟类的 BMF 有很大差异,认为种间差异是污染物浓度差异的主要生物因素。为了研究污染物的食物网传递行为和主要影响因素,Fisk 等结合生物体的营养层级和体内的污染物浓度获得了所有物质在当地水生食物网的 TMF,并对所有对象物质的 TMF 与它们的 log Kow 值进行回归分析,结果发现,TMF 随 log Kow 值的升高呈显著升高趋势,因此得出结论:化学物质本身的 log Kow 值是影响其食物网传递行为的化学因素(Fisk et al.,2001)。

表 4-1 部分 POP 在淡水湖泊和北极海域水生食物网中的 TMF

	淡水湖泊[a]				北极海域[b]									
	美国	俄罗斯湖泊	加拿大极地湖泊		阿拉斯加海域	加拿大海域			欧洲海域			俄罗斯海域	其他海域	
	苏必利尔湖	贝加尔湖	Peter 湖	Laberge 湖	南波弗特海－楚克其海	巴芬湾北部			巴伦支海			白海	挪威东南部海域	
	Whole	Whole	Whole	Whole	Whole	Whole	Whole	Cold	Cold	Warm	Whole	Whole	Whole	Cold
α-HCH			1.1		1.6	2.2			1.6	1.6	1.5	1.2		
β-HCH					2.9	4.2	7.2		1.8	8.1	1.5	0.6		
γ-HCH					0.7	1.4					1.7	0.6		
ΣHCH					1.4		2.7							
HCB				1.7	1.4	1.8	4.1		4.7	4.7	1.8	2.3		
cis-Chlordane					0.7	1.7	1.6		2.6	59.6		0.7		
trans-Chlordain			1.5		1.0									
Oxychlordant					9.3		6.5		4.4	17.5		9.6		
trans-Nonachlllor					5.2	5.1	5.5		5.0	5.0	10.4	4.8		
Σchlordanes				1.4	4.8		6.6						6.8	
p,p'-DDE		1.8	1.5	1.9	5.4	7.4	13.7	5.5	3.7	31.8	14.5	3.6		
p,p'-DDT					1.5	2.8	5.7					1.3		
ΣDDT				1.7	3.0		10.8						8.9	4.8
PCB 28					1.3	1.3	2.1		5.4	5.4	3.3	1.3		
PCB 31									3.5	3.5				

续表

	淡水湖泊[a]				北极海域[b]									
	美国	俄罗斯湖泊	加拿大极地湖泊		阿拉斯加海域	加拿大海域			欧洲海域			俄罗斯海域	其他海域	
	苏必利尔湖	贝加尔湖	Peter湖	Laberge湖	南波弗特海-楚克其海	巴芬湾北部			巴伦支海			白海	挪威东南部海域	
	Whole	Whole	Whole	Whole	Whole	Whole	Whole	Cold	Cold	Warm	Whole	Whole	Whole	Cold
PCB 47							2.5		2.8	14.5				
PCB 52			1.2		2.6							1.9		
PCB 99					5.9	5.5	7.5		3.1	28.4	11.9	2.6		
PCB 101					3.9		3.6							
PCB 105					5.8		6.1		3.4	21.4		1.4		
PCB 118					3.8		3.7		3.9	26.2		1.5		
PCB 149							2.3		3.4	14.3				
PCB 153			1.4		6.7	5.9	9.7		4.1	26.3	18.8	2.9		
PCB 138					4.7	5.6	8.8	6.7	3.7	27.8	17.0	3.4		
PCB 180					6.5		10.7					0.8		
PCB 194												2.2		
ΣPCBs	1.8	1.8		1.7	3.3	2.9	4.6					1.5	6.2	3.9

注：a，用氮同位素比值间接代替营养层级，与污染物浓度回归；b，基于氮同位素计算获得营养层级，用营养层级与污染物浓度回归。Whole，整个食物网的TMF；Warm，恒温动物的TMF；Cold，冷血动物的TMF。上述数据来自Broman et al.，1992；Kidd et al.，1995；Kidd et al.，1998a；Fisk et al.，2001；Hop et al.，2002；Hoekstra et al.，2003；Muir et al.，2003；Ruus et al.，2002。α-HCH、β-HCH和γ-HCH为六六六类物质，HCB为六氯苯，cis-Chlordane、trans-Chlordain、Oxychlordant和trans-Nonachlllor为氯丹类物质，p,p'-DDE和p,p'-DDT为滴滴涕类物质，PCB 28、PCB 31、PCB 47、PCB 52、PCB 99、PCB 101、PCB 105、PCB 118、PCB 149、PCB 153、PCB 138、PCB 180和PCB 194为多氯联苯类物质。

此后,Hop 等在靠近极地海域的巴伦支海研究了多种 POP 的食物网传递行为(Hop et al.,2002)。研究发现,在冷血动物构成的食物网中(物种包括无脊椎生物、鱼、浮游生物),污染物的 TMF 为 1.6~5.4;但在恒温动物构成的食物网中(物种包括海鸟、海洋哺乳动物与其食物),TMF 显著高于冷血动物,为 1.6~59.6。该研究从生物物种差异的角度揭示了生物种(恒温动物和冷血动物)对污染物的食物网传递行为的影响(Hop et al.,2002)。

一些研究者在北极的其他海域也开展了 POP 的食物网传递研究。在靠近北极的南波弗特海-楚克其海,氯苯、六六六、氯丹、滴滴涕和多氯联苯类物质在当地水生食物网中呈现出不同程度的生物放大现象,TMF 分别为 1.4、1.6~2.9、5.2~9.3、3.0~5.4 和 3.9~6.7(Hoekstra et al.,2003)。在俄罗斯的白海,滴滴涕、六氯苯、六六六、氯丹和多氯联苯类物质也发现明显的生物放大效应,TMF 分别为 1.3~3.6、2.3、1.6~1.8、2.6~5.0 和 3.1~4.4(Muir et al.,2003)。在挪威东南部海域的食物网中调查发现,滴滴涕、氯苯和多氯联苯类物质的浓度随营养层级增加而显著增高,TMF 分别为 8.9、6.8 和 6.2(表 4-1)(Ruus et al.,2002)。这些极地海洋的研究都表明,大部分 POP 呈显著的生物放大效应。

4.2.7 化学物质在水生食物网的传递行为

基于稳定同位素的生物放大评价方法的可靠性被 POP 的调查研究所证实,一些研究者将目光投向更多的其他化学物质,试图利用该技术研究一些新型有害物质的生物放大效应,探寻决定物质生物放大效应的关键因子。甲基汞具有神经毒性,大剂量时能引起智力迟钝、癫痫、大脑皮质性麻痹等症状。研究表明,在海洋和湖泊水生食物网中,甲基汞在生物体内的浓度随着稳定氮同位素比值的升高而显著增高(Atwell et al.,1998)。卤代二甲基双吡咯类物质是一类既含氯又含溴的卤代污染物。Tittlemier 等(2002)利用稳定氮同位素的方法研究了此类物质在北极海洋的水生食物网的传递行为,结果发现,这类物质呈显著生物放大效应,TMF 为 5~15。六溴环十二碳是一类阻燃剂,这类物质的生物放大性是其列入新增 POP 的重要指标。2004 年,Tomy 等在安大略湖对这类物质的食物网传递行为进行研究发现,这类物质呈现显著的生物放大现象,TMF 为 6.3(Tomy et al.,2004a)。含氟有机污染物是一类广泛应用于冰箱、催化剂、表面活性剂和发泡剂的化学物质,Tomy 等在北极东部海域的食物网中对这类物质的研究表明,PFOS 类物质浓度随营养层级升高呈显著增加,TMF 为 3.1(Tomy et al.,2004b);PFOA 类物质在存在食物关系的生物间有放大现象,但是在整个食物网中没有呈现明显的生物放大现象(Tomy et al.,2004b)。邻苯二甲酸酯类物质是一类潜在的内分泌干扰物质,广泛应用于塑料和包装等行业,为了研究其生物放大效应,Mackintosh 等(2004)在英国的 False Creek 海湾研究该类物质在食物网的传递行为,发现中低分子量的邻苯二甲酸酯在生物体内的浓度随营养层级升高没有显著变化,而高分子量的邻苯二甲酸酯的浓度随营养层级升高呈现显著下降,即呈现营养层级稀释现象。

除了极地水生生态系统,我国学者还对中纬度海域水生生态系统(渤海区域)中污染物的食物网传递行为进行了全面系统的调查。胡建英等在我国的半封闭海湾生态系统开展了近百种污染物的食物网传递行为调查研究,首先利用稳定碳和氮同位素测定了渤海湾食物网主要生物种的营养层级,对该水生食物网主要生物的食性和营养关系进行了连续的定量化(图 4-6);然后系统检测了食物网生物体内近百种污染物的浓度水平,通过生物体污染物浓度与营养层级的回归分析，得到众多不同类型污染物的TMF（Hu et al.，2005，2006，2009；Wan et al.，2005，2007，2008；Zhang et al.，2012；Peng et al.，2014）。根据污染物的TMF，可以将众多污染物的食物网传递行为归为三类，在研究污染物的食物网传递行为时，常使用以下术语。

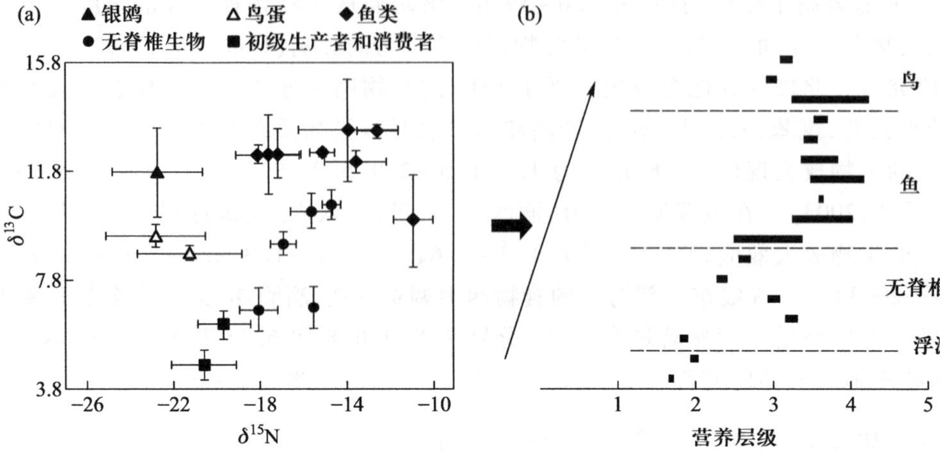

图4-6 基于稳定碳、氮同位素的渤海湾水生食物网主要生物种营养层级。（a）渤海湾食物网各生物体δ^{15}N和δ^{13}C值；（b）渤海湾食物网中各生物种的营养层级

生物放大性物质：在食物网中生物的浓度随着营养层级升高呈现显著升高的一类污染物；一般来说，其浓度与营养层级具有显著的正相关关系（$p<0.05$），TMF>1。这类物质能在高营养级生物体内富集极高的浓度，产生潜在的生态风险。例如，三苯基锡虽然在环境中浓度极低，但通过显著的生物放大效应，在高营养层级生物体内富集很高的浓度，是导致长江野生中华鲟畸变的主要物质（Hu et al.，2009）。

营养层级稀释物质：在食物网生物中的浓度随着营养层级升高呈现显著降低的一类污染物，其生物浓度与营养层级具有显著的负相关关系（$p<0.05$），TMF<1。这类物质不容易在高营养层级生物体内富集较高的浓度。

生物不放大物质：在食物网生物中的浓度随着营养层级升高没有出现显著升高或降低趋势的一类污染物，其生物浓度与营养层级没有显著的相关关系（$p>0.05$），TMF≈1。这类物质在不同营养层级生物体内的浓度不会出现显著的差异性。

对单一生物的POP的暴露实验表明，化学物质的log Kow是决定化学物质生物放大性的重要参数（Thomann，1989）。一般认为，化学物质的log Kow在5～8时，其在食物网的TMF大于1，呈现生物放大。北极的巴芬湾内水生食物网调查结果显示，对所有物质的TMF值与它们的log Kow进行回归分析发现，TMF随log Kow的增大而显著增加（Fisk et al.，2001）。研究者对我国南方一个受电子垃圾污染的湖泊中的7种多氯联苯醚类（PBDE）、3种滴滴涕类（DDT）和21种多氯联苯类（PCB）物质的食物网传递行为进行研究发现，这些POP的TMF值均大于1；对TMF值与它们的log Kow进行回归分析发现，TMF随log Kow的增大而显著增加（Zhang et al.，2010）。同样地，对非洲刚果河流域中的POP进行食物网调查发现，PCB、PBDE、DDT和HCH等POP的TMF随log Kow的增大而显著增加（Verhaert et al.，2013）。这些结果均说明，log Kow是影响化学物质食物网传递行为的重要因素，log Kow

可以决定化学物质的食物网传递行为，TMF 随 log Kow 的增大而增大。但是也有研究者指出，log Kow 并不能准确预测化学物质的食物网传递行为。研究者对我国渤海湾中的二噁英类物质（log Kow 值为 5~8）进行食物网调查发现，二噁英类物质的 TMF 与 log Kow 并没有显著的相关关系，某些二噁英类物质的 TMF 小于 1（Wan et al.，2005）。同样地，log Kow 值在 5~8 的物质，例如壬基酚、邻苯二甲酸酯，在食物网中并不放大，PAH 和羟基多溴联苯醚（OH-PBDE）在食物网中呈现稀释现象（Hu et al.，2005；Mackintosh et al.，2004；Wan et al.，2007；Zhang et al.，2012）。对基于同一食物网调查获得的 TMF 和 log Kow 进行分析发现，TMF 和 log Kow 并没有呈现显著的回归关系，脂溶性相似的化学物质既有发生显著生物放大，也有呈现营养层级稀释，还有出现生物不放大现象。这说明，log Kow 并不是化学物质在整个食物网传递行为的决定因素，还有其他因素影响化学物质的食物网传递行为。

4.2.8 化学物质生物富集性评价优先指标

目前已有 30 多种物质被列入全球 POP 清单，这些污染物包括滴滴涕、多氯联苯等，能够在食物网中发生显著的生物放大现象，在高营养层级生物体内富集很高的浓度，产生多种毒性效应。除了已经列入 POP 清单的污染物，各国政府还在对现有的其他商用化学品进行评估，鉴定能够在食物网中发生显著生物放大的物质。

以往关于化学物质生物富集的研究常常以 BCF/BAF 为指标，筛选比值超过 5000 的化学物质进行重点管控。但是 BCF/BAF 仅仅反映污染物从环境水体到生物体的一个水-脂分配过程，不能反映污染物从低营养层级生物富集到高营养层级生物的过程。实际上，污染物通过生物间的摄食过程在不同营养层级生物间进行富集，最终导致食物网层次上的生物放大现象，因此需要以 TMF 为指标去寻找 BMF。不同的食物网类型也对污染物的 TMF 有显著影响，例如六六六的一个单体（β-HCH）在水生食物网中呈现生物不放大现象，但在陆地食物网和包含哺乳动物的食物网中呈现显著的生物放大（Kelly et al.，2007），这类物质因此于 2011 年被列入新增的 POP 列表。

污染物在整个食物网中的传递行为被认为是评价污染物生物放大性的重要方法，和以往的 BCF、BAF 和 BMF 相比，该方法的评价更加全面，结果更为准确。2011 年，国际环境毒理与化学学会（SETAC）召开了关于化学物质系统评价筛选的国际研讨会，重点讨论了生物富集性物质的筛选，提出了图 4-7 的评价框架，仅仅依靠 BCF/BAF 的富集性评价结果只能作为可能接受的结果，只有依据 TMF 的评价，才能肯定化学物质的生物富集性（Gobas et al.，2009）。但是，从食物网层次上评价化学物质的生物放大效应的研究还非常有限，正是由于研究区域和对象物质的有限性，目前还没有普遍接受的能预测化学物质食物网传递行为（TMF）的预测方法。

4.2.9 化学物质食物网传递行为的预测

在模拟个体生物富集和放大行为的同时，一些科学家将个体生物的富集模型通过食物关系串联起来，用来模拟污染物在食物网的传递行为。例如，Thomann（1989）建立了食物网污染物动力学模型，并被 Gobas 等（1993）进一步发展；Campfens 和 Mackay（1997）利用逸度建立了食物网生物富集模型。但实际环境中，影响生态系统的因素很多，很难建立全面模拟

图 4-7　生物富集性评价指标的优先顺序(Gobas et al.,2009)

污染物传递行为的模型,并且模型的参数无法获取,模拟结果难以验证。如果能深入了解污染物的食物网传递机理,就能建立简单可行的评价方法。

大量的模型研究从生物体摄取和去除污染物的途径入手,研究食物吸收、呼吸吸收和排出、排泄、代谢、生长稀释等过程对污染物体内累积量的影响,试图获得影响污染物生物放大的主要因素。例如,通过浮游植物、浮游动物和鱼构成的食物链进行滴滴涕类物质的暴露实验,实验中获得所有生物对滴滴涕类物质的主要生理参数,并计算出了浮游植物-浮游动物-鱼的放大系数,该放大系数与野外调查基本相符(Wang and Wang,2005)。污染物在生物中的生物转化作用长期以来被认为是生物蓄积性评价中非常重要的一个过程。日本的化学品管理法规中明确规定了化学物质的生物蓄积性评价需要基于生物降解实验结果(Weisbrod et al.,2007)。生物转化过程包括吸收、分布、代谢和排泄四个过程。其中,吸收、分布以及排泄过程和化学物质的脂溶性 log Kow 紧密相关,而代谢是生物转化过程中非常重要的过程。有研究指出,即使化学物质的 log Kow 相似,只要该物质在生物中代谢较快,也会导致其生物不放大,生物蓄积性潜力降低(Walters et al.,2016)。研究者对两类物质(PCB 和 PE)的 log Kow 和代谢速率与 TMF 的关系进行比较发现,这两类物质代谢越慢时,TMF 值越大,更容易发生食物网放大,具有更强的生物蓄积性(Kim et al.,2016)。这些研究中,往往选取特定的生物得到该物质的体外代谢速率,但有研究表明,不同生物对相同的物质存在代谢差异,这种代谢差异会导致评价其食物网传递行为的不准确。随着营养层级的升高,生物体对有机氯的代谢能力下降是导致有机氯在食物网放大的原因,这也证明了不同生物间代谢能力对化学物质食物网传递行为的影响(Fisk et al.,2001)。因此,需要进一步评价代谢对化学物质生物蓄积性的影响。

污染物质在生物体内的代谢测试包括体内和体外代谢速率测定,体内代谢实验需要进行活体暴露,较为复杂,而体外代谢速率的测定具有费用较低、易操作和材料易于获取的特点,因此,体外代谢速率测定的方法常被应用于化学物质代谢动力学的研究。体外代谢速率测定的方法包括肝微粒体、肝微粒体酶(S9)以及肝原代细胞的方法。肝微粒体主要存在于肝细胞内质网中,含有丰富的细胞色素 P450 酶。制备肝微粒体必须经过肝脏组织研磨破碎均质化后,再通过差速离心,将肝微粒体和其他的细胞器分离开。肝细胞虽然具有完整的细胞结构且代谢酶成分和活性与体内相似,能反映准确的代谢速率,但是肝细胞来源有限,制备过程复杂，不容易保存和重复利用。肝微粒体与肝细胞相比，具有易于获取、保存和长期使用的特点，且具有比 S9 浓度更高的代谢酶活性（Zheng et al.，2018）。

研究者在大鼠中首次证明了体外代谢速率可以反映实际的体内代谢速率（Rane et al.，1977）。获得体外代谢速率后，通过计算肝脏中肝细胞的数量或肝脏中肝微粒体的含量推算该物质在整个肝脏中的代谢速率，常用的计算模型包括充分搅拌模型（well-stirred）、平行管模型（parallel tube）和散射模型（dispersion）（Roberts and Rowland，1986；Ito and Houston，2004），最后再外推到整个生物体，获得体内代谢速率。体外代谢速率的测定方法包括米氏常数和一级代谢速率，这两种方法都能准确预测化学物质的体内代谢速率（Obach，1999）。研究者对除草剂氟乐灵在 7 种不同物种肝微粒体的体外代谢速率进行测定，在底物浓度 0.8～16 μmol · L^{-1} 范围内获得米氏常数，发现体外代谢速率可以准确预测体内代谢速率，且不同物种的体内代谢速率存在差异（Schultz and Hayton，1999）。研究者采用一级代谢速率的方法，对 7 种不同物质在虹鳟鱼肝原代细胞的体外代谢速率进行测定发现，一级代谢速率的方法可以准确预测体内代谢速率（Han et al.，2007）。

米氏常数为酶促反应动力学反应，通过得到 V_{max} 和 K_m 计算体外代谢速率（公式 4-10）：

$$CL_{int}=\frac{V_{max}}{S+K_m} \tag{4-10}$$

式中，CL_{int} 为体外代谢速率；V_{max} 为理论上的最大降解速率；S 为底物浓度；K_m 为米氏常数。米氏常数的方法常常用于药物代谢动力学研究中，通过该方法可以得到稳定的体外代谢速率。在该方法中，往往需要设置较高的底物浓度，但是该浓度远远高于污染物的环境浓度，并不适合反映环境浓度下污染物的真实代谢速率（Obach，1999）。米氏常数一般是通过计算代谢产物的生成速率得到，但在不知道化学物质的代谢途径和代谢产物的时候，底物降解法是得到体外代谢速率很好的方法。底物降解法的底物浓度较低，可以更好地反映环境浓度下化学物质的代谢速率（Han et al.，2007）。

一级代谢速率的测定方法如公式 4-11 和公式 4-12 所示：

$$\ln C_t=\ln C_0-K\cdot t \tag{4-11}$$

$$CL_{int}=\frac{K}{C_{protein}} \tag{4-12}$$

式中，C_t 为时间为 t 时底物的浓度；C_0 为初始时间底物的浓度；K 为一级代谢速率；t 为时间；$C_{protein}$ 为蛋白浓度；CL_{int} 为体外代谢速率。

测定不同物质在肝微粒体和 S9 中的一级代谢速率发现，这些物质在肝微粒体中的降解速率均高于 S9，其中米氏酮代谢最快，CL_{int} 为 0.287 mL · h^{-1} · mg^{-1}（Han et al.，2009）。研究者测定了 29 种药物在肝微粒体中的一级代谢速率，得到药物的 CL_{int} 为 0.5～189 mL · min^{-1} · kg^{-1}（Obach，1999）。测定 6 种多环芳烃类物质在虹鳟鱼肝 S9 中的一级代谢速率发现，苯并芘（B[a]P）在这 6 种多环芳烃中代谢最快，CL_{int} 为 16.33 mL · h^{-1} · mg^{-1}，高于其他低环多环芳烃的代谢速率（0.13～9.86 mL · h^{-1} · mg^{-1}）（Nichols et al.，2013）。一级代谢速率测定的方法还可以应用于化学物质在肝细胞中的代谢。研究发现，阿特拉津在大鼠肝原代细胞中的 CL_{int} 为 3.81 mL · h^{-1} · 10^6 $cells^{-1}$，但是在虹鳟鱼中 CL_{int} 为 0.002 mL · h^{-1} · 10^6 $cells^{-1}$，说明大鼠对阿特拉津的代谢能力比虹鳟鱼强（Han et al.，2007）。同样地，测定䓛、B[a]P 和

PCB153 的一级代谢速率发现,PCB153 在大鼠 S9 中不代谢,䓛和 B[a]P 稳定代谢,两者的 CL_{int} 相近(Lee et al.,2012)。

体外代谢速率测定方法存在重复性较差的问题。研究表明,对于相同来源的虹鳟鱼肝原代细胞,在相同的反应条件下测得的体外代谢速率在不同实验室间的误差为 27%~61%,实验室内不同批次的误差为 4.1%~30%(Fay et al.,2014)。针对该问题,我国学者进行体外方法的逐一优化,稳定快速测试不同化学物质在野生生物体内的代谢速率,实现不同化学物质体外代谢速率的相互比较,适用于大规模的化学物质代谢测试(Zheng et al.,2016)。该研究组以渤海湾和辽东湾作为研究区域,选取高营养层级生物(海鲈鱼和鸟)作为测试物种,将建立的肝微粒体体外测试体系应用于已经报道 TMF 的近百种化学物质,利用建立的体外测试体系稳定测定了对象物质的体外代谢速率,发现这些化学物质的食物网传递行为与代谢速率存在高度一致性,易代谢物质在食物网中呈现营养层级稀释,难代谢物质呈现生物放大现象(图 4-8)。运用多元线性回归的方法解析了代谢速率和 log Kow 对化学物质食物网传递行为的影响发现,代谢是化学物质食物网传递行为的决定因子(Zheng et al.,2018)。鉴于代谢测试对于生物富集性评价的重要性,国际化学品研究团队也提出应使用 log Kow 和代谢速率来筛选生物放大性物质,找出在生物体内缓慢代谢(代谢速率小于 0.01 d^{-1})并且中等脂溶性的物质(log Kow 值为 6~8),在两个指标共同筛选下,能够准确筛选生物放大性物质,服务于全球化学安全性评价和管理(Walters et al.,2016)。

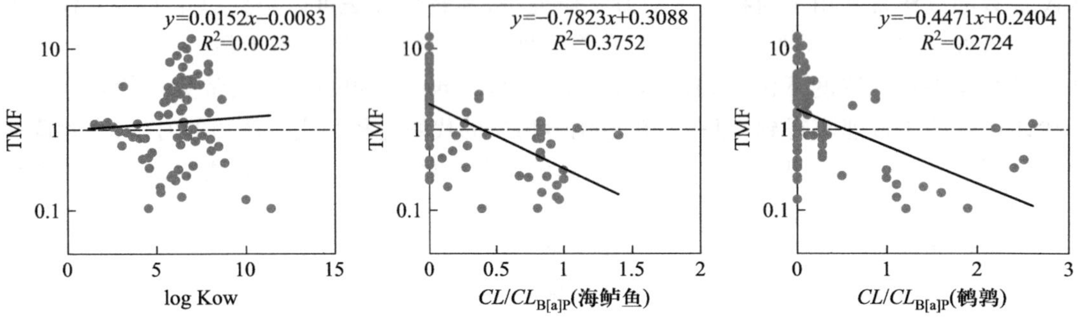

图 4-8 近百种物质的 log Kow 和 TMF,以及海鲈鱼和鹌鹑肝微粒体中代谢速率与 TMF 的关系

4.3 前沿方向展望及建议优先领域

4.3.1 生物放大性机理研究及其预测

随着化学物质的生物富集性成为各国化学物质管控的重要指标,化学物质如何在食物网中传递及其相关机理的研究成为一个重要研究方向。欧盟 2007 年公布的《关于化学品注册、评估、许可和限制的法规》(简称 REACH 法规)中要求对极高持久性和极高蓄积性化学物质的使用实施限制授权,极高生物放大性物质也成为联合国《关于持久性有机污染物的

斯德哥尔摩公约》的判断标准之一。由于在生态系统水平上评价化学物质的环境行为研究难度大,在过去约35年的时间里,欧洲、美国和加拿大的科学家都在开发能够准确反映上述过程的预测模型,已经建立了基于 log Kow 的定量结构效应关系,近年该模型引入代谢速率,提高了预测的精度,推动对化学物质在食物网传递机理的理解。目前国际上正在开展化学物质的毒代动力学研究,以进一步提高其生物放大性预测的准确性。

4.3.2 高生态风险类污染物的高通量筛选

全球化学物质的种类呈爆炸性增长。仅2013年,美国化学文摘社(CAS)新鉴定和注册的化学物质达720万种,其中三分之一的物质成为商用化学品进入生产和使用领域,众多化学物质正以前所未有的速度和广度进入环境,仅仅通过管理数量极为有限的优先控制化学物质等手段已经无法保障人类的生态环境安全,由此导致各种生态退化、敏感物种消亡以及各种人类慢性疾病等生态健康问题日益凸显。因此,有害污染物质的高通量筛选及生态效应研究越来越受到关注。针对众多化学物质的污染,需要开发有害物质的高通量分析和鉴定方法,以及各种毒性终点的高通量测试技术,从而能够从众多环境物质中识别出具有高风险和生态危害性的污染物质。

4.3.3 化学物质的生态健康影响及其成因解析

随着环境污染的生态健康问题凸显以及环境风险管理的需求增加,毒理学研究在生态环境领域的重要性日益增加。分子和细胞水平上的离体毒性效应测试方法具有高通量的优点,因此各国陆续对现有和新化学品进行大规模的组学和生物学通路测试研究。例如,美国"21世纪化学品毒性测试"项目已计划实施基于转录组的生物学通路水平测试,欧盟化学品管理署已利用转录组对化学品致癌性进行预测和分类,日本建立了大规模的化学品组学测试数据库。基于组学和高通量生物学通路的毒理学研究技术有助于系统评估不同化学物质的多种毒性终点,发现有害物质的主要毒性效应。然而,大量生产合成的化学物质在未经全面毒性评估的前提下,已经进入生态环境中,如何从复杂环境介质中高通量地鉴定各种毒性终点相关的化学物质是目前环境化学学科亟待解决的科学问题。欧盟等正在开发毒性效应导向的有毒物质高通量鉴定方法。由于生命体的复杂性,这些离体毒性测试方法很难反映活体内复杂的生物化学过程,而且实际上还存在许多未知的信号通路,整体动物水平上的毒性研究必不可少。通过系统研究化学物质的毒理机制,开发小动物活体慢性和亚慢性多靶标高通量筛查技术,是生态毒理学研究领域的一个发展趋势。

经 典 文 献

文献	主要发现
Kidd KA, Schindler DW, Muir DCG, et al. 1995. High concentrations of toxaphene in fishes from a subarctic lake. Science, 269: 240-242.	揭示食物网长度决定了有害污染物毒杀芬在极地湖泊鱼体的富集浓度

续表

文献	主要发现
Kelly BC, Ikonomou MG, Blair JD, et al. 2007. Food web-specific biomagnification of persistent organic pollutants. Science, 317: 236-239.	揭示有害污染物在不同类型的食物网存在不同的生物放大效应，提出应增加亨利常数用于评价陆地食物网中污染物的生物放大效应
Peterson BJ, Howarth RW, Garritt RH. 1985. Multiple stable isotopes used to trace the now of organic matter in estuarine food webs. Science, 227: 1361-1363.	发现稳定同位素能够用来追踪有机物在水生食物网的传递过程
Fisk AT, Hoboson KA, Norstrom RJ. 2001. Influence of chemical and biological factors on trophic transfer of persistent organic pollutants in the Northwater Ploynya marine food web. Environmental Science and Technology, 35: 732-738.	将稳定同位素技术引入有害污染物的食物网传递行为研究，提出食物网放大系数这一生物放大评价系数，成为污染物生物放大效应的最精准评价方法
Hop H, Borga K, Gabrielsen GW, et al. 2002. Food web magnification of persistent organic pollutants in poikilotherms and homeotherms from the Barents Sea. Environmental Science and Technology, 36: 2589-2597.	揭示有害污染物在恒温动物和冷血动物间存在极大的富集差异，解释高等恒温水生生物体内富集极高污染物浓度的现象
Mackintosh CE, Maldonado J, Hongwu J, et al. 2004. Distribute of phthalate esters in a marine aquatic food web: Comparison to polychlorinated biphenyl. Environmental Science and Technology, 38: 2011-2020.	揭示邻苯二甲酸酯在水生食物网的生物不放大现象，与生物放大的典型物质多氯联苯进行对比，提出决定有害污染物食物网传递行为的潜在因子
Clark KE, Gobas FAPC, Mackay D. 1990. Model of organic chemical uptake and clearance by fish from food and water. Environmental Toxicology and Chemistry, 6: 547-559.	利用逸度模拟分析提出最早的生物放大机理解释
Giesy JP, Kannan K. 2001. Global distribution of perfluorooctane sulfonate in wildlife. Environmental Science and Technology, 35(7): 1339-1342.	揭示全氟化合物在全球野生生物体的广泛存在和高富集暴露现象
Hu JY, Zhang ZB, Wei QW, et al. 2009. Malformations of the endangered Chinese sturgeon, *Acipenser sinensis*, and its causal agent. PNAS, 106: 9339-9344.	发现三苯基锡虽然在环境中浓度极低，但通过显著生物放大效应，在高营养层级生物体内富集很高的浓度，是导致长江野生中华鲟畸变的主要物质

续表

文献	主要发现
Zheng G, Wan Y, Shi S, et al. 2018. Trophodynamics of emerging brominated flame retardants in the aquatic food web of Lake Taihu: Relationship with organism metabolism across trophic levels. Environmental Science and Technology, 52:4632-4640.	建立有害污染物在野生生物体内代谢速率的稳定测试方法，提出并证明代谢是决定生物放大的重要因子
Walters DM, Jardine TD, Cade BS, et al. 2016. Trophic magnification of organic chemicals: A global synthesis. Environmental Science and Technology, 50:4650-4658.	提出代谢和脂溶性可共同用于有害污染物的食物网放大性预测

参 考 文 献

陈思怀，刘杰，杨凡，等. 2014. 慢性暴露全氟十二烷酸对雌性大鼠生殖激素及相关卵巢受体表达的影响. 天津农学院学报，21(1):19-22.

程艳，崔媛，党志超，等. 2012a. 全氟辛烷磺酸(PFOS)对斑马鱼卵黄蛋白原 mRNA 水平的影响. 环境科学，33(6):1865-1870.

程艳，崔媛，何平，等. 2012b. 全氟辛烷磺酸(PFOS)对斑马鱼血浆和组织匀浆中卵黄蛋白原含量的影响. 生态毒理学报，7(1):65-70.

段昌群. 2004. 环境生物学. 北京：科学出版社，74.

范轶欧，金一和，麻懿馨，等. 2005. 全氟辛烷磺酸对雄性大鼠生精功能的影响. 卫生研究，34(1):37-39.

李丽，赵冰海，初彦辉，等. 2013. 全氟辛烷磺酸盐对胚胎期大鼠雄性生殖系统的影响. 现代生物医学进展，17:3217-3220.

刘清国，贺印旎，邹学敏，等. 2010. 番茄红素对 PFOS 致雄性大鼠生殖毒性的影响. 南华大学学报：医学版，2:163-165.

卢向明，陈萍萍. 2012. 低剂量全氟辛酸对雄性黑斑蛙生殖毒效应及机理研究. 环境科学学报，32(6):1497-1502.

宋锦兰，金一和，李晓娜，等. 2008. 全氟辛烷磺酸对雌鹌鹑的生殖毒性研究. 生态毒理学报，3(5):457-463.

张小梅，宋锦兰，金一和，等. 2011. 全氟辛烷磺酸对雄性鹌鹑生殖毒性影响. 生态毒理学报，6(2):143-148.

周炳升，杨丽华，刘春生. 2018. 持久性有机污染物的内分泌干扰效应. 北京：科学出版社.

An W, Hu JY, Wan Y, et al. 2006. Deriving site-specific 2,2-bis(chlorophenyl)-1,1-dichloroethylene quality criteria of water and sediment for protection of common tern populations in Bohai Bay, North China. Environmental Science and Technology, 40:2511-2516.

Arnot JA, Gobas FAPC. 2006. A review of bioconcentration factor (BCF) and bioaccumulation factor (BAF) assessments for organic chemicals in aquatic organisms. Environmental Reviews, 14:257-297.

Atwell L, Hobson KA, Welch HE. 1998. Biomagnification and bioaccumulation of mercury in an Arctic marine food web: Insights from stable nitrogen isotope analysis. Canadian Journal of Fisheries and Aquatic Science, 55:1114-1121.

Barber MC. 2003. A review and comparison of modes for predicting dynamic chemical bioconcentration in fish. Environmental Toxicology and Chemistry,22(9):1963-1992.

Barton CA,Butler LE,Zarzecki CJ,et al. 2006. Characterizing perfluorooctanoate in ambient air near the fence line of a manufacturing facility:Comparing modeled and monitored values. Journal of the Air and Waste Management Association,56(1):48-55.

Benninghoff AD, Bisson WH, Koch DC, et al. 2011. Estrogen-like activity of perfluoroalkyl acids in vivo and interaction with human and rainbow trout estrogen receptors in vitro. Toxicological Sciences,120(1):42-58.

Biegel LB,Liu RC,Hurtt ME,et al. 1995. Effects of ammonium perfluorooctanoate on Leydig-cell function:In vitro, in vivo,and ex vivo studies. Toxicology and Applied Pharmacology,134(1):18-25.

Bierman VJJ. 1990. Equilibrium partitioning and biomagnification of organic chemicals in benthic animals. Environmental Science and Technology,24:1407-1412.

Bintein S,Devillers J,Karcher W. 1993. Nonlinear dependence of fish bioconcentration on n-octanol/water partition coefficient. SAR and QSAR in Environmental Research,1:29-39.

Borga K,Fisk AT,Hoekstra PF,et al. 2004. Biological and chemical factors of importance in the bioaccumulation and trophic transfer of persistent organochlorine contaminants in Artic marine food webs. Environmental Toxicology and Chemistry,23:2367-2385.

Branson DR,Blau GE,Alexander HS,et al. 1975. Bioconcentration of 2,2,4,4-tetrachlorobiphenyl in rainbow trout as measured by an accelerated test. Transactions of the American Fisheries Society,104:785-792.

Broman D,Näf C,Rolff C,et al. 1992. Using ratios of stable nitrogen isotopes to estimate bioaccumulation and flux of polychlorinated dibenzo-p-dixoins (PCDDs) and dibenzofurans (PCDFs) in two food chains from the Northern Baltic. Environmental Toxicology and Chemistry,11:331-345.

Butenhoff JL,Kennedy GL,Jr Frame SR,et al. 2004. The reproductive toxicology of ammonium perfluorooctanoate (APFO) in the rat. Toxicology,196:95-116.

Campfens J,Mackay D. 1997. Fugacity-based model of PCB bioaccumulation in complex food webs. Environmental Science and Technology,31:577-583.

Carson R. 1962. Silent Spring. Boston:Houghton Mifflin Company.

Chen C,Lu Y,Zhang X,et al. 2009. A review of spatial and temporal assessment of PFOS and PFOA contamination in China. Chemistry and Ecology,25:163-177.

Chen J,Wang X,Ge X,et al. 2016. Chronic perfluorooctanesulphonic acid (PFOS) exposure produces estrogenic effects in zebrafish. Environmental Pollution,218:702-708.

Clark KE,Gobas FAPC,Mackay D. 1990a. Model of organic chemical uptake and clearance by fish from food and water. Environmental Toxicology and Chemistry,6:547-559.

Clark KE,Gobas FAPC,Mackay D. 1990b. Model of organic chemical uptake and clearance by fish from food and water. Environmental Science and Technology,24:1203-1213.

Colborn T,Dumanoski D,Myers JP. 1996. Our Stolen Future:Are We Threatening Our Fertility,Intelligence and Survival? A Scientific Detective Story. New York:Dutton Books,306.

Colombo JC, Bilos C, Campanaro M, et al. 1995. Bioaccumulation of polychlorinated biphenyls and chlorinated pesticides by the Asiatic clam Corbicula flumines:Its use as sentinel organisms in the Rio de La Plata estuary, Argentina. Environmental Science and Technology,29:914-927.

Connelly JP,Pederson CJ. 1988. A thermodynamically based evaluation of organic chemical accumulation in aquatic organisms. Environmental Science and Technology,22:99-103.

DeNiro MJ,Epstein S. 1978. Carbon isotopic evidence for different feeding patterns in tow hyrax species occupying the same habitat. Science, 210: 906-908.

Du Y, Shi X, Liu C, et al. 2009. Chronic effects of water-borne PFOS exposure on growth, survival and hepatotoxicity in zebrafish: A partial life-cycle test. Chemosphere, 74(5): 723-729.

EPA. 2002. Persistent Organic Pollutants: A Global Issue, A Global Response.

Fay KA, Mingoia RT, Goeritz I, et al. 2014. Intra- and interlaboratory reliability of a cryopreserved trout hepatocyte assay for the prediction of chemical bioaccumulation potential. Environmental Science and Technology, 48: 8170-8178.

Fei C, McLaughlin JK, Lipworth L, et al. 2009. Maternal levels of perfluorinated chemicals and subfecundity. Human Reproduction, 24(5): 1200-1205.

Fei C, Weinberg CR, Olsen J. 2012. Commentary: Perfluorinated chemicals and time to pregnancy: A link based on reverse causation? Epidemiology, 23(2): 264-266.

Feng X, Wang X, Cao X, et al. 2015. Chronic exposure of female mice to an environmental level of perfluorooctane sulfonate suppresses estrogen synthesis through reduced histone H3K14 acetylation of the StAR promoter leading to deficits in follicular development and ovulation. Toxicological Sciences, 148: 368-379.

Fisk AT, Hoboson KA, Norstrom RJ. 2001. Influence of chemical and biological factors on trophic transfer of persistent organic pollutants in the Northwater Ploynya marine food web. Environmental Science and Technology, 35: 732-738.

Gatermann R, Biselli S, Hühnerfuss H, et al. 2002. Synthetic musks in the environment. Part 1: Species-dependent bioaccumulation of polycyclic and nitro musk fragrances in freshwater fish and mussels. Archives of Environmental Contamination and Toxicology, 42: 437-446.

Gewurtz SB, Lazar R, Haffner GD. 2000. Comparison of polycyclic aromatic hydrocarbon and polychlorinated biphenyl dynamics in benthic invetebrates of Lake Erie, USA. Environmental Toxicology and Chemistry, 19: 2943-2950.

Giesy JP, Kannan K. 2001. Global distribution of perfluorooctane sulfonate in wildlife. Environmental Science and Technology, 35(7): 1339-1342.

Gobas FAPC. 1993. A model for predicting the bioaccumulation of hydrophobic organic chemicals in aquatic food webs: Application to Lake Ontario. Ecological Modelling, 69: 1-17.

Gobas FAPC, de Wolf W, Burkhard LP, et al. 2009. Revisiting bioaccumulation criteria for POPs and PBT assessments. Integrated Environmental Assessment and Management, 5: 624-637.

Gobas FAPC, Mackay D. 1987. Dynamics of hydrophobic organic chemical bioconcentration in fish. Environmental Toxicology and Chemistry, 6: 495-504.

Gobas FAPC, Muir DCG, Mackay D. 1989. Dynamics of dietary bioaccumulation and fecal elimination of hydrophobic organic chemicals in fish. Chemosphere, 17: 943-962.

Gobas FAPC, Opperhuizen A, Hutzinger O. 1986. Bioconcentration of hydrophobic chemicals in fish: Relationship with membrane permeation. Environmental Toxicology and Chemistry, 5: 637-646.

Gobas FAPC, Wilcockson JB, Russell RW, et al. 1999. Mechanism of biomagnification in fish under laboratory and field conditions. Environmental Science and Technology, 33: 133-141.

Gobas FAPC, Zhang X, Wells R. 1993. Gastrointestinal magnification: The mechanism of biomagnification and food chain accumulation of organic chemicals. Environmental Science and Technology, 27: 2855-2863.

Guruge KS, Yeung LW, Yamanaka N, et al. 2006. Gene expression profiles in rat liver treated with perfluorooctanoic acid(PFOA). Toxicological Sciences, 89(1): 93-107.

Hamelink JL, Waybrandt RC, Ball RC. 1971. Proposal: Exchange equilibriums control the degree chlorinated hydrocarbons are biologically magnified in lentic environment. Transactions of the American Fisheries Society, 100:207-214.

Han J, Fang Z. 2010. Estrogenic effects, reproductive impairment and developmental toxicity in ovoviparous swordtail fish(*Xiphophorus helleri*) exposed to perfluorooctane sulfonate(PFOS). Aquatic Toxicology, 99(2): 281-290.

Han X, Nabb DL, Mingoia RT, et al. 2007. Determination of xenobiotic intrinsic clearance in freshly isolated hepatocytes from rainbow trout (*Oncorhynchus mykiss*) and rat and its application in bioaccumulation assessment. Environmental Science and Technology, 41:3269-3276.

Han X, Nabb DL, Yang CH, et al. 2009. Liver microsomes and S9 from rainbow trout(*Oncorhynchus mykiss*): Comparison of basal-level enzyme activities with rat and determination of xenobiotic intrinsic clearance in support of bioaccumulation assessment. Environmental Toxicology and Chemistry, 28:481-488.

Harada KH, Ishii TM, Takatsuka K, et al. 2006. Effects of perfluorooctane sulfonate on action potentials and currents in cultured rat cerebellar Purkinje cells. Biochemical and Biophysical Research Communications, 351(1):240-245.

Hobson KA, Welch HE. 1992. Determination of trophic relationships within a high arctic marine food web using ^{13}C and ^{15}N analysis. Marine Ecology Progress Series, 84:9-18.

Hoekstra PF, O'Hara TM, Fisk AT, et al. 2003. Trophic transfer of persistent organochlorine contaminants(OCs) within an Arctic marine food web from the southern Beaufort-Chukchi Seas. Environmental Pollution, 124:509-522.

Hop H, Borga K, Gabrielsen GW, et al. 2002. Food web magnification of persistent organic pollutants in poikilotherms and homeotherms from the Barents Sea. Environmental Science and Technology, 36:2589-2597.

Hu JY, Jin F, Wan Y, et al. 2005. Trophodynamic behavior of 4-nonylphenol and nonylphenol polyethoxylate in a marine aquatic food web from Bohai Bay, North China: Comparison to DDTs. Environmental Science and Technology, 39:4801-4807.

Hu JY, Zhen HJ, Wan Y, et al. 2006. Trophic magnification of triphenyltin in a marine food web of Bohai Bay, North China: Comparison to tributyltin. Environmental Science and Technology, 40:3142-3147.

Hu JY, Zhang ZB, Wei QW, et al. 2009. Malformations of the endangered Chinese sturgeon, Acipenser sinensis, and its causal agent. PNAS, 106:9339-9344.

Ito K, Houston JB. 2004. Comparison of the use of liver models for predicting drug clearance using in vitro kinetic data from hepatic microsomes and isolated hepatocytes. Pharmaceutical Research, 21(5):785-792.

Jin YH, Liu W, Sato I, et al. 2009. PFOS and PFOA in environmental and tap water in China. Chemosphere, 77: 605-611.

Kannan K, Corsolini S, Falandysz J, et al. 2002. Perfluorooctanesulfonate and related fluorinated hydrocarbons in marine mammals, fishes, and birds from coasts of the Baltic and the Mediterranean seas. Environmental Science and Technology, 36:3210-3216.

Kelly BC, Ikonomou MG, Blair JD, et al. 2007. Food web-specific biomagnification of persistent organic pollutants. Science, 317:236-239.

Kelly BC, Gobas FA, Mclachlan MS. 2004. Intestinal absorption and biomagnification of organic contaminants in fish, wildlife and humans. Environmental Toxicology and Chemistry, 23(10):2324-2336.

Kidd KA, Hesslein RH, Ross BJ, et al. 1998b. Bioaccumulation of organochlorines through a remote freshwater food web in the Canadian Arctic. Environmental Pollution, 102:91-103.

Kidd KA, Schlindler DW, Hesslein RH, et al. 1998a. Effects of trophic position on organochlorine concentrations in fishes from subarctic lakes in Yukon Territory. Canadian Journal of Fisheries and Aquatic Science, 55: 869-881.

Kidd KA, Schindler DW, Muir DCG, et al. 1995. High concentrations of toxaphene in fishes from a subarctic lake. Science, 269: 240-242.

Kim J, Gobas FAPC, Arnot JA, et al. 2016. Evaluating the roles of biotransformation, spatial concentration differences, organism home range, and field sampling design on trophic magnification factors. Science of the Total Environment, 551: 438-451.

Kucklick JR, Struntz WDJ, Becker PR, et al. 2002. Persistent organochlorine pollutants in ringed seals and polar bears collected from northern Alaska. Science of the Total Environment, 287: 1-2, 45-59.

Lau C, Anitole K, Hodes C, et al. 2007. Perfluoroalkyl acids: A review of monitoring and toxicological findings. Toxicological Sciences, 99(2): 366-394.

Lee YS, Otton SV, Campbell DA, et al. 2012. Measuring in vitro biotransformation rates of super hydrophobic chemicals in rat liver S9 fractions using thin-film sorbent-phase dosing. Environmental Science and Technology, 46: 410-418.

Li X, Yeung LWY, Taniyasu S, et al. 2008. Perfluorooctanesulfonate and related fluorochemicals in the Amur Tiger (*Panthera tigris altaica*) from China. Environmental Science and Technology, 42: 7078-7083.

Liu C, Du Y, Zhou B. 2007. Evaluation of estrogenic activities and mechanism of action of perfluorinated chemicals determined by vitellogenin induction in primary cultured tilapia hepatocytes. Aquatic Toxicology, 85(4): 267-277.

Liu C, Yu L, Deng J, et al. 2009. Waterborne exposure to fluorotelomer alcohol 6 : 2 FTOH alters plasma sex hormone and gene transcription in the hypothalamic-pituitary-gonadal (HPG) axis of zebrafish. Aquatic Toxicology, 93(2): 131-137.

Liu C, Zhang X, Chang H, et al. 2010. Effects of fluorotelomer alcohol 8 : 2 FTOH on steroidogenesis in H295R cells: Targeting the cAMP signalling cascade. Toxicology and Applied Pharmacology, 247(3): 222-228.

López-Doval S, Salgado R, Pereiro N, et al. 2014. Perfluorooctane sulfonate effects on the reproductive axis in adult male rats. Environmental Research, 134: 158-168.

Lou QQ, Zhang YF, Zhou Z, et al. 2013. Effects of perfluorooctanesulfonate and perfluorobutanesulfonate on the growth and sexual development of *Xenopus laevis*. Ecotoxicology, 22(7): 1133-1144.

Luebker DJ, Case MT, York RG, et al. 2005. Two-generation reproduction and cross-foster studies of perfluorooctanesulfonate (PFOS) in rats. Toxicology, 215: 126-148.

Mackay D. 1982. Correlation of bioconcentration factors. Environmental Science and Technology, 16: 274-278.

Mackay D, Fraser A. 2000. Bioaccumulation of persistent organic chemicals: Mechanisms and models. Environmental Pollution, 110: 375-391.

Mackintosh CE, Maldonado J, Hongwu J, et al. 2004. Distribute of phthalate esters in a marine aquatic food web: Comparison to polychlorinated biphenyl. Environmental Science and Technology, 38: 2011-2020.

Meylan WM, Howard PH, Boethling RS, et al. 1999. Improved method for estimating bioconcentration/bioaccumulation factor from octanol/water partition coefficient. Environmental Toxicology and Chemistry, 18: 664-672.

Morrison HA, Gobas FAPC, Lazar R, et al. 1996. Development and verification of a bioaccumulation model for organic contaminants in benthic invertebrates. Environmental Science and Technology, 30: 3377-3384.

Muir D, Savinova T, Savinov V, et al. 2003. Bioaccumulation of PCBs and chlorinated pesticides in seals, fishes and invertebrates from the White Sea, Russia. Science of the Total Environment, 306: 111-131.

Neely BW, Branson DR, Blau GE. 1974. Partition coefficient to measure bioconcentration potential of organic chemicals in fish. Environmental Science and Technology, 8: 1113-1115.

Newman MC, Clements WH. 2008. Ecotoxicology. A Comprehensive Treatment. London, New York: CRC Press, Taylor & Francis Group.

Nichols JW, Hoffman AD, ter Laak TL, et al. 2013. Hepatic clearance of 6 polycyclic aromatic hydrocarbons by isolated perfused trout livers: Prediction from in vitro clearance by liver S9 fractions. Toxicological Sciences, 136: 359-372.

Nichols JW, McKim JM, Andersen ME, et al. 1990. A physiology based toxicokinetic model for the uptake and disposition of waterborne organic chemicals in fish. Toxicology and Applied Pharmacology, 106: 433-447.

Obach RS. 1999. Prediction of human clearance of twenty-nine drugs from hepatic microsomal intrinsic clearance data: An examination of in vitro half-life approach and nonspecific binding to microsomes. Drug Metabolism and Disposition, 27: 1350-1359.

Olsen GW, Gilliland FD, Burlew MM, et al. 1998. An epidemiologic investigation of reproductive hormones in men with occupational exposure to perfluorooctanoic acid. Journal of Occupational and Environmental Medicine, 40 (7): 614-622.

Peng H, Wan Y, Zhang K, et al. 2014. Trophic transfer of dechloranes in the marine food web of Liaodong Bay, North China. Environmental Science and Technology, 48: 5458-5466.

Peterson BJ, Howarth RW, Garritt RH. 1985. Multiple stable isotopes used to trace the now of organic matter in estuarine food webs. Science, 227: 1361-1363.

Rane A, Wilkinson GR, Shand DG. 1977. Prediction of hepatic extraction ratio from invitro measurement of intrinsic clearance. Journal of Pharmacology and Experimental Therapeutics, 200(2): 420-424.

Raymer JH, Michael LC, Studabaker WB, et al. 2012. Concentrations of perfluorooctane sulfonate (PFOS) and perfluorooctanoate (PFOA) and their associations with human semen quality measurements. Reproductive Toxicology, 33(4): 419-427.

Roberts MS, Rowland M. 1986. Correlation between invitro microsomal-enzyme activity and whole organ hepatic elimination kinetics—analysis with a dispersion model. Journal of Pharmacy and Pharmacology, 38 (3): 177-181.

Ruus A, Ugland KI, Espeland O, et al. 1999. Organochlorine contaminants in a local marine food chain from Jarfjord, Northern Norway. Marine Environmental Research, 48: 131-146.

Ruus A, Ugland KI, Skaare JU. 2002. Influence of trophic position on organochlorine concentrations and compositional patterns in a marine food web. Environmental Toxicology and Chemistry, 21: 2356-2364.

Schultz IR, Hayton WL. 1999. Interspecies scaling of the bioaccumulation of lipophilic xenobiotics in fish: An example using trifluralin. Environmental Toxicology and Chemistry, 18(7): 1440-1449.

Shi Z, Ding L, Zhang H, et al. 2009. Chronic exposure to perfluorododecanoic acid disrupts testicular steroidogenesis and the expression of related genes in male rats. Toxicology Letters, 188(3): 192-200.

Shi Z, Zhang H, Liu Y, et al. 2007. Alterations in gene expression and testosterone synthesis in the testes of male rats exposed to perfluorododecanoic acid. Toxicological Sciences, 98(1): 206-215.

So MK, Miyake Y, Yeung WY, et al. 2007. Perfluorinated compounds in the Pearl River and Yangtze River of China. Chemosphere, 68: 2085-2095.

Strynar MJ, Lindstrom AB. 2008. Perfluorinated compounds in house dust from Ohio and North Carolina, USA. Environmental Science and Technology, 42(10): 3751-3756.

Sundelin B, Wiklund AE, Lithner G, et al. 2004. Evaluation of the role of black carbon in attenuating bioaccumulation of polycyclic aromatic hydrocarbons from field-contaminated sediments. Environmental Toxicology and Chemistry, 23: 2611-2617.

Thomann RV. 1989. Bioaccumulation model of organic chemical distribution in aquatic food chains. Environmental Science and Technology, 23: 699-707.

Thomann RV, Connolly JP. 1984. Model of PCB in the Lake Michigan lake trout food chain. Environmental Science and Technology, 18: 65-71.

Tittlemier SA, Fisk AT, Hobson KA, et al. 2002. Examination of the bioaccumulation of halogenated dimethyl bipyrroles in an Arctic marine food web using stable nitrogen isotope analysis. Environmental Pollution, 116: 85-93.

Toft G, Jönsson BAG, Lindh CH, et al. 2012. Exposure to perfluorinated compounds and human semen quality in Arctic and European populations. Human Reproduction, 27: 2532-2540.

Tomy GT, Budakowski W, Halldorson T, et al. 2004a. Biomagnification of a- and r-hexabromocyclododecane isomers in a lake Ontario food web. Environmental Science and Technology, 38: 2298-2303.

Tomy GT, Budakowski W, Halldorson T, et al. 2004b. Fluorinated organic compounds in an eastern Arctic marine food web. Environmental Science and Technology, 38: 6475-6481.

Tsai MS, Lin CY, Lin CC, et al. 2015. Association between perfluoroalkyl substances and reproductive hormones in adolescents and young adults. International Journal of Hygiene and Environmental Health, 218(5): 437-443.

UNEP/WHO. 2013. Bergman A, Heindel JJ, Jobling S, et al. State of the Science of Endocrine Disrupting Chemicals.

United Nations Environment Program (UNEP). 2011. Final Act of the Conference of Plenipotentiaries on The Stockholm Convention on Persistent Organic Pollutants, Stockholm, Sweden, 22 to 23 May 2001 (UNEP, Geneva, Switzerland, 2001).

Veith GD, Defoe DL, Bergstedt BV. 1979. Measuring and estimating the bioconcentration factor of chemicals in fish. Journal of the Fisheries Research Board of Canada, 36: 1040-1048.

Vélez MP, Arbuckle TE, Fraser WD. 2015. Maternal exposure to perfluorinated chemicals and reduced fecundity: The MIREC study. Human Reproduction, 30: 701-709.

Verhaert V, Covaci A, Bouillon S, et al. 2013. Baseline levels and trophic transfer of persistent organic pollutants in sediments and biota from the Congo River Basin (DR Congo). Environment International, 59: 290-302.

Vives I, Grimalt JO, Ventura M, et al. 2005. Distribution of polycyclic aromatic hydrocarbons in the food web of a high mountain lake, Pyrenees, Catalonia, Spain. Environmental Toxicology and Chemistry, 24: 1344-1352.

Wada E, Teragaki M, Kobaya Y, et al. 1987. ^{15}N and ^{13}C abundances in the Arctic ocean with emphasis on the biogeochemical structure of the food web. Deep-Sea Research, 34: 829-841.

Walters DM, Jardine TD, Cade BS, et al. 2016. Trophic magnification of organic chemicals: A global synthesis. Environmental Science and Technology, 50: 4650-4658.

Wan HT, Zhao YG, Wong MH, et al. 2011. Testicular signaling is the potential target of perfluorooctanesulfonate-mediated subfertility in male mice. Biology of Reproduction, 84(5): 1016-1023.

Wan Y, Hu JY, Yang M, et al. 2005. Characterization of trophic transfer for polychlorinated dibenzo-p-dioxins, dibenzofurans, non- and mono-ortho polychlorinated biphenyls in the marine food web of Bohai Bay, North China. Environmental Science and Technology, 39: 2417-2425.

Wan Y, Hu JY, Zhang K, et al. 2008. Trophodynamics of polybrominated diphenyl ethers in the marine food web of Bohai Bay, North China. Environmental Science and Technology, 42: 1078-1083.

Wan Y, Jin XH, Hu JY, et al. 2007. Trophic dilution of polycyclic aromatic hydrocarbons (PAHs) in a marine food web from Bohai Bay, North China. Environmental Science and Technology, 41:3109-3114.

Wang F, Liu W, Jin Y, et al. 2011. Interaction of PFOS and BDE-47 co-exposure on thyroid hormone levels and TH-related gene and protein expression in developing rat brains. Toxicological Sciences, 121:279-291.

Wang XH, Wang WX. 2005. Uptake, absorption efficiency and elimination of DDT in marine phytoplankton, copepods and fish. Environmental Pollution, 3:453-464.

Wei Y, Dai J, Liu M, et al. 2007. Estrogen-like properties of perfluorooctanoic acid as revealed by expressing hepatic estrogen-responsive genes in rare minnows (*Gobiocypris rarus*). Environmental Toxicology and Chemistry, 26(11):2440-2447.

Weisbrod AV, Burkhard LP, Arnot J, et al. 2007. Workgroup report: Review of fish bioaccumulation databases used to identify persistent, bioaccumulative, toxic substances. Environmental Health Perspectives, 115:255-261.

Weisbrod AV, Sahi J, Segner H, et al. 2009. The state of in vitro science for use in bioaccumulation assessmentation for fish. Environmental Toxicology and Chemistry, 28:86-96.

Yeung LW, So MK, Jiang G, et al. 2006. Perfluorooctanesulfonate and related fluorochemicals in human blood samples from China. Environmental Science and Technology, 40(3):715-720.

Zhang K, Wan Y, Jones PD, et al. 2012. Occurrences and fates of hydroxylated polybrominated diphenyl ethers in marine sediments in relation to trophodynamics. Environmental Science and Technology, 46:2148-2155.

Zhang SY, Kang QY, Peng H, et al. 2019. Relationship between perfluorooctanoate and perfluorooctane sulfonate blood concentrations in the general population and routine drinking water exposure. Environmental International, 126:54-60.

Zhang Y, Luo XJ, Wu JP, et al. 2010. Contaminant pattern and bioaccumulation of legacy and emerging organhalogen pollutants in the aquatic biota from an e-waste recycling region in South China. Environmental Toxicology and Chemistry, 29:852-859.

Zheng G, Wan Y, Shi S, et al. 2018. Trophodynamics of emerging brominated flame retardants in the aquatic food web of Lake Taihu: Relationship with organism metabolism across trophic levels. Environmental Science and Technology, 52:4632-4640.

本章作者:万祎、刘春生
指导专家:谢平、胡建英、戴家银

第 5 章

生物多样性与生态系统功能及服务

摘要：由于人类活动的加剧，全球生物多样性正面临巨大的灭绝风险。有关生物多样性丧失如何影响生态系统功能和服务已成为近年来生态学的焦点问题之一。生物多样性与生态系统功能（BEF）研究主要关注群落生物多样性对生态系统功能、服务及其稳定性的影响。本章简要回顾 BEF 研究的发展历史，通过文献计量方法定量分析该领域当前的发展趋势；在此基础上，通过详尽的文献综述，系统梳理该领域的主要研究进展，包括：① 生物多样性对生产力和物质循环等生态系统功能以及生态系统多功能性的影响及其机制；② 生物多样性对生态系统功能稳定性的影响及其机制；③ 生物多样性对生态系统服务的影响及其机制。基于这些综述分析，总结当前研究中的主要问题，提出未来的几个主要方向，包括 BEF 的多尺度格局和尺度推演、生态-进化动态与生态系统功能的维持、全球变化对 BEF 的影响、BEF 在生态系统管理中的应用以及发展下一代 BEF 实验与理论。

5.1 前　　言

20 世纪 50 年代以来，伴随着科技发展和社会进步，人类对环境的干扰越来越强，环境污染和生态系统破坏日趋严重，对生物多样性产生了严重威胁。1962 年，美国生物学家 R. Carson 在其影响深远的著作《寂静的春天》中阐述了人们因忽视了植物、动物、土壤、水源等相互联系的生态网络，导致没有鸟类鸣叫的死亡寂静，揭示人类活动引起生物多样性丧失所带来的后果。这些发现促使整个社会开始反思人类对自然生态系统的影响，引起人们对生物多样性保护的关注，其中一个重要的问题就是生物多样性丧失是否会影响生态系统的功能和服务供给。

20 世纪 90 年代之前，一些观点认为，环境变化决定生物多样性和生态系统功能，而生物多样性对生态系统功能的影响十分有限。自 20 世纪 90 年代以来，随着全球环境变化加剧，生物多样性危机及其生态系统后果逐渐显现，生物多样性在维持生态系统功能方面的作用逐渐为人们所重视。1992 年，生态学家在德国举行了主题为“生物多样性与生态系统功能”（Biodiversity and Ecosystem Functioning，BEF）研讨会，就生物多样性与生态系统功能间的关系进行了研讨，开启了对这一问题的系统研究（Schulze and Mooney，1993）。此后，生态学家开展了一系列大型控制实验［如 ECOTRON 生态箱实验（Naeem et al.，1994），Cedar Creek 人工草地实验（Tilman et al.，1996），微宇宙（microcosm）实验（Naeem and Li，1997）］，通过控制环境条件和生物多样性水平,研究了人工构建群落中生物多样性对生态系统生物量的生产、累积和分解等功能的影响。这些实验发现,生物多样性可以通过影响群落对水分、养分和光能等资源的利用效率,直接影响生态系统生产力和凋落物分解等生态系统过程;也会通过影响营养级结构和食物网关系,间接影响生态系统功能对干扰等的响应和抗性等生态系统功能的稳定性(Tilman et al.,1996,2006;Hooper et al.,2005;Cardinale et al.,2012)。经过几十年的研究,人们逐渐认识到,由生物多样性丧失所引起的生态系统功能改变甚至比气候变化和人类活动的直接影响更大(Hooper et al.,2012;Tilman et al.,2012)。

本章通过文献计量分析和文献综述,回顾生物多样性与生态系统功能和服务关系的研究历史,系统总结这一领域主要研究方向的重要进展和存在的主要问题,并在此基础上提出该领域未来的可能发展方向,以期为该领域的研究人员提供参考。

5.2 相关概念及发展简史

5.2.1 学科方向及相关概念

生物多样性与生态系统功能(BEF)主要研究群落生物多样性组成、结构和动态与生态系统功能和服务之间的关系,以及生态系统变化对群落生物多样性的影响(Scherer-Lorenzen,2005),是联系群落生态学和生态系统生态学的中心枢纽(图5-1)。近30年来,由于全球变化和人类活动的加剧,全球生物多样性正面临巨大的灭绝风险,生物多样性丧失如何影响生态系统功能以及支撑人类福祉的生态系统服务,已引起全社会的广泛关注。作为认识和评估生物多样性丧失的生态后果的基础,BEF研究已成为近年来生态学研究的焦点问题之一(Loreau et al.,2001;Hooper et al.,2005;Scherer-Lorenzen,2005;Cardinale et al.,2012;Tilman et al.,2014)。

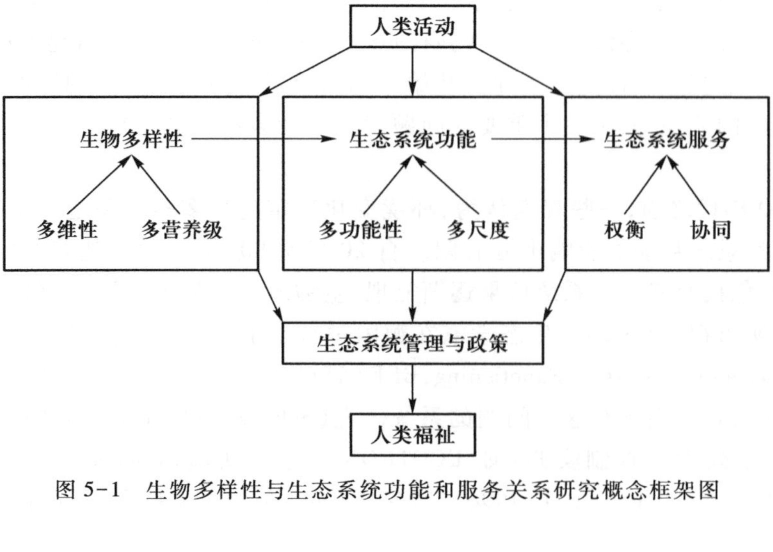

图5-1 生物多样性与生态系统功能和服务关系研究概念框架图

生物多样性(biodiversity)是生态系统组成的基本要素,是支撑人类生存与社会可持续发展的基本自然资源之一。狭义的生物多样性通常指特定时空内所有生命体的多样性或变异;广义的生物多样性则指生物与环境形成的生态复合体,以及与此相关的各种生态过程的总和(Wilson,1988;马克平,1993;Hooper et al.,2005)。生物多样性包含多个层次和维度,包括遗传多样性、物种多样性、功能多样性、系统发育多样性,以及生物与环境耦合所形成的群落、生态系统和景观的多样性(框 5-1)。探讨生物多样性与生态系统功能、服务及其稳定性的关系,其实质是探讨不同层次和维度的生物多样性如何影响生态系统功能、服务及其稳定性。

框 5-1 生物多样性基本概念

生物多样性是指一定时空范围内物种、遗传(基因)和生态系统的多样性以及与此相关的各种生态过程的总和。

(1) 层次。生物多样性通常包括三个层次,即遗传多样性、物种多样性、生态系统多样性。遗传多样性(genetic diversity)也称基因多样性,是指存在于生物体内的遗传信息的总和,包括分子、细胞和个体等层次遗传变异的多样性。物种多样性(species diversity)是指物种水平的多样性,也包括科属水平上的多样性,是群落组成和结构的重要指标,也间接反映群落的功能特征。生态系统多样性(ecosystem diversity)是指生境、生态系统类型以及生态过程等的多样性。

(2) 尺度。生物多样性可在不同空间尺度上进行度量。一种度量方法是基于 α-、β-和 γ-多样性概念。α-多样性指的是一个局域群落内的生物多样性,例如一个局域群落的物种多样性。β-多样性指的是群落间物种组成的差异或者相似性。γ-多样性则指的是一个区域内所有群落的总物种多样性。另一种度量方法则是基于种-面积关系考察物种数随调查面积增加的尺度变化规律,一般通过物种数与面积的幂指数关系刻画。

(3) 维度。生物多样性包括遗传多样性、分类群多样性、功能多样性、系统发育(或谱系)多样性等维度。分类群多样性通常用群落内分类群的丰富度(或数量)来表征,如物种丰富度等。功能多样性指的是群落内可影响生态系统功能的生物性状的变异(Tilman,2013),可以用群落中物种功能性状的多样性来表示,常见的有 Rao 指数(Rao,1982)、功能丰富度(functional richness)、功能均匀度(functional evenness)和功能离散度(functional dispersion)(Laliberté and Legendre,2010)。系统发育多样性指的是群落中所有物种在系统发育树上的变异程度,它在计算多样性时考虑物种间的亲缘关系,若物种数量相同,亲缘关系近的物种比亲缘关系远的物种所包含的系统发育多样性低。生物多样性的不同维度对环境的响应不尽相同,通常来说,分类群多样性难以完整反映生物多样性的其他维度。

在早期研究中,人们主要关注物种多样性与生态系统功能、服务及其稳定性的关系,包括物种数与多度、物种空间分布、种间互作以及与物种数量有关的生态系统结构和过程对生态系统功能和服务的影响。近年来,随着对生物多样性研究的深入,人们发现,遗传多样性、功能多样性、系统发育多样性以及景观多样性等各个层次也显著影响生态系统功能、服务及其稳定性(Cadotte,2015;Oehri et al.,2017;Chillo et al.,2018)。功能多样性(通常用功能性状的多样性表征)的影响包括群落中优势功能性状、功能性状的互补性和多样性、功能性状在群落内的分布格局以及与功能性状有关的生态系统结构和过程对生态系统功能和服务的影响。系统发育多样性关注物种之间亲缘关系的远近和进化上的独立性;群落内物种的区系组成、起源和演化也会影响生态系统功能、服务及其稳定性。需要注意的是,生物多样性不同层次和维度对生态系统功能、服务及其稳定性的影响并不相互矛盾,而是从不同角度认识生物多样性的效应。

生态系统功能是生态系统的内在属性,指维持生态系统完整性和稳定性的一系列基本生态过程和作用,包括物质生产、凋落物分解、养分循环、能量和物质流动以及信息传递等(Christensen et al.,1996);广义的生态系统功能也包括生态系统服务和生态系统稳定性等(韩兴国和李凌浩,2012)(框5-2)。其中,生态系统的物质循环功能是指地球上各个库中生命元素(如碳、氧、氮、磷、硫等)的生物地球化学循环过程;生态系统的能量流动功能是指能量的输入、传递和散失的过程;生态系统的信息传递功能是指构成生态系统的各组分之间(包括生物与非生物组分)进行物理信息、化学信息、行为信息和营养信息的双向传递过程。生态系统的不同功能主要通过物种外循环、物种内循环和物种间循环这三种途径来实现(李博等,2000)。生态系统功能是生态系统本身所具备的一种基本属性,它独立于人类而存在(de Groot et al.,2002)。以物质循环功能中的碳循环为例,大气中的 CO_2 被陆地和海洋中的植物吸收,然后通过生物或地质过程以及人类活动,又以 CO_2 的形式返回大气中。不管人类存在与否,这种循环会在生物圈内周而复始地进行,人类活动的干预会对这种循环过程产生一定影响,但无法改变整个过程(冯剑丰等,2009)。

生态系统服务(ecosystem service)的概念起源于1970年出版的《人类对全球环境的影响报告》(*Study of Critical Environmental Problems:Man's Impact on the Global Environment*)中对自然系统服务的关注(Chaudhary et al.,2015),但其首次正式使用则可追溯至Ehrlich和Ehrlich(1981)的专著(Gómez-Baggethun et al.,2010;Liu et al.,2010;Chaudhary et al.,2015),通常指惠益人类的生态系统功能(Millennium Ecosystem Assessment,2005)(框5-2)。此后,国内外学者对生态系统服务的定义与分类提出了多种见解(Daily,1997;欧阳志云等,1999;谢高地等,2006)。例如,Daily(1997)认为,生态系统服务是指由生态系统形成和维持的人类赖以生存和发展的条件与资源,不仅包括生态系统为人类所提供的食物、淡水及其他工农业生产的原料,还包括生态系统形成的生命支持系统、生物地球化学循环、水文循环以及生态系统在维持生物物种的多样性、净化环境、维持大气化学组成的平衡与稳定等方面的功能。2005年,联合国千年生态系统评估报告(Millennium Ecosystem Assessment,2005)认为,生态系统服务是人们从自然系统获得的各种惠益,包括有形的物质产品供给与无形的服务提供两方面,这些服务一起构成人类福祉。这一界定已得到该领域的广泛认同(Díaz et al.,2007;戴尔阜等,2015;傅伯杰和于丹丹,2016;Chillo et al.,2018)。生态系统服务能够将生态系统结构、过程和功能与人类社会联系起来,对人类福祉至关重要。

框 5-2 生态系统功能和服务

生态系统功能：即在一定时间和空间内，生物活动为维持生态系统机能的执行（包括物质循环和能量流动）所产生的联合效应（Naeem and Wright，2003；Reiss et al.，2009）。Odum 和 Barrett（1971）最早在其著作《生态系统生态学》一书中对生态系统功能进行了定义，认为生态系统功能包括生态系统不同的生境、生物或系统特性及过程，其中生态系统过程为生物和非生物因素之间相互作用导致的物质循环、能量流动和信息传递，如生态系统的养分循环、食物网营养级联效应等；同时，生态系统功能也包括生态系统过程产生的生态系统基本属性，如净初级生产力、土壤碳储量等。也有生态学家从人类服务的角度定义生态系统功能，例如，de Groot 等（2002）认为，生态系统功能是指生态系统直接或间接为人类提供服务的能力，并将生态系统功能划分为调节功能、生境功能、产出功能和信息功能。

生态系统服务：指人类在生态系统中获得的所有惠益（Millennium Ecosystem Assessment，2005）。该概念起源于《人类对全球环境的影响报告》中对自然系统服务的关注，但其首次正式使用则可追溯至 Ehrlich 和 Ehrlich（1981）的专著。生态系统服务是可以进行分类和价值评估的。目前广泛认可的生态系统服务分类由联合国千年生态系统评估报告（Millennium Ecosystem Assessment，2005）提出，可分为四大类：供给服务（如提供食物和淡水资源等）、调节服务（如气候和水文调节等）、文化服务（如文化遗产和休闲旅游等）和支持服务（如养分循环和土壤形成等）。生态系统服务的价值评估方法大体可分为货币评估和非货币评估两类（李文华，2008）。其中，货币评估方法是以市场价格或替代品市场价格，或人们的支付意愿和额度为基础核算出生态系统服务的经济价值，如市场价值法和替换成本法。货币评估方法在生态系统价值评估中占主导地位。非货币评估方法则以人们的意愿选择或专业评分标准对各个比较对象的惠益进行排序，结果仅显示偏好和空间分布特征，如专家调查法和指标评估法。不同生态系统服务之间的权衡和协同关系，以及生态系统服务的提供与人类福祉之间的供需关系是生态系统服务研究的核心问题。

生态系统功能稳定性：是指生态系统在各种干扰条件下（自然或人类活动引发的环境胁迫）具有的维持自身功能相对稳定或恢复自身功能的能力。生态系统功能稳定性可从多方面度量，例如抵抗力稳定性和恢复力稳定性（Grimm and Wissel，1997）。生态系统功能稳定性与功能多样性和功能冗余密切相关（Naeem，1998）。物种功能差异导致对外界干扰响应的异步性，因此当生态系统受到外界干扰时，不同物种间的"风险分摊"可使得生态系统具有更强的功能抵抗力稳定性（Yachi and Loreau，1999）。功能冗余指生态系统中具有相似功能的物种多样性。物种间存在相似的功能性状而表现出功能冗余，可相互取代，当受到外界干扰时，部分具有功能冗余的物种丧失不会影响生态系统功能（de Bello et al.，2007）。

生态系统稳定性是指生态系统受到外部干扰后保持和恢复其原始状态的能力（Pimm，1984）。在生态学研究中，稳定性这一概念具有丰富多样的定义和内涵。根据 Grimm 和

Wissel(1997)的统计,此前生态学文献中使用过 160 多种关于生态系统稳定性的定义。Donohue 等(2016)对生态系统稳定性相关文献进行计量分析后发现,不同稳定性指标的使用情况差异很大,尤其是在与保护生态学政策相关的研究中,关于"稳定性"的术语使用及其定义存在较大分歧。有学者从动力系统模型的角度出发,提出局部稳定性、全局稳定性和结构稳定性等概念(岳天祥和马世骏,1991)。另有学者根据生态系统生态学框架,将稳定性的内涵归纳为四个方面:抗性(resistance)、弹性(resilience)、持久性(persistence)和变异性(variability)(邬建国,1996;Grimm and Wissel,1997)(图 5-2)。其中,抗性(或称抵抗力稳定性)指生态系统抵抗外界干扰并使自身的结构和功能保持原状的能力;弹性(或称恢复力稳定性)指生态系统在遭到外界干扰的破坏后恢复到原状的能力。持久性是指生态系统在一定边界范围内维持某一特定状态的持续时间。变异性是指生态系统变量随时间和空间的波动,变异性越小,稳定性越高。抗性和弹性常用来度量生态系统受到病虫害、人为活动、极端气候等非正常外力扰动时的稳定性,而持久性和变异性则可衡量系统在时间维度上受到一般环境因子持续扰动时的稳定性(王国宏,2002;柳新伟等,2004)。

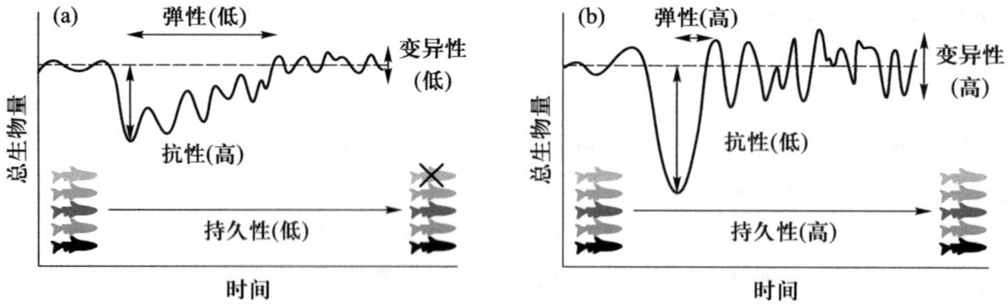

图 5-2　生态系统稳定性 4 种常用指标的示意图(修改自 Donohue et al.,2016)(见书末彩插)

5.2.2　发展历史

(1) 第一阶段:20 世纪 50 年代之前

虽然我国古代农牧业生产实践中早就注意到生物多样性对生态系统功能的影响(例如牧草混播、稻豆混播和轮作等传统农牧业应用),但有记录的正式生态学研究报道也不过 200 年。最早开展的生物多样性与生态系统功能实验研究可追溯至 19 世纪早期,英国人 George Sinclair 于 1816 年在英国贝德福德郡(Bedfordshire)的沃本修道院(Woburn Abbey)开展了一个包含 242 个小样方的牧草种植实验(图 5-3)。在该实验中,他比较了单种和混种群落中干草产量的差异。结果表明,包含多个物种的样方比只包含一个物种的样方牧草产量更高。这一实验不仅是第一个生物多样性与生态系统功能关系的实验,甚至被认为是第一个真正意义上的定量生态学实验(Hector and Hooper,2002)。随后,基于这一实验的结果,达尔文在《物种起源》中指出,如果一块土地中只播种一个草种,而在另一块相似的土地上播种若干不同的草种,那么后一种方式可长出更多的植物并收获更多的干草,即高植物多样性的群落可产生高生态系统生产力,从而第一次提出了物种多样性与生态系统功能关系这一科学问题(Hector and Hooper,2002;张全国和张大勇,2002)。

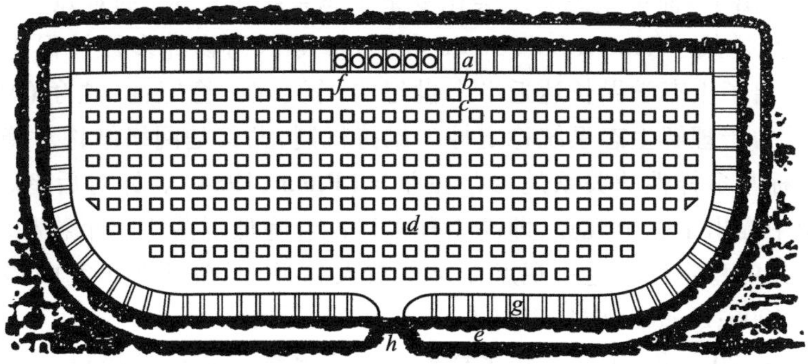

图 5-3 第一个基于人工构建群落研究生物多样性与生态系统功能关系的实验
(Hector and Hooper,2002)

在这一时期,人们认识到生物多样性对生态系统物质生产的促进作用,但关于其内在机制并不清楚。同时,人们也没有认识到生物多样性对生态系统稳定性的影响。在此后相当长的时间内,生物多样性与生态系统功能的关系研究并未受到生物学家和生态学家关注。直到 20 世纪中叶,物种丧失的加剧让生态学界开始重新审视生物多样性的价值,生物多样性与生态系统功能关系的研究也由此进入了快速发展时期(Tilman et al.,2014)。

(2) 第二阶段:20 世纪 50—80 年代

20 世纪 50 年代以来,环境污染和生态系统受损日趋严重,并逐渐造成严重的生态后果。《寂静的春天》首次在全球范围内引发了人们对生物多样性丧失的广泛关注。其后,关于生物多样性丧失对生态系统的可能影响引起了生态学家的重视,其中一个重要的问题就是:生物多样性丧失是否会影响生态系统的功能和服务供给?

在这一时期,虽然一些学者认为,生物多样性会显著影响生态系统功能和服务(Carlander,1955),但相关研究十分缺乏,而有关生物多样性与生态系统功能关系的研究也很快再次淡出人们的视野。真正将生物多样性与生态系统功能推向生态学研究前沿的,当属 20 世纪 50—60 年代开展的关于复杂性和稳定性关系的理论探讨(MacArthur,1955;Elton,1958;May,1973)。20 世纪 50 年代,MacArthur(1955)根据食物网理论,提出稳定性随着能量通路增加而增强的观点。与此同时,Odum(1953)和 Elton(1958)也提出类似论点,认为简单生态系统更易遭受病虫害和物种入侵的影响,因此具有较低的稳定性。其中,Elton(1958)基于大量的野外观测结果提出,生物多样性更高的生态系统抵抗外来物种入侵的能力更强,病虫害发生的概率更低。MacArthur、Odum 和 Elton 等的工作为生物多样性与生态系统稳定性之间的关系提供了直接证据。在之后的 20 年中,“复杂性增强稳定性”的观点为生态学界普遍接受,这一观点也成为生物多样性保护的重要依据。一般认为,物种多样性提高生态系统稳定性的机制在于,物种的性状差异使其在面临干扰时可相互补充,从而增加生态系统的稳定性。

1970 年,May(1973)将非线性数学模型和确定性混沌(deterministic chaos)引入生态学研究中,基于随机矩阵理论从数学上严格推导出“生态系统物种多样性越高,则物种稳定共存的概率越低”，提出了“简单生态系统会比复杂生态系统更稳定”的观点。这一“复杂性削弱稳定性”的结论，挑战了 MacArthur、Odum 和 Elton 等认为物种多样性促进生态系统稳定性的传统观点，开启了生态学界长达近半个世纪的“复杂性-稳定性”之争（McCann，2000）。此后，大量研究致力于理解生态系统稳定性的维持机制，尤其是网络结构对稳定性的影响以及不同稳定性指标与多样性的关系是否存在差异（Pimm，1984）。针对后者，事实上 May 在其专著的第二版中提出了一个观点，即高物种多样性会降低群落中单个物种种群的稳定性，但会提高群落整体的稳定性。这一观点在早期被人忽视，但在近期研究中得到了很好的验证（Tilman et al.，2006；Hector et al.，2010）。

在 20 世纪 50—70 年代，关于生物多样性与生态系统稳定性的探讨多基于理论分析或野外观测，而实验研究相对较少。自 1982 年起，Tilman 与他的同事就在 Cedar Creek 的 4 片草地上开展营养供给对草地群落生产力、物种动态和物种多样性影响的种植实验研究。1987—1988 年，该地区遭受了一场严重的旱灾，Tilman 和 Downing（1994）以此为契机，通过对比 1988 年（旱灾最严重时）各样地植物地上生物量与 1986 年测量值的差异来衡量群落的抗旱力，并以 1989—1992 年的地上生物量来度量群落的恢复力。研究结果表明，丰富度高的群落有着较高的抗旱力和恢复力，这直接支持了物种多样性可促进生态系统功能稳定性的假说。

（3）第三阶段：20 世纪 90 年代以来

1992 年，在德国举行的主题为“生物多样性与生态系统功能”的会议上，生态学家对两者关系进行了新一轮的探讨（Schulze and Mooney，1993）。这次会议详细回顾和总结了以往研究的结论，为新阶段 BEF 研究明确了方向（贺金生等，2003）。同年 6 月，在巴西举行了“联合国世界环境与发展会议”（United Nations Conference on Environment and Development），会议全面审视并评估了生物多样性丧失对生态系统功能和动态及其所提供的产品和服务可能产生的影响（Cardinale et al.，2012），并在此基础上签订了《生物多样性公约》（*Convention on Biological Diversity*，CBD）。该公约是一项保护地球生物资源的国际性公约，其目标是将生物多样性保护的理念上升为一个全球统一行动，即按照公约有关条款从事生物多样性保护、持久使用其组成部分以及公平合理分享由遗传资源而产生的惠益。1993 年出版的专著 *Biodiversity and Ecosystem Function*（Schulze and Mooney，1993）为现代生物多样性与生态系统功能关系的研究奠定了基础。

从这一时期开始，为定量解析生物多样性对生态系统功能的影响及其机制，该领域的研究范式逐渐由野外观测和理论推导转向了控制实验与理论解释的结合。从 20 世纪 90 年代开始，美国和欧洲的生态学家进行一系列控制实验研究，其中最具代表性的有 ECOTRON 生态箱实验（Naeem et al.，1994）、Cedar Creek 人工草地实验（Tilman et al.，1996）、微宇宙（microcosm）实验（Naeem and Li，1997）、美国加利福尼亚州草地实验（Hooper and Vitousek，1997）以及 BIODEPTH 欧洲草地实验（Hector et al.，1999）。进入 21 世纪初，国内外研究者对生物多样性与生态系统功能和服务的关系进行了更加深入的实验验证和理论拓展，代表性的大型野外实验研究有耶拿草地实验（Scherber et al.，2010）、中国草地 BEF 实验（Wu et al.，2015）、BEF-China 森林实验（Huang et al.，2018）。基于这些实验研究，生态学家提出了一系列的生物多样性如何影响生态系统功能和稳定性的机理假说(Tilman,1996;Tilman et al.,1996;Loreau et al.,2001;Hooper et al.,2005)。

这些实验研究多数认为,植物多样性促进生态系统生产力,但这些研究多关注植物多样性对单一生态系统功能(尤其是生态系统生产力)和服务的影响,并未系统分析生物多样性对多种生态系统功能的作用(邱波和王刚,2003)。Sanderson 等(2004)首次提出了生态系统多功能性的问题,Hector 和 Bagchi(2007)则首次定量分析了生物多样性对多个生态系统功能(即生态系统多功能性)的影响,由此开启了生物多样性与生态系统功能关系研究的新一轮热潮(Maestre et al.,2012a,2012b;Valencia et al.,2015)。与此同时,功能多样性和系统发育多样性的作用逐渐受到重视(Díaz et al.,2007;Cadotte et al.,2009;Cadotte,2015)。一些研究发现,功能和系统发育多样性对生态系统功能的影响超过物种多样性,促使从功能和系统发育多样性角度解释生态系统的功能及其稳定性成为当前的研究热点之一(Raudsepp-Hearne et al.,2010;Flynn et al.,2011;Finegan et al.,2015;Wen et al.,2019)。

在这一时期,关于生物多样性与生态系统稳定性的研究也取得了长足进步。Tilman(1996)通过长期监测 207 个不同物种多样性水平的实验草地样地的生物量动态发现,草地群落物种多样性越高,则群落总生产力的年际变异性越小,稳定性越高;他们同时发现,虽然物种多样性增强了群落水平的稳定性,但物种水平的稳定性并未随之增强。这一结果在一定程度上调和了“复杂性-稳定性”之争。McCann(2000)在综合多样性与稳定性各方观点的基础上提出了一个新观点,即种群密度越高、越远离极端值(或接近平衡值),则种群稳定性越高。该文还指出,生物多样性导致稳定性的驱动力往往不是生物多样性本身,而是群落中所包含的某些特定物种或功能群的作用,这是早期争论中常被忽略的因素。自 20 世纪 90 年代末以来,理论生态学家利用群落模型在生物多样性与生态系统稳定性理论和机制方面取得了新的进展,提出了保险效应、超产效应等假说,为实验数据提供了理论解释(Yachi and Loreau,1999;de Mazancourt et al.,2013)。此外,近期研究拓展了生物多样性-生态系统稳定性研究的空间尺度,揭示了生态系统稳定性及其与多样性关系的尺度效应(Wang and Loreau,2014,2016;Wang et al.,2017)。

自 20 世纪 90 年代以来,关于生物多样性与生态系统服务关系的研究也得到了快速发展。1991 年,世界自然保护联盟(IUCN)环境委员会发起第一次会议,就生物多样性与生态系统服务的关系进行研讨,并开展了生态系统服务功能经济价值的评估方法研究。此后,美国生态学会(ESA)组织专门研究小组,对生态系统服务功能的经济价值进行了系统研究(Daily,1997),并首次估算了全球生态系统服务功能的价值(Costanza et al.,1997)。结果显示,全球生态系统服务功能的总价值约 33 万亿美元/年,是 1994 年全球国民生产总值的 1.8 倍。2001 年,联合国启动了“千年生态系统评估”这一为期 4 年的国际合作,来自 95 个国家的 1300 名科学家参与其中,到 2005 年正式发布。千年生态系统评估的一个重要议题即生物多样性与生态系统功能和服务的关系,这极大地推动了这一领域的研究。在这一时期,一个需要指出的重要进展是于 2012 年建立的“生物多样性和生态系统服务政府间科学政策平台”(IPBES)①。这是一个政府间机构,目前包括 126 个成员国,中国也是成员国之一。作为

① www.ipbes.net

一个连接科学研究人员和决策者的机构，它的主要任务是为决策者提供有关生物多样性和生态系统服务状况的信息，提高生物多样性保护政策的有效性和实用性。这一机构的成立标志着政策制定者越来越认识到将生物多样性与生态系统功能和服务的关系应用到管理决策中的重要性，并逐渐将这些理论融入政策制定中（Ouyang et al.，2016）。与此同时，科学家与国际组织和各国政府部门紧密合作，系统梳理了全球气候变化和人类活动影响下，生物多样性与生态系统功能和服务的关系，并制定了一系列适应性策略（表 5-1）。

表 5-1　20 世纪 90 年代以来引领国际生物多样性与生态系统功能（BEF）研究关键进程的重要事件

时间	事件	地点	主要发现	参考文献
1991	环境问题科学委员会（SCOPE）主题会议：生物多样性的生态系统功能	德国拜罗伊特	首次全面概述了生物多样性如何影响生态系统过程的理论框架，出版专著 *Biodiversity and Ecosystem Function*，奠定了现代 BEF 研究的基础	Schulze and Mooney，1993
1992	联合国环境与发展会议	巴西里约热内卢	重新审视了生物多样性丧失对生态系统功能和动态及其提供的产品和服务产生的影响，签署一系列影响深远的公约	《生物多样性公约》等
1995	全球生物多样性评估报告	联合国环境规划署	评估了生物多样性在全球不同生态系统中的作用，指出当前研究的主要问题是生物多样性的作用可能被其他共变因素所掩盖	Heywood and Watson，1995
1991—1997	ECOTRON 生态箱实验	英国 Silwood Park	以环境一致的生态气候箱实验，设置物种多样性梯度，研究生物多样性与生产力关系，首次发现物种多样性对生产力的促进作用	Naeem et al.，1994
1994—	Cedar Creek 人工草地实验	美国 Cedar Creek	以物种数为梯度的人工草地群落构建实验，发现物种多样性对生产力、稳定性以及土壤碳固持能力的促进作用，且生物多样性效应逐年增强	Tilman et al.，1996；Tilman et al.，2001；Tilman et al.，2006；Yang et al.，2019
1996—1998	BIODEPTH 欧洲草地实验	欧洲 7 国 8 站点联网实验	在 8 个不同站点同时建立人工草地群落构建实验，发现物种多样性和功能群多样性的增加均提高生产力，生态位互补作用和物种间正相互作用是生物多样性效应的主要机理	Hector et al.，1999；Loreau and Hector，2001
1999	国际地圈-生物圈计划（IGBP）会议	国际地圈-生物圈计划	系统总结了全球生物多样性评估报告之后 BEF 研究的主要进展和问题	Kinzig et al.，2002

续表

时间	事件	地点	主要发现	参考文献
2000	生物多样性与生态系统功能：整合与展望会议	法国巴黎	总结了BEF研究的主要结论及不确定性，提出了未来BEF研究的主要挑战及需要重点关注的领域	Loreau et al., 2001; Loreau et al., 2002
2001—2005	千年生态系统评估	世界卫生组织、联合国、世界银行等	综合评估了生物多样性如何影响生态系统功能，进而影响人类福祉；提出加强生态系统保护、提高生态系统满足人类需求方面的可行对策	Millennium Ecosystem Assessment, 2005
2002—	耶拿草地实验	德国耶拿	重点关注BEF中不同营养级间的相互作用，发现植物多样性对多营养相互作用网络具有很强的自底向上效应，对低营养水平的影响尤为明显	Scherber et al., 2010
2005—	中国草地BEF实验	中国锡林郭勒	物种数和功能群数量的减少会显著降低生态系统生产力、真菌细菌比以及土壤碳固持能力，生物多样性通过物种间的补偿作用稳定生态系统生产力	Wu et al., 2015; Chen et al., 2016; Pan et al., 2016
2009—	BEF-China 森林实验	中国新岗山	设置森林多样性梯度，发现树种多样性越高，生产力越高，且多样性效应逐年增强	Huang et al., 2018

5.3 核心方向的重要进展及存在的主要问题

5.3.1 文献计量分析

应用文献计量学方法，利用 Web of Science 数据库的数字资源，对 1998—2018 年全世界及主要国家在 BEF 领域发表 SCI 文章的情况进行了统计分析。分析数据检索标准设置为：

数据库：Web of Science 核心合集

时间跨度：1998—2018 年

检索主题：biodiversity and ecosystem functioning、biodiversity and ecosystem services、biodiversity and ecosystem stability

在此基础上，通过增加和调整检索式，分别对该领域内不同生态系统（森林、草原、灌丛、荒漠、湿地、淡水、海洋、极地等）和不同多样性维度（物种、功能、系统发育）的文章发表情况进行了检索统计。

数据库最终形成的检索时间为 2018 年 10 月 18 日，三个领域共检索到文献 14 052 篇。

利用 Web of Science 数据库在线分析工具和 Excel 进行了文献数据的信息挖掘，分析过去20年间全世界 BEF 领域文章发表数量的增长趋势、各个子领域的文章数量比例以及文章被引用情况。参考2017年度 *Journal Citation Reports* 期刊影响因子数据，对比了中国和美国等国文章发表期刊影响因子的频率分布。

(1) 过去20年文章数量增长情况

为比较全球生态学科和 BEF 领域发表文章数量的变化趋势，我们利用如下3个检索式在 Web of Science 数据库进行了搜索。

检索式1：(TS = biodiversity OR TS = diversity) AND (TS = ecosystem functioning OR TS = ecosystem function)

检索式2：(TS = biodiversity OR TS = diversity) AND (TS = ecosystem services)

检索式3：(TS = biodiversity OR TS = diversity) AND (TS = ecosystem stability OR TS = community stability)

分析结果表明，在1998年以前，关于 BEF 领域的发表文章数量较少。而在过去20年间，整个生态学科以及 BEF 领域的发表论文数量都呈指数增长，但后者论文数量的增长速率显著高于整个学科，文章数量占生态学科整体文章数量的比例也逐年升高（图5-4a）。这些结果说明，生物多样性与生态系统功能和服务的关系是近20年生态学研究的热点问题之一，其发展趋势快于整个生态学科。在该主题下各个方向的研究中，涉及生态系统功能和生态系统服务的研究占据了绝对优势，而涉及生态系统稳定性的相关研究较少，可能与该方向的理论性质有关（图5-5）。值得注意的是，我国在生态系统稳定性方向的研究所占比例要远高于其他两个方向。

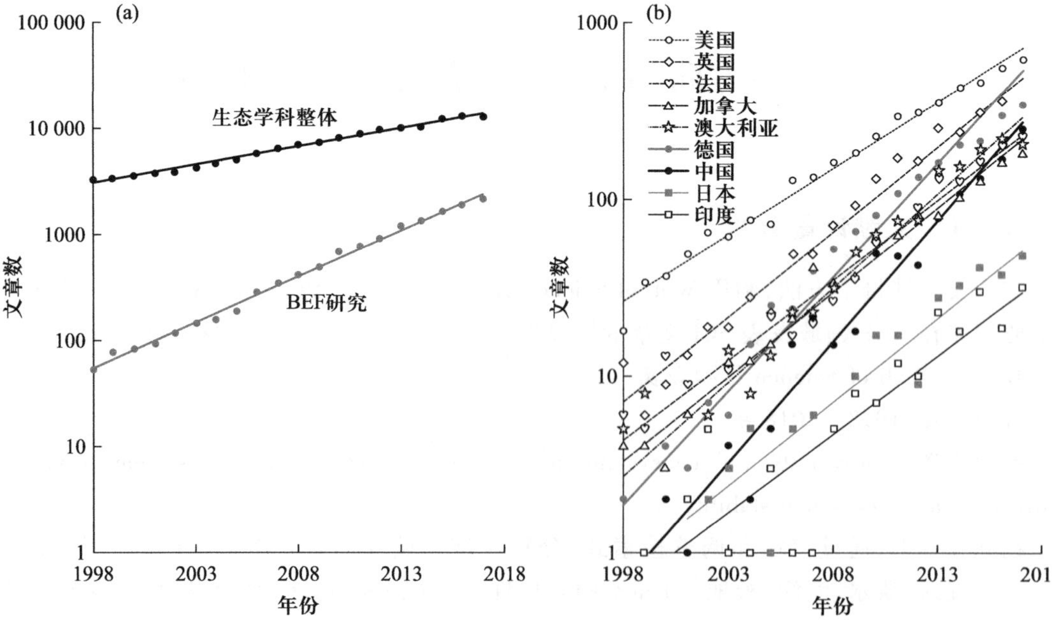

图5-4　过去20年生态学科整体与 BEF 领域论文发表数量变化趋势。(a)全球趋势；(b)主要国家 BEF 文章数量增长趋势（见书末彩插）

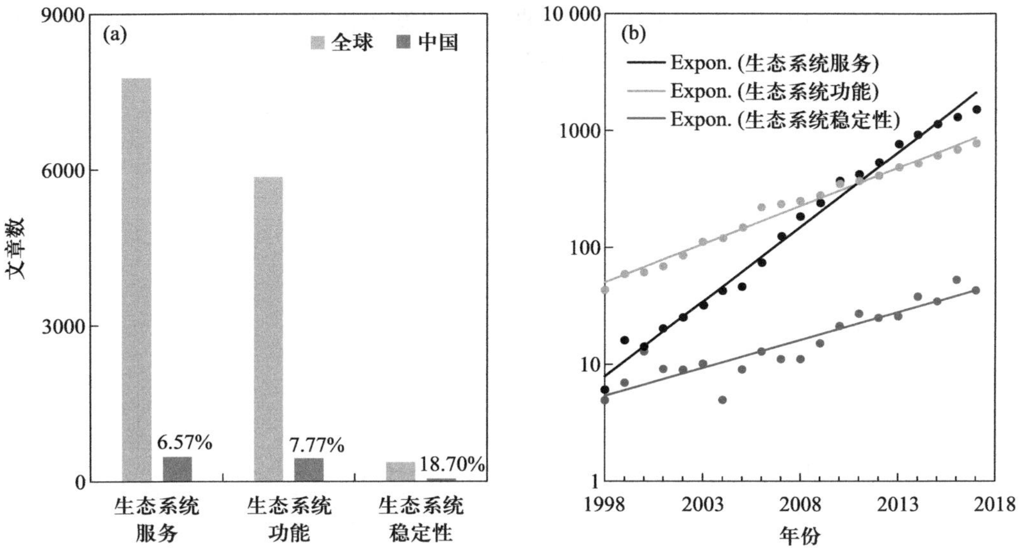

图 5-5 BEF 研究中不同子领域文章发表数量对比

通过比较不同国家在 BEF 领域的论文发表数量发现，美国自 1998 年以来一直在该领域占据领先地位，其次为英国和法国，但这三个国家文章数量的增长速度均较为缓慢。而中国、德国发表的文章数量虽然不是最多，但在过去 20 年间增长速率最快，在该领域逐渐赶上或超越了英国和法国；其中，德国近年在该领域的发表文章数量逐渐接近美国（图 5-4b）。在文章被引次数上，美、英、法、加拿大等国每篇文章的平均被引次数都在 50 次以上，而中国的文章发表数量在过去 20 年间虽有较快增长，但文章平均被引次数和高被引论文比例都处于较低水平（图 5-6）。进一步对比中、美两国该领域发表文章的期刊影响因子频率分布不

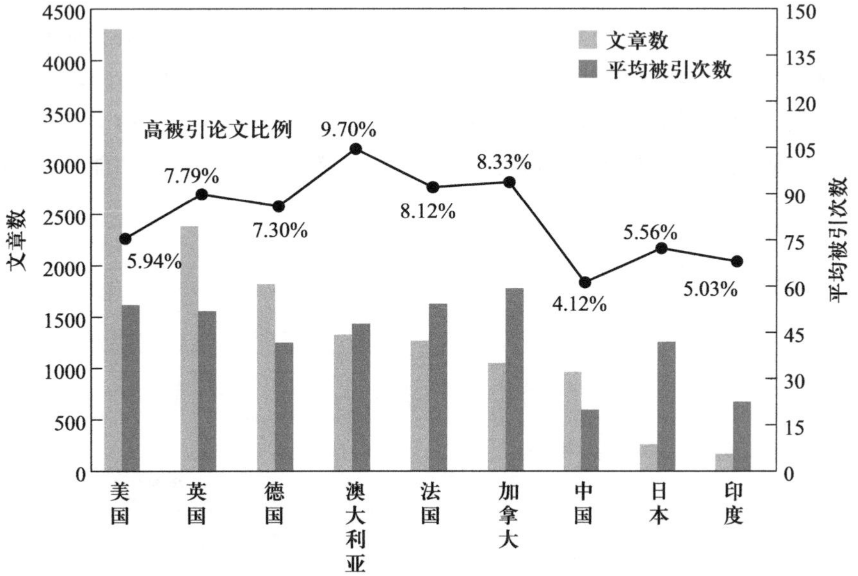

图 5-6 不同国家在 BEF 研究领域发表文章的数量、质量和平均被引次数；其中文章质量以高被引论文占全部发表文章比例（图中折线）来衡量

难发现，中国在低影响因子(影响因子<4.0)期刊上的发文比例高于美国，而美国在高影响因子期刊中的发文比例显著高于中国(图 5-7)。

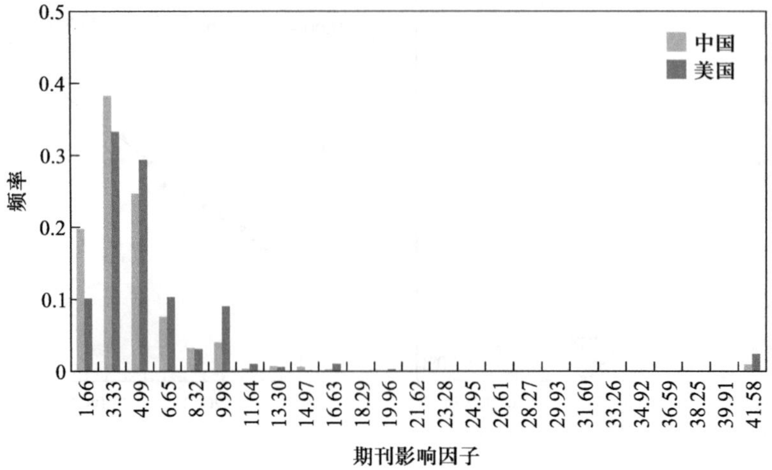

图 5-7　中国和美国在 BEF 领域发表文章的期刊影响因子频率分布

图 5-8 展示了 BEF 领域的关键词出现频次。可见，除了生物多样性(biodiversity)、物种丰富度(species richness)和物种多样性(species diversity)，研究者也开始关注其他层面物种多样性对生态系统功能的影响，如功能多样性(functional diversity)、功能性状(functional traits)、基因多样性(genetic diversity)和群落结构(community structure)等。从生态系统功能的研究对象来看，学界关注更多的是生产力(productivity)、抵抗力(resistance)、恢复力(resilience)、稳定性(stability)、养分循环与利用(如 nitrogen、phosphorus)。我们还可以看到，气候变化(climate change)、土地利用变化(land use change)、干旱(drought)、干扰(disturbance)、保护(conservation)等词汇也频繁出现，这些词汇标志着 BEF 研究的初衷和背景，即全球变化背景下生物多样性的减少会对生态系统功能产生怎样的影响以及应该怎样进行多样性保护。此外，细菌(bacteria)、植物多样性(plant diversity)、植食性(herbivory)等词汇的出现说明研究者也开始关注不同营养级生物多样性对生态系统功能的影响。

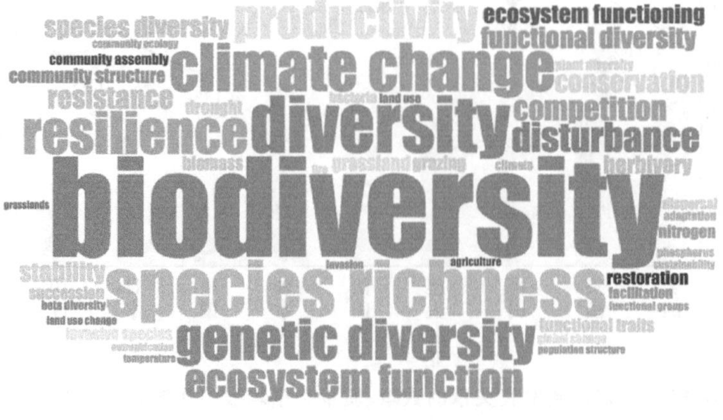

图 5-8　BEF 领域关键词词云

(2) 关注不同生物多样性维度及不同生态系统类型的研究数量

以如下 3 个检索式搜索了 BEF 研究中关于生物多样性 3 个主要维度的文章数量，即物种多样性、功能多样性和系统发育多样性维度。

检索式 4：(TS = species diversity OR TS = species richness) AND (TS = ecosystem functioning OR TS = ecosystem services OR TS = ecosystem stability)

检索式 5：(TS = functional diversity OR TS = functional traits) AND (TS = ecosystem functioning OR TS = ecosystem services OR TS = ecosystem stability)

检索式 6：(TS = phylogenetic diversity OR TS = genetic diversity) AND (TS = ecosystem functioning OR TS = ecosystem services OR TS = ecosystem stability)

以如下检索式搜索了不同生态系统类型相关的文章数量，包括森林、草地、灌丛、荒漠、极地生态系统以及海洋、淡水和湿地生态系统等。

检索式 7：(TS = biodiversity OR TS = diversity) AND (TS = ecosystem functioning OR TS = ecosystem services OR TS = ecosystem stability) AND (TS = forest)

…… AND (TS = grassland OR TS = steppe OR TS = prairie OR TS = meadow)

…… AND (TS = scrub OR TS = brush OR TS = shrub)

…… AND (TS = desert)

…… AND (TS = polar)

…… AND (TS = marine OR TS = sea OR TS = ocean)

…… AND (TS = fresh water)

…… AND (TS = wetland)

结果显示，在生物多样性的 3 个不同维度上，物种多样性仍是研究关注的主要指标，而基于功能多样性和系统发育多样性的文章数量只占较小比重(图 5-9)，这可能与人们对这

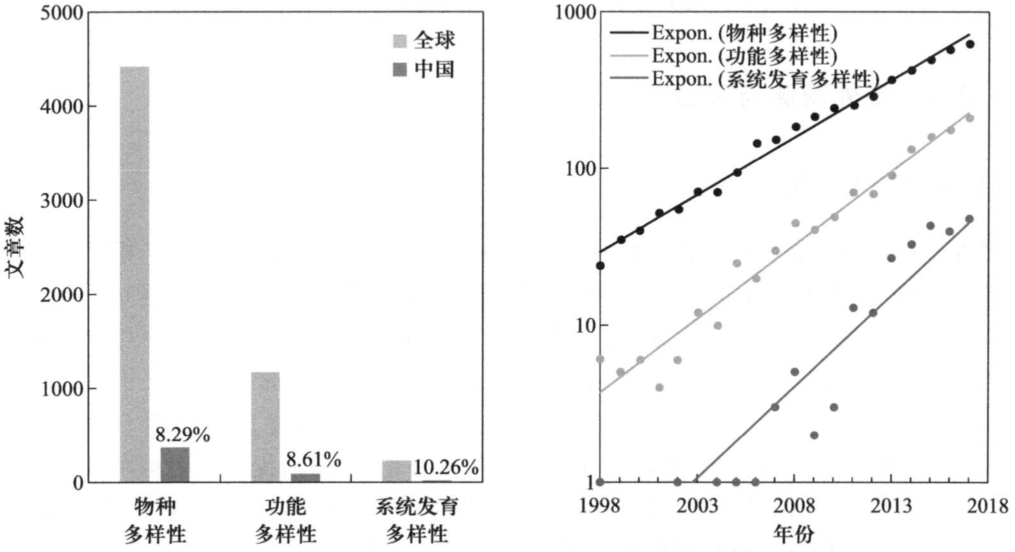

图 5-9 BEF 研究中关注生物多样性 3 个主要维度的发表文章数量

两个生物多样性维度的关注起步较晚有关。但值得注意的是，与基于物种多样性的文章数量相比，基于功能多样性和系统发育多样性的文章数量增长趋势相对较快（图 5-9），说明近期这两个生物多样性维度已成为该领域的研究热点之一。

森林作为陆地生态系统中物种多样性、功能和服务价值最高的植被类型，是 BEF 领域最大的研究热点，发表文章的数量远高于最早开展相关实验研究的草地生态系统（图 5-10）。海洋 BEF 的研究在近 20 年也占据了较大比重，但我国在海洋领域的研究只占全球研究的很小比例（图 5-10），说明我国在海洋领域的研究仍需进一步加强。相比而言，我国在荒漠生态系统中的研究则占据了全球同类研究的近 20%，说明我国生态学家对荒漠生态系统的关注度较高，研究成果也较为丰富（图 5-10）。

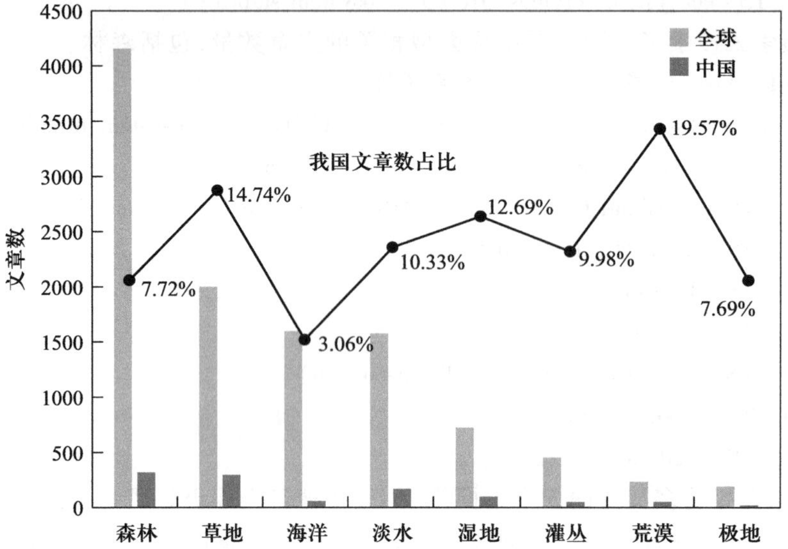

图 5-10　BEF 研究中不同生态系统类型的文章数量对比

5.3.2　野外观测与实验方法

(1) 野外观测方法

野外调查最真实地反映了自然群落生物多样性与生态系统功能的关系。根据是否实施人为处理，野外调查研究可分为两类。第一，通过大量调查获得不同时间或空间上群落生物多样性和生态系统功能的数据序列，并利用这些数据进一步分析生物多样性与生态系统功能的关系。例如，20 世纪 90 年代以来，白永飞等在内蒙古典型温带草原开展了一系列局域和区域尺度的生物多样性与生态系统功能研究。其中，在局域尺度，基于野外台站长期监测数据发现，温带草原群落内不同物种间存在显著的互补作用，进而提升了生态系统生产力的稳定性，且年际间降水波动是这一过程的主要驱动因子（Bai et al.，2004）；在区域尺度，利用内蒙古草原 854 个样方调查数据发现，多样性与生产力之间呈显著的线性关系，生态系统生产力随多样性的增加而线性增加（Bai et al.，2007）。马文红等对内蒙古温带草地和青藏高原高寒草地 321 个地点的研究发现,群落物种丰富度与生产力之间存在正相关关系,但这一正相关关系是由于物种丰富度和生产力分别与降水量之间的正相关关系引起的,在同一地点内物种丰富度和生产力之间不存在相关关系(Ma et al.,2010)。第二,通过实施一定的人为处理(如养分添加、干旱、增温等),调查群落中的生物多样性和生态系统功能的动态变化,进而探究二者的关系。例如,Tilman 和 Downing(1994)在一个长期养分添加实验中发现,物种多样性高的群落对干旱具有更强的抵抗力及恢复力。

然而,这类野外调查研究难以区分环境变量和生物多样性对生态系统功能的协同影响(Loreau,2000;Loreau and Hector,2001)。在自然群落中,群落生物多样性和生态系统功能(如生产力)可能均受环境变化影响,生物多样性与生态系统功能的关系可能仅反映了二者随环境变化的共变(Ma et al.,2010),这种共变可能会掩盖(增加或弱化)生物多样性对生产力的真实影响(Loreau,2000;Loreau and Hector,2001),从而使得评估生物多样性对生态系统功能的作用变得更加困难(张全国和张大勇,2002,2003)。例如,内蒙古温带草地(Bai et al.,2007)以及青藏高原高寒草地(Ma et al.,2010)的研究均显示,群落物种多样性和生产力对区域尺度上降水变化的共变,远大于生物多样性本身对生产力的影响。因此,在利用野外调查数据阐明生物多样性对生产力等生态系统功能的影响时,需要控制与生物多样性和生态系统功能协变的环境变量的影响(张全国和张大勇,2002,2003)。

一些统计手段(如偏相关分析、结构方程模型等)常被用以控制协变的环境变量对生物多样性与生态系统功能关系的影响,从而可在一定程度上分离、量化生物多样性本身对生态系统功能的影响。例如,采用偏相关分析控制施肥水平和物种组成之后,Tilman 和 Downing(1994)发现,生物多样性对生态系统稳定性的影响变弱,但并没有改变上述结论;再如,采用结构方程模型排除气候变化和人类活动的影响后,Chen 等(2018)发现,物种多样性对全国范围内森林、灌丛、草地生产力的影响均不同程度地增强。从这种统计学方法出发,在多个环境变量差异较大的站点,开展长期物种多样性控制实验,将有助于厘清物种多样性与生态系统功能之间的关系及其内在机制(于振良等,2016)。然而,需要注意的是,这些统计分析无法从根本上消除环境变量的影响,更不能反映环境和生态系统功能变化对生物多样性的动态反馈。基于概率图论的贝叶斯网络分析和机器学习可能会有助于解决这方面的难题,但自然群落中生物多样性对生态系统的作用并非孤立于环境。

(2) 人工构建群落实验

由于物种多样性和生态系统功能二者对环境变量的共变,精确定量生物多样性对生态系统功能的影响变得困难。为此,人们设计了专门的生物多样性控制实验,通过在相同环境下建立不同生物多样性水平的人工群落,并通过随机区组设计消除局域环境的影响,从而准确评估生物多样性对生态系统功能的影响。例如,在均质的样地内设计生物多样性梯度实验,来研究生物多样性对生产力等生态系统功能的影响。这类控制实验被广泛应用在室内和野外、陆地和水体、草地和森林、淡水和海洋等生态系统中(Cardinale et al.,2011,2012;Tilman et al.,2014)。

生物多样性梯度是生物多样性实验构建的核心。常见的梯度设计包括物种多样性和功能群多样性梯度。例如,Naeem 等(1994)、Tilman 等(1996)和 Huang 等(2018)在生物多样性实验中，均设置了物种多样性梯度；Pan 等（2016）在研究中设置了功能群多样性梯度，而 Hector 等（1999）在欧洲草地生物多样性实验中既考虑了物种多样性梯度也考虑了功能群多样性梯度。这些研究均发现，物种多样性和功能群多样性均有助于提升生态系统生产力。除此之外，还有一些其他的生物多样性梯度设计方式。在微生物多样性的研究中，人们常常采用更大的类群单元来设置微生物多样性梯度。例如，利用不同类群微生物的个体大小差异，Wagg 等（2014）通过使用不同孔径的网筛，采用湿筛过滤的方法建立不同土壤微生物多样性的梯度，研究土壤微生物多样性对生态系统多功能性的影响；而 Delgado-Baquerizo 等（2017）和 Trivedi 等（2019）通过对土壤微生物浸提液进行不同程度地稀释来获取不同的微生物多样性水平，进而研究了微生物多样性对土壤生态过程的影响。值得指出的是，目前有关生物多样性和生态系统功能的研究很少同时关注地上植物多样性和地下土壤动物和微生物多样性的共同作用。在区域尺度上，Jing 等（2015）发现，地下生物多样性和地上生物多样性一样，也对生态系统功能起着重要作用。

近年来，越来越多的研究关注生物多样性不同维度对生态系统功能和服务影响的差异，即遗传多样性、物种多样性、功能多样性和系统发育多样性。近期的研究表明，在物种多样性相同的情况下，遗传多样性的增加同样也会提高生态系统生产力（Cadotte et al.，2008；Flynn et al.，2011；van Moorsel et al.，2018），而功能离散度可通过影响生态位互补效应显著提高生物多样性的超产效应（Cadotte，2017）。此外，不仅多样性具有不同的维度，生态系统功能也具有多种维度，即不同生态系统功能类型。由于不同生态系统功能的影响机制和过程不同，最近的研究提出可以采用生态系统多功能性（multifunctionality）指数来表征多种生态系统功能的整体情况（Hector and Bagchi，2007）。多个实验和观测研究发现，生物多样性的增加可以增强生态系统多功能性（Hector and Bagchi，2007；Isbell and Wilsey，2011；Soliveres et al.，2016；Manning et al.，2018）。但是，由于缺乏足够的数据支撑，当前研究并未针对所有生物多样性与生态系统功能维度之间的关系进行验证，还需要更多的研究来深入探讨两类指标之间的关系。

对于一个典型的生态系统来说，其基本组分包括生产者、消费者和分解者。在生物多样性与生态系统功能研究中，除早期的控制实验（即 ECOTRON 实验）（Naeem et al.，1994）和极少数研究外，绝大多数研究局限于单一营养级，特别是生产者，关于消费者和分解者生物多样性对生态系统功能的影响，人们还知之甚少（Hooper et al.，2005；Tilman et al.，2014）。近年来，已有研究开始关注营养级的重要性。例如，有研究发现，消费者多样性对生态系统功能有着重要的影响，可能会改变植物多样性和生产力的关系（Duffy，2003；Thébault and Loreau，2003）。Lefcheck 等（2015）通过全球范围的整合分析发现，生物多样性能够增强生态系统多功能性，且其作用强度在不同营养级之间不同，如植物多样性对食草动物的影响要大于对植物本身的影响；Scherber 等（2010）发现，在不同捕食者类群之中，随营养级升高，植物多样性的影响减弱。研究消费者多样性变化对食物网结构和动态的影响，有助于揭示生物多样性影响生态系统功能的新机制。例如，食肉动物对生态系统功能的影响主要由较高营养级对不相邻的较低营养级的间接作用导致，即所谓的营养级联效应。这种效应可以改变食物网中的一个种群、群落或整个营养级的物种多度、生物量和生产力（Pace et al.，1999）。在未来的研究中，基于物种性状，通过探讨不同营养级水平（植物-食草动物-土壤微生物)间的相互作用方式及强度,有助于揭示全球变化及人类活动等关键因子驱动下的生态系统各组分间的调控与反馈机制(Bauer et al.,2014)。

(3) 自然群落剔除实验

由于人工群落构建实验严格控制了环境协变等问题,基本阐明了生物多样性在生产力、凋落物分解等生态系统功能中的重要作用。但由于人工群落构建实验通常包含的生物多样性梯度较小,包含的物种组合数量也较少,不能全面反映自然生态系统中多度不同的物种的非随机丧失过程及其影响。为此,在自然群落或半自然群落中,根据实际的群落构建和物种丧失情况,剔除物种或功能群以研究特定物种或功能群的作用就显得尤为重要(Díaz et al.,2003)。实际上,很多关键生态学概念、假说和机制的提出都得益于物种剔除实验。例如,20世纪60年代,Paine(1966)通过在潮间带生态系统中剔除关键种,探讨捕食者多样性在维持生态系统功能时的下行控制效应。此外,很多实验研究也通过物种或功能群剔除,探讨生物多样性丧失对生态系统过程和功能的影响。例如,Wardle等(1999)用剔除实验,较系统地研究了多年生草本植物功能群剔除和树木砍伐对植被动态、分解过程、土壤生物多样性以及其他生态系统属性和功能的影响;Pan等(2016)在我国北方草原的功能群剔除实验中发现,功能群的减少显著降低了生态系统固碳能力和生产力;Wagg等(2014)利用湿筛过滤的方法分离不同微生物群落,再将微生物接种到植物栽培系统中,以研究土壤微生物多样性对生态系统多功能性的影响,发现微生物多样性的降低会显著降低生态系统生产力和凋落物分解等生态系统功能。因此,正如Paine(1966)所说,剔除物种或功能群实验是探讨生物多样性与生态系统功能最重要的实验研究途径之一。

需要指出的是,物种剔除实验在具有独特优点的同时,也具有明显缺点(Díaz et al.,2003)。首先,在自然生态系统中,各样区的初始状态并不一致,物种剔除实验无法消除各处理样区间初始状态的差异,这可能会使得分离并定量评估生物多样性对生态系统功能的影响变得困难。对此,在低β-多样性的群落中实施剔除,并增加重复数量是目前常用的方法。其次,在植物和微生物群落中如何有效剔除目标物种而不影响其他邻株物种也极具挑战。例如,早期剔除常用特定除草剂或微生物抑制剂,但这些化学试剂往往在抑制目标物种的同时影响其他物种的生长、存活或繁殖。当前,很多植物群落物种剔除实验用人工剔除地上目标植物,不仅工作量大,也无法完全避免剔除过程对邻株的影响。再次,剔除实验难以区分多度和多样性的影响。例如,在植物群落中,由于组成物种的大小不一、多度各异,因而在实际操作中,剔除不同的物种势必导致剔除的生物量也不同。最后,所有的生物多样性与生态系统功能实验研究均假设物种多样性与功能多样性的线性一致性,但物种多样性与功能多样性并非线性一致(Hooper et al.,2002)。因此,基于功能性状的剔除实验可能更加有效,但在现实中如何实施也极具挑战。

研究显示,通过人工群落构建实验与物种剔除实验研究所得的生物多样性与生态系统功能关系及其潜在机制存在较大差异(Huston,1997)。例如,剔除实验研究更多显示,所剔除的关键种或优势种在维持生态系统功能中有着极其重要的作用(Wardle et al.,1999);物种丧失对生态系统功能的影响不仅依赖于剔除物种的性状、多度,也依赖于其与其他物种之间的关系,那些与其他物种联系较弱的稀有种丧失并不会明显影响生产力等生态系统功能。

Díaz 等(2003)认为,人工构建群落实验所强调的生态位互补作用,不能被直接应用在物种贫乏的自然系统中。因此,物种剔除实验和人工群落构建实验在理解生物多样性与生态系统功能中各有优势,互补共存应是未来实验努力的方向;剔除实验可以作为连接人工群落构建实验和野外观测研究的重要枢纽(Loreau et al.,2001)。

(4) 典型人工构建群落和物种剔除实验

据不完全统计,截至 2009 年,全球范围内通过调控物种多样性来研究生态系统功能和过程的实验超过 500 个(Cardinale et al.,2011,2012),取得了丰硕的研究成果。其中在国内外影响较大的实验主要有以下几个。

1) 生态箱实验(ECOTRON)

以 John Lawton 为首的生态学家于 1991—1997 年在 200 m^2 的实验室建立了 16 个环境条件完全受控的生态箱(2 m×2 m×2 m),在其中设置了 9、15、31 三个物种数水平的微宇宙生态系统,面积均为 1 m^2,土壤深度约为 40 cm。分别有 4、4、6 个重复,另有 2 个对照组,来研究物种丧失对生态系统功能的影响。实验采用嵌套式的设计,较低物种丰富度系统中的全部物种均在较高丰富度的系统中出现;同时为了更加贴近自然生态系统,实验也设置了不同的营养级,每个丰富度处理下都包括生产者、初级消费者、次级消费者和分解者。研究者通过控制措施使得所有小室内的温度、气流、相对湿度、水分、最初土壤状况、最初生物密度保持相同,并进行了连续 200 天的观测(Naeem et al.,1994)。

该实验主要关注群落呼吸、分解、营养保持、植物生产力和水分保持(water retention)5 个生态系统过程。群落呼吸率通过测度群落 CO_2 的通量来确定;群落的短期和长期分解速率分别通过置于小室土壤表层的干草(C∶N 为 35.5∶1)在 6 周内的干重变化以及埋入土壤中的木棒(C∶N 为 311∶1)在整个观测时间内的干重变化来度量;营养保持力由土壤中氮、磷、钾的含量来度量;植物生产力由群落的透光率来度量;而保墒(水分保持)则由水外流的速率体现。

结果发现,物种多的系统具有更高的呼吸速率和生产力,而其他过程并未在不同处理间表现出显著的差异。Naeem 等(1994)认为,物种多样性的超产效应主要是由于物种多样性高的系统中植物能够更充分地利用空间,从而吸收更多光能并产生更高的生产力。该实验是第一个在受控条件下研究生物多样性与生态系统功能关系的案例,为生物多样性的超产效应提供了实验证据。但是,该实验受到了 Huston(1997)的质疑。Huston(1997)提出,多样性高的生态系统具有较高的生产力可能是由“选择效应”产生的,而非物种多样性高的群落具有更高的资源利用效率。

2) Cedar Creek 人工草地实验

以 David Tilman 为首的生态学家自 1994 年开始在美国明尼苏达州 Cedar Creek 草地上人工建立了分别含有 1、2、4、6、8、12、24 种植物的草地群落,每个群落的物种均从一个包含 24 个北美草原植物物种库中随机抽取。其中前 5 个丰富度水平各有 20 个重复,含 12、24 个种的群落分别有 23 和 24 个重复,共计 147 个样方,每个样方的大小为 3 m×3 m。

研究结果发现，物种数越多，生态系统生产力和土壤碳固持能力越高，植物对土壤资源的利用越充分，生态系统也越稳定（Tilman et al.，1996，2001，2006；Yang et al.，2019）。该结果同样遭到了 Huston（1997）的质疑。Huston（1997）发现，实验初期任何一个多物种混种样方的生产力都低于表现最好的单种样方的生产力，因此他认为，可能是选择效应主导了多样性与生产力的正相关关系，因为物种多样性高的样方有更大的可能性拥有高生产力的物种。然而，通过统计手段控制群落中特定种类（如豆科植物等）的出现与否对生态系统生产力的影响之后，数据的重新分析依然支持物种多样性对生产力的促进作用（Loreau and Hector，2001；Tilman et al.，2001）。此外，Cedar Creek 实验从第 4 年开始，16 种混种样方的生产力已开始超过表现最好的单种样方（Tilman et al.，2001）。这些结果进一步证实了物种多样性对生产力确实具有促进作用。

3）欧洲草地实验（BIODEPTH）

以 John Lawton 和 Andy Hector 为首的研究团队于 1996—1998 年在欧洲 7 个国家建立 8 个站点的联网研究，采用一致的方法建立具有不同物种丰富度（1～32 种）的 480 个人工草地样方，样方大小为 2 m×2 m。研究发现，物种多样性和功能群多样性越高，生产力越高，其中生态位互补作用和物种间正交互作用是增强多样性效应的主要原因（Hector et al.，1999）。然而，Huston 等（2000）指出该实验存在一些问题。例如，一些群落中的物种没有与最高产的物种相比较，所以造成“超产”发生的概率被高估；“超产现象”局限于有豆科植物的群落，并不能代表是由物种多样性引起的。此外，Wardle 等（2000）还认为，该实验没有区分开“选择效应”和生态位互补。针对 Huston 等（2000）和 Wardle 等（2000）的质疑，Loreau 和 Hector（2001）开发了一种分解生态位互补和选择效应的方法来解释物种多样性在群落水平上的超产作用，并将其应用在 BIODEPTH 的 8 个站点研究。结果发现，物种间的生态位互补作用对混种样方超产效应的贡献显著大于选择效应的贡献。此后，采用该方法基于全球生物多样性与生态系统功能实验的 meta 分析和 Cedar Greek 实验的分析研究均发现了同样的结果，并且互补效应的作用随时间的推移逐渐增强（Cardinale et al.，2007；Fargione et al.，2007）。

4）中国亚热带森林生物多样性与生态系统功能实验

该实验位于江西德兴新岗山，地处亚热带，是由中国国家自然科学基金委员会和德国科学基金会联合资助的项目。该样地于 2008 年开始建立，设置了 1、2、4、8、16、24 个树种的多样性梯度，包括 566 个样方，每个样方大小为 1 亩（25.8 m×25.8 m）。该项目是当前全世界 25 个森林实验样地之一，也是树种最多、设计多样性水平最高、覆盖地形最复杂的一个样地（Bruelheide et al.，2014）。相比于草地实验，森林 BEF 实验的优势之处在于允许在个体水平上对生物多样性与生态系统功能之间的关系进行定量的研究。因此，在群落水平上观测到的生物多样性效应可以追溯到每个单一个体的平均生长的提高（Bruelheide et al.，2014）。通过连续 5 年的观测，研究人员发现，生物多样性能够显著促进地上生产力，且生物多样性作用（尤其是种间互补效应）的影响随时间延长而增强。这主要是由于功能多样性的增加所导致的，说明具有不同功能策略的物种配对会更高产。该研究结果强有力地支持了森林生物多样性的增加也能像草地研究一样显著促进生态系统生产力(Huang et al.,2018)。

5) 内蒙古草原物种去除实验

内蒙古草原物种去除实验(Inner Mongolian grassland removal experiment,IMGRE)是在我国组织的第一个大型生物多样性与生态系统功能实验。该实验的设计者认为,以往的生物多样性与生态系统功能实验设计存在以下几点不足:其一,以往的大多数实验集中在欧洲和北美的草甸(meadow)、湿地(wetland)、牧场(pastureland)等,而由此所得到的生物多样性与生态系统功能关系能否推广到水分条件稍差的欧亚大陆草地(steppe)以及其他生态系统仍有待进一步验证;其二,很多研究试图证实生态位互补是生物多样性与生态系统功能关系的主要维持机制,但对于功能群的识别仍使用十分主观的方法,并没有发展定量的度量手段;其三,很多实验样地的建立都是首先通过全部移除或者用化学制剂移除已有的物种,再人工播种特定丰富度的群落,这无疑引入了巨大的干扰,因此所得结论恐无法适用于自然生态系统;其四,过去很多生物多样性与生态系统功能实验都只关注植物多样性与地上生物量之间的关系,而这种关系在虫灾、放牧等条件下的动态并没有被充分地讨论(Wu et al.,2015)。

鉴于此,实验以内蒙古长期生态观测站为依托,于 2005 年正式展开。实验共设置 8 个样地(55 m×85 m)、768 个样方(6 m×6 m),对其中 2/3 的样方(512 个)进行完整或部分的功能群拔除处理,其余样方(256 个)被保留并用于未来的实验。实验首先对样方进行了调查,得到了超过 85 个植物种,然后依据各植物种的化学计量特征将其划分为 5 个功能群(Bai et al.,2004)。在上述 512 个实验样方中,设置了功能群数从 0 到 4 共计 16 种组合,每种组合设置 32 个重复,对每个重复又区分了完全拔除和部分拔除两种情景,以评估物理干扰的程度。基于上述实验设计,检验了以下 3 个关键假设:其一,化学计量特征的多样性能够有效地反映功能群的多样性,并能够对系统功能产生影响;其二,植物功能群多样性的变化会影响其他营养级(食草动物或土壤微生物)的结构和功能;其三,植物功能多样性的变化也会影响系统对虫灾、放牧等干扰的恢复力稳定性。

与此实验相关的结果在近年来陆续发表。如,Chen 等(2016)和 Zhang 等(2017)基于部分实验数据发现,功能群的移除将导致植物群落的生产力降低,这将进一步降低土壤微生物群落的功能多样性,从而使土壤食物网变得更加脆弱,生态系统抗外界干扰能力也随之减弱。此外,Pan 等(2016)发现,功能群的丧失会显著降低生态系统碳通量和生产力,而不完全剔除对生产力的影响则不显著,这进一步证实了多样性对生产力的影响。Ren 等(2018b)在放牧处理下的结果证实,放牧会使得功能多样性对系统稳定性的作用减弱,使得高多样性系统中的稳定性仍处于较低水平。

5.3.3　生物多样性与生态系统功能

人类活动和全球变化的加剧导致生物多样性锐减,直接导致生态系统功能和服务的降低,并最终影响人类赖以生存的环境。因此,生物多样性对生态系统功能和过程的影响程度、方式和机制一直是科学家和公众关注的热点问题之一。同时,理解二者关系也给全球、国家和局域的生物多样性可持续管理和保护提供科学依据。本节结合不同生态系统典型实验结果，就生物多样性影响生态系统功能的主要机制进行探讨。

(1) 生物多样性影响生态系统功能的机制

国内外系统性地开展生物多样性与生态系统功能的研究至今已有 30 余年。2006 年全球开展的相关控制实验有 100 多个，而到 2017 年已增至 500 多个（Duffy et al.,2017）。早期研究主要关注生物多样性对生态系统生产力、稳定性及对干扰抵抗力的影响；近年来，更多聚焦于生物多样性与生态系统功能关系在不同生态系统和尺度之间的变化及驱动机制。在发展历程中，生态学家提出了多种机制性假说来解释生物多样性对生态系统功能（特别是生态系统生产力）及其稳定性的影响（框 5-3）。首先，从统计学角度，生物多样性对生态系统生产力的作用可以由选择效应（selection effect）（也称抽样效应，sampling effect）导致。选择效应认为，生物多样性高的群落有更大的可能包含高产物种，且这些物种易在群落中占据优势，从而使群落的生产力更高（Huston,1997;Huston et al.,2000）。早在 20 世纪 60 年代，Paine（1966）就提出过自然群落中关键种的概念。随后，Walker（1992）提出了冗余性假说（redundancy hypothesis），认为生态系统功能的维持主要靠少数的关键物种，相对而言，大部分的物种在功能维持中的作用微乎其微。此后，Wardle 等（1999）基于剔除实验系统报道了关键种的重要作用。虽然该研究对关键种的强调与选择效应强调物种贡献的不对称性相似，但其内在机理不尽相同（Wardle,2016）。

框 5-3 生物多样性对生态系统功能与稳定性的作用机制

互补效应（complementarity effect）：由于功能性状上的差异，不同物种在资源利用上存在差异或种间互利作用，从而提高混种群落的整体功能。这一概念后来被拓展至多营养级群落，表征不同物种的捕食者差异所引起的种间互补作用，称为营养级互补效应（trophic complementarity effect）（Poisot et al.,2013）。

选择效应（selection effect）：物种多样性高的群落有更大概率包含生产力高的物种，如果这些物种在混种群落中占优势，则产生正选择效应，提高生态系统功能。需注意的是，如果生产力高的物种在混种群落中不占优势，则产生负选择效应，削弱生态系统功能。在生物多样性实验中，负选择效应也常常发生。

保险效应（insurance effect）：在环境波动或干扰下，不同物种的响应方式和速度存在差异，这一非同步响应可以减小生态系统功能在时间上的波动，从而增加稳定性。

投资组合效应（portfolio effect）：类似保险效应，即不同物种的非同步响应可以增加群落或生态系统水平的稳定性。但在有的文献中投资组合效应特指不同物种间种群波动相互独立，使得整个群落的稳定性增加，这一效应也被称为统计平均效应（statistically averaging effect）。

超产效应（overyielding effect）：物种多样性可通过互补效应和选择效应增加生态系统生产力，而更高产的生态系统具有更低的统计随机性（demographic stochasticity），从而具有更高的稳定性。

其次，从生物学机理角度，基于生态位理论和铆钉假说（rivet-popper hypothesis），生态学家提出生态位互补（niche complementarity）假说与种间互利效应（facilitation）假说。这些假说的核心是群落中每个物种都有其独特的生态位和作用（即对环境的适应和影响），从而使得物种多样性较高的群落能更加充分地利用环境资源，提高环境资源利用效率，进而提高群落整体的生产力和稳定性。同时，因物种对环境的响应不同，物种多样性较高的群落在整体上对干扰的抗性也就更强，受干扰后也更容易恢复（Hector et al.，1999；Tilman et al.，2006）。

毫无疑问，这些统计学和生物学机制可能同时存在，使物种多样性较高的群落具有更高的生产力和稳定性（Loreau and Hector，2001）。过去20～30年的研究核心是评估各种作用的相对重要性及其环境依赖性。对草地和森林群落的长期控制实验研究表明，在群落构建初期，选择效应在生物多样性的增产效应中更加重要，随着时间的推移，生态位互补效应逐渐加强并超过选择效应的贡献（Cardinale et al.，2007；Fargione et al.，2007；Huang et al.，2018）。对于自然生态系统的观测实验而言，环境异质性的存在使得各种生态过程远比控制实验所揭示的关系更为复杂。在自然群落中，物种多样性对生产力的影响可表现为单峰关系（Fraser et al.，2015）或不相关（Adler et al.，2011）。这种差异也可能由于大部分实验开展的时长有限，观测到的结果只是局部现象，因此多样性与生态系统功能关系的形成机制需要更多、更长期的实验来验证。

由于适于某栖息地环境的物种数量一定，因此自选择效应假说诞生以来，就一直有关于其是否是一种“合法”生物学机制的讨论（Kaiser，2000）。因此，统计学和生物学机制的边界可能是模糊的，并可能共同影响生物多样性与生态系统功能的关系。如果生物多样性的作用机制是统计上的选择效应，则生态系统功能的维持只需要保护高产物种而非生物多样性本身；如果生物多样性的作用机制是生物学上的互补效应，则生态系统功能的维持需要保护物种多样性，从而维持物种间的互补和促进作用。因此，生物多样性与生态系统功能研究领域出现了以Loreau和Hector（2001）为代表的对统计学和生物学机制进行分离的尝试，并提出了对抽样效应和互补效应的分离方法（框5-4）。这一区分的重要意义在于证明生物多样性与生态系统功能关系不是简单的统计学结果，群落生态学中传统的生态位理论和种间相互作用确实有助于生物多样性与生态系统功能关系的实现。

Loreau和Hector（2001）应用上述方法对欧洲草地实验的结果进行了检验，分析表明，该实验中选择效应为负而互补效应为正，生物多样性与生态系统生产力间的正相关关系主要由互补效应维持。此后，该方法被广泛应用于草地和森林生物多样性实验研究，用以量化两种效应的作用大小（van Ruijven and Berendse，2005；Marquard et al.，2009a，2009b；Reich et al.，2012；Huang et al.，2018）。这些分析大都表明，生物多样性对生产力有正作用，其作用机制主要是互补效应，选择效应相对较弱；此外，互补效应的作用大小随实验时间增加而增强。需要指出的是，Loreau和Hector（2001）的方法虽然可以分离选择和互补效应，但该方法的应用需要完备数据的支持（Tilman et al.，2014），即所有物种的单种产量和混合群落的总产量，这使得基于观测数据进行两种效应的分离是不可行的。

框 5-4 选择效应与互补效应的分解

比较混种样方总产量与单种样方平均产量,将其差值定义为生物多样性总效应。基于种群遗传学中的 Price 方程,Loreau 和 Hector(2001)提出了一种将这一总效应分解为互补效应和选择效应的方法:

$$\Delta Y = Y_O - Y_E = \sum_i RY_{O,i} \times M_i - \sum_i RY_{E,i} \times M_i \\ = \sum_i \Delta RY_i \times M_i = N \times \overline{\Delta RY} \times \overline{M} + N \times cov(\Delta RY, M) \tag{5-1}$$

式中,下标 O 和 E 分别表示观测值和期望值;Y_O 为混种样方产量的观测值;Y_E 为混种样方产量的期望值,由混种样方中各物种在单种中的产量与各物种在混种样方中的占比计算;ΔY 为生物多样性对生物量的总效应,即前述的超产效应;$RY_{O,i}$ 为实际混种样方中 i 物种产量与其在单种中产量的比例;$RY_{E,i}$ 为混种样方中 i 物种的期望产量与其在单种中产量的比例;M_i 为 i 物种在单种样方中的产量;ΔRY_i 为 i 物种两个比例的差值。上式中,基于概率协方差的定义,$\sum_i \Delta RY_i \times M_i$ 可分解成混合物种数(N)倍的 ΔRY_i 和 M_i 均值和与 ΔRY 和 M 间的协方差。

直观地讲,如果单种产量越高的物种在混种样方中的超产比例也越高,则随机抽取更多物种确实会使得混种样方的生产力增加;而如果两者之间没有相关关系,则即使单种生物量平均值随着抽取的物种数增加而逐渐增大,混种样方中也不会发生明显的超产效应。这是因为某一个物种在单种中的表现与其在混种样方中的表现无关,因此可以用 $N \times cov(\Delta RY, M)$ 反映抽样效应的强弱。如果在排除抽样效应后,物种的混合仍然会带来超产,则暗示着互补效应的存在,可以用 $N \times \overline{\Delta RY} \times \overline{M}$ 反映互补效应的强弱。

(2) 生物多样性与生态系统生产力

生产力是生态系统最基本和重要的功能,其数值高低和动态变化被认为是生态系统功能和稳定性的重要指标。由于生态系统生产力直接关系到生态系统与大气的碳交换和碳储量,因此随着全球变化的不断加剧,生物多样性对生态系统生产力的影响一直是人们关注的核心问题之一。除了上一节中的经典假说和机制,人们也专门针对生物多样性对生态系统生产力的影响建立了单独的理论模型。

1) *有关生物多样性与生态系统生产力关系的理论模型*

早期基于经典的两物种竞争模型的研究表明,物种共存会带来超产效应(Harper,1977;Vandermeer,1981)。针对这一理论预测,生态学家开展了一系列的观测和控制实验,并提出了相应的概念和观点,随后都发展为相应的理论模型。其中,单一资源限制下物种竞争的均衡结果模型是关于生物多样性效应的最简单模型,主要体现生物多样性效应中的选择效应。该模型认为,混种群落中生产力最高的物种最终将取代其他物种,因此混种样方的生产力在平均意义上将高于单种样方,但混种样方的最高生产力不会高于单种样方中表现最好物种的样方生产力(Tilman et al.,1997),此即选择效应的结果。选择效应在生物多样性-生产力关系曲线上表现为曲线末端趋于平缓。与此相反,竞争和共存的生态位权衡模型则预测了不同的结果。该模型认为,物种多样性较高的群落的生产力比多样性较低情况下任何物种组合的群落生产力都要高,这是由于共存物种的生态位分化导致的互补效应。这一生态位权衡模型在生物多样性-生产力关系曲线上表现为曲线末端仍为上升趋势(Tilman et al.,1997)。该模型认为,生物多样性持续促进生产力的同时,也会减少样方中未消耗资源的储量。之后,有学者基于空间异质的生态系统模型研究了生物多样性与生产力的关系,指出当负选择作用发生时,生物多样性并不一定增加生态系统生产力,但在以下两种情形下生物多样性对生产力具有正作用:① 物种占据不同的生态位空间,即种间存在互补效应;② 随着物种多样性的增加,群落平均的资源获取能力提升,即正选择效应(Loreau,1998a,1998b)。这些早期模型为理解生物多样性对生态系统功能的作用机制提供了理论基础。这之后的模型将生态系统不同营养级的复杂性纳入模型后发现,生产力并不总随着植物多样性的增加而增加,而是受食物网结构的影响(Thébault and Loreau,2003)。例如,研究发现,同时增加植物和食草动物的物种多样性会提高生产力,而只增加后者的物种多样性则会降低生产力(Thébault and Loreau,2003)。

2) 草地生物多样性与生产力

关于草地生态系统生物多样性与生产力关系的研究多围绕以下几个问题开展:① 植物多样性的增加是否能促进群落生产力? ② 选择效应和互补效应哪个更重要? ③ 功能多样性或系统发育多样性是否比物种多样性能更好地解释生物多样性对生产力的影响? ④ 除了物种丰富度,其他物种多样性组分是否对生态系统功能也有影响?

早在 1997 年,Huston(1997)就发现,单种样方间的生产力差异很大,而混种样方的生产力虽然随着样方中物种丰富度的增加而提高,但无一高于产量最高的单种样方。他认为这是选择效应的结果。这一结论也在美国 Cedar Creek 开展的人工草地实验早期结果中得到了验证。生物多样性-生产力关系曲线在生物多样性较高时趋于平缓(Tilman et al.,2001)。然而随着实验时间的推移,样方表现出超产效应的程度也在提高。例如,Cedar Creek 的实验在开展 20 年后,16 个物种混种的样方生产力显著高于单种生产力最高的样方(Tilman et al.,2014)。

欧美早期的大型草地多样性实验研究(Loreau and Hector,2001;Fargione et al.,2007)以及近期基于全球多个长期生物多样性实验的整合分析(Cardinale et al.,2007,2011)均表明,在草地生态系统中,生物多样性对生产力的影响具有较高的普遍性。例如,在欧洲 8 个地点的研究结果中,有 7 个地点都发现样方生产力随着物种丰富度的增加而提高(Hector et al.,1999;Spehn et al.,2005)。Cardinale 等(2007)通过整合分析发现,平均来说,物种多样性高的样方的生产力是单种样方的 2 倍,且其资源利用程度也较高。此外,对选择和互补效应的量化分析(Loreau and Hector,2001)发现,互补效应对生态系统生产力的促进作用比选择效应更强。基于这些研究,生态学家逐渐形成共识:在生物多样性高的草地群落内,种间的功能互补性能够促进生产力和养分保持,也有利于在波动的环境中维持生态系统生产力的稳定性(Loreau et al.,2001);同时,在这样的群落中,功能冗余或是较弱的种间竞争使得生态系统一些过程对物种丧失并不敏感(Hooper et al.,2005)。

大多数生物多样性与生态系统功能实验都是按照物种随机增加或丧失而设计的,且选择的物种多为常见种。而自然界中,物种的丧失多是非随机的。稀有种和常见种的丧失对生态系统功能的影响可能是不同的。例如,有研究表明,短期内稀有种的减少不会显著影响群落生产力(Smith and Knapp,2003);在养分条件改变引起物种多样性丧失的研究中,建群种的丧失对生产力的影响是稀有种的2倍(Isbell et al.,2013)。然而,也有实验表明,稀有种丧失对群落入侵抵抗力的影响与常见种的影响程度相似(Zavaleta and Hulvey,2004),同时也会强烈影响生态系统生产力(Hooper et al.,2005)。这些结果表明,关于稀有种和常见种对生态系统功能的影响仍存在争议。虽然自然界中的物种丧失并不像大多数实验和理论假设中设定的随机丧失,但关于非随机丧失(如稀有种先丧失)和随机丧失对生态系统生产力影响的强弱仍需更多的实验验证。

在草地生物多样性对生产力影响的研究中,衡量生物多样性的指标除了物种丰富度这一维度之外,还有均匀度、功能多样性和系统发育多样性等其他组分和维度。基于均匀度的控制实验结果显示,增加群落内物种间的均匀度可促进生态系统生产力及其他生态系统功能,但有时其效应则不显著(Kirwan et al., 2007; Hillebrand et al., 2008; Wittebolle et al., 2009)。同时很多研究发现,功能群的数量、功能多样性和系统发育多样性都与生态系统的不同功能紧密相关,但结果差异较大(Reich et al., 2004; Cadotte et al., 2008; Flynn et al., 2011)。此外,也有实验发现,具有共同进化历史的本地物种组合比具有较短共同进化历史的外来物种组合具有更大的互补性,因而具有更高的生产力(Wilsey et al., 2009; Isbell and Wilsey, 2011)。但综合来看,没有一种生物多样性指标比其他指标更好,不同生物多样性维度从不同的角度反映了其对生产力的影响机制。

3) 森林生物多样性与生产力

相比于草地生态系统,森林具有更高的生物多样性、生产力和碳储量,因此森林生物多样性对生产力的作用一直处于争论中。野外实验和全球整合分析都表明,森林物种多样性能提高森林生态系统的生产力(MacPherson et al., 2001; Garber and Maguire, 2004; Pretzsch and Schütze, 2009; Brassard et al., 2011, 2013; Huang et al., 2018),但也有研究发现,森林生态系统物种多样性对生产力的影响不显著或具有负影响(Edgar and Burk, 2001; Chen and Klinka, 2003; Vilà et al., 2003; Cavard et al., 2010)。多种原因可能造成这些相悖的结果,包括生物多样性指标选择的不同、环境异质性以及林龄等。关于森林生态系统中物种多样性与生态系统生产力的研究多基于观测或调查数据,这类方法难以去除自然条件下与生物多样性协变的其他因素(如非生物因素、林龄、物种组成以及演替阶段的差异)对生态系统功能的影响,因而可能使得自然群落中森林生物多样性与生产力之间呈现不同的关系。

影响森林群落生物多样性与生产力关系的过程主要包括由物种或个体间相互作用造成的生理、形态及物候上的差异,以及由此引起的竞争减弱和种间正相互作用。种间正相互作用指某一物种的出现可通过改善小气候和生物环境显著提高与其共生的另一物种的资源获取能力,包括共生固氮、帮助水分传导以及降低气候损害等(Langvall and Orlander, 2001; Forrester and Pretzsch, 2015)。而竞争减弱是指纯林中种内个体间竞争激烈,而混交林里不同物种间的竞争则相对较弱。大量研究显示,在森林生态系统中,植物的根系和冠层部分对土壤和光资源的竞争在纯林中比在混交林中更激烈。换句话说,共生互利和竞争减弱都可以产生互补效应。然而，自然森林群落中很难区分生物多样性对生产力的作用是由哪个过程产生的。而通过人工控制生物多样性实验，降低其他共变因子的影响，有助于厘清森林生物多样性与生态系统生产力的关系及其内在机制。最近，基于全球最大的亚热带生物多样性控制实验，通过连续 8 年的监测发现，树种丰富度能显著促进森林群落的地上生产力，这种促进作用会随时间的增加而加强，但不随空间尺度的变化而改变（Huang et al.，2018）。树种丰富度对生产力的促进作用随时间的增强主要是由物种间的互补效应逐年增强所导致（Huang et al.，2018）。此外，在我国亚热带地区，不同种植密度的檫木（*Sassafras tzumu*）林生物多样性实验经过 20 年的监测表明，生产力和树木大小不等性（size inequality）呈负相关关系（Sun et al.，2018）。这种负相关关系一方面受森林自疏作用的影响，即随着自疏作用的发生，树木大小不等性增加，生产力减小速率也增加；另一方面也受种植密度、演替阶段、物种的演替特性（如演替早期和演替晚期物种）和样地立地条件的影响，即大小不等性对生产力的影响在幼龄林、种植密度高且立地条件差的情况下更显著（Sun et al.，2018）。此外，基于不同演替阶段森林群落的研究显示，在演替早期和演替晚期，生物多样性与森林生态系统内的树木生长和生产力之间的关系是不同的，说明森林演替也可显著影响生物多样性与生态系统功能的关系。例如，通过对演替早期和晚期树种混种的盆栽多样性实验发现，树种丰富度的增加能促进基径和林冠的平均生长率，但平均树高却呈相反关系；进一步对演替早期和晚期物种生长的比较发现，树种丰富度与演替早期物种的生长呈正相关，而与演替晚期物种的生长呈负相关（Yang et al.，2018）。亚热带地区的森林生物多样性实验表明，在森林演替的最早期阶段（2~3 年），群落多样性和个体间的竞争对幼树生长率的影响低于非生物因子（地形和土壤）（Li et al.，2014）。

生物多样性与生产力关系的研究多在群落水平开展，忽略了更小尺度（如个体水平）的生态系统过程和机制。森林生态系统则为研究个体水平上的邻株竞争在多样性与生产力关系中的作用提供了很好的机会。在亚热带地区的研究发现，邻域物种丰富度能促进中心个体的生长，其作用机理与中心物种的功能性状紧密相关。对具有保守性资源利用策略的物种，多样性效应通过邻株间的相互促进而产生，而对于具有获取性资源利用策略的物种，多样性效应则通过竞争减弱而产生。换句话说，森林群落中生物多样性的作用机制在小空间尺度上可能有所不同（Fichtner et al.，2017）。群落物种丰富度对中心个体生长的促进作用最终会在群落水平上累积形成正的生物多样性-生产力关系，因此维持群落物种多样性也是增加森林生产力的有效途径（Fichtner et al.，2018）。

尽管乔木层对森林生态系统生产力起主导作用，但林下植被层（包括灌木层和草本层）、地表的凋落物层以及地下生态系统的周转率远高于乔木层，因而对养分循环和土壤碳储量有显著贡献。然而，在森林生物多样性与生态系统功能研究中，关于树木多样性对这些层次碳储量和周转速率的研究却非常少，BEF-China 实验为相关研究提供了一个良好的平台。在实验开展 4 年后，Yang 等（2017）对灌木层 42 000 株个体的研究发现，在演替早期，灌木存活与否主要受水分条件影响，而不同层植物之间的竞争在早期尚不显著，因而乔木多样性对灌木存活率的影响甚微。同样在演替早期阶段，对草本层群落物种多样性和生产力影响最大的并非乔木层树种多样性，而是乔木层的物种组成（Germany et al.，2017）。对地表凋落物层的研究发现，乔木层树种多样性能显著促进地表凋落物累积，这是由于混交林中不同物种的凋落物在时间上具有互补效应,使得混交林全年的凋落物产量保持稳定(Huang et al.,2018)。树种多样性对地表凋落物的这种促进作用会进而促进土壤中的有机物的矿化和树木生长(Huang et al.,2018)。而对地下细根生产力的研究表明,幼龄林中乔木层树种丰富度能促进细根垂直分布的均匀度,从而增加细根现存生物量和再生长量,表明增加物种多样性能够增加物种间在资源获取上的互补性(Sun et al.,2017)。

近年来,生态学家逐渐发现,植物个体在生态系统中所起的作用可能是通过其功能性状实现的。植物功能性状是指能够单独或联合响应环境变化并能影响生态系统功能的植物属性(Violle et al.,2007)。不同的功能性状可使植物个体具有不同的资源获取能力,而植物个体间功能性状的差异使得其在获取和利用资源的策略上产生分化,从而减少个体间生态位的重叠,提高生态系统的生产力。因此,基于功能性状的组成和功能多样性能更好地解释和预测生物多样性对生态系统功能的影响。在森林生物多样性实验中,乔木种植 3~4 年后,植物生长率与叶片气孔导度和叶片水势呈正相关,与叶片韧性呈负相关,而与冠层性状无关;将这些功能性状综合后,能解释生态系统生产力变异的 42%,说明在森林演替早期阶段,植物生长主要由叶片水平而非冠层性状所决定(Li et al.,2017)。同时,对冠层直径生长率和 41 种物种水平功能性状、样方水平的加权平均功能性状以及功能多样性之间关系的研究则表明,样方水平的加权平均功能性状和功能多样性是影响冠层生长的关键因素,而单一功能性状则无一能够充分解释种间的生长差异,表明在森林演替早期阶段,已经显现出功能多样性对生产力的影响(Kröber et al.,2015)。进一步的研究表明,形成此生物多样性效应主要是由资源分配和种间相互作用共同驱动的,并且功能多样性中的可变成分(即功能性状从纯林到混交林中的变化)对互补效应比固定成分更重要(Peng et al.,2016)。而对地下和地上多个功能性状的研究则发现,树种丰富度显著影响部分物种的比根长和树高,树高的互补效应以及群落的功能多样性是生物多样性净效应的主导因素(Bu et al.,2017),这一研究结果也支持了资源分配和种间相互作用形成的互补效应是亚热带森林中多样性促进群落水平生长率的主要机制。

4) 生物多样性与生产力关系在草地和森林生态系统间的差异

尽管大量研究在草地和森林生态系统中发现了一致的生物多样性-生产力关系,但两类生态系统存在很大差异,这使得在比较不同生态系统的结果时存在挑战。这些差异表现在三个方面。① 草地生态系统主要由生命周期短的物种组成,因此关于生物多样性-生产力关系的研究大都包含较高的物种多样性和较多的物种组合,同时跨几个生命周期。而森林生态系统则主要由生命周期长的木本植物组成,研究往往只是其中很短的一段时期(Niklaus et al.,2001)。草地生态系统通常会有较高的死亡率和更新率;相反,在森林中,很多树木都会一直存活并贯穿实验周期,因此,在短期研究中,森林生态系统很难有物种丧失或有新的冠层物种出现(Potvin and Dutilleul,2009;Mason,2014)。这种差异使得草地和森林群落的物种组成、均匀度和结构具有显著不同。因此在人工构建的混交林和多物种草地群落中,生物多样性影响生产力的时间动态及机制可能并不一致,甚至可能相反。② 草本植物与树木在生理和结构上具有很大差异。通过对全球实验结果的综合分析发现,草地生态系统中植物分配给资源获取和利用的组织的碳储量是森林的 3 倍,而分配给支撑组织的碳储量却相反(Poorter et al.,2012)。这种分配策略的不同将影响多个生态系统过程。例如,在一年内,草地群落可以几乎重塑整个地上结构,重建冠层,而森林则需要更长的时间来发育冠层结构,树冠年复一年的小差异累积起来,最终会随着林龄的增加而发挥巨大作用。这种地上周转率的不同也使得森林比草地生态系统的恢复力更低(Scherer-Lorenzen et al.,2005)。③ 生物多样性与生产力实验的分析方法在草地和森林生态系统中也存在差异。草地生态系统常常是基于样方水平的研究,包括特定物种或群落的均值和总值,通常难以在个体水平测量生物量等生态系统参数;而在森林生态系统中,个体或邻株的存活、生长和死亡以及资源利用较容易测量和分析,而基于个体水平的研究有助于理解样方水平的结果,例如异速生长关系、竞争指数以及不同大小的分布规律等(Forrester and Pretzsch,2015)。

(3) 生物多样性与生态系统物质循环

物质循环是生态系统中生物因子与非生物环境之间相互作用的重要纽带,生命体会根据自身的生存需求进行物质的吸收、转换、同化,再通过代谢或以死亡残体的形式进行物质的返还(Krapivin,2008)。生物多样性可对物质循环过程产生重要影响(Schulze and Mooney,1993)。一方面,地上和地下生物多样性不仅可通过个体水平的物种特异性以及基于性状分类的功能群影响物质循环,还可通过群落水平的物种丰富度、结构和组成变化作用于物质循环(Chapin Ⅲ et al.,2000);另一方面,生物多样性对不同物质循环产生作用的机制和结果也各不相同(图5-11)。本节将从生物多样性的多个方面探讨其对生态系统多种物质(碳、氮、磷)循环的影响。

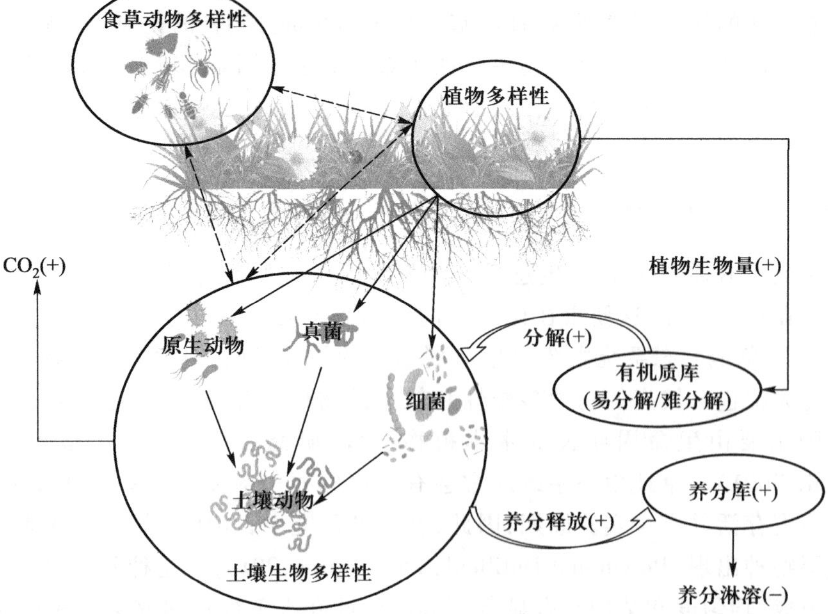

图5-11 生物多样性影响生态系统碳、氮、磷循环的简化过程。"+"和"−"分别表示多样性存在促进和抑制作用

1）生物多样性与碳循环

碳循环包括碳在大气、生物体和土壤中的转换和传递，与全球面临的食品安全、环境可持续性和气候变化等问题息息相关（Banwart et al.，2014；Orgiazzi et al.，2016）。由于植物物种自身的特异性，CO_2 自进入植物体内进行光合作用开始，就会受到养分、光和水等因子的调控（Vanni et al.，2002；Everard et al.，2010）。另外，不同植物功能群对碳的利用和分配也存在差异，例如副北极苔原中适应恶劣环境的植物功能群会施行保护生长策略，将更多的碳分配给地下部分，以更好地抵御严寒或减少微生物竞争带来的养分胁迫（de Long et al.，2015）。自 1992 年召开两项有关生物多样性的国际会议以来，越来越多的报道开始关注生物多样性对碳循环产生的影响（Cardinale et al.，2012）。早在达尔文时期人们就发现，植物多样性可促进生产力并减少土壤中氮的淋溶流失。此外，生产力升高意味着更多的碳将输入至土壤中，进而对土壤碳库产生影响，Tilman 等（1996）认为，该情形与物种之间的补偿机制有关。基于耶拿草地实验连续 9 年的观测，Lange 等（2015）发现，植物多样性增加根系的碳输入，使得土壤中新碳的累积显著高于有机质的分解。除控制实验外，我国生态学家对我国 6089 个森林、灌丛和草地样点进行的调查也发现，植物多样性通过促进地上和地下生产力增加了土壤碳储量（Chen et al.，2018）。

对于土壤碳释放过程，对草地生态系统的长期生物多样性控制实验表明，植物多样性的增加在促进植物生产力的同时也促进了土壤呼吸（Dias et al.，2010）。另外，Metcalfe 等（2011）的模型预测表明，在全球变暖情境下，植物群落组成将向快速生长植物转变，这将会产生更多养分丰富的凋落物，进而增加土壤呼吸。土壤微生物作为直接分解有机质的生物功能群，可降解源于植物的多种易分解和难分解复合物，是碳循环中最为重要的媒介之一（Högberg and Read，2006）。土壤微生物群落组成的变化可导致水解酶增加，进而促进微生物对碳的吸收以支持其初级代谢，物种组成变化而导致的氧化酶增加则会促进难降解碳底物的分解（Cusack et al.，2011）。据报道，细菌群落从贫营养型功能群向富营养型功能群的转变会加速土壤有机碳（SOC）的周转（Fierer et al.，2007）。Handa 等（2014）对陆地和水生生态系统分解者去除实验表明，分解者多样性的降低可减缓凋落物中有机质的分解速率。而 Tardy 等（2015）发现，土壤微生物多样性对碳循环过程有很好的指示意义，因为易分解和难分解有机质的矿化均能被细菌和真菌多样性解释。

2）生物多样性与氮循环

氮是大多数生物地球化学循环过程的重要调控因子，可对生态系统生产力、凋落物分解和大气化学过程产生重要影响，从而对陆地和水生生态系统的养分循环起到重要驱动作用。人类农业施肥和工业固氮使氮循环及受其影响的生态过程发生了剧烈的变化（Gruber and Galloway，2008；Boyer and Howarth，2013）。在这一背景下，越来越多的研究开始关注生物多样性对氮循环的调节作用。大量研究表明，不同植物凋落物化学组分的差异十分明显，化学组分的差异又会进而影响凋落物的分解过程（Santiago，2007）。同时，不同植物功能群对氮循环的影响也具有显著差异，例如，在氮限制的草地中，豆科植物可同时与丛枝菌根真菌和根瘤菌相结合，菌根真菌的菌丝网络有助于豆科植物和禾草之间的氮传递，进而影响养分循环(Scheublin et al.,2004)。在草地生态系统开展的生物多样性与生态系统功能实验发现,植物多样性在促进生产力的同时,可对土壤中的氮进行更充分利用并减少土壤中的氮流失(Tilman et al.,1996)。

土壤微生物具有极为丰富的多样性,目前仍有超过90%的物种尚未被描述鉴定(Crowther et al.,2019)。土壤微生物可参与氮循环的很多专性过程,如生物固氮、硝化和反硝化作用等,这些过程决定了氮是储存于土壤还是以气体形式或通过淋溶的方式从土壤中流失(Bender et al.,2016)。对陆地和水生生态系统的分解者去除实验发现,选择效应主导了凋落物氮的释放(Handa et al.,2014)。另外,通过微生物稀释方法构建的微生物多样性实验表明,微生物多样性的降低导致土壤中反硝化潜在活性降低400%~500%(Philippot et al.,2013)。Wagg等(2014)通过控制草地生态系统的土壤生物体型大小,构建了6个土壤微生物多样性梯度,并与多种生态系统功能相联系,发现土壤生物多样性的降低抑制了凋落物的分解,增加了磷的淋溶流失并使温室气体 N_2O 释放增加,进而强烈影响养分循环。

3) 生物多样性与磷循环

磷也是限制生态系统生产力和其他生态系统过程的重要因子(Vitousek et al.,2010)。在全球尺度上,有证据表明,森林植物叶片的氮磷比随着纬度升高而降低,这说明相对于氮,低纬度地区更易受到磷的限制(McGroddy et al.,2004)。群落中不同物种叶片的磷含量具有很大差异,例如,亚马孙森林的45个共存树种叶片磷含量的差异甚至高达7倍,可强烈地影响凋落物分解及养分循环过程(Hättenschwiler et al.,2008)。然而,相比碳、氮循环,有关生物多样性如何影响磷循环的研究较少。德国耶拿草地实验长达11年的数据表明,植物多样性可通过增加有机碳和促进土壤体生物活性来促进土壤磷酸单酯酶和磷酸二酯酶活性,进而提升磷的利用效率(Hacker et al.,2015)。此外,近期研究显示,丛枝菌根真菌作为土壤中重要的功能群,可通过菌丝活动增加植物对磷的吸收,说明丛枝菌根真菌的多样性可能会显著影响生态系统磷循环(Pagano,2016)。

4) 生物多样性与生态系统物质循环研究中存在的主要问题

在当前全球变化背景下,生物多样性正面临快速丧失风险,而生物多样性丧失可对全球的养分循环产生强烈影响。虽然近年来涌现了大量在局域尺度分析生物多样性对物质循环影响的研究,但如何将局域尺度的研究结果推演至区域和全球尺度始终是一个巨大的挑战(Crowther et al.,2019)。另外,丰富的土壤生物多样性形成了复杂的土壤食物网,揭示土壤食物网的多样性及其复杂的种间作用如何影响全球养分和水分循环格局也是当前研究难点之一(de Vries et al.,2013)。而近年来,宏基因组、高通量测序等技术的发展有助于探知土壤中90%以上的未知生物,并推进我们对土壤食物网多样性在物质循环中作用的认识。生物多样性的作用不仅局限于对单个元素循环的影响上,不同养分元素及其水分之间仍存在很多未探明的耦合机制,养分元素及其与水分间的解耦作用可对多种生态系统功能产生负面影响(Delgado-Baquerizo et al.,2013)。虽然地上和地下群落及其相互作用可对多种生态系统功能产生影响,但地上和地下生物多样性对物质循环的影响是否一致以及地上和地下生物多样性的相对重要性仍需要进一步研究。

(4) 生物多样性与生态系统多功能性

在过去半个多世纪，学术界开展了大量的观察、实验和理论工作以厘清生物多样性和生态系统功能的关系，揭示生物多样性对各种生态系统功能的影响机制，取得了一系列重要进展（Cardinale et al.,2012;Tilman et al.,2014）。然而，随着研究的不断深入，生态学家逐渐认识到，生物多样性对生态系统各种功能的影响并非彼此孤立，生态系统多功能的维持和变化也并非各种单功能的简单加和（Sanderson et al.,2004）。因此，生物多样性与生态系统多功能性（biodiversity and ecosystem multifunctionality, BEMF）逐渐成为当前生态学研究的热点（徐炜等,2016a,2016b）。下面简述近10年来生态系统多功能的测度方法以及BEMF研究的重要进展，分析该领域目前存在的问题。

1) 生态系统多功能性的测度方法

如何量化生态系统多功能性，即生态系统多功能性测度方法，是BEMF研究的技术难题和关键。目前，常用的测度方法有：① 单功能法（Duffy et al.,2003）：通过建立多种生态系统功能单独与生物多样性的回归关系，进而甄别BEMF关系；② 功能-物种替代法（Hector and Bagchi,2007）：通过模型模拟量化维持生态系统多功能的物种数以及各物种的冗余度，评估随着功能数增加维持多功能所必需的物种数；③ 平均值法（Hooper and Vitousek,1998）：对多种生态系统功能的测定值进行转化平均，求得多功能性指数；④ 单阈值法（Gamfeldt et al.,2008）：评估随着多样性增加达到某一阈值水平时的功能数变化；⑤ 多阈值法（Byrnes et al.,2014）：设置多个而非单一的阈值，分别计算对应的多功能性指数；⑥ 直系同源基因法（Miki et al.,2014）：用于微生物多功能性的测度，通过评估微生物群落中直系同源基因的丰富度来表征群落多功能性；⑦ 多元模型法（Dooley et al.,2015）：通过多样性交互模型比较评估物种相对多度、均匀度、物种组成等不同多样性成分对生态系统功能的影响。不同的测度方法，其侧重方面不尽相同，各有优缺点（徐炜等,2016a,2016b），研究者通常根据研究问题选取相对合适的方法或多方法并用。

2) 生物多样性与生态系统多功能性研究的重要进展

近期研究普遍发现，生物多样性可促进生态系统多功能性的维持。在空间尺度上，Hector和Bagchi（2007）利用欧洲草地实验（BIODEPTH）数据，采用功能-物种替代法定量分析了区域尺度上生物多样性对生态系统多功能性的影响。结果表明，维持生态系统多功能性比维持单个生态系统功能需要更多物种。与此类似，Maestre等（2012b）采用平均值法量化生态系统多功能性，探讨了全球尺度旱地（dryland）的BEMF关系，发现植物物种丰富度与生态系统多功能性呈显著正相关。在时间尺度上，Zavaleta等（2010）利用美国Cedar Creek人工草地实验数据，采用单阈值法首次在多个时间尺度上探讨了BEMF关系，发现随着时间推移，物种丰富度随功能数的增加而增加，并据此推测，长时间维持生态系统多功能性需要更高的生物多样性。Isbell等（2011）以功能-物种替代法量化生态系统多功能性，利用17个草地生物多样性实验数据，首次探讨了不同时间、地点、功能和环境条件下的BEMF关系，发现在不同年份、不同地点或环境条件下，物种多样性均促进生态系统多功能性。由此可见,不同时空尺度下的生物多样性实验研究均表明,维持生态系统多功能性需要更高水平的生物多样性(Hector and Bagchi,2007;Zavaleta et al.,2010;Isbell et al.,2011;Maestre et al.,2012b)。同时,BEMF研究也说明,就单功能而言,自然群落中物种间可能存在不同程度的功能重叠,易出现物种功能冗余;而针对生态系统多功能性,种间多功能相似或重叠的可能性较低,也不易出现明显的物种功能冗余现象。这说明,物种多样性丧失对生态系统多功能性的影响可能更加显著(Gamfeldt et al.,2008)。

有关不同尺度和维度的生物多样性对生态系统多功能性的影响也是研究关注的热点问题之一。Pasari等(2013)利用Cedar Creek人工草地实验数据,探讨局地尺度物种多样性(α-多样性)、群落间物种组成差异(β-多样性)和整体物种多样性(γ-多样性)与生态系统多功能性的关系,发现不同尺度的生物多样性均促进生态系统多功能性。Lefcheck等(2015)通过对生物多样性实验的整合分析,系统研究了不同生境条件下,不同分类群、不同营养级的生物多样性如何影响生态系统多功能性,强调BEMF关系随着考虑的功能数量增加而逐渐加强。Schuldt等(2018)从多营养级角度分析亚热带森林生物多样性如何影响生态系统多功能性,提出多营养级生物多样性是理解多功能动态的关键。Wang等(2019a)基于野外放牧实验得到了类似的结论,放牧牲畜的物种多样性对生态系统多功能性的促进作用主要是通过提高多营养级(植物、昆虫、微生物、线虫)生物多样性实现的,进一步说明了多营养级生物多样性协同影响对维持生态系统多功能性的重要性。因此,从物种、群落到景观尺度,从单一分类群到多营养级水平,有关不同尺度和维度生物多样性对生态系统多功能性影响的研究有助于更好地理解BEMF关系。

3) 生物多样性与生态系统多功能性研究存在的问题和展望

生态系统多功能性的测度方法和指标急需优化。从以上分析不难看出,现有常用测度方法普遍存在缺陷,各测度方法会不同程度地损失一些关键信息,导致无法全面而准确地认识BEMF关系。同时,各种生态系统功能会协同变化,阐明不同功能间的相关和权衡关系是客观评价多功能性的重要前提之一(Meyer et al.,2018)。此外,不同研究者往往采用不同的测度方法,缺少公认的多功能性测度标准,不利于现有研究之间的对比研究(徐炜等,2016a,2016b)。因此,建立具有普遍适用性的多功能性测度方法和优化功能指标已成为当务之急。

土壤生物多样性与生态系统多功能性的研究依然很薄弱。土壤生物是陆地生态系统的主要组成部分,在物质循环等多种生态系统功能中扮演重要角色(Bardgett and Wardle,2010),阐明土壤生物多样性丧失对生态系统多功能性的潜在影响具有重要的理论和现实意义。然而,受限于研究方法,我们对地下生物多样性如何影响生态系统多功能性仍知之甚少。近年来,一些研究关注了细菌、真菌等土壤微生物多样性对生态系统多功能性的影响(Delgado-Baquerizo et al.,2016;Roger et al.,2016),但我们仍然不知土壤生物不同营养级间如何互作以协同影响生态系统多功能性。

全球变化和人类活动影响下的BEMF研究尚需深入。全球变化(如增温、氮沉降和降水格局变化)和人类活动(如放牧和森林砍伐)既可以直接导致物种丧失,影响生态系统多功能性;也可间接影响生态系统生物和非生物因素,进而改变多样性和功能性的关系(Jing et al.,2015;Ren et al.,2018a,2018b)。因此,深入探讨全球变化和人类活动背景下,生物多样性丧失如何直接和间接地影响生态系统多功能性具有重要的现实意义。

(5)当前研究中存在的主要问题

尽管生物多样性对生态系统功能影响已是生态系统生态学核心研究方向之一,但随着理论和技术的发展,我们发现仍然存在诸多问题亟待澄清和解决。

第一,生境异质性和环境变化如何介导生物多样性与生态系统功能的关系仍不甚清楚。自然群落中,环境异质性普遍较高,生物多样性对生态系统功能的作用依赖于环境变化(Hooper et al.,2005;Tilman et al.,2014)。早期的生境异质性假说认为,在生境或资源的异质性低、景观结构单一时,生态系统功能主要取决于物种多样性,例如,随群落物种多样性增加,生产力上升并接近饱和。近期关于β-多样性的研究进一步表明,生态系统功能不仅取决于群落内的物种多样性,也取决于集合群落内的β-多样性(Wang and Loreau,2016),群落空间上的异质性也可能会增加局域群落的时间稳定性(Wang et al.,2019b)。越来越多的理论研究表明,群落α-多样性更可能与β-多样性耦合影响生态系统功能(Hautier et al.,2018),但相关的实验研究依然缺乏。同时,大量的研究表明,生物多样性与生态系统功能之间的关系也依赖于生境特性(Hooper et al.,2005),但当前研究并没有明确其中机理。

第二,物种功能特性、多度、均匀度和空间分布对生态系统功能的影响仍不明确。经典的生物多样性与生态系统功能实验集中于简单的少数物种随机组合,主要关注物种丰富度的作用,而忽视了物种相对多度、均匀度等生物多样性不同组分的重要性,对物种功能特性的探讨也明显不足,甚至完全没有涉及物种空间分布对生物多样性与生态系统功能关系的影响(Hillebrand et al.,2008)。此外,自然群落的构建和物种的丧失也并非随机过程,而且物种丧失与群落中物种的相对多度紧密相关。例如,剔除实验揭示了丧失优势种和关键种对生产力等生态系统功能影响远比丧失常见种(common species)的影响大(Wardle et al.,1999;Wagg et al.,2014;Pan et al.,2016)。同样,物种均匀度和空间分布也深刻影响群落生产力的时间稳定性等生态系统功能(Hillebrand et al.,2008)。我们关于这些生物多样性组分对生态系统功能影响的认识依然停留在理论探讨和模式对比上。

第三,功能多样性、遗传多样性、系统发育多样性等维度对生态系统功能的影响机理仍不清楚。群落生物多样性对生态系统功能的影响,归根到底是基于性状的功能多样性对生态系统基本过程和功能的影响,然而当前的研究多以物种多样性作为功能多样性的替代指标。尽管近10年来关于功能多样性和系统发育多样性的研究取得了长足的进步,但大部分研究仅描述性状多样性、物种多样性和系统发育多样性的异同,比较其与生产力等生态系统功能的关系,很少有研究基于可能的机理性分析,直接在实验中处理性状和系统发育多样性,厘清群落功能组成和结构动态与生态系统功能的关系。

第四,对消费者和分解者生物多样性的关注不够。当前研究多以生产者植物群落为主,很少有研究整合动物、微生物等消费者和分解者的生物多样性,综合探讨水平和垂直多样性与生态系统功能的关系。具体而言,近30年的BEF实验研究主要关注草地群落生物多样性,尤其是人工草地群落植物物种多样性;近年来,越来越多的研究也开始探讨在森林和水域等生态系统中,动植物多样性对生态系统功能的影响(van der Plas et al.,2016)。虽然理论研究和相关的整合分析已经表明，群落垂直结构多样性（Wang and Brose，2018）和营养级多样性（Scherber et al.，2010）对生态系统功能具有显著影响，但总体而言，很少有研究整合构建植物、动物或微生物多样性梯度，从机理上探讨群落整体多样性动态及其与生态系统功能的关系。

第五，有关生态-演化动态（eco-evolutionary dynamics）如何影响BEF仍知之甚少。我们深知环境变化和生物多样性动态协同影响生态系统过程和功能，同时进化生物学大量证据也表明，环境和生态系统生产力等功能变化会显著影响生物的适合度和群落生物多样性，尤其是种内性状多样性；但是我们几乎完全不清楚这种生物的适应性和快速演化如何反馈影响生态系统功能，并形成生态-演化互馈（eco-evolutionary feedback）介导下的生物多样性与生态系统功能的动态变化。从这个意义上，生物多样性与生态系统功能的关系并非“先有鸡还是先有蛋”的哲学问题，更像是鸡和蛋互馈演化的问题，我们对这种互馈演化作用的探索才刚刚开始。未来研究中，关注环境和生产力等生态系统功能对生物多样性的互馈影响具有重要的科学意义。

5.3.4 生物多样性与生态系统稳定性

生物多样性对生态系统功能的作用不仅体现在对生产力和碳、氮等物质循环过程的影响上，还体现在长时间尺度上维持生态系统功能的稳定性。关于生物多样性与生态系统稳定性关系的理论与实验研究，近20年来取得了重要进展，主要包括以下三个方面：① 生态系统稳定性的多维度量指标间的内在关联及其与多样性的关系；② 生物多样性与生态系统稳定性的关系及其机制；③ 生物多样性-生态系统稳定性关系的多尺度研究。

(1) 生态系统稳定性的多维度量及其与多样性的关系

除时间稳定性外，生态系统稳定性的概念还具有其他多重丰富的内涵。近期研究对不同稳定性指标之间的关系做了分析。Donohue等（2013）提出了多维度稳定性的概念框架，并通过野外实验探究了不同稳定性指标的相关性。这一结果表明，虽然稳定性具有多种定义，但不同指标间具有一定的相关性，因此稳定性的概念在本质上并不一定有很高的维度。换句话说，如果稳定性指标间具有强相关性，那么当我们理解一个稳定性指标之后，也就理解了其他指标。然而，这项研究同时也发现，在外界环境干扰下，不同稳定性指标之间的相关性大大减弱，意味着稳定性的维度增加。这项研究开创性地提出了多维稳定性框架及应用示范，开启了关于生态系统稳定性的新研究方向。为了阐明不同维度稳定性指标之间的关系以及干扰如何影响这些相关性，Radchuk等（2019）利用多种生态系统模型研究了不同干扰强度和类型对种群和群落水平稳定性维度的影响。结果表明，干扰类型而非干扰强度对稳定性的不同维度均有重要影响，且这种影响主要发生在种群水平。该研究表明，对稳定性的研究仍需要在多维框架下开展。

生物多样性和稳定性都具有多种不同定义，这是导致二者复杂关系的因素之一。Ives和Carpenter（2007）利用种群动态模型研究了不同稳定性指标与物种多样性的关系。该研究考虑了脉冲干扰（pulse perturbation）和压力干扰（press perturbation）两种不同的干扰方式，并利用多种稳定性指标，包括变异性、抵抗力、恢复力以及多稳态系统的稳态数目、稳态类型

(如点平衡、振荡或混沌)、物种维持等,利用种群动态模型分析了这些稳定性指标与物种多样性的关系。该研究发现,在不同稳定性指标下,生物多样性-生态系统稳定性关系可呈现不同形式,从而在一定程度上解决了“多样性-稳定性”之争的问题。Isbell 等(2015)收集了全球草地生物多样性实验数据进行了整合分析,考察生物多样性对生态系统生产力在应对气候变化扰动事件下的抵抗力和恢复力。该研究表明,生物多样性增加了生态系统对极端气候事件的抵抗力,包括潮湿或干旱、中度或极端以及短暂或长期的各类扰动事件,具体地,物种数为 1~2 种的低多样性群落中,生产力在极端气候事件期间改变了约 50%,而物种数为 16~32 的高多样性群落仅变化约 25%,即具有更高的抵抗力;但与此同时,生物多样性对生态系统在干扰后的恢复力则无显著作用。以水生纤毛虫群落为研究对象进行的一项大型双因子(温度×物种丰富度)控制实验也发现,物种多样性提高了生态系统功能的时间稳定性,但降低了其对增温的抵抗力(Pennekamp et al.,2018)。这一控制实验揭示了生物多样性对生态系统稳定性不同维度存在相反的作用,但这一发现是否可以推广到其他生态系统类型仍有待进一步的实验验证。

(2) 生物多样性与生态系统稳定性的关系及其机制

如前所述,稳定性在生态学文献中有很多不同的定义,这里主要关注生态系统功能(如初级生产力)的稳定性。具体地,通常采用生态系统功能的时间变异性来度量生态系统稳定性,变异性越小,稳定性越高。时间稳定性是目前生态学文献中使用最多的一种稳定性指标(Donohue et al.,2016)。自 20 世纪 90 年代末以来,生态学家基于野外观测和控制实验,对生物多样性-生态系统稳定性关系开展了大量研究。基于 Cedar Creek 人工草地实验,Tilman(1999)和 Tilman 等(2006)证实了物种多样性可增加草地群落生产力的稳定性,但同时会降低群落内种群水平生产力的稳定性。基于欧洲草地实验(BIODEPTH)的结果也表明,物种多样性可增加群落水平生产力的稳定性,降低种群水平的稳定性;而对于介于种群和群落之间的功能群水平的稳定性,物种多样性没有显著作用(Hector et al.,2010)。此外,Bai 等(2004)对内蒙古自然草地生态系统生物量时间波动的长期观测研究表明,物种和功能群在面对年际间降水波动时呈现出非同步的互补动态,使得生产力的稳定性从物种到功能群再到整个群落水平依次增加。最近的一项整合研究收集了全球 40 多个草地生物多样性实验,检验了物种多样性与稳定性的关系(Isbell et al.,2015)。结果表明,草地群落生产力的变异性随物种多样性增加而下降,即稳定性随多样性增加而增加。物种多样性对草地群落生产力稳定性的影响主要是由于生物多样性高的群落对干扰的抵抗力较强,而与群落的恢复力没有显著关联。

关于生物多样性对生态系统稳定性的作用机制,生态学家提出了多种不同假说。Yachi 和 Loreau(1999)基于现象学模型(即不考虑种群动态过程),提出了生物多样性提高生态系统稳定性的“保险效应”,即不同物种间种群波动的异步性可产生缓冲作用(buffering effect),从而增强生态系统水平的稳定性。Tilman(1999)基于类似模型指出,生态系统功能的稳定性受到投资组合效应和超产效应的共同影响,这些结果与早期实验结论也较一致(Tilman,1996)。其中,投资组合效应与保险效应体现了类似机制,即物种间种群动态的异步性可减小群落水平的波动性。这两个名词都借鉴了金融学的相关研究。Hector 等(2010)

基于 BIODEPTH 实验数据,同时检验了保险效应和超产效应这两种可能机制,研究结果对两种机制都提供了支持,表明不同物种生产力波动的异步性和生物多样性的超产效应是较为普遍的物种多样性导致生态系统稳定性的重要机制。近期,Thibaut 和 Connolly(2013)基于一个现象学模型发现,生态系统稳定性可从数学上分解为物种稳定性和物种间异步性的乘积。换句话说,生态系统稳定性取决于两个因素:单个物种对环境波动的响应大小以及不同物种对环境响应的时间异步性(即保险效应)。该模型为理解生物多样性实验中多样性与稳定性之间的正相关提供了理论基础。然而,这类现象学模型多基于现象学上的假定,可能存在一个重要问题,即不同假定可能不是相互独立的,使得模型无法对应到真实系统(Loreau,2010)。

为此,很多学者利用群落动态模型研究了物种多样性与生态系统稳定性之间的关系及其作用机制(Ives and Hughes,2002;de Mazancourt et al.,2013)。总体而言,这些动态模型揭示了类似机制,即生态系统稳定性取决于物种水平的稳定性、种间异步性引起的保险效应、多样性的超产效应引起的统计随机性下降等。虽然群落动态模型并未提出新的多样性作用机制,但这类模型为理解多样性-稳定性关系提供了更深层次的解释,避免了现象学模型中假设不相容的问题,并为定量预测不同生态学过程的稳定作用提供了理论框架。例如,在群落中,种间竞争可导致单个物种的种群波动增加,但同时竞争使得不同物种间的时间波动有更大的异步性。因此,在群落水平上,竞争对稳定性的作用由以上两种因素的相对重要性决定。Ives 等(1999)发现,在对称群落中(即不同物种具有相同的种群增长速率和种间竞争强度),竞争对种群稳定性的负作用与其对种间异步性的正作用抵消,使得群落稳定性不受竞争强度的影响。近期,Loreau 和 de Mazancourt(2013)利用一个多物种竞争模型发现,在以下三种情况下生物多样性可通过增强保险效应和超产效应促进生态系统的稳定性:① 物种对环境波动的内在响应存在异步性;② 物种对扰动的响应速度存在种间差异;③ 种间竞争强度降低。这些动态模型为理解多样性的稳定机制提供了动力学上的解释,并为生物多样性实验研究提供了潜在的新方法,用以量化多样性的不同稳定机制的作用大小及其在不同生态系统间的差异(de Mazancourt et al.,2013)。

(3) 生物多样性与生态系统稳定性关系的多尺度研究

以往关于多样性与稳定性关系的研究主要关注局域尺度,但物种丧失发生在更大的空间尺度上。因此,将局域尺度的结论推广至大尺度具有重要意义。Wang 和 Loreau(2014,2016)基于集合群落理论,提出了稳定性的空间分解框架,并预测不同尺度的物种多样性均具有稳定生态系统功能的作用。首先,参考生物多样性的空间分解,Wang 和 Loreau(2014)提出了一个多尺度理论框架来研究生态系统的稳定性,即 α-、β-和 γ-稳定性的概念。数学上,区域或集合群落的 γ-稳定性可分解为局部 α-稳定性和 β-稳定性。具体地,α-和 γ-稳定性分别指代了局域和区域尺度生态系统的时间稳定性,β-稳定性则表征了不同局域生态系统时间波动的异步性。从局部尺度到区域尺度,生态系统稳定性逐渐增加,从而产生正的稳定性-面积关系(Wang et al.,2017)。进一步地,可类似地将局域生态系统稳定性分解为物种稳定性和种间异步性(Thibaut and Connolly,2013)。因此,最终区域生态系统稳定性可分解为物种稳定性、种间异步性和空间异步性的乘积。这一分解框架表明,通过研究不同生态因素对区域生态系统稳定性的三个分量的影响，可以明确阐明区域尺度生态系统稳定性的机制（图 5-12）。基于这一框架，Wang 和 Loreau（2016）使用竞争性集合群落模型研究了不同尺度的物种多样性与生态系统变异之间的关系。该模型表明，α-多样性可增强局域生态系统的稳定性，即 α-稳定性；而 β-多样性可增强不同生态系统之间的空间异步性，即 β-稳定性。因此，α-和 β-多样性分别通过局域和区域尺度的保险效应为区域生态系统提供稳定作用。该研究首次预测多样性-稳定性关系可发生在不同尺度上，即 α-、β-和 γ-尺度，说明生物多样性和栖息地的丧失会破坏区域范围内的生态系统稳定性，有助于理解全球环境变化（如生境同质化）和生物多样性丧失对生态系统稳定性的交互影响，并对开展景观生态系统管理与保护具有实际意义。

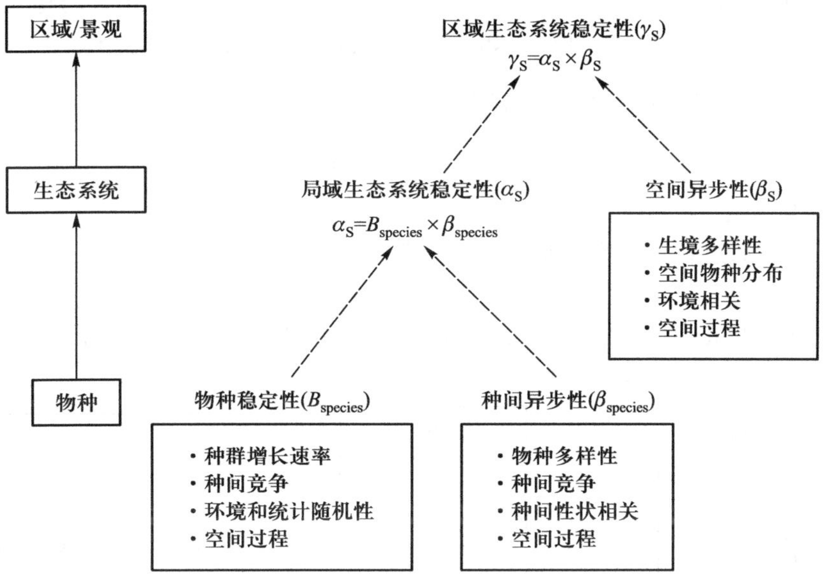

图 5-12　不同尺度稳定性之间的内在关联。区域生态系统稳定性可以分解为局域稳定性和空间异步性的乘积，局域稳定性可进一步分解为物种稳定性和种间异步性的乘积。不同生态学过程通过影响物种稳定性、种间异步性和空间异步性，最终决定区域生态系统的稳定性

近年来，该多尺度稳定性框架受到研究者的广泛关注和检验。Wilcox 等（2017）通过收集来自全球五大洲的 62 个植物群落数据，定量评估了物种和局部群落间的异步性对集合群落生态系统功能稳定性的作用。该研究发现，局域群落之间的异步性与 β-多样性无显著关系，而是与物种在不同斑块间的异步性波动有关，这可能是源于斑块之间的环境差异。此外，Mehrabi 和 Ramankutty（2019）在上述多尺度稳定性框架下分析了全球粮食生产的稳定性，并将 4 种主要粮食作物全球尺度的时间稳定性分解为局域稳定性和不同地区之间的异步性。研究发现，近几十年来，玉米和大豆等主要作物的生产同步性下降，导致这些作物的产量在全球尺度的稳定性增强。该研究评估了不同全球变化情境下的粮食安全问题，指出在气候变化、人口增长和消费趋势变化下，在粮食供给系统中保持区域之间的异步性是维持全球粮食安全的中心议题。

(4) 生物多样性与生态系统稳定性研究中存在的主要问题

自20世纪50年代以来,多样性-稳定性关系一直是生态学研究的一个热点问题。过去几十年的研究极大增进了对多样性-稳定性之争的理解,其中一个重要认识是稳定性的多维定义以及不同稳定性指标与多样性呈现不同关系。然而,目前文献中对稳定性概念往往缺乏明确界定,笼统地用稳定性指代生态系统对某一特定干扰的特定响应,不利于理解其作用机制和不同研究之间的整合。因此,关于不同稳定性指标之间的关系仍需开展深入研究。近期基于数学模型和实验的研究,对特定稳定性指标之间的内在关系做了探讨(Donohue et al.,2013;Arnoldi et al.,2016),但仍缺乏将常用稳定性指标统一考虑的整合框架。特别地,近期研究探讨了不同空间尺度下的多样性-稳定性关系,但大多集中在时间稳定性指标上,因此如何将其拓展至其他稳定性指标(如抵抗力、恢复力)仍需进一步工作。

5.3.5 生物多样性与生态系统服务

生物多样性是人类依赖生存的生态系统服务基础,但全球范围人类活动的加剧引起了全球环境的急剧变化,导致生物多样性正以前所未有的速度丧失(Soliveres et al.,2016;Mori et al.,2017),进而通过各种生物和非生物过程严重威胁着生态系统的服务功能和人类福祉(图5-13)。生物多样性丧失对生态系统服务的影响已引起全球性关注(郑华等,2003;Allan et al.,2015;Chillo et al.,2018)。就研究内容而言,主要有以下四个方面。

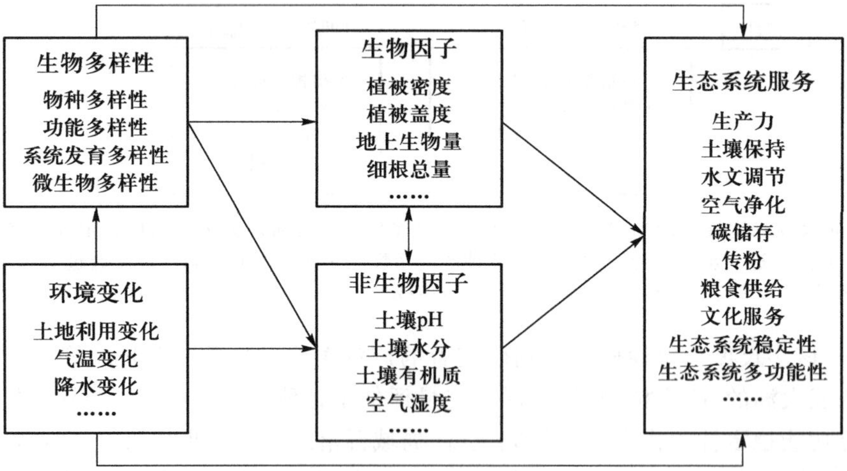

图5-13 生物多样性与生态系统服务的关系研究的主要内容(据Duncan et al.,2015修改)

(1) 生物多样性与生态系统服务的关系

很多研究只关注生物多样性对单一生态系统服务的影响。在一定程度上,单一生态系统服务研究更易解释生物多样性对生态系统服务的影响机制(Shen et al.,2016;Laforest-Lapointe et al.,2017;Huang et al.,2018)。近年来研究的新特征是从单一生物多样性组分转变为考虑多组分,并关注到多种生态系统服务,包括固碳(Shen et al.,2016)、土壤肥力维持

(Gould et al.,2016)、土壤保持(Zhu et al.,2015)和营养元素保持(Chen et al.,2017)等。例如,近期研究显示,南美洲热带森林中植物物种丰富度增加可提高碳储存(Poorter et al.,2015;Shen et al.,2016);但在阿根廷中部,植物功能多样性而非物种多样性的变化是碳富集的主要驱动力(Conti et al.,2013),这与我国热带森林研究结果类似(Shen et al.,2016)。但是,由于生态系统能同时提供多个生态系统服务,如果仅关注生物多样性对单一服务的影响,则极可能会低估维持多个服务所需的物种数量(Hector and Bagchi,2007),同时也会低估生物多样性丧失对生态系统服务的影响程度(He et al.,2009)。因此,一些学者开展了多服务研究(Byrnes et al.,2014;Allan et al.,2015),并将多个服务整合在一起,用生态系统多功能性表征多服务特征(Hector and Bagchi,2007;徐炜等,2016a,2016b),探索生物多样性与生态系统多功能性关系。

从已有结果来看,普遍认为高的生物多样性,不管是高等植物的物种多样性(Maestre et al.,2012a)和功能多样性(Valencia et al.,2015)还是微生物多样性(Wagg et al.,2014),均有利于生态系统多服务的维持。就物种多样性而言,物种丰富度对生态系统多功能性比单个服务影响更大,但其作用很大程度受物种均匀度调节(Maestre et al.,2012a)。功能多样性对生态系统多功能性的影响比物种丰富度更重要(Mouillot et al.,2011),但也有研究发现,两者作用强度相当(Allan et al.,2015)。多数研究认为,维持更多的生态系统服务需要更多的物种数量(Hector and Bagchi,2007;Allan et al.,2015)。但这一观点的成立基于一个假设,即生态系统中各个物种对生态系统服务均具有不同程度影响(Hector and Bagchi,2007;Allan et al.,2015)。若群落中丰富的生物多样性导致物种功能冗余,则说明较低数量的物种即可维持相应的生态系统多功能性(Gamfeldt and Roger,2017)。由此推断,生物多样性与生态系统多功能性的关系并不总是随生态系统服务数量的增加而发生改变。

值得注意的是,不同营养级中生物多样性对生态系统多服务作用不同,例如食草动物丰富度和植物丰富度对生态系统多功能性均影响显著,但前者的影响效应大于后者(Lefcheck et al.,2015)。任一营养级中物种多样性变化均对生态系统服务产生不同程度影响(Soliveres et al.,2016),这表明单服务研究会低估生物多样性丧失对生态系统服务的影响程度,也暗示单营养级研究会低估生物多样性对生态系统服务的重要性。

(2) 生物多样性组分相互作用影响生态系统服务

从理论上讲,生物多样性组分间应存在显著的相互联系(Arnan et al.,2017)。系统发育多样性表示群落内物种间的亲缘关系。从遗传角度,亲缘关系决定了物种的类别和功能性状的分化程度。因此,系统发育多样性、强调物种数量特征的物种多样性与表征物种质量的功能多样性都具有显著相关性(Craven et al.,2018)。目前已发现生物多样性组分间相互关系对生态系统服务的调控作用(Eisenhauer et al.,2018)。同时,同一营养级或不同营养级间,生物多样性某一组分的变化也会影响其他组分与生态系统服务的关系(Eisenhauer et al.,2019)。

同一营养级中,植物物种多样性会修饰功能多样性与生态系统服务间的关系。例如,近期研究发现,在低物种丰富度的群落中,功能多样性与生物量无显著相关性;但在高物种丰富度的群落中,功能多样性与生物量为显著正相关(Steudel et al.,2016)。基于此,有研究用结构方程模型直接分析草地生态系统中物种丰富度与功能多样性相互关系对生态系统服务的影响，发现植物丰富度的提高增加了功能多样性，从而增强多个生态系统服务的供给（Eisenhauer et al.,2018）。这一研究揭示了物种多样性-功能多样性-生态系统服务的作用机制，与理论推断结果一致。但是，野外测定的系统发育多样性与功能多样性相关性极其微弱（Lososová et al.,2016），与理论推断结果相矛盾（Tucker et al.,2018），更有研究直接指出，系统发育多样性并不能解释功能多样性对生态系统服务的影响（Venail et al.,2015）。这些不一致的发现表明，系统发育多样性-功能多样性-生态系统服务的作用机制需更多研究。

在一个生态系统中，不同营养级的物种因食物网联系而存在错综复杂的关系，某一营养级的生物多样性变化极有可能引起其他营养级的响应。考虑到各营养级至少会影响一种生态系统服务，营养级间生物多样性变化的相互关系将会对生态系统服务产生显著影响（Soliveres et al.,2016）。例如，在加拿大魁北克地区开展的控制实验发现，植物功能多样性的增加提高了微生物多样性，进而促进了生态系统生产力的提升（Laforest-Lapointe et al.,2017）。基于我国浙江森林生物多样性实验的分析发现，分解者多样性限制了植物物种多样性和功能多样性对生态系统服务的调节（Schuldt et al.,2018），再次证实了营养级间的互作对生态系统服务提供的重要性。尽管从多营养级角度能够更全面地揭示生物多样性-生态系统服务关系的内在机制，但相关研究仍然十分匮乏。

(3) 生物多样性与生态系统服务权衡与协同

生态系统服务间存在密切的相互关系，包括生态系统服务的权衡、协同和兼容（李双成等,2013；Zheng et al.,2016；彭建等,2017）。权衡是指某些类型生态系统服务的供给受到其他类型生态系统服务增加影响而减少的情况（Chillo et al.,2018）；协同是指两种及两种以上的生态系统服务的供给同时增加或减少的状况；兼容则指生态系统服务间不存在明显的作用关系（彭建等,2017）。生物多样性在生态系统服务的权衡或协同中扮演着重要角色（Lamarque et al.,2014；Allan et al.,2015），探明生物多样性与生态系统服务权衡或协同的关系可指导生态系统管理政策的制定（傅伯杰和于丹丹,2016；Mori et al.,2017）。

生物多样性是维持生态系统服务权衡和协同的基础。例如，在阿根廷地区森林生态系统中，土壤肥力与文化服务为负相关关系，植物功能多样性在两者权衡中起关键调节作用（Chillo et al.,2018），这一结论也得到了其他相关研究的佐证（Allan et al.,2015）。再如，在农业生态系统中，植物多样性的增加既可提高水文调节服务，又可提高碳固定（Smukler et al.,2010），即协同关系。此外，群落中生物多样性的变化会导致生态系统服务间相互关系的变化。例如，植物群落中功能多样性的提升增加了土壤肥力和文化服务间的相关性强度（Chillo et al.,2018），由此推断，高的生物多样性可能更有利于生态系统服务间相互关系的维持。

不同生物多样性组分对生态系统服务权衡和协同的影响具有差异。有研究发现，草地生态系统中物种丰富度促进了生产力增加，进而提高生态系统稳定性，而系统发育多样性作用不明显（Venail et al.,2015），支持了系统发育多样性在生态系统服务协同中并不优于物种多样性的观点。单一组分研究多支持功能多样性起显著作用（Lamarque et al.,2014；Allan et al.,2015；Chillo et al.,2018），但由此断定何种生物多样性组分起主导作用为时尚早，因为目前尚缺乏物种多样性、功能多样性和系统发育多样性相对重要性的对比分析。此外，在特定生态系统中,生物多样性与生态服务权衡或协同的关系并不是固定不变,其与环境因子关系密切,例如,干旱强度会改变生物多样性对生态系统服务权衡或协同的影响程度(Lamarque et al.,2014)。总体而言,目前生物多样性与生态系统服务权衡和协同的研究多限于统计关系而缺乏机制探讨。

(4) 当前研究中存在的主要问题

首先,何种生物多样性组分起关键作用仍没有定论。从理论上推断,功能多样性的重要性极有可能大于物种多样性和系统发育多样性。这是因为物种是功能性状的集合单位,物种的功能性状既可响应环境变化(如叶片面积因干旱而变小),又是物种直接利用资源的属性,而资源的利用效率才是生态系统服务供给的决定性因素。尽管已有研究证实了功能多样性对生态系统服务的重要作用,包括草地、森林和海洋等生态系统类型;然而,目前尚缺乏直接证据证明对生态系统服务起主导作用的究竟是哪种生物多样性组分。此外,也有证据表明,物种多样性和系统发育多样性对生态系统服务作用明显,甚至有研究表明,物种多样性或系统发育多样性作用高于功能多样性。出现这种情况的原因可能是未全面考虑与服务有关的功能性状,也可能是未考虑群落中种间功能性状差异,导致功能多样性计算不准确。因此,极有必要更深入地研究功能多样性的作用,对比分析不同生物多样性组分的相对作用。

其次,对生物多样性组分间相互作用如何影响生态系统服务的认识有限。群落中具有相近功能性状的物种表现出对资源的竞争关系,竞争往往导致物种数量的变化,甚至是物种的灭绝,即群落中功能多样性可影响物种多样性。此外,群落中物种的数量多少,也会表现为竞争优势,优势物种也通过对资源的利用有效性改变功能性状的空间分布格局,即物种多样性影响功能多样性。由此可知,从长时间尺度考虑,群落中物种多样性和功能多样性相互影响,但目前关于这种交互作用对生态系统服务的影响尚不清楚。

再次,多营养级生物多样性相互关系对生态系统服务的影响研究仍然缺乏。目前多从单一营养级层面考虑生物多样性-生态系统服务关系,既会低估生物多样性对生态系统服务重要性,又会低估生物多样性丧失对生态系统服务影响程度,这是因为植物、动物或微生物对生态系统服务均可能产生不同程度影响。因而,某一营养级物种的丧失会通过食物链影响其他营养级,例如群落中某种植物的灭绝会引起以此植物为食物的昆虫或鸟类的变化,只关注植物种类变化则忽视了昆虫或鸟类对生态系统服务的影响(Barnes et al.,2017)。因此,未来的研究应从多营养级层面进行,既要考虑不同营养级中生物多样性不同组分,也要考虑营养级间生物多样性变化的相互关系如何影响生态系统服务,这不仅有利于深入理解生物多样性-生态系统服务关系形成机制,而且也会有助于生态系统的管理。

最后,环境耦合变化对生物多样性-生态系统服务关系的影响认知有限。气候变化和土地利用变化是全球环境变化的两个关键问题,其对生物多样性及生态系统服务的影响已受到广泛关注。但是,目前大多数研究只关注单一环境因子变化如何影响生物多样性-生态系统服务关系,或只关注气候变化(Duffy et al.,2016;Pires et al.,2018),或只关注土地利用变化(Allan et al.,2015;Chillo et al.,2018)。而事实上,气候变化和土地利用变化是同时发生或相互伴生的;例如原始林转变为橡胶林后,区域内土壤水分明显降低(文志等,2017)。两种变化对生物多样性与生态系统服务的作用在时间和空间上密切相关,其中一种变化可能会促进或抑制另一种变化对生物多样性与生态系统服务关系的调节作用。例如,土地利用变化改变叶片功能性状而引起土壤肥力变化,但干旱能使叶片功能性状更倾向于资源保守型(如更高的叶片干物质含量和更高的叶片氮含量)(Lamarque et al.,2014),进而抑制土地利用变化对土壤肥力的不利影响。此外,考虑到植物功能性状往往会对气候变化(例如气温升高或干旱)做出适应性改变,因此气候变化极有可能调节着土地利用变化引起的生物多样性-生态系统服务关系的改变。与此相应,土地利用变化也可能会调节气候变化导致的生物多样性-生态系统服务关系的变化,例如,CO_2 浓度升高促进生物多样性对碳的固定(Hisano et al.,2018),但土地利用强度增加(例如人工林中除草活动)又直接降低生物多样性,进而降低固碳能力。因此,未来的研究需更多关注气候变化与土地利用变化对生物多样性-生态系统服务关系的耦合作用,以预测和应对全球环境变化对生态系统服务的影响。

5.4 前沿方向展望与优先领域

5.4.1 BEF关系的多尺度格局和尺度推演

有关生物多样性与生态系统功能和稳定性的研究已历经半个多世纪,其中理论探索和实验证据不断积累,新的理论假说也不断涌现。生物多样性与生态系统功能及其稳定性有关的概念内涵是如此丰富,以及二者之间关系如此复杂,以至于不能用简单的模式或理论来概括(Loreau,2000)。然而,阐明多样性与稳定性的关系及其大尺度格局却具有重大的科学和现实意义,可为回答生物多样性丧失可能带来的系统性后果以及对生态系统的管理和保护提供理论指导。

由于物种多样性丧失主要发生在区域和全球尺度上,因此将BEF关系研究推广到多尺度具有重要的现实意义。近年来,科学家开始推动BEF研究从生态系统尺度向景观尺度拓展。最新研究指出,生物多样性对生态系统功能的影响机制,即互补效应和选择效应,可能存在空间尺度依赖(Isbell et al.,2018)。这里考虑一个空间异质的生态系统,其不同斑块主要由相应的局域优势种占据,因而在斑块尺度上生物多样性主要通过选择效应增强生态系统功能。而在区域尺度上,由于不同物种都有各自优势的斑块,因此并无选择效应,而是体现为互补效应。反过来,局域尺度的互补效应也可转化为区域尺度的选择效应。基于这一认识,Isbell等(2018)拓展了Loreau和Hector(2001)的分解算法,提出了一种新的量化不同时空尺度生物多样性作用的方法。在这一框架下,选择效应可通过物种间、时间上或空间上等不同选择机制实现。这一分解方法大大拓展了BEF研究的尺度和内涵,有望催生对BEF实验数据的新分析和新认识。

此外,近期研究提出了生态系统功能和稳定性的多尺度框架。在不同空间尺度,生物多样性被区分为α-、β-、γ-多样性。与之相对应,Wang和Loreau(2014)提出了α-、β-、γ-稳定性的概念(如前文所述),van der Plas等(2016)提出了α-、β-、γ-功能性的概念。其中,α-功能性表示样地尺度的生态系统功能或多功能,β-功能性表示不同样地之间生态系统功能或多功能的差异性，γ-功能性表示区域或景观尺度的总生态系统功能或多功能。这些理论框架大大推动了将以往集中于局域尺度的生态系统功能和稳定性研究扩展到景观尺度。基于这些理论框架，近期研究开始关注β-多样性丧失对生态系统生产力（van der Plas et al.，2016；Hautier et al.，2018）和稳定性（Wang and Loreau，2016；Wilcox et al.，2017）的影响。这些结果表明，β-多样性丧失会削弱区域生态系统的生产力和稳定性。然而，目前对不同尺度生物多样性的作用机制及其与其他全球变化因子的交互作用仍不清楚，这是生物多样性与生态系统功能研究领域下一阶段的重要研究内容之一。此外，结合集合群落模型和草地多样性实验数据，近期研究揭示了 BEF 关系的尺度依赖，发现这一关系的斜率和判别系数（R^2）在一定范围内随尺度增加而增加，但在更大尺度上可能下降（Thompson et al.，2018）。基于稳定性-面积关系概念，近期研究定量分析了全球植被生产力和北美鸟类生物量稳定性的尺度推绎特征（Wang et al.，2017），并探讨了稳定性尺度与多样性尺度推绎的关系（Delsol et al.，2018）。进一步研究需要回答，BEF 关系的作用机制在不同尺度上有何差异，不同生物类群和组织层次（如种群、群落等）的稳定性尺度推绎规律有何异同，这些规律如何受物种性状和环境因子的影响。回答这些问题将有利于定量预测生物多样性丧失和生境破坏对生态系统功能和稳定性的可能影响。

5.4.2 生态-进化动态与生态系统功能的维持

生物多样性影响生态系统功能的重要机制之一是种间生态位分化。当生态位重叠或部分重叠的物种存在于同一群落中，竞争往往导致各物种的生态位分化、收缩（Dayan and Simberloff，2005），即发生了特征替代（character displacement）。然而，特征替代既可能是种间竞争导致各物种产生可塑性，即表观遗传变化（epigenetic change）的后果，也可能是种间竞争产生了选择压力，改变了种内不同个体的适合度，产生快速微进化（microevolution），进而使生态位发生改变，即形成了生态-进化动态（eco-evo dynamics）。因此，研究特征替代的核心机制问题就是衡量快速微进化与可塑性变化的相对重要性。

解决上述问题的关键在于选择能够反映生态位分化的功能性状以及检验生态位变化是否可遗传。功能性状多样性是联系各层次生态过程的核心。在非生物和生物环境选择作用影响下，个体之间等位基因频率不尽相同，导致同一物种的不同种群之间、同一种群的不同个体之间性状不同，即种内性状变异。这些种内性状变异不仅影响个体适合度和种群动态，而且影响性状多样性的构成和维持，从而影响生态系统过程和功能（Violle et al.，2012）。近期研究显示，耶拿草地实验中的 12 个物种在进行了 8 年单种（monoculture）与混种（mixture）后，混种物种株高与比叶面积的种间差异比单种物种更大，表明混种群落中的物种发生了特征替代（Zuppinger-Dingley et al.，2014）。更为重要的是，将单种与混种处理物种的幼苗进行栽培发现，生态位分化的情况并未消失，表明可能存在选择驱动的快速微进化。然而，目前相关研究极少，这一结论在自然生态系统中的普适性仍不确定。今后，在增加人工实验与野外调查案例的基础上，通过结合组学方法、关键功能性状相关基因的选择以及基因甲基化的筛选，获取不同物种组合形成的微进化与表观遗传变化的直接证据和特征替代的机制，不仅有助于从分子层面阐明生物多样性对生态系统功能和服务的影响机制，而且将推动对生物多样性与生态系统功能和服务关系的认识从静态到动态视角的转变。例如，已有研究表明，环境变化和群落结构改变导致物种种内性状多样性发生变化，从而影响生态系统功能（van Moorsel et al.,2018）。而揭示性状变化的机制（可塑性或微进化）将有助于预测功能性状变化持续的时间（可塑性变化在干扰消失后可快速恢复，而微进化导致遗传变异丧失，功能性状变化持续的时间较长）以评估生态系统稳定性。

5.4.3 全球变化对 BEF 关系的影响

面对全球变化，物种要么选择容忍或适应，要么选择迁移或灭亡（Pecl et al.,2017），物种的这些响应形式又以生物多样性变化的方式影响生态系统服务的供给。全球变化-生物多样性-生态系统服务三者关系的直接研究已涉及多数生态系统服务类型（Kreyling et al., 2017;Hisano et al.,2018）。一方面，全球变化可以影响生物多样性，进而影响生态系统服务。例如，全球变暖导致地中海地区水母的过度繁殖，从而损害当地旅游业（Pecl et al.,2017）；草地生态系统中功能多样性对生态系统服务的作用受干旱强度调控，干旱胁迫的加重使植物功能性状更趋向于资源保守型，从而降低生产力（Lamarque et al.,2014）。然而，全球变化引起的生物多样性变化并不总是对生态系统服务不利，有时也可产生正效应；例如，大气 CO_2 浓度的升高因改善森林中植物的繁殖能力，增加物种丰富度，进而促进生产力提高（Hisano et al.,2018）。

有研究显示，生物多样性对全球变化的响应具有时间滞后性。例如，因对气候变暖承受力较高，低海拔地区生物多样性对气温升高的响应速度低于高海拔地区（Ammer,2019）。生物多样性对气候变化响应的滞后性，可能会进一步导致生态系统功能响应的滞后性。此外，生物多样性可调节气候变化对生态系统功能的影响，高生物多样性或减缓气候变化对生态系统服务的负面影响，或增强正面影响。例如，在只有 1~2 个物种的草地群落中，其生产力在极端干旱条件下将会减少 50%；而在拥有 16~32 个物种的群落中，其生产力则只减少 25%，这说明高物种多样性增强了生产力对极端气候的抵抗力（Pires et al.,2018）。基于标准方法获取的全球 4556 项鱼类调查数据显示，海洋生态系统中鱼类物种丰富度和功能多样性促进鱼类产量，并可缓解温度变化对鱼类产量的不利影响（Duffy et al.,2016）。当气候变化促进生态系统功能时，生物多样性会加强这种促进效应，如草地中提高物种多样性增强了大气 CO_2 浓度和温度升高对生态系统功能（例如生产力和碳库）的促进作用（Hisano et al., 2018）。

土地利用变化是全球变化中的另一关键问题。近几个世纪以来，人类活动的加剧直接推动了地球表面土地覆盖发生根本性变化，例如，以人类为主导的土地利用类型快速广泛地扩张（Nagendra et al.,2013）。此外，森林退化、土地集约化利用、生境的破碎化及植被恢复等同样受到关注（Zheng et al.,2008;Allan et al.,2015;Chillo et al.,2018）。土地利用变化可剧烈影响生态系统中的物种数量和种类组成（Allan et al.,2015）、物种的功能性状（Chillo et al.,2018）以及物种分布区域和生境质量（Zheng et al.,2008），已成为全球生物多样性丧失的主要驱动力（Barnes et al.,2014;Chillo et al.,2018;Zheng et al.,2019b）。土地利用变化会直接导致生态系统功能的退化（Chillo et al.,2018;Zheng et al.,2019a），其中，生物多样性丧失是土地利用变化间接引起生态系统功能退化的主要原因之一。例如，微生物多样性降低是热带森林转变为橡胶和油棕林后土壤肥力下降的关键原因（Guillaume et al.,2016a,2016b）；

热带森林转变为油棕林后,因食物链的改变而导致的不同营养级生物多样性的改变,导致整个生态系统的能量流减少 51%,而且不同营养级中功能多样性的变化限制了物种多样性降低对能量流动的影响程度(Barnes et al.,2014)。多项研究表明,土地利用强度的增加通过改变生物多样性引起碳库、土壤肥力、营养物保持和土壤侵蚀等多个生态系统功能的退化(Lamarque et al.,2014;Chillo et al.,2018)。与之相反,土地利用中有利于提高生物多样性的措施则可改善生态系统功能,例如套种明显改善了橡胶林土壤保持和水文调节功能(Wen et al.,2019;Zheng et al.,2019a),森林恢复中生物多样性的增加显著改善了生态系统生产力(Ali et al.,2017)、土壤肥力(Erktan et al.,2016)和碳库(Li et al.,2013)等功能,尽管调节各功能的机制并不一致。

5.4.4 BEF 在生态系统管理中的应用

理论和应用研究表明,不同生态系统中生物多样性对生态系统服务供给具有不可替代的作用(Harrison et al.,2014;Isbell et al.,2015;Mori et al.,2017)。面对人类干扰和环境变化对生态系统服务的持续影响,基于生物多样性在实际生态系统管理中的可操作性,在理论上从生物多样性角度制定改善和恢复生态系统服务的管理措施是可能的(Mori,2017)。在实践中,一些研究已在探索和验证将生物多样性-生态系统服务关系的相关知识应用到森林生态系统管理、生态系统恢复、自然保护区管理和农业生态系统改善等政策制定和管理中的可行途径(图 5-14)。

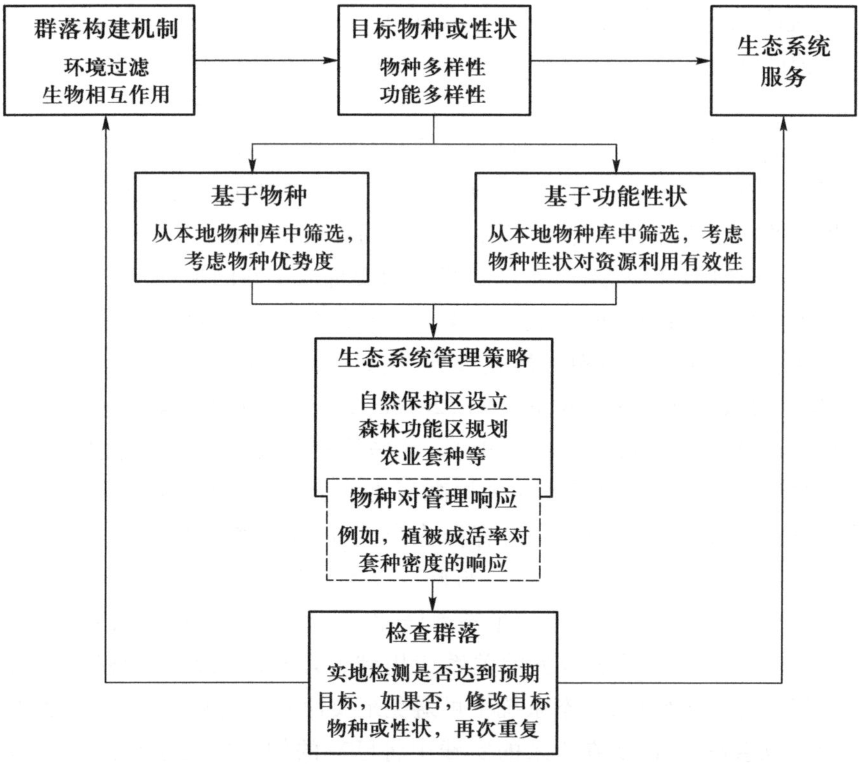

图 5-14 生物多样性-生态系统服务关系在农业管理中的应用(据 Wood et al.,2015 修改)

生物多样性不仅对森林生态系统服务的实现极其重要,而且影响生态系统服务的稳定性,高生物多样性群落的生态系统服务稳定性也越高(de Boeck et al.,2018;Garcia et al.,2018),在环境变化后恢复的速度更快(Gherardi and Sala,2015;Isbell et al.,2015),这启发了森林管理者如何制定森林采伐策略。森林采伐期间要特别注意保留群落的关键生态结构,维持生境中生物多样性(Lindenmayer et al.,2012),或者直接对林区进行功能分区,通过分区的方法减少对林区生物多样性的影响,协调生物多样性的保护和木材长期供应(Mori et al.,2017)。

退化生态系统的生态恢复是生态系统服务管理的重点。在已退化土地上进行森林的恢复被认为是改善地区性生态系统服务的有效措施(Piqueray et al.,2015),如何选择合适的恢复物种,以及如何构建合理的群落结构是森林恢复中的难点(Werden et al.,2018)。Ostertag等(2015)基于生态学中高功能多样性群落可抵御物种入侵和提高群落碳固定能力的理论结果,提出从本地物种库中,以物种质量(功能性状)为基础筛选合适物种;首先考虑对环境具有适应性功能性状的物种,其次考虑与目标生态系统服务密切相关的功能性状,最后考虑功能性状互补性(降低竞争),以增强资源利用效率。他们通过实验成功找到了适合夏威夷热带低地森林恢复的物种,并指导了当地的热带低地森林恢复。与此类似,Werden等(2018)基于植物功能多样性与生态系统服务关系的原理,提出以物种质量为基础恢复哥斯达黎加已高度退化的热带干旱森林。因此,植物功能性状多样性与生态系统服务的关系指导不同生态系统的恢复工作,有学者建议,各地应建立基于功能性状多样性的本地物种数据库,以服务于生态恢复政策的制定(Laughlin,2014)。

在自然保护区管理方面,徐卫华等在自然保护区空间布局研究方面取得重要进展,明确了我国生物多样性与生态系统服务这两大保护目标的关键区域,首次揭示了我国自然保护区对于二者的保护状况,提出了兼顾这两大保护目标的保护区网络优化思路;此研究从国家尺度系统分析了现有的保护区体系对于生物多样性与服务功能的保护效果,研究成果可为我国自然保护区的空间优化、国家公园体系总体布局提供科学依据,也可为其他国家保护地建设提供借鉴,为联合国《生物多样性公约》目标的实现提供新的途径(Xu et al.,2017)。

农业生产中由自然林退化而来的人工经济林生态系统服务发生了显著变化(Zheng et al.,2019a),这些农业人工林多以单一形式栽种,例如我国热带地区和东南亚广泛种植的橡胶林,生物多样性丧失严重(Guillaume et al.,2016a,2016b),并导致多项生态系统服务退化(Van Straaten et al.,2015;Zheng et al.,2019a)。郑华等发现在人工林中构建农林复合生态系统,相比简单的单一种植,因生物多样性的提高而改善了土壤保持、土壤肥力和碳固定等多项生态系统服务(Zheng et al.,2019a),既保障农户生计,又支撑自然生态系统的重要功能,为广大人工林地区协调生态系统产品供给与调节服务关系提供了一种新的策略。

已有大量研究探索了生物多样性-生态系统服务的关系,并取得了诸多成果。在未来研究中,将生物多样性-生态系统服务的关系应用到管理和政策制定中极为重要。随着人类干扰和全球气候的持续变化,生态系统不可避免地要面对新的环境条件,人类要可持续地从生态系统中获取惠益,更需要在未来的实践中将已有的知识应用于生态系统政策制定和管理中。

5.4.5 下一代 BEF 实验与理论

随着全球变化对生物多样性影响的加剧,科学家和公众对多样性丧失引发的生态系统功能和服务改变的关注愈加突出。对生物多样性的关注焦点逐渐从单个维度扩展到多个维度,对生态系统功能的关注也从单个功能拓展到多功能。而生态系统本身又由多个营养级组成,各级之间多样性相互关联,错综复杂。然而,目前基于多样性不同角度对各营养级间多功能的综合影响的研究理论和实际验证仍然非常缺乏。因此,未来需要整合生物多样性多维度(multi-dimensional)、生态系统多功能(multifunctionality)、多营养级(multitrophic)关联互作的理念,同时将研究扩大到多重尺度(multi-scale),以此 4M 的全新角度来重新认知 BEF 关系(图 5-15),并将这种综合理念和科学发现应用于生态系统可持续发展管理。

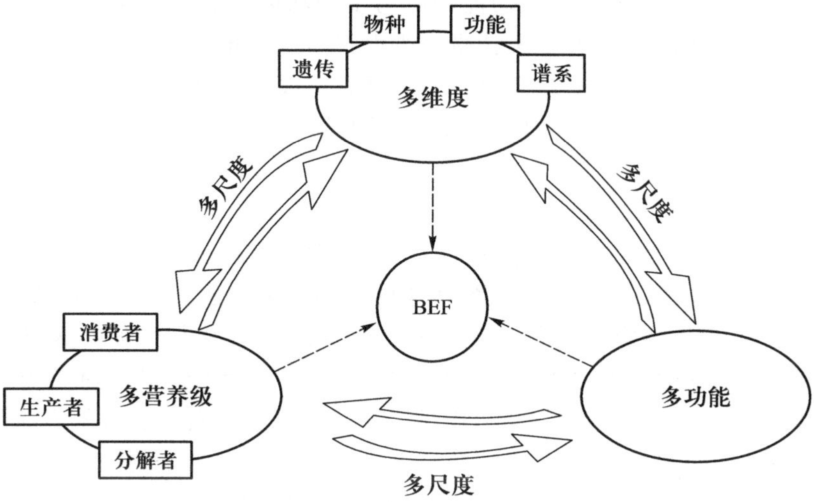

图 5-15 整合 4M 的生物多样性与生态系统功能和服务关系研究

(1) 多维度

传统的 BEF 研究中,生物多样性往往指的是物种多样性,包括丰富度和均匀度等。而大量野外实验的结果显示,物种多样性只能解释生态系统功能差异的 30%~73%(Cardinale et al.,2006);这使得生态学家开始思考究竟用什么来代表生物多样性能更好地理解生态系统功能,其中包括功能多样性、系统发育多样性以及遗传多样性。这些不同的生物多样性维度代表了多样性的不同成分。功能多样性主要基于生态系统中重要组成物种的一系列性状,功能多样性高的生态系统往往能更充分利用资源,拥有更高的生态系统功能;系统发育多样性主要基于群落内物种的系统进化关系,系统发育多样性高的群落体现出高度的功能互补性。相较功能多样性,它的优势在于能够包含那些无法获取的功能性状所具有的功能信息,并且对于性状比较难测量的其他营养级(如微生物)的生物多样性更可靠。未来将三者结合的综合生物多样性将有助于生态学家更全面了解多样性对生态系统功能的影响及机制。此外,大部分关于 BEF 关系的研究都忽略了种内遗传多样性。已有研究表明,基因型能带来种内互补效应,而基因型特异性也会形成选择效应。因此,未来应将遗传多样性纳入

BEF 研究,将有助于理解其深层机制。

(2) 多功能

生态系统是一个复杂体和共同体,具有多功能性,且各功能之间不是孤立存在而是相互联系的。而生态系统中的物种在一定程度上都具有各自独立的功能,多样性增加就会增强生态系统功能。物种在分配资源用于存活、生长和繁殖时存在策略权衡,没有一个物种能最大化所有生态系统功能。因此,生态系统需要多种有机体来同时维持多种功能,而多样性对生态系统不同功能的影响方式和机理可能不尽相同。当前研究多基于生态系统单个功能而忽视了不同过程间的权衡和协同,限制了人们对 BEF 关系的理解。尽管近几年来逐渐有研究开始关注生态系统多功能,但目前关于生物多样性对生态系统多功能的影响的研究尚处在起步阶段。虽然可以将生态系统多功能理解为多种功能的综合表现值,但使用不同的方法估算生态系统多功能,可对结果的解读带来很大不同。因此,如何准确定义和量化生态系统多功能、多样性如何同时影响这些功能且是否具有一致性、多种功能之间此消彼长和协同影响及其背后的机理都将是未来 BEF 研究需要深入开展的方向。

(3) 多营养级

目前 BEF 研究多关注初级生产者(植物)的多样性对生态系统功能的影响,往往忽略了其他更高营养级的生物多样性对生态系统功能的影响。生态系统由复杂的食物网组成,通常包括初级生产者、多级消费者和分解者。一个营养级内生物多样性和群落结构的变化,会直接或间接影响到其他营养级的变化。同时,多营养级生态系统的功能不仅包括初级生产力,也包括不同营养级之间的物质交换和能量流。目前关于消费者和分解者生物多样性对生态系统功能影响的研究还较少,仅有的研究多将食草作用和微生物的活动作为生态系统功能的一部分,而有关捕食者和寄生生物多样性对生态系统功能影响的研究则鲜有报道(Schuldt et al.,2018)。营养级之间的关联是气候变化下影响生态系统功能的关键因素,因此,更高营养级生物的生物多样性对于预测生态系统功能也是至关重要的。例如,近期研究表明,食物网结构多样性或食物网最高营养级对初级生产力起决定性作用(Wang and Brose,2018)。厘清多营养级的生物多样性对生态系统多功能的影响和机制,将大大拓展目前对 BEF 的理解,并能为生态系统保护提供新的理念。

(4) 多尺度

生态学研究结果多具有尺度依赖性,BEF 关系的研究也不例外。如前所述,近年来科学家开始推动从生态系统尺度到景观尺度的 BEF 研究。在不同空间尺度上,生物多样性被分解为 α-、β-、γ-多样性;与之相对应,生态系统功能和稳定性也区分为不同空间尺度的 α-、β-、γ-功能和稳定性(Wang and Loreau,2014;van der Plas et al.,2016)。基于此,未来应将生物多样性对生态系统多功能性的影响的研究从局域生态系统尺度扩展到景观尺度,并解析生物多样性对生态系统功能的影响是否随尺度而发生变化。这些研究将为生物多样性保护和生态系统管理提供有用的科学依据。

在对上述 4M 进行整合的基础上,综合考虑全球变化要素与生物多样性和生态系统功能及服务的耦合，设计下一代生物多样性与生态系统功能和服务实验，并在不同自然和高效人工生态系统（如农业生态系统等）类型以及特殊生境（如低重力环境）中建立联网实验，进一步探讨生物多样性与生态系统功能和服务的关系及其对全球变化的响应。同时，还需要将理论模型与实验工作更紧密地结合，揭示不同营养级之间的复杂相互作用、地下生态过程、生物进化潜力、环境波动等对生物多样性与生态系统功能和服务关系的影响，阐明生物多样性影响生态系统功能和服务的内在机制。

经 典 文 献

文献	主要发现
Schulze ED, Mooney HA. 1993. Biodiversity and Ecosystem Function. Berlin:Springer-Verlag.	BEF 研究的第一次系统总结，提出生物多样性影响生态系统功能的几种机制
Tilman D, Wedin D, Knops J. 1996. Productivity and sustainability influenced by biodiversity in grassland ecosystems. Nature, 379:718.	基于 Cedar Creek 人工草地实验发现，物种多样性提高生态系统总生产力的时间稳定性，但并未提高物种水平的稳定性，在一定程度上调和了“复杂性-稳定性”之争
Costanza R, d'Arge R, de Groot R, et al. 1997. The value of the world's ecosystem services and natural capital. Nature, 387:253-260.	发展了生态系统服务功能的评估方法，并对全球生态系统服务功能的经济价值进行了首次全面估算，发现其总价值约 33 万亿美元/年，是 1994 年全球国民生产总值的 1.8 倍
Hector A. 1999. Plant diversity and productivity experiments in European grasslands. Science, 286:1123-1127.	首次利用欧洲草地生物多样性实验评估了草地物种多样性和功能群多样性对生态系统生产力的促进作用
Yachi S, Loreau M. 1999. Biodiversity and ecosystem productivity in a fluctuating environment: The insurance hypothesis. PNAS, 96(4):1463-1468.	利用理论模型，提出生物多样性对生态系统生产力及其稳定性的重要影响机制之一——保险效应
McCann KS. 2000. The diversity – stability debate. Nature, 405:228-233.	提出种群密度接近平衡值，种群稳定性越高，群落中的特定物种或功能群对生态系统功能的稳定性起关键作用
Loreau M, Hector A. 2001. Partitioning selection and complementarity in biodiversity experiments. Nature, 412:72-76.	基于种群遗传学中的 Price 方程提出互补效应与选择效应的分解算法，为定量评估生物多样性效应的不同机制提供了方法
Tilman D, Reich PB, Knops J, et al. 2001. Diversity and productivity in a long-term grassland experiment. Science, 294:843-845.	基于 Cedar Creek 人工草地实验证明了物种多样性对生态系统生产力的超产效应，并发现这一效应随时间推移而加强

续表

文献	主要发现
Hector A, Bagchi R. 2007. Biodiversity and ecosystem multifunctionality. Nature, 448: 188-190.	首次提出生态系统多功能性，并利用欧洲草地生物多样性实验验证了生物多样性对生态系统多功能性的促进作用
Wang S, Loreau M. 2014. Ecosystem stability in space: α, β and γ variability. Ecology Letters, 17: 891-901.	首次提出生态系统稳定性的空间分解框架，揭示生物多样性与生态系统稳定性关系的尺度效应

参考文献

戴尔阜，王晓莉，朱建佳，等. 2015. 生态系统服务权衡/协同研究进展与趋势展望. 地球科学进展，30：1250-1259.

冯剑丰，李宇，朱琳. 2009. 生态系统功能与生态系统服务的概念辨析. 生态环境学报，18：1599-1603.

傅伯杰，于丹丹. 2016. 生态系统服务权衡与集成方法. 资源科学，38：5-10.

韩兴国，李凌浩. 2012. 内蒙古草地生态系统维持机理. 北京：中国农业大学出版社.

贺金生，方精云，马克平，等. 2003. 生物多样性与生态系统生产力：为什么野外观测和受控实验结果不一致？植物生态学报，27：835-844.

李博，杨持，林鹏. 2000. 生态学. 北京：高等教育出版社.

李双成，张才玉，刘金龙，等. 2013. 生态系统服务权衡与协同研究进展及地理学研究议题. 地理研究，32：1379-1390.

李文华. 2008. 生态系统服务功能价值评估的理论、方法与应用. 北京：中国人民大学出版社.

柳新伟，周厚诚，李萍，等. 2004. 生态系统稳定性定义剖析. 生态学报，24：2635-2640.

马克平. 1993. 试论生物多样性的概念. 生物多样性，1：20-22.

欧阳志云，王如松，赵景柱. 1999. 生态系统服务功能及其生态经济价值评价. 应用生态学报，10：635-640.

彭建，胡晓旭，赵明月，等. 2017. 生态系统服务权衡研究进展：从认知到决策. 地理学报，72：960-973.

邱波，王刚. 2003. 生产力与生物多样性关系研究进展. 生态科学，22：265-270.

王国宏. 2002. 再论生物多样性与生态系统的稳定性. 生物多样性，10：126-134.

文志，赵赫，刘磊，等. 2017. 土地利用变化对海南土壤水源涵养功能的影响. 应用生态学报，12：4025-4033.

邬建国. 1996. 生态学范式变迁综论. 生态学报，16：265-270.

谢高地，肖玉，鲁春霞. 2006. 生态系统服务研究：进展、局限和基本范式. 植物生态学报，30：191-199.

徐炜，井新，马志远，等. 2016a. 生态系统多功能性的测度方法. 生物多样性，24：72-84.

徐炜，马志远，井新，等. 2016b. 生物多样性与生态系统多功能性：进展与展望. 生物多样性，24：55-71.

于振良，葛剑平，于贵瑞，等. 2016. 生态学的现状与发展趋势. 北京：高等教育出版社.

岳天祥，马世骏. 1991. 生态系统稳定性研究. 生态学报，4：361-366.

张全国，张大勇. 2002. 生物多样性与生态系统功能：进展与争论. 生物多样性，10(1)：49-60.

张全国，张大勇. 2003. 生物多样性与生态系统功能：最新的进展与动向. 生物多样性，11(5)：351-363.

郑华，欧阳志云，赵同谦，等. 2003. 人类活动对生态系统服务功能的影响. 自然资源学报，1：118-126.

Adler PB, Seabloom EW, Borer ET, et al. 2011. Productivity is a poor predictor of plant species richness. Science,

333:1750-1753.

Ali A, Yan ER, Chang SX, et al. 2017. Community-weighted mean of leaf traits and divergence of wood traits predict aboveground biomass in secondary subtropical forests. Science of the Total Environment, 574:654-662.

Allan E, Manning P, Alt F, et al. 2015. Land use intensification alters ecosystem multifunctionality via loss of biodiversity and changes to functional composition. Ecology Letters, 18:834-843.

Ammer C. 2019. Diversity and forest productivity in a changing climate. New Phytologist, 221:50-66.

Arnan X, Cerdá X, Retana J. 2017. Relationships among taxonomic, functional, and phylogenetic ant diversity across the biogeographic regions of Europe. Ecography, 40:448-457.

Arnoldi JF, Loreau M, Haegeman B. 2016. Resilience, reactivity and variability: A mathematical comparison of ecological stability measures. Journal of Theoretical Biology, 389:47-59.

Bai Y, Wu J, Pan Q, et al. 2007. Positive linear relationship between productivity and diversity: Evidence from the Eurasian Steppe. Journal of Applied Ecology, 44:1023-1034.

Bai YF, Han XG, Wu JG, et al. 2004. Ecosystem stability and compensatory effects in the Inner Mongolia grassland. Nature, 431:181-184.

Banwart SA, Noellemeyer E, Milne E. 2014. Soil Carbon: Science, Management and Policy for Multiple Benefits. Wallingford: CAB International.

Bardgett RD, Wardle DA. 2010. Aboveground-Belowground Linkages: Biotic Interactions, Ecosystem Processes, and Global Change. Oxford and New York: Oxford University Press.

Barnes AD, Allen K, Kreft H, et al. 2017. Direct and cascading impacts of tropical land-use change on multi-trophic biodiversity. Nature Ecology and Evolution, 1:1511-1519.

Barnes AD, Jochum M, Mumme S, et al. 2014. Consequences of tropical land use for multitrophic biodiversity and ecosystem functioning. Nature Communications, 5:5351.

Bauer B, Vos M, Klauschies T, et al. 2014. Diversity, functional similarity, and top-down control drive synchronization and the reliability of ecosystem function. The American Naturalist, 183:394-409.

Bender SF, Wagg C, van der Heijden MGA. 2016. An underground revolution: Biodiversity and soil ecological engineering for agricultural sustainability. Trends in Ecology and Evolution, 31:440-452.

Boyer EW, Howarth RW. 2013. The Nitrogen Cycle at Regional to Global Scales. Netherlands: Springer-Verlag.

Brassard BW, Chen HYH, Bergeron Y, et al. 2011. Differences in fine root productivity between mixed- and single-species stands. Functional Ecology, 25:238-246.

Brassard BW, Chen HYH, Cavard X, et al. 2013. Tree species diversity increases fine root productivity through increased soil volume filling. Journal of Ecology, 101:210-219.

Bruelheide H, Nadrowski K, Assmann T, et al. 2014. Designing forest biodiversity experiments: General considerations illustrated by a new large experiment in subtropical China. Methods in Ecology and Evolution, 5:74-89.

Bu W, Schmid B, Liu X, et al. 2017. Interspecific and intraspecific variation in specific root length drives aboveground biodiversity effects in young experimental forest stands. Journal of Plant Ecology, 10:158-169.

Byrnes JEK, Gamfeldt L, Isbell F, et al. 2014. Investigating the relationship between biodiversity and ecosystem multifunctionality: Challenges and solutions. Methods in Ecology and Evolution, 5:111-124.

Cadotte MW. 2015. Phylogenetic diversity and productivity: Gauging interpretations from experiments that do not manipulate phylogenetic diversity. Functional Ecology, 29:1603-1606.

Cadotte MW. 2017. Functional traits explain ecosystem function through opposing mechanisms. Ecology Letters, 20:989-996.

Cadotte MW, Cardinale BJ, Oakley TH. 2008. Evolutionary history and the effect of biodiversity on plant productivity. PNAS, 105: 17012-17017.

Cadotte MW, Cavender-Bares J, Tilman D, et al. 2009. Using phylogenetic, functional and trait diversity to understand patterns of plant community productivity. PloS One, 4: e5695.

Cardinale BJ, Duffy JE, Gonzalez A, et al. 2012. Biodiversity loss and its impact on humanity. Nature, 486: 59-67.

Cardinale BJ, Matulich KL, Hooper DU, et al. 2011. The functional role of producer diversity in ecosystems. American Journal of Botany, 98: 572-592.

Cardinale BJ, Srivastava DS, Emmett Duffy J, et al. 2006. Effects of biodiversity on the functioning of trophic groups and ecosystems. Nature, 443: 989-992.

Cardinale BJ, Wright JP, Cadotte MW, et al. 2007. Impacts of plant diversity on biomass production increase through time because of species complementarity. PNAS, 104: 18123-18128.

Carlander KD. 1955. The standing crop of fish in lakes. Journal of the Fisheries Board of Canada, 12: 543-570.

Cavard X, Bergeron Y, Chen HYH, et al. 2010. Mixed-species effect on tree aboveground carbon pools in the east-central boreal forests. Canadian Journal of Forest Research, 40: 37-47.

Chapin Ⅲ FS, Zavaleta ES, Eviner VT, et al. 2000. Consequences of changing biodiversity. Nature, 405: 234-242.

Chaudhary S, McGregor A, Houston D, et al. 2015. The evolution of ecosystem services: A time series and discourse-centered analysis. Environmental Science and Policy, 54: 25-34.

Chen D, Pan Q, Bai Y, et al. 2016. Effects of plant functional group loss on soil biota and net ecosystem exchange: A plant removal experiment in the Mongolian grassland. Journal of Ecology, 104: 734-743.

Chen H, Mommer L, van Ruijven J, et al. 2017. Plant species richness negatively affects root decomposition in grasslands. Journal of Ecology, 105: 209-218.

Chen HYH, Klinka K. 2003. Aboveground productivity of western hemlock and western redcedar mixed-species stands in southern coastal British Columbia. Forest Ecology and Management, 184: 55-64.

Chen S, Wang W, Xu W, et al. 2018. Plant diversity enhances productivity and soil carbon storage. PNAS, 115: 4027-4032.

Chillo V, Vázquez DP, Amoroso MM, et al. 2018. Land-use intensity indirectly affects ecosystem services mainly through plant functional identity in a temperate forest. Functional Ecology, 32: 1390-1399.

Christensen NL, Bartuska AM, Brown JH, et al. 1996. The report of the Ecological Society of America committee on the scientific basis for ecosystem management. Ecological Applications, 6: 665-691.

Conti G, Díaz S, Lavorel S. 2013. Plant functional diversity and carbon storage—an empirical test in semi-arid forest ecosystems. Journal of Ecology, 101: 18-28.

Costanza R, d'Arge R, de Groot R, et al. 1997. The value of the world's ecosystem services and natural capital. Nature, 387: 253-260.

Craven D, Eisenhauer N, Pearse WD, et al. 2018. Multiple facets of biodiversity drive the diversity–stability relationship. Nature Ecology and Evolution, 2: 1579-1587.

Crowther TW, van den Hoogen J, Wan J, et al. 2019. The global soil community and its influence on biogeochemistry. Science, 365: eaav0550.

Cusack DF, Silver WL, Torn MS, et al. 2011. Changes in microbial community characteristics and soil organic matter with nitrogen additions in two tropical forests. Ecology, 92: 621-632.

Daily GC. 1997. Nature's Services: Societal Dependence on Natural Ecosystems. Washington, DC: Island Press.

Dayan T, Simberloff D. 2005. Ecological and community-wide character displacement: The next generation. Ecology Letters, 8: 875-894.

de Bello F, Lepš J, Lavorel S, et al. 2007. Importance of species abundance for assessment of trait composition: An example based on pollinator communities. Community Ecology, 8: 163-170.

de Boeck HJ, Bloor JMG, Kreyling J, et al. 2018. Patterns and drivers of biodiversity-stability relationships under climate extremes. Journal of Ecology, 106: 890-902.

de Groot RS, Wilson MA, Boumans RMJ. 2002. A typology for the classification, description and valuation of ecosystem functions, goods and services. Ecological Economics, 41: 393-408.

de Long JR, Kardol P, Sundqvist MK, et al. 2015. Plant growth response to direct and indirect temperature effects varies by vegetation type and elevation in a subarctic tundra. Oikos, 124: 772-783.

de Mazancourt C, Isbell F, Larocque A, et al. 2013. Predicting ecosystem stability from community composition and biodiversity. Ecology Letters, 16: 617-625.

de Vries FT, Thébault E, Liiri M, et al. 2013. Soil food web properties explain ecosystem services across European land use systems. PNAS, 110: 14296-14301.

Delgado-Baquerizo M, Maestre FT, Gallardo A, et al. 2013. Decoupling of soil nutrient cycles as a function of aridity in global drylands. Nature, 502: 672-676.

Delgado-Baquerizo M, Maestre FT, Reich PB, et al. 2016. Microbial diversity drives multifunctionality in terrestrial ecosystems. Nature Communications, 7: 10541.

Delgado-Baquerizo M, Trivedi P, Trivedi C, et al. 2017. Microbial richness and composition independently drive soil multifunctionality. Functional Ecology, 31: 2330-2343.

Delsol R, Loreau M, Haegeman B. 2018. The relationship between the spatial scaling of biodiversity and ecosystem stability. Global Ecology and Biogeography, 27: 439-449.

Dias ATC, van Ruijven J, Berendse F. 2010. Plant species richness regulates soil respiration through changes in productivity. Oecologia, 163: 805-813.

Díaz S, Lavorel S, de Bello F, et al. 2007. Incorporating plant functional diversity effects in ecosystem service assessments. PNAS, 104: 20684-20689.

Díaz S, Symstad AJ, Stuart Chapin F, et al. 2003. Functional diversity revealed by removal experiments. Trends in Ecology and Evolution, 18: 140-146.

Donohue I, Hillebrand H, Montoya JM, et al. 2016. Navigating the complexity of ecological stability. Ecology Letters, 19: 1172-1185.

Donohue I, Petchey OL, Montoya JM, et al. 2013. On the dimensionality of ecological stability. Ecology Letters, 16: 421-429.

Dooley Á, Isbell F, Kirwan L, et al. 2015. Testing the effects of diversity on ecosystem multifunctionality using a multivariate model. Ecology Letters, 18: 1242-1251.

Duffy JE, Godwin CM, Cardinale BJ. 2017. Biodiversity effects in the wild are common and as strong as key drivers of productivity. Nature, 549: 261-264.

Duffy JE, Lefcheck JS, Stuart-Smith RD, et al. 2016. Biodiversity enhances reef fish biomass and resistance to climate change. PNAS, 113: 6230-6235.

Duffy JE, Richardson JP, Canuel EA. 2003. Grazer diversity effects on ecosystem functioning in seagrass beds. Ecology Letters, 6: 637-645.

Duffy JE. 2003. Biodiversity loss, trophic skew and ecosystem functioning. Ecology Letters, 6: 680-687.

Duncan C, Thompson JR, Pettorelli N. 2015. The quest for a mechanistic understanding of biodiversity-ecosystem services relationships. Proceedings of the Royal Society B: Biological Sciences, 282: 20151348.

Edgar CB, Burk TE. 2001. Productivity of aspen forests in northeastern Minnesota, U. S. A., as related to stand composition and canopy structure. Canadian Journal of Forest Research,31:1019-1029.

Ehrlich PR,Ehrlich AH. 1981. Extinction:The Causes and Consequences of the Disappearance of Species. New York:Random House.

Eisenhauer N,Hines J,Isbell F,et al. 2018. Plant diversity maintains multiple soil functions in future environments. Elife,7:e41228.

Eisenhauer N,Schielzeth H,Barnes AD,et al. 2019. Chapter One—A multitrophic perspective on biodiversity-ecosystem functioning research. In:Eisenhauer N,Bohan DA,Dumbrell AJ(eds). Advances in Ecological Research. London:Academic Press,1-54.

Elton CS. 1958. The Ecology of Invasions by Animals and Plants. Chicago and London:The University of Chicago Press.

Erktan A,Cecillon L,Graf F,et al. 2016. Increase in soil aggregate stability along a Mediterranean successional gradient in severely eroded gully bed ecosystems:Combined effects of soil,root traits and plant community characteristics. Plant and Soil,398:121-137.

Everard K,Seabloom EW,Harpole WS,et al. 2010. Plant wateruse affects competition for nitrogen:Why drought favors invasive species in California. The American Naturalist,175:85-97.

Fargione J,Tilman D,Dybzinski R,et al. 2007. From selection to complementarity:Shifts in the causes of biodiversity-productivity relationships in a long-term biodiversity experiment. Proceedings of the Royal Society B:Biological Sciences,274:871-876.

Fichtner A,Hardtle W,Li Y,et al. 2017. From competition to facilitation:How tree species respond to neighbourhood diversity. Ecology Letters,20:892-900.

Fichtner A,Härdtle W,Bruelheide H,et al. 2018. Neighbourhood interactions drive overyielding in mixed-species tree communities. Nature Communications,9:1144.

Fierer N,Bradford MA,Jackson RB. 2007. Toward an ecological classification of soil bacteria. Ecology,88:1354-1364.

Finegan B,Peña-Claros M,de Oliveira A,et al. 2015. Does functional trait diversity predict above-ground biomass and productivity of tropical forests? Testing three alternative hypotheses. Journal of Ecology,103:191-201.

Flynn DF,Mirotchnick N,Jain M,et al. 2011. Functional and phylogenetic diversity as predictors of biodiversity-ecosystem-function relationships. Ecology,92:1573-1581.

Forrester DI,Pretzsch H. 2015. Tamm review:On the strength of evidence when comparing ecosystem functions of mixtures with monocultures. Forest Ecology and Management,356:41-53.

Fraser LH,Pither J,Jentsch A,et al. 2015. Worldwide evidence of a unimodal relationship between productivity and plant species richness. Science,349:302-305.

Gamfeldt L,Hillebrand H,Jonsson PR. 2008. Multiple functions increase the importance of biodiversity for overall ecosystem functioning. Ecology,89:1223-1231.

Gamfeldt L,Roger F. 2017. Revisiting the biodiversity-ecosystem multifunctionality relationship. Nature Ecology and Evolution,1:0168.

Garber SM,Maguire DA. 2004. Stand productivity and development in two mixed-species spacing trials in the Central Oregon Cascades. Forest Science,50:92-105.

Garcia FC,Bestion E,Warfield R,et al. 2018. Changes in temperature alter the relationship between biodiversity and ecosystem functioning. PNAS,115:10989-10994.

Germany MS,Bruelheide H,Erfmeier A. 2017. Limited tree richness effects on herb layer composition,richness and productivity in experimental forest stands. Journal of Plant Ecology,10:190-200.

Gherardi LA, Sala OE. 2015. Enhanced interannual precipitation variability increases plant functional diversity that in turn ameliorates negative impact on productivity. Ecology Letters, 18: 1293-1300.

Gómez-Baggethun E, de Groot R, Lomas PL, et al. 2010. The history of ecosystem services in economic theory and practice: From early notions to markets and payment schemes. Ecological Economics, 69: 1209-1218.

Gould IJ, Quinton JN, Weigelt A, et al. 2016. Plant diversity and root traits benefit physical properties key to soil function in grasslands. Ecology Letters, 19: 1140-1149.

Grimm V, Wissel C. 1997. Babel, or the ecological stability discussions: An inventory and analysis of terminology and a guide for avoiding confusion. Oecologia, 109: 323-334.

Gruber N, Galloway JN. 2008. An earth-system perspective of the global nitrogen cycle. Nature, 451: 293-296.

Guillaume T, Holtkamp AM, Damris M, et al. 2016a. Soil degradation in oil palm and rubber plantations under land resource scarcity. Agriculture, Ecosystems and Environment, 232: 110-118.

Guillaume T, Maranguit D, Murtilaksono K, et al. 2016b. Sensitivity and resistance of soil fertility indicators to land-use changes: New concept and examples from conversion of Indonesian rainforest to plantations. Ecological Indicators, 67: 49-57.

Hacker N, Ebeling A, Gessler A, et al. 2015. Plant diversity shapes microbe-rhizosphere effects on P mobilisation from organic matter in soil. Ecology Letters, 18: 1356-1365.

Handa IT, Aerts R, Berendse F, et al. 2014. Consequences of biodiversity loss for litter decomposition across biomes. Nature, 509: 218-221.

Harper JL. 1977. Population Biology of Plant. London: Academic Press.

Harrison PA, Berry PM, Simpson G, et al. 2014. Linkages between biodiversity attributes and ecosystem services: A systematic review. Ecosystem Services, 9: 191-203.

Hättenschwiler S, Aeschlimann B, Coûteaux MM, et al. 2008. High variation in foliage and leaf litter chemistry among 45 tree species of a neotropical rainforest community. New Phytologist, 179: 165-175.

Hautier Y, Isbell F, Borer ET, et al. 2018. Local loss and spatial homogenization of plant diversity reduce ecosystem multifunctionality. Nature Ecology and Evolution, 2: 50-56.

He JZ, Ge Y, Xu Z, et al. 2009. Linking soil bacterial diversity to ecosystem multifunctionality using backward-elimination boosted trees analysis. Journal of Soils and Sediments, 9: 547-554.

Hector A, Bagchi R. 2007. Biodiversity and ecosystem multifunctionality. Nature, 448: 188-190.

Hector A, Hautier Y, Saner P, et al. 2010. General stabilizing effects of plant diversity on grassland productivity through population asynchrony and overyielding. Ecology, 91: 2213-2220.

Hector A, Hooper R. 2002. Darwin and the first ecological experiment. Science, 295: 639-640.

Hector A, Schmid B, Beierkuhnlein C, et al. 1999. Plant diversity and productivity experiments in European grasslands. Science, 286: 1123-1127.

Heywood VH, Watson RT. 1995. Global Biodiversity Assessment. Cambridge: Cambridge University Press.

Hillebrand H, Bennett DM, Cadotte MW. 2008. Consequences of dominance: A review of evenness effects on local and regional ecosystem processes. Ecology, 89: 1510-1520.

Hisano M, Searle EB, Chen HYH. 2018. Biodiversity as a solution to mitigate climate change impacts on the functioning of forest ecosystems. Biological Reviews, 93: 439-456.

Högberg P, Read DJ. 2006. Towards a more plant physiological perspective on soil ecology. Trends in Ecology and Evolution, 21: 548-554.

Hooper D, Solan M, Symstad A, et al. 2002. Species diversity, functional diversity and ecosystem functioning. In: Loreau M, Naeem S, Inchausti P (eds). Biodiversity and Ecosystem Functioning: Synthesis and Perspectives.

London: Oxford University Press.

Hooper DU, Adair EC, Cardinale BJ, et al. 2012. A global synthesis reveals biodiversity loss as a major driver of ecosystem change. Nature, 486: 105-108.

Hooper DU, Chapin FS, Ewel JJ, et al. 2005. Effects of biodiversity on ecosystem functioning: A consensus of current knowledge. Ecological Monographs, 75: 3-35.

Hooper DU, Vitousek PM. 1997. The effects of plant composition and diversity on ecosystem processes. Science, 277: 1302-1305.

Hooper DU, Vitousek PM. 1998. Effects of plant composition and diversity on nutrient cycling. Ecological Monographs, 68: 121-149.

Huang Y, Chen Y, Castro-Izaguirre N, et al. 2018. Impacts of species richness on productivity in a large-scale subtropical forest experiment. Science, 362: 80-83.

Huston MA, Aarssen LW, Austin MP, et al. 2000. No consistent effect of plant diversity on productivity. Science, 289: 1255.

Huston MA. 1997. Hidden treatments in ecological experiments: Re-evaluating the ecosystem function of biodiversity. Oecologia, 110: 449-460.

Isbell F, Calcagno V, Hector A, et al. 2011. High plant diversity is needed to maintain ecosystem services. Nature, 477: 199-202.

Isbell F, Cowles J, Dee LE, et al. 2018. Quantifying effects of biodiversity on ecosystem functioning across times and places. Ecology Letters, 21: 763-778.

Isbell F, Craven D, Connolly J, et al. 2015. Biodiversity increases the resistance of ecosystem productivity to climate extremes. Nature, 526: 574-577.

Isbell F, Reich PB, Tilman D, et al. 2013. Nutrient enrichment, biodiversity loss, and consequent declines in ecosystem productivity. PNAS, 110: 11911-11916.

Isbell FI, Wilsey BJ. 2011. Increasing native, but not exotic, biodiversity increases aboveground productivity in ungrazed and intensely grazed grasslands. Oecologia, 165: 771-781.

Ives AR, Carpenter SR. 2007. Stability and diversity of ecosystems. Science, 317: 58-62.

Ives AR, Gross K, Klug JL. 1999. Stability and variability in competitive communities. Science, 286: 542-544.

Ives AR, Hughes JB. 2002. General relationships between species diversity and stability in competitive systems. The American Naturalist, 159: 388-395.

Jing X, Sanders NJ, Shi Y, et al. 2015. The links between ecosystem multifunctionality and above- and belowground biodiversity are mediated by climate. Nature Communications, 6: 8159.

Kaiser J. 2000. Rift over biodiversity divides ecologists. Science, 289: 1282-1283.

Kinzig AP, Pacala SW, Tilman D. 2002. The Functional Consequences of Biodiversity Empirical Progress and Theoretical Extensions. Princeton: Princeton University Press.

Kirwan L, Lüscher A, Sebastià MT, et al. 2007. Evenness drives consistent diversity effects in intensive grassland systems across 28 European sites. Journal of Ecology, 95: 530-539.

Krapivin VF. 2008. Biogeochemical Cycles in Globalization and Sustainable Development. Berlin: Springer-Verlag.

Kreyling J, Dengler J, Walter J, et al. 2017. Species richness effects on grassland recovery from drought depend on community productivity in a multisite experiment. Ecology Letters, 20: 1405-1413.

Kröber W, Li Y, Haerdtle W, et al. 2015. Early subtropical forest growth is driven by community mean trait values and functional diversity rather than the abiotic environment. Ecology and Evolution, 5: 3541-3556.

Laforest-Lapointe I, Paquette A, Messier C, et al. 2017. Leaf bacterial diversity mediates plant diversity and ecosystem function relationships. Nature, 546: 145-147.

Laliberté E, Legendre P. 2010. A distance-based framework for measuring functional diversity from multiple traits. Ecology, 91: 299-305.

Lamarque P, Lavorel S, Mouchet M, et al. 2014. Plant trait-based models identify direct and indirect effects of climate change on bundles of grassland ecosystem services. PNAS, 111: 13751-13756.

Lange M, Eisenhauer N, Sierra CA, et al. 2015. Plant diversity increases soil microbial activity and soil carbon storage. Nature Communications, 6: 6707.

Langvall O, Orlander G. 2001. Effects of pine shelterwoods on microclimate and frost damage to Norway spruce seedlings. Canadian Journal of Forest Research-Revue Canadienne De Recherche Forestiere, 31: 155-164.

Laughlin DC. 2014. Applying trait-based models to achieve functional targets for theory-driven ecological restoration. Ecology Letters, 17: 771-784.

Lefcheck JS, Byrnes JEK, Isbell F, et al. 2015. Biodiversity enhances ecosystem multifunctionality across trophic levels and habitats. Nature Communications, 6: 6936.

Li Y, Hardtle W, Bruelheide H, et al. 2014. Site and neighborhood effects on growth of tree saplings in subtropical plantations (China). Forest Ecology and Management, 327: 118-127.

Li Y, Kröber W, Bruelheide H, et al. 2017. Crown and leaf traits as predictors of subtropical tree sapling growth rates. Journal of Plant Ecology, 10: 136-145.

Li Y, Yang F, Ou Y, et al. 2013. Changes in forest soil properties in different successional stages in lower tropical China. PloS One, 8: e81359.

Lindenmayer DB, Franklin JF, Lõhmus A, et al. 2012. A major shift to the retention approach for forestry can help resolve some global forest sustainability issues. Conservation Letters, 5: 421-431.

Liu S, Costanza R, Farber S, et al. 2010. Valuing ecosystem services. Annals of the New York Academy of Sciences, 1185: 54-78.

Loreau M, de Mazancourt C. 2013. Biodiversity and ecosystem stability: A synthesis of underlying mechanisms. Ecology Letters, 16(Suppl 1): 106-115.

Loreau M, Hector A. 2001. Partitioning selection and complementarity in biodiversity experiments. Nature, 412: 72-76.

Loreau M, Naeem S, Inchausti P, et al. 2001. Biodiversity and ecosystem functioning: Current knowledge and future challenges. Science, 294: 804-808.

Loreau M, Naeem S, Inchausti P. 2002. Biodiversity and Ecosystem Functioning: Synthesis and Perspectives. Oxford: Oxford University Press.

Loreau M. 1998a. Biodiversity and ecosystem functioning: A mechanistic model. PNAS, 95: 5632-5636.

Loreau M. 1998b. Separating sampling and other effects in biodiversity experiments. Oikos, 82: 600-602.

Loreau M. 2000. Biodiversity and ecosystem functioning: Recent theoretical advances. Oikos, 91: 3-17.

Loreau M. 2010. Linking biodiversity and ecosystems: Towards a unifying ecological theory. Philosophical Transactions of the Royal Society B: Biological Sciences, 365: 49-60.

Lososová Z, Čeplová N, Chytrý M, et al. 2016. Is phylogenetic diversity a good proxy for functional diversity of plant communities? A case study from urban habitats. Journal of Vegetation Science, 27: 1036-1046.

Ma W, He JS, Yang Y, et al. 2010. Environmental factors covary with plant diversity-productivity relationships among Chinese grassland sites. Global Ecology and Biogeography, 19: 233-243.

MacArthur R. 1955. Fluctuations of animal populations and a measure of community stability. Ecology, 36: 533-536.

MacPherson DM, Lieffers VJ, Blenis PV. 2001. Productivity of aspen stands with and without a spruce understory in

Alberta's boreal mixedwood forests. The Forestry Chronicle, 77: 351-356.

Maestre FT, Castillo-Monroy AP, Bowker MA, et al. 2012a. Species richness effects on ecosystem multifunctionality depend on evenness, composition and spatial pattern. Journal of Ecology, 100: 317-330.

Maestre FT, Quero JL, Gotelli NJ, et al. 2012b. Plant species richness and ecosystem multifunctionality in global drylands. Science, 335: 214-218.

Manning P, van der Plas F, Soliveres S, et al. 2018. Redefining ecosystem multifunctionality. Nature Ecology and Evolution, 2: 427-436.

Marquard E, Weigelt A, Roscher C, et al. 2009a. Positive biodiversity-productivity relationship due to increased plant density. Journal of Ecology, 97: 696-704.

Marquard E, Weigelt A, Temperton VM, et al. 2009b. Plant species richness and functional composition drive overyielding in a six-year grassland experiment. Ecology, 90: 3290-3302.

Mason WL. 2014. Long-term development of nursing mixtures of *Sitka spruce* and larch species in an experiment in northern Scotland. Forest Systems, 23: 590-597.

May RM. 1973. Stability and Complexity in Model Ecosystems. Princeton: Princeton University Press.

McCann KS. 2000. The diversity-stability debate. Nature, 405: 228-233.

McGroddy ME, Daufresne T, Hedin LO. 2004. Scaling of C : N : P stoichiometry in forests worldwide: Implications of terrestrial redfield-type ratios. Ecology, 85: 2390-2401.

Mehrabi Z, Ramankutty N. 2019. Synchronized failure of global crop production. Nature Ecology and Evolution, 3: 780-786.

Metcalfe DB, Fisher RA, Wardle DA. 2011. Plant communities as drivers of soil respiration: Pathways, mechanisms, and significance for global change. Biogeosciences, 8: 2047-2061.

Meyer ST, Ptacnik R, Hillebrand H, et al. 2018. Biodiversity-multifunctionality relationships depend on identity and number of measured functions. Nature Ecology and Evolution, 2: 44-49.

Miki T, Yokokawa T, Matsui K. 2014. Biodiversity and multifunctionality in a microbial community: A novel theoretical approach to quantify functional redundancy. Proceedings of the Royal Society B: Biological Sciences, 281: 20132498.

Millennium Ecosystem Assessment. 2005. Ecosystems and Human Well Being: Synthesis. Washington DC: Island Press.

Mori AS, Lertzman KP, Gustafsson L, et al. 2017. Biodiversity and ecosystem services in forest ecosystems: A research agenda for applied forest ecology. Journal of Applied Ecology, 54: 12-27.

Mori AS. 2017. Biodiversity and ecosystem services in forests: Management and restoration founded on ecological theory. Journal of Applied Ecology, 54: 7-11.

Mouillot D, Villeger S, Scherer-Lorenzen M, et al. 2011. Functional structure of biological communities predicts ecosystem multifunctionality. PloS One, 6: e17476.

Naeem S, Li S. 1997. Biodiversity enhances ecosystem reliability. Nature, 390: 507-508.

Naeem S, Thompson LJ, Lawler SP, et al. 1994. Declining biodiversity can alter the performance of ecosystems. Nature, 368: 734-737.

Naeem S, Wright JP. 2003. Disentangling biodiversity effects on ecosystem functioning: Deriving solutions to a seemingly insurmountable problem. Ecology Letters, 6: 567-579.

Naeem S. 1998. Species redundancy and ecosystem reliability. Conservation Biology, 12: 39-45.

Nagendra H, Reyers B, Lavorel S. 2013. Impacts of land change on biodiversity: Making the link to ecosystem services. Current Opinion in Environmental Sustainability, 5: 503-508.

Niklaus PA, Leadley PW, Schmid B, et al. 2001. A long-term field study on biodiversity×elevated CO_2 interactions in grassland. Ecological Monographs, 71: 341-356.

Odum E. 1953. Fundamentals of Ecology. Philadelphia and London: Saunders.

Odum E, Barrett GW. 1971. Fundamentals of Ecology. Philadelphia: Saunders.

Oehri J, Schmid B, Schaepman-Strub G, et al. 2017. Biodiversity promotes primary productivity and growing season lengthening at the landscape scale. PNAS, 114: 10160-10165.

Orgiazzi A, Panagos P, Yigini Y, et al. 2016. A knowledge-based approach to estimating the magnitude and spatial patterns of potential threats to soil biodiversity. Science of the Total Environment, 545-546: 11-20.

Ostertag R, Warman L, Cordell S, et al. 2015. Using plant functional traits to restore Hawaiian rainforest. Journal of Applied Ecology, 52: 805-809.

Ouyang Z, Zheng H, Xiao Y, et al. 2016. Improvements in ecosystem services from investments in natural capital. Science, 352: 1455-1459.

Pace ML, Cole JJ, Carpenter SR, et al. 1999. Trophic cascades revealed in diverse ecosystems. Trends in Ecology and Evolution, 14: 483-488.

Pagano MC. 2016. Recent Advances on Mycorrhizal Fungi. Berlin: Springer-Verlag.

Paine RT. 1966. Food web complexity and species diversity. The American Naturalist, 100: 65-75.

Pan Q, Tian D, Naeem S, et al. 2016. Effects of functional diversity loss on ecosystem functions are influenced by compensation. Ecology, 97: 2293-2302.

Pasari JR, Levi T, Zavaleta ES, et al. 2013. Several scales of biodiversity affect ecosystem multifunctionality. PNAS, 110: 10219-10222.

Pecl GT, Araujo MB, Bell JD, et al. 2017. Biodiversity redistribution under climate change: Impacts on ecosystems and human well-being. Science, 355: 6332.

Peng S, Schmid B, Haase J, et al. 2016. Leaf area increases with species richness in young experimental stands of subtropical trees. Journal of Plant Ecology, 10: 128-135.

Pennekamp F, Pontarp M, Tabi A, et al. 2018. Biodiversity increases and decreases ecosystem stability. Nature, 563: 109-112.

Philippot L, Spor A, Hénault C, et al. 2013. Loss in microbial diversity affects nitrogen cycling in soil. ISME Journal, 7: 1609-1619.

Pimm SL. 1984. The complexity and stability of ecosystems. Nature, 307: 321-326.

Piqueray J, Ferroni L, Delescaille LM, et al. 2015. Response of plant functional traits during the restoration of calcareous grasslands from forest stands. Ecological Indicators, 48: 408-416.

Pires APF, Srivastava DS, Marino NAC, et al. 2018. Interactive effects of climate change and biodiversity loss on ecosystem functioning. Ecology, 99: 1203-1213.

Poisot T, Mouquet N, Gravel D. 2013. Trophic complementarity drives the biodiversity－ecosystem functioning relationship in food webs. Ecology Letters, 16: 853-861.

Poorter H, Niklas KJ, Reich PB, et al. 2012. Biomass allocation to leaves, stems and roots: Meta-analyses of interspecific variation and environmental control. New Phytologist, 193: 30-50.

Poorter L, van der Sande MT, Thompson J, et al. 2015. Diversity enhances carbon storage in tropical forests. Global Ecology and Biogeography, 24: 1314-1328.

Potvin C, Dutilleul P. 2009. Neighborhood effects and size-asymmetric competition in a tree plantation varying in diversity. Ecology, 90: 321-327.

Pretzsch H, Schütze G. 2009. Transgressive overyielding in mixed compared with pure stands of Norway spruce and

European beech in Central Europe: Evidence on stand level and explanation on individual tree level. European Journal of Forest Research, 128: 183-204.

Radchuk V, Laender F, Cabral JS, et al. 2019. The dimensionality of stability depends on disturbance type. Ecology Letters, 22: 674-684.

Rao CR. 1982. Diversity and dissimilarity coefficients: A unified approach. Theoretical Population Biology, 21: 24-43.

Raudsepp-Hearne C, Peterson GD, Bennett EM. 2010. Ecosystem service bundles for analyzing tradeoffs in diverse landscapes. PNAS, 107: 5242-5247.

Reich PB, Tilman D, Isbell F, et al. 2012. Impacts of biodiversity loss escalate through time as redundancy fades. Science, 336: 589-592.

Reich PB, Tilman D, Naeem S, et al. 2004. Species and functional group diversity independently influence biomass accumulation and its response to CO_2 and N. PNAS, 101: 10101-10106.

Reiss J, Bridle JR, Montoya JM, et al. 2009. Emerging horizons in biodiversity and ecosystem functioning research. Trends in Ecology and Evolution, 24: 505-514.

Ren H, Eviner VT, Gui W, et al. 2018a. Livestock grazing regulates ecosystem multifunctionality in semi-arid grassland. Functional Ecology, 32: 2790-2800.

Ren H, Taube F, Stein C, et al. 2018b. Grazing weakens temporal stabilizing effects of diversity in the Eurasian steppe. Ecology and Evolution, 8: 231-241.

Roger F, Bertilsson S, Langenheder S, et al. 2016. Effects of multiple dimensions of bacterial diversity on functioning, stability and multifunctionality. Ecology, 97: 2716-2728.

Sanderson MA, Skinner RH, Barker DJ, et al. 2004. Plant species diversity and management of temperate forage and grazing land ecosystems. Crop Science, 44: 1132-1144.

Santiago LS. 2007. Extending the leaf economics spectrum to decomposition: Evidence from a tropical forest. Ecology, 88: 1126-1131.

Scherber C, Eisenhauer N, Weisser WW, et al. 2010. Bottom-up effects of plant diversity on multitrophic interactions in a biodiversity experiment. Nature, 468: 553-556.

Scherer-Lorenzen M. 2005. Biodiversity and ecosystem functioning: Basic principles. Biodiversity: Structure and Function. UK: Eolss Publishers, 68-88.

Scherer-Lorenzen M, Korner C, Schulze ED. 2005. The functional significance of forest diversity: A synthesis. In: Scherer-Lorenzen M, Korner C, Schulze ED (eds). Forest Diversity and Function: Temperate and Boreal Systems. Berlin: Springer-Verlag, 377-389.

Scheublin TR, Ridgway KP, Young JPW, et al. 2004. Nonlegumes, legumes, and root nodules harbor different arbuscular mycorrhizal fungal communities. Applied and Environmental Microbiology, 70: 6240-6246.

Schuldt A, Assmann T, Brezzi M, et al. 2018. Biodiversity across trophic levels drives multifunctionality in highly diverse forests. Nature Communications, 9: 2989.

Schulze ED, Mooney HA. 1993. Biodiversity and Ecosystem Function. Berlin: Springer-Verlag.

Shen Y, Yu S, Lian J, et al. 2016. Tree aboveground carbon storage correlates with environmental gradients and functional diversity in a tropical forest. Science Reports, 6: 25304.

Smith MD, Knapp AK. 2003. Dominant species maintain ecosystem function with non-random species loss. Ecology Letters, 6: 509-517.

Smukler SM, Sánchez-Moreno S, Fonte SJ, et al. 2010. Biodiversity and multiple ecosystem functions in an organic farmscape. Agriculture, Ecosystems and Environment, 139: 80-97.

Soliveres S, van der Plas F, Manning P, et al. 2016. Biodiversity at multiple trophic levels is needed for ecosystem multifunctionality. Nature, 536: 456-459.

Spehn EM, Hector A, Joshi J, et al. 2005. Ecosystem effects of biodiversity manipulations in European grasslands. Ecological Monographs, 75: 37-63.

Steudel B, Hallmann C, Lorenz M, et al. 2016. Contrasting biodiversity - ecosystem functioning relationships in phylogenetic and functional diversity. New Phytologist, 212: 409-420.

Sun HG, Diao SF, Liu R, et al. 2018. Relationship between size inequality and stand productivity is modified by self-thinning, age, site and planting density in *Sassafras tzumu* plantations in central China. Forest Ecology and Management, 422: 199-206.

Sun Z, Liu X, Schmid B, et al. 2017. Positive effects of tree species richness on fine-root production in a subtropical forest in SE-China. Journal of Plant Ecology, 10: 146-157.

Tardy V, Spor A, Mathieu O, et al. 2015. Shifts in microbial diversity through land use intensity as drivers of carbon mineralization in soil. Soil Biology and Biochemistry, 90: 204-213.

Thébault E, Loreau M. 2003. Food-web constraints on biodiversity–ecosystem functioning relationships. PNAS, 100: 14949-14954.

Thibaut LM, Connolly SR. 2013. Understanding diversity - stability relationships: Towards a unified model of portfolio effects. Ecology Letters, 16: 140-150.

Thompson PL, Isbell F, Loreau M, et al. 2018. The strength of the biodiversity - ecosystem function relationship depends on spatial scale. Proceedings of the Royal Society B: Biological Sciences, 285: 20180038.

Tilman D. 1996. Biodiversity: Population versus ecosystem stability. Ecology, 77: 350-363.

Tilman D. 1999. The ecological consequences of changes in biodiversity: A search for general principles. Ecology, 80: 1455-1474.

Tilman D. 2013. Functional diversity. In: Levin SA (ed). Encyclopedia of Biodiversity (2nd edn). London: Academic Press.

Tilman D, Downing JA. 1994. Biodiversity and stability in grasslands. Nature, 367: 363-365.

Tilman D, Isbell F, Cowles JM. 2014. Biodiversity and ecosystem functioning. Annual Review of Ecology, Evolution, and Systematics, 45: 471-493.

Tilman D, Lehman CL, Thomson KT. 1997. Plant diversity and ecosystem productivity: Theoretical considerations. PNAS, 94: 1857-1861.

Tilman D, Reich PB, Isbell F. 2012. Biodiversity impacts ecosystem productivity as much as resources, disturbance, or herbivory. PNAS, 109: 10394-10397.

Tilman D, Reich PB, Knops J, et al. 2001. Diversity and productivity in a long-term grassland experiment. Science, 294: 843-845.

Tilman D, Reich PB, Knops JM. 2006. Biodiversity and ecosystem stability in a decade-long grassland experiment. Nature, 441: 629-632.

Tilman D, Wedin D, Knops J. 1996. Productivity and sustainability influenced by biodiversity in grassland ecosystems. Nature, 379: 718-720.

Trivedi C, Delgado-Baquerizo M, Hamonts K, et al. 2019. Losses in microbial functional diversity reduce the rate of key soil processes. Soil Biology and Biochemistry, 135: 267-274.

Tucker CM, Davies TJ, Cadotte MW, et al. 2018. On the relationship between phylogenetic diversity and trait diversity. Ecology, 99: 1473-1479.

Valencia E, Maestre FT, Le Bagousse-Pinguet Y, et al. 2015. Functional diversity enhances the resistance of ecosystem multifunctionality to aridity in Mediterranean drylands. New Phytologist, 206: 660-671.

van der Plas F, Manning P, Soliveres S, et al. 2016. Biotic homogenization can decrease landscape-scale forest multifunctionality. PNAS, 113: 3557-3562.

van Moorsel SJ, Hahl T, Wagg C, et al. 2018. Community evolution increases plant productivity at low diversity. Ecology Letters, 21: 128-137.

van Ruijven J, Berendse F. 2005. Diversity - productivity relationships: Initial effects, long-term patterns, and underlying mechanisms. PNAS, 102: 695-700.

Van Straaten O, Corre MD, Wolf K, et al. 2015. Conversion of lowland tropical forests to tree cash crop plantations loses up to one-half of stored soil organic carbon. PNAS, 112: 9956-9960.

Vandermeer J. 1981. The interference production principle: An ecological theory for agriculture. BioScience, 31: 361-364.

Vanni MJ, Flecker AS, Hood JM, et al. 2002. Stoichiometry of nutrient recycling by vertebrates in a tropical stream: Linking species identity and ecosystem processes. Ecology Letters, 5: 285-293.

Venail P, Gross K, Oakley TH, et al. 2015. Species richness, but not phylogenetic diversity, influences community biomass production and temporal stability in a re-examination of 16 grassland biodiversity studies. Functional Ecology, 29: 615-626.

Vilà M, Vayreda J, Gracia C, et al. 2003. Does tree diversity increase wood production in pine forests? Oecologia, 135: 299-303.

Violle C, Enquist BJ, McGill BJ, et al. 2012. The return of the variance: Intraspecific variability in community ecology. Trends in Ecology and Evolution, 27: 244-252.

Violle C, Navas ML, Vile D, et al. 2007. Let the concept of trait be functional! Oikos, 116: 882-892.

Vitousek PM, Porder S, Houlton BZ, et al. 2010. Terrestrial phosphorus limitation: Mechanisms, implications, and nitrogen-phosphorus interactions. Ecological Applications, 20: 5-15.

Wagg C, Bender SF, Widmer F, et al. 2014. Soil biodiversity and soil community composition determine ecosystem multifunctionality. PNAS, 111: 5266-5270.

Walker BH. 1992. Biodiversity and ecological redundancy. Conservation Biology, 6: 18-23.

Wang L, Delgado-Baquerizo M, Wang D, et al. 2019a. Diversifying livestock promotes multidiversity and multifunctionality in managed grasslands. PNAS, 116: 6187-6192.

Wang S, Brose U. 2018. Biodiversity and ecosystem functioning in food webs: The vertical diversity hypothesis. Ecology Letters, 21: 9-20.

Wang S, Lamy T, Hallett LM, et al. 2019b. Stability and synchrony across ecological hierarchies in heterogeneous metacommunities: Linking theory to data. Ecography, 42: 1200-1211.

Wang S, Loreau M, Arnoldi JF, et al. 2017. An invariability-area relationship sheds new light on the spatial scaling of ecological stability. Nature Communications, 8: 15211.

Wang S, Loreau M. 2014. Ecosystem stability in space: α, β and γ variability. Ecology Letters, 17: 891-901.

Wang S, Loreau M. 2016. Biodiversity and ecosystem stability across scales in metacommunities. Ecology Letters, 19: 510-518.

Wardle DA, Bonner KI, Barker GM, et al. 1999. Plant removals in perennial grassland: Vegetation dynamics, decomposers, soil biodiversity, and ecosystem properties. Ecological Monographs, 69: 535-568.

Wardle DA, Huston MA, Grime JP, et al. 2000. Biodiversity and ecosystem function: An issue in ecology. Bulletin of the Ecological Society of America, 81: 235-239.

Wardle DA. 2016. Do experiments exploring plant diversity－ecosystem functioning relationships inform how biodiversity loss impacts natural ecosystems? Journal of Vegetation Science,27:646-653.

Wen Z,Zheng H,Smith JR,et al. 2019. Functional diversity overrides community-weighted mean traits in linking land-use intensity to hydrological ecosystem services. Science of the Total Environment,682:583-590.

Werden LK,Alvarado JP,Zarges S,et al. 2018. Using soil amendments and plant functional traits to select native tropical dry forest species for the restoration of degraded Vertisols. Journal of Applied Ecology,55:1019-1028.

Wilcox KR,Tredennick AT,Koerner SE,et al. 2017. Asynchrony among local communities stabilises ecosystem function of metacommunities. Ecology Letters,20:1534-1545.

Wilsey BJ,Teaschner TB,Daneshgar PP,et al. 2009. Biodiversity maintenance mechanisms differ between native and novel exotic-dominated communities. Ecology Letters,12:432-442.

Wilson EO. 1988. Biodiversity. Washington DC:National Academy Press.

Wittebolle L,Marzorati M,Clement L,et al. 2009. Initial community evenness favours functionality under selective stress. Nature,458:623-626.

Wood SA, Karp DS, DeClerck F, et al. 2015. Functional traits in agriculture: Agrobiodiversity and ecosystem services. Trends in Ecology and Evolution,30:531-539.

Wu J,Naeem S,Elser J,et al. 2015. Testing biodiversity-ecosystem functioning relationship in the world's largest grassland:Overview of the IMGRE project. Landscape Ecology,30:1723-1736.

Xu W,Xiao Y,Zhang J,et al. 2017. Strengthening protected areas for biodiversity and ecosystem services in China. PNAS,114:1601-1606.

Yachi S, Loreau M. 1999. Biodiversity and ecosystem productivity in a fluctuating environment: The insurance hypothesis. PNAS,96:1463-1468.

Yang B,Li Y,Ding BY,et al. 2017. Impact of tree diversity and environmental conditions on the survival of shrub species in a forest biodiversity experiment in subtropical China. Journal of Plant Ecology,10:179-189.

Yang JJ, Lei PF, Xiang WH, et al. 2018. Growth variations of tree saplings in relation to species diversity and functional traits in a tree diversity pot experiment. Forests,9:380.

Yang Y, Tilman D, Furey G, et al. 2019. Soil carbon sequestration accelerated by restoration of grassland biodiversity. Nature Communications,10:718.

Zavaleta ES,Hulvey KB. 2004. Realistic species losses disproportionately reduce grassland resistance to biological invaders. Science,306:1175-1177.

Zavaleta ES,Pasari JR,Hulvey KB,et al. 2010. Sustaining multiple ecosystem functions in grassland communities requires higher biodiversity. PNAS,107:1443-1446.

Zhang X,Johnston ER,Barberán A,et al. 2017. Decreased plant productivity resulting from plant group removal experiment constrains soil microbial functional diversity. Global Change Biology,23:4318-4332.

Zheng H,Chen F,Ouyang Z,et al. 2008. Impacts of reforestation approaches on runoff control in the hilly red soil region of Southern China. Journal of Hydrology,356:174-184.

Zheng H,Li Y,Robinson BE,et al. 2016. Using ecosystem service trade-offs to inform water conservation policies and management practices. Frontiers in Ecology and the Environment,14:527-532.

Zheng H, Wang L, Peng W, et al. 2019a. Realizing the values of natural capital for inclusive, sustainable development:Informing China's new ecological development strategy. PNAS,116:8623-8628.

Zheng H,Wang L,Wu T. 2019b. Coordinating ecosystem service trade-offs to achieve win-win outcomes:A review of the approaches. Journal of Environmental Sciences,82:103-112.

Zhu H, Fu B, Wang S, et al. 2015. Reducing soil erosion by improving community functional diversity in semi-arid grasslands. Journal of Applied Ecology, 52: 1063-1072.

Zuppinger-Dingley D, Schmid B, Petermann JS, et al. 2014. Selection for niche differentiation in plant communities increases biodiversity effects. Nature, 515: 108-111.

本章作者：王志恒、郑华、储诚进、陈迪马、刘晓娟、王少鹏、牛克昌、唐志尧、周健、李耀琪、张兵伟、冯禹昊

指导专家：李博、贺金生、陈利顶、沈泽昊

第 6 章

全球变化与生态系统

摘要:全球变化是指由于自然或人为因素造成的全球性环境变化,这些变化已经导致全球生态系统发生深刻改变,进而直接影响甚至威胁人类的生存环境及社会经济的可持续发展。在此背景下形成的全球变化与生态系统研究是一个宏观与微观相互交叉、多学科相互渗透的前沿科学领域,重点研究生态系统结构和功能对全球变化的响应、适应及反馈作用,其目标是实现人类对生态系统服务的可持续利用。在对国内外全球变化研究进行历史回顾和综合分析的基础上,本章总结了全球变化与生态系统研究的阶段性重大进展及存在的主要问题,并对全球变化研究的前沿方向进行展望和建议。从生态系统生态学研究的角度,根据研究内容和对象,本章系统地综述了不同全球变化因子,包括 CO_2 和 O_3 浓度升高、气候变暖、降水格局改变、氮沉降增加、土地利用变化等对陆地植物生理生态、群落结构、生态系统功能和海洋生态系统的影响;探讨生态系统关键过程以及生物多样性的响应及机理;阐明这些影响对气候和环境变化的反馈机制,为构筑全球变化的适应对策提供生态学理论基础。

6.1 前　　言

全球变化是指由自然或人为因素造成的全球性环境变化,主要包括气候变化、大气组成变化(如 CO_2 及 O_3 浓度的变化)以及土地利用/土地覆被的变化等方面。全球变化已经导致全球生态系统发生深刻改变,这些改变将直接影响甚至威胁人类的生存环境及社会经济的可持续发展(IPCC,2013)。全球变化与生态系统研究正是在人类活动的强度和广度已经发展到对全球环境和生态系统产生深刻影响的背景下形成的,是宏观与微观研究相互交叉、多学科相互渗透的前沿研究方向。它以生态系统的结构、功能及其对全球变化的响应和适应为主要研究内容,目标是实现人类对生态系统服务的可持续利用。

全球变化与生态系统研究是 20 世纪 60 年代初逐步形成、发展起来的生态学分支方向。一些全球研究计划的兴起推动了全球变化与生态系统的研究,例如国际地圈-生物圈计划(IGBP)、全球变化人文因素计划(IHDP)、世界气候研究计划(WCRP)、生物多样性计划(DIVERSITAS)等。其中,IGBP 是在国际生物学计划(IBP)和人与生物圈计划(MAB)的基础上由国际科学理事会(ICSU)于 1986 年建立组织起来的,旨在制定区域和国际政策,讨论关于全球变化及其所产生的影响。“全球变化和陆地生态系统”(GCTE)研究计划是 IGBP 的核心研究计划之一,旨在分析全球尺度上大气成分、气候、人类活动和其他环境变化对生态系统结构和功能的影响,预测未来全球变化可能带来的农业、林业、土壤和生态系统复杂性的改变。2014 年,由国际科学理事会和国际社会科学理事会(ISSC)发起的“未来地球计划”(Future Earth)整合了上述四个计划,使全球变化研究加强了自然科学与社会科学的沟通与合作,标志着全球变化与生态系统研究跨入了一个新的深度和广度,逐步走向服务于可持续发展的新阶段。

伴随着国际研究计划的实施,一系列全球变化与生态系统研究的专著陆续出版,标志着这一研究方向逐步走向成熟。例如,2003 年由 J. Melillo、C. Field 和 B. Moldan 等编著的 *Interactions of the Major Biogeochemical Cycles: Global Change and Human Impacts* 系统阐述了全球变化对生物地球化学循环的影响。随后,全球碳计划(Global Carbon Project)公布了碳循环研究报告。2011 年由 H. Shugart 和 F. Woodward 编著的 *Global Change and the Terrestrial Biosphere: Achievements and Challenges* 系统介绍了全球变化对生态系统影响的最新进展。2013 年由 E. Post 编著的 *Ecology of Climate Change: The Importance of Biotic Interactions* 从生物间相互作用的角度诠释了气候变化的生态影响。此外,IPCC 已出版了五期评估报告,全面总结了气候变化及其影响的研究成果。在国内,由方精云于 2000 年主编的《全球生态学》推动了我国全球变化与生态系统研究的发展。2016—2017 年由国家自然科学基金委员会组织出版的《生态学的现状与发展趋势》和《地理科学 30 年》从学科发展角度对我国全球变化与陆地生态系统研究进展进行了阶段性的总结和展望。

基于 Web of Science 核心数据库和 CiteSpace 软件,对过去 20 年间世界范围内关于全球变化与生态系统的 SCI 文章进行检索发现,全球变化与生态系统研究主要涉及 9 个方面:① global change,② ecosystem,③ impact, response and adaptation,④ pattern, dynamics, trend and variability,⑤ disturbance and resilience,⑥ carbon and nitrogen cycle,⑦ vulnerability and conservation,⑧ population, community and diversity,⑨ water, productivity, management and ecosystem service。这 9 个方面涵盖了过去 20 年全球变化与生态系统研究的主要内容及关键科学问题,反映了该方向研究的科学前沿主要集中在全球变化背景下的生态系统组成、结构、过程、功能、服务、动态、趋势、稳定性、脆弱性、变异性和适应性,以及减缓和适应气候变化的管理措施。根据文献检索中关键词出现的频次,global change 和 ecosystem 位居首位,说明生态系统对气候变化的响应和反馈是当前国内外研究的重点;carbon 和 diversity 大类关键词出现频次也比较高,表明碳循环和生物多样性对全球变化的响应和适应等方面依旧是分析全球变化生态学问题的重要角度和切入点。除此之外,model、impact、dynamics 等关键词数量和所占比例在近些年大幅度攀升,意味着生态系统对全球变化的响应和反馈机制以及模型等研究手段得到了科学界的普遍关注。全球变化各个驱动因子(气候变化、大气成分变化以及土地利用变化)中,climate warming 和 land use change 关键词的频数以及所占比例远高于其他因子。这说明气候变暖和土地利用变化对生态系统影响研究在该领域研究中占据主导地位,也充分体现出当前以气候变暖为研究热点的特征。同时,ozone 和 nitrogen deposition 等大类关键词频次在近 20 年中显著增加,表明 O_3 和氮沉降等引起的生态系统变化研究正逐步得到加强。

本章从生态系统生态学研究的角度,重点综述陆地生态系统对大气 CO_2 和 O_3 浓度升高(冯兆忠等,2020a,2020b)、气候变暖(夏建阳等,2020)、降水格局改变(周贵尧等,

2020)、氮沉降(付伟等,2020)、土地利用变化(白娥和薛冰,2020)的响应以及海洋生态系统对全球变化的响应(叶幼亭和史大林,2020)等方面取得的重大进展,并指出存在的主要问题及需要加强的优先研究领域等,以期促进全球变化和生态系统的研究(牛书丽和陈卫楠,2020)。

6.2 核心方向的重大进展及存在的主要问题

过去几十年来,科研人员在各个全球变化因子影响群落结构和生物多样性、生态系统碳氮等关键功能元素的生物化学循环、生态系统功能等核心方向上开展了大量研究并取得了突破性进展,持续关注优势物种性状、生物多样性、群落结构对全球变化的响应、生态系统生产力、碳源/汇功能、生态系统脆弱性与生态系统健康等焦点问题。

6.2.1 CO_2 浓度升高对陆地生态系统的影响

(1) 基本概念及研究概况

工业革命以来,人类活动通过对化石燃料的过量使用和土地利用方式的改变等,引发大气中 CO_2 等温室气体浓度的急剧上升。目前大气 CO_2 浓度已由 1860 年的 280 ppm① 升高至目前的 415 ppm 左右,并以每年约 2 ppm 的速率持续升高,预计到 2030 年将增加到 550 ppm(IPCC,2013)。CO_2 浓度的升高加速全球变暖并引发冰川融化、海平面上升、洪水、台风、热浪等极端天气频发等连锁反应,严重影响生态系统结构和功能的稳定性。目前已认识到,大气 CO_2 浓度升高对植物光合作用及生长具有促进作用,这种现象被称为 CO_2 的“施肥效应”。由于 CO_2 浓度在持续升高,CO_2“施肥效应”增加生态系统的“碳汇”不失为一种减缓气候变化的应对策略,但其影响程度还存在很大的不确定性。CO_2 浓度升高显著增加植被“碳汇”功能,但其对土壤“碳汇”功能的影响却存在不一致的结果(Terrer et al.,2018)。大气 CO_2 浓度升高对陆地碳汇的长期影响在很大程度上取决于土壤氮素的可利用性(Reich et al.,2006;Feng et al.,2015)。

利用 Web of Science 核心数据资源,对 1990—2018 年世界范围 CO_2 浓度升高对生态系统影响相关 SCI 论文进行了统计分析,最终共检索到文献 6181 篇。自 1997 年以后,国际上该领域的发文量呈明显上升趋势,对 CO_2 浓度升高的生态效应研究的重视程度增强。2013 年以后,发文量较 1998—2012 年的平稳时期再次呈现上升趋势。我国发文量的发展趋势基本与世界趋势一致。其中,2011—2014 年增长较快。从总体发文数量上来看,1998—2018 年我国发文总量(824 篇)占全世界(6181 篇)的 13%,表明在 CO_2 浓度升高的生态效应研究领域,我国生态学工作者有比较重要的贡献。从论文涉及的学科领域来看,主要集中在环境科学、生态学、植物科学、农学、生物多样性保护学和林学,约占总发文数的 71%。从出现频

① $1\ ppm = 10^{-6}$。

次居前 10 位的关键词来看，依次是 CO_2 升高（elevated CO_2）、气候变化（climate change）、二氧化碳（carbon dioxide）、光合作用（photosynthesis）、全球变化（global change）、开放式空气 CO_2 浓度增加系统（FACE）、氮（nitrogen）、CO_2 富集（CO_2 enrichment）、气孔导度（stomatal conductance）和生长（growth）（表 6-1）。

表 6-1　CO_2 浓度升高对生态系统影响相关 SCI 论文出现频次最高的前 50 个关键词

序号	关键词	频次	序号	关键词	频次
1	CO_2 升高（elevated CO_2）	1148	25	水稻（rice）	76
2	气候变化（climate change）	769	26	全球变暖（global warming）	75
3	二氧化碳（carbon dioxide）	729	27	叶绿素荧光（chlorophyll fluorescence）	74
4	光合作用（photosynthesis）	524	28	产量（yield）	73
5	全球变化（global change）	310	29	蒸腾作用（transpiration）	67
6	开放式空气 CO_2 浓度增加系统（FACE）	244	30	增温（warming）	63
			31	食草（herbivory）	62
7	氮（nitrogen）	228	32	碳水化合物（carbohydrates）	61
8	CO_2 富集（CO_2 enrichment）	188	33	竞争（competition）	58
9	气孔导度（stomatal conductance）	186	34	磷（phosphorus）	57
10	生长（growth）	178	35	大气 CO_2（atmospheric CO_2）	56
11	干旱（drought）	154	36	水分胁迫（water stress）	56
12	温度（temperature）	140	37	碳循环（carbon cycle）	54
13	生物量（biomass）	109	38	分解（decomposition）	53
14	O_3（*ozone*/O_3）	102	39	温度升高（elevated temperature）	52
15	自由大气 CO_2 富集（free-air CO_2 enrichment）	100	40	蒸散（evapotranspiration）	52
			41	土壤湿度（soil moisture）	52
16	呼吸（respiration）	94	42	气孔（stomata）	52
17	二磷酸核酮糖羧化酶（Rubisco）	83	43	淀粉（starch）	51
18	土壤呼吸（soil respiration）	83	44	土壤有机质（soil organic matter）	49
19	驯化（acclimation）	82	45	氮沉降（nitrogen deposition）	48
20	碳固定（carbon sequestration）	82	46	大豆（soybean）	47
21	水分利用效率（water use efficiency）	80	47	碳（carbon）	45
22	草地（grassland）	79	48	全球气候变化（global climate change）	45
23	气体交换（gas exchange）	78	49	根际（rhizosphere）	45
24	小麦（wheat）	77	50	Meta 分析（meta-analysis）	44

(2) 历史回顾

大气 CO_2 浓度升高对植物影响的模拟实验研究可以追溯到 20 世纪 60 年代。几十年来,研究 CO_2 浓度升高的技术手段不断发展,包括长期观测与野外调查(如通量观测)、大型野外控制实验[密闭生长箱、田间开顶箱(open top chamber,OTC)]、开放式空气 CO_2 浓度增加系统(free air CO_2 enrichment,FACE)、生态系统过程模型和遥感反演等。研究对象从植物个体发展到生态系统(如 Feng et al.,2015);其中,对草地和森林生态系统研究较多,而对农田、湿地、湖泊生态系统研究较少。

FACE 是目前研究 CO_2 浓度升高对生态系统影响及其机理最为理想的方法。和其他研究方法相比,FACE 不会限制植物的根系,也不会对风、光照和辐射等产生影响,因此能够满足长期持续地研究 CO_2 浓度升高对整个生态系统的影响(Long,2006;Bunce,2016)。自 1989 年在美国亚利桑那州的农田(棉花,*Gossypium* spp.)中建立的首个 FACE 实验站成功运行后,全世界范围内先后建立了近 40 个 FACE 实验站,涉及的生态系统类型包括森林、草地、农田、热带稀树草原、湿地、荒漠等。这些实验站中 CO_2 浓度升高的模拟设施大同小异,基本上都是圆形或多边形的实验区,CO_2 从周边沿着顺风方向被释放到实验区,大部分处理都是将 CO_2 浓度设定在 550 ppm 或者比对照增加 200 ppm。数十年来,对高 CO_2 浓度条件下植物叶片气孔、光合作用、物质分配、生育期、作物产量以及生产力等方面的大量观测为认识大气 CO_2 浓度增加对生态系统的影响提供了重要的实验证据,特别是为模型的建立提供了相对可靠的数据,也为后续区域和全球尺度生态效应推演提供了坚实的基础。

(3) 核心方向的重大进展及存在的主要问题

1) CO_2 浓度升高对碳循环过程的影响

大气 CO_2 浓度升高的"施肥效应"刺激植物光合和生长,总体上促进陆地植被的碳固定。按照以往的实验观测和模型预测,CO_2 浓度倍增导致我国森林生产力增加 12%~35%,但对生态系统碳汇功能的作用存在很大的争议,受到水分、养分有效性等诸多因素制约。FACE 实验结果表明,CO_2 施肥效应并非像以往半封闭或封闭设施的研究结果那样明显(Long,2006),对于气候变化和空气污染引起的生产力的损失也没有像最初模式预测的那样能够得到完全补偿。因此,尽管大量实验表明,大气 CO_2 浓度升高对生态系统有直接施肥效应,但协同其他胁迫因子(如竞争、干旱、氮沉降、O_3 浓度升高等)对陆地生态系统碳汇的影响将非常复杂。

CO_2 浓度升高对整个生态系统碳循环过程的影响是非线性的(Gill et al.,2002),即随着 CO_2 施肥时间的延长,其促进碳汇的效应会减弱甚至消失,主要原因是光适应还是氮限制目前仍存在争议。一些研究发现,CO_2 浓度升高对生产力的促进作用会受到生态系统氮素有效性的限制[即渐进式氮限制(progressive N limitation)](Luo et al.,2004)。然而,Feng 等(2015)综合全球 8 个国家 15 个 CO_2-FACE 实验平台在农田、草地和森林生态系统的研究结果发现,12 年的 CO_2 升高对生态系统地上部碳、氮累积量和植被生产力的促进作用未随时间的延长而显著降低。CO_2 浓度升高对土壤的“碳汇”功能以及对生态系统碳固定(植物和土壤)的综合影响尚不清楚。Liu 等(2019)结合 7 个野外 CO_2-FACE 施肥实验观测和 12 个陆地生态系统模型模拟,并构建植被-土壤碳库周转理论模型,发现就全球尺度而言,大气 CO_2 浓度升高是 1960 年代至 2000 年代全球陆地生态系统碳汇增加的主因。大气 CO_2 浓度升高既促进地上生物量的增加,也促进凋落物归还量及地下部分生物量的增加。CO_2 浓度升高还可促进土壤团聚体的形成,从而提高土壤碳的稳定性(Hoosbeek et al.,2006)。因而,CO_2 浓度升高可能会导致土壤碳库增加使土壤成为一个潜在碳汇(Luo et al.,2006)。然而,在土壤碳输入增加的同时,CO_2 浓度升高也加速了土壤碳周转,刺激了土壤呼吸,从而限制了土壤碳固定。橡树林 CO_2 浓度倍增实验表明,植物生长增加,土壤碳降低,主要是由于土壤中真菌丰度提高,土壤降解酶活性增强,土壤有机物降解加快,从而使得潜在的碳库变为碳源(Carney et al.,2007)。因此,CO_2 浓度升高对土壤碳固定的影响取决于碳输入和碳输出的平衡,还需要进一步研究。

2) CO_2 浓度升高对氮和水循环的影响

CO_2 浓度升高对植物生长的刺激作用往往会导致更多的氮被固存在多年生的植物体内和土壤有机质中(Luo et al.,2006),从而导致植物可利用氮含量降低,削弱植物生长对 CO_2 浓度升高的响应,形成渐进式氮限制(Reich et al.,2006)。不同生态系统对 CO_2 浓度升高下的渐进式氮限制响应存在差异。现有研究表明,渐进式氮限制多发生在草地生态系统(Reich et al.,2006),而在森林生态系统中仅在美国橡树岭国家实验室 FACE 实验(ORNL-FACE)中出现。在氮限制的森林生态系统中,植物可通过提高总地下碳通量来刺激氮的吸收,以提高冠层叶面积和冠层氮含量,从而维持 NPP 对 CO_2 浓度升高的响应(Phillips et al.,2012)。植物也可能通过与微生物的相互作用来避免渐进式氮限制的发生,例如,植物自身的根系碳氮比会增加,从而促使土壤中的氮向碳氮比高的根系转移;或者,植物通过土壤微生物(菌根真菌)直接吸收有机小分子氮的方式来缓解氮限制(Cheng et al.,2012)。Terrer 等(2018)的最新研究显示,以外生菌根(ECM)为主的生态系统可分解难分解凋落物,直接吸收土壤中的有机氮,为植物提供充足的无机氮,避免渐进式氮限制发生,从而在 CO_2 浓度升高下使植物碳库增加,土壤呼吸增加,土壤有机碳库降低;而以丛枝菌根(AM)为主的生态系统只能为植物提供无机氮,在从凋落物转化为可利用的无机氮的复杂过程中,特别是在 CO_2 浓度升高下,丛枝菌根真菌提供的可利用氮无法满足植物对氮的需求,较易发生渐进式氮限制,从而使得碳循环过程受阻,土壤呼吸变弱,土壤有机碳库增加。

提高水分利用效率(water use efficiency,WUE)是大气 CO_2 浓度升高对植物生长最有利的影响之一。在 CO_2 浓度升高情况下,植物出现不同程度的气孔密度和气孔导度下降、Rubisco 酶活性提高、羧化效率提高、净光合速率升高,这一系列的有效生理调控途径导致水分利用效率的提高(Keenan et al.,2013),并且 C_3 植物水分利用效率比 C_4 植物响应更敏感(Wand et al.,1999)。表 6-2 显示 CO_2 浓度升高提高了各种植物的水分利用效率,但物种之间的增加幅度存在较大差异。高氮肥下的水分利用效率增加幅度比低氮肥下更大(Cruz et al.,2016)。因此,CO_2 浓度升高下植物在低氮水平下可能出现光合作用适应性下调,导致净光合速率增幅变小,从而导致水分利用效率的增幅变缓。CO_2 与其他环境因子复合作用时,水分利用效率的响应会发生显著变化。例如,增加干旱将促进水分利用效率上升,而升温却相反(Hatfield et al.,2011)。因此,在面对全球变化多因子相互作用时,单一考虑 CO_2 对水分利用效率的影响显然不足以准确预测其变化趋势,需要进一步全面研究水分利用效率与 CO_2、O_3、温度、土壤水分和养分等环境因子的相互作用关系。

表 6-2 CO_2 浓度升高对植物水分利用效率的促进效应

植物名称	暴露时间/d	WUE/%	参考文献
海岸松(*Pinus pinaster*)	79	+48	Picon et al.,1996
垂枝桦(*Betula pendula*)	45	+39	Pettersson et al.,1993
北美鹅掌楸(*Liriodendron tulipifera*)			Norby and O'Neill,1991
高营养	168	+93	
低营养	168	+66	
红花黄钟木(*Tabebuia rosea*)	—	+125	Ziska et al.,1991
木瓜(*Chaenomeles sinensis*)			Cruz et al.,2016
高氮	45	+84	
低氮	45	+30	

注:表中 CO_2 浓度约为环境浓度的两倍,WUE 为参比对照组的相对变化值。

3) CO_2 浓度升高对粮食产量及品质的影响

CO_2 浓度升高可通过施肥效应对植物光合作用和水分利用效率的促进和增强作用影响粮食产量。现有的水稻、小麦、大豆和扁豆 FACE(Bunce,2016)研究结果表明,在 CO_2 浓度升高下,作物产量均显著增加,但不同作物品种的增产幅度存在显著差异,例如在增幅为 200 ppm 的高浓度 CO_2 下,不同品种水稻的产量增幅范围为 3%~36%(Hasegawa et al.,2013)。作物产量对 CO_2 浓度升高响应的品种差异涉及叶片光合生理、籽粒灌浆动态、植株氮素分配、源库结构与植物形态、水分利用、根系生长和氮素吸收等多个方面。除了作物品种的差异,不同的田间管理也会影响作物对 CO_2 浓度升高的响应。例如,增施氮肥可以在一定程度上提高高浓度 CO_2 对水稻的施肥效应(Yoshida et al.,2011);但也有研究发现,氮肥与 CO_2 浓度升高对作物的产量没有显著交互作用(Yang et al.,2007)。杂草也会限制 CO_2 的施肥效应,例如有研究表明,CO_2 浓度升高虽然会使小麦产量增加 30%,但如果同时受到杂草的影响,增产则变得不显著(Thompson and Woodward,1994)。CO_2 浓度升高(OTC,570±25 ppm)会提高褐飞虱的繁殖能力,增加其种群数量,从而降低水稻产量(29.9%~34.9%;Guru-Pirasanna-Pandi et al.,2018)。综上可见,在积极利用 CO_2 施肥效应提高作物产量增幅方面仍有较大空间,可以通过开展品种筛选实验以及 CO_2 浓度增加与水肥管理等其他农田环境因子(可控和不可控)的交互作用方面的研究来积极探索。

CO_2 浓度升高下作物的品质,包括营养品质、外观品质、加工品质、蒸煮品质和食味品质等会受到影响,即可能会导致隐性饥饿(hidden hunger)。在营养品质方面,CO_2 浓度升高增加植物体内的碳含量,并对氮、锌、镁等其他元素产生一定的稀释作用(Myers et al.,2014),

而氮元素含量的相对降低又进一步降低了蛋白质和氨基酸的含量。在 CO_2 浓度升高的情况下,稀释作用只能部分解释氮元素及蛋白质含量下降的现象,但氮素及其他养分的吸收、养分在植物体内运输及在各个器官之间的分配都会对稀释效应产生影响(Feng et al., 2015)。除营养品质外,外观品质也直接影响稻米等作物的加工品质。水稻FACE发现,CO_2 浓度升高下大米的精米率和头等米率分别显著降低2.0%和23.5%(Yang et al.,2007),精米的垩白籽粒率和垩白度显著增加(Usui et al.,2016),籽粒的长度和宽度等也会发生改变。稻米是我国60%(世界50%)以上人口的主要食物,其品质的改变会严重影响我国人民健康和全球粮食安全,亟须开展相应研究。

4) CO_2 浓度升高对土壤微生物的影响

CO_2 浓度升高会增加根际沉积和地上地下凋落物的输入,从而增加土壤微生物的碳可利用性,影响土壤微生物生物量、群落组成、酶活性和呼吸速率等。一些重要的土壤功能微生物如丛枝菌根真菌(arbuscular mycorrhizal fungi,AMF)的丰富度在 CO_2 浓度升高下平均增加21%(Alberton et al.,2005)。一般认为,CO_2 浓度升高促进碳输入,对真菌的生长更为有利,但是研究发现,真菌和细菌的比例随着 CO_2 浓度升高可能出现增加、降低或者不变等不同响应(Carney et al.,2007);产生这种不一致的原因尚不清楚,可能与底物质量和数量、土壤温度、pH、土壤碳氮比等因素有关。微生物酶活性对 CO_2 浓度升高的响应也缺乏一致性,CO_2 浓度升高对土壤中胞外酶活性可能会表现出促进(Dorodnikov et al.,2009)、抑制(Austin et al.,2009)或者无显著作用(Billings and Ziegler,2005)。CO_2 浓度升高下的土壤微生物也可能通过改变土壤中的分解过程对大气 CO_2 浓度产生正或负的反馈作用。一方面,CO_2 浓度升高可引起微生物活性增加(de Graaff et al.,2006),促进微生物呼吸作用,也促进微生物分解更多来自植物的有机碳(如凋落物、根系分泌物);而且,CO_2 浓度升高可能会通过激发效应(priming effect)促进微生物对土壤易分解(Carney et al.,2007)和难分解(Langley et al., 2009)有机碳的分解(图6-1),使更多的碳返回大气,对大气 CO_2 浓度形成正反馈作用。另一方面,CO_2 浓度升高也可能通过降低土壤中氮的有效性和植物凋落物的质量(如碳氮比增加)来抑制土壤微生物的分解速率(Norby et al.,2001),从而减少土壤碳的流失,形成负反馈作用。

6.2.2 气候变暖对陆地生态系统的影响

(1) 基本概念与研究概况

自工业革命以来,地球表面温度的升高幅度约为0.87 ℃,预计在2030—2052年将达到1.5 ℃(IPCC,2018)。由于温度变化调控着几乎所有生态学过程,近年来,针对陆地生态系统如何响应与适应气候变暖这一基础科学问题,国内外学者开展了大量的研究。这些研究呈现出多时空尺度、多学科交叉和多种研究方法融合等特点。通过检索Web of Science核心数据库发现,全球在1991—2019年发表的学术论文主要集中在“环境科学”“生态学”与“生物多样性保护”三个领域。根据高频度关键词统计结果(表6-3)可以发现,大量论文中同时研究了其他全球变化因子(降水、CO_2 浓度升高、氮沉降与土地利用等)与气候

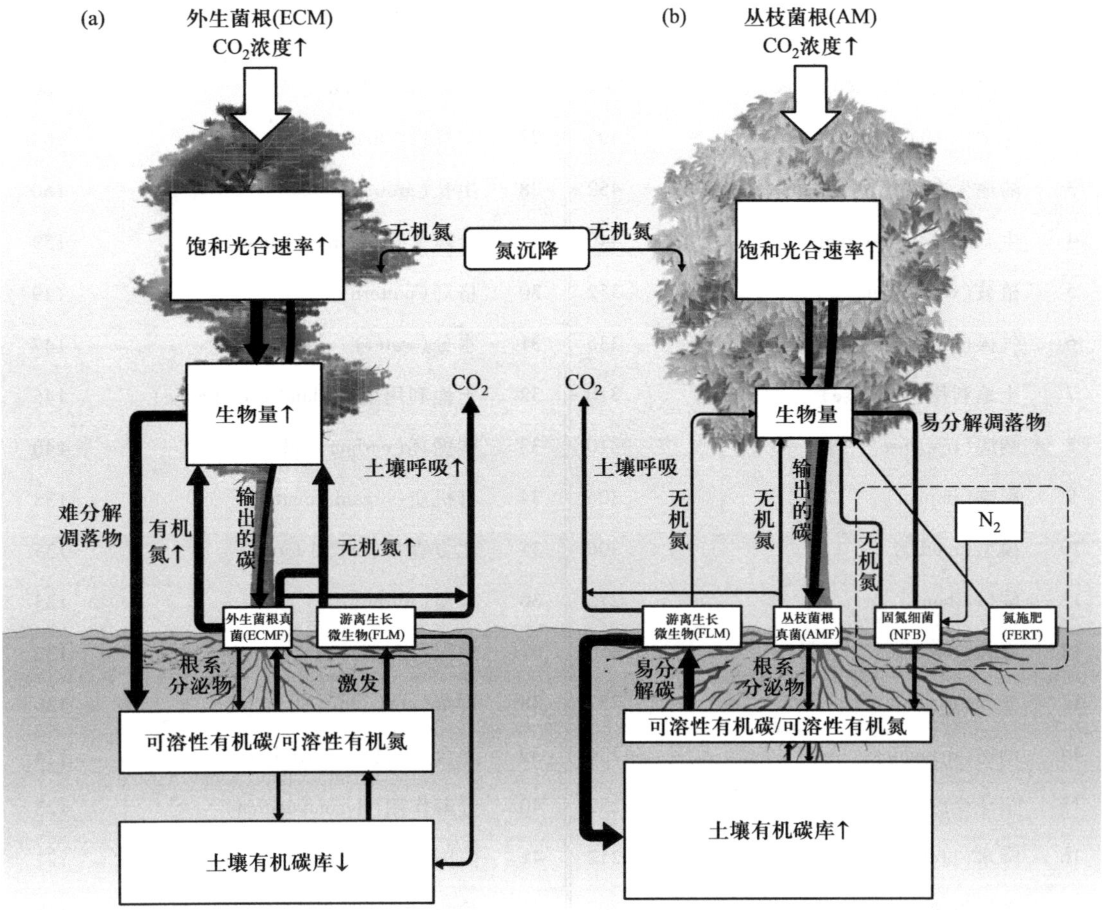

图 6-1 CO_2 浓度升高对低氮需求的外生菌根系统(a)和高氮需求的丛枝菌根系统(b)的影响(Terrer et al., 2018)。图中方框大小代表 CO_2 浓度升高导致的库的大小,箭头的粗细代表 CO_2 浓度升高导致的通量大小;↑代表 CO_2 浓度升高的正效应,↓代表负效应(见书末彩插)

变暖交互作用对陆地生态系统的影响。在诸多生态系统过程中,土壤呼吸与净初级生产力方面的研究最多。与国际学术界相比,我国在“陆地生态系统对气候变暖的响应与适应”方向开展研究起步较晚。最近 10 年,国内第一单位发表的论文数量呈上升趋势,其中在全球变暖与陆地生态系统研究方向,*Science* 与 *PNAS* 更多地发表观测数据方面的研究论文,而 *Nature* 与 *Global Change Biology* 则发表更多实验性研究论文。此外,过去发表的论文大多包含生理生态学过程与植物群落动态,而且不同期刊有关不同生态系统过程的发文比例不尽相同。

(2) 历史回顾

人类关于陆地生态系统对气候变暖响应与适应的研究具有悠久的历史,最早可以追溯到公元前 3 世纪。古希腊哲学家提奥夫拉斯图斯(Theophrastus)通过植物移栽实验发现,植

表 6-3　气候变暖与陆地生态系统研究方向 SCI 论文出现频次最高的前 50 个关键词

序号	关键词	频次	序号	关键词	频次
1	气候变化(climate change)	1465	26	草原(grassland)	166
2	温度(temperature)	497	27	多样性(diversity)	162
3	陆地生态系统(terrestrial ecosystem)	452	28	生长(growth)	160
4	生态系统(ecosystem)	440	29	全球变化(global change)	159
5	植被(vegetation)	352	30	格局(pattern)	149
6	气候(climate)	335	31	水分(water)	147
7	土地利用(land use)	310	32	土地利用变化(land use change)	146
8	响应(response)	310	33	碳循环(carbon cycle)	140
9	影响(impact)	306	34	有机质(organic matter)	138
10	模型(model)	306	35	北方森林(boreal forest)	135
11	碳(carbon)	275	36	增温(warming)	133
12	森林(forest)	256	37	中国(China)	132
13	变异(variability)	237	38	群落(community)	130
14	动态(dynamics)	236	39	光合作用(photosynthesis)	124
15	全球变暖(global warming)	232	40	分解作用(decomposition)	123
16	降水(precipitation)	212	41	美国(United States)	121
17	氮(nitrogen)	207	42	趋势(trend)	118
18	CO_2	204	43	管理(management)	111
19	干旱(drought)	201	44	敏感性(sensitivity)	111
20	生物多样性(biodiversity)	196	45	生物量(biomass)	109
21	大气 CO_2(atmospheric CO_2)	194	46	保护(conservation)	109
22	CO_2 升高(elevated CO_2)	180	47	反馈(feedback)	108
23	呼吸作用(respiration)	180	48	温度敏感性(temperature sensitivity)	108
24	土壤(soil)	169	49	净初级生产力(net primary production)	106
25	土壤呼吸(soil respiration)	167	50	生产力(productivity)	106

物的落叶与常绿特征随着温度条件的变化发生规律性改变(Morton,1981)。自 18 世纪以来,植被分布格局与气候条件之间的关系逐渐成为生态学的热点研究领域之一。大量的研究结果表明,温度与降水条件的结合可以解释陆地植被类型及其关键功能在全球空间尺度的分布格局。例如,Holdridge(1947)基于温度与水分条件将全球划分为 38 个生命区系,并

被 Emanuel 等(1985)应用于预测全球植被对未来气候变化的响应。

自 1960 年代以来,国际科学联合会陆续启动了国际生物学计划(IBP)与国际地圈-生物圈计划(IGBP),极大地推动了陆地生态系统响应气候变化的研究进展。尤其是 1988 年成立的政府间气候变化专门委员会(IPCC),定期和不定期地出版了多种形式的气候变化评估报告。其中,第三次 IPCC 报告(IPCC,2001)首次将碳循环作为重要评估对象,从而推动了近年来陆地生态系统过程响应与适应气候变化相关研究的蓬勃发展。这些碳循环过程不仅发生于有机体的不同组织层次,并且涵盖了不同时间尺度。例如,近来颇受关注的陆地生态系统过程包括分秒尺度的植物酶活性和电子传递速率、小时与日尺度的植物光合作用及土壤呼吸过程、季节尺度的植物物候过程(包括展叶、开花、结果与落叶等)、季节与年尺度的植物群落动态和生态系统生产力变异、年际或年代际尺度的植物物种分布与迁移、更长时间尺度的土壤有机质稳定与分解过程等方面。如图 6-2 所示,这些碳循环相关过程共同决定了陆地生态系统主要功能如何响应与适应气候变暖。因此,针对这些关键生态系统过程进行综述,有助于梳理该领域的重要研究进展与存在的主要问题。

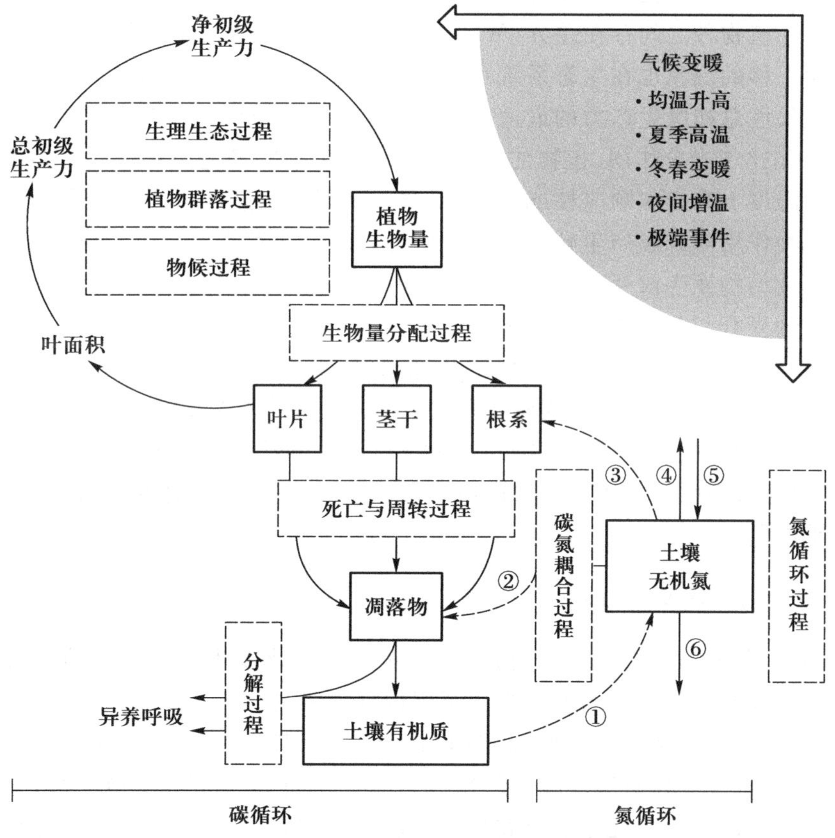

图 6-2 气候变暖对陆地生态系统关键过程的影响。① 氮矿化过程;② 氮固定过程;③ 氮吸收过程;④ 反硝化过程;⑤ 固氮过程;⑥ 氮淋溶过程。虚线方框代表各关键过程,实线方框代表各状态量,虚线箭头表示碳氮耦合过程(夏建阳等,2020)

(3) 核心方向的重要进展及存在的主要问题

1) 气候变暖对植物生理生态过程的影响

光合作用与呼吸作用随着温度的变化呈现出不同的响应曲线。其中,植物的光合速率在最适温度区间(20～30 ℃)达到最大值,而在过高的温度区间迅速下降(Yamori et al., 2014);而呼吸速率随着温度的上升总体上呈现指数性升高(Hofstra and Hesketh,1969; Heskel et al.,2016)。因此,温度升高对植物叶片水平碳收支的影响取决于光合与呼吸作用二者的响应差异。针对高温对光合作用的限制作用,近年来文献中提出了不同的假说来解释该现象。第一个假说认为,高温使 Rubisco 活化酶受热不稳定并大量失活,从而使光合速率下降(Busch and Sage,2017)。第二个假说认为,高温限制了电子传递速率,从而降低了 Rubisco 活化酶的活性与光合速率(Sage and Kubien,2007)。

植物光合与呼吸作用对温度升高均存在短期顺应(acclimation)与长期适应(adaptation)机制。该现象早期发现于植物的光合作用,即高温条件促使光合最适温度升高,且该现象发生的程度在不同植物种之间存在差异(Way and Yamori,2014)。近年来,这种光合最适温度随温度升高而上移的现象也在生态系统水平得到证实(Niu et al.,2012)。最新的研究表明,全球生态系统尺度总初级生产力的最适温度为(23±6)℃,总体低于叶片水平的估值(Huang et al.,2019)。相比于光合作用,植物的呼吸作用具有更高的最适温度区间。然而,呼吸作用也会对持续的温度上升产生顺应性或适应性,并伴随温度敏感性下降的现象。尽管如此,目前关于植物呼吸作用对升温产生顺应性或适应性的原因仍存在争议,包括叶片氮含量降低,线粒体的密度或结构发生改变,以及呼吸底物和腺苷酸的限制等。

虽然植物的光合与呼吸作用对增温的响应存在较大差异,但二者间的比例(即呼吸速率/净光合速率)在一定温度范围内可以达到稳态(Dusenge et al.,2019)。具体而言,随着温度逐渐升高,不断累积的光合产物为呼吸作用的升高提供了底物;当光合速率由于高温胁迫开始下降时,植物的呼吸速率由于底物不足无法继续上升甚至开始下降,最终使二者达到平衡。因此,植物光合与呼吸作用如何协同响应气温升高是探究陆地生态系统对气候变化反馈作用的关键问题。

2) 气候变暖对植物物候的影响

植物的展叶、落叶、开花与结果等物候特征对温度变化尤为敏感。目前,中高纬度地区的春季和秋季物候对气候变暖的响应受到了国内外学者的广泛关注。大量的地面和遥感观测数据表明,气候变暖导致春季物候提前(Piao et al.,2015)。然而,随着气温持续升高,近年来的研究发现,春季物候对温度响应的敏感性逐渐降低,甚至发生逆转,最终导致春季物候推迟(Fu et al.,2015)。相比于春季物候,温度升高对秋季物候的延迟作用不明显,并且其驱动因子仍不十分清楚。基于群落水平的研究发现,增温对春季和秋季物候的影响最终都导致了植物生长季的延长(Parmesan,2007),但是对个体物种的观测却发现,许多物种为应对气候变暖缩短了生命周期(Sherry et al.,2007)。因此,未来需要更多关注植物个体与群落乃至不同尺度水平的物候响应差异。

近年来,许多研究开始关注植物与动物物候对气候变暖的响应差异。按照目前的研究,鸟类和昆虫等的物候过程主要受短期温度变化的影响,而植物物候的变化则更多受长期气候变暖的驱动(Ovaskainen et al.,2013)。此外,动物物候对气温升高的响应受到系统发育和体型的影响(Cohen et al.,2018)。因此,近几十年来,植物与动物之间物候同步性发生了变化(Kharouba et al.,2018)。然而,目前我们对动植物物候过程对气候变暖的差异化响应及其对生态系统其他过程的影响仍然缺乏深入的认识。

3) 气候变暖对植物群落结构与生物多样性的影响

大尺度观测和增温控制实验是目前探究气候变暖对植物群落结构和生物多样性影响的两种常见手段。气候变暖正在推动世界范围内物种分布向高纬度和高海拔地区迁移,从而导致新的物种组合(Steinbauer et al.,2018)。和大尺度观测结果类似,许多增温实验也发现,气候变暖能显著改变群落的物种构成。例如,在北美高草草原,增温对 C_3 和 C_4 物种的生长有着不同影响,使植物群落结构朝 C_4 植物占优势的方向变化(Luo et al.,2009)。在北半球苔原地区 11 个站点的增温实验发现,温度上升增加了落叶灌木和禾本科植物的高度和覆盖率,降低了苔藓和地衣的覆盖率和物种的多样性,从而迅速改变了植物群落结构(Walker et al.,2006)。在威斯康星州北部沼泽地进行的增温实验则发现,灌木比禾本科物种在酸沼中更占优势,而在泥炭沼泽里禾本科物种比非禾本科草本植物更占优势(Weltzin et al.,2000)。

虽然目前已有大量的观测与实验证据说明,气候变暖能改变陆地植物群落的结构,但是对其背后的生态学过程和机理仍缺乏统一认识。这主要是由于气候变暖不仅通过温度升高直接影响物种的生理生态过程,还可以通过间接影响土壤水分条件与养分利用效率等调控植物群落内的种间关系,进而影响群落结构的变化。例如,北半球苔原的湿润区比干燥区具有更高的物种多样性(Walker et al.,2006);在内蒙古半干旱草原,植物群落结构和组成对增温的响应受到土壤水分和植物种间相互作用的调节(Yang et al.,2011)。类似地,在北方森林生态系统,温度升高对树种光合作用的影响也显著依赖于土壤水分条件(Reich et al.,2018)。因此,植物群落结构与物种组成对气候变暖的响应是多个复杂过程综合作用的结果,这也是未来预测气候变化背景下植物群落动态的重要挑战。

4) 气候变暖对生态系统生产力与生物量分配过程的影响

气候变暖对温度敏感区的植被生长和扩张具有显著正向作用。由于光合作用增强和生长季延长,北半球中高纬度地区和青藏高原的植被生产力显著升高。例如,温度升高显著促进了北寒带地区(阿拉斯加西部、魁北克北部和西伯利亚东北部等)木本植物的生长(McManus et al.,2012)。全球变暖引发的北半球高纬度地区积雪和冻土融化加速了灌木在苔原地区的扩张(Myers-Smith et al.,2011)。在全球尺度上,陆地植被的生长在近年来呈现不断绿化的趋势(Zhu et al.,2016),但过去 30 年,中高纬度地区植被生长活动与年际温度变异相关性呈现出明显减弱趋势(Piao et al.,2014)。另外,温度持续升高所引发的干旱和热浪事件会显著抑制植被生长,甚至导致全球大范围的树木死亡现象(Allen et al.,2015)。在气候变暖导致干旱和热浪事件剧增的背景下,植被生长对于极端事件的响应和恢复是未来需要重点关注的方向。

关于生态系统生产力分配,学术界主要关注陆地生态系统净初级生产力与总初级生产力之间的比例(即 NPP : GPP)是否随气候变化发生改变。然而,目前对该问题的认识一直存在争议。最近,Collalti 与 Prentice(2019)对 NPP : GPP 进行了系统的综述并认为,该比值对温度变化的响应较微弱。这个结论也得到一项基于整树同位素标记实验的支持(Drake et al.,2019)。虽然大多数陆地生态系统模型中的 NPP : GPP 大多变异较小,但是模型之间的数值差异很大(Xia et al.,2017)。因此,生态系统净初级生产力分配到根系、茎干与叶片等组织器官的过程将对生态系统的结构与功能产生重要影响。总体而言,温度升高在寒冷生态系统中会促进植物生物量更多地向地上分配(Lin et al.,2010)。然而,自然生态系统中的净初级生产力分配过程难以被直接测定,所以文献中大多报道的是生物量的分配比例。鉴于碳水化合物在调节植物适应极端性气候变化方面具有重要意义,近年来许多关于生产力分配的研究开始关注非结构性碳水化合物的动态。

5) 气候变暖对凋落物与土壤有机质分解过程的影响

植物凋落物在生态系统的物质循环过程中起着重要作用(图 6-2)。长期以来,气候条件被认为是植物凋落物分解速率的主要调控因子(Zhang et al.,2008),因此气候变暖将加速凋落物的分解过程。近年来,越来越多的野外实验认为,凋落物的性状或微生物群落是控制凋落物分解速率的首要因子,并认为气候变暖不能从根本上改变植物凋落物的分解过程。事实上,Tenney 与 Waksman(1929)最早提出的假说认为,凋落物分解速率是由温度、湿度与凋落物质量三者共同控制的。此外,在美国黄石国家公园的一项研究表明,除了气候与凋落物质量之外,大型食草动物也是凋落物分解速率的重要影响因子(Penner and Frank,2019)。基于以上原因,生物与气候因子在不同生态系统中的相对重要性及其转换机制是目前该研究方向上比较重要的问题。

土壤有机碳是陆地有机碳库的重要组成部分,也是陆地生态系统反馈未来气候变化不确定性的主要来源之一。通过整合全球 49 个野外增温实验中土壤有机碳库的变化,Crowther 等(2016)发现,土壤有机碳密度更大的生态系统丢失了更多有机碳,因此认为气候变暖将加剧大气 CO_2 浓度上升。然而,该研究结果随后受到了 van Gestel 等(2018)的挑战,后者研究整合分析了 143 个实验数据发现,Crowther 等(2016)报道的规律在更大的样本中没有出现。因此,从生态学机理方面理解土壤有机碳分解的温度敏感性对预测生态系统对气候变暖的响应至关重要。底物质量和微生物活性被认为是影响土壤有机碳温度敏感性的关键因素。然而,全球变暖背景下底物质量如何变化,以及微生物活性是否存在适应现象仍不清楚。近年来,分布于全球不同区域的野外模拟增温实验报道了一些新现象。例如,Melillo 等(2017)在 26 年增温实验中观测到美国哈佛森林的土壤呼吸速率对温度升高出现“显著-不显著”的交替波动响应规律,但其内在的生态学机理仍有待于进一步探索。

6) 气候变暖对其他生物地球化学循环过程的影响

气候变暖深刻地影响陆地生态系统中碳、氮、磷与水等物质的循环过程及其相互耦合关系。如图 6-2 所示,陆地生态系统的碳氮循环存在紧密的耦合关系(Niu et al.,2016)。

碳元素通过植物光合作用进入陆地碳循环，并通过植物呼吸、凋落物分解与土壤有机质分解过程返回大气，从而形成一个循环。相比于碳循环，陆地氮循环更加开放，且多个氮输入（沉降、生物固氮、矿化作用等）与氮输出过程（植物吸收、淋溶、反硝化、固持等）同时影响土壤无机氮库的动态。Lu 等（2013）利用整合分析方法估算了全球增温实验中陆地碳、氮循环过程的响应发现，气候变暖显著提高了土壤氮矿化速率，从而增加了土壤氮的有效性。同时，气候变暖会增强土壤中微生物的酶活性（Melillo et al.，2017；Xue et al.，2016），加速土壤有机质的分解，促进有效氮、有效磷的释放和植物对养分的吸收，从而带来生态系统初级生产力的改变（Melillo et al.，2011）。此外，气候变暖也能通过改变土壤湿度，间接调控生态系统氮磷循环（Greaver et al.，2016），例如，气候变暖带来的土壤湿度增加会提高磷的溶解率，导致植物和微生物对磷的吸收增强（Lambers et al.，2006），同时也会促进硝化、反硝化过程，引起土壤中的氮以气态形式或通过淋溶作用丢失（Griffis et al.，2017）。值得一提的是，增温条件下土壤有效氮、磷元素浓度的改变可能会带来植物体和微生物氮磷元素计量关系的改变，从而促使氮磷循环在气候变暖背景下的解耦现象（Yuan and Chen，2015）。

6.2.3　降水格局改变对陆地生态系统的影响

（1）基本概念及研究概况

降水格局改变通常包括降水量、降水频率和降水强度等的改变。近半个世纪以来，全球降水总量呈现明显下降的趋势，越来越多的地区受到干旱的影响（Dai，2013）。然而，不同地区间存在较大差异，例如北半球中高纬度地区降水量呈较明显的逐年上升趋势，而热带和南半球中高纬度地区降水量没有明显变化（Hartmann et al.，2013）。极端降水事件（包括干旱和强降水事件）的频率和强度的增加是全球降水格局改变的另一重要方面。例如，在我国西北部、长江中下游、华南及青藏高原等地区，均呈现出极端降水事件增加的趋势（杨金虎等，2008）。

目前针对降水格局改变的生态效应研究主要集中在降水量的改变，即干旱和降水增加两个方面，但也有越来越多的研究开始关注降水频率、强度和时间格局的改变，以及极端降水事件对生态系统的影响。通过检索 Web of Science 数据库，对 1991—2019 年全球关于降水格局改变对生态系统影响的文章进行统计分析发现，从 1995 年开始，国际生态学领域关于降水改变的文章数量呈逐年上升的趋势，反映了国际学术界逐渐重视这一研究方向。其中发文量排在前十的国家分别为美国、中国、德国、澳大利亚、西班牙、加拿大、英国、法国、瑞士和荷兰。在“降水格局改变对生态系统的影响”主题下的各个研究领域中，环境科学与生态学是目前最为活跃的研究领域。根据高频度关键词统计结果（表 6-4）发现，降水格局改变对陆地生态系统影响的研究论文主要关注干旱胁迫以及多因子交互的影响。在诸多生态系统过程中，植被生产力和土壤呼吸受到最多的关注。

表 6-4 降水格局改变与陆地生态系统研究方向 SCI 论文出现频次最高的前 50 个关键词

序号	关键词	频次	序号	关键词	频次
1	干旱(drought)	963	26	氮(nitrogen)	124
2	气候变化(climate change)	606	27	生产力(productivity)	124
3	陆地生态系统(terrestrial ecosystem)	327	28	中等分辨率成像光谱仪(MODIS)	121
4	植被(vegetation)	269	29	美国(United States)	116
5	气候(climate)	250	30	蒸散(evapotranspiration)	115
6	土地利用(land-use)	232	31	土壤湿度(soil moisture)	115
7	响应(responses)	228	32	土壤(soil)	113
8	降水(precipitation)	227	33	CO_2 升高(elevated CO_2)	107
9	动态(dynamics)	224	34	草地(grassland)	103
10	变异性(variability)	213	35	呼吸(respiration)	99
11	温度(temperature)	212	36	气孔导度(stomatal conductance)	98
12	森林(forest)	194	37	生态系统服务(ecosystem service)	97
13	碳(carbon)	186	38	树木死亡(tree mortality)	96
14	生物多样性(biodiversity)	184	39	大气 CO_2(atmospheric CO_2)	95
15	生态系统(ecosystems)	183	40	生物量(biomass)	92
16	水(water)	165	41	年际变率(interannual variability)	91
17	管理(management)	155	42	涡度相关(eddy covariance)	91
18	模型(model)	142	43	火(fire)	87
19	二氧化碳(carbon dioxide)	139	44	CO_2	86
20	格局(patterns)	138	45	恢复力(resilience)	85
21	生长(growth)	136	46	趋势(trends)	85
22	净初级生产(net primary production)	136	47	中国(China)	85
23	光合作用(photosynthesis)	131	48	保护(conservation)	85
24	影响(impacts)	131	49	归一化植被指数(NDVI)	84
25	多样性(diversity)	125	50	净生态系统交换(net ecosystem exchange)	82

(2) 历史回顾

早在 20 世纪 60—70 年代执行的国际生物学计划,各国科学家就开始进行降水量与生态系统生产力关系的样带研究,涉及美国和欧洲等的森林、草地和荒漠生态系统。通过这一研究计划,Webb 等(1983)发现,那些处于稳定状态的生态系统的现存生物量随着可利用水分的减少而呈指数下降趋势;同时,生态系统的净初级生产力与现存生物量的比值升高,表明受到水分胁迫的系统需要更多的能量来驱动内部循环过程。到20世纪90年代初，国际地圈-生物圈计划(IGBP)的核心研究方向“全球变化与陆地生态系统”(Global Change and Terrestrial Ecosystem)设置了15条样带，用以研究全球主要生态系统类型的结构和功能与全球变化因子的关系，其中包括“中国东北样带”和“中国东部南北样带”两条样带(Canadell et al.,2002)。同时，在全球各个国家和地区设立的长期生态学研究网络(Long Term Ecological Research,LTER)也设置了不少降水梯度样带，用以系统地研究生态系统过程对水分变化的响应，例如在美国的Niwot Ridge。从20世纪末开始，降水控制实验是研究降水格局改变对生态系统影响的重要手段，并在此基础上筹建了国际干旱实验研究网络(Drought Network)。这些实验覆盖了森林、灌丛、草地、荒漠、苔原、耕地等生态系统类型，以单独增加或减少降水量的实验为主，也有不少同时设置增加和减少降水的处理(Beier et al.,2012)。近年来，越来越多的降水控制实验开始关注降水频率、降水时机和降水波动程度等对生态系统结构和功能的影响。当前，如何针对不同生态系统类型采用标准化的测量进而系统评估陆地生态系统对干旱的敏感性，并利用现有的降水控制实验改进模型，也是当前关注的重点(Smith et al.,2014)。

(3) 核心方向的重大进展及存在的主要问题

1) 降水格局改变对植物生理生态过程的影响

关于降水格局改变对植物生理生态过程的影响，目前关注的重点是植物的碳水过程对干旱事件的响应和恢复机制。其中，在植物响应干旱的机制方面，探究树木因干旱而死亡的内在机制，是目前学术界关注的核心。自McDowell等(2008)提出“水力失衡-碳饥饿”(hydraulic failure-carbon starvation)假说以来，学术界开展了激烈的讨论，探讨树木在干旱过程中的死亡究竟是因为干旱引起的木质部导管栓塞使得土壤水分无法向上传输，还是因为气孔关闭引起的光合作用减弱使得没有足够的光合产物供给植物的正常生理过程。经过多年努力，学术界积累的大多数证据倾向于认为水力失衡是大多数树木干旱致死的主因(图6-3;Anderegg et al.,2016)。但是，由于非结构性碳水化合物(nonstructural carbohydrate)在植物生长和防御等生理生态过程中所扮演的复杂角色及其多变的时空动态，目前尚未有明确的证据表明在表观上非结构性碳水化合物富足的情况下是否实际发生了碳饥饿(McDowell and Sevanto,2010)。同时，不同植物气孔调节叶片水势的等水-非等水策略上的差异也使碳饥饿现象在不同物种中发生的可能性有很大差异(Garcia-Forner et al.,2017)。因此，对“水力失衡-碳饥饿”假说的争论而言，虽然许多证据证实了水力失衡机制在树木干旱致死过程中起到了作用，但尚未有决定性的实验证据确切地证伪碳饥饿机制的无效或对其进行定量评估。

植物碳水过程在干旱过后的恢复涉及土壤-植物-大气连续体(soil-plant-atmosphere continuum,SPAC)中水力特征的恢复，其核心是植物木质部水力导度的恢复。一些研究认为，木质部导管一旦形成栓塞将无法恢复；而另一些研究则认为，土壤水分恢复后的低蒸腾作用能使水分重新注入栓塞化的导管使其得到恢复，或植物会长出新的导管以弥补损失的水力导度(Sperry and Love,2015)。同时，植物的恢复还涉及植物激素的产生、氧化酶的调

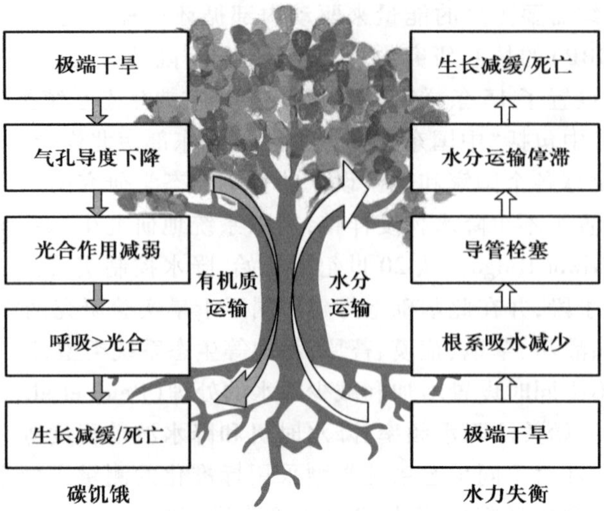

图 6-3 干旱诱发的“水力失衡-碳饥饿”假说示意图

控、细胞膨压的恢复、气孔行为的改变、非结构性碳水化合物的转运、新叶的生长等多个层次上的生理生态过程(Yin and Bauerle,2017),但这些过程在各个层次上究竟起什么作用,它们与植物的最终恢复表现有何关系,还未得到完全的阐释。因此,如何将多层次的过程整合到一个统一的理论框架中,用以解释和模拟植物生理生态对干旱的响应和恢复过程,是进一步推进该方向研究进展的关键。近年来,有学者基于蒸腾作用与植物水势间的响应格局提出了植物水分的“供给-损失”理论(supply-loss theory),并应用这一理论构建了植物水分循环模型用以解释水分胁迫下及消失后的水力特征、气孔行为、蒸腾作用的时空动态(Sperry and Love,2015)。然而,“供给-损失”理论只是一种基于现象的描述性理论,而不涉及真正的机理过程。同时,还缺乏大量的研究案例验证该理论的普适性。

2) 降水格局改变对生态系统结构与功能的影响

近年来,国内外生态学界在生态系统结构方面重点关注降水格局改变对陆地生态系统生物多样性的影响及其调控机制(Elmendorf et al.,2012;Zhao and Running,2010)。例如,降水格局改变通过调节植物的生长、繁殖和物候,改变群落内不同物种间的相互作用,从而影响地上生物多样性(Gottfried et al.,2012)。同时,降水格局改变还可能对微生物(细菌、真菌、放线菌、古菌等)和土壤动物(线虫、蚯蚓等)等地下生物的多样性产生重要影响,并进一步调控地上-地下生物多样性之间的关系(Bardgett and van der Putten,2014)。然而,相较于地上多样性,由于有限的测定手段和地下过程的复杂性,当前学术界关于降水格局改变对生态系统地下生物多样性的影响,以及地上-地下生物多样性之间的协同关系,仍然存在较大的争议。这些争议很大程度上源自地上-地下生物多样性对降水格局改变的响应机制不同,以及植物-土壤之间存在复杂的相互作用。

降水格局改变对生态系统功能的影响主要集中在生产力、养分含量、凋落物分解等方面。例如,干旱可通过改变生态系统的碳利用效率(carbon use efficiency,CUE)和水分利用效率(water use efficiency,WUE),影响植物的光合作用和蒸散作用,从而改变生态系统的碳水循环过程(Gang et al.,2016),进而影响生态系统服务功能。在多数陆地生态系统中,年降水或季节性降水与植物生产力呈线性正相关。例如,在内蒙古草原上持续 24 年的长期观测实验中,1—7 月的降水和植物地上生物量显著正相关(Bai et al.,2004)。类似地,Knapp 和 Smith(2001)通过整合北美草原 11 个站点的观测数据发现,降水和生物量之间呈现很好的线性关系。然而,也有大量野外观测和降水控制实验研究表明,降水和生产力在时间和空间尺度上可能呈现非线性关系(Huxman et al.,2004)。例如,Byrne 等(2013)在北美草原的控制降水实验发现,地上净初级生产力对增水的响应较其对减水的响应更为强烈。这些研究目前主要集中于地上生产力对降水的响应,而较少涉及地下生产力对降水改变的敏感性(Wu et al.,2011)。同时,地上和地下生产力对降水格局改变的响应是否具有同步性和对称性,是当前亟待解决的生态学热点问题之一。

模型和控制实验的结果一致表明,干旱事件会通过改变植物-土壤-微生物系统的物质转化与传输,直接或间接地调控生态系统的元素(如碳、氮、磷等)循环过程。例如,自 1960 年以来,我国东北干旱区夏季降水的频率和强度逐渐降低,从而对我国的碳平衡动态产生了重要影响(Piao et al.,2010)。欧洲夏季降水的逐渐减少显著影响了植物光合、生长和生产力,进一步改变了生态系统的恢复力和生态适应性(Beier et al.,2012)。降水格局改变所导致的陆地生态系统碳循环的变化可能会引发生态系统对气候变化的正反馈或负反馈,从而进一步加强或减弱降水格局改变(干旱或增水)的生态效应。降水格局改变对生态系统碳通量的影响很大程度上取决于水分的可利用性、降水频率和强度等生物和非生物因素。在水分限制区域,降水增加会通过解除水分对微生物和植物生长的限制,刺激土壤碳排放过程;相反地,干旱可通过降低土壤水分,增加含水量较高区域土壤的通透性,进而促进地上和地下的碳循环过程(Knapp et al.,2008;Wu et al.,2011)。然而,由于测定方法差异、生态系统类型以及空间异质性等问题,学术界目前在全球尺度上对于降水格局改变影响生态系统碳循环过程的普适性规律及其调控机制的认识仍然存在争议。此外,降水格局改变还会与放牧、增温、氮沉降等生物和非生物因子通过协同、拮抗与加和作用,共同调节陆地生态系统过程(Zhou et al.,2018)。如何更好地将这些复杂过程整合到未来模型结构中达到更有效的生态预测,还有待进一步研究。同时,由于实验观测和模型模拟两种方法的目的不一致,大量关于生态系统功能的实验数据很难被模型直接采用,而模型的模拟结果也很少用来指导实验研究。多模型间的相互比较和数据-模型的对比研究结果均显示,生态系统与气候系统之间的反馈存在极大的不确定性。为了降低这一不确定性:一方面有必要利用实验数据评估生态系统模型的模拟和预测性能,改进生态系统模型结构,减少模型间的不确定性;另一方面,对于导致模型间不确定性的关键生态系统过程,需要建立跨区域的多尺度和多层次实验网络,采用统一标准和统一方法获取实验数据,进一步约束模型参数,进而提高模型的预测精度。

3) 降水格局改变对生物地球化学循环的影响

降水格局改变能在区域和全球尺度影响生物地球化学循环(如碳、氮、磷)。例如,全球陆地生态系统的净初级生产力和净碳汇的时间动态受到降水量的影响(Piao et al.,2009),我国陆地生态系统的净初级生产力和净碳汇的时间动态也受到区域降水量的重要影响

(Shao et al.,2016)。极端干旱事件往往是导致某一区域生态系统生物地球化学循环发生显著变化的重要驱动因素。例如,1983年在亚马孙地区出现的极端干旱事件释放了相当于该地区生态系统需要3~4年才能吸收的CO_2量(Potter et al.,2001);2003年夏季,在欧洲地区发生的持续高温热浪天气造成的极端干旱事件极大地降低了该地区生态系统的生产力,甚至提升了全球大气CO_2浓度的上升速率(Bevan et al.,2014)。干旱的发生也将影响生态系统氮、磷的可利用性,降低植物与微生物对氮、磷的全面竞争,影响植物体对氮、磷的吸收(Dijkstra et al.,2015)。全球尺度的整合分析显示,干旱显著降低植物体氮(下降3.73%)、磷(下降9.18%)含量,提高植物体氮磷比(上升6.98%)(He and Dijkstra,2015)。

区域和全球的生物地球化学循环对降水格局的响应方式除了在较大的空间尺度上反映植物生理生态及生态系统结构与功能对降水的响应过程外,还另有其独特的复杂性。首先,大范围的持续干旱事件往往由厄尔尼诺-南方涛动(EI Niño-Southern Oscillation,ENSO)、太平洋年代际涛动(Pacific decadal oscillations,PDO)等大尺度的气候事件所驱动,因而这些干旱事件对生物地球化学循环的影响不仅反映了局部的气候效应,更与全球气候系统关系紧密。其次,越来越频发的干旱事件还能引发诸如森林火灾、生态系统病虫害等负面事件的发生强度和频度(Schlesinger et al.,2016)。这些灾害事件本身难以有效控制的特性使得它们的波及范围较广,从而对区域甚至全球的生物地球化学循环造成极其深远的影响(Li et al.,2014)。再次,与植物个体和生态系统尺度的研究不同,区域和全球尺度的研究无法开展降水控制实验,因此很大程度上依赖于通过整合多尺度、多来源的观测数据来构建全球陆面模式,从而模拟和预测生物地球化学循环对降水格局的响应。

从生物地球化学循环过程响应降水格局变化的机理上来讲,目前的模型研究面临着几个关键问题。首先,干旱事件的突发性和极端性使得基于常规条件所构建的模型并不适用,从而降低模型的模拟能力。其次,广泛存在的生态系统对干旱的滞后响应过程使得水分恢复后生态系统功能不能及时恢复(Anderegg et al.,2015),从而加大了模型模拟的难度。再次,当前的陆地模型无一能够较好地模拟陆地生态系统碳循环在年际间的变异(Keenan et al.,2012),说明这些模型在时间上进行推绎的可靠性还有待进一步的严格检验。从更广的视角来看,陆地生态系统生物地球化学循环过程不仅受到局部水热条件的调控,而且还和全球大气环流和海洋洋流等过程密切相关,因此有必要整合地球系统的不同组分来更好地模拟陆地系统的关键生态过程。

基于上述分析,未来应当基于植物生理生态过程解析生物地球化学循环响应降水格局改变的潜在机理,并提出可能的备选模型结构,在生态系统结构和功能观测数据基础上,筛选和验证备选模型结构的适用性和可靠性,并最终耦合大气、海洋模型,将地球系统作为一个有机整体进行处理,从而服务于全球和区域尺度上评估和预测生物地球化学循环变化的应用需求。

6.2.4 氮沉降对陆地生态系统的影响

(1) 基本概念及研究概况

氮沉降指大气中的活性氮化合物(NH_x、NO_x以及有机氮)通过降水(湿沉降)以及重力沉降或被吸附(干沉降)的方式进入陆地和水体的过程。20世纪中叶以来,随着人类对化石燃料和化学肥料的消耗急剧增加,大气中活性氮浓度升高,而随后的氮沉降过程则把活性氮引入不同生态系统之中。很多研究表明,对于受氮限制的陆地生态系统而言,过量氮沉降通常会导致生物多样性的丧失,引发氮饱和效应,致使土壤酸化,影响元素生物地球化学循环,改变土壤微生物多样性和群落结构,对土壤微生物功能产生消极影响(图6-4)。大气氮沉降对陆地生态系统的深刻影响引发了研究者的广泛兴趣,已成为全球变化生态学的研究热点之一。

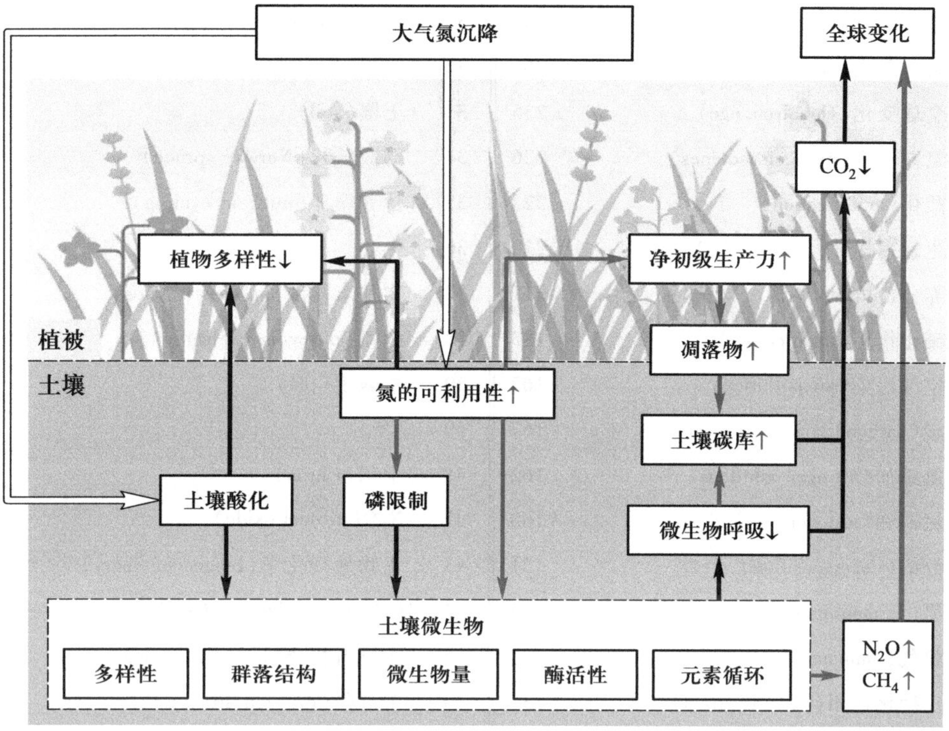

图6-4　氮限制型陆地生态系统大气氮沉降的生态效应。黑色箭头表示抑制作用,灰色箭头表示促进作用

基于Web of Science数据资源,以"nitrogen deposition"为关键词在相关研究领域检索1990—2019年国内外氮沉降研究的SCIE(SCI Expanded)收录论文,应用文献计量学方法进行分析。结果显示,近年来氮沉降的国际关注度持续升高。我国氮沉降相关研究虽然起步较晚,但发展速度非常快,2019年我国相关论文发表数量已经占全球总体的45%。从我国氮沉降论文发表的学科类别来看,环境科学、土壤科学、生态学、植物科学和地质学领域对氮沉降的关注度比较高。表6-5给出了1990—2019年氮沉降对陆地生态系统影响相关SCI论文的主要关键词。从统计表中可以看出,SCI论文中出现频次最高的前10个关键词分别为氮沉降、氮、气候变化、磷、大气沉降、硝酸盐、富营养化、全球变化、氮同位素和酸化。

表 6-5 氮沉降对陆地生态系统影响相关 SCI 论文出现频次最高的前 50 个关键词

序号	关键词	频次	序号	关键词	频次
1	氮沉降(nitrogen deposition)	1360	26	碳固存(carbon sequestration)	109
2	氮(nitrogen)	1197	27	临界载荷(critical load)	105
3	气候变化(climate change)	485	28	土壤酸化(soil acidification)	103
4	磷(phosphorus)	367	29	酸沉降(acid deposition)	83
5	大气沉降(atmospheric deposition)	349	30	草地(grassland)	79
6	硝酸盐(nitrate)	320	31	森林(forest)	78
7	富营养化(eutrophication)	266	32	施肥(fertilization)	76
8	全球变化(global change)	235	33	土壤(soil)	74
9	氮同位素(nitrogen isotopes)	226	34	挪威云杉(Norway spruce)	68
10	酸化(acidification)	223	35	营养循环(nutrient cycling)	67
11	生物多样性(biodiversity)	218	36	O_3	65
12	养分(nutrients)	211	37	物种丰富度(species richness)	65
13	硝化作用(nitrification)	183	38	施氮(nitrogen fertilization)	64
14	空气污染(air pollution)	162	39	酸碱度(pH)	62
15	碳(carbon)	162	40	CO_2	61
16	氮添加(nitrogen addition)	162	41	中国(China)	61
17	氮饱和(nitrogen saturation)	160	42	N_2O(nitrous oxide)	61
18	分解(decomposition)	151	43	生物地理化学(biogeochemistry)	57
19	氨(ammonium)	143	44	CO_2 升高(elevated CO_2)	57
20	氨气(ammonia)	141	45	土壤有机质(soil organic matter)	57
21	反硝化作用(denitrification)	137	46	干沉降(dry deposition)	55
22	营养限制(nutrient limitation)	131	47	固氮作用(nitrogen fixation)	55
23	水体质量(water quality)	128	48	光合作用(photosynthesis)	55
24	降水(precipitation)	123	49	生产力(productivity)	54
25	氮循环(nitrogen cycling)	121	50	钙(calcium)	53

(2) 历史回顾

大气氮沉降研究最早始于英国,洛桑实验站自 1853 年开始测定雨水中氮的含量。从 20 世纪 90 年代开始,各国科学家开始研究氮沉降对植物生理生态的影响,在这之后生物多样性和初级生产力对氮沉降的响应逐渐成为本领域的研究热点。大量研究工作围绕森林和草地生态系统展开,同时也涉及苔原和灌丛等多种陆地植被类型(Hurd et al.,1998;Stevens et al.,2004;Clark and Tilman,2008),研究范围也从局地尺度向区域和全球尺度发展。2000 年之后,由于发现了大气氮沉降的施肥作用对生态系统碳循环的重要影响,研究人员开始关注氮沉降影响下的元素生物地球化学循环，包括氮沉降对土壤呼吸和生态系统磷循环的影响（Janssens et al.，2010；Peñuelas et al.，2012）。近年来则开始更多关注不同元素循环之间的偶联与平衡关系（Peng et al.，2019）。土壤生态过程对氮沉降的响应研究始于对土壤酶活性和微生物生物量的研究（Carreiro et al.，2000；Treseder，2008），后来发展到对土壤微生物多样性和不同功能类群的研究（van Diepen et al.，2013；Chen et al.，2014）。随着各种分子生物学和组学研究方法在本领域的广泛应用，土壤微生物组和生态功能响应的研究正在成为这一研究方向的前沿热点。

(3) 核心方向的重大进展及存在的主要问题

目前，全球范围内平均氮沉降速率已经超过 10 kg N · hm^{-2} · a^{-1}，比工业革命前增加了5～20 倍（Galloway et al.，2008）。作为营养源和土壤酸化的重要诱因，过量的活性氮化合物沉降到陆地和水体中，给生态系统的稳定性、生物多样性和物质循环带来了诸多不利影响。本节将从大气氮沉降如何影响植物多样性、生态系统初级生产力、土壤微生物群落和元素生物地球化学循环等方面展开，梳理氮沉降对陆地生态系统结构和功能的影响，分析当前研究中存在的问题，以期推动氮沉降生态效应研究，为制定氮沉降应对策略提供科学依据。

1) 氮沉降对植物多样性的影响

大气氮沉降能显著改变植物多样性（Clark and Tilman，2008；Zhang et al.，2014）。例如，Schlesinger（2009）报道在过去半个多世纪以来，在大气氮沉降的持续作用下，欧洲和北美广大地区的植物群落组成已发生显著改变。究其原因，一方面是活性氮化合物在生态系统中的累积改变了物种间的相互作用关系，例如，环境中氮的富集将引起特定物种在群落中的快速生长，从而获得相对的竞争优势；另一方面，氮沉降还可能引起植物群落功能稳定性的降低，例如，氮的富集使物种摆脱了氮限制的同时，也使其对其他限制性资源的波动更为敏感（Xu et al.，2015）。总体上，植物群落对大气氮沉降的响应具有明显的环境依赖性，大气氮沉降对植物群落影响的严重程度主要取决于三个方面：① 氮沉降速率、持续时间和氮素的输入形式；② 不同植物种对氮素的内在敏感性；③ 生态系统的非生物环境条件（如气候条件和土壤肥力特征等）。

现阶段，氮沉降对森林植物多样性影响的研究多集中于林下，但研究结果却不尽相同。例如有研究表明，长期施氮导致温带森林和热带雨林中物种的丢失（Lu et al.，2010）；但在其他大多数的研究中，氮素对林下植物总体多样性并没有影响，而仅是导致了物种群落组成的变化（Hurd et al.，1998；Xing et al.，2019）。此外，不同功能群的维管植物对氮素添加的响应也有所不同（Lu et al.，2010），例如，生长快速的草本植物的物种丰富度增加，而生长缓慢的矮灌木的物种丰富度降低（Xing et al.，2019）。对森林生态系统中不同植物类群的研究发现，苔藓、地衣等对大气氮沉降的响应很敏感，氮素添加实验条件下，其覆盖面积、丰富度和生物量都有所下降（Xing et al.，2019）。不同的研究中观测结果的不一致是由多种因素引起的，如植物类群、系统本身的背景氮沉降量，以及实验的持续时间等。

草地生态系统占全球陆地总面积的 30%～40%，土壤养分相对贫乏，历史氮沉降量比较低，加上放牧和割草等人类活动的影响，使得草地生态系统对大气氮沉降的响应比较敏感。

一项横跨英国草原的研究表明，长期低剂量的大气氮沉降显著降低了植物物种的丰富度，且物种丰富度的下降与无机氮沉降速率呈线性关系（Stevens et al.，2004）。这一发现与北美高草草原的长期研究结果一致，长期慢性低剂量氮添加（10 kg N · hm^{-2} · a^{-1}）相对于背景氮沉降对照组（6 kg N · hm^{-2} · a^{-1}），物种数量减少了17%（Clark and Tilman，2008）。Zhang 等（2014）对我国北方温带草原的研究发现，植被物种丰富度在低频率、高剂量氮添加时下降更快，意味着氮添加方式对实验结果存在显著影响。相比于草地植物多样性对大气氮沉降响应的一致性，其潜在的响应机理却存在一定争议。通过排除土壤酸化和磷的影响，Clark 和 Tilman（2008）将植被多样性的响应归因于氮输入的富营养化效应；而另外一项草原氮沉降模拟实验发现，土壤酸化作用活化的潜在有毒金属离子（如锰离子），可能是氮沉降导致草原植物多样性下降的重要原因（Tian et al.，2016）。总体来看，尽管有关氮沉降影响植物多样性已有较多研究报道，但多数研究还是局限于特定生态系统，因而难以在更大的空间尺度上评估氮沉降的生态效应。此外，氮沉降影响植物多样性和群落组成的机制也需要更系统的研究。

2）氮沉降对生态系统初级生产力的影响

大气氮沉降对陆地生态系统地上净初级生产力普遍表现出积极作用（LeBauer and Treseder，2008）。整合分析的结果显示，除了荒漠生态系统，氮添加显著促进了温带和热带森林、草原、湿地和苔原生态系统的地上净初级生产力（LeBauer and Treseder，2008）。相较于总体响应的一致性，植物个体水平对大气氮沉降的响应具有显著的物种特异性。例如，Thomas 等（2010）对美国北部森林的研究发现，大气氮沉降显著促进了24种常见树木中11种树木的生长，但同时也抑制了3种树木的生长。进一步研究发现，大气氮沉降对所有能够与丛枝菌根真菌共生的树种都表现出生长促进作用，这可能是因为丛枝菌根共生体系可以帮助植物改善磷营养，从而为植物解除了氮添加下植物生长的磷限制。

植物根系生长也是生态系统净初级生产力的重要组成部分，根系生长的贡献可能占全球年净初级生产的30%~60%（Jackson et al.，1997），且其对氮添加的响应很可能与地上净初级生产力的响应有所不同（Wang et al.，2019）。全球范围内的整合分析表明，氮添加对根系生长和根系周转具有显著的消极影响（Peng et al.，2017）。植物地上部分与根系生长对氮添加的响应总体上符合"最小因子法则"和"最佳碳分配定律"（Gao et al.，2011），即植物对碳的分配往往是获取限制性资源的重要策略，例如，当植物生长受到氮的限制时，它就会向根系投资更多的碳以维持氮的正常补给；相反，如果解除了氮限制，植物就会向地上部投资更多的碳以获取其他的限制性资源（如光照）。这可能解释了植物地上部和根系生长对氮沉降的不同响应。

3）氮沉降对土壤微生物群落的影响

土壤微生物在养分循环、土壤有机质分解、维持地上植物多样性及其他生态过程中发挥着重要作用（Bardgett and van der Putten，2014），其生物多样性和功能对大气氮沉降的响应可能会对全球碳、氮、磷循环和气候变化产生重要影响。研究发现，氮添加可以通过提高土壤中氮的可利用性、土壤渗透势及离子毒害作用影响土壤微生物（Zhou et al.，2017）。氮添加可以导致微生物 α 多样性下降（Wang et al.，2018），降低土壤微生物生物量（Treseder，

2008)，抑制土壤呼吸作用(Janssens et al.,2010)和土壤酶活性(Carreiro et al.,2000)，但同时也可以缓解一些特定微生物类群的氮限制，特别是利用无机氮作为能量来源或电子受体的硝化和反硝化微生物(Redding et al.,2016)。另一方面，氮添加还会通过影响地上植被的群落和生理特性间接影响土壤微生物，例如，氮沉降可以降低地上植被向土壤微生物的碳输入，从而引起地下微生物的碳饥饿(Högberg et al.,2010)。

土壤真菌与细菌生理机能上的差异会在很大程度上影响其对氮沉降的响应，大量的研究表明，土壤中真菌与细菌比(F：B)与碳氮比存在正相关关系(Waring et al.,2013)。因此，大气氮沉降引起的土壤中氮有效性的增加，降低了土壤碳氮比，会导致土壤真菌与细菌比(F：B)降低。大气氮沉降不仅影响到土壤微生物多样性和群落组成，还可能对关键微生物类群产生影响，如氮循环相关微生物(氨氧化古菌、氨氧化细菌等)及菌根真菌。氮循环微生物有关的功能基因对氮素添加非常敏感，例如，*nifH*、AOA-*amoA*、*nirS*、*nosZ* 基因丰度会在氮添加情况下大幅升高(Ning et al.,2015)。此外，多数研究表明，氮素添加会降低菌根真菌的丰度(van Diepen et al.,2013)，改变菌根真菌的群落组成(Chen et al.,2014)。氮素的添加还可以显著降低菌根真菌的 α-多样性指数，诱导群落谱系的聚集(Chen et al.,2017)。

大气氮沉降引起的地上植被和土壤微生物群落结构和功能的变化不是孤立发生的，植物-土壤-微生物以物质循环为纽带紧密联系在一起，但已有的研究很少关注氮沉降背景下生态系统地上与地下之间的关联和反馈。此外，目前对于氮沉降背景下功能微生物的研究仍相对不足，例如，我们还不甚了解氮沉降对菌根真菌的生理生态功能的影响。未来需要切实加强这方面的研究，以推进对生态系统结构、功能和过程响应氮沉降的整体认知。

4) 氮沉降对生物地球化学循环的影响

生态系统碳、氮、磷元素的生物地球化学循环紧密关联，因此大气氮沉降对生态系统元素循环的影响并非孤立过程。大量研究表明，活性氮化合物在生态系统中的累积和转化，深刻影响着碳、氮、磷的生物地球化学循环过程，最终反馈调节温室气体(CO_2、N_2O)排放和全球变化。

陆地生态系统活性氮化合物的累积深刻影响到地上净初级生产力和土壤有机质的分解过程(Carreiro et al.,2000)。一方面，生态系统中可利用氮的增加能够促进植物生长，提高植物的碳吸收同化(LeBauer and Treseder,2008)；另一方面，氮沉降能够作用于土壤微生物群落，抑制土壤呼吸和有机质的分解(Carreiro et al.,2000；Janssens et al.,2010)。这两方面的作用均能在一定程度上增加生态系统碳固定，缓解大气 CO_2 浓度升高引起的全球气候变化。然而，大气氮沉降同样可能增加温室气体的排放，氮沉降导致的大气氮氧化物特别是 N_2O 浓度的持续升高正在抵消氮沉降对全球气候变化的积极效应。

氮素是地球上最为丰富的元素之一，是生物体核酸和蛋白质的重要组成部分，但自然界中大部分的氮以 N_2 的形式存在，缺乏可以被生物体直接同化利用的形态，因此氮素在控制生物圈初级生产力方面起着关键作用(LeBauer and Treseder,2008)。氮循环的关键步骤是微生物将 N_2 还原为氨，但由于人类活动引起的活性氮输入，打破了生态系统原有的氮素平衡，很大程度上改变了生态系统的氮循环。大气氮沉降对生态系统最深刻的影响是氮素在生态系统中的重分配，及其在环境运输过程中的化学转化。例如，氮添加一方面可以显著增加土壤无机氮的淋溶量(Templer et al.,2012),另一方面,还可以通过影响土壤微生物参与的硝化和反硝化过程(Ning et al.,2015),导致氮以气体形式流失,反馈气候变化。

磷元素同样是植物生长的限制营养元素,但相较于大气氮沉降,其沉降量相对较少,据估算,全球大气磷沉降只有 3~4 Tg · a^{-1}(Mahowald et al.,2008),这导致了氮、磷沉降的严重不平衡。从化学计量学角度分析发现,目前陆地和海洋生态系统氮磷沉降的物质的量比分别为44~47 和 114~370,超过当前陆地植物氮磷物质的量比(22~30)的两倍,是海洋浮游生物氮磷物质的量比的 10~20 倍(Peñuelas et al.,2012)。因此,氮沉降加速了生态系统的磷消耗,而生态系统的磷循环相对较慢,继而加剧了生态系统的磷限制。

虽然已有的证据表明,氮沉降-碳循环-气候变化之间有很强的相互作用关系,但是氮沉降如何通过影响碳循环最终作用于气候变化在很大程度上仍是未知的。随着氮沉降生态效应的不断增强,生态系统的磷限制将会越来越严重,但我们还不清楚在此背景下磷循环相关微生物群落(如菌根真菌)如何响应,以及植物-微生物如何协同适应这种养分供应的失衡。此外,我们对氮沉降下土壤碳、氮、磷循环的微生物关联机制及其微生物组特征也了解不足,尚待应用新的技术方法开展更为系统深入的研究。

6.2.5 臭氧对陆地生态系统的影响

(1) 基本概念及研究概况

近地表臭氧(O_3)特指距离地球表面 15 km 范围内的近地层 O_3,除少量来自平流层大气传输外,其余大部分是氮氧化物(NO_x)、非甲烷类挥发性有机化合物(NMVOC)、一氧化碳(CO)和甲烷(CH_4)等前体物在强烈光照下发生光化学反应而产生(冯兆忠等,2018)。自工业革命以来,伴随城市化进程的加快和化石燃料的过度燃烧,地表 O_3 浓度在世界范围内普遍升高。近年来,模型和观测数据都表明,地表 O_3 浓度小时峰值在欧洲和北美洲等地已有所下降,但在亚洲地区仍呈不断上升的趋势(Cooper et al.,2014)。地表 O_3 具有强氧化性,是大气光化学烟雾及温室气体的主要成分,高浓度的 O_3 能严重危害地表植被和生态系统。

地表 O_3 的发现可以追溯到1839 年,但直到 1945 年"洛杉矶烟雾"暴发后,地表 O_3 生态效应的研究才逐渐进入学者的视野(Rogers et al.,1956)。经过近百年的发展,涉及地表 O_3 对植物、土壤及生态系统影响的研究,已经遍及世界上几十个国家,发表了 2500 多篇期刊论文和十余本英文专著。到目前为止,在 O_3 表观伤害症状的描述及症状等级的鉴定,O_3 伤害机理的探究,O_3 对植物叶片、个体、种群及生态系统的影响及 O_3 污染防治对策的探讨等方面都进行了大量研究(Grulke and Heath,2019)。

基于 Web of Science 核心合集数据库,选取检索式 TS=[("vegetation" OR "plant * " OR "soil" OR "ecosystem") AND("O_3" OR "ozone")]对 1990—2018 年世界范围内地表 O_3 与植被、土壤和生态系统相关的 SCI 文章进行检索,得到文献 10 705 篇。随后根据主题"O_3 对植物、土壤及生态系统等的影响"进行人工筛选和逐一排查,最终获得有效 SCI 论文 2549 篇。文章发表最多的年份是 1998—2007 年,平均每年 150 篇左右,最高达到 182 篇。之后的2009—2018 年,文章数量比较平稳,平均每年 100 余篇。中国的研究成果在 SCI 源期刊发表数量自 1998 年开始逐年增加,2018 年发表数量达到 25 篇(截至 2018 年 11 月)。

根据文献计量分析结果，1990—2018 年地表 O_3 及其对植物及生态系统影响相关 SCI 发文量前 13 的热点学科方向（发文量超 1%）主要集中在环境科学、生态学、植物科学、大气科学、气象学、工程学、水资源学、农学和林学，占据了总发文量的 75%。表 6-6 给出了 1990—2018 年地表 O_3 浓度升高对植物及生态系统影响相关 SCI 论文的主要关键词。从表中可以看出，SCI 论文中出现频次最高的前 10 位关键词分别为 O_3、空气污染、光合作用、气孔导度、对流层 O_3、氧化压力、产量、气候变化、生长和小时 O_3 浓度超过 40 μg · kg^{-1} 的累积值。

表 6-6 O_3 浓度升高对植物及生态系统影响相关 SCI 论文出现频次最高的前 50 个关键词

序号	关键词	频次	序号	关键词	频次
1	O_3(ozone)	748	26	叶绿素(chlorophyll)	27
2	空气污染(air pollution)	118	27	O_3 通量(ozone flux)	27
3	光合作用(photosynthesis)	110	28	O_3 损耗(ozone depletion)	26
4	气孔导度(stomatal conductance)	103	29	O_3 吸收(ozone uptake)	26
5	对流层 O_3(tropospheric ozone)	95	30	风险评估(risk assessment)	26
6	氧化压力(oxidative stress)	75	31	大豆(soybean)	26
7	产量(yield)	70	32	紫外线 B 辐射(UV-B radiation)	26
8	气候变化(climate change)	62	33	CO_2	25
9	生长(growth)	62	34	欧洲山毛榉(*Fagus sylvatica*)	25
10	小时 O_3 浓度超过 40 μg · kg^{-1} 的累积值(AOT40)	56	35	干旱(drought)	24
			36	森林(forests)	24
11	小麦(wheat)	55	37	开顶箱(open top chamber)	24
12	二氧化碳(carbon dioxide)	54	38	抗坏血酸(ascorbic acid)	23
13	生物量(biomass)	50	39	消毒/杀菌(disinfection)	23
14	O_3 氧化(ozonation)	49	40	乙烯二脲(EDU)	23
15	气体交换(gas exchange)	45	41	乙烯二脲(ethylenediurea)	22
16	O_3 升高(elevated ozone)	45	42	水稻(rice)	22
17	紫外线 B(UV-B)	41	43	开放式空气 CO_2 浓度增加系统(FACE)	22
18	抗氧化物(antioxidants)	39	44	烟草(tobacco)	21
19	氮(nitrogen)	38	45	叶绿素 a 荧光(chlorophyll a fluorescence)	21
20	活性氧物种(reactive oxygen species)	36			
21	叶绿素荧光(chlorophyll fluorescence)	33	46	乙烯(ethylene)	20
22	全球变化(global change)	33	47	过氧化氢(hydrogen peroxide)	20
23	抗坏血酸盐(ascorbate)	30	48	生物监测(biomonitoring)	20
24	CO_2 升高(elevated CO_2)	30	49	膜脂过氧化(lipid peroxidation)	19
25	临界水平(critical levels)	29	50	地表 O_3(surface ozone)	19

(2) 历史回顾

1958年,Richards教授在期刊文献中首次报道高浓度地表O_3引起美国加利福尼亚城市周边葡萄叶片出现坏死病斑(Richards et al. ,1958)。随后,高浓度O_3对植物的毒害作用逐渐受到社会的关注,相关研究也逐步活跃起来。历经几十年发展,其研究对象逐渐从农田和草地生态系统转向森林生态系统,从地上生态系统逐步转向地下生态系统。

综观相关研究发展历程,实验设备与手段的改进和更新大致可分为三个阶段(王春乙,1995):① 1970年之前,主要利用封闭式静态或动态气室或室内生长箱进行模拟实验;② 1973年之后,美国学者研发开顶箱(OTC)熏蒸设备,并在世界范围内推广,成为主流手段;③ 1986年左右,为解决OTCs内微气候环境带来的影响,Hendry和Kimball教授等提出建立开放式O_3浓度增加系统(free air ozone concentration elevation,O_3-FACE)。目前普遍认为,FACE是当前研究地表O_3浓度升高对生态系统影响最为理想的实验平台。不同研究方法各有利弊,具体可参见表6-7。

表6-7　不同O_3暴露实验体系的优缺点

研究方法	优点	缺点
室内生长箱	技术简单,操作容易,费用低,可控温湿度、光照	空间小,短期实验为主,与真实环境不符
开顶箱(OTC)	技术简单,操作容易,低费用,高精度,多因子,可过滤O_3并进行田间实验	空间小,短期幼苗实验,盆栽为主,微气候效应
开放式空气CO_2浓度增加系统(FACE)	自然环境,多因子,长期实验,大田研究,研究尺度囊括叶片、个体、群落和生态系统水平	技术要求高,费用昂贵,普适性差

除研究手段外,O_3浓度升高对生态系统影响评估指标的筛选也大致经历了三个阶段,分别为浓度响应关系、剂量响应关系和通量响应关系评估指标。浓度响应关系评估指标主要包括M7/M12[白天7小时(9：00—16：00)或白天12小时(8：00—20：00)O_3浓度平均值],早期曾广泛应用于表征O_3浓度暴露与农作物产量损失相关性的研究中(Legge et al.,1995)。剂量响应关系评估指标主要有SUM06(O_3小时浓度高于或等于60 $\mu g \cdot kg^{-1}$的累积值)、W126(O_3小时浓度在规定时段内的加权求和值)和AOTX(整个生长季太阳辐射>50 $W \cdot m^{-2}$时段内O_3小时浓度超过X $\mu g \cdot kg^{-1}$的累积值,X普遍设为40 $\mu g \cdot kg^{-1}$)。剂量响应关系评估指标综合考虑O_3浓度和暴露时间对植物生长的影响,在世界范围内得到广泛应用。然而,O_3对植物的影响不仅依赖于大气O_3浓度,同时也依赖于叶片气孔导度(O_3的吸收)和植物自身抗氧化能力。因此,基于气孔O_3吸收量的评估指标POD_Y(植物毒性O_3剂量,整个生长季单位面积上气孔O_3吸收通量超过临界值Y nmol $O_3 \cdot m^{-2} \cdot s^{-1}$的累积量)近年来被开发并逐步替代浓度暴露剂量指标,用于区域或全球O_3对农作物和森林树种生长影响的评估中(LRTAR Convention,2015)。

(3) 主要研究方向重大进展及存在的主要问题

1) 臭氧对植物生理生态的影响

通常认为,植物通过气孔防御和非气孔防御机制对 O_3 胁迫做出响应。气孔作为叶片与外界气体交换的"门户",是 O_3 进入植物体内的主要通道,控制着植物蒸腾、呼吸和光合等重要生理过程。正常光热条件下,气孔处于打开状态,但高浓度 O_3 可以直接影响调节气孔开闭的保卫细胞中的钾离子浓度,改变细胞膨压,诱导气孔关闭,引发避逆性的防御响应(Wieser et al.,2002)。因此,气孔闭合被认为是植物抵御 O_3 胁迫的第一道防线。然而,气孔对 O_3 的响应(关闭)也并不是始终如一的。随着 O_3 暴露时间的延长,O_3 诱导的气孔关闭会出现滞后甚至失灵的现象,从而导致大量 O_3 进入细胞间隙,气孔防御机制失效(冯兆忠等,2018)。

气孔防御机制失效后,进入细胞的 O_3 将诱导叶片内部抗氧化系统启动解毒和修复的非气孔防御响应(冯兆忠等,2018)。非气孔防御响应主要是指"质外体-共质体系统"内一些抗氧化组分对 O_3 解毒和修复的防御过程。具体来说,O_3 进入植物叶片的细胞间隙后会经过一系列的化学反应形成活性氧分子(ROS),ROS 能够破坏细胞壁并与细胞膜上的不饱和脂肪酸发生反应,从而对叶片造成损伤。植物质外体的抗氧化物质,如还原性抗坏血酸(ASC)、抗氧化酶[如超氧化物歧化酶(SOD)],可与 ROS 反应进行初级解毒,成为抵御 O_3 的第二道防线。而剩余的 ROS 会经过质膜到达共质体,此时共质体内抗氧化成分如过氧化物酶(POD)、过氧化氢酶(CAT)、抗坏血酸过氧化物酶(APX)及抗氧化剂等物质被诱导进一步解毒与消除 ROS(高峰,2018)。持续整个生长季的长期 O_3 暴露会影响植物叶片的气孔密度、开度和大小等表观属性(李品等,2018),而 O_3 从气孔进入细胞间隙后,也会刺激细胞壁渗出酯类物质,增加细胞壁厚度,进而降低 CO_2 从细胞间隙向叶绿体基质的传输能力,降低叶肉导度,影响植物的光合能力(Xu et al.,2019)。

2) 臭氧对生物多样性的影响

由于不同植物对 O_3 的敏感性存在差异,植物长期过量摄取 O_3 还可以引起物种组成、冠层结构改变,影响生态系统种群均匀度和丰富度,威胁植物多样性(Grulke and Heath,2019)。目前,关于植物多样性的研究主要集中在草地生态系统。随着 O_3 暴露时间的延长,对 O_3 相对敏感的物种/种群会被相对耐受 O_3 的物种/种群替代,非禾本科杂草与禾本科杂草的比例也在发生改变,多种优势草本植物丰富度均有所下降(Hayes et al.,2010)。来自 Aspen FACE 森林生态系统的研究也表明,尽管整个森林林分结构没有受到明显影响,但从幼苗到成熟期的敏感型欧洲山杨在 O_3 熏蒸 7 年后几乎从森林冠层消失(Kubiske et al.,2007)。由于 O_3 与其他环境因子的交互作用,O_3 浓度升高对植物多样性的影响会受其他环境因子的影响。例如,即便非禾本科草本植物对 O_3 的敏感性通常比禾本科草本植物更高,但是在其他环境胁迫因子(如干旱)并存的时候,禾本科草本植物的占比反而会下降(Hayes et al.,2010)。

除了影响植物多样性，大气 O_3 浓度升高对植物的组织、凋落物及根系分泌物中化学成分的影响还会进一步改变相关微生物的多样性。例如，Wang 等(2015)对混合落叶松的研究发现，O_3 浓度增加降低了外生菌根真菌的物种多样性。然而，由于种内及种间复杂的竞争关系，O_3 对生态系统群落结构的影响有时候并不是统一的，高浓度 O_3 暴露环境下 O_3 敏感型种群首先达到较高覆盖度的情况也时有发生(Barbo et al.，1998)。此外，大气 O_3 浓度增加对植物组织结构组分以及化学信号物质的影响也可能进一步改变昆虫的多样性。例如，Hillstrom 和 Lindroth(2008)在 Aspen FACE 中发现，大气 O_3 浓度升高增加了刺吸式昆虫的物种丰富度，降低了咀嚼式昆虫的物种丰富度。

3) 臭氧对碳循环的影响

地表 O_3 浓度升高对植物光合作用、生长和生物量累积、物质分配等过程的连锁负效应导致陆地生态系统生产力和固碳能力降低，削弱了生态系统的碳汇能力(Sitch et al.，2007)。基于北半球中纬度北方温带树种的 Meta 分析发现，O_3 浓度升高导致树木的净光合作用和总生物量分别降低 11%和 7%(Wittig et al.，2007)。有关我国热带、亚热带和温带树种的 Meta 分析也发现，O_3 浓度升高导致我国木本植物的净光合作用和总生物量分别降低 28%和 14%(Li et al.，2017)。最近，基于 POD_Y 评估指标的研究则表明，O_3 在北半球对小麦造成的产量损失(9.9%)明显高于南半球(6.2%)，平均产量损失最高的地区主要位于北半球暖温带湿润地区(12.5%)、热带湿热地区(12.5%)和热带潮湿气候区(17.2%)(Mills et al.，2018)。我国学者的评估研究也表明，2014 年环境 O_3 浓度导致我国农作物产量损失 7840 万吨，小麦、水稻和玉米相对减产量分别为 8.5%~14%、3.9%~15%和 2.2%~5.5%(Lin et al.，2018)。

有关 O_3 浓度升高对陆地生态系统影响的直接观测研究相对较少，现有成果主要来自开放式 O_3 浓度增加系统(O_3-FACE)观测平台。Aspen FACE 实验发现，O_3 浓度升高 3~4 年后，欧洲山杨纯林、欧洲山杨-纸皮桦和欧洲山杨-糖枫混交林的总生物量分别降低 23%、13%和 14%(Karnosky et al.，2005)；关于德国克兰兹堡郁闭冠层的成熟挪威云杉和欧洲山毛榉混交林(60 年)对 O_3 浓度升高长期响应的研究也表明，8 年 O_3 暴露导致欧洲山毛榉的树干生产力降低了 44%(Pretzsch et al.，2010)。依靠模式算法的区域评估研究则发现，O_3 污染造成美国植被碳固定降低 18~38 Tg C·a^{-1}，NPP 至少降低 9 g·m^{-2}·a^{-1}，且高浓度 O_3 导致植物-土壤系统碳累积和固碳能力下降(Felzer et al.，2004)。国内学者的研究也表明，近 40 年来 O_3 浓度升高使我国森林净固碳量减少 7.7%，且不同的森林类型降低幅度不同，如北方落叶阔叶林降低 21.8%，北方落叶针叶林降低 5.2%，温带落叶阔叶林降低 21.1%，温带常绿阔叶林降低 7.6%，温带常绿针叶林降低 0.4%，温带落叶针叶林降低 6.2%，热带落叶阔叶林降低 43.1%，热带常绿阔叶林降低 9.6%(Ren et al.，2011)。最近，Yue 等(2017)用地球系统模式(NASA ModelE2-YIBs)得出，O_3 污染造成我国陆地植被 NPP 降低 600 Tg C·a^{-1}，且对于不同功能类型的植物，O_3 导致 GPP 的降低均随着 O_3 浓度的升高而加剧。总体来看，模型模拟与控制实验的结果吻合，均表明 O_3 污染在不同尺度都对生态系统碳固定有显著的负效应，未来 O_3 浓度升高有可能抵消因大气 CO_2 浓度升高所增加的

GPP(18%~34%)(Sitch et al.,2007)。

4) 臭氧对氮代谢和水分利用的影响

O_3 可以显著影响植物的根系生长,而植物主要通过根部摄取氮素,因此,O_3 能够影响植物对氮素的摄取。目前,O_3 影响植物氮素吸收代谢的相关研究大多集中于叶片尺度和个体尺度。在叶片尺度,一些研究表明,O_3 能够显著刺激叶片氮代谢相关酶的活性,进而促进植物的氮代谢(Manderscheid et al.,1992),也有一些研究发现,O_3 对叶片氮代谢酶的活性没有显著影响甚至降低了酶的活性(Yamaguchi et al.,2010)。在整株尺度,O_3 能够改变植物氮素的摄取量以及不同器官中氮素的分配,也能够促进植物氮素的重吸收率,在叶片脱落前转移更多的氮素到其他器官和组织(Shang et al.,2018)。总体来看,目前有关 O_3 浓度升高对整个生态系统氮循环的影响研究还非常缺乏。

凋落物分解是生态系统养分循环的关键过程。通过影响凋落物的数量和质量,高浓度地表 O_3 会间接改变微生物活性、群落组成和结构,土壤化学性质及土壤养分循环。然而,比较遗憾的是,目前有关 O_3 对地下生态过程影响的研究集中在农田生态系统,仅有少部分研究涉及森林土壤(主要来自 Aspen FACE)或草地生态系统。而且,由于凋落物种类、化学成分、分解者种群、土壤和大气环境条件的不同,高浓度 O_3 对凋落物分解动态的影响还存在很大争议(Grulke and Heath,2019)。例如研究发现,O_3 对垂枝桦(*Betula pendula*)叶片凋落物的质量和损失率有明显影响,但不影响欧洲山毛榉(*Fagus sylvatica*)凋落物的分解速率(Kasurinen et al.,2007)。有关地表 O_3 浓度升高对地下生态系统物质循环的影响还有待进一步探究。

此外,植被对区域水资源具有重要的调节作用,O_3 浓度升高影响植物气孔开度,改变植物蒸腾过程和植物对水资源的利用策略。下调气孔导度降低植物的蒸腾能力,减少水分的损失,同时限制 CO_2 向叶片内部的传输,降低光合能力。在干旱气候下,这些生理变化有助于协同提高植物的水分利用效率,调节植物的生存策略。最近的研究结果也表明,O_3 胁迫增加了乙烯释放,降低了气孔关闭的敏感性。此外,有研究表明,环境 O_3 浓度升高导致气孔控制迟缓,增加蒸腾,降低地表径流,进而影响区域水循环过程。总体上,在生态系统和更大尺度上评估地表 O_3 浓度升高的生态效应,还需要积累更多的实验和观测数据。

6.2.6 土地利用和土地覆被变化对陆地生态系统的影响

(1) 基本概念及研究概况

土地利用与土地覆被有着紧密的联系,通常合称"土地利用/土地覆被变化"(land-use and land-cover change,LUCC)。土地利用是指人类根据一定的经济和社会目的,对土地进行长期经营性活动,如农业用地、工业用地、交通用地、居住用地等;而土地覆被则是指自然形成的或者人工建筑物所覆盖的地表诸要素的综合体,如植被、土壤、冰川、湖泊、湿地、建筑物、道路等。我们通常所指的 LUCC,是指人类改变土地利用和管理方式,导致土地覆被的变化,因此是指土地利用与土地覆被同时变化,例如森林变成农田。但是也存在土地利用变化而土地覆被不变的情况,例如草地覆被不变的情况下,其利用由放牧变为休闲旅游;也有土地利用不变但是土地覆被变化的情况,例如放牧草地利用方式不变的情况下,过度放牧造成土地退化。本章所论述的土地利用和土地覆被变化,主要包括自然生态系统与农业用地间转化、森林的砍伐与重建、放牧引起的草地退化与重建、湿地的排水破坏与重建、城市化、荒漠化等类型。

LUCC 会影响人类生存与发展的自然基础要素,如大气、区域气候、土壤、植被、水资源与生物等,进而影响生物地球化学循环、能量交换、水分循环、土壤侵蚀和堆积等陆地主要生态过程。LUCC 可能改变陆地生态系统的生物多样性、植物和动物的种群动态、初级生产力等,对局地、区域及全球气候都产生广泛而深远的影响,与全球的气候变化、生物多样性丧失、生态环境演变以及人类与环境相互作用的可持续性等密切相关。以"land use and land cover change"为关键词在 Web of Science 上检索显示,2000 年以前相关文献较少,2006 年以后呈逐年增加趋势,由于其交叉学科的性质,在生态与环境科学、生物多样性、农学、地理学、地质学、林学、气象学、地球物理科学、草学等研究方向均有相关论文。我国这方面研究起步较晚,2010 年后相关论文数量显著增加,但占全球的比例仍较少。近年来,最有影响的相关论文主要集中在全球 LUCC 的高分辨数据库,以及 LUCC 对气候、碳循环及生物多样性的影响等方面,主要涉及的 LUCC 类型为森林砍伐、农业用地扩张以及城市化(表 6-8)。

(2) 历史回顾

1993 年,IGBP 和 IHDP 共同拟定并发表了为期十年的《土地利用/土地覆被变化科学研究计划》(1994—2005),许多全球变化相关的国际组织和国家纷纷展开了研究。最初主要研究方向是监测和模拟诸如森林砍伐和荒漠化等主要土地覆被变化对自然生态系统的影响。随着遥感技术的快速发展,土地覆被变化的观测数据在全球不断累积。不同案例中 LUCC 的驱动因素和因果模式得以综合分析,同时土地利用模型逐步开发,得以探索未来 LUCC 情景。相关研究也从最开始的土地覆被明显变化的区域转向人类与自然环境相互作用的细微变化区域,包括土地管理以及更广泛的资源配置、生态系统服务等。

IGBP 和 IHDP 在 2005 年启动了为期十年的"全球土地项目"(Global Land Project)(2006—2016),并于 2016 年更名为"Global Land Programme"继续进行。其重点是关注土地上人类-环境耦合系统变化的动因、结构和性质,并且评估这些变化对生态系统服务的影响,从而确定包括气候变化在内的各种干扰下,哪些人类-环境耦合系统相对脆弱,而哪些相对可持续。LUCC 的研究领域逐渐成熟并趋于一体化,既关注 LUCC 的驱动因子和影响之间的反馈,也关注包括适应行为、社会和生态系统之间的相互作用、不同区域之间的远程连接和城市与农村腹地之间的远程连接等(Seto et al.,2012),从而激发综合的社会-生态系统观点。

由于许多重要的全球变化挑战和重大的社会挑战与土地的可持续利用有关,当前 LUCC 相关研究比以往任何时候都更加重要。研究 LUCC 对生态系统的影响通常需要从多学科、跨学科的角度思考,不能忽略土地管理、政策法规等相关人文因素,需要综合考虑 LUCC 对社会、经济和生态的影响。

表 6-8 土地利用与土地覆被变化影响相关 SCI 论文出现频次最高的 50 个关键词(2010—2020 年)

序号	关键词	频次	序号	关键词	频次
1	土地覆被(land cover)	7455	27	草地(grassland)	1027
2	土地利用变化(land use change)	6030	28	卫星数据(satellite data)	1023
3	土地利用(land use)	5730	29	流域(watershed)	985
4	气候变化(climate change)	4131	30	环境保护(environmental protection)	973
5	遥感(remote sensing)	4039	31	土壤(soils)	933
6	美国(United States)	2419	32	北美(North America)	909
7	植物(vegetation)	2370	33	生态系统(ecosystem)	903
8	林业(forestry)	2134	34	景观变化(landscape change)	903
9	卫星图像(satellite imagery)	2114	35	生态(ecology)	883
10	中国(China)	2028	36	归一化植被指数(NDVI)	881
11	植被覆盖(vegetation cover)	1853	37	中等分辨率成像光谱仪(MODIS)	861
12	森林砍伐(deforestation)	1690	38	土地利用变化(land-use change)	850
13	生物多样性(biodiversity)	1683	39	土地覆被变化(land-cover change)	837
14	地理信息系统(GIS)	1662	40	人类活动(human activity)	828
15	农业(agriculture)	1579	41	自然资源保护(conservation of natural resources)	823
16	农业用地(agricultural land)	1541			
17	城市化(urbanization)	1387	42	森林(forest)	819
18	美国陆地卫星(Landsat)	1384	43	流域(watersheds)	818
19	生态系统(ecosystems)	1287	44	城区(urban area)	811
20	森林覆被(forest cover)	1267	45	生态系统服务(ecosystem service)	795
21	环境监测(environmental monitoring)	1154	46	景观(landscape)	792
22	地表径流(runoff)	1139	47	河流(rivers)	777
23	地貌(landforms)	1104	48	土地覆被变化(land cover change)	775
24	人为作用(anthropogenic effect)	1102	49	欧洲(Europe)	758
25	欧亚大陆(Eurasia)	1089	50	制图(mapping)	746
26	时空分析(spatiotemporal analysis)	1061			

(3) 核心方向的重大进展及存在的主要问题

1) 全球土地利用及土地覆被变化的定量研究

研究土地覆被变化必须要依赖遥感和地理信息系统技术,但是由于遥感技术的发展主要是在最近几十年,1970年以前的历史数据则需要根据史料记载以及不同来源的数据清单等进行反演。全球尺度比较常见的土地覆被变化数据有HYDE(Goldewijk,2001)和SAGE(Ramankutty and Foley,1999)。在区域及国家尺度,有更多来源的土地利用变化数据,例如Liu和Tian(2010)综合了十多个来源的历史数据,形成了我国1970—2005年的LUCC高分辨数据集。从全球尺度而言,1850—2015年,农田面积增加近1倍,牧场面积增加近80%,而森林面积减少约17%(表6-9)。历史数据的不完全或遥感数据的低分辨率是造成此估算不确定性的主要原因。

表6-9 1850—2015年几种主要土地覆被类型的面积变化(数据来自Houghton and Nassikas,2017)

区域	年份	森林/10^6 hm^2	农田/10^6 hm^2	牧场/10^6 hm^2	其他/10^6 hm^2
撒哈拉以南非洲	1850	792	78	777	781
	2015	614	241	809	765
拉丁美洲	1850	1248	18	229	555
	2015	932	198	564	356
南亚和东南亚	1850	533	168	23	222
	2015	326	333	36	250
热带总计	1850	2573	264	1029	1558
	2015	1872	772	1409	1371
北美洲	1850	768	60	75	1078
	2015	657	200	266	859
欧洲	1850	130	166	94	103
	2015	174	122	71	126
苏联①	1850	879	60	112	1180
	2015	857	153	365	856
中国	1850	159	112	108	582
	2015	208	130	393	229
北非和中东	1850	40	54	225	987
	2015	37	96	345	827
东亚②	1850	64	5	138	10
	2015	49	9	113	45
大洋洲	1850	210	9	299	291
	2015	140	49	351	270
温带总计	1850	2250	466	1051	4231
	2015	2122	759	1904	3212
全球	1850	4823	730	2080	5789
	2015	3994	1531	3313	4583

注:① 原表中此处为"Former USSR",推测其2015年数据来自苏联时期版图内的区域。图6-5同。
② 这里的"东亚"包括日本、韩国、朝鲜和蒙古。图6-5同。

2) 土地利用和土地覆被变化对生物地球化学循环和能量流动的影响

LUCC 的影响首先是植被的变化，因此必然直接改变植物的光合作用以及植物影响到的各种元素的生物地球化学循环。此外，LUCC 还可改变生态系统的碳氮水循环和生长季长度、林火及暴风雨发生的频率和时间等(Adrianto et al.,2019)。LUCC 还可引起元素的转移和空间上的再分配，例如从农业区向非农业区出售农产品是较大尺度的元素转移；放牧过程中牲畜以排泄物的形式在放牧区内部的小尺度元素转移，或向非放牧区的相对大尺度的转移，均可影响相关化学元素的循环和时空分布变化。由于生物地球化学循环过程引起的温室气体排放的变化会对全球变化产生重要的影响，当前有关土地利用对生物地球化学循环影响的研究热点仍然聚焦在温室气体上。

在过去 150 年，由 LUCC 引起的总 CO_2 排放占人类活动引起的总 CO_2 排放的三分之一。Houghton 和 Nassikas(2017)估算 2006—2015 年的十年间，LUCC 造成的全球净碳排放量平均为(1.11±0.35) $Pg\ C \cdot a^{-1}$，主要来自热带[(1.41±0.17) $Pg\ C \cdot a^{-1}$]，而中纬度北部为净碳汇[(−0.28±0.21) $Pg\ C \cdot a^{-1}$]，中纬度南部为碳中性(图 6-5)。LUCC 引起的净碳排放量的增加主要由于两个碳循环过程的变化：一方面，LUCC 可能改变光合作用通量，使植被固碳量减少，例如森林砍伐或草地放牧直接减少植被生物量，从而降低生态系统的净初级生产力；另一方面，LUCC 可能改变呼吸作用过程，使植物根系呼吸、凋落物分解或土壤微生物呼吸增强。以往相关研究主要是对 CO_2 这一温室气体的监测或估算，而对于引起 CO_2 变化机制的研究是近期研究者关注的重点，LUCC 通过改变林火发生、虫害等易被忽略的机制影响碳循环和 CO_2 排放，尚需进一步关注。

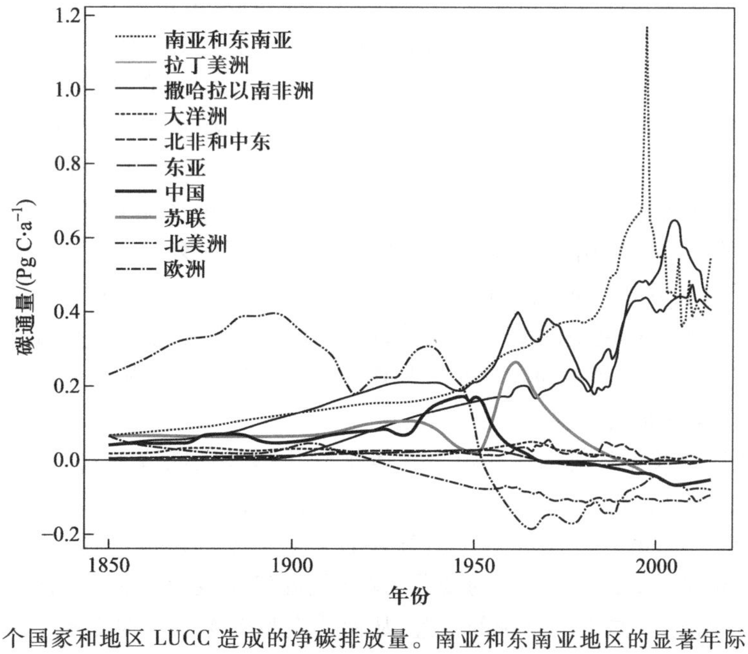

图 6-5 全球 10 个国家和地区 LUCC 造成的净碳排放量。南亚和东南亚地区的显著年际变化是与燃烧相关的排放(数据来自 Houghton and Nassikas,2017)(见书末彩插)

另一温室气体甲烷，在土壤中可以被甲烷氧化菌氧化，但也可以在甲烷还原菌的作用下产生，土壤是甲烷的源还是汇主要取决于这些微生物的相对比例，或者说这两个过程的通量差值。通气良好的土壤，如森林、草地等土地覆被下的土壤，是大气甲烷重要的汇，而淹水产生的厌氧条件是产甲烷菌生存的必要条件。因此，LUCC 对甲烷排放的影响主要发生在湿地的排水与恢复这一过程。湿地排水后通常甲烷排放量减少（Turetsky et al.，2014），但是由于湿地排水后 CO_2 排放量可能显著增加，这两个过程存在权衡，并可能相互影响，因此目前湿地生态系统的土地利用和土地覆被变化过程中的碳源/汇关系仍存在较大争议（Hergoualch and Verchot，2011）。对于甲烷产生和消耗过程的细化和机制分析有利于进一步了解和估算 LUCC 引起的甲烷通量的变化。

LUCC 对氮循环最为重要的影响源于自然生态系统转换成农田过程中氮肥的使用。1860—2000 年，由于自然系统向农田的转变，全球农田氮素的输入增加了近 9 倍，其中氮肥使用由 0 Tg N · a^{-1} 增加到 70 Tg N · a^{-1}。当生态系统氮输入增加后，氮在生态系统中的一系列循环过程，如矿化作用、硝化作用、反硝化作用、氨挥发、氮淋失等过程，均可能发生改变，这些过程产生的气态氮（如 NH_3、N_2O、NO 和 HONO）一般会随之增加。由于 N_2O 是温室气体，其增加会加剧全球变暖，而氮淋溶可造成水体的富营养化等问题，因此目前相关研究主要集中在 LUCC 对活性氮气体排放和氮淋溶的影响，而忽略了产生气态氮和淋溶氮的具体氮循环过程和机制，这些方面需要在未来加强研究。此外，在土地利用不变、土地覆被变化的情况下，氮循环过程也会受到影响，例如，草地的放牧利用方式不变，利用强度增加后牲畜排泄物的增多可直接加速氮循环（李香真和陈佐忠，1997）。森林择伐一般会降低土壤氮的有效性，而对氮循环各个过程及速率的影响比较复杂，目前没有一致的结论。研究大尺度 LUCC 对氮循环的影响通常需要利用模型，氮循环过程的模型模拟相关工作较碳循环的模型开发滞后许多（Houlton et al.，2015），因此目前相关的研究热点是将氮循环过程更为细致地并入土地利用模型并对模拟结果进行实地验证，从而降低估算的不确定性。

LUCC 不仅能改变降水和大气湿度，还能改变水质、土壤水量和区域水循环过程，对全球水循环产生综合影响（D'Almeida et al.，2007）。不同土地利用类型对降水的截留和下渗作用不同，不同土地覆被的蒸腾作用也不同，因此 LUCC 对水循环影响深远。直接评估 LUCC 对水循环的影响可采用实验流域法和特征变量时间序列法。例如，选择某一特征变量（如蒸散发、径流系数等），观测其在不同土地利用变化条件下随时间的长期变化。但是这些方法一般适用于小尺度空间变异不大的区域，而相对大尺度的研究均需要利用水文模型。目前较常用的水文模型有 SHE、HEC-1、DDRM 和 SWAT 等，很多是适用于不同尺度的集总式、半分布式和分布式模型。

除了通过改变物质循环进而改变温室气体排放，LUCC 还能改变地表物理特性，如地表反照率和地表能量平衡（潜热和显热）。这些能量相关的地表改变与温室气体的变化共同影响区域和全球气候，由此可见，LUCC 对气候有非常重要的影响。很多研究发现，在自然植被向农田转化的地区，由于反照率的变化，局部气温发生变化。例如，森林砍伐通过改变反照率和蒸腾，可能改变热带辐合带的位置，从而改变整个季风区的降水量（Devaraju et al.，2015）。观测和模拟研究都表明，灌溉农业的引入通过改变生物地球物理作用可能改变区域温度和降水。例如，美国加利福尼亚州的农田灌溉使日最高温度降低 3~7 ℃，相对湿度升高 9%~20%(Sorooshian et al.,2011)。另外,城市化引起的城市"热岛效应"已被人们广泛熟知,相关研究趋于细化城市不同用地所造成的小尺度能量和微气候变化(Niyogi et al., 2011)。评估 LUCC 对气候的影响需要依赖气候模型,近十几年来,高分辨率的气候模型(如 RegCM2、RegCM3、RAMS、RI-EMS、RegCM-NCC、IPCR-RegCM 等)得到了广泛应用,但是这些模型对碳氮循环过程和植被动态考虑较少,因此进一步开发考虑这些因素的气候模型是研究 LUCC 影响能量流动和气候变化的一个重要方向。

3) 土地利用和土地覆被变化对生态系统功能和服务的影响

人为主导的土地利用变化打破了原有的土地利用模式,首先改变的是地上植被的格局和结构,随后土壤养分状态、污染物富集状态等土壤质量也会发生改变,生态系统的过程、功能和服务也可能随之改变。生态系统功能和服务是多方面的,通常有生产力、土壤保持、水质或空气净化、水源涵养、碳氮固存等,LUCC 会对这些功能中的某一些或全部产生不同程度的影响。例如,森林砍伐后变为农田,提供农产品这一服务功能的同时,可能造成水土或养分的流失,更可能造成固碳量的减少。Nave 等(2010)对温带森林采伐效应的整合分析表明,森林采伐对矿质土壤碳库的影响受土壤类型调控:森林采伐对淋溶土(alfisol)和灰土(spodosol)的矿质土壤碳无显著影响,但会促进始成土(inceptil)和极育土(ultisol)的碳的流失。因此,综合量化 LUCC 对生态系统服务的影响可以更好地评价 LUCC 对生态环境的影响,有利于建立可持续的土地利用模式。生态系统功能和服务的量化有物理量化方式(例如,有多少吨碳储量或生产多少吨水),也有经济价值量化方式(不同生态系统服务货币化)。尽管经济价值量化法忽视了生态系统过程,但该方法考虑多种生态系统服务,帮助决策和保障不同利益相关者的利益,因而可以综合评价 LUCC 对生态系统功能和服务的影响。通常有两类确定生态系统服务价值(ecosystem service value,ESV)的方法:第一类是通过结合实际数量和不同的经济方法(Song et al.,2015),包括市场价格、旅行成本、机会成本、影子价格和重置成本(de Groot et al.,2012)来获得 ESV;第二类是基于生物群落或土地利用代替物(proxy)的利益转移法,将先前来自现有研究区域的信息应用于新区域(Richardson et al., 2015)。与前者相比,利益转移法因其便于更快的评估而被更广泛地应用。虽然目前学者对生态价值和环境污染等问题的可计算性尚存在争议,将 ESV 变化与污染物负荷变化相结合是未来研究 LUCC 对生态系统功能和服务影响的主要方向。

4) 土地利用和土地覆被变化对生物多样性的影响

生物多样性包括三个水平:基因、物种及生态系统多样性,是维持生态系统功能、稳定和服务的重要基础。LUCC 使生境丧失或破碎化,而农牧业可改良某些物种,杀虫剂等的使用又可以导致某些物种灭绝,这是 LUCC 影响生物多样性的重要原因。城市化是生物多样性丧失的一个重要因素,按照 Seto 等(2012)的估算,如果目前的人口密度趋势继续下去,到 2030 年,城市土地覆被面积大约会达到 2000 年全球城市土地面积的三倍。这种增长将导致主要生物多样性热点的生境大量丧失,极度濒危及濒危物种在非洲和欧洲预计分别减少 30%和 33%,而在美洲减少比例是 25%,但数量将最多,达 134 个物种。Pandit 等(2007)指出,按照目前的森林采伐速率,喜马拉雅地区到 2100 年将仅剩 10%的陆地面积覆盖茂密的森林(>40%的树冠覆盖),将会导致约四分之一的特有种灭绝,包括355种特有维管植物和35种特有脊椎动物。

当前关于LUCC对生物多样性影响的研究主要集中在物种水平,因为物种优势度、丰富度、种间关系、物种分布格局、物种入侵和灭绝等因素均较易定量化及测定追踪(吴建国和吕佳佳,2008)。在基因水平上,多样性的测定和量化标准尚不明确,以往研究主要集中在植物基因结构和遗传过程。随着高通量测序技术的进步,动物和微生物的基因和物种多样性研究在最近几年得以蓬勃发展,而LUCC的相关影响尚需要进一步研究。生态系统多样性指的是某一地区的生态系统的数量。生态系统可以像整片森林一样大,也可以像苔藓丛一样小,但是LUCC对生态系统多样性的影响研究通常需要在较大空间尺度进行,相关的研究较少。"多维多样性"的概念近期才被学者提出(Naeem et al.,2016),对其量化和预测仍需要更多的论述,因此是未来研究LUCC对生物多样性影响的一个重要方向。LUCC对生产者、消费者和分解者的多样性均会造成影响,其影响是复杂的,并且取决于地理位置和生物分类,以及LUCC的性质、幅度和空间配置,其对三个水平的生物多样性的综合影响相对其对物种多样性的影响研究要少很多,因此未来研究需要更多关注。

6.2.7　全球变化对海洋生态系统的影响

(1) 基本概念及研究概况

海洋生态系统是由海洋生物群落及其环境相互作用所构成的自然系统,其服务功能及生态价值既是地球生命系统的重要支撑,也是社会与环境可持续发展的一项基本要素。海洋生态系统的稳定主要依托于海洋中复杂的生物过程,而这些过程往往易受海洋环境变化的影响。近半个世纪以来,海洋和陆地一样面临着前所未有的生态压力,不断加剧的人类活动正对海洋生态系统产生着深远的影响,例如,大气CO_2浓度的升高就是关键的问题之一。CO_2浓度升高会导致海洋暖化和酸化。暖化会引起海水层化加剧、海洋缺氧区扩增以及环流模式改变等,而酸化则会导致海水碳酸盐系统改变等化学变化,进而影响生物的生理活动以及群落的结构功能等,最终对海洋生态系统产生一系列的影响。此外,人类活动干扰导致的海水富营养化以及由此引发的赤潮及海洋缺氧等问题,也给海洋生态系统带来了严峻的挑战。

迄今为止,围绕气候变化和人类活动对海洋生态系统的影响,国际上开展了大量的研究工作并取得了一定的进展。利用Web of Science数据库检索(检索时间为2019年1月11日),对1981—2018年发表的有关全球气候变化影响海洋生态系统的论文进行统计分析,结果表明,从2007年起,国际海洋生态学领域关于全球气候变化的文章数量呈现明显的上升趋势,并在2016年超过400篇,这反映了近年来国际学术界对该领域的重视程度日益提升。其中发文量排前三的国家分别是美国、澳大利亚与英国。我国这方面研究于2002年起步,2010年后相关文章数量显著增加,至2018年论文发表总量达272篇,位居世界第七,亚洲之首。这显示了我国科学家对该领域研究的关注和贡献,但与美国相比仍存在一定差距。

此外,从不同学科领域发表的文章篇数来看,环境科学的生态学领域文章发表量最高,占比19.1%;其次是气象学的大气科学和海洋淡水生物学领域,占比分别为16.8%和13%。

在动物学、海洋学及地质学等学科领域也有一定的发文量，这体现了研究的多样化。从全球变化与海洋生态系统相关研究出现频次居前20位的关键词来看，研究主要集中在 CO_2 以及温度升高对海洋生态系统的影响方面，如对浮游植物生长和光合作用以及钙化过程的影响，关于酸化效应引起的海水 pH、碳酸盐系统改变也是研究的重点（表 6-10）。

表 6-10 全球变化与海洋生态系统相关 SCI 文章出现频次最高的前 50 个关键词

序号	关键词	频次	序号	关键词	频次
1	CO_2	222	26	浮游植物（phytoplankton）	21
2	气候变化（climate change）	179	27	珊瑚（coral）	20
3	海洋酸化（ocean acidification）	144	28	生态系统（ecosystem）	18
4	影响（impact）	132	29	海胆（sea urchin）	17
5	钙化（calcification）	109	30	石珊瑚（Scleractinia coral）	17
6	海水（seawater）	95	31	常数（constant）	17
7	温度（temperature）	83	32	进化（evolution）	16
8	生长（growth）	78	33	海（sea）	15
9	酸碱度（pH）	73	34	变异性（variability）	15
10	碳（carbon）	51	35	适应（adaptation）	14
11	碳酸（carbonic acid）	44	36	施肥（fertilization）	13
12	珊瑚礁（coral reef）	43	37	动力学（dynamics）	12
13	分解（dissociation）	36	38	存活（survival）	12
14	光合作用（photosynthesis）	35	39	幼虫（larvae）	12
15	海水酸化（seawater acidification）	32	40	化学（chemistry）	12
16	水（water）	29	41	气候（climate）	11
17	CO_2 升高（elevated CO_2）	28	42	碳酸钙（calcium carbonate）	11
18	人为 CO_2（anthropogenic CO_2）	26	43	高 CO_2（high CO_2）	10
19	系统（system）	26	44	赫胥黎艾氏藻（*Emiliania huxley*）	10
20	模型（model）	26	45	群落（community）	9
21	响应（response）	26	46	鱼（fish）	9
22	大气 CO_2（atmospheric CO_2）	25	47	海洋浮游植物（marine phytoplankton）	9
23	酸碱平衡（acid base balance）	25	48	生理学（physiology）	9
24	无机碳（inorganic carbon）	23	49	未来（future）	9
25	海洋（marine）	21	50	固氮（nitrogen fixation）	8

（2）历史回顾

对全球气候变化的研究历史最早可以追溯到 19 世纪。早在 19 世纪 20 年代，科学家就已经发现了几种温室气体,但并未引起广泛关注。直到 19 世纪 30 年代,科学家意识到燃烧化石燃料对气候的影响后,开展了一系列研究工作。随着科学技术的发展,全球气候变化对生态系统影响的研究于 20 世纪 90 年代迎来了黄金期,其中就包括对海洋生态系统影响的研究。海水暖化的研究起步相对较早,对表层海水温度的监测始于 1870 年代,1870—1971 年的监测数据已初步反映出海水暖化的迹象,但其数据量稀疏且覆盖面小;1971 年后较为全面地观测到了海水持续升温的现象,进一步证实了海洋暖化的问题;2000 年 Argo 时代的到来,让科学家从海水表层走向了深层,使得海水暖化的研究更为系统全面。关于海水酸化,在 1906 年,Moore 等(1906)就已经开展了海洋酸碱性对海胆受精卵的生长和细胞分裂的影响研究;1951 年,Rubey(1951)总结了早期酸化的研究工作,为后人的研究提供了理论基础;1957 年,Revelle 和 Suess(1957)首次提出海洋吸收人类排放的 CO_2 会降低海洋的缓冲能力,引起了科学界对人类活动影响海洋生态系统的重视;1966 年,Broecker 和 Takahashi(1966)首次报道了海水 CO_3^{2-} 浓度,并提出其将随着 CO_2 浓度的升高而降低;1993 年,硼同位素等古海洋示踪剂开始被拓展应用于估算海洋化学参数的变化(Spivack et al.,1993);2001 年,Bates(2001)第一次利用时间序列数据记录了北大西洋西部海水碳酸盐体系的变化,主要包括海水的 CO_2 浓度、CO_2 分压以及碱度的变化;近年来,利用受控实验评估生物体对海水碳酸盐体系变化响应的论文大量涌现,与此同时,科学家开始通过构建数值模型来预测未来海水碳酸盐系统的变化以及海洋酸化对生态系统生物地球化学循环的影响。海水富营养化与缺氧的研究起步相对较晚,虽然 1993 年已有部分科学家意识到,人类活动会对海水中氮磷营养盐的承载力造成负面影响,但研究热潮开始于 2002 年美国环境保护署发布一系列湖泊、水库、河流、溪流以及海洋水域的营养标准技术指导手册,这促使国际海洋生态学的研究逐渐将海水富营养化与缺氧列为重点研究内容。

在研究气候变化和人类活动对海洋生态系统的影响进程中,国际上开展了全球生态系统动力学研究计划(GLOBEC)、全球有害藻华的生态学和海洋学研究计划(GEOHAB)、海洋生物地球化学与海洋生态系统整合研究计划(IMBER)等重大研究计划。这些重大计划推动着对气候变化和人类活动对海洋生态系统影响的认知进程。

(3) 核心方向的重大进展及存在的主要问题

1) 全球变暖对海洋生态系统的影响

工业革命以来,人类活动导致大气中 CO_2 浓度急剧升高,大气温度升高了近 0.6 ℃,海水表层平均温度在一个世纪内也相应上升了约 0.6 ℃(Guldberg and Bruno,2010)。由于海洋生物的大多数生理生化过程都与温度密切相关,因此海水暖化将直接影响到海洋生态系统和生物地球化学过程。

暖化的海水对生物的影响因物种而异。对于大多数浮游植物而言,在适温范围内,海水暖化会促进其生长,但不同浮游植物对温度变化的响应程度不同,因此全球暖化下浮游植物的生态位将发生改变(Xiao et al.,2018)。然而,对于大多数海洋动物,暖化将在增加其体内代谢活性的同时加快其能量的消耗,从而可能导致海洋生物自身生长与繁殖能力的下降(Pörtner and Knust,2007)。这些个体生理生化过程的变化会进一步改变种群的大小、时空分布格局与营养级水平，最终引起群落结构与功能的改变（Bruno et al.,2003）。从海洋生态系统水平来看，全球变暖会改变海洋的初级生产力，影响生态系统的稳定性。倘若暖化现象一直持续，到2100年，海洋初级生产力将可能进一步降低20%（Steinacher et al.,2010）。此外，已有研究表明，海水温度升高1 ℃，珊瑚即会出现白化现象，这会导致珊瑚礁生态系统多样性降低，严重时会引发珊瑚礁系统的崩溃（Donner,2009）。海水暖化除了通过温度升高对海洋生态系统产生直接影响外，还会造成海洋层化加剧、缺氧区扩增等，从而间接地对海洋生态系统产生一系列影响。

由于研究条件所限，和陆地生态系统相比，全球暖化对海洋生态系统的影响研究仍然较为有限。已开展的研究一方面缺少对海洋生态系统长时间尺度的观测和实验，另一方面缺少全球暖化与其他海洋环境问题（如海洋酸化、缺氧、营养盐降低、光照改变等）耦合影响的系统性综合考查，这些科学问题有待进一步探究。

2）*海洋酸化对海洋生态系统的影响*

由于空气和海水之间持续的气体交换，工业革命以来大气 CO_2 浓度的急剧升高引起表层海水碳酸盐系统发生显著改变，包括海水中的 CO_2、H^+（pH 下降）和 HCO_3^- 浓度的升高以及 CO_3^{2-} 浓度的下降，即“海洋酸化”。迄今为止，表层海水的 pH 较工业革命之前（约 8.21）已经降低了约 0.1 个单位，预计到2100年将继续下降到约 7.7（Feely et al.,2010），将对海洋生态系统产生深刻影响。因此，海洋酸化不仅引起科学界的广泛关注，政府间海洋学委员会、海洋研究科学委员会等国际组织也已将其列为国际合作的重点领域。

当前，表层海水中 CO_2 的浓度为 10~20 $\mu mol \cdot L^{-1}$，低于绝大多数浮游植物中催化固碳反应的关键酶——核酮糖-1,5-双磷酸羧化酶/加氧酶（Rubisco）的半饱和常数。因此，大多数浮游植物依赖于耗能的 CO_2 浓缩机制（CO_2-concentrating mechanism, CCM）以提高胞内 Rubisco 周围 CO_2 的浓度。已有研究表明，酸化条件下，CO_2 浓度升高可使 CCM 下调以节省能量，从而对部分浮游植物的生长具有不同程度的促进作用（Mackey et al.,2015）。除了 CO_2 浓度升高，随之降低的海水 pH 同样可能对浮游植物产生直接或间接的影响。例如，近期我国学者对海洋优势固氮蓝藻束毛藻的研究表明，海水 pH 下降导致其固氮酶效率降低、干扰胞内 pH 稳态、影响细胞产能，且该负效应大于 CO_2 浓度升高所产生的正效应，故酸化的净效应为抑制束毛藻的固氮作用（Hong et al.,2017）。此外，海水 pH 下降还可能改变浮游植物对铁等关键营养元素的利用（Shi et al.,2010），从而间接影响浮游植物生长。除了光合作用和固氮作用外，海水酸化还会对颗石藻、有孔虫类、珊瑚等钙化生物的钙化作用产生负面影响（Kroeker et al.,2013）。对于海洋软体动物、棘皮动物、甲壳动物及鱼类等生物而言，海洋酸化不仅会降低其幼体发育速度和个体大小（Ross et al.,2011），还会降低部分生物类群的呼吸速率，扰乱生物体内酸碱平衡，影响其生长与繁殖（Pörtner and Langenbuch, 2005）。海洋酸化对生物个体的影响会进一步体现在对海洋生态系统和海洋生物地球化学循环的影响。Riebesell 等（2007）通过开展中尺度生态系统（mesocosm）CO_2 加富实验发现，与 350 ppm 相比，1050 ppm CO_2 浓度下的浮游植物群落在 12 天内多消耗了 39%的无机碳，且浮游植物的碳氮比值从 6 增加到 8，这一方面有利于提高生物碳泵的效率，但另一方面会降低有机物的营养价值，影响细菌降解与浮游动物繁殖，改变海洋生态系统的动力学。此外,酸化与光辐射(Kleynhans et al.,2016)以及酸化与暖化(Kroeker et al.,2013)之间的耦合作用,也会从个体、种群、群落等不同水平上对海洋生态系统产生影响。

目前国际上对海洋酸化的研究取得了一定的进展,尤其是近年来越来越多的研究开始关注温度、光照、营养盐条件等其他环境因子的变化与海洋酸化的耦合效应。然而,以下几个关键科学问题仍然有待各个国家、不同学术组织的科学家通过加强合作交流,在个体-种群-群落-生态系统不同尺度开展整合研究而予以阐明:① 海水 CO_2 浓度升高及 pH 下降分别通过什么机制影响不同的生物代谢过程? ② 短期的生理响应在多大程度上影响海洋生物对酸化的长期适应性? ③ 如何综合利用受控实验与现场观测,实现从微观分子机理到宏观生态格局的融合? 不同海洋生物个体所受的影响将如何体现在生态系统水平上? ④ 不同海洋生态系统的结构和功能变化趋势如何?

3) 富营养化与缺氧对海洋生态系统的影响

由于人类社会的快速发展,污水排放的增多对海洋生态系统产生了一系列的影响。以工农业污水排放为例,大量的氮磷营养盐向海水排放,引起了沿海水域的富营养化现象,导致生物营养结构变化、藻华频发以及低氧区的形成。这些变化相互作用,共同影响着海洋生态系统的结构与功能。

海水富营养化会刺激浮游植物和大型藻类的生长,增加海洋 CO_2 的捕获量,但过高的浮游植物生物量会降低光的穿透性,影响水下生物的生长。此外,营养盐比例的不平衡会改变浮游植物群落组成,可能因此促进有毒藻类大量繁殖,导致藻华的暴发。有害藻类的大量繁殖不仅会导致鱼类和贝类等中毒死亡,还会扩大海水的缺氧区(Rabalais et al.,2010)。有研究表明,1969—2009 年,由于人类活动的干扰,大洋缺氧区的面积呈现递增趋势(Rabalais et al.,2010)。Neumann 等(2012)基于模型预测的结果显示,大洋季节性缺氧的持续时间将在 21 世纪末增加 1 倍。低氧会阻碍氮的硝化过程,影响浮游植物对氮营养盐的吸收,从而改变海洋初级生产力(Codispoti et al.,2001),并且不完全的硝化过程会导致温室气体 N_2O 产量增多,加快全球气候变暖的进程(Nevison et al.,2003)。此外,低氧会导致有氧呼吸生物向外迁徙,降低系统的生物多样性,对系统物质循环与能量流动产生影响,破坏海洋生态系统的稳定性(Breitburg et al.,2009)。

富营养化与缺氧问题一直是当前海洋生态学的研究热点之一,但由于缺氧区具有时间和空间变异特征且生态效应复杂,目前对缺氧区的地理分布、形成机理、生物群落结构等方面的认识相对匮乏,尤其对富营养化及其导致的缺氧在海洋生态系统水平上的生态效应缺乏系统综合的认知,未来亟待进一步研究。

6.3 前沿方向展望及优先领域

如前所述,全球变化深刻地影响陆地生态系统的结构和功能。尽管在过去几十年中,针对全球变化对陆地生态系统的影响已开展大量的研究工作并取得了丰硕的成果,然而全球变化与陆地生态系统研究不仅需要研究全球变化对陆地生态系统的影响,还需要关注陆地生态系统对气候变化的适应和反馈调节。目前这两个方面的研究还处于起步阶段,各种适应和反馈的机制还不清晰,适应和反馈的强度还有非常大的不确定性。采用先进的研究方法,客观了解陆地生态系统对全球变化的响应、适应与反馈是当前生态系统科学面临的巨大挑战。

为了推动该领域的深入发展,未来的全球变化与陆地生态系统研究需要综合考虑生态系统内部各要素的相互联系、影响和制约,从而提高对全球变化的预测能力,为相关决策提供科学依据。以往的研究已经对小尺度、孤立的科学现象和变化规律有了较为深刻的认识,将来的研究将体现为多学科交叉、微观与宏观研究相结合、野外长期定位观测与生态系统模型模拟、多源遥感数据相结合,加强对不同时间和空间尺度上的全球变化与陆地生态系统之间关系的研究。另外,我们需要结合联网定位观测、控制实验、遥感、模型模拟等多种技术手段,采用多尺度观测、多方法印证、多过程融合、跨尺度模拟等集成手段,为未来区域乃至全球尺度地表过程的研究提供更有力的支持。具体来讲,未来我国全球变化与陆地生态系统领域的研究需重点关注以下六个方面。

6.3.1 加强观测平台与控制实验网络及观测指标体系和方法论的研究

从多个时空尺度上开展对生态系统的动态监测是全球变化与陆地生态系统研究不可或缺的数据和信息基础。正因为如此,包括国际长期生态研究网络(ILTER)、全球生物多样性监测网络(BMN)、全球通量观测研究网络(FLUXNET)、国际关键带研究网络(CZO)、中国生态系统研究网络(CERN)、养分添加实验网络(NutNet)、国际干旱实验网络(IDE)等在内的一系列国家-区域-全球尺度环境变化与生态系统联网研究发展迅猛,成为全球变化与陆地生态系统研究的主流手段;而支撑这些科学技术平台的观测、实验和分析的指标体系和定量评价诊断方法则是相关研究领域的理论和方法基础。因此,基于多尺度、多途径的生态系统长期监测及评价指标的研究将成为未来研究的重点内容之一。

6.3.2 地下生态过程的响应与反馈机制研究

过去二十多年来,在全球变化因子对植物光合和生长、生产力和作物产量的影响等方面取得较大进展,但对地下生态过程响应的认识仍然较为匮乏。例如,不同时空尺度上土壤微生物如何调控不同生态系统碳氮循环过程对全球变化的响应?在未来全球变化情景下,土壤碳组分的精细计量及其响应的微生物学机制是什么?土壤微生物调控的土壤养分有效性变化是否以及如何影响植物与生态系统对全球变化的响应?生态系统渐进性氮限制的形成与土壤微生物-植物互作有什么相互关系?为了回答这些问题,需重点开展如下研究:结合稳定同位素和基因组学等相关技术,定向研究土壤微生物群落及相关功能微生物,揭示微生物调控碳氮循环的耦合过程和机理;土壤微生物调控养分(特别是氮)转化的机制,在自然或半自然生态系统中,渐进性氮限制形成及其对氮的生物有效性的影响。在农业生态系统中,由于大量人工氮肥输入,关注的重点将是氮在土壤-植物体系中的分配、周转、流失等过程与分子机理及其与碳循环的耦合机制。

6.3.3 综合考虑自然和人为等多因子复合研究

不同的全球变化因子之间通常不是独立的，而是相互作用的。目前对单个因子变化的研究取得较大进展，而多因子交互作用研究较少，研究结果存在很大的不确定性。全球变化包括了 CO_2/O_3 浓度升高、全球变暖、干旱胁迫、氮沉降和降水格局变化、土地利用变化等多因子复合影响，生态系统在复合因素影响下往往呈现复杂的响应特征。例如，O_3 浓度升高和增温对于植物的负效应往往能抵消一部分 CO_2 浓度升高的“施肥”正效应，而抵消的强度与生态系统类型、物种、增温幅度、升高的 CO_2/O_3 浓度、实验持续时间等因素相关。未来需加强多个全球变化因子的交互作用对生态系统过程和功能的综合影响研究，明确短期响应与长期适应规律，深入揭示格局背后的环境控制机制和生物驱动机制。

6.3.4 加强对极端气候事件的生态效应研究

全球变化背景下极端气候事件的发生日益频繁，但关于生态系统结构和功能对极端气候事件的响应机制和恢复过程的研究十分匮乏。研究极端气候事件对陆地生态系统的触发、影响和生态系统的反馈机制，能帮助我们了解和预测未来极端气候事件对陆地生态系统过程和服务功能的影响。未来需要利用长期观测、控制实验、模型模拟等手段，研究生态系统内关键生物类群、生态系统碳、氮、水循环等关键生态学和生物学过程对极端气候事件的响应，准确评估极端事件所造成的生态系统服务功能的丧失，解析生态系统在极端事件干扰后的恢复过程，更多关注多相态、非对称性、突变等关键环节，从而揭示陆地生态系统关键过程对极端环境变化的响应和恢复机制。

6.3.5 基于多数据、多方法的多尺度综合集成研究

遥感数据、野外台站观测数据、实验数据以及模型模拟数据的快速积累，促进了全球变化生态学数据的综合分析和处理技术的发展。如何及时、有效地挖掘生态数据，揭示大尺度生态系统对环境变化的响应，将会成为未来全球变化生态学研究的一个主要方向。通过对我国和全球不同区域长期气候、遥感和生态观测数据的整合分析，研究我国典型生态系统的植物生长、群落结构、生态系统功能尤其是碳、氮、水循环过程等对环境变化的响应和适应机理；探明陆地生态系统关键生态过程的空间格局、年际变异以及调控这些时空变异的主要环境因子和过程，揭示不同空间和时间尺度上环境因子对陆地生态系统关键过程的影响和控制机理，可为预测未来区域生态系统变化以及我国应对气候变化决策提供必需的基础科学数据。

6.3.6 生态系统响应全球变化的过程模拟与未来预测

准确模拟生态系统的关键过程对预测我国各类生态系统的功能具有极其重要的意义。最新的研究证据表明，如果缺乏对陆地生态系统过程的准确模拟，人类将难以准确预测气候与海洋等其他系统或圈层的未来动态。近年来，生态系统过程的区域与全球尺度模拟研究在国际上迅速兴起，支持了新近发现或发展的生态系统生态学机理与理论。这种发展态势也使实验生态学与野外生态系统观测获益，尤其促使实验和观测数据同生态系统模型得到

空前的融合。我国在世界上拥有最丰富的生态系统类型，在生态系统实验与观测方面具有坚实的基础。然而，我国在生态系统过程模拟与功能预测方面，仍落后于国际先进水平。因此，结合生态学实验或长期观测资料，针对各类生态系统尤其是我国特有的生态系统类型开展模拟研究，将有助于提升我国在生态系统功能的短期预报、中长期预估和科学管理等方面的能力。

经 典 文 献

文献	主要发现
Ainsworth EA, Long SP. 2004. What have we learned from 15 years of free-air CO_2 enrichment (FACE)? A meta-analytic review of the responses of photosynthesis, canopy properties and plant production to rising CO_2. New Phytologist, 165: 351-372.	植物响应大气 CO_2 富集的经典综述。揭示 FACE 实验中植物碳吸收、地上与地下生产力、比叶面积与气孔导度的一般性响应规律，推动 FACE 实验的进一步发展
Luo Y, Su B, Currie WS, et al. 2004. Progressive nitrogen limitation of ecosystem responses to rising atmospheric carbon dioxide. BioScience, 54: 731-739.	首次提出陆地生态系统碳氮交互作用中的渐进性氮限制框架，揭示在 CO_2 浓度不断升高中氮元素可利用性对生态系统生产力和碳固存能力的调控机制
Holdridge LR. 1947. Determination of world plant formations from simple climatic data. Science, 105: 367-368.	首次基于气候数据将全球陆地划分为 38 个生命区系，并被广泛应用于植被响应未来气候变化的预测研究
Knapp AK, Beier C, Briske DD, et al. 2008. Consequences of more extreme precipitation regimes for terrestrial ecosystems. BioScience, 58: 811-821.	提出降水极端模式的理论框架，揭示降雨时长增加、降雨量升高和降雨事件频率变化对干旱和湿润生态系统水量平衡的影响机制，加深未来极端降水模式对生态系统过程影响的理解
McDowell N, Pockman WT, Allen CD, et al. 2008. Mechanisms of plant survival and mortality during drought: Why do some plants survive while others succumb to drought? New Phytologist, 178: 719-739.	发展并提出“水力失衡-碳饥饿”假说，系统概述水力失衡和碳饥饿在干旱下树木存活与死亡中的作用机制，该水力框架为模拟树木死亡响应未来气候变化提供可能
Galloway JN, Townsend AR, Erisman JW, et al. 2008. Transformation of the nitrogen cycle: Recent trends, questions, and potential solutions. Science, 320: 889-892.	量化了人类活动引起的活性氮循环途径的改变和空间分布的不均匀性，并综述了氮循环的改变引发的环境和生态问题，提出减缓其负面影响的潜在解决途径
Vitousek PM, Mooney HA, Lubchenco J, et al. 1997. Human domination of Earth's ecosystems. Science, 277: 494-499.	指出人类活动对地球生态系统的影响，并与同期发表的一系列论文共同推动了生态学领域对人类活动的重视与研究

续表

文献	主要发现
Richards BL, Middleton JT, Hewitt WB. 1958. Air pollution with relation to agronomic crops: V. Oxidant stipple of grape. Journal of the American Society of Agronomy, 50: 559-560.	首次报道高浓度地表 O_3 引起加利福尼亚城市周边葡萄叶片出现坏死病斑。后续的相关研究使高浓度 O_3 对植物的毒害作用逐渐受到社会的关注
Stevens CJ, Dise NB, Mountford JO, et al. 2004. Impact of nitrogen deposition on the species richness of grasslands. Science, 303: 1876-1879.	野外调查发现，长期氮沉降导致草原植物物种丰富度平均下降约 23%，揭示物种丰富度下降与无机氮的沉降速率线性相关
LeBauer DS, Treseder KK. 2008. Nitrogen limitation of net primary productivity in terrestrial ecosystems is globally distributed. Ecology, 89: 371-379.	通过整合分析全球氮添加控制实验，首次揭示陆地生态系统氮限制广泛存在，并发现总初级生产力响应氮添加的程度在生态系统间存在差异
Walker MD, Wahren CH, Hollister RD, et al. 2006. Plant community responses to experimental warming across the tundra biome. PNAS, 103: 1342-1346.	实验证据表明，苔原生态系统对气候变暖响应强烈，发现增温后物种丰富度和均匀度下降，灌木盖度和高度增加，对苔原生态系统与大气层之间交互作用的研究有重要启示
Schimel J, Balser TC, Wallenstein M. 2007. Microbial stress-response physiology and its implications for ecosystem function. Ecology, 88: 1386-1394.	从微生物水平研究两种环境胁迫对微生物群落的影响，发现土壤微生物在干旱胁迫下消耗 5% 的生态系统总初级生产力，强调微生物生理对推动生态系统生态学研究的作用
Seto KC, Guneralp B, Hutyra LR. 2012. Global forecasts of urban expansion to 2030 and direct impacts on biodiversity and carbon pools. PNAS, 109: 16083-16088.	预测城市面积持续扩张会导致生物多样性热点地区的栖息地大量丧失，发现热带地区城市扩张引发植物生物量的损失将占森林砍伐和土地利用变化碳排放的 5%
Harte J, Shaw R. 1995. Shifting dominance within a montane vegetation community: Results of a climate-warming experiment. Science, 267: 876-880.	首次采用红外线辐射的方式在野外模拟气候变暖，发现气候变暖导致位于美国落基山脉的高山草甸植物群落结构发生改变，促使全球范围内兴起模拟气候变暖的实验性研究
Parmesan C. 2007. Influences of species, latitudes and methodologies on estimates of phenological response to global warming. Global Change Biology, 13: 1860-1872.	首次定量分析数据-整合方法的选择对估算响应全球变暖幅度的影响，发现北半球春季物候整体以 2.8 天/10 年的速度提前
Luo YQ, Weng ES. 2011. Dynamic disequilibrium of the terrestrial carbon cycle under global change. Trends in Ecology and Evolution, 26: 96-104.	提出全球变化背景下陆地生态系统碳循环的动态非平衡假说。基于陆地碳循环内部过程的基本特征和外部全球变化驱动因素，归纳碳循环动态非平衡在不同时间与空间尺度的表达现象，该假说不仅有助于我们理解复杂的陆地碳循环现象，也为预测未来陆地碳汇动态提供新的理论框架

续表

文献	主要发现
Revelle R, Suess HE. 1957. Carbon dioxide exchange between atmosphere and ocean and the question of an increase of atmospheric CO_2 during the past decades. Tellus, 9: 19-27.	首次提出海洋吸收人类排放的 CO_2 会降低海洋的缓冲能力，从而引起科学界对人类活动影响海洋生态系统的关注与后续研究
Sarmiento JL, Hughes TC, Stouffer RJ. 1998. Simulated response of the ocean carbon cycle to anthropogenic climate warming. Nature, 393: 245-249.	运用大气-海洋模型发现，由于因暖化导致的降水增多与层化加剧，未来南大洋碳输出会减少，且生物的响应变化也会在接下来几十年间影响海洋碳汇
Raper SC, Braithwaite RJ. 2006. Low sea level rise projections from mountain glaciers and icecaps under global warming. Nature, 439: 311-313.	运用数值模型首次评估由于气候变暖导致的冰川融化对海平面上升的贡献，并提出到 2100 年，海平面上升高度为 0.046～0.051 m
Riebesell U, Schulz KG, Bellerby RG, et al. 2007. Enhanced biological carbon consumption in a high CO_2 ocean. Nature, 450: 545-548.	开展现场中尺度生态系统 CO_2 加富实验发现，海洋酸化、CO_2 浓度升高引起浮游植物群落的无机碳消耗增加，且碳氮比值从 6 增加到 8，从而将对海洋生态系统和气候产生一系列反馈效应

参 考 文 献

白娥，薛冰. 2020. 土地利用与土地覆盖变化对生态系统的影响综述. 植物生态学报，44：543-552.

方精云. 2000. 全球生态学：气候变化与生态响应. 北京：高等教育出版社；Heidelberg：Springer-Verlag.

冯兆忠，李品，袁相洋，等. 2018. 我国地表臭氧的生态环境效应研究进展. 生态学报，38：1530-1541.

冯兆忠，李品，张国友，等. 2020a. 二氧化碳浓度升高对陆地生态系统的影响：问题与展望. 植物生态学报，44：461-474.

冯兆忠，袁相洋，李品，等. 2020b. 地表臭氧浓度升高对陆地生态系统影响的研究进展. 植物生态学报，44：526-542.

付伟，武慧，赵爱花，等. 2020. 陆地生态系统氮沉降的生态效应：研究进展与展望. 植物生态学报，44：475-493.

高峰. 2018. 臭氧污染和干旱胁迫对杨树幼苗生长的影响机制研究. 博士学位论文. 北京：中国科学院生态环境研究中心.

李品，冯兆忠，尚博，等. 2018. 6 种绿化树种的气孔特性与臭氧剂量的响应关系. 生态学报，38：2710-2721.

李香真，陈佐忠. 1997. 放牧草地生态系统中氮素的损失和管理. 气候与环境研究，2：44-53.

牛书丽，陈卫楠. 2020. 全球变化与生态系统——研究现状与展望. 植物生态学报，44：449-460.

夏建阳，崔二乾，杜莹，等. 2020. 陆地生态系统过程对气候变暖的响应与适应. 植物生态学报，44：494-514.

杨金虎，江志红，王鹏祥，等. 2008. 中国年极端降水事件的时空分布特征. 气候与环境研究，13：75-83.

叶幼亭，史大林. 2020. 全球变化对海洋生态系统初级生产关键过程的影响. 植物生态学报，44：575-582.

王春乙. 1995. 臭氧对农作物的影响研究. 应用气象学报，3：343-349.

吴建国,吕佳佳. 2008. 土地利用变化对生物多样性的影响. 生态环境学报,17:1276-1281.

周贵尧,周灵燕,邵钧炯,等. 2020. 极端干旱对陆地生态系统的影响:进展与展望. 植物生态学报,44:515-525.

Adrianto HA, Spracklen DV, Arnold SR. 2019. Relationship between fire and forest cover loss in Riau Province, Indonesia between 2001 and 2012. Forests, 10:889.

Alberton O, Kuyper TW, Gorissen A. 2005. Taking mycocentrism seriously: Mycorrhizal fungal and plant responses to elevated CO_2. New Phytologist, 167:859-868.

Allen CD, Breshears DD, McDowell NG. 2015. On underestimation of global vulnerability to tree mortality and forest die-off from hotter drought in the Anthropocene. Ecosphere, 6:1-55.

Anderegg WR, Klein T, Bartlett M, et al. 2016. Meta-analysis reveals that hydraulic traits explain cross-species patterns of drought-induced tree mortality across the globe. PNAS, 113:5024-5029.

Anderegg WRL, Schwalm C, Biondi F, et al. 2015. Pervasive drought legacies in forest ecosystems and their implications for carbon cycle models. Science, 349:528-532.

Austin EE, Castro HF, Sides KE, et al. 2009. Assessment of 10 years of CO_2 fumigation on soil microbial communities and function in a sweetgum plantation. Soil Biology and Biochemistry, 41:514-520.

Bai Y, Han X, Wu J, et al. 2004. Ecosystem stability and compensatory effects in the Inner Mongolia grassland. Nature, 431:181-184.

Barbo DN, Chappelka AH, Somers GL, et al. 1998. Diversity of an early successional plant community as influenced by ozone. New Phytologist, 138:653-662.

Bardgett RD, van der Putten WH. 2014. Belowground biodiversity and ecosystem functioning. Nature, 515:505-511.

Bates NR. 2001. Interannual variability of oceanic CO_2 and biogeochemical properties in the Western North Atlantic subtropical gyre. Deep-Sea Research, 48:1507-1528.

Beier C, Beierkuhnlein C, Wohlgemuth T, et al. 2012. Precipitation manipulation experiments—challenges and recommendations for the future. Ecology Letters, 15:899-911.

Bevan SL, Los SO, North PRJ. 2014. Response of vegetation to the 2003 European drought was mitigated by height. Biogeosciences, 11:2897-2908.

Billings SA, Ziegler SE. 2005. Linking microbial activity and soil organic matter transformations in forest soils under elevated CO_2. Global Change Biology, 11:203-212.

Breitburg DL, Hondorp DW, Davias LA, et al. 2009. Hypoxia, nitrogen, and fisheries: Integrating effects across local and global landscapes. Annual Review of Marine Science, 1:329-349.

Broecker WS, Takahashi T. 1966. Calcium carbonate precipitation on the Bahama banks. Journal of Geophysical Research Letters, 77:1575-1602.

Bruno JF, Stachowicz JJ, Bertness MD. 2003. Inclusion of facilitation into ecological theory. Trends in Ecology and Evolution, 18(3):119-125.

Bunce JA. 2016. Responses of soybeans and wheat to elevated CO_2 in free-air and open top chamber systems. Field Crops Research, 186:78-85.

Busch FA, Sage RF. 2017. The sensitivity of photosynthesis to O_2 and CO_2 concentration identifies strong Rubisco control above the thermal optimum. New Phytologist, 213:1036-1051.

Byrne KM, Lauenroth WK, Adler PB. 2013. Contrasting effects of precipitation manipulations on production in two sites within the central grassland region, USA. Ecosystems, 16:1039-1051.

Canadell JG, Steffen W, White PS. 2002. IGBP/GCTE terrestrial transects: Dynamics of terrestrial ecosystems under environmental change. Journal of Vegetation Science, 13:298-300.

Carney KM, Hungate BA, Drake BG, et al. 2007. Altered soil microbial community at elevated CO_2 leads to loss of soil carbon. PNAS, 104: 4990-4995.

Carreiro M, Sinsabaugh R, Repert D, et al. 2000. Microbial enzyme shifts explain litter decay responses to simulated nitrogen deposition. Ecology, 81: 2359-2365.

Chen YL, Xu ZW, Xu TL, et al. 2017. Nitrogen deposition and precipitation induced phylogenetic clustering of arbuscular mycorrhizal fungal communities. Soil Biology and Biochemistry, 115: 233-242.

Chen YL, Zhang X, Ye JS, et al. 2014. Six-year fertilization modifies the biodiversity of arbuscular mycorrhizal fungi in a temperate steppe in Inner Mongolia. Soil Biology and Biochemistry, 69: 371-381.

Cheng L, Booker FL, Tu C, et al. 2012. Arbuscular mycorrhizal fungi increase organic carbon decomposition under elevated CO_2. Science, 337: 1084-1087.

Clark CM, Tilman D. 2008. Loss of plant species after chronic low-level nitrogen deposition to prairie grasslands. Nature, 451: 712-715.

Codispoti LA, Brandes JA, Christensen JP, et al. 2001. The oceanic fixed nitrogen and nitrous oxide budgets: Moving targets as we enter the anthropocene? Scientia Marina, 65: 85-105.

Cohen JM, Lajeunesse MJ, Rohr JR. 2018. A global synthesis of animal phenological responses to climate change. Nature Climate Change, 8: 224-228.

Collalti A, Prentice I. 2019. Is NPP proportional to GPP? Waring's hypothesis 20 years on. Tree Physiology, 39: 1473-1483.

Cooper OR, Parrish DD, Ziemke J, et al. 2014. Global distribution and trends of tropospheric ozone: An observation-based review. Elementa Science of the Anthropocene, 2: 1-28.

Crowther TW, Todd-Brown KE, Rowe CW, et al. 2016. Quantifying global soil carbon losses in response to warming. Nature, 540: 104-108.

Cruz JL, Alves AA, LeCain DR, et al. 2016. Interactive effects between nitrogen fertilization and elevated CO_2 on growth and gas exchange of papaya seedlings. Scientia Horticulturae, 202: 32-40.

D'Almeida C, Vörösmarty CJ, Hurtt GC, et al. 2007. The effects of deforestation on the hydrological cycle in Amazonia: A review on scale and resolution. International Journal of Climatology, 27: 633-647.

Dai A. 2013. Increasing drought under global warming in observations and models. Nature Climate Change, 3: 52-58.

de Graaff MA, van Groenigen KJ, Six J, et al. 2006. Interactions between plant growth and soil nutrient cycling under elevated CO_2: A meta-analysis. Global Change Biology, 12: 2077-2091.

de Groot R, Brander L, van der Ploeg S. et al. 2012. Global estimates of the value of ecosystems and their services in monetary units. Ecosystem Services, 1: 50-61.

Devaraju N, Bala G, Modak A. 2015. Effects of large-scale deforestation on precipitation in the monsoon regions: Remote versus local effects. PNAS, 112: 3257-3262.

Diaz RJ, Rosenberg R. 1995. Marine benthic hypoxia: A review of its ecological effects and the behavioural response of benthic macrofauna. Oceanography and Marine Biology, 33: 245-303.

Dijkstra FA, He M, Johansen MP, et al. 2015. Plant and microbial uptake of nitrogen and phosphorus affected by drought using ^{15}N and ^{32}P tracers. Soil Biology and Biochemistry, 82: 135-142

Donner SD. 2009. Coping with commitment: Projected thermal stress on coral reefs under different future scenarios. PloS One, 4(6): 5712.

Dorodnikov M, Blagodatskaya E, Blagodatsky S, et al. 2009. Stimulation of microbial extracellular enzyme activities by elevated CO_2 depends on soil aggregate size. Global Change Biology, 15: 1603-1614.

Drake JE, Furze ME, Tjoelker MG, et al. 2019. Climate warming and tree carbon use efficiency in a whole-tree $^{13}CO_2$ tracer study. New Phytologist, 222: 1313-1324.

Dusenge ME, Duarte AG, Way DA. 2019. Plant carbon metabolism and climate change: Elevated CO_2 and temperature impacts on photosynthesis, photorespiration and respiration. New Phytologist, 221: 32-49.

Elmendorf SC, Henry GH, Hollister RD, et al. 2012. Global assessment of experimental climate warming on tundra vegetation: Heterogeneity over space and time. Ecology Letters, 15: 164-175.

Emanuel WR, Shugart HH, Stevenson MP. 1985. Climatic change and the broad-scale distribution of terrestrial ecosystem complexes. Climatic Change, 7: 29-43.

Feely RA, Alin SR, Newton J, et al. 2010. The combined effects of ocean acidification, mixing, and respiration on pH and carbonate saturation in an urbanized estuary. Estuarine, Coastal and Shelf Science, 88(4): 442-449.

Felzer B, Kicklighter D, Melillo J, et al. 2004. Effects of ozone on net primary production and carbon sequestration in the conterminous United States using a biogeochemistry model. Tellus, 56B: 230-248.

Feng ZZ, Rütting T, Pleijel H, et al. 2015. Constraints to nitrogen acquisition of terrestrial plants under elevated CO_2. Global Change Biology, 21: 3152-3168.

Fu YH, Zhao H, Piao S, et al. 2015. Declining global warming effects on the phenology of spring leaf unfolding. Nature, 526: 104.

Galloway JN, Townsend AR, Erisman JW, et al. 2008. Transformation of the nitrogen cycle: Recent trends, questions, and potential solutions. Science, 320: 889-892.

Gang CC, Wang ZQ, Chen YZ, et al. 2016. Drought-induced dynamics of carbon and water use efficiency of global grasslands from 2000 to 2011. Ecological Indicators, 67: 788-797.

Gao YZ, Chen Q, Lin S, et al. 2011. Resource manipulation effects on net primary production, biomass allocation and rain-use efficiency of two semiarid grassland sites in Inner Mongolia, China. Oecologia, 165: 855-864.

Garcia-Forner N, Biel C, Sav R, et al. 2017. Isohydric species are not necessarily more carbon limited than anisohydric species during drought. Tree Physiology, 37: 441-455.

Gill RA, Polley HW, Johnson HB, et al. 2002. Nonlinear grassland responses to past and future atmospheric CO_2. Nature, 417: 279-282.

Goldewijk KK. 2001. Estimating global land use change over the past 300 years: The HYDE Database. Global Biogeochemical Cycles, 15: 417-433.

Gottfried M, Pauli H, Futschik A, et al. 2012. Continent-wide response of mountain vegetation to climate change. Nature Climate Change, 2: 111-115.

Greaver T, Clark C, Compton J, et al. 2016. Key ecological responses to nitrogen are altered by climate change. Nature Climate Change, 6: 836-843.

Griffis TJ, Chen Z, Baker JM, et al. 2017. Nitrous oxide emissions are enhanced in a warmer and wetter world. PNAS, 114: 12081-12085.

Grulke NE, Heath RL. 2019. Ozone effects on plants in natural ecosystems. Plant Biology, 22: 12-37.

Guldberg OH, Bruno JF. 2010. The impact of climate change on the world's marine ecosystems. Science, 328: 1523-1528.

Guru-Pirasanna-Pandi G, Chander S, Pal M, et al. 2018. Impact of elevated CO_2 on *Oryza sativa* phenology and brown planthopper, *Nilaparvata lugens* (Hemiptera: Delphacidae) population. Current Science, 114: 1767-1777.

Hartmann DL, Klein Tank AMG, Rusticucci M, et al. (eds) 2013. Climate Change 2013: The Physical Science Basis. Contribution of Working Group I to the Fifth Assessment Report of the Intergovernmental Panel on

Climate Change. Cambridge:Cambridge University Press.

Hasegawa T, Sakai H, Tokida T, et al. 2013. Rice cultivar responses to elevated CO_2 at two free-air CO_2 enrichment (FACE) sites in Japan. Functional Plant Biology, 40:148-159.

Hatfield JL, Boot KJ, Kimball A, et al. 2011. Climate impacts on agriculture: Implications for crop production. Agronomy Journal, 103:351-370.

Hayes F, Mills G, Jones L, et al. 2010. Does a simulated upland grassland community respond to increasing background, peak or accumulated exposure of ozone? Atmospheric Environment, 44:4155-4164.

He M, Dijkstra FA. 2015. Phosphorus addition enhances loss of nitrogen in a phosphorus-poor soil. Soil Biology and Biochemistry, 82:99-106

Hergoualćh K, Verchot LV. 2011. Stocks and fluxes of carbon associated with land use change in Southeast Asian tropical peatlands: A review. Global Biogeochemical Cycles, 25:GB2001.

Heskel MA, O' Sullivan OS, Reic PB, et al. 2016. Convergence in the temperature response of leaf respiration across biomes and plant functional types. PNAS, 113:3832-3837.

Hillstrom ML, Lindroth RL. 2008. Elevated atmospheric carbon dioxide and ozone alter forest insect abundance and community composition. Insect Conservation and Diversity, 1:233-241.

Hofstra G, Hesketh J. 1969. Effects of temperature on the gas exchange of leaves in the light and dark. Planta, 85: 228-237.

Högberg MN, Briones MJI, Keel SG, et al. 2010. Quantification of effects of season and nitrogen supply on tree below-ground carbon transfer to ectomycorrhizal fungi and other soil organisms in a boreal pine forest. New Phytologist, 187:485-493.

Holdridge LR. 1947. Determination of world plant formations from simple climatic data. Science, 105:367-368.

Hong HZ, She R, Zhang FT, et al. 2017. The complex effects of ocean acidification on the prominent N_2-fixing cyanobacterium *Trichodesmium*. Science, 356(6337):527-531.

Hoosbeek R, Vos JM, Bakker EJ, et al. 2006. Effects of Free Atmospheric CO_2 Enrichment (FACE). N fertilization and poplar genotype on the physical protection of carbon in the mineral soil of a polar plantation after five years. Biogeosciences, 3:479-487.

Houghton RA, Nassikas AA. 2017. Global and regional fluxes of carbon from land use and land cover change 1850—2015. Global Biogeochemical Cycles, 31:456-472.

Houlton BZ, Marklein AR, Bai E. 2015. Representation of nitrogen in climate change forecasts. Nature Climate Change, 5:398-401.

Huang M, Piao S, Ciais P, et al. 2019. Air temperature optima of vegetation productivity across global biomes. Nature Ecology and Evolution, 3:772-779.

Hurd M, Brach AR, Raynal DJ. 1998. Response of understory vegetation of Adirondack forests to nitrogen additions. Canadian Journal of Forest Research, 28:799-807.

Huxman TE, Smith MD, Fay PA, et al. 2004. Convergence across biomes to a common rain-use efficiency. Nature, 429:651-654.

IPCC. 2001. Climate Change 2001: The Scientific Basis. Cambridge: Cambridge University Press.

IPCC. 2013. Climate Change 2013: The Physical Science Basis. In Contribution of Working Group Ⅰ to the Fifth Assessment Report of the Intergovernmental Panel on Climate Change. Cambridge: Cambridge University Press.

IPCC. 2018. Summary for Policymakers. In: Global Warming of 1.5℃. An IPCC Special Report on the impacts of global warming of 1.5℃ above pre-industrial levels and related global greenhouse gas emission pathways, in the context of strengthening the global response to the threat of climate change, sustainable development, and efforts to eradicate poverty. Cambridge: Cambridge University Press.

Jackson RB, Moone HA, Schulze ED. 1997. A global budget for fine root biomass, surface area, and nutrient contents. PNAS, 94: 7362-7366.

Janssens IA, Dieleman W, Luyssaert S, et al. 2010. Reduction of forest soil respiration in response to nitrogen deposition. Nature Geoscience, 3: 315-322.

Karnosky DF, Pregitzer KS, Zak DR, et al. 2005. Scaling ozone responses of forest trees to the ecosystem level in a changing climate. Plant, Cell and Environment, 28: 965-981.

Kasurinen A, Peltonen A, Holopainen JK, et al. 2007. Leaf litter under changing climate: Will increasing levels of CO_2 and O_3 affect decomposition and nutrient cycling processes. Dynamic Soil, Dynamic Plant, 1: 58-67.

Keenan TF, Baker I, Barr A, et al. 2012. Terrestrial biosphere model performance for inter-annual variability of land-atmosphere CO_2 exchange. Global Change Biology, 18: 1971-1987.

Keenan TF, Hollinger DY, Bohre G, et al. 2013. Increase in forest water-use efficiency as atmospheric carbon dioxide concentrations rise. Nature, 499: 324-327.

Kharouba HM, Ehrlé J, Gelman A, et al. 2018. Global shifts in the phenological synchrony of species interactions over recent decades. PNAS, 115: 5211-5216.

Kleynhans EJ, Otto SP, Reich PB, et al. 2016. Adaptation to elevated CO_2 in different biodiversity contexts. Nature Communication, 7: 12358.

Knapp AK, Beier C, Briske DD, et al. 2008. Consequences of more extreme precipitation regimes for terrestrial ecosystems. BioScience, 58: 811-821.

Knapp AK, Smith MD. 2001. Variation among biomes in temporal dynamics of aboveground primary production. Science, 291: 481-484.

Kroeker K, Kordas R, Cri R, et al. 2013. Impacts of ocean acidification on marine organisms: Quantifying sensitivities and interaction with warming. Global Change Bioliogy, 19(6): 1884-1896.

Kubiske ME, Quinn VS, Marquardt PE, et al. 2007. Effects of elevated atmospheric CO_2 and/or O_3 on intra- and interspecific competitive ability of aspen. Plant Biology, 9: 342-355.

Lambers H, Shane MW, Cramer MD, et al. 2006. Root structure and functioning for efficient acquisition of phosphorus: Matching morphological and physiological traits. Annals of Botany, 98: 693-713.

Langley JA, McKinley DC, Wolf AA, et al. 2009. Priming depletes soil carbon and releases nitrogen in a scrub-oak ecosystem exposed to elevated CO_2. Soil Biology and Biochemistry, 41: 54-60.

LeBauer DS, Treseder KK. 2008. Nitrogen limitation of net primary productivity in terrestrial ecosystems is globally distributed. Ecology, 89: 371-379.

Legge AH, Grünhage L, Noal M, et al. 1995. Ambient ozone and adverse crop response: An evaluation of north American and European data as they relate to exposure indices and critical levels. Journal of Applied Botany, 69: 192-205.

Li F, Bond-Lamberty B, Levis S. 2014. Quantifying the role of fire in the Earth system—Part 2: Impact on the net carbon balance of global terrestrial ecosystems for the 20th century. Biogeosciences, 11: 1345-1360.

Li P, Calatayud V, Gao F, et al. 2016. Differences in ozone sensitivity among woody species are related to leaf morphology and antioxidant levels. Tree Physiology, 36: 1105-1116.

Li P, Feng ZZ, Calatayud V, et al. 2017. A meta-analysis on growth, physiological, and biochemical responses of woody species to ground-level ozone highlights the role of plant functional types. Plant, Cell and Environment, 40: 2369-2380.

Lin D, Xia J, Wan S. 2010. Climate warming and biomass accumulation of terrestrial plants: A meta-analysis. New

Phytologist, 188: 187-198.

Lin YY, Jiang F, Zhao J, et al. 2018. Impacts of O_3 on premature mortality and crop yield loss across China. Atmospheric Environment, 194: 41-47.

Liu ML, Tian HQ. 2010. China's land cover and land use change from 1700 to 2005: Estimations from high-resolution satellite data and historical archives. Global Biogeochemical Cycles, 24: 18.

Liu YW, Piao L, Gasser T, et al. 2019. Field-experiment constraints on the enhancement of the terrestrial carbon sink by CO_2 fertilization. Nature Geoscience, 12(10): 809-814.

Long SP. 2006. Food for thought: Lower-than-expected crop yield stimulation with rising CO_2 concentrations. Science, 312: 1918-1921.

LRTAR Convention. 2015. Draft Chapter Ⅲ: Mapping Critical Levels for Vegetation, of the Manual on Methodologies and Criteria for Modelling and Mapping Critical Loads and Levels and Air Pollution Effects, Risks and Trends.

Lu M, Zhou X, Yang Q, et al. 2013. Responses of ecosystem carbon cycle to experimental warming: A meta-analysis. Ecology, 94: 726-738.

Lu XK, Mo JM, Gilliam FS, et al. 2010. Effects of experimental nitrogen additions on plant diversity in an old-growth tropical forest. Global Change Biology, 16: 2688-2700.

Luo Y, Weng E, Wu X, et al. 2009. Parameter identifiability, constraint, and equifinality in data assimilation with ecosystem models. Ecological Applications, 19: 571-574.

Luo YQ, Hui F, Zhang DQ. 2006. Elevated CO_2 stimulates net accumulations of carbon and nitrogen in land ecosystems: A meta-analysis. Ecology, 87: 53-63.

Luo Y, Su B, Currie WS, et al. 2004. Progressive nitrogen limitation of ecosystem responses to rising atmospheric carbon dioxide. BioScience, 54: 731-739.

Mackey KM, Morris J, Morel MM, et al. 2015. Response of photosynthesis to ocean acidification. Oceanography, 28: 75-91.

Mahowald N, Jickells TD, Baker AR, et al. 2008. Global distribution of atmospheric phosphorus sources, concentrations and deposition rates, and anthropogenic impacts. Global Biogeochemical Cycles, 22: GB4026.

Manderscheid R, Jager H, Kres LW. 1992. Effects of ozone on foliar nitrogen metabolism of *Pinus taeda* L. and implications for carbohydrate metabolism. New Phytologist, 121: 623-633.

McDowell N, Pockman WT, Allen CD, et al. 2008. Mechanisms of plant survival and mortality during drought: Why do some plants survive while others succumb to drought? New Phytologist, 178: 719-739.

McDowell N, Sevanto S. 2010. The mechanisms of carbon starvation: How, when, or does it even occur at all? New Phytologist, 186: 264-266.

McManus KM, Morton DC, Masek JG, et al. 2012. Satellite-based evidence for shrub and graminoid tundra expansion in northern Quebec from 1986 to 2010. Global Change Biology, 18: 2313-2323.

Melillo J, Steudler P, Aber J, et al. 2002. Soil warming and carbon-cycle feedbacks to the climate system. Science, 298: 2173-2176.

Melillo JM, Butler S, Johnson J, et al. 2011. Soil warming, carbon-nitrogen interactions, and forest carbon budgets. PNAS, 108: 9508-9512.

Melillo JM, Frey SD, DeAngelis KM, et al. 2017. Long-term pattern and magnitude of soil carbon feedback to the climate system in a warming world. Science, 358: 101-105.

Mills G, Sharps K, Simpson D, et al. 2018. Ozone pollution will compromise efforts to increase global wheat production. Global Change Biology, 24: 3560-3574.

Moore B, Roaf HE, Whitley E. 1906. On the effects of alkalies and acids, and of alkaline and acid salts, upon growth and cell division in the fertilized eggs of *Echinus esculentus*. A study in relationship to the causation of malignant disease. Proceedings of the Royal Society B: Biological Sciences, 77: 102-136.

Morton AG. 1981. History of Botanical Science. An Account of the Development of Botany from Ancient Times to the Present Day. London: Academic Press.

Myers SS, Zanobetti A, Kloog I, et al. 2014. Increasing CO_2 threatens human nutrition. Nature, 510: 139-142.

Myers-Smith IH, Forbes BC, Wilmking M, et al. 2011. Shrub expansion in tundra ecosystems: Dynamics, impacts and research priorities. Environmental Research Letters, 6: 045509.

Naeem S, Prager C, Weeks B, et al. 2016. Biodiversity as a multidimensional construct: A review, framework and case study of herbivory's impact on plant biodiversity. Proceedings of the Royal Society B: Biological Sciences, 283: 20153005.

Nave LE, Vance ED, Swanston CW, et al. 2010. Harvest impacts on soil carbon storage in temperate forests. Forest Ecology and Management, 259: 857-866.

Neumann T, Eilola K, Gustafsson B, et al. 2012. Extremes of temperature, oxygen and blooms in the Baltic Sea in a changing climate. Ambio, 41(6): 574-585.

Nevison C, Butler JH, Elkins JW. 2003. Global distribution of N_2O and the ΔN_2O-AOU yield in the subsurface ocean. Global Biogeochemical Cycles, 17(4): 1-18.

Ning QS, Gu Q, Shen JP, et al. 2015. Effects of nitrogen deposition rates and frequencies on the abundance of soil nitrogen-related functional genes in temperate grassland of northern China. Journal of Soils and Sediments, 15: 694-704.

Niu S, Classen AT, Dukes JS, et al. 2016. Global patterns and substrate-based mechanisms of the terrestrial nitrogen cycle. Ecology Letters, 19: 697-709.

Niu S, Luo Y, Fei S, et al. 2012. Thermal optimality of net ecosystem exchange of carbon dioxide and underlying mechanisms. New Phytologist, 194: 775-783.

Niyogi D, Pyle P, Wolfe B. 2011. Urban modification of thunderstorms: An observational storm climatology and model case study for the Indianapolis urban region. Journal of Applied Meteorology and Climatology, 50: 1129-1144.

Norby RJ, Cotrufo MF, Ineson P, et al. 2001. Elevated CO_2: Litter chemistry and decomposition: A synthesis. Oecologia, 127: 153-165.

Norby RJ, O'Neill EG. 1991. Leaf area compensation and nutrient interactions in CO_2-enriched seedlings of yellow-poplar (*Liriodendron tulipifera* L.). New Phytologist, 117: 515-528.

Ovaskainen O, Skorokhodova S, Yakovleva M, et al. 2013. Community-level phenological response to climate change. PNAS, 110: 13434-13439.

Pandit MK, Sodhi NS, Koh LP, et al. 2007. Unreported yet massive deforestation driving loss of endemic biodiversity in Indian Himalaya. Biodiversity and Conservation, 16: 153-163.

Parmesan C. 2007. Influences of species, latitudes and methodologies on estimates of phenological response to global warming. Global Change Biology, 13: 1860-1872.

Peng YF, Guo DL, Yang YH. 2017. Global patterns of root dynamics under nitrogen enrichment. Global Ecology and Biogeography, 26: 102-114.

Peng YF, Peng ZhP, Zeng XT, et al. 2019. Effects of nitrogen-phosphorus imbalance on plant biomass production: A global perspective. Plant and Soil, 436: 245-252.

Penner JF, Frank DA. 2019. Litter decomposition in Yellowstone grasslands: The roles of large herbivores, litter quality, and climate. Ecosystems, 22: 929-937.

Peñuelas J, Sardans J, Rivas-Ubach A, et al. 2012. The human-induced imbalance between C, N and P in earth's life system. Global Change Biology, 18: 3-6.

Pettersson R, McDonald AJS, Stadenberg I. 1993. Response of small birch plants (*Betula pendula* Roth.) to elevated CO_2 and nitrogen supply. Plant Cell and Environment, 16: 1115-1121.

Phillips RP, Meier IC, Bernhardt ES, et al. 2012. Roots and fungi accelerate carbon and nitrogen cycling in forests exposed to elevated CO_2. Ecology Letters, 15: 1042-1049.

Piao S, Ciais P, Friedlingstein P, et al. 2009. Spatiotemporal patterns of terrestrial carbon cycle during the 20th century. Global Biogeochemical Cycles, 23: GB4026.

Piao S, Ciais P, Huang Y, et al. 2010. The impacts of climate change on water resources and agriculture in China. Nature, 467: 43-51.

Piao S, Nan H, Huntingford C, et al. 2014. Evidence for a weakening relationship between interannual temperature variability and northern vegetation activity. Nature Communications, 5: 5018.

Piao S, Tan J, Chen A, et al. 2015. Leaf onset in the northern hemisphere triggered by daytime temperature. Nature Communications, 6: 6911.

Picon C, Guehl JM, Ferhi A. 1996. Leaf gas exchange and carbon isotope composition responses to drought in a drought-avoiding (*Pinus pinaster*) and a drought-tolerant (*Quercus petraea*) species under present and elevated atmospheric CO_2 concentrations. Plant Cell and Environment, 19: 182-190.

Pörtner HO, Langenbuch M. 2005. Synergistic effects of temperature extremes, hypoxia, and increases in CO_2 on marine animals: From Earth history to global change. Journal of Geophysical Research, 110: 1-15.

Pörtner HO, Knust R. 2007. Climate change affects marine fishes through the oxygen limitation of thermal tolerance. Science, 315: 95-97.

Potter C, Klooster S, Carvalho CJR, et al. 2001. Modeling seasonal and interannual variability in ecosystem carbon cycling for the Brazilian Amazon region. Journal of Geophysical Research, 106: 10423-10446.

Pretzsch H, Dieler J, Matyssek R, et al. 2010. Tree and stand growth of mature Norway spruce and European beech under long-term ozone fumigation. Environmental Pollution, 158: 1061-1070.

Rabalais NN, Diaz RJ, Levin LA, et al. 2010. Dynamics and distribution of natural and human-caused hypoxia. Biogeosciences, 7: 585-619.

Ramankutty N, Foley JA. 1999. Estimating historical changes in global land cover: Croplands from 1700 to 1992. Global Biogeochemical Cycles, 13: 997-1027.

Redding MR, Shorten PR, Lewis R, et al. 2016. Soil N availability, rather than N deposition, controls indirect N_2O emissions. Soil Biology and Biochemistry, 95: 288-298.

Reich PB, Sendall KM, Stefanski A, et al. 2018. Effects of climate warming on photosynthesis in boreal tree species depend on soil moisture. Nature, 562: 263.

Reich P, Hobbie SE, Lee T, et al. 2006. Nitrogen limitation constrains sustainability of ecosystem response to CO_2. Nature, 440: 922-925.

Ren W, Tian HQ, Tao B, et al. 2011. Impacts of tropospheric ozone and climate change on net primary productivity and net carbon exchange of China's forest ecosystems. Global Ecology and Biogeography, 20: 391-406.

Revelle R, Suess HE. 1957. Carbon dioxide exchange between atmosphere and ocean and the question of an increase of atmospheric CO_2 during the past decades. Tellus, 9: 19-27.

Richards BL, Middleton JT, Hewitt WB. 1958. Air pollution with relation to agronomic crops: V. Oxidant stipple of grape. Journal of the American Society of Agronomy, 50: 559-560.

Richardson L, Loomis J, Kroeger T, et al. 2015. The role of benefit transfer in ecosystem service valuation. Ecological Economics, 115:51-58.

Riebesell U, Schulz KG, Bellerby RGJ, et al. 2007. Enhanced biological carbon consumption in a high CO_2 ocean. Nature, 450(7169):545-548.

Rogers LH, Renzetti NA, Neiburger M. 1956. Smog effects and chemical analysis of the Los Angeles atmosphere. Journal of the Air Pollution Control Association, 6:165-170.

Ross PM, Parker L, O' Connor WA, et al. 2011. The impact of ocean acidification on reproduction, early development and settlement of marine organisms. Water, 3:1005-1030.

Rubey WW. 1951. Geologic history of sea water: An attempt to state the problem. Bulletin of the Geological Society of America, 62:1111-1148.

Sage RF, Kubien DS. 2007. The temperature response of C_3 and C_4 photosynthesis. Plant, Cell and Environment, 30:1086-1106.

Schlesinger WH. 2009. On the fate of anthropogenic nitrogen. PNAS, 106:203-208.

Schlesinger WH, Dietze MC, Jackso RB, et al. 2016. Forest biogeochemistry in response to drought. Global Change Biology, 22:2318-2328.

Seto KC, Guneralp B, Hutyra LR. 2012. Global forecasts of urban expansion to 2030 and direct impacts on biodiversity and carbon pools. PNAS, 109:16083-16088.

Shang B, Feng ZZ, Li P, et al. 2018. Elevated ozone affects C, N and P ecological stoichiometry and nutrient resorption of two poplar clones. Environmental Pollution, 234:136-144.

Shao J, Zhou X, Luo Y, et al. 2016. Uncertainty analysis of terrestrial net primary productivity and net biome productivity in China during 1901—2005. Journal of Geophysical Research: Biogeosciences, 121:1372-1393.

Sherry RA, Zhou X, Gu S, et al. 2007. Divergence of reproductive phenology under climate warming. PNAS, 104: 198-202.

Shi DL, Xu Y, Hopkinson M, et al. 2010. Effect of ocean acidification on iron availability to marine phytoplankton. Science, 327:676-679.

Sitch S, Cox PM, Collins WJ, et al. 2007. Indirect radiative forcing of climate change through ozone effects on the land-carbon sink. Nature, 448:791-794.

Smith NG, Rodgers VL, Brzostek E, et al. 2014. Toward a better integration of biological data from precipitation manipulation experiments into Earth system models. Reviews of Geophysics, 52:412-434.

Smith VH, Tilman GD, Nekola JC. 1999. Eutrophication: Impacts of excess nutrient inputs on freshwater, marine, and terrestrial ecosystems. Environmental Pollution, 100:179-196.

Song W, Deng X, Yuan Y, et al. 2015. Impacts of land-use change on valued ecosystem service in rapidly urbanized North China Plain. Ecological Modelling, 318:245-253.

Sorooshian S, Li JL, Hsu HL, et al. 2011. How significant is the impact of irrigation on the local hydroclimate in California' s Central Valley? Comparison of model results with ground and remote-sensing data. Journal of Geophysical Research: Atmospheres, 116:D06102.

Sperry JS, Love DM. 2015. What plant hydraulics can tell us about responses to climate-change droughts. New Phytologist, 207:14-27.

Spivack AJ, You CF, Smith HJ. 1993. Foraminiferal boron isotope ratios as a proxy for surface ocean pH over the past 21 Myr. Nature, 363:149-151.

Steinacher M, Joos F, Frölicher TL, et al. 2010. Projected 21st century decrease in marine productivity: A multi-model analysis. Biogeosciences, 7(3):979-1005.

Steinbauer MJ, Grytnes J-A, Jurasinski G, et al. 2018. Accelerated increase in plant species richness on mountain summits is linked to warming. Nature, 556: 231-234.

Stevens CJ, Dis NB, Mountford JO, et al. 2004. Impact of nitrogen deposition on the species richness of grasslands. Science, 303: 1876-1879.

Templer PH, Mack MC, Chapin FS, et al. 2012. Sinks for nitrogen inputs in terrestrial ecosystems: A meta-analysis of ^{15}N tracer field studies. Ecology, 93: 1816-1829.

Tenney FG, Waksman SA. 1929. Composition of natural organic materials and their decomposition in the soil: Ⅳ. The nature and rapidity of decomposition of the various organic complexes in different plant materials, under aerobic conditions. Soil Science, 28: 55.

Terrer C, Vicca S, Stocker BD, et al. 2018. Ecosystem responses to elevated CO_2 governed by plant-soil interactions and the cost of nitrogen acquisition. New Phytologist, 217: 507-522.

Thomas RQ, Canham CD, Weathers KC, et al. 2010. Increased tree carbon storage in response to nitrogen deposition in the US. Nature Geoscience, 3: 13-17.

Thompson GB, Woodward FI. 1994. Some influences of CO_2 enrichment nitrogen nutrition and competition on grain yield and quality in spring wheat and barley. Journal of Experimental Botany, 45: 937-942.

Tian DS, Niu SL. 2015. A global analysis of soil acidification caused by nitrogen addition. Environmental Research Letters, 10: 024019.

Tian QY, Liu NN, Bai WM, et al. 2016. A novel soil manganese mechanism drives plant species loss with increased nitrogen deposition in a temperate steppe. Ecology, 97: 65-74.

Treseder KK. 2008. Nitrogen additions and microbial biomass: A meta-analysis of ecosystem studies. Ecology Letters, 11: 1111-1120.

Turetsky MR, Kotowska A, Bubier J, et al. 2014. A synthesis of methane emissions from 71 northern, temperate, and subtropical wetlands. Global Change Biology, 20: 2183-2197.

Usui Y, Sakai H, Tokida T, et al. 2016. Rice grain yield and quality responses to free-air CO_2 enrichment combined with soil and water warming. Global Change Biology, 22: 1256-1270.

van Diepen LTA, Entwistle EM, Zak DR. 2013. Chronic nitrogen deposition and the composition of active arbuscular mycorrhizal fungi. Applied Soil Ecology, 72: 62-68.

van Gestel N, Shi Z, Van Groenigen KJ, et al. 2018. Predicting soil carbon loss with warming. Nature, 554: E4.

Walker MD, Wahren CH, Hollister RD, et al. 2006. Plant community responses to experimental warming across the tundra biome. PNAS, 103: 1342-1346.

Wand SJ, Midgley GF, Jones MH, et al. 1999. Responses of wild C_4 and C_3 grass (Poaceae) species to elevated atmospheric CO_2 concentration: A meta-analytic test of current theories and perceptions. Global Change Biology, 5: 723-741.

Wang C, Liu DW, Bai E. 2018. Decreasing soil microbial diversity is associated with decreasing microbial biomass under nitrogen addition. Soil Biology and Biochemistry, 120: 126-133.

Wang J, Gao YZ, Zhang YH, et al. 2019. Asymmetry in above- and belowground productivity responses to N addition in a semi-arid temperate steppe. Global Change Biology, 25: 2958-2969.

Wang X, Qu L, Mao Q, et al. 2015. Ectomycorrhizal colonization and growth of the hybrid larch F1 under elevated CO_2 and O_3. Environmental Pollution, 197: 116-126.

Waring BG, Averill C, Hawkes CV. 2013. Differences in fungal and bacterial physiology alter soil carbon and nitrogen cycling: Insights from meta-analysis and theoretical models. Ecology Letters, 16: 887-894.

Way DA, Yamori W. 2014. Thermal acclimation of photosynthesis: On the importance of adjusting our definitions and accounting for thermal acclimation of respiration. Photosynthesis Research, 119: 89-100.

Webb WL, Lauenroth WK, Szarek SR, et al. 1983. Primary production and abiotic controls in forests, grasslands, and desert ecosystems in the United States. Ecology, 64: 134-151.

Weltzin JF, Pastor J, Harth C, et al. 2000. Response of bog and fen plant communities to warming and water-table manipulations. Ecology, 81: 3464-3478.

Wieser G, Tegischer K, Tausz M, et al. 2002. Age effects on Norway spruce (*Picea abies*) susceptibility to ozone uptake: A novel approach relating stress avoidance to defense. Tree Physiology, 22: 583-590.

Wittig VE, Ainsworth EA, Long SP. 2007. To what extent do current and projected increases in surface ozone affect photosynthesis and stomatal conductance of trees? A meta-analytic review of the last 3 decades of experiments. Plant Cell and Environment, 30: 1150-1162.

Wu ZP, Dijkstra GW, Peñuelas KJ, et al. 2011. Responses of terrestrial ecosystems to temperature and precipitation change: A meta-analysis of experimental manipulation. Global Change Biology, 17: 927-942.

Xia J, McGuire AD, Lawrenc D, et al. 2017. Terrestrial ecosystem model performance in simulating productivity and its vulnerability to climate change in the northern permafrost region. Journal of Geophysical Research: Biogeosciences, 122: 430-446.

Xiao WP, Wang L, Laws E, et al. 2018. Realized niches explain spatial gradients in seasonal abundance of phytoplankton groups in the South China Sea. Progress in Oceanography, 162: 223-239.

Xing AJ, Xu L, Shen HH, et al. 2019. Long term effect of nitrogen addition on understory community in a Chinese boreal forest. Science of the Total Environment, 646: 989-995.

Xu YS, Fen ZZ, Tarvainen L, et al. 2019. Mesophyll conductance limitation of photosynthesis in poplar under elevated ozone. Science of the Total Environment, 657: 136-145.

Xu ZW, Re HY, Li MH, et al. 2015. Environmental changes drive the temporal stability of semi-arid natural grasslands through altering species asynchrony. Journal of Ecology, 103: 1308-1316.

Xue K, Yuan MM, Shi ZJ, et al. 2016. Tundra soil carbon is vulnerable to rapid microbial decomposition under climate warming. Nature Climate Change, 6: 595-600.

Yamaguchi M, Watanabe M, Matsumura H, et al. 2010. Effects of ozone on nitrogen metabolism in the leaves of *Fagus crenata* seedlings under different soil nitrogen loads. Trees, 24: 175-184.

Yamori W, Hikosaka K, Way DA. 2014. Temperature response of photosynthesis in C_3, C_4, and CAM plants: Temperature acclimation and temperature adaptation. Photosynthesis Research, 119: 101-117.

Yang L, Wang Y, Dong G, et al. 2007. The impact of free-air CO_2 enrichment (FACE) and nitrogen supply on grain quality of rice. Field Crops Research, 102: 128-140.

Yang H, Wu M, Liu W, et al. 2011. Community structure and composition in response to climate change in a temperate steppe. Global Change Biology, 17: 452-465.

Yin J, Bauerle TL. 2017. A global analysis of plant recovery performance from water stress. Oikos, 126: 1377-1388.

Yoshida H, Horie T, Nakazono K, et al. 2011. Simulation of the effects of genotype and N availability on rice growth and yield response to an elevated atmospheric CO_2 concentration. Field Crops Research, 124: 433-440.

Yuan ZY, Chen HHY. 2015. Decoupling of nitrogen and phosphorus in terrestrial plants associated with global changes. Nature Climate Change, 5: 465-469.

Yue X, Unger N, Harper K, et al. 2017. Ozone and haze pollution weakens net primary productivity in China. Atmospheric Chemistry and Physics, 17: 6073-6089.

Zhang D, Hui D, Luo Y, et al. 2008. Rates of litter decomposition in terrestrial ecosystems: Global patterns and controlling factors. Journal of Plant Ecology, 1: 85-93.

Zhang YH, Lu XT, Isbell F, et al. 2014. Rapid plant species loss at high rates and at low frequency of N addition in temperate steppe. Global Change Biology, 20: 3520-3529.

Zhao M, Running SW. 2010. Drought-induced reduction in global terrestrial net primary production from 2000 through 2009. Science, 329: 940-943.

Zhou G, Luo Q, Chen Y, et al. 2018. Effects of livestock grazing on grassland carbon storage and release override impacts associated with global climate change. Global Change Biology, 25: 1119-1132.

Zhou ZH, Wang CK, Zheng MH, et al. 2017. Patterns and mechanisms of responses by soil microbial communities to nitrogen addition. Soil Biology and Biochemistry, 115: 433-441.

Zhu Z, Piao S, Myneni RB, et al. 2016. Greening of the Earth and its drivers. Nature Climate Change, 6: 791-795.

Ziska LH, Hogan KP, Smith P, et al. 1991. Growth and photosynthetic response of nine tropical species with long-term exposure to elevated carbon dioxide. Oecologia, 86: 383-389.

本章作者：牛书丽、冯兆忠、夏建阳、周旭辉、陈保冬、白娥、史大林
指导专家：黄耀、刘鸿雁、朴世龙、黄玫

第 7 章

退化生态系统恢复的理论与技术

摘要：受气候变化和人类活动的双重影响，生态系统群落组成、生物多样性、生态系统功能等发生变化，最终导致生态系统退化甚至消失。将退化或被毁坏的生态系统进行复原，主要包括恢复生物组合、生态过程和结构，使其能够自我维持并得以持续发展的过程即为生态恢复。为受损的生态系统提供恢复和重建的科学依据与方法论，从而实现生态系统有效恢复和可持续发展，是退化生态系统恢复理论与技术的核心，也是恢复生态学的目标。本章回顾退化生态系统恢复理论的诞生与发展历史，并对生态恢复研究文献进行了计量分析；在此基础上，重点阐述恢复生态学核心方向的重大理论、技术进展及存在的主要问题。主要内容包括森林、草地、沙地、湿地、湖泊、海洋及海滨、城市和矿山等退化生态系统在恢复过程中的基础理论、技术方法、研究案例以及存在的主要问题。针对恢复生态学当前面临的挑战，本章从四个方面展望恢复生态学的未来发展：① 生态恢复的关键理论研究，② 生态恢复实践的质量及其可持续发展，③ 生态恢复的社会、政治、文化与生态的耦合，④ 生态恢复作为可持续发展与生态文明建设的基础支撑。最后，本章建议，未来恢复生态学研究应关注三个方面的科学问题：① 恢复生态学的理论体系，② 特殊退化生态系统的恢复，③ 恢复生态学的学科交叉及其对其他学科的重大推动作用。

7.1 引　言

受气候变化和人类活动的双重影响，生态系统群落组成、生物多样性、生态系统功能等发生变化，最终导致生态系统退化甚至完全消失。自工业革命以来，科技的迅速发展和人口的急剧增加造成了城市扩张、海岸侵蚀、采矿活动加剧，大量自然生态系统被垦殖成农业用地、牧场等，这些对生态系统造成了严重破坏。将退化或被毁坏的生态系统进行复原，主要包括恢复生物组合、生态过程和结构，使其能够自我维持并得以持续发展的过程即为生态恢复。生态恢复是在一定程度上重建一个自组织的生态系统，进而达到逐渐恢复的目的。为了修复和恢复生态系统，科技人员借鉴生态学的概念，在理解生态干扰模式的基础上开展生态恢复工作，并致力于研究生态恢复的科学原理和技术，使其在生态恢复实践中发挥重要作用。

生态恢复理论与技术的核心是为受损的生态系统提供恢复和重建的科学依据与方法论，实现生态系统有效恢复和可持续发展，这也是恢复生态学的目标。恢复生态学是生态学理论与技术的综合,并在检验和发展生态学理论的基础上,致力于构建相对完整的理论体系。

目前有以下三种代表性学术观点:① 强调受损生态系统恢复的理想状态。经典生态学中,干扰被认为是影响群落结构和演替的重要因素。干扰打破了原有健康生态系统的平衡状态,改变了系统的结构和功能,从而导致生态系统退化。而使一个受损生态系统的结构和功能恢复到受干扰前状态的过程即为生态恢复。② 强调其应用生态学过程。生态恢复是研究生态系统退化的原因、退化生态系统恢复与重建的技术与方法、过程与机理的科学。③ 强调生态系统整合性恢复。国际生态恢复学会(Society for Ecological Restoration,SER)提出:生态恢复是修复被人类损害的原生生态系统的多样性及动态的过程,是维持生态系统健康发展及不断更新的过程,是协助研究生态整合性的恢复和管理过程的科学。生态整合性包括生物多样性、生态过程和结构、区域及历史情况、可持续的社会实践等内容。上述三种学术观点虽有所不同,但均认为,恢复生态学旨在研究人为干预、修复或重建受干扰(退化或受损)生态系统的理论与技术,并且针对特定的生态系统和退化程度,其恢复过程的手段和目标也有差异。

开展退化生态系统恢复,需首先明确如下科学问题:导致生态退化的原因是什么?为什么要进行生态恢复,以及什么样的生态系统需要恢复?生态恢复的对象和主题是非生物环境还是生命系统?如何进行生态恢复?退化生态系统恢复与重建的关键技术有哪些?生态恢复的尺度是什么?不同时空尺度采用何种生态恢复技术与方法?如何判定生态恢复的作用与效果?退化生态系统恢复的主要内容包含物种、种群、群落、生态系统、景观等多个层面的基础理论与应用技术,研究对象涵盖森林、草地、沙地、湿地、湖泊、海洋、城市和矿山等生态系统。

在基础理论方面,恢复生态学主要研究:生态系统结构以及内在的生态学过程与相互作用机制;生态系统的生产力、多样性、稳定性、抗逆性、恢复力与可持续性;先锋与顶极生态系统发生、发展机理与演替规律;不同干扰条件下,生态系统的受损过程及其受到的影响和反馈机制;生态系统退化的诊断及评价指标体系;生态系统退化过程的动态监测、模拟、预警及预测;生态系统健康的维持机理、保护对策及可持续管理等。在应用技术研究方面,恢复生态学主要研究:退化生态系统的恢复与重建的关键技术体系;生态系统结构与功能的优化配置、重构及调控技术;物种、生态系统与景观多样性的恢复与维持技术;生态工程设计与实施技术;环境规划与景观生态规划技术;典型退化生态系统恢复的优化模式试验示范与推广等。

7.2　历史回顾

退化生态系统恢复的基本理念的产生可追溯至农业文明,在人类改造和利用自然的过程中,同时伴随对自然环境的负面影响。长期的工业污染、大规模的森林砍伐以及将大范围的自然生境逐渐转变成农业和工业景观,形成了以生物多样性低、功能下降为特征的退化生态系统。早在 1935 年,第一个高草草原(tallgrass prairie)修复工程在美国威斯康星大学的一个植物园里启动,并创建了第一个高草修复物种清单。同年,在澳大利亚新南威尔士州北部一个公园保护区,修复了约 2 hm^2 的低地热带雨林(lowland tropical rainforest),清除杂草和种植合适的本土植物是当时主要的修复方法。至 20 世纪 50—60 年代,全球范围内的资源过度开发引发了严重的生态危机,欧洲和北美陆续开展了一系列的工程与生物相结合的措施对已破坏的环境进行修复。生态恢复的理念由此产生,并逐渐成为生态学界乃至政府部门关注的焦点。

7.2.1 退化生态系统恢复理论的诞生与发展

退化生态系统恢复理论体系始于 20 世纪后期。1980 年,J. Cairns 主编了 *The Recovery Process in Damaged Ecosystem* 一书,探讨了受损生态系统及其恢复过程中的重要生态学理论和应用等问题。1985 年,国际生态恢复学会成立。同年,J. D. Aber 和 W. R. Jordan 两位英国学者于威斯康星大学首次提出了"恢复生态学"这一术语,并于 1987 年出版了恢复生态学研究专辑 *Restoration Ecology: A Synthetic Approach to Ecological Research*,详细介绍了栖息地生态恢复的科学理论与实践方法。

从生态系统恢复理论诞生至今,走过了从生态恢复实践、恢复生态学理论诞生到学科方兴未艾的发展历程。从 20 世纪 90 年代开始,该理论得到逐步完善,应用技术也随之在最近十余年的时间得到快速发展,且越来越强调自然恢复与社会、经济、人文的耦合。1993 年,恢复生态学专业杂志 *Restoration Ecology* 创刊,开始发表关于陆地、海洋和淡水系统生态恢复的实验观测和理论研究论文。1997 年,*Science* 设专栏讨论生态恢复在当今生态学研究领域的发展、作用和前景,肯定了恢复生态学的理论和实践在遏制因土地退化而出现的生物多样性急剧下降及恢复生物多样性中的作用,认为生态恢复必将为人们提供组建生态群落和认识生态系统功能动态的途径。同年,K. Urbanska 等出版了 *Restoration Ecology and Sustainable Development* 一书,论证了生态恢复和可持续发展的关系,并把可持续发展纳入该理论体系。

进入 21 世纪以来,退化生态系统恢复的理论体系得到更全面的发展。2000 年召开的第 12 届国际恢复生态学大会,强调对栖息地所有方面进行更深入理解,并强调"以创新理论深入推进恢复生态学的自然与社会实践"。第 15 届国际恢复生态学大会则将"生态恢复、设计与景观生态学"定为会议主题,强调生态恢复应归类于设计领域,是人类有意识地改变景观,但又要使物理设计不违背基本的生态学原则和生态学规律。第 18 届国际恢复生态学大会以"变化世界中的生态恢复"为主题,重点讨论了全球变化、生物入侵、生物多样性以及与人类可持续发展有关的农业、草地、湿地、森林的生态恢复问题,标志着恢复生态学的理论体系与全球热点研究领域相衔接。此外,每两年一次的国际生态恢复学会(SER)大会对推动各国生态恢复的理论与技术方法研究也起到了积极作用。特别是 2013 年第 5 届 SER 大会以"回顾过去,引领未来"为主题,强调人类要建立富有弹性的生态系统,向人类实现可持续发展迈进。2019 年召开的第 8 届 SER 大会发布了《国际生态恢复实践原则和标准》(第二版),旨在推动和规范全球生态恢复项目的实施。

我国是较早开展生态恢复实践的国家之一。从 20 世纪 50 年代开始,我国就对退化生态系统进行了长期定位观测实验和综合整治研究。1959 年,余作岳等在广东开展了热带沿海台地退化生态系统的植被恢复技术与机理研究。60年代初，任继周等在甘肃开展退化草原的恢复研究工作。70年代末，我国开始实施“三北”防护林工程建设，并于1979年把这项工程列为国家经济建设的重要项目。80年代开始，实施长江、沿海防护林工程建设等，并在农牧交错区、风蚀水蚀区、干旱荒漠区、滨海湿地等生态脆弱区开展了生态恢复重建研究与试验示范。我国陆续实施的若干生态恢复措施，特别是最具代表性的十大生态工程，不仅恢复了我国的生态环境，而且增强了系统抵御灾害的能力，改善了人民的生存环境（彭少麟等，2020）。

综上所述，退化生态系统的恢复作为全球最受关注的领域之一，其与自然资源管理、对气候变化的响应、生物多样性保护、环境政策制定以及全球的可持续发展密切相关（彭少麟等，2013）。基于生态学理论与技术的有机结合，退化生态系统的恢复综合了生态学、环境科学、经济学、社会学以及政治学，还包括农学、林学、草地学、湿地学、海洋学等学科的研究方法，是多学科交叉的领域（Perring et al.，2015），不仅对生态系统生产力的提高，也对改善区域环境，特别是未来环境变化的条件下，有效地维持生态系统的适应和恢复能力，都具有重大的现实意义。

7.2.2 生态恢复研究文献计量分析

利用Web of Science核心数据资源，对1997—2019年20年间生态恢复研究的SCI收录论文进行了统计分析，最终共检索到文献13 816篇。国际上该领域的发文量自2001年至今呈指数增长，到2019年增加了10倍（图7-1）。我国发文量的发展趋势基本与世界趋势一致，自2011年以来增长较快。从整体发文数量上来看，我国科学家发文占全球总发文量的22%（1997—2019年）。从论文涉及的学科领域来看（图7-2），主要集中在生态学、环境科学、生物多样性保护、水资源学、林学、海洋淡水生物学、环境工程学和植物科学等领域，其中

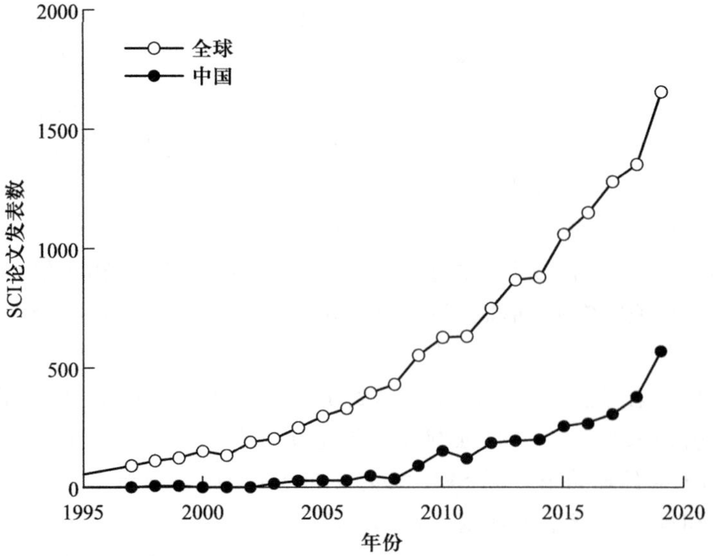

图7-1 我国与全球有关生态恢复的SCI论文数量变化情况（1997—2019年）

生态学和环境科学占总发文量的一半以上。从出现频次居前10位的关键词来看(表7-1),依次是生态恢复(ecological restoration)、恢复(restoration)、生物多样性(biodiversity)、生态系统服务(ecosystem services)、气候变化(climate change/s)、保护(conservation)、湿地(wetland/s)、河流恢复(river restoration)、恢复生态学(restoration ecology)和富营养化(eutrophication)。章末列出了在退化生态系统恢复的理论与技术研究方向的经典文献。

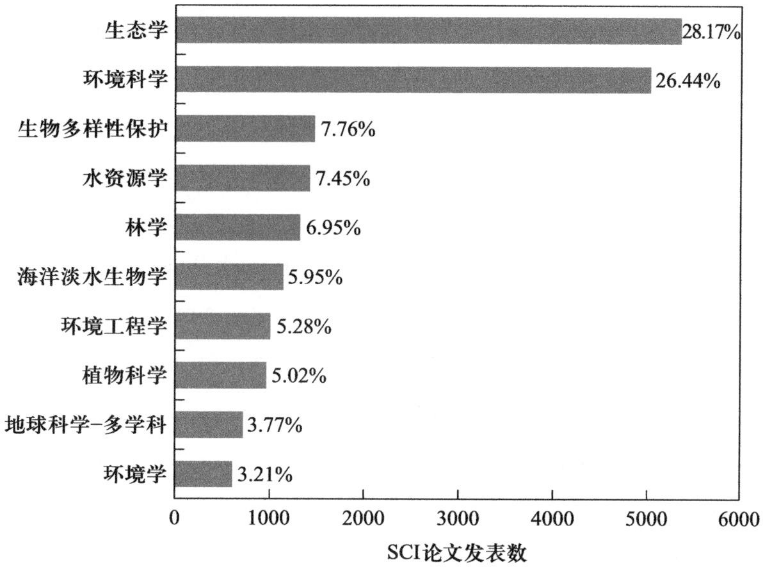

图7-2 生态恢复相关SCI论文涉及的主要学科领域

表7-1 生态恢复相关SCI论文出现频次最多的前50个关键词

序号	关键词	频次	序号	关键词	频次
1	生态恢复(ecological restoration)	1359	13	干扰(disturbance)	163
2	恢复(restoration)	1339	14	入侵种(invasive species)	162
3	生物多样性(biodiversity)	446	15	森林恢复(forest restoration)	159
4	生态系统服务(ecosystem services)	359	16	恢复力(resilience)	157
5	气候变化(climate change/s)	353	17	演替(succession)	155
6	保护(conservation)	315	18	管理(management)	152
7	湿地(wetland/s)	289	19	生态系统功能(ecosystem function/s/ing)	143
8	河流恢复(river restoration)	232	20	适应性管理(adaptive management)	142
9	恢复生态学(restoration ecology)	197	21	草地(grassland/s)	128
10	富营养化(eutrophication)	185	22	遥感(remote sensing)	128
11	监测(monitoring)	184	23	栖息地重建(rehabilitation)	127
12	水质(water quality)	174	24	植被恢复(revegetation)	127

续表

序号	关键词	频次	序号	关键词	频次
25	物种丰富度(species richness)	120	40	湿地恢复(wetland restoration)	93
26	栖息地恢复(habitat restoration)	117	41	鱼类(fish)	91
27	植被(vegetation)	112	42	人工造林(reforestation)	91
28	生态系统恢复(ecosystem restoration)	110	43	生物多样性保护(biodiversity conservation)	90
29	大型无脊椎动物(macroinvertebrate/s)	110			
30	河流(river/s)	109	44	森林管理(forest management)	90
31	多样性(diversity)	107	45	植被恢复(vegetation restoration)	89
32	火(fire)	106	46	《水资源管理框架指导方针》(Water Framework Directive)	88
33	磷(phosphorus)	106			
34	可持续性(sustainability)	106	47	生态系统管理(ecosystem management)	87
35	中国(China)	105	48	水文学(hydrology)	87
36	地理信息系统(GIS)	105	49	连接(connectivity)	86
37	生态工程(ecological engineering)	101	50	社会-生态系统(social-ecological system/s)	86
38	土地利用(land use)	101			
39	黄松(ponderosa pine)	94			

7.3 核心方向的重大进展及存在的主要问题

7.3.1 森林生态系统恢复的重大进展及存在的主要问题

联合国环境规划署的调查表明,人类活动的干扰已导致全球超过50亿 hm^2 的植被土地发生退化,这使全球43%的陆地植物生态系统的服务功能受到了影响。《2018年世界森林状况》报告指出,在全球范围内,森林面积的净损失已从20世纪90年代的0.18%下降到2013年的0.08%。不过,情况好坏参半,虽然欧洲的森林覆盖率有所增加,但东南亚的情况不容乐观。这一结论与世界自然基金会2015年发布的报告相吻合,该报告认为,2010—2030年,超过80%的森林砍伐很可能发生在11个地方,包括加里曼丹岛、大湄公河地区和亚马孙地区在内的"毁林前线"。世界自然基金会预测,如果亚马孙地区的森林砍伐速率继续不变,到2030年,该区域超过1/4的森林将丧失殆尽(彭少麟等,2020)。我国的森林生态系统退化也很严重,根据第九次全国森林资源清查(2014—2018年),我国的森林面积占国土陆地面积的22.96%。近年来虽然在退化林修复方面做了很多工作,但仍然有很大比例的退化森林(彭少麟等,2020)。当然,仅仅是增加森林覆盖面积比例,并不是森林生态恢复的唯一目标，在某些情况下，增加树木覆盖可能会增加火灾风险，减少供水，并造成野生动物对农作物的破坏。因此，我们需要将生态恢复视为一种系统工程，利用现有的最佳空间信息，确定最有益和可行的恢复结果相交的区域（Chazdon and Brancalion，2019）。

由于森林生态系统在维护生物多样性、保持区域生态平衡上具有极其重大的意义，退化森林生态系统的恢复成为区域可持续发展的关键领域（Ma et al.，2016；Payeur-Poirier and Nguyen，2017）。一方面，退化森林的恢复具有重要的社会经济效益。从森林自身特性出发，种植和构建适宜当地的林分结构，建立"接近自然"（close to nature）的生态恢复理念，从而实现可持续发展（Stone，2009）。其中经济的平衡发展成为重要的方向，例如，针对热带森林退化的恢复措施展开研究后表明，景观尺度的恢复更有利于减轻当地的贫困（Lamb et al.，2005）。另一方面，退化森林的恢复具有重要的生态效益。人类活动对资源环境过度影响，导致全球变化加剧，而生态恢复却成为人类活动具有正效应的行为。生态恢复通过影响全球碳库动态、生物地球化学循环进而影响人类的生存环境（Couic et al.，2018；Patil et al.，2014）。广东省植被恢复对碳平衡效应的研究表明，植被恢复在增加碳汇上具有重大作用（Peng et al.，2009a）。

（1）森林生态系统恢复的理论基础

能否高效地恢复与重建森林植被，取决于对动态原则理解的程度。成功的人工森林植被或生态系统都是在深入认识生态原则和动态原则基础上，顺应演替规律，模拟自然植被或生态系统的产物。因此，退化森林生态系统的恢复与重建的理论基础是依据自然演替过程中不同演替阶段的代表性群落及其种类组成，构建生态恢复参照系（Peng et al.，2010）。退化生态系统生态恢复参照系的建立，必须基于对同类生态系统的动态过程，特别是演替系列的各个代表性阶段及其物种组成的完整理解。通过完整地研究森林生态系统的演替过程，可以揭示该生态系统类型从早期演替阶段开始，经过一系列的中间演替群落，最终形成相对稳定的地带性气候顶极群落的过程，从而建立区域森林植被生态恢复参照系。

森林演替是一个动态过程，是一些树木取代另一些树木，一个森林群落取代另一个森林群落的过程。在自然条件下，森林的演替总是遵循客观规律，从先锋群落经过一系列演替阶段而形成中生顶极群落，通过不同的途径向着气候顶极和最优化森林生态系统演替（彭少麟，1996）。例如，在我国南亚热带地区，马尾松（或其他松属植物）或其他先锋种群在荒地具有高的生物活力并生长很快，但成林后结构简单，盖幕作用小，透光率大，其林地高温低湿且昼夜温差较大。不过，它的生长可为阔叶阳性树种［如锥栗（*Castanea henryi*）、木荷（*Schima superba*）、黧蒴锥（*Castanopsis fissa*）等］提供较好的环境，这些阳性树种入侵先锋林地并生长良好，林内盖幕作用和荫蔽条件增加。这导致先锋种群不能自然更新而消亡，但中生树种和耐阴树种［如厚壳桂（*Cryptocarya chinensis*）、黄果厚壳桂（*C. concinna*）、云南银柴（*Aporosa yunnanensis*）、柏拉木（*Blastus cochinchinensis*）等］却因有了合适的生境而发展起来，群落更为复杂，阳性树种也渐渐消亡，群落趋于以中生树种为优势的接近气候顶极的顶极群落（表 7-2）。在这一过程中，不同演替阶段的种类结构与组成是不同的。处于演替早期阶段的种类，不会在演替的后期阶段出现；反之亦然。

这一演替过程可以用马尔可夫演替模型（Markovian model of succession）来进行量化描

述,并得到如表7-3和表7-4的结果。这实际上给出了这一地带的生态恢复参照系,退化生态系统的森林植被恢复与重建,完全可以依据其演替发展的一般规律,人为地进行种类构建,有效地进行退化生态系统的植被恢复;在生态恢复管理过程中,可依据客观规律,人为地进行林分改造,加速群落向顶极群落类型的演变。实践中应用这一参照系指导植被造林与林分改造获得很大成功(Peng et al.,2010)。

表7-2 南亚热带森林群落演替过程(彭少麟等,2020)

演替阶段	第一阶段	第二阶段	第三阶段	第四阶段	第五阶段	第六阶段
群落特征	针叶林(或其他先锋种群)	以针叶树种为主的针阔叶混交林	以阳性阔叶树种为主的针阔叶混交林	以阳性植物为主的常绿阔叶林	以中生植物为主的常绿阔叶林	中生群落(顶极群落)

表7-3 我国南亚热带森林群落演替过程种群结构变化

林龄/a	0	25	50	75	100	125	150	175	200	…	∞
马尾松等先锋种群占比/%	90	27	7	3	1	0	0	0	0	…	0
锥栗、木荷等阳性种群占比/%	10	62	55	39	28	15	10	7	5	…	4
厚壳桂、黄果厚壳桂等占比/%	0	11	38	58	71	85	90	93	95	…	96

表7-4 我国南亚热带森林群落不同演替阶段的时间划分

林龄/a	0	0~25	25~50	50~75	75~150	150~∞
演替阶段	马尾松等先锋种群	以针叶乔木为优势的针阔叶常绿混交林	以锥栗、木荷等阳性阔叶常绿树为优势的针阔叶常绿混交林	以锥栗、木荷等阳性树种为优势的常绿阔叶林	以厚壳桂、黄果厚壳桂等耐阴植物为优势的常绿混交林	中生常绿阔叶林

生态恢复参照系有自我设计与人为设计两种理论。自然生态系统的恢复通常以自我设计理论为依据,依赖生态系统的自然演替过程(Benson et al.,2018;Mitsch and Mander,2017);而人工生态系统的恢复则主要以人为设计理论为依据(Mayer-Pinto et al.,2017;Gazendam et al.,2016)。事实上,两者也没有严格的界限,人工生态系统的恢复设计必须依据自然演替的进程;而通过工程方法和植物改造,也可以加速自然生态系统恢复的时间进程。

生态恢复参照系的构建对退化生态系统的自然恢复与人工恢复均有重要意义。对于退化生态系统的自然恢复而言,生态恢复参照系有两方面的意义:首先,生态恢复参照系是生态系统恢复的基础,也是自然生态恢复管理的依据;其次,自然生态恢复过程可以依据生态恢复参照系进行生态系统组分改造,或种类组成改造,加速自然恢复的进程。对于退化生态系统的人工恢复而言,生态恢复参照系也有两方面的意义:首先,人工恢复的过程与框架设计需要依据生态恢复参照系,只有符合自然规律的设计才是高效的;其次,退化生态系统恢复与重建的启动需要依据生态恢复参照系,特别是物种组成的构建,必须以参照系中早期演替阶段的物种组成为依据(图 7-3)。

(2) 森林生态系统恢复的技术体系

生态恢复的基本技术体系主要涉及三方面内容:水、土、气等非生物环境因素的恢复技术,物种、种群和群落等生物因素的恢复技术,生态系统与景观的结构及功能的总体规划与组装技术。技术体系的详细介绍见表 7-5。

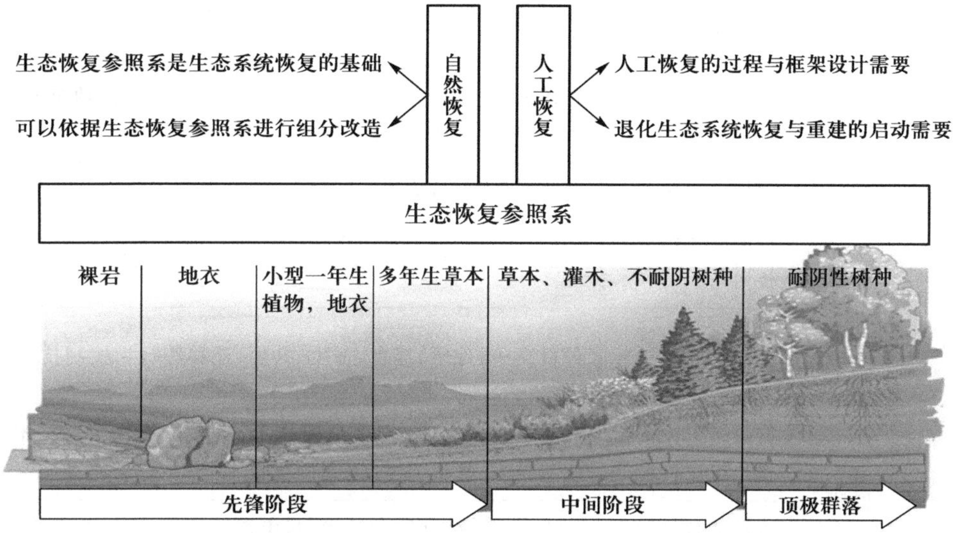

图 7-3 生态恢复参照系对退化生态系统的自然恢复与人工恢复的意义(见书末彩插)

表 7-5 退化生态系统恢复与重建的技术方法体系(彭少麟等,2020)

恢复类型	恢复对象	技术体系	技术类型
非生物环境因素	土壤	土壤肥力恢复技术	少耕、免耕技术,绿肥与有机肥施用技术,生物培肥技术[如微生物活性剂(EM)技术],化学改良技术,聚土改土技术,土壤结构熟化技术
		水土流失控制与保持技术	坡面水土保持林草技术,生物篱笆技术,土石工程技术,等高耕作技术,复合农林业技术
		土壤污染控制与恢复技术	土壤生物自净技术,施加抑制剂技术,增施有机肥技术,移土客土技术,深翻埋藏技术,废弃物的资源化利用技术
	大气	大气污染控制与恢复技术	新兴能源替代技术,生物吸附技术,烟尘控制技术
		小气候控制技术	可再生能源技术,温室气体的固定和转换技术(如利用细菌、藻类),无公害产品的开发与生产技术,土地优化利用与覆盖技术

续表

恢复类型	恢复对象	技术体系	技术类型
非生物环境因素	水体	水体污染控制技术	物理处理技术（如加过滤剂、沉淀剂），化学处理技术，生物处理技术，氧化塘技术，水体富营养化控制技术
		节水与保水技术	地膜覆盖技术，集水技术，节水灌溉（渗灌、滴灌）技术，小水库、谷坊、鱼鳞坑等保水技术
生物因素	物种	物种选育与繁殖技术	基因工程技术，种质库技术，野生生物种的驯化技术
		物种引入与恢复技术	先锋种引入技术，土壤种质库引入技术，乡土种种苗库重建技术，天敌引入技术，林草植被再生技术
	种群	物种保护技术	就地保护技术，迁地保护技术，自然保护区分类管理技术
		种群动态调控技术	种群规模、年龄结构、密度、性比例等调控技术
		种群行为控制技术	种群竞争、他感、捕食、寄生、共生、迁移等行为控制技术
	群落	群落结构优化配置与组建技术	林灌草搭配技术，群落组建技术，生态位优化配置技术，林分改造技术，择伐技术，透光抚育技术
		群落演替控制与恢复技术	原生与次生快速演替技术，封山育林技术，水生与旱生演替技术，内生与外生演替技术
生态系统与景观	结构及功能	生态评价与规划技术	土地资源评价与规划，环境评价与规划技术，景观生态评价与规划技术，4S[遥感（RS）、地理信息系统（GIS）、全球定位系统（GPS）和环境科学（ES）]辅助技术，生态物联网
		生态系统组装与集成技术	生态工程设计技术，景观设计技术，生态系统构建与集成技术
		生态系统间链接技术	生物保护区网络，城市农村规划技术，流域治理技术

由于新技术的发展，例如宏观的3S技术和微观生物技术，加上传统的分析方法也不断被发掘和应用于生态恢复的研究中，退化生态系统恢复与重建的技术方法体系还在不断地发展和完善。

由于森林生态系统恢复与重建的时间非常长，一般要几十年至几百年，因此，通过进行生态调查，弄清楚地带性森林植被的演替过程，从而确定生态恢复参照系尤为重要（Mudrak et al.，2016；Lawes et al.，2017；Manrique-Hernandez et al.，2016）。在此基础上可以确定森林退化的阶段，为制定生态恢复与重建的目标、原则和方案奠定重要的基础。森林在不同退化阶段具有不同的种类组成，据此可进一步选定启动生态恢复的先锋种与相关技术（Lao et al.，2020；Pang et al.，2018）。

（3）森林生态系统恢复的生态环境效益

不同类型的退化生态系统的生态恢复目标有所不同，而退化森林生态系统恢复的最主要目标是提高森林生态系统的服务功能，通过增加生态效益促进区域良性生态平衡（Wang et al.，2016；Keesstra et al.，2018）。退化森林生态系统的恢复与重建实践表明，森林的生态恢复产生了重大的生态、环境、经济和社会效益（Lin et al.，2020；Shrestha and Mehmood，2018；Martin and Lyons，2018）。由于篇幅关系，本小节仅就生态和环境效益进行论述。

1）生态效益

退化森林生态系统恢复的生态效益首先表现在林地生物量积累上。退化森林生态系统在消除干扰因子后，其林地生境得以改善，林地生物量得到很大发展。例如，在热带亚热带退化生态系统上进行植被生态恢复，由于有良好的光、温、水等条件，只要选用合适的植物种类，植被就能快速恢复。鹤山亚热带退化草坡构建的 7 年林龄的人工林，其现存量已达 100～150 $t \cdot hm^{-2}$，已达到鼎湖山地带性自然林面积的 1/4～1/3，而且恢复积累速度非常快（彭少麟，2007）（图 7-4）。

图 7-4 鹤山亚热带退化草坡与小良热带极度退化地的森林重建。（a）鹤山亚热带退化草坡；（b）鹤山亚热带植被重建；（c）小良热带侵蚀光板地；（d）小良热带植被重建（彭少麟，2007）

退化森林生态系统恢复的生态效益最显著的表现是随着恢复时间的延长，林地生物多样性增加。首先是植物多样性的恢复，同时促进生态系统动物多样性和微生物多样性的发展(Crouzeilles et al.,2016)。热带亚热带退化生态系统进行人工植被恢复后，植物多样性也快速增加。森林植被恢复过程中，植被的光能利用率不断增加，促进了林地生物量的积累和初级生产力的增加，进而提高了森林植被的功能强度(Peng et al.,2003)。

2）环境效益

退化森林生态系统恢复除了提高生态效益，也有利于环境健康，主要包括控制水土流失、改善土壤理化性质和改善小气候等方面。

控制水土流失：在导致生态系统退化的因素中，与植被破坏相伴而来的水土流失是最主要的。因此，植被恢复后水土保持就成为森林生态效应的重要指标之一。森林植被恢复后，林地有较复杂的地下根系和更多的地表凋落物覆盖，能有效地控制土壤侵蚀(Ebabu et al., 2019;Rangel et al.,2019)。

改善土壤理化性质：改善土壤结构是森林植被恢复的重要效应。地被物的增加、植物根系的发展以及土壤动物和土壤微生物的活动，使土壤结构明显改善。林地生态恢复也可以提高土壤肥力。在热带亚热带地区，林地凋落物输入量的增加有利于土壤养分的累积(Liu et al.,2004,2006)。

改善小气候：改善小气候是恢复退化生态系统、提高生态服务功能的重要体现。林地恢复形成了林内抗逆性较高、波动性较小的小气候，并影响周围的环境。例如，小良定位站植被恢复前后的温度效应就非常明显，年平均气温：混交林<光板地；温度变幅：光板地>混交林。年平均湿度：混交林(87.3%)>桉树林(85.5%)>光板地(83.2%)(Peng et al.,2003)。

提高固碳能力：森林具有重要的碳汇功能，为缓解大气二氧化碳浓度升高做出重要贡献。退化森林的植被恢复极大地提高了其自身的固碳能力。研究表明，造林过程中土壤碳含量会呈现先下降后随林龄增加而缓慢升高的趋势，但整体森林生态系统的固碳量一直增加(Paul et al.,2002;Wang et al.,2013)。1979 年，广东省的森林覆盖率为 26%；通过植被的生态恢复与重建，到 1998 年增加到 53%。通过森林植被生物量的增长，广东省森林每年固定的碳为工业碳排放量的一半以上(Peng et al. ,2009a)。另外，不同生物多样性水平的森林在保护环境、减缓气候变化中所起的作用具有明显差异，种植多物种混交林能实现保护生物多样性和减缓气候变化双赢的效果(Huang et al.,2018)。特别需要指出的是，植被的生态恢复不仅能够缓解二氧化碳浓度升高，也对缓解温度上升、紫外线增加和生物多样性减少等具有重要意义。

总之，森林植被恢复中，森林发展产生的功能过程对林地土壤、森林水分、林地小气候等均产生比较高的生态学效应。植被恢复的生态效应不但影响林地本身，也影响周围的环境，进而对区域和全球的生态平衡有所贡献。

7.3.2 草地生态系统恢复的重大进展及存在的主要问题

世界草地总面积为 52.5 亿 hm^2，约占地球陆地总面积的 40.5%(White et al.,2000)。草地主要分布在干旱和半干旱地区，其面积约占干旱和半干旱区总面积的 88%，养育了近

20%的世界人口(Reynolds and Smith,2002;Asner et al.,2004)。但是,随着全球工业化进程的加速,草地生态系统面临着有史以来最为严重的威胁,其最显著的特点就是草地利用方式的改变与利用强度的增加所导致的草地大面积退化。据报道,退化的草地遍布北美洲、欧洲、亚洲、南美洲、大洋洲和非洲,主要表现为:草地生态系统生产力显著降低、生物多样性下降、毒草入侵、风蚀沙化等。为了恢复退化的草地生态系统,国内外的生态学家开展了大量的理论研究和实践探索,取得一些进展,本节就此方面的工作综述如下。

(1) 草地生态系统恢复的理论基础

草地生态系统的退化原因主要是人类活动干扰(如过度放牧)导致草地生态系统的养分循环和能量流动不能自我维持,进而影响了草地生态系统的生产和生态功能。因此,草地生态系统恢复的理论可以分为草地管理理论和草地政策理论两个方面。草地管理理论主要包括中度干扰假说、放牧优化假说以及放牧促进/减缓养分循环假说;草地政策理论主要包括草地农业系统理论和草牧业“以小保大”理论。

1) *中度干扰假说与放牧优化假说*

天然草地合理利用强度、生物多样性保护和生态系统功能与服务维持机制研究主要受两个假说的影响,即中度干扰假说(intermediate disturbance hypothesis)和放牧优化假说(grazing optimization hypothesis),这两个假说被认为是多样性恢复和生产力恢复的重要理论依据。中度干扰假说认为,生物多样性在中度干扰下最高(Connell,1978)。放牧优化假说认为,草地初级生产力先随着放牧强度的增加而增加,在中等放牧强度下达到最高,即经过优化的放牧强度可以潜在地增加草地的初级生产力(McNaughton,1979)。近年的研究表明,在环境条件较好的半干旱草原,植被组成对牧压梯度的响应呈非线性,具有明显的生态阈值,支持中度干扰假说的预测;而对于环境条件较严酷的干旱草原,则不支持该假说(Sasaki et al.,2008)。放牧优化假说强调适宜的放牧强度。对于家畜放牧系统,研究表明,放牧对草地生态系统功能的影响主要受适宜的载畜率、放牧时间、家畜分布(饮水点距离、地形条件)、放牧系统类型(连续放牧、轮牧、延迟放牧、季节性休牧)等管理措施影响(Holechek et al.,2002)。基于上述理论和关键影响因子,以美国为代表的北美国家提出,依据草地地上净初级生产力,将“利用一半、留下一半”作为草地的适宜利用强度(Holechek et al.,2002)。

2) *放牧促进/减缓养分循环假说*

草地的养分循环是生态系统功能和服务形成与维持的基础(Heady and Child,1994)。有关放牧对生态系统养分循环的作用机理主要有两种假说,即放牧促进养分循环假说(accelerating nutrient cycling hypothesis)和放牧减缓养分循环假说(decelerating nutrient cycling hypothesis)。放牧促进养分循环假说认为,放牧加快了富含营养的耐牧植物的组织丧失速率,而这类植物则通过高养分吸收速率、高相对生长速度和组织中的高养分浓度,对放牧做出补偿性响应。这种变化加速了凋落物的分解和养分周转,提高了生态系统的养分供给速率。而这种较高的养分供给速率更有利于这些耐牧植物同其他物种竞争。因而,放牧通过这种正反馈机制增加了植物群落地上初级生产力,加速了生态系统的养分循环速率

(McNaughton,1985;McNaughton et al.,1997;Ritchie et al.,1998)。放牧减缓养分循环假说则认为,食草动物对富含营养组织的选择性采食导致那些组织中养分含量低或者含有次生代谢产物的植物在群落中占优势,这些植物的凋落物分解速率慢,降低了生态系统养分的周转速率和可利用性。因而,通过负反馈作用,放牧降低了地上初级生产力和养分循环速率(Tilman,1988;Bryant et al.,1991;Wilson and Agnew,1992;Ritchie et al.,1998)。

3) 草地农业系统理论

草地农业生态系统是在自然生态系统的基础上发展起来的,通过其产业特征和产品属性,可以将草地农业生态系统归纳为四个生产层:前植物生产层、植物生产层、动物生产层和后生物生产层。各生产层之间物质的转换与能量的流动、产品和服务的形成、能量的输入与产出、基本要素间的耦合与调控等过程共同决定草地农业生态系统的"社会收益"(任继周,2012)。草地农业系统理论从系统论的角度为草地恢复和可持续利用提供了方法论上的指导。

4) 草牧业"以小保大"理论

方精云等(2016)提出草原可持续发展的"草牧业"新理念。其中"以小保大"是草牧业的核心理论之一。其基本要义是:在草原牧区利用不足10%(甚至5%)的水热条件适宜的土地,建立集约化的高产高效人工草地,提供发展畜牧业所需要的优质牧草(一般来说,其单位面积产量是天然草地的10倍以上),从根本上解决草畜矛盾;对其他90%以上的天然草地进行保护、恢复和适度利用,实现其生产与生态功能的双提升。草牧业"以小保大"理论,从人工草地和天然草地合理配置的角度,为我国退化草地的保护和恢复提供了新视角。

(2) 草地生态系统恢复的技术及成功案例

随着恢复生态学的发展,草地恢复技术在实践中不断创新。目前,草地恢复的措施因草地退化的类型、程度和恢复的目标而不同,主要包括围栏禁牧、牧草补播、放牧调控、割草调控、养分调控,其他措施如火管理、凋落物管理、草田轮作、表土移植、灌木去除等也在探索之中。尚占环等(2017)分析了全球149个退化草地恢复的案例,其中,牧草补播、围栏禁牧、放牧调控、割草调控和养分调控分别占24.0%、14.0%、13.5%、11.7%和10.5%,其他单项措施的实施案例占比不足4%。下面介绍目前比较有代表性的草地恢复技术。

1) 条带播种技术

条带播种的思路早在20世纪80年代就已经提出(Vallentine,1989)。其主要技术要点就是在空间上将要恢复的区域划分为若干条带,只在其中的部分条带上进行牧草补播(Rayburn and Laca,2013)。在欧洲,Jongepierová等(2007)采用条带播种的方法恢复退化草地,经过5个生长季,补播的牧草已经大量进入未补播牧草的条带中。在美国,Jennings和Simon(2010)采用条带设计,把白三叶草补播到放牧草场,取得了很好的效果,第二年补播的白三叶草就进入了未补播的条带中。因为高密度的条带种植更容易形成"补播斑块"(seeded patch),而这种斑块具有"种子岛"(seed island)效应,可以长期存在并源源不断地为周围草地的恢复提供种源。Rayburn和Laca(2013)把条带播种的成功机制归纳为三个方面:① 增加了补播牧草成功定居的概率;② 补播牧草成功散布到未补播的条带;③ 显著降低了恢复成本。

2) 放牧制度调控技术

过度放牧是导致草地退化的主要原因之一,降低放牧强度是放牧制度调控促进退化草地恢复的技术关键。其中以围栏封育、季节性休牧和划区轮牧最具代表性。围栏封育是最简单的草地恢复技术,其效果主要取决于草地退化的程度和围封的年限。据中国科学院内蒙古草原生态系统定位研究站研究,在轻度和中度放牧强度下,封育第二年群落的生产力就可以恢复(Liu et al.,2011);但是重度退化时,封育后 5~7 年,尚不能完全恢复(杨丽娜和宝音陶格涛,2010)。季节性休牧包括春季休牧和秋季休牧,前者是指在春季牧草返青期进行休牧,目的是促进牧草的快速生长;后者是指在秋季牧草结实期进行休牧,以利于牧草种子结实,提高土壤种子库库容和种子的质量。划区轮牧是利用与保护相结合的有计划的放牧利用技术。一般是将草地划分为几个轮牧小区,按照一定的次序逐区放牧,轮替利用草地。在美国,划区轮牧成功的案例主要有得克萨斯州的三个畜群/四个牧场系统(Merrill,1954)、俄勒冈州的季节相适应放牧系统、新墨西哥州的最佳草地放牧系统和蒙大拿州的休闲轮牧模式。后来又发展了高强度低频次放牧模式、短持续期放牧模式等。

3) 养分调控技术

由于连年打草及过度放牧,草地中大量的营养元素被带出而得不到补充,是草地退化的主要原因。养分匮缺以及营养元素之间的不平衡是退化草地的显著特征。养分调控促进草地恢复的关键是肥料的用量。在英格兰和威尔士,对 200 个奶品牧场和 250 个肉品牧场的调查发现,草地每年平均的肥料用量为 154 $kg \cdot hm^{-2}$(Green and Lazenby,1981)。在美国大平原草原地区,施肥是重要的草地管理措施。一般施肥对混合草草原北部地区的效果优于南部地区(Vallentine,1989)。新墨西哥州中南部,每公顷草地施 40 kg 肥料,牧草和家畜产量增加 1 倍(Chili et al.,1998)。在南美洲的退化草原,施肥是主要的草地恢复技术(Rosito and Maraschin,1985)。在严重退化的 Rio Grande del Sul 地区,施肥 5 年后,土壤 pH 升高,铝离子毒害减轻,有机质含量增加,优质牧草比例提高(Moojen,1991)。

4) "休-轮-调-补"综合集成技术

天然草地的退化因利用方式和利用强度的不同而存在差异。在区域尺度上,不同措施的集成是十分必要的。在呼伦贝尔生态草牧业试验区,中国科学院植物研究所根据不同类型草地的退化现状与特点,从草地利用方式和恢复改良技术两个方面入手,建立了"一休、二轮、三调、四补"为主要内容的退化草地恢复技术体系(潘庆民等,2018)。"一休"是指季节性休牧,主要包括春季休牧和秋季休牧。"二轮"是指放牧场的"牧刈轮替"和打草场的"分区轮刈"。"牧刈轮替"技术是指"一年放牧、一年刈割相轮替"的草地管理技术。"分区轮刈"是指把草地分成 3 个区,每年只在 2 个区打草,让另外 1 个区的草地休养生息。"三调"是根据牧草生长发育的特点,通过精准的生物促芽、养分增效和水肥耦合调控,快速提高草地生产力和优质牧草比例的草地管理技术。"四补"是针对退化较严重的草地采取的恢复措施，主要包括“补充养分”“补播豆科牧草”“补播优质禾本科牧草”和“补播草原特色植物”，目标是提高草地生产力，改善牧草品质，美化草原景观。该项集成技术在呼伦贝尔草原的恢复中取得了显著效果（图 7-5）。已经累计推广超过 3 万 hm^2。

图 7-5 内蒙古呼伦贝尔草原特泥河农牧场草地恢复景观

（3）草地生态系统恢复存在的主要问题

1）草地恢复需要生态学的理论指导与理论创新

尽管草地恢复技术属于应用科学的范畴，但是这些技术需要有坚实的理论支撑（Matzek et al.，2017）。Hulvey 等（2017）基于生态学生境过滤（environmental filter）理论和岛屿生物地理学（island biogeography）理论建立了恢复岛（restoration island）技术。通过人工播种在退化草地中建立一系列的恢复岛，这些恢复岛就会把种子扩散到未处理的区域，从而促进干旱草原的恢复。Laughlin 等（2017）提出“基于性状”（trait-based）的模型指导退化草地的恢复。这些基于生态学理论的技术创新将引导未来草地恢复的技术创新。同时，恢复生态学理论自身的创新也十分关键。Matzek 等（2017）总结了生态恢复的五个原则，其中之一就是拒绝陈规（reject dogma）。Dunwiddie 和 Rogers（2017）突破了传统的本地种（native species）优于外来种（exotic species）的理论，把外来种引入退化系统的恢复并取得了成功。Butterfield 等（2017）也突破了“原生植被群落最好”的传统认知，把生态系统的结构和功能，而不是当地物种组成结构，作为恢复的目标。尽管这些理论创新尚待进一步检验和完善，但敢于挑战传统的观点和认知才能带来理论的突破（Dunwiddie and Rogers，2017）。

2）退化草地的快速恢复是当前草地恢复的技术瓶颈

围栏封育的自然恢复和减轻放牧压力的放牧管理是草原恢复治理的核心技术措施。但是，多数情况下，严重退化的草地依靠自然恢复的进程非常缓慢，即使封闭起来，群落结构的恢复至少需要 26 年甚至更长的时间（李博等，1980）。其原因有两个：其一，退化草地的养分已经严重匮乏而且元素比例失衡；其二，优质牧草的种源（繁殖体）严重缺乏。二者的叠加导致了草地恢复进程的缓慢。中国科学院植物研究所针对这一瓶颈问题,研发了退化草地快速恢复技术,核心要点是“生物促芽、养分增效、水肥同步”,在锡林郭勒草原和呼伦贝尔草原均取得了很好的成效(潘庆民等,2018)。2018 年,呼伦贝尔生态草牧业试验区 5 个农牧场(总计 3000 hm^2)的实验结果表明,牧草产量由对照的 1816.5 $kg \cdot hm^{-2}$ 提高到 5674.5 $kg \cdot hm^{-2}$,增加 2.1 倍;优质牧草比例由 17%提高到 78%,增加 3.6 倍(图 7-6,图 7-7)。但是,此类技术在其他地区的研发和应用尚待进一步加强。

图 7-6 对照区的糙隐子草群落(a)与恢复区的羊草群落(b)

图 7-7 呼伦贝尔草地测产。(a)恢复之前的草地;(b)恢复之后的草地

3) 草地恢复需要兼顾生态和生产功能

长期以来,我们在草地利用上过分强调草地的生产功能,忽略其生态功能,导致草原的退化;而在草原的保护上,又过分强调其生态功能,忽略其生产功能和牧民的需求。这是导致草原治理效果不佳的主要原因。从呼伦贝尔生态草牧业试验区天然草地恢复的实践来看,退化草地生产和生态功能的同步提升是完全有可能的。试验示范的结果表明,采用适宜的恢复措施,草地生产力提升的同时,物种多样性、优质牧草比例和草地生产力及其稳定性可以同步提升。

7.3.3 沙地生态系统恢复的重大进展及存在的主要问题

沙地泛指草原地带内出现的沙质土地。沙基质是沙地区别于其他生态系统的最主要生态因素。沙基质的不稳定性导致风蚀和沙埋等活动频繁，沙地生态系统稳定性较差，结构相对简单，在全球变化以及人为干扰过程中受到的威胁较大，发生了不同程度的退化。国内外科学家围绕沙地生态系统退化和恢复展开了大量工作，取得了一定的研究成果。

(1) 沙地生态系统恢复的理论基础

1) 退化植被自然恢复的驱动力

退化植被的恢复过程是一个极为复杂的生物和生态过程，受到众多因素的影响。地带性气候、景观格局、植被自我修复和土壤环境变化是沙地退化植被自然恢复的四个主要驱动力（赵哈林等，2006）。

在区域尺度上，气候机制决定着植被恢复演替的方向和终点，是植被恢复的外在驱动机制。例如，气候变化主导了鄂尔多斯地区1981—1990年的沙漠化逆转（房世波等，2009；许端阳等，2009）。在斑块尺度上，景观驱动作用是植被恢复的另一重要机制。斑块过渡区或界面上的生物多样性增加，斑块间繁殖体的交流和物质、能量的交换，都可明显加快退化植被恢复的进程（陈玉福等，2001），景观驱动作用只发生于斑块较小且呈镶嵌分布的退化植被区，对于面积很大且连片分布的流沙裸地，其作用微弱。

在群落尺度上，植被的自我修复机制决定着植被恢复的起始速度和演替速度，是植被恢复的内在驱动机制。由于植被次生演替留下大量有性繁殖体和营养繁殖体，这些繁殖体可在生态条件改善时使潜在植被迅速演变成现实植被。对于大片流沙来说，土壤中缺乏植物有性繁殖体和营养繁殖体是其长期难以恢复或恢复进程十分缓慢的主要原因之一。例如，在毛乌素沙地，通过飞播羊柴（*Corethrodendron lignosum* var. *laeve*）种子增加流沙中的植物繁殖体，显著地改善了当地的植被环境，植被盖度和生产力明显提高。植被演替过程中，植物功能型多样性和群落初级生产力都随着沙丘固定程度的增加而增加，且在各个演替阶段（流动、半固定和固定沙丘）植物功能型多样性与群落初级生产力之间都具有显著的正相关关系（Qiao et al.，2012）。在科尔沁沙地，植被恢复演替过程中物种丰富度逐渐增加，从流动沙丘的6种到固定沙丘的30种，生活型结构呈现多样化，多年生植物种类明显增加（赵丽娅等，2017）。

土壤条件的改善既是植被对土壤作用的结果，又反馈于植被的演替，它决定着群落演替的阶段性和群落类型，始终伴随着植被的演替过程。退化沙地采取围封措施后，植被恢复对土壤养分产生明显的截存和保护作用。表层土壤截存的降水量增加，有利于浅根系草本植被发育，而深层土壤水分补给减少。沙地旱化使土壤基质的黏结力和结持性能增强，稳定性增强，抗风蚀能力提高，进一步推动土壤-植被系统的良性发展，加速恢复进程。通过灌木冠幅对降水和大气降尘的再分配，更多的有机物质和养分积聚在灌丛下，形成灌丛沃岛；再加上凋落物的积聚、生物结皮的形成，灌木冠幅下土壤的成土过程加快，同时也为草本植物的加入与定居创造了条件。而这一过程使降水向土壤深层的入渗量减少。随着固沙植被区深层土壤的干旱化，灌木种在群落中的优势地位和主导作用也逐渐减弱，并有从植被组成中退出的趋势。此过程因灌木“沃岛效应”的削弱而相应地使土壤资源分布的空间异质性程度减弱。大量固定沙面的生物结皮的繁衍、一年生植物和多年生草本的定居，使植被朝着以草本为优势、与邻近草原化荒漠和荒漠化草原类似的原生植被类型演变和恢复(李新荣等,2016)。

2) 沙地植被的循环演替

植被演替是指在一定地段上一个植被群落取代另一个植被群落的过程。在沙地上,因其母质的特殊性以及沙区气候的特殊性,植被演替过程也呈现出独特性。植被演替依其发展方向可分为进展演替和逆行演替两种。在沙地上进展演替表现为植被的生态恢复过程,逆行演替则表现为植被的退化过程,即土地荒漠化过程。

以毛乌素沙地为例,循环演替理论认为,植被自发演替的基本过程是:流动沙地→半流动沙地白沙蒿(*Artemisia sphaerocephala*)群落→半固定沙地油蒿(*A. ordosica*)+白沙蒿群落+固定沙地油蒿群落→固定沙地油蒿+本氏针茅(*Stipa bungeana*)+苔藓群落→地带性的本氏针茅草原→迅速沙化(郭柯,2000)。沙地植被自发演替到地带性气候顶极的本氏针茅草原后,由于沙地基质不稳定、区域气候特殊(干旱、风沙)以及浅根系物种的适应能力差,气候顶极的本氏针茅群落很难长期稳定地存在。随着固沙能力很强的油蒿灌丛的消失,地表风速加大,同时地表土壤生物结皮被破坏,不可避免地发生沙质土壤的再次活化,进而发生沙化,气候顶极的植被类型演替到流动沙丘阶段,形成了周而复始的自发的循环演替。但是,由于油蒿是一种优良的防风固沙牧草,可以通过适度放牧的方式阻止沙地生态系统的循环演替,即在植被发展成固定沙丘阶段的油蒿群落阶段时通过适度放牧进行调控,阻止其向气候顶极群落演替。因此,适度的放牧是保持沙地油蒿群落稳定的关键,即一方面要限制过度放牧的情况发生,另一方面也不能完全封闭保护,使固定沙地的油蒿群落向下一个演替阶段发展,导致油蒿群落的衰败。

(2) 沙地生态系统恢复的综合生态生产范式

沙地生态系统恢复的适用技术包括流沙治理技术、沙地植被恢复改良技术、防护林营建技术、草场改良技术、人工草地建植与草田轮作技术、土壤改良技术、经济林和经济作物栽培技术、沙地鼠害防治技术等。后期的沙地恢复整治研究更注重综合模式的探讨,形成针对沙地生态系统保护与恢复的生态生产范式。

毛乌素沙地立体沙障恢复技术是针对退化时间较短、土壤质地未完全恶化且植物种质资源也未完全消失的固定沙地斑块状退化的沙地植被,通过设立北沙柳立体沙障和补充土壤种子库等技术,对斑块状退化沙地的空白斑块进行植被快速建植。治理4年后,斑块内羊柴和油蒿半灌木盖度为70%,达到理想的治理效果;与未退化群落相比,恢复处理之后斑块内的物种多样性、生物量等各项指标均无明显差异,退化群落的生态功能得到较好恢复(图7-8)。

生态生产范式是应用生态经济学原理与系统科学方法,以生态恢复与重建为目标,以多用途资源利用和景观生态设计为核心,以生物-自然和社会-经济综合分析为基础,结合现代科学成果和传统农牧业技术的精华而建立起来的结构优化、功能持续、经济可行的农林牧复合经营模式的范例(叶学华和梁士楚,2006)。

在毛乌素沙地,相关学者提出了"三圈"综合治理模式(张新时,1994;郑元润和张新时,

图7-8 毛乌素沙地立体沙障恢复技术。(a)治理前(2014年9月,斑块大小为5 m×11 m);(b)植物立体沙障建立效果(2015年8月完成植物立体沙障的建立);(c)治理2年后的效果(2017年9月,斑块内羊柴和油蒿半灌木进入样地,盖度达到30%);(d)治理4年后的效果(2019年9月,斑块内羊柴和油蒿半灌木盖度70%,达到理想的治理效果)

1998;慈龙骏等,2007)(图7-9)、沙地脆弱性农业生态系统优化模式体系(胡兵辉等,2009)、风沙滩地农林复合经营模式(高国雄等,2007)以及沙地草地畜牧业经营模式(温学飞等,2007)。以鄂尔多斯高原"三圈"生态生产范式为例,该治理模式打造了一个景观-区域性复合农林牧系统(慈龙骏等,2007),在第一圈防护带的保护下,以软梁与中低沙丘为第二圈的复合农林牧(草)系统,形成若干个以滩地绿洲为核心的优质高产农林草生产圈层,它们有秩序地分布在"三圈"的背景上,其比例大致为3∶6∶1。各类土地合理的分配比例应根据规划的均衡载畜量、合理放牧强度、适当的畜群数量以及农作物与林地、果园等的适当搭配进行确定,但必须以不超过环境(水分、生物生产力)负荷量并留有余地为原则。

在科尔沁沙地,针对当地特色,研究人员提出了科尔沁沙地的生态经济型综合防护林体系、人工固沙植被建设模式、沙地农林牧复合生态系统(家庭牧场)模式、"四位一体"沙地庭院生态经济模式、丘间低地生态经济圈模式、"小生物圈"整治模式、"多元系统"整治模式、"生态网"整治模式、水生植被改造与利用模式以及沙地节水种稻生态模式等。沙地农林牧复合生态系统(家庭牧场)模式是根据实际情况,从群众目前的切身利益出发,安排好具体生活,在此基础上调整农、林、牧结构,建立家庭式农林牧复合结构,逐渐把天然草场向田园式经营转化,号召农牧民向牧场投资,建立集约型家庭牧场;在畜牧业的管理上转变靠天养畜的旧习,逐渐实行半舍饲,进而过渡到全舍饲经营。这种模式收到了很好的效果,为广大群众所广泛接受,显示出良好的应用前景。

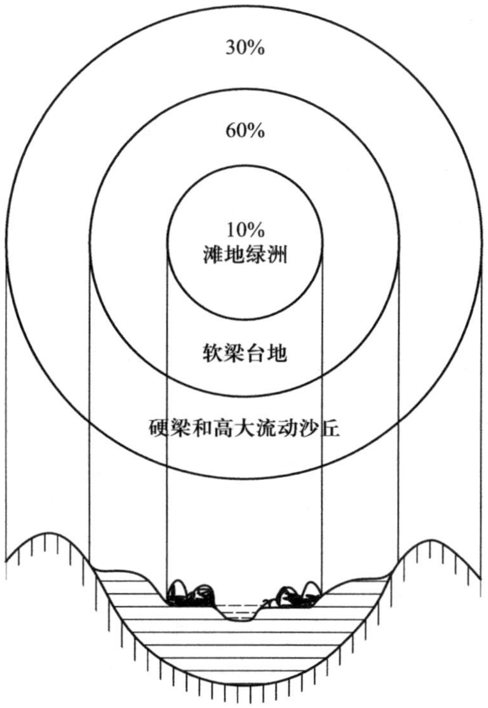

图 7-9 鄂尔多斯高原沙地景观格局与“三圈”范式(改自慈龙骏等,2007)

在浑善达克沙地,研究人员采用防沙治沙综合治理模式、沙地封沙育林育草、飞播造林植被恢复建设模式、沙化草场综合治理与开发模式以及重沙区综合治理模式等。“以地养地”模式是在小范围的土地上建立高产饲草基地,使牲畜的压力逐步向高产地集中,同时改变畜群结构,解决当地牧民生活出路,而大面积的退化草地主要借助自然力恢复(刘美珍等,2003)。

(3) 沙地生态系统恢复存在的主要问题

1) 生态水文过程及植物-水分关系

水是沙地生态系统过程的驱动力和关键的非生物限制因子。沙地植被主要依赖于降水,降水的时空分布和在植被-土壤系统中的再分配(土壤水)决定着植被的水量平衡和系统的稳定性。以生态水文过程为核心,从分子到生态系统水平研究植物对水分胁迫的适应对策及其机理是沙地恢复研究的主要问题。

2) 全球气候变化的影响

沙地生态系统具有沙基质、大风和少降水的特点,生态系统相对脆弱,对于全球气候变化具有高敏感性。探讨气候变化条件下沙地生态系统的稳定性维持机制,对揭示该区域对气候变化的适应特征与机理具有重要意义。

3）优化的沙地恢复模式和沙产业开发

开展水土资源高效利用技术、植物资源高效利用技术以及相关的生态模型技术和生态水文学技术的研究与集成，研发景观尺度上沙地生态系统的水土资源优化配置模式和高效利用技术体系。利用沙地特殊性，发展沙产业：利用光能产出粮食作物、培育高营养经济蔬果、种植稀有濒危的中草药材，帮助解决因人口增长而产生的食品危机；探寻矿产资源，开展光伏发电等新兴产业，提高国民经济收入；发展旅游产业，开发趣味探险，传播传统文化，满足人们日益增长的精神文化需求。

7.3.4 湿地生态系统恢复的重大进展及存在的主要问题

湿地是指天然或人工的、永久或暂时的沼泽地、泥炭地或水域地带，具有静止或流动的淡水、半咸水或咸水体，包括低潮时水深不超过 6 m 的海域（国家林业局《湿地公约》履约办公室，2001）。我国第二次湿地资源调查采用了与《湿地公约》接轨的分类体系，将我国湿地划分为近海与海岸湿地、河流湿地、湖泊湿地、沼泽湿地和人工湿地。Mitsch 和 Gosselink（2015）在其专著 *Wetlands*（第五版）中对湿地的界定是：湿地明显的标志是水的存在，湿地有不同于其他生态系统的独特的土壤，生长着适应多水环境的水生生物。一般地，大江大河、深水湖泊和水深超过 6 m 的海湾及海洋等不属于湿地的范畴。

（1）湿地生态系统恢复的理论与技术

1）湿地修复的概念与内涵

湿地修复包括湿地的恢复、湿地改造以及湿地重建，是指通过生态技术或生态工程对退化或消失的湿地进行恢复或重建，再现退化前的结构和功能，以及相关的物理、化学和生物学特性，使其发挥应有的作用。

2）湿地修复的原则

近年来，有关湿地修复逐渐形成了以下原则。

可行性原则：湿地修复工程项目实施时首先必须考虑湿地修复的可行性，即环境的可行性和技术的可操作性。

优先性和稀缺性原则：稀缺性就是指在修复过程中，要优先考虑恢复一些濒临灭绝的动植物种、种群或稀有群落。

修复湿地的生态完整性、自然结构和功能原则：湿地修复是修复退化湿地生态系统的生物群落及其组成、结构、功能与自然生态的过程。一个完整的生态系统富有弹性，能自我维持并承受一定的环境压力及变化，其主要生态状况在一定的自然变化范围内运转正常。

流域管理原则：湿地修复设计要考虑整个湿地区域，甚至整个流域，而非仅考虑退化区域。应从流域管理的原则，充分考虑流域内影响湿地生态系统的因子，系统规划设计湿地修复工程建设目标和建设内容。

美学原则：应注重对美学的追求。美学原则主要包括最大绿色原则和健康原则，体现在湿地的功能性、独特性、景观协调性、可观赏性等许多方面。

自我维持设计和自然修复原则：保持修复湿地的永久活力的最佳方法就是将人为维护活动降到最低水平，同时在修复过程中，应尽可能采用自然修复的方法。

3）湿地修复的方法

湿地修复的过程就是消除导致湿地退化或丧失的威胁因素，从而通过自然过程修复湿地的功能和价值。总体上，湿地修复方法分为自然修复方法和人工促进修复方法。通常自然修复方法的成功依赖于以下几个因素：稳定的水源、最大程度地接近湿地动植物种源地。自然修复的优势在于低成本以及修复的湿地与周围景观的协调一致，缺点是所需时间太长。人工促进修复涉及人为干预自然系统，即人类直接控制湿地修复的过程，以恢复、新建或改造湿地生态系统。当一个湿地严重退化，或者只有通过湿地建造和最大程度地改造才能完成预定的目标时，可以采用人工促进修复方法修复湿地。人工促进修复方法的优点是时间较短，但设计、监督、建设和花费均比较可观。

根据湿地类型、修复目标以及退化程度的不同，实施湿地修复措施亦不相同，典型的湿地修复的措施包括土壤基质的修复、植被修复、栖息地保护与生境改善、湿地生态水管理、湖泊富营养化治理、有害生物防控、火生态控制等。

4）湿地修复的流程

一个成功的湿地修复项目，关键在于统筹考虑湿地各种因子，制定可行、综合、合理的湿地修复方案（图 7-10）。

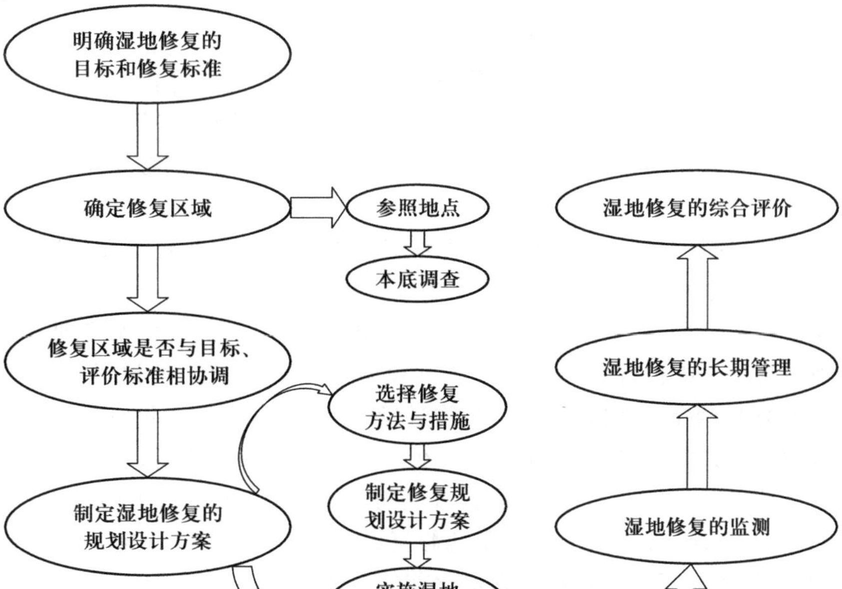

图 7-10 湿地修复流程

第一,明确湿地修复的目标和修复标准。湿地修复的目标就是对湿地修复预期的结果的陈述,它反映了开展湿地修复项目的动机。所以,根据不同地域条件、社会经济背景,其目标各异。例如,修复受损前的湿地生态系统(5年、10年或者更长时间);恢复生物多样性(物种多样性、物种总数、单一物种的种群数量);恢复水鸟栖息地(关键物种、旗舰物种);净化水质与水量补充(提高水质类别或治理富营养化、水量变化)和美化景观(景观多样性)等。

第二,确定修复区域。要在一系列的修复地点中选择最佳的修复区域,需要考虑以下四个因素:水文条件、地形地貌条件、土壤条件和生物因素。在选择修复区域时,选择参照点非常重要,也就是选择在该区域中能代表修复湿地类型的受干扰最小的湿地,以此来代表修复区域退化之前的湿地状态。可以通过野外调查、走访、座谈、查找文献等方法获取参照地点的水文、土壤、植物物种、植被类型等方面的信息。

第三,修复区域是否与目标、评价标准相协调。在以上工作的基础上,判断已确定的湿地修复区域是否与湿地修复目标和评价湿地修复是否成功的标准协调一致。如不一致,则重新考虑制定适宜的湿地修复的目标和评价标准。

第四,制定湿地修复的规划设计方案。湿地修复的最佳方法就是尽可能地选用最简单、破坏性最小、最为生态的方法实现修复目标。在实施更多的人为干预之前应考虑采用自然修复方法。如果一些自然过程不能采用自然修复方法,应更多地考虑采用生物工程措施。

一个成功的湿地修复项目在于湿地修复方案制定的可行性与合理性。第一,明确修复目标和评价标准;第二,必须清楚修复区的基本特点,如环境及扰动要素影响的基本特性等;第三,满足修复目标的湿地修复方法和措施;第四,时间安排和资金预算;第五,是修复项目长期管理的需求。

在湿地修复方案实施过程中,要利用新技术和新材料,把湿地的修复范围从局部扩大到整个流域,最终实现在流域范围景观水平上的修复。

第五,湿地修复的监测。在选择湿地修复各种方法时,特别在评价管理行为的成功性方面,监测都起着重要作用。在湿地修复方案制定后,修复的监测方案便应同时完成,包括监测方法、监测指标、实施路线、采样频率和强度等。通常情况下,湿地修复前和修复后的监测都是必要的。

第六,湿地修复的长期管理。湿地生态系统是一个不断与周边环境发生反应,并随时发生演替和变化的生态系统。湿地修复工程实施完成后,仅仅是一个开始,还需要对修复湿地措施进行长期监测与管理,使其发挥预期的生态功能,并将人为活动影响降到最低。

长期管理通常需要维护现有的各种设施和设备(如水利设施、监测设施等),长期维持生物群落和植被类型,解决入侵物种或沉积物过量的问题,解决一些非预期的事件。

最后,湿地修复的综合评价。湿地修复不但包括生态要素的修复,也包含生态系统的修复。生态要素包括土壤、水体、动物、植物和微生物,生态系统则包括不同层次、不同尺度规模、不同类型的生态系统。因此,需要对湿地修复进行综合评价,以确定其是否达到了预期目标,受损的湿地是否修复到或接近于它退化前的自然状态。

欧美较早开展湿地修复的理论研究与工程实践,相关理论与技术发展迅速,提出了生态服务功能提升的多阶段参照系,建立了"对照区-退化区-恢复区"生态恢复成效评估方法。然而,我国湿地修复起步较晚,通常采用单一技术措施,湿地被破坏后很难恢复到最初的状态。针对不同的恢复区,其恢复目标是不同的;恢复区可以采用不同的实验方法,例如,有的只恢复水文连通性,有的可恢复本土植被,消除外来入侵物种,还可以加入环境污染控制的措施,采取措施恢复水鸟栖息地。在管理上,我国实施了许多湿地保护工程,这些湿地保护工程总体上起到了湿地修复理论与示范研究的作用,但在这些工程中没有科技支撑的任务,湿地退化基础理论研究还非常薄弱。

(2) 湿地生态系统恢复的前沿方向展望

以我国退化湿地生态系统为研究对象,辨识湿地生态系统退化形成的原因及其关键控制因子,揭示退化生态系统恢复的基线(基准)与机理;从水文、土壤、植被、水鸟等生态要素入手,研发和集成水文重塑、湿地植被恢复、栖息地重建等关键技术及综合调控模式,将典型区域作为示范,为提升我国关键湿地的生物多样性提供技术支持。主要前沿研究方向包括以下四点。

1) 湿地生态系统本底调查与退化生态系统驱动机制研究

对典型湿地生态系统的气象、水文、湿地植被、水生动物、土壤等生态环境特征及人为干扰、污染和社会人文经济状况开展监测和数据资料收集,掌握生态系统环境状况的基本特征,确定退化生态系统的基线和本底状况。识别湿地恢复的关键限制因子,揭示水文-生物-栖息地耦合作用机制。根据湿地植被生长规律和湿地水鸟、鱼类等物种的生态需求,结合水文、土壤、植被、生物组成的研究,基于生态水位阈值与自然水文过程,确定不同生态情景下的生态需水过程,并核算生态需水量。

2) 湿地生态水文-生物-栖息地协同恢复技术研发

开展水文过程野外定位动态监测,通过放水时间和流量的控制,实现对子湖水位的管理。通过湿地微地貌改造、水文体系重塑,实现地表水-地下水一体化水文调控,进行湿地水文过程恢复。研发生态补水及生态水文调控技术、退化湿地水质及土壤基质改善技术、湿地植被物种筛选-快繁-建群一体化恢复技术、栖息地廊道构建、食源增殖和水位调控技术。

3) 湿地恢复与生境重建的技术集成与典型区示范

良好的水文状态是保持湿地生态特征的基础,水文过程对湿地植被生长、鱼类繁育和候鸟栖息具有关键的驱动作用。针对不同退化湿地的问题,遴选湿地生态系统恢复技术,并进行集成示范。以湿地水位调控为主体,结合植被修复、微地形改造和水质改善等技术,开展湿地生态水文-生物-栖息地协同恢复模式的示范,实现生物多样性的恢复。重点开展湿地本土植被恢复和栖息地恢复,基于湿地植被调查,筛选和确定不同湿地区域以及不同环境梯度中的优势种,开展典型湿地湿生、挺水、沉水植被恢复。通过生物廊道构建、微地貌改造、食源增殖以及基于本土植被恢复的水环境改善和土壤基质改造,提升栖息地质量。同时通过湿地水位调控,湿地植被生长过程与鸟类迁徙节律相匹配。根据生物需求,对水位实施分区调度管理,满足不同生物的生态需求。深圳福田国家级自然保护区实验区湿地(鱼塘)成为湿地恢复与生境重建的典型示范区(图 7-11)。

图 7-11 深圳福田国家级自然保护区实验区湿地(鱼塘)恢复与生境重建。(a)鱼塘恢复规划图;(b)生境重建区(左)与鱼塘对照区(右);(c)鱼塘重建为黑脸琵鹭(*Platalea minor*)的栖息地,湿地恢复与生境重建效果明显(照片来源:深圳市红树林湿地保护基金会)(见书末彩插)

4) 湿地修复工程的跟踪监测与评估

建立“对照区-退化区-恢复区”的生态恢复成效评估方法,对湿地生态恢复的过程开展水文、湿地植被、动物、土壤等关键因子的监测,并通过成效评估优化技术集成方案,实现湿地生态系统适应性管理。

7.3.5 湖泊生态系统恢复的重大进展及存在的主要问题

湖泊是内陆水域的主体和淡水资源的重要组成部分,在地球水循环中起着重要作用。湖泊作为主要饮用水源地保障人类的生活和健康;作为栖息地在水生生物多样性保育中具有不可替代的作用;同时具有蓄洪灌溉、调节气候、提供水产品和景观旅游等功能。然而,近几十年来,由于湖泊水质污染、水利工程建设、过度捕捞养殖、采矿采沙、围湖造田、生物入侵等原因,湖泊生态系统退化严重。具体表现为湖容下降、江湖阻隔、生物多样性下降、鱼类小型化、植被退化、湖泊富营养化、藻类水华暴发等。湖泊的生态功能丧失,严重影响流域居民生产生活和经济的可持续发展。因此,亟须对湖泊生态系统进行修复和重建。

(1) 湖泊生态系统恢复的理论与技术

湖泊生态系统恢复是指通过一系列的措施将已经退化的湖泊生态系统恢复或修复到其原有水平。其最终目的是通过一系列措施创造一个自然的、可以自我调节并与所在区域完全整合的系统,从而最大限度地减缓湖泊生态系统的退化,使系统恢复或修复到可以接受的、能长期自我维持的、稳定的状态水平(秦伯强,2007)。湖泊多稳态理论认为,在浅水湖泊中存在水草茂盛、水质清澈的清澈状态和水华严重、水质浑浊的浑浊状态,不断增加的营养负荷导致湖泊水生植物消亡或覆盖度下降,使湖泊从以水生植物为主的草型生态系统转变为以浮游植物为主的藻型生态系统,完成从清水稳态到浊水稳态的转变(Scheffer et al., 2001;Scheffer and van Nes,2007)。因此,降低湖泊中营养盐含量,使蓝藻水华频发、水质浑浊的富营养化藻型湖泊生态系统通过一定的途径转化为水生植物茂盛、水质清澈的草型湖泊生态系统,是湖泊生态系统恢复理论和实践的重点。湖泊生态系统恢复技术和措施主要包括削减外源污染和控制内源污染。削减外源污染主要通过污水处理和改变流域产业结构等方式减少污染物排放入湖。控制内源污染通常采用以下物理化学方法和生物方法。

1) *底泥疏浚*

由于污染物的迁移沉降作用,湖泊沉积物尤其是富营养化湖泊中的底泥通常含有较高的氮磷等营养元素和有毒有害污染物。底泥中的氮磷等营养元素可以通过沉积物分解释放、生物与风浪扰动、植物吸收转化等过程重新进入水体中。通过底泥疏浚移除污染物和氮磷等营养元素含量高的底泥,可以减少底泥向水体中释放污染物和营养元素。瑞典的Trummen湖历经两次清淤后,湖水的有机氮和总磷含量以及浮游植物生产力大幅下降,浮游植物多样性、底栖动物数量和透明度显著上升(Peterson,1982)。但是底泥疏浚并不适合所有的湖泊。在一些湖泊,如美国南达科他州的Herman湖和我国云南滇池的草海,都出现清淤区域水体中的氮磷含量升高的情况。已经有许多研究表明,在外源污染源存在的情况下,底泥疏浚只能在短期内改善水质(Kleeberg and Kohl,1999;Liu et al.,2016a)。另外,底泥疏浚的工程量大、费用高、对湖泊生态系统扰动大、破坏严重的特点,也决定了底泥疏浚工程不可能在大型湖泊实施。而由于水体和底泥的流动性,对大型湖泊的部分区域实施底泥疏浚也不能起到改善水质的作用。濮培民等(2000)的模型显示,底泥间隙水中的活性磷主要来源于新鲜生物残体的矿化分解和胶状云团的再悬浮,底泥疏浚对底泥间隙水中的总磷含量影响有限,对藻类水华形成所需的水溶性总磷含量影响更小。因此,底泥疏浚只适用于一些污染极其严重且外源污染已受控制的小型浅水湖泊,而且大多数通过底泥疏浚成功恢复的湖泊都伴随着其他恢复方法的实施(Bormans et al.,2016)。

2) 曝气增氧

在明显存在温跃层的深水型湖泊,其湖泊表层水体产生的藻类等有机质不断沉降至深层水体,伴随着大量有机质降解,下层水体溶解氧含量逐步下降,从而导致深层水体处于缺氧状态。在厌氧还原状态下,沉积物表层的 $Fe(OOH)PO_4$ 复合物溶解释放出 Fe^{2+} 和 PO_4^{3-},进入上覆水。同时,厌氧微生物能将沉积物中非溶性的 Fe^{3+} 和 Mn^{4+} 还原为溶解性的 Fe^{2+} 和 Mn^{2+} 并进入水体,还将 SO_4^{2-} 还原为 S^{2-},形成 FeS 黑色沉积,同时生成有毒恶臭气体 H_2S 以及甲烷。在高度富营养化和有机污染严重的浅水湖泊中,藻类大量死亡和有机物分解也会造成沉积物表层缺氧状态,产生水体缺氧、黑臭等现象。通过曝气提高水底层溶解氧含量,改变沉积物表层氧化还原电位,从而抑制沉积物磷和氧化还原敏感的重金属释放;好氧条件还会促进硝化与反硝化脱氮反应,刺激细菌生长,增加氮同化率,减少系统中氮含量;同时为水生生物提供良好的生存环境而增加生物多样性。湖泊曝气通常有两种方法:一种是将循环泵或曝气系统置于湖底,通过曝气使水体循环,破坏分层;另一种是仅对湖下层进行曝气,湖上层和温跃层之间不混合。曝气增氧技术多用于小型水库和深水湖泊中,而且不同湖泊的效果差异很大。曝气增氧能有效降低水体中铁和锰含量,但是只能降低少数湖泊的磷浓度和藻类密度,甚至有部分湖泊的氮磷和藻类含量上升(Cooke et al.,2005;Bormans et al.,2016)。而且当曝气设备停止运行后,水质迅速反弹。但是曝气增氧法因产生的负效应相对较小而受到重视。

3) 沉积物氧化法

沉积物氧化法是通过投加含氧量高的化合物,补充底层水体和底泥中有机物分解所需的氧,减轻内源磷释放,减少 H_2S、NH_3 等厌氧代谢产物的生成。目前应用较多的是硝酸盐,如 $Ca(NO_3)_2$、$NaNO_3$。Ripl 在 1975 年最先对瑞典的一个小型浅水湖泊——Lillesjön 湖的底泥使用 30 吨 $Ca(NO_3)_2$、$FeCl_3$ 和石灰处理,结果底泥间隙水磷含量和氨氮含量显著下降,并且效果至少持续了两年(Ripl,1986)。但是大量化学品的使用对底栖生物和湖泊环境会有较大损害,此方法的应用有待进一步研究。

4) 磷钝化

磷钝化技术也称底泥化学封帽法,主要用来控制水体中活性磷的含量(框 7-1,图 7-12)。常用的钝化剂有铝盐、铁盐、钙盐和改性黏土(如镧改性膨润土)。从 20 世纪 70 年代开始至今,磷钝化技术在全球各地被广泛使用,取得了不错的效果,但是水质改善只能持续十余年(Welch and Schrieve,1994;Huser et al.,2016)。磷钝化技术通常在浅水常对流型湖泊中适用,在深水型双季对流混合型湖泊中并不适用,因为后者底泥释放的磷并不能到达水表层。即使在小型浅水湖泊中，风浪、水生生物等扰动也会使钝化层失效，有可能使污染物重新释放出来，影响钝化处理效果（Cooke et al.，1993）。同时，铝盐能毒害水生生物，铁盐和钙盐对水体虽无毒性，但其钝化效果受水体 pH 和氧化还原状态的影响，在 pH 或氧化还原状态发生改变时磷容易重新释放出来。镧改性膨润土吸附磷离子后形成的 $LaPO_4$ 性质稳定，受环境变化影响小，但是镧改性膨润土对水生生物也能产生一些不利影响，且镧元素可以在水生生物体内富集（Waajen et al.，2017）。事实上，无论是曝气增氧、磷钝化还是沉积物氧化，都只是将磷元素暂时固定在沉积物中，提高湖泊水质。如果沉积物中的磷含量足够高，这些磷元素迟早会从沉积物中释放出来，这也是一些成功恢复的湖泊水质再次恶化的原因（Horppila，2019）。鉴于以上方法的不足，近年来发明了磁性微粒子吸附法去除水体中的磷。其原理是利用可控磁性吸附剂（如纳米磁铁矿颗粒）吸附水体中的磷，然后通过磁分离程序分离磷离子与吸附剂，使磁性吸附剂可重复利用（de Vicente et al.，2010）。该方法可以降低对水生生物的影响和经济成本，但是目前所有的实验都是在实验室中进行的，在自然湖泊中的可操作性还有待进一步优化。

框 7-1 磷钝化技术原理

铝、铁、钙等金属离子与沉积物释放的 PO_4^{3-} 反应生成磷酸盐（如 $AlPO_4$、$FePO_4$）或者羟基磷酸盐［如 $Ca_{10}(PO_4)_6(OH)_2$］沉淀，以及 $Fe(OOH)PO_4$ 复合物，从而使其暂时退出元素循环。此外，钝化剂在沉降过程中还能吸收和捕捉水体中的磷离子与颗粒物，并在底泥表层形成浮泥压实层，减少底泥的悬浮。

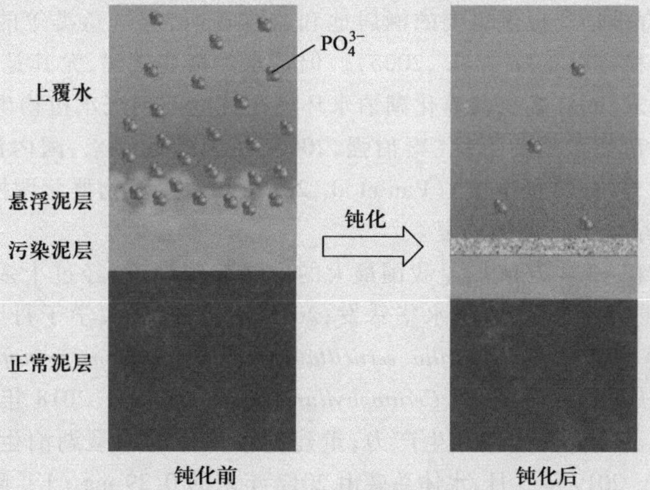

图 7-12 磷钝化技术原理（胡小贞等，2007）

5）生物调控法

此概念最早由 Shapiro 等（1975）提出，主要原理是调整鱼群结构，控制捕食浮游动物的鱼类，保护和发展大型浮游动物，增加对浮游植物的捕食压力，从而控制藻类过量生长、降低浊度,促进湖泊生态系统的恢复。Xie(1996)证实鲢(*Hypophthalmichthys molitrix*)和鳙(*Aristichthys nobilis*)能有效去除武汉东湖的蓝藻,改进了经典的生物操纵理论,提出了非经典的生物操纵理论,即通过调节滤食性鱼类数量直接控制蓝藻。生物调控虽然短期内对许多湖泊的水质提升显著,但是长期影响不太明显,除非重复实施鱼类种群调控,否则在外源负荷控制不足、内源磷释放以及缺乏沉水植物群落稳定清水状态的情况下,水质会重新恶化(Søndergaard et al.,2007)。在广东惠州西湖同时实施生物调控和种植水生植物后发现,即使浮游动物产生的下行效应很微弱,由水生植物产生的上行效应也成功降低了湖泊的磷含量和浮游植物密度,恢复并长期维持湖泊的清水状态(Liu et al.,2018)。1980 年,在美国明尼苏达州 Round 湖,先捕杀了以浮游动物为食的蓝鳃太阳鱼(*Lepomis macrochirus*)、绿色太阳鱼(*L. cyanellus*)和黑莓鲈(*Pomoxis nigromaculatus*)以及以底栖动物为食的黑鮰(*Ictalurus melas*)后,又投放了肉食性鱼类大口黑鲈(*Micropterus salmoides*)、大眼梭鲈(*Stizostedion vitreum*)来捕食蓝鳃太阳鱼,同时投放斑点叉尾鮰(*I. punctatus*)阻止黑鮰再次暴发。在生物调控后的 1981 年和 1982 年,湖中大型浮游动物的数量增加。由于浮游动物的捕食压力增大,湖水叶绿素浓度降低,透明度增加(Shapiro and Wright,1984)。

6) 水生植物恢复

大型水生植物是湖泊主要的初级生产者之一,对湖泊生态系统的结构和功能有重要作用。水生植物在生长过程中吸收水体和沉积物中的氮磷等营养元素,吸附水体颗粒物,抑制沉积物的再悬浮与营养元素释放,提高水体溶氧和透明度,从而改善水体理化环境,提高水质。水生植物还可以通过竞争与化感作用抑制浮游藻类的生长。此外,水生植物群落可为浮游动物、底栖无脊椎动物提供重要的栖居地和避难场所,躲避鱼类等的捕食,维持其种群数量和群落结构的稳定(Cooke et al. ,2005)。但是水生植物重建,尤其是沉水植物的重建对水环境有一定的要求,而许多富营养化湖泊水环境往往达不到沉水植物生长的条件,而且水生植物生长还受到鱼类强烈的干扰(秦伯强,2007)。因此近年来,国内许多学者将水生植物重建与水环境改善(如改良土壤)(Pan et al.,2011)和水生动物群落调控(Gao et al.,2017;Liu et al.,2018)相结合进行湖泊修复。

湖南大通湖面积 12.4 万亩①,是我国最大的内陆养殖湖泊,经过十多年高密度养鱼,原生植物消失,水体重富营养化,蓝藻水华暴发;2018 年初,武汉大学于丹团队在全湖种植沉水植物——乡土种轮叶黑藻(*Hydrilla verticillata*)、苦草(*Vallisneria natans*)、微齿眼子菜(*Potamogeton maackianus*)、金鱼藻(*Ceratophyllum demersum*)等。2018 年末,重建水生植物面积达 10 万亩,提高生物多样性和生产力,重建健康稳定的草型湖泊生态系统(图 7-13,图 7-14,图 7-15)。2019 年 5 月,水体总磷由 2017 年末的 0.29 mg·L^{-1} 降至 0.09 mg·L^{-1},总氮由 1.13 mg·L^{-1} 降至 0.11 mg·L^{-1};截至 2019 年 10 月,已连续 12 个月退出劣Ⅴ类水质。全湖底泥总磷由 1169.5 mg·kg^{-1} 降至 711.6 mg·kg^{-1}。水生植物恢复后,水生动物多样性升高,以其为食物与栖息地的连锁种(如鱼虾、螺蚌和鸟类)种群数量大幅增加。

---

① 1 亩≈0.067 hm^2。

图 7-13 水生植物恢复前(a)、后(b)的大通湖景观

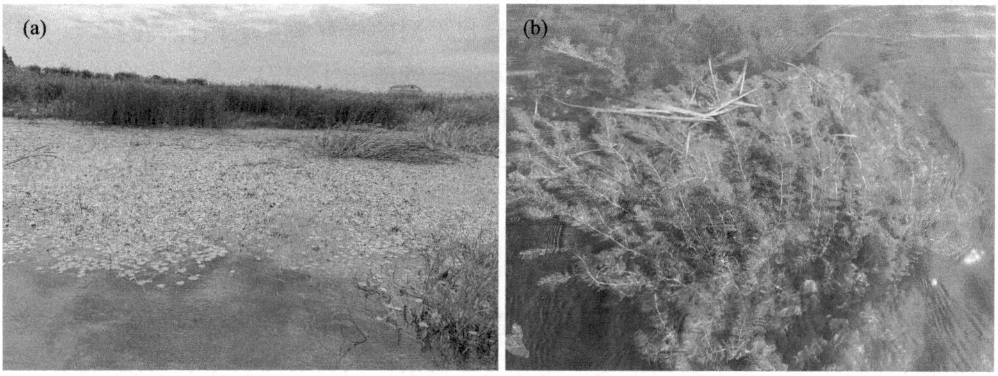

图 7-14 大通湖中重建的水生植物群落

图 7-15 水鸟在大通湖恢复后的水生植物中觅食(a)与繁殖(b)

此外,常用的湖泊修复方法还有引水稀释法、抽排下层水法、物理化学除藻法等。引水稀释、抽排下层水会排放出营养盐含量高的湖水,加重下游受纳水域的污染,因此只是临时应急方法。超声波除藻法和化学除藻法虽然杀死了藻类,但是藻类死亡后分解出的营养和有毒物质依旧存在于湖泊生态系统内,并没有起到削减湖泊营养盐的作用。藻类打捞法虽然可以去除部分含有营养物质的藻类,但是需要耗费大量的人力、财力和燃料,而且效率低,

对湖泊总营养盐含量削减效果不明显。此外，藻类打捞法只能在藻华暴发时使用，暂时起到改善水体观赏效果的作用。

（2）湖泊生态系统恢复存在的主要问题

我国大部分湖泊在20世纪90年代之前一直处于贫营养和中营养状态，但是随着工业和城镇化的快速发展、农业化肥的过量使用以及大规模的围网养殖等，湖泊水体氮磷元素浓度急剧增加，在90年代之后湖泊富营养化日趋严重。因此，我国也开始了大量湖泊富营养化治理和生态修复的研究。目前在我国湖泊生态修复中存在如下问题。

1）简单照搬国外经验

我国的湖泊有自身的特征，例如，在云贵高原等地有我国特有的高原气候湖泊群，而长江中下游湖泊群则是同纬度最大规模的浅水湖泊群。在国外的案例中，即使在同一区域的湖泊，同一技术也会因为湖泊自身性质的差异导致不同的修复效果。因此，在我国的湖泊生态修复中，我们应该根据湖泊自身情况制定和开发一些适用于湖泊本身特征的规划和技术，做到"一湖一策"。我国大多数受污染湖泊原本都是浅水草型湖泊，这些湖泊面临的主要问题也是草型湖泊向藻型湖泊转化的问题。因此，湖泊修复的目标就是重建水生植物，使藻型湖泊完成向草型湖泊的逆转变。

2）强调水质达标，忽视了水环境和水生态健康稳定

一些湖泊生态修复技术和工程单纯为了提高水体理化指标，忽视了对湖泊生态系统的影响。例如，底泥疏浚和化学药剂不仅不能有效降低水体的营养盐含量，底泥疏浚还严重破坏了湖底基质中的种子库以及底栖动物群落。底栖动物不仅可以直接分解有机物，还可以促进水体中颗粒物的沉淀。被疏浚过的基底也严重影响了大型沉水植物的恢复。而化学药剂的使用更是直接毒害水生生物。我国长江中下游许多湖泊原本都是通江湖泊，但是由于水利工程建设和围湖垦殖，目前仅剩三个湖泊与长江相通。这些人为隔断的湖泊即使通过治理水质得到改善，但长期的物种和物质能量交流、群落结构的演替也会受到影响。此外，湖泊的湖滨带和湖岸线遭到严重的破坏。湖滨带是湖泊生态系统中物种和功能多样性最高的区域，也是湖泊生态系统和陆地生态系统间物质和能量的交换区。由于长期以来人类活动侵占了大面积的湖滨带，破坏了湖泊原有自然岸线，使湖泊的湖滨带生态系统崩溃，生物多样性降低，植被覆盖率下降，也使陆源污染直接进入湖区。

3）现有湖滨和河口湿地建设结构单一，水容量低，净化效率低

虽然现阶段我国建设了大量的湖滨和河口湿地，但是这些湿地的群落结构和季相单一，大多数以挺水、湿生植物和浮叶观赏植物为主，缺乏沉水植物，导致吸收污水中营养物质的效率低；而且群落季相以夏秋为主，在冬春季节不能发挥作用。此外，这些湖泊水容量低、水动力不足，导致湿地净化能力上限低。在湖泊中重建的水生植物群落也以挺水和漂浮植物为主，虽然能够在一定程度上滤留陆源污染并吸收部分水体营养，但是缺乏大面积的沉水植物，难以有效降低和转换水体中的营养物。

4) 过度使用水生植物外来种

外来入侵种对生态系统和社会经济的危害严重,但是在生态修复工程中,使用外来种甚至已经证明危害严重的入侵种的现象屡见不鲜,如粉绿狐尾藻(*Myriophyllum aquaticum*)、南美天胡荽(*Hydrocotyle vulgaris*)、墨西哥黄睡莲(*Nymphaea mexicana*)、水罂粟(*Hydrocleys nymphoides*)、纸莎草(*Cyperus papyrus*)、伞草(*C. alternifolius*)、梭鱼草(*Pontederia cordata*)、水盾草(*Cabomba caroliniana*)、埃格草(*Egeria densa*)等。这也是水生植物外来种被引入和远距离传播的主要途径。而在实际应用中,这些以外来种为主体构建的湿地不仅效率低下,还造成严重的生物入侵。生态修复中使用的外来种都是经过人为筛选的易成活、繁殖快、抗逆性强、生长速率高的物种,具备这些特性的物种最易形成入侵。而且由于水体生态系统的连通性和流动性,很难对引入的外来种进行控制,其会随着水流迅速扩散。例如,洱海拥有独特的高原湖泊生态系统,孕育了大量特有珍稀物种。近年来,由于周围经济发展,湖泊水质恶化,为了减轻富营养化,包括国内危害最严重的三种水生植物外来种——喜旱莲子草(*Alternanthera philoxeroides*)、凤眼莲(*Eichhornia crassipes*)和粉绿狐尾藻——在内的数十种外来种被引入。结果不但没有解决水质问题,还加速了本地种的灭绝和生态系统的退化。

7.3.6 海洋及海滨生态系统恢复的重大进展及存在的主要问题

作为全球最大的生态系统,海洋对人类的作用巨大,提供的服务功能及生态价值是地球生命支持系统的重要组成部分,也是社会与环境可持续发展的基础。海滨位于陆地与大海之间的前沿线,具有独特的生态系统结构和生物地球化学循环过程,是海平面上升影响最为前沿、最为重要的缓冲带,同时也是受人类活动影响最强烈的区域之一,是生态与环境高度敏感区。然而,近些年来,随着人口的大量增加和城市化进程的不断加快,海洋及海滨生态系统正面临着资源过度开发、区域生态环境破坏、生物多样性减少、污染加剧、全球气候变化、海洋酸化等巨大压力,典型的海滨生态系统,如盐沼、海草床、红树林、珊瑚礁等生态系统退化趋势明显。如何有针对性地制定海洋及海滨生态环境保护与恢复策略,遏制或减缓海洋及海滨生态系统的退化趋势,引入新的理念和技术方法,推动自然与人类社会系统的可持续正向循环,维护海洋及海滨生态安全和人类福利不受影响,是海洋和海滨退化生态系统恢复面临的主要挑战。

(1) 海洋及海滨生态系统恢复的理论基础

基于生态系统的海洋管理(marine ecosystem-based management,MEBM)是指在科学认知海洋生态系统结构、功能及动态特征的基础上,通过识别影响海洋生态系统健康的人类活动,对其进行一体化的综合管理,从而实现海洋及海滨生态系统健康和海洋资源可持续利用。该方法以科学理解生态系统的连通性、完整性和生物多样性为基础,结合生态系统的动态特征,以海洋及海滨生态系统而不是行政范围为管理对象,以达到海域资源的可持续利用为目标,对社会、经济和生态效益进行耦合以达到效益最大化的管理体系。多年来,MEBM已经得到国际海洋学术界和海洋管理部门的普遍关注和认可,美国、加拿大、澳大利亚和欧盟等在各自的海洋发展战略中均明确提出应用基于生态系统的方法管理海洋。

基于生态系统创建的修复方案为海滨湿地生态功能服务价值以及经济利用价值的最大化提供了比传统海岸带工程修复更具有可持续性和高生态效益性的思路(Bayraktarov et al.,2019)。当前,基于生态系统原理的绿色可持续修复理念也逐渐被人们所重视。海滨退化生态系统恢复还应注重以下主要原则(McDonald et al.,2016)。

① 确定适当的参照生态系统。参照生态系统可以是一个实际的地点(参照地点),也可以是一个由许多参照地点、实地指标和历史与预测记录综合而成的概念模型。它包括当地土著植物、动物和其他具有退化前生态系统特征的生物群。若缺乏当地资料,可用区域历史信息确定当地退化前的生态系统。确定参照生态系统还需要对物种组成、生态系统结构(复杂性和配置)和功能(过程和动态)以及演替状态进行分析。

② 保持和保护海滨水生资源。现有的、相对完整的生态系统是保护生物多样性的基石,并提供了恢复受损系统所需的生物类群和其他自然物质。恢复过程应注重恢复与保护相结合,防止现有的水生资源进一步退化。

③ 恢复生态系统完整性。恢复时应尽可能重建退化的海滨生态系统的生态完整性,尤其是其生物群落和自然环境的结构、组成和自然过程。恢复后生态系统关键的生态过程(例如营养循环、演替、水位和水流模式)都能正常发挥作用并能长期维持。

④ 恢复自然结构与自然功能。在退化的海滨湿地中,河道、湖泊、河口和其他水生资源与海滨湿地生态系统的结构和功能紧密相连。需注重恢复海滨湿地原有生态系统的自然结构和功能。

⑤ 基于整个流域设计,以分水岭和景观尺度开展工作。局部修复项目可能无法改变整个流域的状况,需要基于整个流域的设计,而不局限在退化程度最大的水体部分。

⑥ 了解流域的自然潜力。需要了解退化之前海滨生态系统的空间范围以及未来可能的变化趋势。在生态恢复规划设计中应考虑到流域中潜在的退化因素,并着重恢复其剩余的自然潜力。

⑦ 解决持续退化的原因。如果引起退化的原因持续存在,恢复工作很可能会失败。因此,必须确定退化的原因,并尽可能消除持续的压力。

⑧ 制定清晰、可实现和可衡量的目标。没有良好的目标,恢复可能不会成功。恢复团队应该评估不同的替代方案,以评估哪种方案可以最好地实现恢复目标,且所选择的目标应在生态上和经济上可行。

⑨ 注重可行性。特别是在计划阶段,至关重要的是要统筹考虑科学、财务、社会和其他方面,判断修复活动是否可行。具备生态可行性以及公众与社区对项目的坚实支持才能确保项目的长期可行性。

⑩ 预测未来的变化。由于环境和社区都是动态的,应将可预见的生态和社会变化纳入恢复设计中。

⑪ 吸收多学科团队的技能和科学见解。恢复是一项复杂的工作,需要将生态学、水生生物学、水文学与水力学、地貌学、工程学、规划、通信和社会科学等不同学科知识整合在一起。在资源允许的范围内,恢复项目的计划和实施应让具备相关学科经验的人员参与。通常大学、政府机构和私人组织能提供有用的信息和专业知识,以确保恢复项目基于均衡和彻底的计划。

⑫ 践行系统自我维持设计。尽量减少对恢复场地的持续维护的需求。自我维持设计拥有生态系统完整性,更具有适应变化的能力。高维护成本的方法不仅增加了恢复项目的成本,而且不利于长期可持续发展。

⑬ 适当使用自然恢复。判断退化滨海湿地哪些地点简单消除退化因素后足以自然恢复,并尽可能使用自然修复和生物工程技术。

⑭ 过程监控与调整。在恢复项目开展之前和实施期间进行监测,而项目完成后的监测将有助于确定是否需要采取其他措施或进行调整,并为将来的恢复工作提供参考。

通过生态工程恢复原有海滨湿地以降低全球变化对海滨湿地的影响,在欧美国家已有较好的实践。例如,在荷兰 Wadden 海的海滨生态系统,通过建造人工岛屿恢复鸟类繁衍栖息地;近年来,美国也总结了墨西哥湾溢油事件后湿地恢复工作的现状及自然资源损害评估法的实际应用,强调基于生态系统管理,在生态和经济分析方面需要投入更多工作(Barbier et al. ,2008)。

(2) 海洋及海滨生态系统恢复技术

当前世界许多地区几乎没有自然栖息地可供保护,仅靠保护无法解决这一问题。在自然恢复受到阻碍的海洋及海滨生态系统中,迫切需要利用生态恢复技术恢复已退化、被损坏或破坏的生态系统。

1) 现代海洋牧场建设技术

现代海洋牧场是利用现代科学技术支撑,运用现代管理科学理念与方法进行管理,最终实现资源丰富、生态良好、食品安全的可持续发展的海洋渔业生产方式。通过现代海洋牧场建设,可以修复和优化海洋生态环境,恢复和增殖渔业资源,促进渔业产业转型升级和一二三产业融合发展,转变传统的海洋渔业生产方式。国际上,日本在海洋牧场建设及相关领域的研究居于国际领先水平,20 世纪 70 年代日本提出海洋牧场的构想,并作为国家事业推进海洋牧场的建设,每年大规模投入人工鱼礁、藻礁等,改善海域生态环境,恢复生物资源,在人工鱼礁建设、藻场(海中林)建设、鱼贝类增殖放流、鱼类行为控制、选择性捕捞渔具开发、渔业海域环境监测与评估等海洋牧场相关技术研究与应用方面走在世界的前列。我国的海洋牧场建设起始于 20 世纪 70 年代末,主要以人工鱼礁建设和增殖放流为主。进入 21 世纪后,国内行业部门立足于落实《中国水生生物资源养护行动纲要》要求,以政府行为推进我国海洋牧场产业的发展。2015 年,原农业部组织开展国家级海洋牧场示范区创建活动,推进以海洋牧场建设为主要形式的区域性渔业资源养护、生态环境保护和渔业综合开发。目前,据不完全统计,我国海洋牧场总建设面积达 3770 hm^2,从北到南形成了 20 余处海洋牧场,产业基础初具雏形,在人工鱼礁投放技术、藻场建设技术和海洋生物标志放流技术等海洋牧场建设的关键技术方面取得了不同程度的进展。

2) 多营养层次综合养殖模式与技术

多营养层次综合养殖(integrated multi-tropic aquaculture,IMTA)理念的理论基础在于:由不同营养级生物组成的综合养殖系统中,投饵性养殖单元(如鱼、虾类)产生的残饵、粪便、营养盐等有机或无机物质成为其他类型养殖单元(如滤食性贝类、大型藻类、腐食性生物)的食物或营养物质来源,将系统内多余的营养物质转化到养殖生物体内,达到系统内营养物质的有效循环利用,在减轻养殖对环境的压力的同时,提高养殖品种的多样性和经济效益,促进养殖产业的可持续发展。近年来,该理念已经在世界多个国家(中国、加拿大、智利、南非、挪威、美国、新西兰等)广泛实践,结果表明,该养殖模式在促进养殖产品持续高产、减轻养殖环境压力、提高养殖系统循环利用效率等方面具有显著的积极作用。当代我国水产养殖业发展极大地推动了综合养殖方式的新探索,特别是始于20世纪90年代中期的海水养殖系统养殖容量的研究,使多种形式的多元养殖普遍应用于生产实践。我国在山东、辽宁、福建、广东等海域构建并实施了多种形式的海水养殖可持续生产模式,包括贝-藻、鲍-参-海带、鱼-贝-藻多营养层次综合养殖模式、海草床海区海珍品多营养层次的底播增养殖模式等,经济、社会、生态效益显著。多营养层次综合养殖模式如图7-16所示。

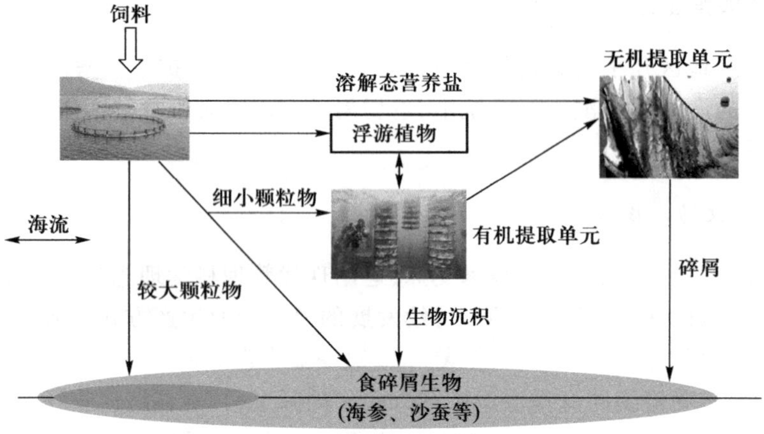

图7-16 多营养层次综合养殖模式

实践表明,在有限的养殖用海空间条件下,多营养层次综合养殖模式通过协调种间关系可以实现系统内物质和能量的高效循环利用,提高单位面积的养殖容纳量和食物产出效率,且系统自身具备非常稳定的养殖营养层级结构,能够有效缓解近海养殖生态系统的压力,是在生态系统水平上应对近海多重压力胁迫的适应性管理对策。2016年,联合国粮食及农业组织(FAO)和亚太水产养殖中心网络(NACA)将桑沟湾多营养层次综合养殖模式作为亚太地区12个可持续集约化水产养殖的典型成功案例之一向全世界进行推广。

3) 退化盐沼生态系统恢复技术

退化盐沼生态系统恢复技术是采用水文恢复、高程控制与地形重建,完成退化生态系统物理条件恢复,并通过植被繁殖恢复与引入完成植被恢复,最后进行修复功能评估。退化盐沼生态系统水文恢复是关键,可通过开挖河道或潮沟实现退化前的自然水文功能。例如,通过移除堤坝等障碍物或挖掘疏浚来恢复潮水,并采用工程恢复历史潮沟,将盐沼重新连接到潮汐流和大海上。最后种植乡土植被，去除入侵物种，恢复底栖生物与鱼类，实现盐沼的生态恢复。

4) 退化海草床恢复技术

退化海草床恢复技术主要通过改善海草生长条件，提高水质，降低移植对海草遗传的影响，从而提高海草修复效益(Tan et al.，2020)。国内外成功的案例都注重移植和恢复栖息地，采用工程技术恢复与自然恢复相结合的恢复方案(Liu et al.，2016b)。例如，美国开发了远程移植草坪框架系统，将鳗草(eelgrass)的嫩枝用可生物降解的扎带绑在塑料包线框上，从船只上投放入海。几周后，框架被移除，海草嫩枝在原位生长，从而实现了鳗草芽丰度增加。对于螺旋桨划伤和船只搁浅所造成的海草床破坏，使用恢复技术中的充沙沉管防治侵蚀，并在海草移植区域埋设木桩吸引鸟类栖息，利用鸟粪提高营养，促进海草自然繁殖。在恢复 1.5~2 年时间后，生长较慢的顶极物种得以重新建立(Williams，2001)。

5) 退化珊瑚礁恢复技术

退化珊瑚礁恢复关键措施主要是珊瑚移植，珊瑚幼虫引诱、补充和人工礁体建造。通常先将采集到的珊瑚移植到自然和人工基质上驯化，之后再移植到退化的珊瑚礁区域。同时在退化珊瑚礁区域应用珊瑚幼虫引诱剂，如铁添加剂、碳酸钙，以加强对潜在的幼虫的引诱。通过构建结构复杂的混凝土结构礁球，吸引多样的鱼类组合，促进鱼类组合和珊瑚之间的相互作用；通过引入食草鱼类减少珊瑚上竞争性藻类的丰度，提高珊瑚覆盖率。在恢复过程的同时评估不同珊瑚种类的移植和自然恢复效果，并及时调整恢复措施(Bayraktarov et al.，2019)。

6) 退化红树林恢复技术

Lewis(2005)提出了恢复退化红树林的五个关键步骤：① 了解目标林地的红树植物繁殖方式、繁殖体分布及幼苗定植模式；② 了解目标红树植物物种分布及成功定植所需的水文条件；③ 评估此前在红树林中采取干扰措施的效应(评估该措施是否为当前次生演替受阻的原因)；④ 设计方案，适当恢复水文条件，使部分红树植物可以自然恢复；⑤ 在繁殖体数量有限的情况下，种植红树幼苗或胚轴来实现恢复目标。

我国红树恢复的主要技术是改造滩涂立地条件，种植繁殖体和幼苗，目前该技术在我国已相对成熟。“十三五”期间我国红树林保护修复取得积极进展，初步扭转了红树林面积急剧减少的趋势，开展了专项调查，摸清了全国红树林底数，并印发《红树林保护修复专项行动计划(2020-2025 年)》。该计划的行动目标是对我国浙江省、福建省、广东省、广西壮族自治区、海南省现有红树林实施全面保护，计划到 2025 年，营造和修复红树林面积 18 800 hm^2，其中，营造红树林 9050 hm^2，修复现有红树林 9750 hm^2。当前，在福建厦门同安湾开展的红树林恢复工程，通过清淤、疏浚、红树林滩地的堆填等红树林生境改造，种植红树植物，逐步营造、恢复同安湾红树林湿地生态系统，项目于 2011 年启动，当前已经过 10 年恢复，效果显著(图 7-17)。

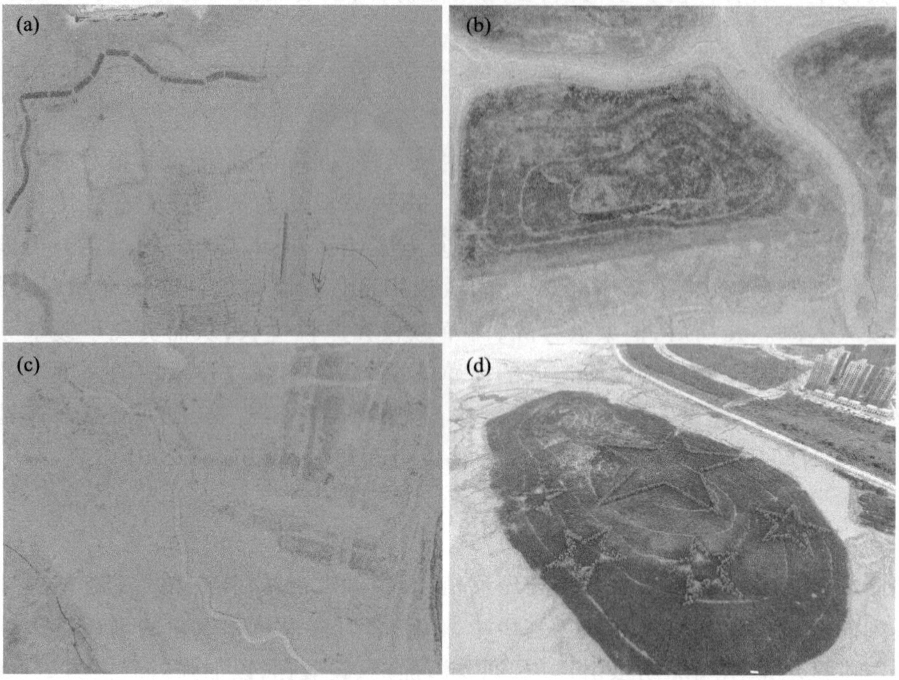

图 7-17 厦门同安湾红树林湿地恢复对比:(a)和(c)恢复前的滩涂状况;(b)和(d)恢复后建成的红树林湿地公园(见书末彩插)

(3) 海洋及海滨生态系统恢复存在的主要问题

总体来讲,我国在海洋及海滨退化生态系统恢复研究领域起步较晚,但紧跟世界前沿方向,学科发展迅速,在可持续海水养殖生态系统研究与红树林生态系统修复等部分领域引领了世界的发展方向。虽然我国的沿海生态恢复已进入快速发展阶段,每年在各种沿海生态系统中开展的恢复项目越来越多,包括海湾、盐沼、红树林、海草床、珊瑚礁、沙滩等海洋与海滨生态系统,但当前我国沿海生态恢复的规划、技术、评估和参与模式仍然远远不足以遏制我国海洋与海滨生态系统退化趋势。目前海洋和海滨生态系统恢复存在的问题主要表现为:

① 陆源污染物排放对近岸局部海域海洋生态环境带来较大压力,排污口邻近海域的水质和沉积物质量不能满足所在海洋功能区要求。

② 重要海区水母、赤潮暴发频率上升,海水底层缺氧,危害渔业资源可持续发展;重要海湾生态系统退化,生物资源和生物多样性衰退明显。

③ 无序粗放型开发、围垦与污染导致岛礁受损与海滨湿地退化;外来物种如互花米草入侵仍未得到有效遏制。

④ 基于生态系统管理策略、陆海统筹,遵从生态规律、因地制宜、社会经济效益兼顾的海洋与海滨生态系统恢复策略仍未得到有效实现。

7.3.7 城市生态系统恢复的重大进展及存在的主要问题

(1) 城市生态系统恢复总述

20世纪80年代初,马世骏、王如松等学者从生态学的观点出发,提出城市生态系统是以人的行为为主导、自然环境为依托、资源流动为命脉、社会体制为经络的社会-经济-自然复合生态系统。城市生态系统恢复是基于复合生态系统理论的共轭生态修复,其核心就是要调节好以水、土、气、能、生物、地球化学循环为主体的自然生态过程,以生产、流通、消费、还原、调控为主流的经济生态过程和以人的科技、体制、文化为主线的社会生态过程在时、空、量、构、序范畴的生态耦合关系,推进以整体、协同、循环、自生为基础的生态规划、生态工程与生态管理的技术体系,在保育生态活力的前提下,实现社会经济的高速发展。其基本宗旨是从观念转型、体制改革和技术创新入手,恢复、维持、强化区域社会生态、经济生态和自然生态系统服务,促进人与自然的协同进化,使城市生态系统的各个方面都恢复到结构合理、功能高效、关系协调的状态。

鉴于城市生态系统恢复对城市食物安全、城市环境质量、人体健康的影响日益重要的现实,众多学者从城市生态系统的绿地、湿地和废弃地生态系统恢复等角度对城市生态系统恢复进行了研究。特别是城市生态系统恢复原理、演变动态以及未来变化预测和恢复重建,已成为生态恢复研究的重要组成部分,并将成为生态学和环境科学界关注的热点问题(Liu et al.,2016a)。

(2) 城市绿地生态系统恢复

1) 研究进展

18世纪到20世纪初,西方发达国家在“先污染后治理”思潮的影响下,付出了生态环境遭到严重破坏的代价。发达国家开始意识到城市绿地生态系统的重要性,进行绿地规划建设。1880年,Olmsted等人突破了美国城市方格网格局的限制,把数个公园连在一起,形成了景观优美的公园体系。20世纪30年代,莫斯科提出了“绿色城市”的改建规划方案,经过不断发展,莫斯科由过去的工业城市变成了花园城市。20世纪80年代初,城市绿地进入了生态园林的理论和实践探索阶段。国际社会也正式提出“生态城市”的概念,以期用生态学原理和方法指导城市建设。

近年来,随着人们对人居环境质量重视程度的提高,城市绿地生态系统的实践和探索已得到重视。我国城市绿地生态系统恢复研究取得了重大进展。20世纪70年代末,我国城市绿地规划工作者提出“连片成团、点线面相结合”的方针后,我国城市绿化进入快速发展阶段,在南北方的主要大城市都取得了显著成效。我国提出了北方以天津为代表的“大环境绿化”,南方以上海为代表的“生态园林绿化”。国家统计局数据显示,1999年,全国城市建成区绿化覆盖面积达到59.1万hm^2,绿化覆盖率已达27.4%。我国城市绿地面积从2006年的132.1万hm^2增长至2015年的267.0万hm^2,增长了102.1%;到2018年达到304.7万hm^2。我国城市建成区绿化覆盖率从2006年的35.1%提高到2015年的40.1%;到2018年达到41.1%。

2）国内外比较研究

目前城市绿地生态系统研究视角多元，结合了生命科学、社会科学、自然科学等领域知识；在研究方法上合理选取地理学、信息学、统计学等学科的前沿技术与模型（Łopuck and Kiersztyn，2015）；研究范围由单一绿地向群组绿地转变，进而涵盖了城市、国家、全球等层面（Kim and Park，2016）。“城市生态环境维护”是当前国外城市绿地研究的主要部分，且相关研究的比重仍在增加；“人与绿地关系”的研究起步早且持续时间长；“城市绿地管理”的研究正处于快速增多阶段。国外早期研究是以调研、评估、模拟实验等方法就表象特征进行解析（Sakieh et al.，2017），而近期则已形成定量与定性结合的研究范式，揭示现象背后的外部联系、本质原因及实现过程（Bottalico et al.，2016）。

我国城市绿色空间的具体实践相对滞后，近年来虽然提出“城市大环境绿地”“城市绿色空间网络”等概念，但在实际操作层面上仍缺乏相应的方法，多数沿用城市园林绿地的组成结构、规划方法与相应的定额指标，考虑公共绿地的均衡布局，强调城市绿地的“游憩”功能，而对绿色空间结构与功能的研究和应用不足，对城市边缘绿地、原始自然景观和乡土植被如何真正地纳入城市绿色空间的关注不够，在一定程度上造成我国城市绿色空间整体理论框架及相关规划难以具体落实的困境。

3）研究热点

当前城市绿地生态系统恢复的研究热点包括以下几方面：① 以人为本的城市绿地：以城市居民福祉作为导向，研究城市绿地对居民身心健康、景观游憩、自然教育、防灾减灾、森林康养、幸福感、犯罪率、环境正义等方面的影响机制。② 城市绿地格局及其影响机制：从自然、经济、社会三个方面出发，探讨气候、城镇化、人口、经济、土地利用、文化、宏观政策等因子对绿地格局演变的驱动机制；研究绿地空间格局与城市的社会-经济-自然过程的耦合关系。③ 城市绿地的生态系统服务：研究城市绿地的数量、结构、布局与生态系统服务方面的作用机制，特别是研究应对热岛效应、生物多样性丧失和空气污染等突出城市问题的措施。

（3）城市湿地生态系统恢复

1）研究进展

在城市化的进程中，城市开发使城市湿地面积锐减，湿地的调节功能退化；大量工农业废水、生活污水的排放使城市湿地水质受到严重污染，富营养化现象突出；盲目引进外来种使得城市湿地生态系统安全受到影响，城市湿地保护难度大，研究工作薄弱，所有这些都大大降低了湿地对城市经济和社会可持续发展的支持能力，由此引发了一系列的生态问题。因而，保护和恢复城市湿地生态系统，是当前需要研究的重要课题（曹鹏飞，2008）。

城市湿地生态系统的重建和恢复是通过生态技术或生态工程对退化或消失的湿地进行修复或重建，再现干扰前湿地生态系统的结构和功能以及相关的物理、化学和生物学特性，使其发挥应有的作用。以城市湿地生态系统作为研究对象的研究是近十几年才提出的。美国、澳大利亚等是世界上湿地研究较先进的国家。目前,世界上更多的国家认识到湿地对建设生态城市的重要性,各种关于城市湿地保护、恢复、重建、规划等方面的研究项目和研究组织相继出现,并取得了一定的研究成果,尤其是在建造人工湿地处理污水方面尤为突出(孙广友等,2004)。

城市湿地生态系统的保护及恢复措施可归纳为以下八个方面:① 控制污染,保护城市湿地生态功能。② 恢复、重建湿地,确保湿地面积。③ 建立城市湿地园林。④ 科学规划湿地系统,实现湿地的功能性开发。⑤ 建立持续的城市湿地监测、评价与管理机制,防控湿地污染和退化。⑥ 建立城市湿地信息系统,对城市湿地数据进行高效管理。⑦ 城市湿地保护需要提高公众意识,加强公众参与和舆论监督。⑧ 行政管理、法制制约和市场激励相结合,解决城市湿地保护难的问题(潮洛蒙和俞孔坚,2003)。

2) 国内外比较研究

发达国家开始重视城市湿地保护的时间比较早,早在20世纪70年代,一些国家广泛地采用了"多自然型河流"的建设方法,将部分已经被破坏的城市河流湿地逐渐进行回归自然的修复。把水边作为多种生物生息空间的核心,在充分利用自然的地形地貌的基础上,建立起阳光、生物、土壤、堤体之间和谐共存的城市河流生态系统;并大力建设城市生态河堤,还河流以空间,构筑近水、亲水的城市滨水空间景观等;将河流建设成尽量接近于自然的形态,在确保防洪安全的基础上,努力创造出具有丰富自然要素的水边环境,恢复城市河流湿地的自然生态和环境功能以及生物多样性。美国采用湿地补偿法,德国进行关于城市湿地自然的保护与创造的尝试,被称为"重新自然化",这一做法影响到周边诸国,如瑞士等。

日本则推行法规"推进多自然型河流建设",即尊重自然所具有的多样性,保障和创造出满足自然条件的良好水循环系统,形成蓝绿生态基础设施网络,避免生态系统的破碎化和孤立化。

城市湿地生态系统恢复的研究在国内起步比较晚,以河道改造为主要特征的城市滨水区开发成为城市景观设计和生态规划的焦点。针对城市内的河流,确定保持河道自然风貌、保护水域生态环境、恢复河流生态功能的开发原则,河道生态功能的恢复与建设以城市水系为基础,建立湿地保护区、生态公园或扩大滨水绿地范围,加强完善水系和绿地的联系网络(图7-18)。

3) 研究热点

当前城市湿地生态系统恢复的研究热点包括以下三个方面:① 城市湿地的生态系统服务:城市湿地生态系统服务的研究是评估生态恢复效果和开展生态补偿等工作的重要基础,包括指标体系、实物量和价值量的评价方法、生态系统服务的应用等方面。② 城市化与城市湿地之间的作用机制:包括城市湿地对城市生态安全、城市生态环境等的影响;城市湿地与热岛效应、空气污染等城市问题的联系;城市湿地与居民生活、生态文化科普教育等的联系等。③ 城市湿地生态健康及生物多样性保护:通过水资源、水质、生态系统的调控,保障城市湿地生态系统的健康;通过保护乡土植物、构建生物栖息地、生态廊道等保护城市湿地生物多样性。

图 7-18　城市湿地恢复:(a)广州市增城区永和河生态修复前;(b)永和河生态修复后;(c)广州市增城区上邵涌生态修复前;(d)上邵涌生态修复后(广州市增城区水务局提供)

(4) 城市废弃地生态系统恢复

1) 研究进展

城市废弃地占城市土地相当大的比例(格林斯坦,2007),随着人类环境与生态意识的觉醒,逆工业化的浪潮为城市环境建设和生态恢复提供了广阔的空间。20世纪90年代,国外废弃地的恢复与重建进入了成熟阶段,开始运用科学技术与艺术手法相结合的方式,将废弃衰败的城市场地改造成富于多重内涵和生机的现代景观。进入21世纪,城市废弃地生态系统恢复与景观再造中除了利用传统技术和手法,更注重新技术的复合运用和新理念的体现。国外比较成功的案例有:德国北杜伊斯堡景观公园、德国波鸿城西公园、美国西雅图煤气厂公园等。

我国城市废弃地生态系统恢复与景观重建研究起步较晚。20世纪80年代以前,我国对于城市废弃地的处理主要以改善环境质量、维护环境安全为目的,而对城市废弃地景观和文化的关注较少。1980年以后,伴随着生态恢复学、景观生态学思想的引入,城市废弃地的管理和改造研究逐渐丰富。20世纪90年代末,我国开始尝试以生态理念、恢复技术和景观设计相结合的方式改造废弃地,并涌现出许多成功案例,例如,上海世博后滩湿地公园、广东中山岐江公园等(俞孔坚等,2001)。

2）国内外比较研究

城市废弃地的首要问题是对生态环境和城市景观的破坏，国外有很多改造城市废弃地较成功的例子。在西方，较早的实例有1863年建成的巴黎比特·绍蒙公园，1972年美国的西雅图煤气厂公园等。著名的德国北杜伊斯堡景观公园就是将一个工业化时期遗留下来的废弃工厂改造为具有历史气息的生态公园；加拿大汤米·汤普森公园也是废弃地被成功改造为生态公园，不仅成为人们的休闲场所，也成为野生动物的栖息地；伦敦市先后在废弃煤场、废弃码头、市中心建造了十余个生态公园。在国内，1999—2001年，中山市在粤中造船厂旧址上建成了岐江公园；2003年，天津市把堆积多年的碱渣山改造成紫云公园，彻底改变了海滨滩涂上的白色污染；焦作市缝山国家矿山公园对城郊开采石料形成的废弃山地实施风景园林、生态恢复工程等综合措施，建设了主环路、星光广场、采石场遗址等14个项目，最终盘活了这一城市中的废弃地；刘勇（2012）以上海世博后滩湿地公园废弃地景观设计为例，对城市废弃地的更新理念和方法进行了初步的探索（陈波和包志毅，2003；王益熙，2004；曹树刚等，2007）。

目前国外对城市废弃地恢复研究主要针对土地置换、区位突破、经济衰落以及本身自然条件等因素所引起的城市局部用地环境衰落、对周边环境产生负面影响的城市局部用地；致力于运用景观规划原理、生态恢复原理和生态恢复规划方法对城市废弃地恢复进行研究，已取得了很大成功。我国对城市废弃地的研究滞后于国外，现在主要是根据生态恢复规划原则和景观设计原理对城市矿区废弃地进行恢复研究，而对城市其他废弃地的研究较少。

3）研究热点

当前城市废弃地生态系统恢复的研究热点包括以下三个方面：① 城市矿产废弃地生态恢复：目前城市废弃地生态系统恢复的研究主要集中于废弃矿山、矿坑、煤矸山、垃圾填埋场、制造业废弃地等类型，是今后研究的热点方向之一。② 城市废弃地的生态规划和系统恢复：探索区域废弃地生态恢复方法，运用景观生态学方法，探索系统性和大尺度的废弃地生态系统恢复和规划途径，加强生态恢复新方法和新技术研究。③ 城市废弃地生态系统恢复的社会-经济-自然复合评估：引入社会-经济-自然复合生态系统理论，构建社会-经济-自然复合的城市废弃地生态系统恢复评估体系，以全面反映、综合指导城市废弃地的生态和建设。

(5) 城市生态系统恢复的前沿方向展望

城市生态系统恢复科学涉及很多研究领域，不但涉及土地景观规划、生态学及环境科学，而且与社会科学、经济学和相关制度政策密切相关。然而迄今为止，国内外的大多数研究工作偏重对特定城市生态系统恢复的研究，而很少涉及不同退化类型在时间序列上的变化。此外，城市生态系统恢复的方法论及评价指标体系定量化、动态化、综合性和实用性以及尺度转换等方面的研究工作大多处于探索阶段。我国城市生态系统恢复研究虽然在某些方面取得了一定的、有特色的进展，但与世界其他国家还有一定差距。具体表现在：① 复合生态系统理论在城市生态系统恢复中的指导地位尚没有充分体现，许多城市生态系统恢复的研究仅以自然过程或生态价值作为衡量标准。② 城市生态系统恢复的机理研究尚待深入，尤其是自然过程与经济、社会过程的耦合机制以及定量化、动态化、多尺度的研究。③ 对生态系统服务进行合理的权衡和管理，从宏观尺度来说，城市生态系统恢复应以追求生态系统服务价值的最大化为总目标，但在具体的节点恢复中，由于不同场地自然、经济、社会条件的空间差异，应该追求“最优化”。

7.3.8 矿山生态系统恢复的重大进展及存在的主要问题

矿山废弃地是指由于采矿活动破坏、未经治理而无法使用的土地。矿山开采过程中，露天采矿场、排土场、尾矿场、塌陷区以及受重金属污染而失去经济利用价值的土地统称为矿山废弃地。对矿山废弃地进行生态修复，对于改善区域生态环境和促进经济社会的可持续发展具有重要意义。矿山废弃地生态重建是指对采矿引发结构缺损、功能失调的极度退化的生态系统，借助人工支持和诱导，对其组成、结构和功能进行超前性的计划、规划、安排和调控，结合自然演替的共同作用，努力使采矿迹地具有某种形式和一定水平的生产力，并维持相对稳定的生态平衡，而且要与周围的景观价值相协调。其实质是将人为破坏的区域环境恢复或重建成一个符合代际需求、与当地自然相和谐的生态系统，实现新生态系统物质和能量的可持续循环利用。

(1) 矿山生态系统恢复的理论基础

矿山生态系统恢复理论源于恢复生态学原理及理论，其相关理论的研究主要涉及植被演替、生物多样性、限制性因子、密度制约、生态位、植物入侵、景观生态学等多个方面。

1) 植被演替理论

植被演替理论作为矿山废弃地植被恢复重建的重要基本理论，一直以来都是矿山废弃地生态修复过程中众多学者研究的焦点问题之一。当矿山废弃地自然恢复植物群落处于演替前期阶段，抗逆性强的禾本科（Gramineae）、豆科（Leguminosae）和菊科（Asteraceae）草本植物成为先锋植物。随着时间推移，灌木和乔木逐渐出现，植物覆盖度和物种多样性逐渐增加，但草本植物群落的生物多样性水平明显高于灌木和乔木植物群落。另外，大量研究都表明，矿山废弃地自然恢复植被的物种多样性高于人工恢复植被，从长远来看，自然恢复效果要优于人工恢复，但矿山废弃地自然恢复过程十分漫长，因此矿山废弃地生态修复要考虑长期的潜在价值和深远的修复目标，深入研究矿山废弃地植被结构特征及其演替方式，结合成熟的人工修复技术，更好地进行矿山废弃地生态修复。

2) 生物多样性原理

生物多样性是建立稳定的生态系统最基本的原则。生物多样性是指在一定范围内，多种多样活动着的有机体（动物、植物和微生物）有规律地集合在一起的总称。它是人类赖以生存的生命支持系统。生态恢复重建过程强调以生物多样性为基础，依赖对原生生态系统生物多样性和退化过程中的生物多样性动态变化的充分研究。筛选适应退化环境的不同生态位的乡土物种，配置结构合理、层次立体化的物种，组成复杂的动态群落模式，并通过自然恢复能力,促进次级生产者的恢复与保存,从而形成良好的系统营养关系与食物网络。

3) 限制性因子与密度制约原理

所有生物生长恢复状况是其所处生境诸多环境因子综合作用的结果,凡影响种群出生率、死亡率和迁移的理化因子、生物因子都起着调节种群密度的作用。对于矿山废弃地而言,各种环境因子,如场地坡度坡向、废弃物破碎化程度、土壤条件、光照及水分等,都会成为其生态修复过程中的限制性因子。

种群的密度效应实际上是种群适应这些因素综合作用的表现。根据影响因素的种类可以将其作用类型划分为密度制约和非密度制约。例如,可将气候因素、大气 CO_2 浓度等随机性因素看成非密度制约因素,而将生物种间的捕食、寄生、竞争等因素看成密度制约因素。当某一因素(以百分比表示,如死亡率)的不利效应随种群密度的增加而增大或减小时,这种因素就是密度制约因素。反之,如果不随种群密度的变化而变化,这种因素就是非密度制约因素。

无论何种生态系统,其中物种的生存都受环境容纳量的限制。根据 Allee 定律,种群密度太高或太低都可能成为种群发展的限制性因子。种群分布有随机、均匀和集群分布三种基本格局。在自然生态系统中,集群分布往往是最为普遍的分布格局。实际上,对于大多数物种,集群分布更有利于种群的生存和发展。因此,在矿区生态恢复与重建过程中,应在了解物种种群空间分布规律的基础上,因物种不同而选择合适的种群密度与布局方式,以使矿区逐步形成"草-灌-乔"相结合的立体生态景观。

(2) 矿山生态系统恢复的技术

矿山生态系统恢复应当以生态学理论为基础,根据相关恢复理论,运用生态恢复的相关技术手段,实现矿山废弃地的重建和土地资源的可持续利用。

1) 土壤改良

土壤作为生态系统最基本的组成成分,对矿山废弃地生态系统恢复起着决定性作用。矿山废弃地生态系统恢复的着眼点是矿山土地复垦,使矿山土壤更适合于植被生长。常见的土壤改良治理方法有物理修复、化学修复和生物修复等。

物理修复主要采用排土、换土、客土、混合机深耕翻土等方法。生态修复实践中往往采取排土后混合客土来改良土壤,采矿前将土壤分层取走保存,工程结束后对废弃地进行修复时将原土运回加以利用。如果未发生明显的重金属污染或者仅发生极轻微的污染,可对整平和回填后的土地进行翻松处理,将浅表轻微污染的土壤进行分散,即间接提高土壤的自我净化能力。对于土层过薄或污染严重的矿山废弃地,客土法成为必要的改良方法,再结合不同植物对金属元素的吸附能力等差异,有选择性地种植相应的植被,使得矿山土壤在短期内恢复。

化学修复过程中通常向土壤中加入材料或试剂来改良土壤的理化性质,主要针对矿山土壤和水系污染较为严重、土壤或水系中含有较多的重金属和有害物质等情形。化学试剂可将土壤中的硫化物、过氧化物等转换成无害物质,并借助化学反应降低土壤中的重金属离子,防止地表污染。例如,石灰、碳酸钙、碱性炉渣等能有效改良酸性废弃地,硫酸铁、硫黄等酸性物质能有效改良碱性废弃地。磷酸盐、钙离子、乙二胺四乙酸(EDTA)等可以有效降低重金属毒性,减轻对土壤的污染。在矿山废弃地土壤中加入堆肥、粪肥、木屑、绿色垃圾或无毒有机污泥等,能够有效提高土壤养分(彭少麟,2000)。例如,加拿大的矿山生态修复研究人员为了减少锌的污染,提出了专门的土壤修复方法,包括施加鱼粉生物炭、钙基膨润土和覆盖木纤维等(Stewart and Penlidis,2016)。

生物修复是利用植物、土壤动物和微生物的生命活动及其代谢产物,将土壤中过多的重金属元素等有害物质进行吸附、转移和消除,改良土壤的理化性质和土壤营养状况。例如,根瘤菌与豆科植物共生于土壤污染严重的矿山废弃地中,将大气中的氮气转化为氮素固定到土壤,利于土壤中氮元素积累。杨梅(*Myrica rubra*)、沙棘(*Hippophae rhamnoides*)等都具有较强固氮能力。多种植物可提取和减少矿山废弃地土壤中的重金属,Pb、Cd、Cr、Mn、As、Zn、Cu、Hg 等重金属的超富集植物有 30 多种,其中鸭跖草(*Commelina communis*)可以大量富集 Cu,蜈蚣草(*Pteris vittata*)可以大量富集 As,东南景天(*Sedum alfredii*)、鬼针草(*Bidens pilosa*)和酸模(*Rumex acetosa*)可以大量富集 Pb,商陆(*Phytolacca acinosa*)可以大量富集 Mn。此外,通过现代生物技术克隆耐重金属污染的基因,可用于改良和培育矿山废弃地富集重金属的植物。

2) 植被建植

植被恢复是矿山废弃地生态系统的修复和重建的基础,因此植物物种选配和种植技术的探索一直是矿山废弃地植被恢复的研究热点。目前,针对不同类型矿山废弃地适宜物种的选择已有大量研究,其中豆科、菊科、禾本科植物是矿山废弃地生态修复的先锋物种,具有很强的适应性,对改善土壤理化性质和营养状况效果明显,尤其是具有根瘤的一年生豆科植物,是理想的先锋物种。另外,利用土壤种子库进行修复已被用于矿山废弃地的生态修复实践中。矿山开采前,将原有的表土保留下来,在开采结束后对废弃地进行修复时利用原有的地形进行整地并将表土归位,利于恢复植被并向原有植被方向演替,有较好的恢复效果。澳大利亚采矿场地土壤修复中特别强调土壤种子库的保护和建设,研究人员认为,土壤种子库是重建生态系统、抵抗干旱扰动的关键(Nussbaumer et al.,2016)。研究人员还主张建立种子生产基地、专业种子园等来培育种子,因为野生种子数量难以满足需求,认为建立专门基地、园地有很多优点,如保持多样性和血统、防止种子污染和外物入侵、提高种子质量等,还可以作为气候变化监测场所等(Broadhurst et al.,2016)。

(3) 矿山生态系统恢复存在的问题

1) 基础理论与关键技术

矿山生态系统恢复是多学科交叉的研究领域,除生态演替理论和限制性因子原理、热力学定律、生态适应性理论、生态位原理、植物入侵理论、生物多样性原理、缀块-廊道-基底理论、仿自然原型、多样性和异质性、人与自然界生物控制共生理论等生态学理论和原理外,也应借鉴其他学科理论,构建独特的基础理论体系。例如,澳大利亚的研究人员认为,铁矿场地的修复必须引入生理生态学(physioecology)和生态水文学(eco-hydrology)方法(Benigno et al.,2013);美国的研究人员认为,污染土地的修复中,恢复生态学和环境毒理学(environmental toxicology)起到了关键作用(Nimick et al.,2007)。关键技术包括复垦管理与规划技术、复垦工程技术、后期管护和抚育技术等。复垦工程技术包括基质改良技术(地貌重塑技术、表土保护和土壤质量优化技术)、植被恢复关键技术以及植物-微生物-动物协同修复技术等。

2) 长期监测演替过程与机理

矿山土地复垦与生态修复工程浩大,而工程结束恰恰是植被生长、土壤质量提高、系统演替和稳定的开始,这就意味着只有通过长期监测,才能判断生态修复工程的成功性。建立长期的动态监测和模拟机制,揭示其动态演替规律和演替的过程机理。研究重建生态系统的要素组成与物种配置和物种多样性之间的关系以及营养元素的积累与循环规律、重金属含量等的关系,特别是演替过程中土壤与植物间的作用机理,揭示控制系统稳定性的主要因素,为建立自维持的生态系统提供理论基础。

3) 新型示范基地的设计及研究

早期矿山废弃地生态恢复强调耕地复垦和高经济效益,近年来逐渐加强了对风景和休闲娱乐等生态服务价值的重视。新的恢复目标和方式是完全改变原有系统的结构和功能,修复后成为新型矿山生态系统示范基地,增加风景和休闲娱乐的生态系统服务功能,以起到科学研究、技术推广、环境教育等多方面的作用。

7.4 前沿方向展望及建议优先领域

7.4.1 恢复生态学的挑战

过去50年间,人类改变生态系统的速度和广度超过了历史上任何时期,生态系统服务功能退化、生境破碎化、环境污染、气候变化问题日益凸显。这些变化导致我们的生存环境面临前所未有的挑战,也给恢复生态学的发展带来了机遇和挑战。

挑战1:恢复工程的有效性。由于每一个目标地在时间和空间上都是唯一的,只依靠以往的经验会限制生态恢复的成效。如何评价特定恢复工程的有效性是恢复生态学面临的重大挑战。

挑战2:生物适应性进化的影响。生态系统破坏前后往往引起部分目标生物发生适应性进化。在生态恢复过程中,考虑基于生物进化的改变,制定长远的恢复计划成为未来研究的巨大挑战。

挑战3:全球变化的考虑。预测全球气候变化(气温、降水、洪水和干旱等极端事件发生的频率和强度等)本身就是一个巨大挑战,那么如何预测气候变化对物种、生态恢复参照系、正在恢复的生态系统的影响,则是恢复生态学面临的更大挑战。

挑战4:生态系统的复杂化。生态系统的动态变化、生物与非生物因素相互作用使得生态恢复所处环境不断动态波动。恢复计划不仅要综合现有信息,因地制宜,同时还必须具有一定弹性以应对随时可能出现的各种变化。生态系统这种不断变化的特点对研究者的信息整合能力和应变能力提出了挑战。

挑战5:生态恢复参照系的动态变化。长久以来,生态恢复参照系的确定一直都是生态恢复中的难点问题。生态恢复在实施前应进行目标设计,过去的模式不一定是未来所需要的(Hobbs,2007),用历史状态作为恢复成功的参照已受到挑战(Laughlin,2014),应该在充分考虑未来生态系统发展的基础上,对恢复效果进行量化。

挑战6:可持续发展指标体系的建立。生态恢复的长期目标应是实现生态系统自身的可持续性(Parker,1997),用可持续性作为评价生态系统恢复成果的标准之一。如果我们需要对恢复前后的状态进行长期的监测和对比,那么建立一套生态系统可持续发展的指标体系,也是未来恢复生态学领域面临的巨大挑战。

挑战7:生态恢复与各方利益的均衡。生态恢复的应用、实践与评估都要求进行自然、社会和经济三方面的整合。恢复后的生态系统应该是多功能景观,可以提供一系列自然、社会和经济的功能,同时实现土地所有者和使用者的利益权衡(Lovell and Johnston,2009)。这种目标的实现需要可持续性恢复生态学的指导以及社会各界的参与(周婷等,2013)。如何权衡提高生态系统功能与增加经济利益之间的关系和如何均衡各方利益是未来生态恢复实施与管理工作面临的挑战。

7.4.2 恢复生态学的未来展望

(1) 生态恢复的关键理论研究进展

生态恢复的关键理论问题有望在以下方面取得重要突破:① 继续加强对入侵生物的生物防治,加强生态控制方面的理论研究与恢复实践,重点研究如何通过本地植物功能群配置和生境调控来防控外来入侵植物等。② 未来全球变化不断加剧,会不断影响生态系统的结构与功能。如何在生态恢复中将全球变化要素考虑进去,是恢复生态学要面对和解决的重要问题。③ 支撑变化环境条件下多样性、功能性和适应性的评估标准,是规划目标的关键元素。为了发掘目标群落的这些特定信息,未来需要生物学、生态学和植物学资料,并建立相关的网络数据和植物标本库。④ 物种长期在退化系统中已产生一定的适应性进化,生态恢复中应考虑其进化上的改变,进而制定长远的恢复计划。⑤ 恢复生态学与社会和人文科学的交叉研究是恢复生态学未来发展的重要方向。

(2) 生态恢复实践的质量及其可持续发展

当前生态恢复的研究趋势更看重生态恢复实践的质量,以及所恢复的生态系统的可持续发展。第六届国际恢复生态学大会的主题就是提高生态系统快速恢复的能力,即提高生态系统的弹性(ecosystem resilience)(彭少麟和吴可可,2015)。弹性是系统承受干扰并仍然保持其基本结构和功能的能力,这个概念看似是一个相对简单易懂的陈述,但当它应用于生态恢复时,则有着非常深远的意义。通过生态恢复提高生态系统的弹性,是提高生态恢复可持续性的重要内容之一。也就是说,利用弹性思维进行生态恢复与管理,将促进社会生态系统的可持续发展。

(3) 生态恢复的社会、政治、文化与生态的耦合

恢复生态学还与当前比较热门的政治问题,如碳排放交易、生物多样性丧失、生态系统服务功能支付等紧密相连。未来的生态恢复工作不仅需要提高管理生态系统的能力,更需要以整体性的思维解决社会问题与环境问题,加强科研领域与其他领域的交流合作,建设“高参与度、高效沟通、高环保意识”的社区(Shackelford et al.,2013),集合全社会的力量实施并维护恢复项目,同时建立生态监测网络、数据共享平台以及相应的监测评价体系,为深入研究和长期管理奠定基础(董正举等,2014)。

(4) 生态恢复作为可持续发展与生态文明建设的基础支撑

退化生态系统恢复与重建模式的试验示范研究还停留在小范围和局部区域范围内,或单一的群落及植被类型,缺乏流域整体或系统水平的区域尺度的综合研究与示范,也缺乏对已有模式随着时间推移和经济发展的需求而变化的优化调控模式。而当前我们遇到的生态、环境问题及挑战都同时具有全球性(planetary)、区域性(regional)、局部性(local)的特征。为了实现可持续性发展,推进生态文明建设,必须将恢复生态学和生态恢复与长期的区域性以及地球全域性生态管理保护措施联系在一起。建立专门的学术机构与管理机构,加快推进恢复生态学的学科发展与生态恢复实践的科学实施。对于退化生态系统,不应只是单纯地进行植被恢复,还要进行后期评价和管理,并运用弹性思维去管理资源,提高生态系统的弹性或恢复力。在生态恢复的基础上,针对不同生态系统,通过科学方法对生态系统结构和功能进行优化,使生态系统得以可持续发展,切实推进生态文明建设。

7.4.3 生态恢复研究中应关注的重要科学问题

(1) 恢复生态学的理论体系研究

恢复生态学的基础理论来自生态科学的各分支学科(彭少麟和陆宏芳,2003),尽管我国在生态恢复和国土整治实践上已经开展了大量工作,但目前还缺乏一套完整的恢复生态学的理论体系(任宪友,2005)。因此,必须加强基础理论和应用基础理论研究,完善和拓展理论框架。尤其是在物种对退化生态系统的响应、退化生态系统恢复和重建等基础理论方面,还缺少深入研究,导致在进行生态系统恢复时,带有一定的盲目性和不确定性(包维楷等,2001)。因此,尽快建立起一套完整的恢复理论和技术体系,是生态系统恢复成功的基础,也是促进自然、经济、社会可持续发展的关键。

(2) 特殊退化生态系统的恢复

许多极端退化的生态系统类型与地区,例如我国东北-西北农牧交错带生态系统(程序,1999)、林草交错带生态系统、西南干旱河谷岩溶地区石质山地生态系统(李文华,2000;李阳兵等,2002)、城市化引起的“新兴生态系统”(胡廷兰等,2005)、西南地区严重的喀斯特石漠化生态系统（王世杰，2003）、高原退化生态系统（黄志霖等，2002；周华坤等，2008）、退化河流与湖泊生态系统、石油泄漏地、垃圾填埋场等，恢复的问题更加复杂。针对这些极端地区的生态恢复，生态学家做了很多的探索和努力，但如何正确而有效地治理仍是未来应该努力的方向。

(3) 恢复生态学的学科交叉及对其他学科的推动作用

恢复生态学是生态学的分支学科。恢复生态学涉及许多学科，与农学、林学、地球科学、经济学、社会学、环境学、管理学等多个学科存在交叉。恢复生态学的许多理论和方法来源于生物学、地学、经济学、社会学、数学等自然学科，以及工程学、林学、农学、环境学等应用性科学。因此，生态恢复的过程和机理研究必须从不同的空间组织层次上来进行（Arroyo-mora et al.，2005）。

恢复生态学的研究也对其他生态学分支学科有促进作用，特别是以可持续发展为目标的生态恢复（图7-19）（周婷等，2013），例如，保护生物学、景观生态学、景观建筑学、生态工程学和生态经济学。恢复生态学所启发的保护生物学，首先重视系统层次上的保护，其次在景观基质内将人类活动区域整合到保护区中，在人类的利用中与保护达到共存。无论我们执行生态恢复的范围如何，恢复项目都要在景观尺度上进行，借鉴景观生态学中的斑块廊道基质理论形成恢复模式，通过时空尺度的动态耦合，实现不同生态系统间结构和功能的恢复。

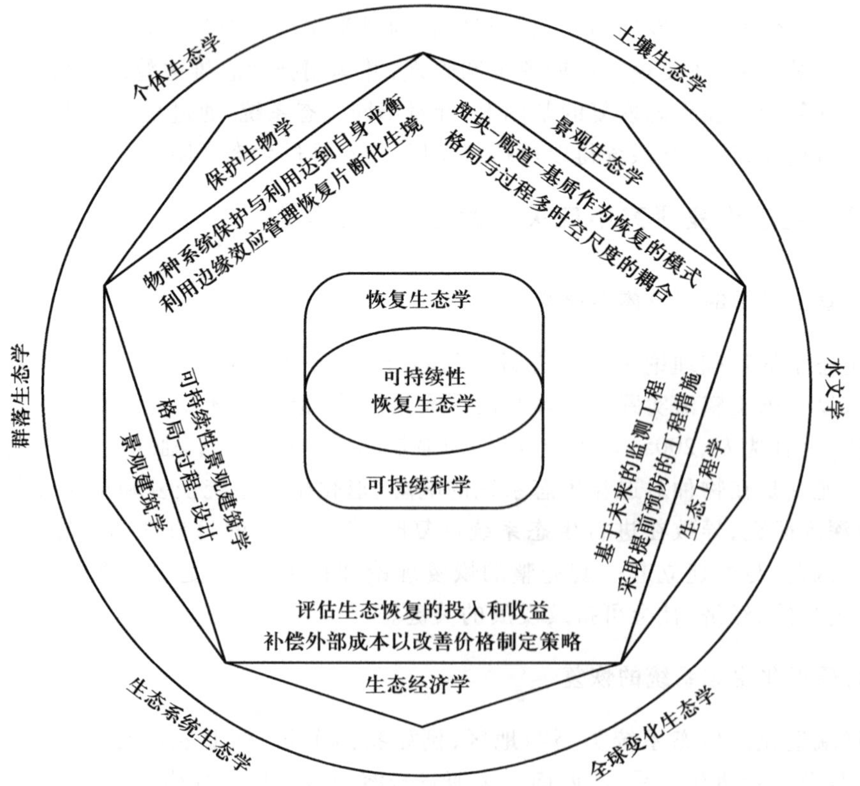

图7-19 恢复生态学与生态学各学科的关联

生态恢复实践是一项十分复杂的系统工程，许多生态学理论均可以在这个过程中得到检验和完善。作为生态学的重要分支，恢复生态学是生态学的重要组成部分，可以成为生态学的二级学科（Davis and Slobodkin，2004；Palmer et al.，2016）。它与一级学科生态学一样，都以生态系统为基本单位，且有许多共同的理论和方法（Palmer et al.，1997；Wainwright et al.，2018；Moreno-Mateos et al.，2020）；而作为生态学分支学科的特色在于，恢复生态学在强调自然性与理论性的同时，更加注重学科理论的应用性，尤其是对人为或自然因素对生态系统的干扰破坏的恢复与管理。具体地讲，恢复生态学与生态系统健康、保护生物学、景观生态学、生态系统生态学、环境生态学、胁迫（干扰）生态学、生态系统管理学、生态工程学、生态经济学等生态学的分支学科都有密切的关系（Mitsch and Jørgensen，2003；Laughlin，2014；Garris et al.，2016；Chazdon et al.，2017；Gilby et al.，2018）。

经 典 文 献

文献	主要发现
Caims JJ. 1980. The Recovery Process in Damaged Ecosystem. Arlington, VA: U. S. Fish and Wildlife Service.	系统地探讨了受损生态系统及其恢复过程中的重要生态学理论和应用等问题
Jordan Ⅲ WR, Gilpin ME, Aber JD. 1987. Restoration Ecology: A Synthetic Approach to Ecological Research. Cambridge, UK: Cambridge University Press.	提出恢复生态学术语，并首次详细介绍了栖息地生态恢复的科学理论和实践方法
Hobbs RJ, Norton DA. 1996. Towards a conceptual framework for restoration Ecology. Restoration Ecology, 4: 93-110.	生态恢复是重建某区域历史上存在的植物和动物群落，而且保持生态系统和人类的传统文化功能的持续性的过程
Palmer MA, Ambrose RF, Poff NL. 1997. Ecological theory and community. Restoration Ecology, 5: 291-300.	从群落生态学理论的角度提出与恢复相关的问题，强调恢复生态学与基本生态学理论的融合
Dobson AP, Bradshaw AD, Baker AJM. 1997. Hopes for the future: Restoration ecology and conservation biology. Science, 277: 515-522.	提出恢复生态学学科兴起对退化土地恢复实践的重要意义
Hobbs RJ, Harris JA. 2001. Restoration ecology, repairing the earth's ecosystems in the new millennium. Restoration Ecology, 9: 239-246.	指出作为土地管理的重要组成部分，生态恢复目标不能基于静态属性。生态恢复成功的标准需要与具体的恢复目标相关联
D'Antonio C, Meyerson LA. 2002. Exotic plant species as problems and solutions in ecological restoration: A synthesis. Restoration Ecology, 10: 703-713.	回顾了外来种在恢复期间可能具有的影响类型，将入侵生态学与生态恢复的实际问题联系起来

续表

文献	主要发现
Suding KN, Gross KL, Houseman GR. 2004. Alternative states and positive feedbacks in restoration ecology. Trends in Ecology and Evolution, 19:46-53.	将包含系统阈值和反馈的替代生态系统状态模型应用于退化生态系统的动态恢复
Young TP, Petersen DA, Clary JJ. 2005. The ecology of restoration: Historical links, emerging issues and unexplored realms. Ecology Letters, 8:662-673.	综述了恢复生态学家面临的问题。特别强调，植物群落生态学、土壤过程和多样性及功能等对生态恢复的重要性
Ruiz-Jaen MC, Aide TM. 2005. Restoration success: How is it being measured? Restoration Ecology, 13:569-577.	基于对 *Restoration Ecology* 最初 11 卷发表论文的调研，提出评估生态系统属性的指标及如何将其用于确定恢复是否成功
Jobbs RJ, Higgs E, Harris JA. 2009. Novel ecosystems: Implications for conservation and restoration. Trends in Ecology and Evolution, 24:599-605.	考虑到生物变化(灭绝或入侵)、非生物变化(土地利用或气候变化)及两者结合对生态系统的影响，提出对保护和恢复规范和实践进行修订
Benayas JMR, Newton AC, Diaz A, et al. 2009. Enhancement of biodiversity and ecosystem services by ecological restoration: A meta-analysis. Science, 325:1121-1124.	采用 meta 分析方法，系统评估生态恢复在增加生物多样性和提高生态系统服务方面的有效性
Peng SL. 2001. Restoration of degraded ecosystem and restoration ecology. Chinese Foundation Sciences, 3:18-24.	恢复生态学是研究生态系统退化的原因、退化生态系统恢复与重建的技术与方法、过程与机理的科学
彭少麟，周婷，廖慧璇，等. 2020. 恢复生态学. 北京：科学出版社.	我国学者对恢复生态学理论和实践较为系统的分析和总结

参考文献

包维楷，刘照光，刘庆. 2001. 生态恢复重建研究与发展现状及存在的主要问题. 世界科技研究与发展，23：44-48.

曹鹏飞. 2008. 浅谈城市湿地生态功能退化的原因及其恢复与保护. 福建林业科技，35：176-179.

曹树刚，刘敏，武晓敏，等. 2007. 特大城市周边采石废弃地的生态恢复与土地再利用探讨. 中国矿业，16：27-29.

潮洛蒙，俞孔坚. 2003. 城市湿地的合理开发与利用对策. 规划师，19：75-77.

陈波，包志毅. 2003. 生态恢复设计在城市景观规划中的应用. 中国园林，19：44-47.

陈玉福，于飞海，张称意，等. 2001. 根茎禾草沙鞭的克隆生长在毛乌素沙地斑块动态中的作用. 生态学报，21：1745-1750.

程序. 1999. 农牧交错带研究中的现代生态学前沿问题. 资源科学，21：1-8.

慈龙骏，杨晓晖，张新时. 2007. 防治荒漠化的“三圈”生态-生产范式机理及其功能. 生态学报，27：

1450-1460.

董正举,黄俊雄,汪元元,等.2014.永定河(北京段)生态修复工程运行管理机制研究.城市环境与城市生态,27:19-23.

方精云,潘庆民,高树琴,等.2016."以小保大"原理:用小面积人工草地建设换取大面积天然草地的保护与修复.草业科学,33:1913-1916.

房世波,许端阳,张新时.2009.毛乌素沙地沙漠化过程及其气候因子驱动分析.中国沙漠,29:796-801.

高国雄,高宝山,杨文杰,等.2007.毛乌素榆林沙地农林复合经营模式与效益研究.水土保持通报,27:117-121.

格林斯坦.2007.循环城市:城市土地利用与再利用.北京:商务印书馆.

郭柯.2000.毛乌素沙地油蒿群落的循环演替.植物生态学报,24:243-247.

国家林业局《湿地公约》履约办公室.2001.湿地公约履约指南.北京:中国林业出版社.1-10.

胡兵辉,袁泉,海江波,等.2009.毛乌素沙地农业生态系统优化模式研究.干旱地区农业研究,27:212-218.

胡廷兰,杨志峰,何孟常,等.2005.一种城市生态系统健康评价方法及其应用.环境科学学报,25:269-274.

黄志霖,傅伯杰,陈利顶.2002.恢复生态学与黄土高原生态系统的恢复与重建问题.水土保持学报,16:122-125.

李博,孙鸿良,曾泗弟,等.1980.呼伦贝尔牧区草场植被资源及其利用方向的探讨.自然资源,4:30-36.

李文华.2000.我国西南地区生态环境建设的几个问题.林业科学,36:10-11.

李新荣,周海燕,王新平,等.2016.中国干旱沙区的生态重建与恢复:沙坡头站60年重要研究进展综述.中国沙漠,36:247-264.

李阳兵,谢德体,魏朝富,等.2002.南岩溶山地生态脆弱性研究.中国岩溶,21:25-29.

刘美珍,蒋高明,李永庚,等.2003.浑善达克退化沙地草地生态恢复试验研究.生态学报,23:2719-2727.

刘勇.2012.城市废弃地景观更新设计——以上海世博后滩公园为例.西安工程大学学报,26:615-620.

潘庆民,薛建国,陶金,等.2018.中国北方草原退化现状与恢复技术.科学通报,63:1642-1650.

彭少麟.1996.南亚热带森林群落动态学.北京:科学出版社.

彭少麟.2000.恢复生态学与退化生态系统的恢复.中国科学院院刊,(3):188-192.

彭少麟.2007.恢复生态学.北京:科学出版社.

彭少麟,陈宝明,周婷.2013.回顾过去,引领未来——2013年第五届国际生态恢复学会大会(SER2013)简介.生态学报,33:6744-6745.

彭少麟,陆宏芳.2003.恢复生态学焦点问题.生态学报,23:1249-1257.

彭少麟,吴可可.2015.提高生态系统快速恢复能力:恢复城市、乡村和原野——第六届国际恢复生态学大会(SER2015)综述.生态学报,35:5570-5572.

彭少麟,余作岳,张文其,等.1992.鹤山亚热带丘陵人工林群落分析.植物生态学与地植物学学报,16:1-10.

彭少麟,周婷,廖慧璇,等.2020.恢复生态学.北京:科学出版社.

濮培民,王国祥,胡春华,等.2000.底泥疏浚能控制湖泊富营养化吗?湖泊科学,9:269-278.

秦伯强.2007.湖泊生态恢复的基本原理与实现.生态学报,11:4848-4858.

任继周.2012.草业科学论纲.南京:江苏科学技术出版社.

任宪友.2005.生态恢复研究进展与展望.世界科技研究与发展,27:79-83.

尚占环,董世魁,周华坤,等.2017.退化草地生态恢复研究案例综合分析:年限、效果和方法.生态学报,37:8148-8160.

师尚礼.2004.生态恢复理论与技术研究现状及浅评.草业科学,2004:1-5.

孙广友,王海霞,于少鹏.2004.城市湿地研究进展.地理科学进展,23:94-100.

王世杰.2003.喀斯特石漠化——中国西南最严重的生态地质环境问题.矿物岩石地球化学通报,22:

120-126.

王益熙.2004.从工厂到公园创建工业公园——从首钢建设钢铁公园谈起.北京园林,20:39-43.

温学飞,马明,王峰,等.2007.毛乌素沙地草地畜牧业经营模式的开发与示范.干旱区资源与环境,21:19-22.

许端阳,康相武,刘志丽,等.2009.气候变化和人类活动在鄂尔多斯地区沙漠化过程中的相对作用研究.中国科学(D辑:地球科学),39:516-528.

杨丽娜,宝音陶格涛.2010.不同改良措施下羊草群落生物量的研究.中国草地学报,32:86-91.

叶学华,梁士楚.2004.中国北方农牧交错带优化生态-生产范式.生态学报,24:2878-2886.

俞孔坚,李迪华,吉庆萍.2001.景观与城市的生态设计:概念与原理.中国园林,6:3-9.

张新时.1994.毛乌素沙地的生态背景及其草地建设的原则与优化模式.植物生态学报,18:1-16.

赵哈林,苏永中,周瑞莲.2006.我国北方沙区退化植被的恢复机理.中国沙漠,26:323-328.

赵丽娅,高丹丹,熊炳桥,等.2017.科尔沁沙地恢复演替进程中群落物种多样性与地上生物量的关系.生态学报,37:4108-4117.

郑元润,张新时.1998.毛乌素沙地高效生态经济复合系统诊断与优化设计.植物生态学报,22:262-268.

周华坤,赵新全,赵亮,等.2008.青藏高原高寒草甸生态系统的恢复能力.生态学杂志,27:697-704.

周婷,彭少麟,邬建国.2013.可持续性恢复生态学的概念框架及在华南地区的应用.北京:科学出版社.

Arroyo-Mora JP, Sanchez-Azofeifa GA, Rivard B, et al. 2005. Dynamics in landscape structure and composition for the Chorotega region, Costa Rica from 1960 to 2000. Agriculture, Ecosystems and Environment, 106: 27-39.

Asner GP, Elmore AJ, Olander LP, et al. 2004. Grazing systems, ecosystem responses, and global change. Annual Review of Environment and Resources, 29: 261-299.

Barbier EB, Koch EW, Silliman BR, et al. 2008. Coastal ecosystem-based management with nonlinear ecological functions and values. Science, 319: 321-323.

Bayraktarov E, Stewart-Sinclair PJ, Brisbane S, et al. 2019. Motivations, success, and cost of coral reef restoration. Restoration Ecology, 27: 981-991.

Benayas JMR, Newton AC, Diaz A, et al. 2009. Enhancement of biodiversity and ecosystem services by ecological restoration: A meta-analysis. Science, 325: 1121-1124.

Benigno SM, Dixon KW, Stevens JC. 2013. Increasing soil water retention with native-sourced mulch improves seedling establishment in postmine mediterranean sandy soils. Restoration Ecology, 21: 617-626.

Benson CE, Carberry B, Langen TA. 2018. Public-private partnership wetland restoration programs benefit Species of Greatest Conservation Need and other wetland-associated wildlife. Wetlands Ecology and Management, 26: 195-211.

Bormans M, Maršálek B, Jančula D. 2016. Controlling internal phosphorus loading in lakes by physical methods to reduce cyanobacterial blooms: A review. Aquatic Ecology, 50: 407-422.

Bottalico F, Chirici G, Giannetti F, et al. 2016. Air pollution removal by green infrastructures and urban forests in the city of Florence. Agriculture and Agricultural Science Procedia, 8: 243-251.

Broadhurst LM, Jones TA, Smith FS, et al. 2016. Maximizing seed resources for restoration in an uncertain future. BioScience, 66: 73-79.

Bryant JP, Provenza FD, Pastor J, et al. 1991. Interactions between woody-plants and browsing mammals mediated by secondary metabolites. Annual Review of Ecology and Systematics, 22: 431-446.

Butterfield BJ, Copeland SM, Munson SM, et al. 2017. Prestoration: Using species in restoration that will persist now and into the future. Restoration Ecology, 25: s155-163.

Caims JJ. 1980. The Recovery Process in Damaged Ecosystem. Arlington, VA: U. S. Fish and Wildlife Service.

Chazdon RL, Brancalion PHS, Lamb D, et al. 2017. A policy-driven knowledge agenda for global forest and landscape restoration. Conservation Letters, 10: 125-132.

Chazdon RL, Brancalion PHS. 2019. Restoring forests as a means to many ends. Science, 365: 24.

Chili P, Donart GB, Pieper RD, et al. 1998. Vegetational and livestock response to nitrogen fertilization in southcentral New Mexico. New Mexico State University Agricultural Experiment Station Bulletin, No. 778.

Connell JH. 1978. Diversity in tropical rain forests and coral reefs: High diversity of trees and corals is maintained only in a non-equilibrium state. Science, 199: 1302-1310.

Cooke GD, Welch EB, Martin AB, et al. 1993. Effectiveness of Al, Ca, and Fe salts for control of internal phosphorus loading in shallow and deep lakes. Hydrobiologia, 253: 323-335.

Cooke GD, Welch EB, Peterson SA, et al. 2005. Restoration and management of lakes and reservoirs. Boca Raton, USA: Taylor & Francis Group.

Couic E, Grimaldi M, Alphonse V, et al. 2018. Mercury behaviour and C, N, and P biogeochemical cycles during ecological restoration processes of old mining sites in French Guiana. Environmental Science: Processes and Impacts, 20: 657-672.

Crouzeilles R, Curran M, Ferreira MS, et al. 2016. A global meta-analysis on the ecological drivers of forest restoration success. Nature Communications, 7: 1-8.

D'Antonio C, Meyerson LA. 2002. Exotic plant species as problems and solutions in ecological restoration: A synthesis. Restoration Ecology, 10: 703-713.

Davis MA, Slobodkin LB. 2004. The science and values of restoration ecology. Restoration Ecology, 12: 1-3.

de Vicente I, Merino-Martos A, Cruz-Pizarro L, et al. 2010. On the use of magnetic nano- and microparticles for lake restoration. Journal of Hazardous Materials, 181: 375-381.

Dobson AP, Bradshaw AD, Baker AJM. 1997. Hopes for the future: Restoration ecology and conservation biology. Science, 277: 515-522.

Dunwiddie PW, Rogers DL. 2017. Rare species and aliens: Reconsidering non-native plants in the management of natural areas. Restoration Ecology, 25: s164-169.

Ebabu K, Tsunekawa A, Haregeweyn N, et al. 2019. Effects of land use and sustainable land management practices on runoff and soil loss in the Upper Blue Nile basin, Ethiopia. Science of the Total Environment, 648: 1462-1475.

Gao H, Qian X, Wu H, et al. 2017. Combined effects of submerged macrophytes and aquatic animals on the restoration of a eutrophic water body—a case study of Gonghu Bay, Lake Taihu. Ecological Engineering, 102: 15-23.

Garris HW, Baldwin SA, van Hamme JD, et al. 2016. Genomics to assist mine reclamation: A review. Restoration Ecology, 24: 165-173.

Gazendam E, Gharabaghi B, Ackerman JD, et al. 2016. Integrative neural networks models for stream assessment in restoration projects. Journal of Hydrology, 536: 339-350.

Gilby BL, Olds AD, Connolly RM, et al. 2018. Spatial restoration ecology: Placing restoration in a landscape context. Conservation Letters, 68: 1007-1019.

Green JO, Lazenby A. 1981. Improvement of permanent grassland: Is reseeding necessary? Span Progress in Agriculture, 24: 66-69.

Heady HF, Child RD. 1994. Rangeland Ecology and Management. Boulder: Westview Press.

Hobbs RJ. 2007. Setting effective and realistic restoration goals: Key directions for research. Restoration Ecology, 15: 354-357.

Hobbs RJ, Harris JA. 2001. Restoration ecology, repairing the earth's ecosystems in the new millennium. Restoration

Ecology, 9: 239-246.

Hobbs RJ, Norton DA. 1996. Towards a conceptual framework for restoration ecology. Restoration Ecology, 4: 93-110.

Holechek J, Pieper RD, Herbel CH. 2002. Range Management: Principles and Practices (5th edn). New Jersey: Pearson Prentice Hall.

Horppila J. 2019. Sediment nutrients, ecological status and restoration of lakes. Water Research, 160: 206-208.

Huang F, Lankau R, Peng S. 2018. Coexistence via coevolution driven by reduced allelochemical effects and increased tolerance to competition between invasive and native plants. New Phytologist, 218: 357-369.

Hulvey KB, Leger EA, Porensky LM. 2017. Restoration islands: A tool for efficiently restoring dryland ecosystems? Restoration Ecology, 25: s124-134.

Huser BJ, Egemose S, Harper H, et al. 2016. Longevity and effectiveness of aluminum addition to reduce sediment phosphorus release and restore lake water quality. Water Research, 97: 122-132.

Jennings J, Simon K. 2010. Strip seeding strategy for establishing clover in pastures. Cooperative Extension Service, University of Arkansas Division of Agriculture, Report FSA2159.

Jobbs RJ, Higgs E, Harris JA. 2009. Novel ecosystems: Implications for conservation and restoration. Trends in Ecology and Evolution, 24: 599-605.

Jongepierová I, Mitchley J, Tzanopoulos J. 2007. A field experiment to recreate species rich hay meadows using regional seed mixtures. Biological Conservation, 139: 297-305.

Jordan Ⅲ WR, Gilpin ME, Aber JD. 1987. Restoration Ecology: A Synthetic Approach to Ecological Research. Cambridge, UK: Cambridge University Press.

Keesstra S, Nunes J, Novara A, et al. 2018. The superior effect of nature based solutions in land management for enhancing ecosystem services. Science of the Total Environment, 610: 997-1009.

Kim HW, Park Y. 2016. Urban green infrastructure and local flooding: The impact of landscape patterns on peak runoff in four Texas MSAs. Applied Geography, 77: 72-81.

Kleeberg A, Kohl JG. 1999. Assessment of the long-term effectiveness of sediment dredging to reduce benthic phosphorus release in shallow Lake Müggelsee (Germany). Hydrobiologia, 394: 153-161.

Lamb D, Erskine PD, Parrotta JA. 2005. Restoration of degraded tropical forest landscapes. Science, 310: 1628-1632.

Lao B, Zhuo W, Zhu R. 2020. The rebirth of tropical rainforest-ecological restoration planning for Sanda Mountain of Xishuangbanna, China. Landscape Architecture Frontiers, 8: 108-125.

Laughlin DC, Strahan RT, Huffman DW, et al. 2017. Using trait-based ecology to restore resilient ecosystems: Historical conditions and the future of montane forests in Western North America. Restoration Ecology, 25: s135-146.

Laughlin DC. 2014. Applying trait-based models to achieve functional targets for theory-driven ecological restoration. Ecology Letters, 17: 771-784.

Lawes MJ, Moore AM, Andersen AN, et al. 2017. Ants as ecological indicators of rainforest restoration: Community convergence and the development of an Ant Forest Indicator Index in the Australian wet tropics. Ecology and Evolution, 7: 8442-8455.

Lewis Ⅲ RR. 2005. Ecological engineering for successful management and restoration of mangrove forests. Ecological Engineering, 24: 403-418.

Lin J, Chen Y, Chang C. 2020. Costs and environmental benefits of watershed conservation and restoration in Taiwan. Ecological Engineering, 142: 105633.

Liu C, Zhong J, Wang J, et al. 2016a. Fifteen-year study of environmental dredging effect on variation of nitrogen and phosphorus exchange across the sediment-water interface of an urban lake. Environmental Pollution, 219: 639-648.

Liu Q, Peng S, Hua B, et al. 2006. Nutrient dynamics of foliar litter in reciprocal decomposition in tropical and subtropical forests. Frontiers of Forestry in China, 1: 243-252.

Liu Q, Peng S, Hua B, et al. 2004. The reciprocal decomposition of foliar litter in tropical and subtropical forests. Acta Scientiarum Naturalium Universitatis Sunyatseni, 43: 86-89.

Liu Y, Pan Q, Liu H, et al. 2011. Plant responses following grazing removal at different stocking rates in an Inner Mongolia grassland ecosystem. Plant Soil, 340: 199-213.

Liu Z, Cui B, He Q. 2016b. Shifting paradigms in coastal restoration: Six decades' lessons from China. Science of the Total Environment, 566-567: 205-214.

Liu Z, Hu J, Zhong P, et al. 2018. Successful restoration of a tropical shallow eutrophic lake: Strong bottom-up but weak top-down effects recorded. Water Research, 146: 88-97.

Łopucki R, Kiersztyn A. 2015. Urban green space conservation and management based on biodiversity of terrestrial fauna—a decision support tool. Urban Forestry and Urban Greening, 14: 508-518.

Lovell ST, Johnston DM. 2009. Designing landscapes for performance based on emerging principles in landscape ecology. Ecology and Society, 14: 44.

Ma B, Lei S, Zhao Z, et al. 2016. Forest ecosystem sustainable development evaluation and prediction based on PSR Model. Advance Journal of Food Science and Technology, 11: 158-163.

Manrique-Hernandez H, Heartsill-Scalley T, Barreto-Orta M, et al. 2016. Assessing restoration outcomes in light of succession: Management implications for tropical riparian forest restoration. Ecological Restoration, 34: 147-158.

Martin DM, Lyons JE. 2018. Monitoring the social benefits of ecological restoration. Ecological Restoration, 26: 1045-1050.

Matzek V, Gornish ES, Hulvey KB. 2017. Emerging approaches to successful ecological restoration: Five imperatives to guide innovation. Restoration Ecology, 25: s110-113.

Mayer-Pinto M, Johnston EL, Bugnot AB, et al. 2017. Building "blue": An eco-engineering framework for foreshore developments. Journal of Environmental Management, 189: 109-114.

McDonald T, Jonson J, Dixon KW. 2016. National standards for the practice of ecological restoration in Australia. Restoration Ecology, 24: s4-32.

McNaughton SJ. 1979. Grazing as an optimization process: Grass ungulate relationships in the Serengeti. American Naturalist, 113: 691-703.

McNaughton SJ. 1985. Ecology of a grazing ecosystem: The Serengeti. Ecological Monographs, 55: 259-294.

McNaughton SJ, Banyikwa FF, McNaughton MM. 1997. Promotion of the cycling of diet-enhancing nutrients by African grazers. Science, 278: 1798-1800.

Merrill BL. 1954. A variation of deferred rotation grazing for use under southwest range conditions. Journal of Range Management, 7: 152-154.

Mitsch WJ, Gosselink JG. 2015. Wetlands (5th edn). Hoboken, USA: John Wiley & Sons, Inc.

Mitsch WJ, Jørgensen SW. 2003. Ecological Engineering and Ecosystem Restoration. New York: John Wiley & Sons, Inc.

Mitsch WJ, Mander U. 2017. Ecological engineering of sustainable landscapes. Ecological Engineering, 108: 351-357.

Moojen EL. 1991. Dinâmica e potencial produtivo de uma pastagem nativa do Rio Grande do Sul submetida a pressões de pastejo, época de diferimento e níveis de adubação. Porto Alegre: Universidade Federal de Rio Grande do Sul.

Moreno-Mateos D, Alberdi A, Morrin E, et al. 2020. The long-term restoration of ecosystem complexity. Nature Ecology and Evolution, 4: 676-685.

Mudrak O, Dolezal J, Frouz J. 2016. Initial species composition predicts the progress in the spontaneous succession on post-mining sites. Ecological Engineering, 95: 665-670.

Nimick DA, Harper DD, Farag AM, et al. 2007. Influence of in-stream diel concentration cycles of dissolved trace metals on acute toxicity to one-year-old cutthroat trout (*Oncorhynchus clarki lewisi*). Environmental Toxicology and Chemistry, 26: 2667-2678.

Nussbaumer Y, Cole MA, Offler CE, et al. 2016. Identifying and ameliorating nutrient limitations to reconstructing a forest ecosystem on mined land. Restoration Ecology, 24: 202-211.

Palmer MA, Ambrose RF, Poff NL. 1997. Ecological theory and community restoration ecology. Restoration Ecology, 5: 291-300.

Palmer MA, Zedler JB, Falk DA. 2016. Foundations of Restoration Ecology. Washington DC: Island Press.

Pan G, Yang B, Wang D, et al. 2011. In-lake algal bloom removal and submerged vegetation restoration using modified local soils. Ecological Engineering, 37: 302-308.

Pang C, Ma XKK, Hung TT, et al. 2018. Early ecological succession on landslide trails, Hong Kong, China. EcoScience, 25: 153-161.

Parker VT. 1997. The scale of successional models and restoration objectives. Restoration Ecology, 5: 301-306.

Patil AA, Shewale BY, Kadam SR. 2014. Soil quality restoration through carbon sequestration under climate change scenario in India. Asian Journal of Soil Science, 9: 311-317.

Paul KI, Polglase PJ, Nyakuengama JG, et al. 2002. Change in soil carbon following afforestation. Forest Ecology and Management, 168: 241-257.

Payeur-Poirier J-L, Nguyen TT. 2017. The inclusion of forest hydrological services in the sustainable development strategy of South Korea. Sustainability, 9: 1470.

Peng S. 2001. Restoration of degraded ecosystem and restoration ecology. Chinese Foundation Sciences, 3: 18-24.

Peng S, Hou Y, Chen B. 2009a. Vegetation restoration and its effects on carbon balance in Guangdong Province, China. Restoration Ecology, 17: 487-494.

Peng S, Hou Y, Chen B. 2010. Establishment of Markov successional model and its application for forest restoration reference in Southern China. Ecological Modelling, 221: 1317-1324.

Peng S, Yang L, Lu H. 2003. Environmental effects of vegetation restoration on degraded ecosystem in low subtropical China. Journal of Environmental Sciences, 15: 514-519.

Peng S, Yu Y, Hou Y, et al. 2009b. Holes: A novel method for promoting vegetation restoration (Macao). Ecological Restoration, 27: 12-14.

Perring MP, Standish RJ, Price JN, et al. 2015. Advances in restoration ecology: Rising to the challenges of the coming decades. Ecosphere, 6: 131.

Peterson SA. 1982. Lake restoration by sediment removal. Journal of the American Water Resources Association, 18: 423-436.

Qiao J, Zhao W, Xie X, et al. 2012. Variation in plant diversity and dominance across dune fixation stages in the Chinese steppe zone. Journal of Plant Ecology, 5: 313-319.

Rangel DMR, Mendoza ME, Gomez-Tagle A, et al. 2019. Advances and challenges in the knowledge on the tropical mountain cloud forests of Mexico. Madera Bosques, 25: e2511759.

Rayburn AP, Laca EA. 2013. Trip-seeding for grassland restoration: Past successes and future potential. Ecological Restoration, 31: 147-153.

Reynolds JF, Smith DMS. 2002. Global Desertification: Do Humans Cause Deserts? Berlin: Dahlem University Press.

Ripl W. 1986. Internal phosphorus recycling mechanisms in shallow lakes. Lake and Reservoir Management, 2: 138-142.

Ritchie ME, Tilman D, Knops JMH. 1998. Herbivore effects on plant and nitrogen dynamics in oak savanna. Ecology, 79: 165-177.

Rosito J, Maraschin GF. 1985. Efeito de sistemas de manjo sobre a flora de uma pastagem. Pesquisa Agropecuaria Brasileira, 19: 311-316.

Ruiz-Jaen MC, Aide TM. 2005. Restoration success: How is it being measured? Restoration Ecology, 13: 569-577.

Sakieh Y, Jaafari S, Ahmadi M, et al. 2017. Green and calm: Modeling the relationships between noise pollution propagation and spatial patterns of urban structures and green covers. Urban Forestry and Urban Greening, 24: 195-211.

Sasaki T, Okayasu T, Jamsran U, et al. 2008. Threshold changes in vegetation along a grazing gradient in Mongolian rangelands. Journal of Ecology, 96: 145-154.

Scheffer M, Carpenter S, Foley JA, et al. 2001. Catastrophic shifts in ecosystems. Nature, 413: 591-596.

Scheffer M, van Nes EH. 2007. Shallow lakes theory revisited: Various alternative regimes driven by climate, nutrients, depth and lake size. Hydrobiologia, 584: 455-466.

Shackelford N, Hobbs R, Burgar J, et al. 2013. Primed for change: Developing ecological restoration for the 21st century. Restoration Ecology, 21: 297-304.

Shapiro J, Lamarra V, Lynch M. 1975. Biomanipulation: An ecosystem approach to lake restoration. In: Brezonik PL, Fox JL (eds). Proceedings of a Symposium on Water Quality Management through Biological Control. Gainesville: University of Florida, 69-85.

Shapiro J, Wright DI. 1984. Lake restoration by biomanipulation: Round Lake, Minnesota, the first two years. Freshwater Biology, 14: 371-383.

Shrestha A, Mehmood SR. 2018. Economic impacts of the shortleaf-bluestem community restoration project. Journal of Forestry, 116: 505-512.

Søndergaard M, Jeppesen E, Lauridsen TL, et al. 2007. Lake restoration: Successes, failures and long-term effects. Journal of Applied Ecology, 44: 1095-1105.

Stewart KME, Penlidis A. 2016. Designing polymeric sensing materials for analyte detection and related mechanisms. Macromolecular Symposia, 360: 123-132.

Stone R. 2009. Nursing China's ailing forests back to health. Science, 325: 556-558.

Suding KN, Gross KL, Houseman GR. 2004. Alternative states and positive feedbacks in restoration ecology. Trends in Ecology and Evolution, 19: 46-53.

Tan YM, Dalby O, Kendrick GA, et al. 2020. Seagrass restoration is possible: Insights and lessons from Australia and New Zealand. Frontiers in Marine Science, 7: 1-21.

Tilman D. 1988. Plant Strategies and the Dynamics and Structure of Plant Communities. Princeton: Princeton University Press.

Vallentine FF. 1989. Range development and improvements (3rd edn). San Diego, USA: Academic Press.

Waajen G, van Oosterhout F, Lürling M. 2017. Bio-accumulation of lanthanum from lanthanum modified bentonite treatments in lake restoration. Environmental Pollution, 230: 911-918.

Wainwright CE, Staples TL, Charles LS, et al. 2018. Links between community ecology theory and ecological restoration are on the rise. Journal of Applied Ecology, 55: 570-581.

Wang F, Xu X, Zou B, et al. Biomass accumulation and carbon sequestration in four different aged *Casuarina equisetifolia* coastal shelterbelt plantations in South China. PloS One, 8: e77449.

Wang S, Fu B, Piao S, et al. 2016. Reduced sediment transport in the Yellow River due to anthropogenic changes. Nature Geoscience, 9: 38-41.

Welch EB, Schrieve GD. 1994. Alum treatment effectiveness and longevity in shallow lakes. Hydrobiologia, 275/276: 423-431.

White RP, Murray S, Rohweder MP. 2000. Analysis of Global Ecosystems: Grassland Ecosystems. Washington: World Resources Institute.

Williams SL. 2001. Reduced genetic diversity in eelgrass transplantations affects both population growth and individual fitness. Ecological Applications, 11: 1472-1488.

Wilson JB, Agnew ADQ. 1992. Positive-feedback switches in plant communities. Advances in Ecological Research, 23: 263-336.

Xie P. 1996. Experimental studies on the role of planktivorous fishes in the elimination of Microcystis bloom from Donghu Lake using enclosure method. Chinese Journal of Oceanology and Limnology, 14: 193-204.

Young TP, Petersen DA, Clary JJ. 2005. The ecology of restoration: Historical links, emerging issues and unexplored realms. Ecology Letters, 8: 662-673.

本章作者：黄振英、孙文娟、潘庆民、范书锋、杜娟、叶学华、于秀波、李锋、周婷、蒋增杰、卢豪良

指导专家：彭少麟、于丹、黄凌风、张文浩

第 8 章

生态系统研究的新技术和新方法

摘要：本章总结了生态系统生态学研究的主要技术和方法，介绍了重要进展及存在的主要问题，给出了前沿方向及优先领域。涡度相关技术和箱式通量技术是生态系统温室气体通量观测的核心手段。生态系统全球变化因素实验，如全生态系统增温、FACE 实验等，为生态系统响应与适应的模型研究提供了有效验证。同位素自然丰度和人工标记成为研究生态系统碳氮水耦合循环过程与机制的有力工具。生物标志物与生态学传统观测实验的结合为深入理解土壤有机质的来源、动态变化和转化特征提供了新的视角。图像扫描、光谱和质谱等技术为揭示土壤团聚体物理和化学过程开辟了新的途径。高通量测序和质谱技术的革命性突破促进了对微生物的认识。DNA 条形码技术和高通量测序技术的运用使得对无脊椎动物多样性的大规模监测成为可能。激光雷达、日光诱导叶绿素荧光等新型遥感技术及无人机等近地面遥感平台的发展，在传统样地观测与卫星遥感之间搭建了尺度推绎桥梁。陆地生物圈模型需要结合不同时空尺度的观测和控制实验数据，加强碳氮磷耦合等生态过程的模拟，从而提高模型模拟精度，降低模拟不确定性。

8.1 引　　言

有效应对全球变化和维持地球系统的健康，需要监测、模拟和评估地球系统变化与生态系统服务功能（于振良等，2016；冷疏影，2016；中国生态学学会，2020）。生态系统是地球表层的重要组成部分，又是人类生存和发展的物质基础（方精云等，2018）。生态系统研究技术和方法的研发与创新是推进生态系统研究的重要途径，也是实现原创性研究的重要基础。生态系统研究需要从三维空间和时间尺度上考虑生态系统结构和功能的变化。从生态系统野外考察与调查、采样与分析、移动与定位观测、控制与模拟实验、遥感观测、模型模拟，到基于大数据的系统评价等，新技术和新方法的进步可以促进生态系统生态学相关研究。生态系统研究不仅要考虑样点、景观和区域等空间尺度，还需要考虑土壤-根系-微生物、植物-大气-土壤、生态系统内（生物-环境）、生态系统间（环境梯度）等生物组分和空间层次（Begon et al.，2016；van Nuland et al.，2016）。科学始于测量，没有测量，准确的科学是不可能的。生态系统受气候、土壤、植物、微生物、动物和人类活动等综合影响，客观上需要构建天地空一体化的观测、实验、模拟与评价等研究技术和方法体系（温学发，2020）。新的仪器、技术和方法的研发和创新将成为研究生态系统生态学的热点与难题的重要途径。目前，生态学理论与方法,包括理论生态学、生态观测技术与方法、生态模拟和评价、生态大数据整合分析等,成为国家自然科学基金委员会生命科学部生态学科重要资助的研究方向。同时,*Nature Methods*、*Methods in Ecology and Evolution* 等专业性技术和方法类期刊的出版发行也从侧面证明,新技术和新方法是推动生态系统生态学、生态学乃至科学进步的重要驱动力。近年来,随着科学技术的发展,网络化的生态观测、联网控制实验和定量遥感技术迅速发展,推动了多尺度生态系统观测与实验研究。本章系统总结梳理生态系统生态学研究的主要技术和方法,介绍重要进展及存在的主要问题,并给出前沿方向及优先领域。

8.2 核心方向的重大进展及存在的主要问题

8.2.1 生态系统温室气体通量观测技术和方法

生态系统 CO_2、CH_4、N_2O 等温室气体交换主要发生在植被-大气和土壤-大气界面,主要是通过生物生理和代谢活动而将生态系统复杂的碳、氮、水等耦合循环过程联结起来。目前,涡度相关技术(陈世苹等,2020)和箱式通量技术(魏杰等,2020)是植被-大气和土壤-大气界面温室气体及其同位素通量的主要观测技术和方法。

(1) 涡度相关技术在生态系统通量研究中的应用

1) 涡度相关技术的理论假设及应用限制

由于测定环境的复杂性,涡度相关技术在实际应用中面临着诸多挑战。基于物质守恒方程,涡度相关技术要求测量仪器应安装在通量随高度不发生变化的内边界层(即常通量层)内,即在通量观测的应用中需要满足如下基本假设(图 8-1):① 大气稳态性,即空气密度脉动是可以忽略的;② 平均垂直风速为 0;③ 下垫面匀质,无水平方向的平流通量;④ 下垫面有足够大的风浪区,单点的时间平均可以代替水平面积平均状况;⑤ 下垫面冠层高度与仪器测量高度间的源汇为 0,即随着高度的增加,通量是恒定的;⑥ 下垫面的湍流运动足够充分,尽可能由仪器完全测定(Aubinet et al.,2012)。

但是自然环境下,以上基本假设很难完全满足,所以涡度相关技术在实际应用中存在诸多不确定性(于贵瑞和孙晓敏,2017)。因此在通量数据处理过程中:通常利用密度校正(WPL 校正)消除水汽和温度对 CO_2 密度脉动的影响;利用坐标旋转校正使得平均垂直风速为 0;利用摩擦风速(u^*)校正解决夜间湍流运动不充分所造成的测量误差;利用源区分析获得地面非匀质下垫面的贡献;通过量化平流通量和冠层存储减少下垫面不平坦或高郁闭度植被层碳存储所造成的通量测定误差。在利用涡度相关技术的实际观测中,由于仪器设备限制、复杂的大气和下垫面条件,通量测量存在一定程度的不确定性,在通量数据使用之前必须对测量数据进行相应的数据校正。缺失值越多,插补数据的不确定性越大,会对年累积值的计算造成较大的误差。

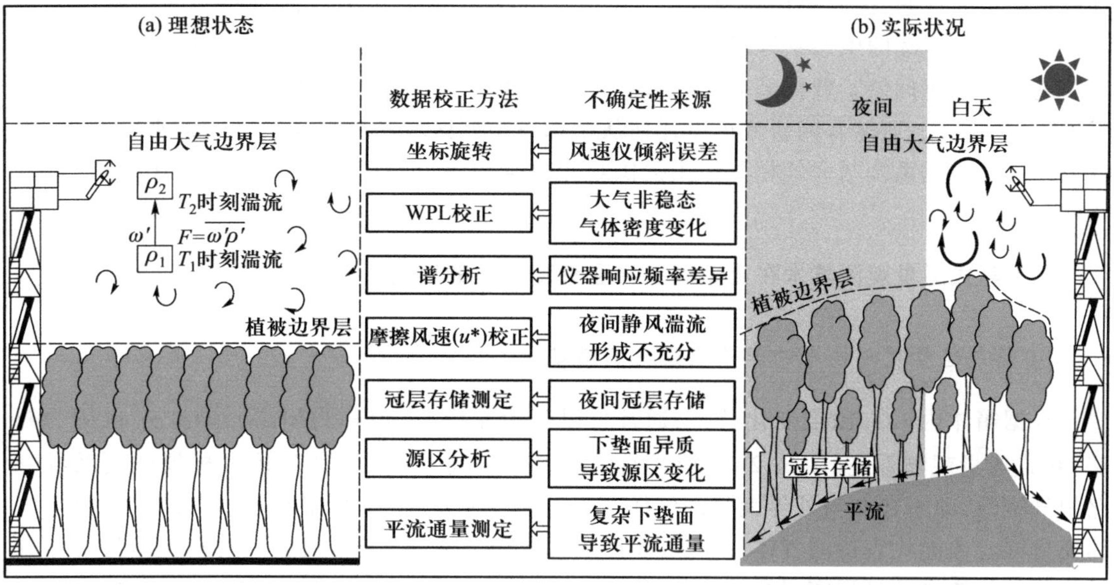

图 8-1　涡度相关通量观测示意图（以 CO_2 通量为例）。(a)理想状态下大气及植被边界层状况；(b)实际情况下的夜间与白天的大气及植被边界层状况

图中显示了涡度相关系统在实际观测中，由于仪器设备限制、复杂的大气和下垫面条件，基本假设所需条件很难满足。针对实际状况下可能存在的不确定性来源，在通量数据使用之前需采用相应的校正方法对测量数据进行校正。图(a)中，F 为 CO_2 通量，ω'为垂直风速，ρ'为大气 CO_2 密度，T 为时间。

2）生态系统通量的时空格局与驱动机制

涡度相关技术对特定生态系统的长期定位连续观测得到的数据可以用来估算从小时到日、月、年甚至更长时间尺度的生态系统总初级生产力、生态系统呼吸、净生态系统生产力、生态系统蒸散和能量通量等，揭示生态系统各通量的动态变化特征与环境调控机制（Vargas et al.，2010；Baldocchi et al.，2018）。生态系统年固碳量的长期变化趋势是目前碳循环对全球变化响应研究中令人关注的问题。长期通量观测数据使研究者可以进一步了解：碳通量是否随着时间发生变化？如果有，变化的速度有多快？建立在不同气候区和生态系统类型站点的联网观测为明晰陆地生态系统碳水收支平衡的地理分布格局提供了直接的观测数据。在区域和全球观测网络的快速发展和数据共享机制完善的基础上，目前通量观测数据在生态系统碳水循环的应用已经从单个或几个站点通量的季节和年际变化分析，发展到区域生态系统碳水收支评价、生态系统碳通量空间格局及其生物地理学机制等方面（Baldocchi，2020）。

3）区域尺度碳水循环模型的验证与优化

模型估算是研究生态系统碳水平衡的时空格局与变异规律并预测其对全球变化响应的一种重要手段。随着对生态系统结构、功能和过程认识的不断深入以及遥感、地理信息系统和计算机技术的发展，生态系统碳水循环模型研究迅速发展，产生了一大批不同类型和适合不同时空尺度的模型。但是，模型的不确定性和不同模型预测结果间的巨大差异一直是困扰模型应用的难题，因此急切需要与模型时空尺度相匹配的实测数据对模型的预测结果进行评估。长期连续的生态系统尺度通量观测数据为模型验证提供了可能，同时也为模型参数的进一步优化提供了数据基础（Melaas et al.，2013）。通过结合遥感模型、机器学习等空间尺度推演方法，通量联网研究可以评估从生态系统到区域乃至全球尺度的碳水交换量，为认识大尺度生态系统与大气相互作用提供观测数据和模型验证（Xiao et al.，2010；Yu et al.，2013）。

（2）箱式通量观测技术在土壤和植物通量观测中的应用

1）箱式通量观测技术的理论假设及不确定性

根据箱体内 CO_2 浓度变化特征，通常可以分为非稳态（也称为闭路）和稳态（也称为开路）箱式通量观测系统（图 8-2）。箱式通量观测系统需要保证：① 气体分析仪以及系统气路的气密性，即不存在与外界大气的气体交换过程。测定过程中，需要箱体内以及系统内气体充分混合才能代表待测气体（Midwood et al.，2008）。目前，通常仅通过气室箱体与气体分析仪间的气体循环过程实现系统内气体充分混合（Kammer et al.，2011）。② 不同气室箱体间的有效切换才能代表待测气体，即需要剔除气路切换后的无效数据，才能保证足够的有效

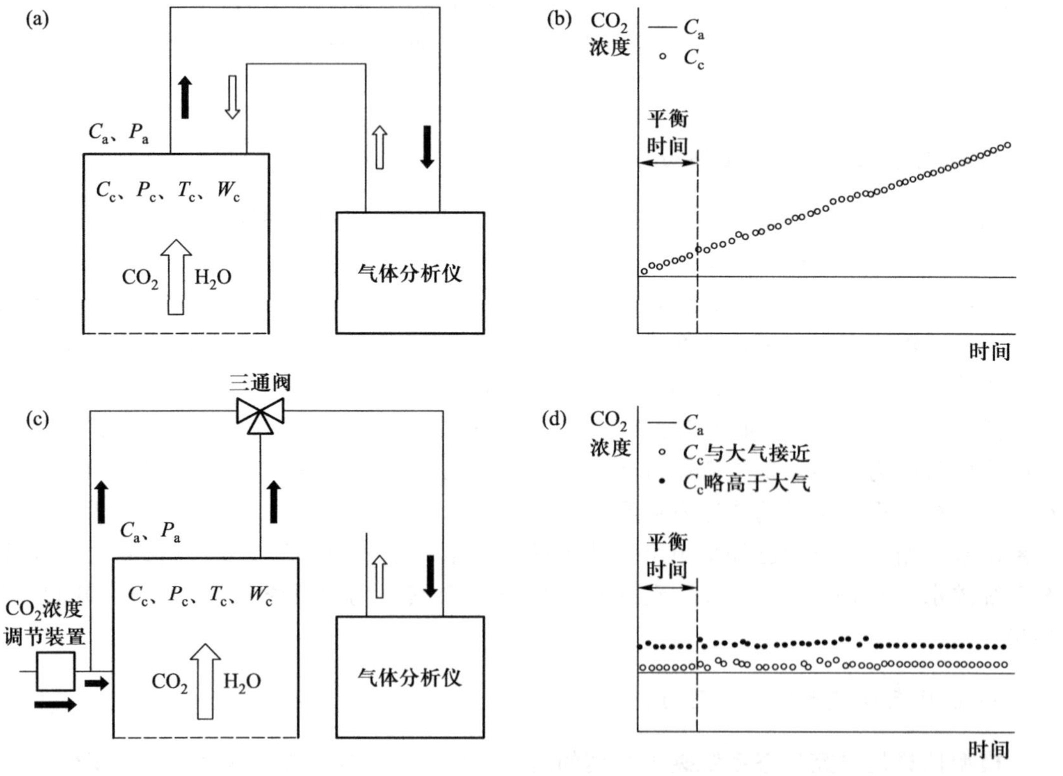

图 8-2 非稳态系统（a）（b）和稳态系统（c）（d）及其气室箱体内 CO_2 浓度变化特征的示意图。C_c 和 C_a 分别表示气室内和气室外 CO_2 浓度；P_c 和 P_a 分别表示气室内和气室外大气压；T_c 和 W_c 分别表示气室内温度和湿度

数据量。③箱体内外待测气体浓度一致，即与自然条件下待测气体扩散条件一致。指数回归方法可以准确地估算非稳态系统箱体外界 CO_2 浓度条件下的 CO_2 浓度随时间的变化速率。通过 CO_2 浓度预降低装置，使稳态系统箱体内 CO_2 浓度近似等于大气 CO_2 浓度(Ohlsson et al.,2005)。箱式通量观测系统需要通过压力平衡装置保持气室内与气室外周围空气的压力平衡(Midwood and Millard,2011)。气室箱体内压力增加，会抑制排放源 CO_2 释放；反之，则会促进排放源 CO_2 释放或周围大气进入气室。此外，测定过程中，不能改变待测气体源/汇的底物特征及环境条件，影响待测气体的产生。通常在测定前将土壤环尽量长时间地安装到样地且插入深度要适中(Midwood and Millard,2011)。风不仅能引起气室内压力变化，也会促进大气 CO_2 与表层土壤 CO_2 的混合(Midwood and Millard,2011)。

2) 土壤、植物和生态系统 CO_2 通量观测及应用

土壤 CO_2 箱式通量观测系统包括美国 LI-COR 公司的 LI6400-09 和 LI8100/8150 等，均为非稳态系统。土壤 CO_2 的 $\delta^{13}C$ 箱式通量连续观测系统多为研究者自制。土壤呼吸产生的 CO_2 经过土壤各层扩散过程可能存在(特别是呼吸速率比较低的情景下)明显的碳同位素分馏(Zhou et al.,2018)。叶片 CO_2 箱式通量观测系统包括 LI6400/6800 等，为稳态系统。叶片 CO_2 的 $\delta^{13}C$ 通量连续观测可通过从 LI6400/6800 气室进气口和出气口分别抽取部分气体进入稳定同位素红外光谱仪，即可同步测定叶片 CO_2 及其 $\delta^{13}C$ 通量，可揭示叶肉导度与 CO_2 导度和水汽导度之间存在的权衡关系等(Barbour et al.,2016)。茎干箱式通量观测系统通常根据林木的胸径大小制作特定直径的 PVC 环，密封固定在树干上，直接利用土壤箱式通量观测系统进行观测。或者制作适合茎干的特定箱体并与气体分析仪相连，构成茎干箱式通量观测系统。根系箱式通量观测系统的难点在于适合根系的气室箱体的设计和实现。传统根系 CO_2 通量观测通常将根系切断，然后放到根呼吸气室箱体内，但被切除的根系呼吸速率明显高于未被切除的根系(Makita et al.,2013)。通过原位根呼吸气室箱体设计可以直接观测根呼吸 CO_2 通量(Kuptz et al.,2011)。

根据研究需要，将上述土壤、植物叶片、茎干和根系 CO_2 及 $\delta^{13}C$ 通量观测箱体进行组合，即可实现土壤和植物 CO_2 及 $\delta^{13}C$ 通量的协同观测。叶片(小枝)、茎干和土壤呼吸 CO_2 及 $\delta^{13}C$ 协同观测系统可用于研究植物光合作用新合成碳的迁移转化过程(Wingate et al.,2010;Kuptz et al.,2011)。生态系统箱式通量观测系统主要分为冠层通量测定(不包括土壤)和生态系统通量测定(包括土壤)，可以采用明箱或暗箱进行测定。生态系统通量观测系统多应用于草本或小灌木生态系统的通量观测研究。高大乔木根据研究目标可以选择进行冠层或生态系统 CO_2 及 $\delta^{13}C$ 通量观测，但往往非常困难，所以通常只进行 $^{13}CO_2$ 脉冲标记研究(Epron et al.,2015)。

8.2.2 生态系统增温和 FACE 实验

生态系统对全球变化要素(如 CO_2 浓度、温度、氮沉降和耕作措施等)的综合响应特征与机制非常重要。生态系统尺度的野外增温控制实验(朱彪和陈迎，2020)和大型完全开放式 CO_2/O_3 气体浓度增加控制装置(FACE)(冯兆忠等，2020)等是研究陆地生态系统对全球

变化因素响应与适应的主要手段。

(1) 生态系统野外增温实验技术及应用

增温技术主要分为被动增温、主动增温和新一代实验(表 8-1)。

表 8-1　生态系统野外增温实验技术与方法总结

技术	方法	优点	缺点	适用对象
被动增温	土壤移位	成本低、易操作、方便多点多重复	小尺度、有扰动、不能用于森林	植物和表层土壤增温、任何生态系统,特别是草地
	温室	成本低、适用于偏远无电源地区	小尺度、密闭系统、不能用于森林	植物和表层土壤增温、植物较矮、没有电源的生态系统
	开顶式同化箱(简称“开顶箱”)	成本低、多梯度增温、适用于偏远无电源地区	小尺度、半密闭系统、不能用于森林	植物和表层土壤增温、植物较矮、没有电源的生态系统
主动增温	红外辐射灯管	扰动少、模拟真实情景	成本较高、小尺度、不能加热深层土壤、样地面积较小	植物和表层土壤增温、植物较矮、有电源的生态系统
	加热电缆	可以用于加热土壤,特别是森林土壤	成本较高、小尺度、不能加热空气和深层土壤、有一定扰动	土壤增温、有电源、任何生态系统,特别是森林
新一代实验	全土壤剖面	扰动少、模拟真实土壤增温情景,包括深层土壤	成本较高、尺度较小、不能加热空气	土壤增温、有电源、任何生态系统
	全生态系统	扰动少、最接近真实的生态系统增温情景	成本很高、尺度较小、难推广、不能用于森林	全生态系统增温、有电源、植物较矮的生态系统

1) 被动增温技术及应用

被动增温主要适用于偏远的、植物低矮的生态系统,而且只能对生态系统的局部进行增温。被动增温技术主要有三种,即土壤移位、温室和开顶箱。同时,也存在其他的被动增温方式,例如利用雪墙进行增温(Plaza et al.,2019)。温室和开顶箱适用于苔原和草地(Sistla et al.,2013)。需要指出的是,通过控制开顶箱的特征(如高度、直径、角度等),可以控制增温的强度,研究不同增温梯度对生态系统过程的影响(Shi et al.,2017)。温室和开顶箱不仅可以用于增温处理,而且还可以应用于研究其他气候变化因子,例如水分变化、光照(强度和光质)和 CO_2 浓度变化等对生态系统的影响(Hungate et al.,1997)。温室和开顶箱通常可以增加 1~3 ℃空气温度，具体的增温幅度要根据实验目的和实际情况而定。如果利用电源加热，补充热空气进入开顶箱，可以达到更均匀和更强的增温效果(Norby et al.,1997)。

2) 主动增温技术及应用

主动增温主要是在有电力供应的生态系统，采用悬挂在植物上方的红外辐射灯管或埋入土壤中的加热电缆对生态系统进行原位增温。主要优点是可以控制能量输出和增温幅度，扰动相对较小(红外辐射灯管)，对土壤的增温效果较好(加热电缆)。红外辐射灯管技术自 1990 年以来，在全球各地的草地、农田和湿地等生态系统得到广泛的应用，最近也被应用到森林生态系统的地下植物和土壤增温(Kimball et al.,2018)。如果采用恒定功率输出，则增温效果受到植被特征和气象条件的影响；如果结合实测温度和反馈系统，则可以精确控制增温的效果(Kimball et al.,2015)。

土壤加热电缆技术是在土壤表层埋设加热电缆，通电之后对土壤进行主动增温的技术。根据研究目的和样地的不同，加热电缆除了放置于土壤上方，还可置于土壤表层或者埋于土壤中(Aronson and McNulty,2009)。埋地电缆可以通过土壤温度测定和电路程序控制得到一个稳定可控的温度差，它不像温室或开顶箱那样引起微气候环境的明显改变，所以目前是研究气候变暖影响森林生态系统(特别是土壤生态过程)的可行手段。红外辐射灯管和土壤加热电缆两种技术也可以结合使用，可以对植物和土壤(表层)进行相对均匀的增温(Rich et al.,2015)。

(2) 生态系统 FACE 实验技术及应用

1) FACE 实验的原理与优势

全球变化研究中，首先利用温室或开顶箱模拟 CO_2 或 O_3 浓度升高，研究对象往往为盆栽幼苗，盆栽实验对植物根系生长带来的限制影响了实验结果。FACE 实验建立在野外条件下，将高浓度的 CO_2 或 O_3 通过管道释放到植物冠层，用于模拟未来大气中 CO_2 或 O_3 浓度升高后对研究对象的影响。FACE 装置可以用来探究 CO_2 或 O_3 浓度升高对粮食产量及品质、生态系统碳水循环过程、生态系统养分的迁移转化和土壤微生物的影响(Norby and Zak,2011)。利用全球已有的开顶箱和 FACE 数据进行整合分析表明，O_3 导致作物产量损失的评估在开顶箱和 FACE 中存在显著差异(Feng et al.,2018)，同时开顶箱高估了 CO_2 浓度升高对作物产量的影响(Long et al.,2005)。因此，利用开放式的 FACE 平台重新评估 CO_2 或 O_3 对植物的影响是至关重要的。

FACE 装置最大的优势是能够在完全开放的环境下模拟生态系统(地上和地下部分)对 CO_2 或 O_3 浓度升高的响应。全球变化对生态系统地下过程的影响是目前研究的热点。FACE 平台因实验空间大，实验的植物都是直接种植于大田中，能连续实验多年(目前最长实验年数达到了 15 年)，因此是研究地下生态过程的极佳平台。幼苗和成年植物对全球变化存在不同的响应过程，而开顶箱由于尺寸的限制，不适合研究 CO_2 或 O_3 浓度升高对速生木本植物的连续多年影响。FACE 平台在 CO_2 或 O_3 浓度升高的基础上与氮沉降或干旱等结合实现了多因素复合实验(Nowak et al.,2004)。同时，FACE 平台可以利用贫化或富集的

CO_2 实现长期标记,为生态系统的研究提供了新的研究手段和方法(Klein et al.,2016)。

2) FACE 实验装置的分类与应用

FACE 实验在森林、草地和农田等不同生态系统中得到广泛应用(Hendrey et al.,1999; Tang et al.,2011)。根据研究对象高度和占地面积不同,关注的主要问题也不尽相同。在样地内如何将气体均匀地释放到冠层是 FACE 装置设计中的难点,因此根据研究对象的特点,FACE 实验形成了以下 3 种主要气体释放方式(冯兆忠等,2020)。

冠层顶部布气:在冠层上方布设气体,以自由沉降的方式进入生态系统,主要应用于作物和草地生态系统的研究中。FACE 样地以圆形和正八边形为主,样地直径要 8 m 以上,在样地内部设置了一定的缓冲区域,避免边缘效应的产生。

样地周围垂直布气:垂直布气主要应用于森林生态系统中。为了增加单个 FACE 样地内植物个体的数量,单个样地的直径约为 25 m,同时森林冠层高度不均。如果采用冠层顶部布气的方式,风扩散能力不足以将释放的气体传输到样地的对边,但垂直布气可有效地解决该问题。

样地内垂直布气:为了减少气体的损失,将布气管道从顶部均匀地垂到整个冠层中间。这种布气方式不用考虑冠层和风速的影响,显著提高了浓度分布的均匀性。但是在 O_3 浓度增加实验中存在严重的问题,O_3 浓度在实际大气中存在显著的垂直分布规律,因此这样的布设方法与自然情况下并不一致,会过高估计大气气体成分的生态效应。

8.2.3 碳氮水氢、氧同位素技术和方法

稳定同位素技术具有指示、示踪和整合功能(林光辉,2013)。生态系统碳氮水等各库的稳定同位素组成及各库之间元素流动所发生的同位素效应具有显著差异,因此根据碳同位素(葛体达等,2020)、氮同位素(方运霆等,2020)和水氢、氧同位素(汤显辉等,2020)的组成差异可以建立它们之间的联系并揭示生态系统碳氮水生物地球化学循环的关键过程、通量组分比例及其控制机制。

(1) 碳同位素技术及应用

1) ^{13}C 自然示踪技术与应用

碳同位素自然示踪法在植物光合作用途径、C_3 和 C_4 植被变化、土壤碳循环、全球碳平衡等研究中得到日益广泛的应用。由于不同光合作用途径之间的碳同位素分馏效应不同,不同植物具有不同的 $\delta^{13}C$ 值。通常 C_3 植物的 $\delta^{13}C$ 变化范围为-20‰~-35‰,而 C_4 植物的 $\delta^{13}C$ 变化范围为-17‰~-9‰。^{13}C 自然示踪法是基于 C_3 和 C_4 植物具有不同的 $\delta^{13}C$ 值,将 C_3(或 C_4)植物种植在具有 C_4(或 C_3)植物种植历史的土壤,植物来源与原有土壤有机质(SOM)来源的 $\delta^{13}C$ 值存在差异,可以以此来区分土壤源呼吸和根源呼吸的碳源(Kingston et al.,1994)。但是需要注意的是,选取的 C_4(或 C_3)土壤需要长期一直种植 C_4(或 C_3)植物。另外,该方法灵敏度相对较低,尤其是在植物生长季后期,可靠性下降(Rochette et al.,1999)。

C_3 和 C_4 植物 $\delta^{13}C$ 值的不同可以用于区分植物的 C_3 和 C_4 光合途径以及不同植物功能群结构变化。通过测定不同碳组分(可溶性碳水化合物和结构性碳库)的 $\delta^{13}C$ 值,估计植物水分利用效率和光合作用在不同时间尺度上的变化。^{13}C 自然示踪法为明确土壤新老碳库对土壤有机碳、微生物碳和 CO_2 排放的贡献,解析陆地生态系统 $\delta^{13}C$ 的变化及其在全球碳平衡中的应用提供了重要依据(Cheng,2009)。随着测试精度的提高,采用 ^{13}C 配对标记实验,只要有机碳和其他一种或两种碳源的 $\delta^{13}C$ 间有较为明显的差别,就可以解析多碳源的相互作用及其对土壤呼吸的贡献,这对于研究复杂生态系统中碳通量和净碳平衡具有重要的应用价值(Whitman and Lehmann,2015)。

2) ^{13}C 人工标记技术与应用

^{13}C 人工标记技术包括 $^{13}CO_2$ 贫化示踪技术和 $^{13}CO_2$ 富集标记技术等。目前,大气 CO_2 的 $\delta^{13}C$ 值约为-8‰,在利用 ^{13}C 贫化 CO_2 开展的 FACE(^{13}C-FACE)实验中,供给 ^{13}C 贫化 CO_2 的 $\delta^{13}C$ 值远低于大气,其范围是-45‰~-18‰。$^{13}CO_2$ 贫化示踪技术就是利用对照组(背景大气)和实验组(人工混合大气)之间 CO_2 碳同位素组成的差别,示踪植物新固定碳在生态系统不同碳库的分配比例及其对 CO_2 排放的相对贡献。^{13}C-FACE 实验是研究 CO_2 浓度增加的微域环境中土壤有机碳(SOC)周转的常用方法,目前全球已建立涉及森林、农田和草地等多个生态系统和多种植被类型的 ^{13}C-FACE 平台,定量阐释了大气 CO_2 浓度升高条件下,不同生态系统植物光合效率、养分和水分利用效率、土壤碳的输入量和周转率以及微生物碳库动态变化等参数和过程的响应机制(Kiem et al.,2000)。

$^{13}CO_2$ 富集标记法是指以高丰度 $^{13}CO_2$ 为示踪物,在植物通过光合作用固定这些示踪物后,通过在特定的时间内测定植物-土壤系统中各碳库示踪物量的变化,可定量研究该时间段内 ^{13}C 在植物-土壤系统的转移和分布,阐明植物某一生长期的碳分配特征,量化植物碳向土壤的输入以及土壤碳周转,从而明确植物光合碳对土壤有机质的来源、稳定化过程的影响及其微生物驱动机制(Hanson et al.,2000;Kuzyakov,2006)。根据 ^{13}C 输入的不同,$^{13}CO_2$ 同位素标记技术可以分为脉冲标记法和连续标记法。脉冲标记法是一次或分几次加入 $^{13}CO_2$,标记数小时后在特定时间内测定 ^{13}C 在植物-土壤系统各碳库的分配比例。脉冲标记法只能提供植物生长关键时期光合碳的分配特征。$^{13}CO_2$ 脉冲标记在密闭的植物生长箱中进行,当植物生长到一定时期,在光照充足的地方通入 $^{13}CO_2$ 或通过化学反应(如 $NaH^{13}CO_3$ 和 H_2SO_4)获得 $^{13}CO_2$,标记数小时后移出,在标记期间由 CO_2 发生器和检测系统实时监测并控制 CO_2 浓度,生长箱内温、湿度需与对照处理(未标记 $^{13}CO_2$ 的植物)保持一致(Kuzyakov and Gavrichkova,2010);为避免 $^{13}CO_2$ 污染,对照处理要距离标记的植物 5 m 以上。连续标记法是指在植物的某个生长期(或全生长期),在可控气室等封闭的空间内对植物进行不间断标记,可以定量某个生长期(或全生长期)投入碳的净分配。$^{13}CO_2$ 连续标记的方法与脉冲标记基本一致,但是并不是短时间标记,而是在植物某个生长期,甚至全生长期内对植物进行不间断标记。

另外,^{13}C 富集底物标记法是利用 ^{13}C 富集标记小分子有机物或植物秸秆,结合生物标志物技术等,表征不同来源的有机质在土壤中的相对丰度和降解状况以及土壤有机碳的动态变化,也可以定量评价新老土壤有机碳对碳储量的相对贡献,可有效评估陆地生态系统碳平衡过程及其微观调控机制(Kuzyakov and Domanski,2000;Ge et al.,2017)。^{13}C 富集底物标记法通常用于室内培养实验,^{13}C 富集底物可分为简单的小分子有机物(如葡萄糖、丙氨酸等)和复杂的大分子有机物(如纤维素、木质素、植物秸秆等)。在实验土壤中加入^{13}C 标记的底物,以未标记的底物为对照,结合 PLFA、氨基糖等生物标志物技术,测定^{13}C 在土壤各组分有机碳中的量及其来源,有助于阐明外源碳对土壤碳储量的贡献(Liang et al.,2017)。高丰度^{13}C 标记的有机物结合^{13}C-PLFA-SIP 和^{13}C-DNA-SIP 技术,可以准确示踪微生物在土壤有机碳周转过程中的参与机制(例如 Wang et al.,2016b)。同时,^{13}C-微生物残留物对于量化和评估微生物对土壤有机质积累的贡献起到了关键作用(例如 Liang et al.,2017)。

(2) 氮同位素技术及应用

1) ^{15}N 自然示踪技术与应用

^{15}N 自然示踪技术主要利用氮周转过程中自然发生的同位素分馏作用,研究氮素固定、矿化、利用和流失等过程及其控制机制。氮同位素分馏作用指参与生物化学反应的底物和产物 δ^{15}N 值不同的现象。相较于^{14}N,^{15}N 参与生物化学反应、打破或者形成新的化学键需要更多的能量,所以反应过程中更多的^{14}N 参与反应,从而导致底物的^{15}N 相对富集,δ^{15}N 值升高(Robinson,2001)。植物在吸收、利用和同化氮的过程以及土壤氮周转过程中均会发生同位素分馏作用。^{15}N 自然示踪技术的优势在于它适用于大面积区域的调查对比研究,不受取样时间和空间的限制,同时样品测定简单(Robinson,2001)。^{15}N 自然示踪技术在以下五个方面得到广泛应用(方运霆等,2020):① 利用 δ^{15}N 指示植物氮来源;② 利用植物叶片、树木年轮指示生态系统氮状态的历史变化;③ 利用土壤无机氮同位素特征指示生态系统氮状态;④ 利用土壤微生物氮同位素特征指示生态系统氮状态;⑤ 利用氮稳定同位素自然丰度量化生态系统尺度反硝化作用速率。

2) ^{15}N 人工标记技术与应用

^{15}N 人工标记技术是将一定数量的^{15}N 富集的含氮化合物添加到系统中(植物、土壤或整个生态系统),经过一段时间后分析其去向(Templer et al.,2012)。在生态系统氮循环研究方面,^{15}N 人工标记技术不受稳定同位素分馏效应的影响,具有^{15}N 自然示踪技术所不具备的优点。实验中应考虑标记样品的均匀性、标记期长短和条件、示踪期长短和各库转化,同时还应注意追踪的各个库要全面等问题。近年来,^{15}N 人工标记技术已应用于陆地生态系统氮的来源、分配和去向,土壤氮转化以及氮损失等研究(Yang et al.,2014;Zhu et al.,2019)。在实验室培养条件下,主要通过^{15}N 的生物标志物和同位素模型来研究土壤氮的转化动态。此外,将同位素示踪技术与现代分子生物学技术相结合,可以研究更为复杂的微生物氮转化过程。在原位小区实验条件下,主要是通过^{15}N 脉冲标记来模拟氮肥施用,从而追踪土壤中肥料氮的去向。通过在森林生态系统尺度上开展^{15}N 标记实验来研究氮沉降在生态系统的滞留、去向及分配,可以更准确地评估沉降氮对森林的各种生态环境效应(Templer et al.,2012)。

(3) 水氢、氧同位素技术及应用

1) 水氢、氧同位素技术

水氢、氧同位素的分馏效应记录了生态系统水循环过程的关键信息。自然条件下,生态系统过程中主要存在三种形式的水氢、氧同位素分馏效应,包括物态转化过程中发生的热力学平衡分馏、物相扩散过程中发生的动力学分馏和生理生化活动时发生的生化分馏。植物吸收水分过程中,除少数几种盐生植物外,根系吸收的水分进入植物茎干并在其木质部传输的过程中不存在同位素分馏,这使得植物水分溯源成为可能(Ehleringer and Dawson, 1992)。

蒸发和扩散过程的同位素分馏效应导致随着土壤深度增加,土壤水分中的重同位素发生梯度明显的贫化。根系吸收的水分经木质部到达叶片,通过蒸腾作用从叶片扩散到大气,这一过程又会导致叶片吸收的水分比根系富集更多的重同位素。土壤蒸发的 δ 值和植物蒸腾的 δ 值产生明显的差异,因而可以基于 δ 值差异拆分植物蒸腾和土壤蒸发(Moreira et al., 1997)。

除了根系吸收水分外,在干旱区和湿润区普遍存在的凝露也是植物重要的水分来源。虽然露水量很小,但却显著影响着植物的生理状况和微气象环境(Uclés et al.,2014)。露水的三个主要来源——低空近地层大气水汽、土壤蒸发水汽和植物蒸腾水汽有着不同的 δ 值,为确定不同凝结来源露水的比例奠定了基础(Wen et al.,2012)。

降水的水汽主要来源是大气水汽的平流输送、土壤蒸发水汽和植物蒸腾水汽。如果三个来源有着不同的 δ 值,即可用于确定不同来源水汽的比例。Craig(1961)最早提出全球大气降水线($\delta D = 8\delta^{18}O + 10$)。该公式及其关键参数(斜率与截距)的变化可以揭示降水 δD 和 $\delta^{18}O$ 对气候因子和地理参数的调控程度。Dansgaard(1964)研究发现,在蒸发、冷凝和水汽传输等过程中,降水 δD 和 $\delta^{18}O$ 对于环境变化很敏感,同位素的热力学平衡分馏和动力学分馏效应导致 δD 与 $\delta^{18}O$ 的关系曲线斜率及截距不同程度地偏离 8 和 10,为了量化及比较这种差异,提出了氘盈余(d-excess)的概念,即 d-excess = $\delta D - 8\delta^{18}O$。d-excess 可用于指示水汽源区相对湿度和温度等信息,已有大量 δD 和 $\delta^{18}O$ 的关系及其应用的相关研究(见 Aemisegger et al.,2014)。另外,随着水氢、氧同位素研究的不断深入、测量技术的不断发展和 $\delta^{17}O$ 高精度测量方法的建立,氧的三种同位素(^{16}O、^{17}O、^{18}O)在生态学研究中应用越来越广泛。

2) 连接植物水碳耦合循环

叶片蒸腾不仅是影响生态系统水循环的关键环节,还通过影响光合作用和呼吸作用调节生态系统碳循环,因而植物叶片水氢、氧同位素研究成为生态系统水循环和碳水耦合循环研究的热点(Roden et al.,2000;Cernusak et al.,2016)。例如,蒸腾作用富集的 $H_2{}^{18}O$ 可以通过光合作用将 ^{18}O 信号传递给 O_2,释放到大气中,使大气 O_2 富集 ^{18}O,影响大气中 O_2 的 ^{18}O 收支;还可以在气孔内与 CO_2 发生氧同位素交换,使气孔重新释放回大气的 CO_2 富集 ^{18}O,影

响大气中 CO_2 的 ^{18}O 收支(Farquhar and Lloyd,1993)。植物生长过程中合成的有机物的 ^{18}O 也受叶片富集的 $H_2{}^{18}O$ 的影响(Barbour and Farquhar,2000)。因而叶片水的同位素富集(Δ_{lw},即叶片水 $\delta^{18}O$ 和茎干水 $\delta^{18}O$ 的差值)现象具有多重生态学意义:Δ_{lw} 直接影响大气水汽的 δ 值以及大气 CO_2 及 O_2 的 $\delta^{18}O$,为在不同时空尺度上评估生态系统水碳耦合循环提供了独特的"同位素视角";Δ_{lw} 携带植物有机代谢物(如纤维素、叶蜡烷烃等)的同位素组成的前体信号,在古气候重建及推测植被对气候变化的响应等研究领域扮演着重要角色(Farquhar et al.,2007)。

8.2.4 土壤团聚体及生物标志物技术和方法

土壤团聚体和记载了原始生物母质(如高等植物、微生物等)分子结构信息的生物标志物(冯晓娟等,2020)可以定量表征土壤组成、结构及其与功能的关系,对生态系统生态学研究具有重要意义。

(1) 土壤团聚体分析技术及应用

1) 土壤团聚体的分析技术和方法

土壤团聚体将土壤有机碳与微生物在空间上隔离,从而使有机碳难被微生物分解,以达到物理保护作用(Six et al.,2004);团聚体中矿物会吸附有机碳形成结构和形态稳定的矿物-有机质复合体,达到化学保护作用(Lehmann and Kleber,2015)。土壤团聚体的粒径分布和空间结构特征是表征团聚体稳定性的重要指标。筛分法、显微镜法、计算机成像法等可以定性或定量描述团聚体的粒径分布和结构特征。近年来,光谱法、同位素法、质谱法等技术也逐渐应用到土壤团聚体研究中,可以反演无损条件下土壤团聚体化学组成,模拟团聚体内有机碳的动态,并在微观尺度上实现元素循环过程的可视化。综合运用以上多种方法,将有助于揭示土壤团聚体的形成机理及其对有机碳稳定性的影响(表 8-2)。

2) 土壤团聚体与有机碳稳定性和周转

土壤团聚体对有机碳的固定和保护作用是非常复杂的,而弄清这些对于更好地理解土壤固碳机制以及整个碳循环过程至关重要。土壤有机碳存在于团聚体中,团聚体的数量和稳定性一定程度上决定了土壤有机碳库的大小和稳定性(Six et al.,2004)。土壤团聚体存储土壤有机碳的能力随着其粒径不同而变化。通常,大团聚体促使更多的土壤有机碳被存储,但由于大团聚体不稳定,这种存储是暂时的;微团聚体比较稳定,存储的有机碳老、周转慢,在土壤有机碳的长期保护中具有更重要的意义(Six et al.,2004)。土壤团聚体数量和稳定性受植物根系、土壤有机质、土壤微生物、土壤质地等多个因素影响(Six et al.,2004;Rilling et al.,2015;Rabot et al.,2018)。土地利用方式、气候变化和人类活动将会改变土壤原有结构,影响团聚体的稳定性及其对土壤有机碳的保护功能,从而会导致土壤有机碳库的变化。

表 8-2 土壤团聚体研究方法及其应用

方法	测定指标	优点	缺点	适用范围
干筛法	团聚体粒径分布、稳定性	操作简单,破坏较小	结果重复性较差	非水稳性团聚体
湿筛法	团聚体粒径分布、稳定性	操作简单,结果较稳定	水溶性有机碳损失,破坏团聚体结构	水稳性团聚体
超声波法	团聚体粒径分布、稳定性	分散强度大,分散时间短	弱稳定性土壤分析精度低	强稳定性土壤
光学显微镜技术	团聚体二维结构特征		分辨率低,样品制备烦琐,结构易被破坏	不同粒径团聚体中孔隙的分形特征
电子显微镜技术	团聚体二维结构特征	分辨率较高	样品制备烦琐,结构易被破坏	不同粒径团聚体中孔隙的分形特征
X 射线 CT 技术	团聚体三维结构特征	分辨率高,原位无损,定量	成本高	单一粒径团聚体内部孔隙的分形特征
光谱法	团聚体结构、化学组成	快速,大范围,原位无损	需要通过模型反演	大范围动态监测
同位素法	团聚体内有机碳的去向、周转	灵敏度高	成本高,^{14}C 放射性同位素有危害	^{13}C 稳定同位素适用于植被类型变化的土壤
质谱法(纳米二次离子质谱成像)	团聚体纳米级微结构、化学成分组成、微生物分布	精度高	价格昂贵,样品制备要求高	结合电子显微镜、同位素等方法,分析团聚体内元素循环和微生物过程

随着理论和技术的发展,越来越多的研究关注土壤团聚体中有机碳的固定和周转过程。研究表明,土壤有机碳优先固定在大团聚体内的微团聚体中(Kong et al.,2005),不同粒径级的团聚体存在不同的碳饱和值,并且按照团聚体由小到大的顺序依次饱和(Kool et al.,2007)。近年来,土壤团聚体中矿物对土壤有机质的吸附作用越来越受到学术界的关注。Vogel 等(2014)使用同位素法、扫描电镜技术和纳米二次离子质谱成像技术观察发现,土壤有机质多富集在具有微孔或缝隙的粗糙矿物表面,而且新加入的土壤有机质则更倾向于吸附在已经存在的土壤团聚体矿物-有机质复合体上,革新了以往对土壤碳固持过程的认识。土壤团聚体中有机碳固定与周转受团聚体结构、微生物等多种因素影响(Trivedi et al.,2017)。土壤有机碳在微团聚体中周转速率比大团聚体慢,随着团聚体粒径减小,有机碳平均驻留时间延长(Six et al.,2004)。Rabbi 等(2014)研究也发现,<53 μm 粒径级的有机碳矿

化速率低于大团聚体和微团聚体(粒径>53 μm)。土壤团聚体之间以及团聚体内部的孔隙、水分条件等会通过影响微生物活动而影响有机碳的固定与周转(Blanco-Canqui and Lai, 2004)。Gao等(2017b)采用X射线CT技术研究了不同耕作系统中土壤孔隙形态和有机碳含量的关系后发现,孔隙越多,有机碳含量越高(Helliwell et al.,2013;Gao et al.,2017b)。

(2) 生物标志物分析技术及应用

1) 常用生物标志物的种类、来源与指示意义

在生态系统的研究中,生物标志物在土壤碳氮循环以及食物网中的应用尤为突出(冯晓娟等,2020)。常用的生物标志物种类包括脂类、糖类、木质素酚类、氨基酸和氨基糖等(图8-3)。这些生物标志物可以指征植物或微生物不同组织来源的有机质在土壤、沉积物或水溶性有机质中的相对丰度和降解状况,因此可为解析天然有机质的来源、保存机制和动态变化提供重要的信息(表8-3)。随着气相/液相色谱与稳定同位素质谱联用仪的开发(Hayes et al.,1990),生物标志物的应用已从简单的含量分析发展到单体化合物的稳定同位素分析。与^{2}H、^{13}C、^{15}N、^{18}O等稳定同位素分析相结合,生物标志物的单体同位素在植物水源示踪(Tipple et al.,2013)、微生物碳源分析(Fogel et al.,2016)、植物与生态系统碳周转(Ishikawa et al.,2016)等方面也有广泛的应用。

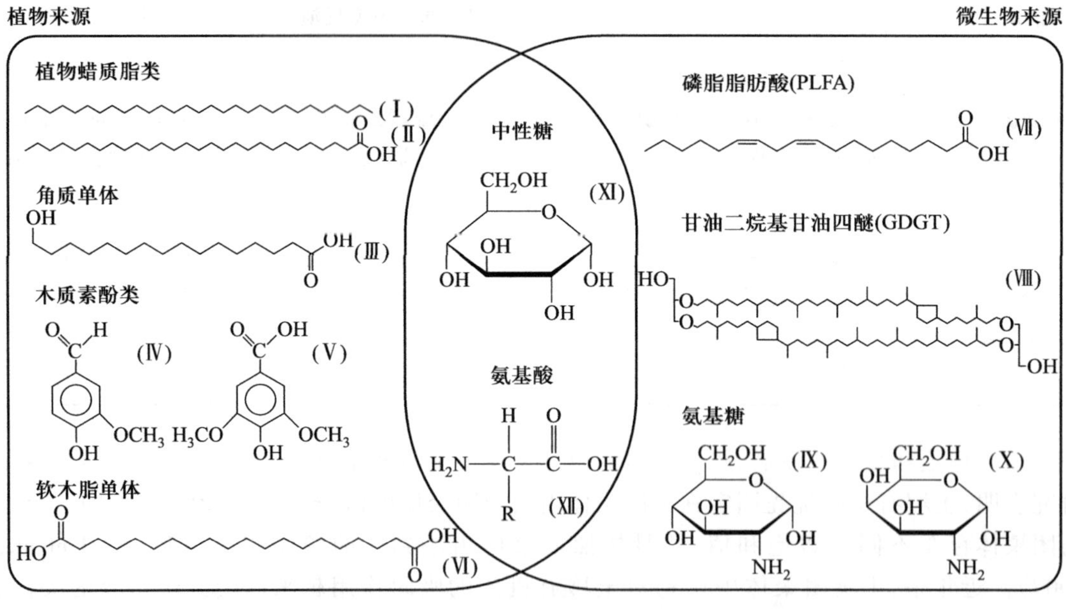

图8-3　主要生物标志物的代表性单体结构示例(用罗马数字指示)

指征植物来源的生物标志物:① 植物蜡质脂类,包括长链的烷烃(Ⅰ)、脂肪酸(Ⅱ)等(Otto et al.,2005);② 角质单体,如短链的ω-羟基脂肪酸(Ⅲ)等;③ 木质素酚类,如香草醛(Ⅳ)、丁香酸(Ⅴ)等(Thevenot et al.,2010);④ 软木脂单体,如长链的α,ω-二元酸(Ⅵ)等(Otto et al.,2005)。指征微生物来源的生物标志物:① 磷脂脂肪酸(PLFA)(Frostegård and Bååth,1996),如亚油酸(Ⅶ)等;② 甘油二烷基甘油四醚(GDGT)(Schouten et al.,2013),如GDGT-2(Ⅷ)等;③ 氨基糖(Jøergensen,2018),如α-D-氨基葡萄糖(Ⅸ)和α-D-氨基半乳糖(Ⅹ)等。此外,中性糖[如α-D-葡萄糖(Ⅺ)等]和氨基酸(Ⅻ)普遍存在于植物和微生物中。

表 8-3 生态系统研究中常用的生物标志物的分子构成、提取方法、研究意义

生物标志物	分子构成	提取方法	研究意义	关键参数
植物蜡质脂类	长链（> C_{20}）正构烷烃、脂肪酸、脂肪醇、固醇等	溶剂萃取	代表植物来源的脂类	ACL，CPI
角质单体	短链（C_{14} ~ C_{18}）羟基-环氧酸	碱式水解	代表叶片角质来源的脂类	ω-C_{16}/$\sum C_{16}$，ω-C_{18}/$\sum C_{18}$
软木脂单体	长链（C_{20} ~ C_{32}）脂肪酸、双酸、ω-羟基酸等	碱式水解	代表根系和树皮软木脂来源的脂类	
磷脂脂肪酸（PLFA）	短链脂肪酸（< C_{20}）	Bligh-Dyer 法	指征活体微生物生物量和群落结构	F/B
甘油二烷基甘油四醚（GDGT）	类异戊二烯和支链 GDGT	溶剂萃取	古菌和细菌细胞膜脂	MBT，CBT
中性糖	葡萄糖、半乳糖、甘露糖、核糖、木糖和阿拉伯糖等	酸式水解	区分植物和微生物来源的糖类	GM/AX，RF/AX
木质素酚类	带甲氧基的酚类化合物	碱性氧化铜氧化法	指示维管束植物来源的有机质和木质素氧化程度	S/V，C/V，$(Ad/Al)_V$，$(Ad/Al)_S$
氨基酸	天冬氨酸、谷氨酸、丙氨酸等	酸式水解	微生物、动植物及其蛋白质的代谢产物	D/L
氨基糖	氨基葡萄糖、氨基半乳糖、甘露糖胺、胞壁酸	酸式水解	微生物细胞壁组分，常指征环境中的微生物残体碳	GluN/MurN

注：① ACL，平均碳链长度，$ACL = \sum(n \times X_n) / \sum(X_n)$；CPI，碳优势指数；$CPI = 0.5 \times [\sum(X_{even}) / \sum(X_{odd}) + \sum(X_{even}) / \sum(X_{odd}+2)]$。其中，$X$ 为含有一定碳原子数量的正构烷烃、脂肪酸、脂肪醇的浓度，n 为碳原子数量，even 代表偶数碳，odd 代表奇数碳。ACL 和 CPI 均可指示植物来源脂类的降解程度。② ω-C_{16}/$\sum C_{16}$ 和 ω-C_{18}/$\sum C_{18}$ 分别是含 16 个或 18 个碳的 ω-羟基酸与含 16 个或 18 个碳的 ω-羟基酸、双酸、羟基-环氧酸之和的比值，可以指示角质单体的降解程度。③ F/B，真菌细菌比，表征土壤活体微生物群落中真菌和细菌的比例。④ MBT 和 CBT 分别是支链 GDGT 的甲基化和环化指数，可用于重建环境温度和 pH。⑤ GM/AX，（半乳糖+甘露糖）/（阿拉伯糖+木糖）；RF/AX，（鼠李糖+岩藻糖）/（阿拉伯糖+木糖）。GM/AX 和 RF/AX 均可指示微生物和植物来源糖类对土壤有机质的相对贡献。⑥ S/V，丁香基酚类与香草基酚类的比值，可区分裸子和被子植物；C/V，肉桂基酚类与香草基酚类的比值，可区分木本和非木本组织；$(Ad/Al)_V$ 和 $(Ad/Al)_S$ 分别是香草基酚类和丁香基酚类单体的酸醛比值，指示木质素的氧化程度。⑦ D/L，右旋（D 型）氨基酸与左旋（L 型）氨基酸的比值，用于评价土壤中蛋白质类物质的相对年龄。⑧ GluN/MurN，氨基葡萄糖与胞壁酸的比值，用于评价真菌和细菌残体对土壤有机质的相对贡献。

2）生物标志物的测定方法

生物标志物分析可用于土壤、沉积物、溶解性有机质以及生物样品（如植物、动物组织等）。样品采集过程中应尽量使用不含有塑化剂等有机污染物的采样器和容器，并注意防止交叉污染。由于单体化合物容易在湿热和紫外辐射等条件下发生降解（Eder et al.，2010），因此以上样品在采集以后应尽快在冷冻（<-20 ℃）和避光条件下保存。在生物标志物提取之前，应使用冷冻干燥法对土壤、沉积物、生物组织等环境样品进行前处理，以去除样品中的水分。

目前，脂类生物标志物的提取可根据目标化合物的种类分为溶剂萃取、碱式水解和Bligh-Dyer法。中性糖的提取通常采用三氟乙酸（4 mol · L^{-1}）在105 ℃下进行酸式水解（Eder et al.，2010）。木质素酚类的提取采用改进的碱性氧化铜氧化法（Otto et al.，2005）。氨基酸和氨基糖的提取均可采用酸式水解法（Liang et al.，2017），常用的试剂包括盐酸或三氟乙酸等。

生物标志物的检测与量化需根据待测化合物的性质（如是否可气化、是否带有荧光基团等）选择相应的分析仪器，常用的分析仪器为气相色谱（GC）或高效液相色谱（HPLC）结合火焰离子化检测器（FID）、质谱检测器（MS）或二极管阵列检测器（DAD）。目前常用气相色谱-质谱联用仪（GC-MS）测定蜡质脂类、角质单体、软木脂单体、PLFA、木质素酚类以及氨基糖（Kögel-Knabner，2002；Otto et al.，2005；Amelung et al.，2008；Jex et al.，2014）。

3）生物标志物在生态系统研究中的应用

生物标志物为研究生态系统（特别是土壤）有机碳氮的来源、转化特征和循环途径提供了具有高度专一性和灵敏度的工具，在揭示土壤有机质的形成与稳定机制、对全球变化的响应以及食物网结构等方面显示了巨大的应用前景。土壤有机质的来源和组成非常复杂，不同生物来源（如微生物和植物、根系和地上凋落物等）对其形成的贡献和积累的影响机制尚不明确（Schmidt et al.，2011）。例如，在周转时间相对较长的土壤细质颗粒物中，木质素酚类的相对丰度较小（Sollins et al.，2009），而主要源于微生物残体的氨基糖则易于在矿质土壤和周转较慢的土壤组分中积累（Liang et al.，2011）。生物标志物可以说明微生物和植物残体的相对稳定性及其对土壤有机质的相对贡献。

土壤有机质是由处于不同降解状态的有机质组成的复杂混合物，不同组分具有不同的环境稳定性（Davidson and Janssens，2006）。传统方法将土壤有机碳看成一个整体或几个简单的碳库，难以捕捉到不同有机碳组分对全球变化的响应；生物标志物可以较好追踪土壤不同分子组分在全球变化下的动态变化，为揭示土壤碳库对全球变化的响应机制提供新的视角。此外，氨基酸的单体氮稳定同位素比值（$\delta^{15}N$）分析在食物网和营养级的研究中彰显了巨大的潜力，为区分生物的营养级提供了比总氮 $\delta^{15}N$ 更精准的评估方法（McCarthy et al.，2007）。随着研究的深入，单体同位素技术将为食物网研究提供更多的研究手段和技术支持。

8.2.5 微生物组学技术和方法

微生物数量庞大、种类繁多，是地球生物化学循环过程的驱动者。微生物组学研究的发展强烈依赖于微生物组学的技术和方法。微生物组学技术指不依赖于微生物分离培养，而利用高通量测序和质谱鉴定等技术来研究微生物组的手段。高通量测序和质谱鉴定等技术的突破使得可以从 DNA、RNA、蛋白质和代谢物等不同水平解析微生物组，以获得更为全面的微生物组信息（Aguiar-Pulido，2016；高贵锋和褚海燕，2020）。

（1）微生物组学技术及存在问题

微生物组学技术主要包括以下四种：① 宏基因组学、② 宏转录组学、③ 宏蛋白质组学和 ④ 宏代谢组学。微生物组学技术在微生物组学研究中的广泛应用主要得益于测序技术、质谱技术和生物信息学的发展。微生物组学技术在生态学研究中存在的主要问题包括以下几点。

1）样本制备

从复杂环境中获得高保真性和高质量的样本是开展微生物组学研究的第一步。然而，样品获取方法上的偏差仍是阻碍微生物组学研究的巨大挑战（Nesme et al.，2016）。环境微生物组学研究最常见的样本类型就是土壤，其种类繁多、组分复杂、存在大量的抑制剂，此时就需要根据不同样品的来源及特征采取不同的提取方法，以获得高多样性和高质量的环境基因组（Poussin et al.，2018）。此外，在样本分析前，对获得的样本进行质量评估以确保达到分析要求尤为重要，然而，目前还没有统一的样本评估标准。

2）样本检测

基于标记基因的扩增子是大部分微生物组研究的基础。研究人员比较不同文库制备方法，利用标准样品详细分析扩增过程，揭示 PCR 扩增中错误和偏差的来源，并提出条件优化后的基于两步法的 PCR 扩增，改进后的新方法能检测到更多现有方法中经常无法检测的类群，同时提高微生物组学研究的准确性（Gohl et al.，2016）。近年来，三代测序（单分子测序）整合了一代和二代测序的优点，测序过程无须进行 PCR 扩增，从而解决了二代测序信息丢失和碱基错配等问题（Schadt et al.，2010），在微生物组学研究中显现出了巨大潜力，但其错误率较高。尽管高通量测序在鉴定物种及测定丰度上很有用，但它并不适合于准确地确定群落中物种的绝对丰度。通过向样品中加入合成的嵌合体 DNA 作为内参，可定量计算环境样品中微生物的绝对丰度。但研究人员利用该方法后发现，18S 和 ITS 扩增子可能分别高估和低估了土壤中的霉菌数量（Tkacz et al.，2018）。因此，实验前最好通过预实验来选择内参的加入量。

3）数据分析

参考数据库的发展是限制微生物组数据分析的重要原因之一。据估计，因缺乏参考基因组，测序所得的序列有 7%～60% 无法被准确分类（Thompson et al.，2017）。同样，蛋白质的鉴定及其可信度也在很大程度上受到数据库中存在的物种的限制（Wang et al.，2016a）。目前各数据库管理标准不统一，仍缺乏跨领域的数据整合。在数据处理上，高通量测序数据的质量控制不是单一指标或操作即可完成的，但目前还未建立统一、规范化的数据质量控制标准。在微生物组学研究中，大部分扩增子主要利用UCLUST或UPARSE等算法对97%相似性的序列进行OTU聚类，而不同的OTU聚类方法将对微生物组数据产生较大影响（Horner-Devine et al.，2004a）。近年来，也出现了一些新的算法，如DADA2和unoise3，相当于基于100%的序列相似度进行聚类，大大提高了准确度和物种多样性。对于宏代谢组学来说，其数据具有高维、小样本、高噪声、相互作用关系复杂和冗余性等特征，如何从复杂数据中提取有价值的信息，筛选出潜在的生物标志物，成为近年来研究的热点和难点。

（2）微生物组学技术在微生物研究中的应用

1）*在微生物群落研究中的应用*

微生物组学技术被广泛应用于揭示复杂环境中的微生物群落（包括多样性和群落组成）及其与周围环境或宿主之间的关系，其研究环境涵盖土壤、海洋和冰川等，主要开展了微生物生物地理研究和微生物对全球变化的响应研究。

传统普遍认为微生物的分布不同于动植物，不具有明显的地带性和区域分布特征，而是呈全球性随机分布（O'Malley，2007）。事实上，通过构建距离-衰减关系和物种-面积曲线发现，微生物物种并非随机分布（Horner-Devine et al.，2004b），不同生境类型的微生物群落存在显著差异。因此，明确微生物的分布规律，对生态学和生物地理学的发展以及微生物资源的充分保护和利用具有重要意义。目前，生物地理学家和生态学家将影响微生物物种丰富度格局的因素分为两大类，即历史因素和当代环境因素，通常这两类因素之间是相互影响的，并与时间和空间尺度密切相关。

微生物对环境变化较为敏感，是全球气候变化的调节器，因此，研究微生物组对于环境变化的响应及反馈具有重要意义，其结果可为预测全球变化背景下生态系统结构和功能的演变提供理论依据。利用微生物组学技术，可探究土壤微生物群落对全球气候变化（Raut et al.，2018）、土地利用方式改变（Moreno et al.，2019）和农业管理措施转变（Feng et al.，2018）等的响应。

2）*在微生物功能研究中的应用*

微生物参与了所有已知的生物地球化学循环过程，与植物生长、污染物降解和其他生态系统功能密切相关（Falkowski et al.，2008），利用微生物组学技术主要开展了微生物生物地球化学循环、微生物与植物生长和健康以及环境污染微生物修复研究。

采用微生物宏转录组学可以探究微生物的相关功能，发现大量的微生物资源及新的基因，为探索微生物群落的生态功能奠定基础，有助于生态系统功能和服务的调控（Gilbert et al.，2009）。宏蛋白质组学也被用于测定微生物群落的碳源和同化途径（Kleiner et al.，2018），以及鉴定环境中参与元素生物地球化学循环和有机物氧化的潜力蛋白质（Bastida et al.，2014）。宏基因组学和宏代谢组学也被广泛用于探究微生物与宿主、环境之间的相互关系,进而了解生物间相互作用的机制(Yang et al.,2017)。此外,也有研究通过宏代谢组学分析发现,丛枝菌根真菌的定殖改变了泽菊的多种根际化合物组分(如吡咯里西啶生物碱),从而起到关键的生物防御作用(Hill et al.,2018)。微生物组学技术在环境污染治理方面也表现出了巨大潜力,包括有机污染物降解、重金属转化和生物污染等领域。

8.2.6 野生动物监测技术和方法

动物是生态系统研究和保护管理的重要生物类群,其中脊椎动物、土壤动物、昆虫类节肢动物等类群是目前动物种群监测以及生物多样性的重要指示类群(肖文宏等,2020)。红外相机技术、GPS 追踪技术、DNA 条形码技术和高通量测序技术是近年来野生动物监测中快速发展的四种重要新技术,实现从动物个体、种群、群落到生态系统多个尺度的观测和研究(图 8-4)。

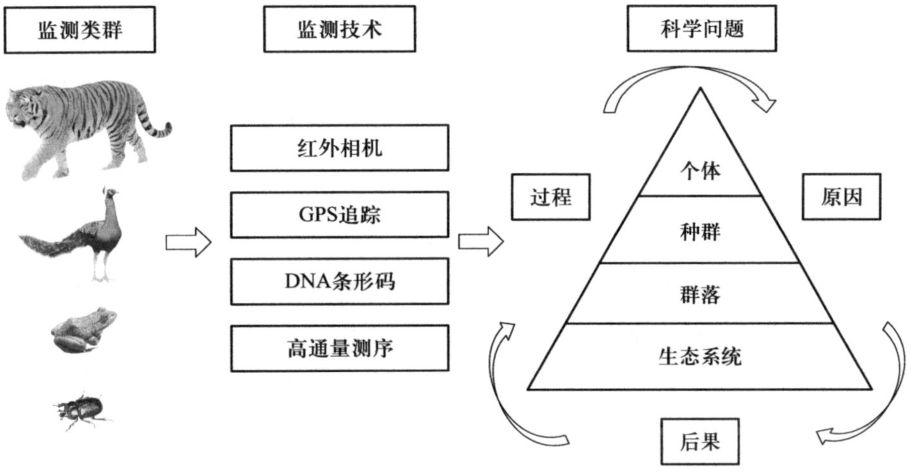

图 8-4 野生动物监测新技术的应用示意图

(1) 红外相机技术及其应用

红外相机是一种自动拍摄设备,它配有运动传感器或红外传感器,用于收集动物照片或视频信息作为动物出现、分布等的证据,主要应用于陆生大中型兽类和地栖鸟类等种群和群落相关的研究。对于大部分猫科动物等一些个体具有独特天然标记的动物,红外相机拍摄的图像是鉴别其个体的重要依据,可基于标记-重捕框架获得动物种群数量、密度、存活率、死亡率等种群参数。在准确掌握虎、雪豹等珍稀濒危物种的种群数量和变化趋势(Duangchantrasiri et al.,2016)、评估濒危物种的保护和受到的威胁方面发挥了重要作用。红外相机监测数据也非常适合占域模型框架,即在考虑探测率的情况下,分析目标物种的空间分布以及环境等因素对栖息地选择或物种分布的影响(Wang et al.,2018)。红外相机可同时监测多个物种,在研究种间关系(如捕食者-猎物、同域物种)的时空作用机制(Bu et al.,2016)、群落多样性和动态(Rovero et al.,2014)、行为模式和特征(Frey et al.,2017)以及对比不同区域多个物种分布和多度的动态变化(O' Brien et al.,2010)中发挥了优势,为深入研究生物多样性的变化规律提供了新的视角。

(2) GPS 追踪技术及其应用

无线电追踪技术是利用无线电信号的传输来定位目标动物佩戴的发射器,以获取动物的位置信息而达到追踪动物的目的,主要包括高频率(VHF)、Argos 等卫星和 GPS 追踪三种类型,近年也出现了融合 GPS 和卫星追踪技术的无线电项圈。无线电追踪技术应用对象主要包括兽类、鸟类、两栖类及爬行动物等脊椎动物。利用 GPS 追踪技术可以提供大型、连续、高频率的动物运动数据,与地表传统的高频率三角测量技术和飞行器或 Argos 卫星多普勒定位方法相比,具有精确度和可重复性高、受天气影响小等明显优势(Tomkiewicz et al., 2010)。随着 GPS 和遥感技术的发展,高频率的动物运动信息结合高分辨率的遥感数据为深入了解环境对动物运动的影响及其运动决策机制,精确分析动物家域的分布和利用模式,研究栖息地异质性对动物种群动态的影响创造了机遇。高分辨率的运动数据甚至可以将追踪的动物作为环境传感器以监测生态环境的变化及其产生的生物学影响(Kays et al.,2015; Pimm et al.,2015),为了解动物运动背后的行为、生理、进化等生态学机制提供了有力工具。

(3) DNA 条形码技术及其应用

DNA 条形码技术由 Hebert 等(2003)首次提出,根据条形码序列在物种种内和种间遗传变异的差异对物种进行界定,并与已有条形码序列进行比较,以鉴定物种。在最近的十多年里,DNA 条形码的应用极大地促进了以昆虫为代表的无脊椎动物的物种研究,也促进了种类和个体数量巨大但缺乏传统分类专家的土壤动物的多样性研究。与以形态为代表的传统分类学相比,以 DNA 条形码技术为代表的分子分类学能解决前者所面临的许多难题,如隐存种、雌雄异形、生活史不同阶段,且对研究人员的分类学知识要求不多(Hebert and Gregory,2005)。分子技术不仅为无脊椎动物多样性监测提供了遗传多样性的评估方法,而且以其快速、易掌握的特点在无脊椎动物分类鉴定方面发挥重要作用。虽然对个体标本的鉴定依然重要,但 DNA 条形码已经开始应用于对整个群落生物的鉴定(Gibson et al.,2015)。随着下一代测序(即高通量测序平台)的发展,DNA 宏条形码技术(即 DNA 条形码技术和高通量测序技术结合,实现对混合样本物种的快速高效鉴定)(Taberlet et al.,2012)也能辅助用于几乎所有生物类群的多样性监测和评估(Ji et al.,2013)。

(4) 高通量测序技术及其应用

最常见的高通量测序技术有扩增子测序(后遗传学)和鸟枪法测序(宏基因组学)。这些技术用于研究所有生命体共有的核酸,并以此识别来自任何生物群落、栖息地和环境(例如水、土壤、大气等)样本中的生物类群及其功能。因此,高通量测序数据可以作为通用的、环境独立的生物监测系统的基础。生物监测系统能够通过划分(分类物种或操作分类单元)和关联(功能相互作用)序列中相应的节点来解决生态上复杂的网络关系。高通量测序的数据以序列间的差异作为分类学或功能多样性的评估标准(Dumbrell et al.,2016),相同序列的数量也可以用来估计相对多度(Thomas et al.,2012)。一个主要的挑战是如何通过高通量测序序列数据库来识别这些不同 DNA 序列所代表的物种或者功能。高通量测序技术不依赖于 PCR 扩增,解决了 PCR 扩增偏向的制约问题。高通量测序技术在无脊椎动物多样性监测研究中的发展也使得其应用范围在不断扩大,例如可以直接从环境中提取 DNA(环境 DNA、eDNA)进行高通量测序,并通过生物信息学手段[如统计建模(Di Bella et al.,2013)和机器学习(Bohan et al.,2011)]重建生态网络,将极大地促进无脊椎动物多样性监测研究并显著降低成本,也将有助于从更深层次来探究无脊椎动物多样性及其复杂的生态网络。

8.2.7 生态遥感技术和方法

目前,生态学本身正在向着更大尺度发展,如景观生态学、全球生态学、宏观生态学等,亟须融入新的技术手段。生态遥感技术通过分析电磁波信息识别地物属性和特征,反演生态系统的组成以及能量流动和物质循环过程中的关键要素(Kerr and Ostrovsky,2003;Hyde et al.,2006;Srinivasan et al.,2015;郭庆华等,2020)。

(1) 生态遥感技术分类及其应用

相比于传统地面调查方法,生态遥感技术具有实时获取、重复监测以及多时空尺度的特点,弥补了传统地面调查方法空间观测尺度有限的缺点,为生态系统研究走向多尺度、多过程、多学科、多途径提供了关键观测技术。随着半导体、计算机、自动化和航天等技术的发展,遥感传感器和运载平台迅速迭代更新,使得生态遥感技术能够通过机器人、汽车、无人机、飞机和卫星等平台,搭载微波雷达、激光雷达、多光谱/高光谱等各种传感器(图 8-5),实现对生态系统中生物和环境因子的高频次、长时序、多尺度的立体观测,为生态系统生态学开展物质循环和能量流动等研究提供翔实的观测资料(Pettorelli et al.,2014)。

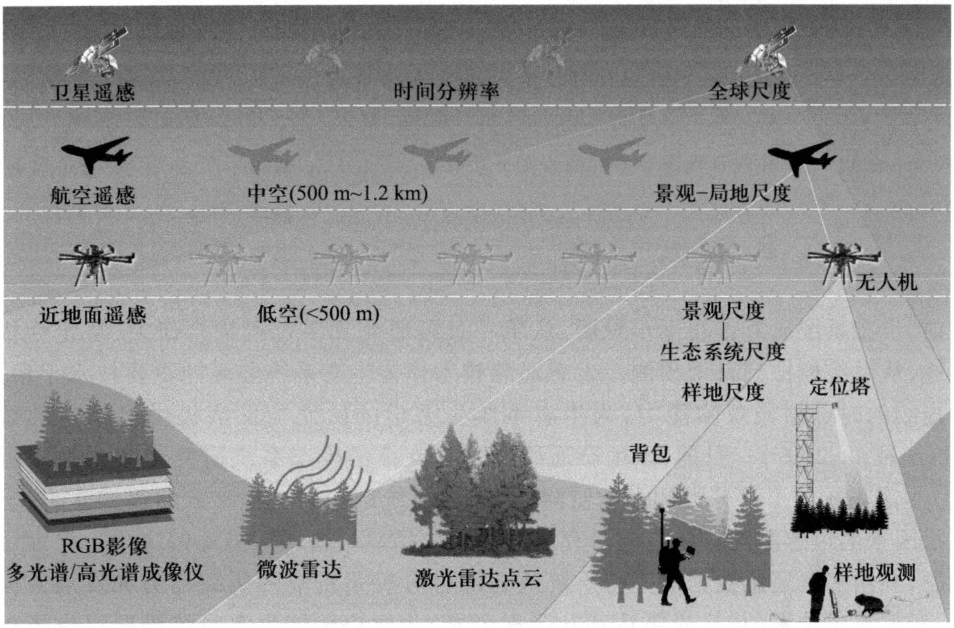

图 8-5 多尺度、多平台的生态系统遥感监测概念图(见书末彩插)

光学遥感是最早应用于生态系统研究的技术，主要用于监测生态系统类型及其变化。自 Landsat 和 MODIS 卫星共享数据以来，卫星遥感技术极大地推动了生态系统研究在景观、区域、全球等尺度的发展(Chambers et al.,2007)。随着卫星遥感数据的积累，长时序的遥感观测数据及其产品为研究生态系统对气候变化的响应提供了重要的数据支持(Pettorelli et al.,2005)。光学遥感(RGB 相机、多光谱/高光谱成像仪)获取的主要是生态系统水平方向的光谱信息，能够定量提取生态系统的生化组分并实现生产力监测。激光雷达和微波雷达等主动遥感技术因其对植被具有穿透能力，已经成为获取生态系统垂直结构信息的重要技术手段(表 8-4)，被广泛应用于树木定位、树高估算和生物量预测等研究领域(Houghton,2005)。微波遥感可以获取部分森林垂直结构的部分信息，但在反演森林储蓄量和生物量时常受饱和问题困扰。探地雷达能够穿透地面，获取激光雷达无法获取的地下粗根生物量及分布信息(Butnor et al.,2001)。近十年来，以无人机平台为代表的近地面遥感技术兴起并逐渐成熟，能够提供高精度的光谱、影像和激光雷达数据，并且可以弥补卫星遥感与传统调查之间的尺度空缺问题。同时，新兴遥感技术的出现也为研究生态系统过程提供了更直接的监测数据，如日光诱导叶绿素荧光技术，并逐渐成为监测生态系统总初级生产力的新方法(Guanter et al.,2014)。生态遥感技术的发展为生态系统研究提供了多源、多尺度、长时序的遥感数据，使遥感监测成为生态系统研究中不可替代的技术手段。

表 8-4 不同传感器的技术优势及其主要应用领域

传感器	技术优势	主要应用领域
RGB 相机	获取高空间分辨率的颜色和纹理信息	生态系统类型、植被状况、物候
多光谱/高光谱成像仪	获取数个或上百个波段的反射率信息	生态系统类型、物种分类、生化组分、植被健康、物候
微波雷达	全天候，对林冠具有一定穿透性，能够获取部分地下信息	地形、蓄积量、树高、生物量
叶绿素荧光扫描仪	获取日光诱导的叶绿素荧光信息	初级生产力、物候、胁迫监测
激光雷达扫描仪	对林冠具有穿透性，获取精细地形、丰富植被三维信息	地形、胸径、树高、叶面积指数、生物量

目前，生态系统研究正在逐步发展，从单一过程研究到多过程耦合研究，从定性描述到定量表达，从系统模拟到科学预测。生态遥感技术作为生态系统监测的重要技术手段，其所具有的连续的时空领域观测能力，为生态系统生态学的研究与发展提供了丰富的数据源(Chambers et al.,2007)。目前，以生态遥感技术为支撑的生态系统研究多集中在以下几个方面：① 生态系统的遥感分类和变化监测；② 生态系统结构和过程参数的遥感反演；③ 生态系统干扰因素的遥感监测。已有的研究多集中于应用单一遥感数据源解决单一尺度的生态系统问题，利用多源遥感数据对生态系统进行综合分析是目前的研究趋势和发展方向。与此同时，新型遥感技术(如激光雷达和叶绿素荧光)为解决传统生态系统难题提供了重要的数据支撑。

(2) 遥感在生态系统生态学研究中的机遇与挑战

1) 尺度问题

尺度是生态学研究中的核心问题之一，生态系统的结构、功能和过程在不同尺度上得出的研究结论往往差别很大。获取不同时空尺度的生态系统信息，是理解生态系统研究尺度效应的基础，也是揭示不同尺度的生态过程、构建多尺度生态模型的前提(Chave,2013)。卫星遥感、航空遥感和近地面遥感能够提供不同时空尺度的遥感观测信息，为研究复杂生态过程的尺度外推、解决大尺度的生态学问题提供信息和技术途径(Turner et al.,2003)。卫星遥感具有全球尺度、长时序、多类型的特点，常用于获取局地-区域-全球尺度的生态系统结构和功能相关信息。但是，卫星遥感难以直接获取物种数量和群落组成等信息，用于生态系统尺度的研究。与卫星遥感相比，航空遥感没有固定的轨道和过境周期，具有一定的灵活性，可以在所需的时间和特定区域获取景观-局地尺度的遥感数据。相较于卫星遥感的多源数据，航空遥感能够直接提供时空一致的多源遥感数据。近地面遥感观测的尺度更贴近传统地面观测，一方面为生态系统尺度研究提供重要的数据支持，另一方面为复杂生态过程的尺度外推搭建重要的桥梁。此外，尺度问题还存在于不同数据源之间，尤其是地面观测数据与卫星遥感数据。为了降低不同数据进行尺度转换的误差，通常使用中间尺度的数据作为桥梁，例如航空遥感和近地面遥感数据。

2) 近地面遥感的应用前景

生态系统生态学研究需要来自生物和非生物等多方面的观测数据，不断更新和发展的遥感技术为全面、精细、长期地开展生态系统生态学研究提供了数据基础和技术储备。近地面遥感是近几年来兴起的遥感技术，主要指利用低空飞行的无人机、飞艇以及地面上固定或移动的载具(如塔台、脚架、汽车、人等)来获取遥感数据。与传统的卫星遥感和航空遥感相比，近地面遥感观测尺度更小，可获取生态系统-景观尺度的高时空分辨率遥感信息，为地面观测、航空遥感和卫星遥感之间搭建起信息推绎的可靠桥梁，为实现生态系统“天-空-地”的全面观测提供遥感平台的补充和支撑。依托于样地监测的高塔，通过搭载相机、激光雷达、叶绿素荧光等传感器，能够对样地尺度的生态系统物候、垂直结构和生产力等实现高频次的监测(Hilker et al.,2011)，从新的视角揭示生态系统物候、结构和生产力年际间的动态变化，更深刻地理解生态系统过程及其形成机制。地面固定或移动式遥感观测尺度与传统地面调查一致，获取的遥感数据精度最高，部分监测数据有望代替传统地面调查数据，如背包和基地激光雷达获取的胸径和树高信息(Brede et al.,2017)。此外，探地雷达、地基和背包激光雷达能够无损地获取一些以前只能通过破坏性采样才能得到的参数，如粗根分布和生物量、树木精细枝干结构等。近地面遥感的各平台有机结合将实现全方位、多尺度、定量化的生态系统监测，为更深刻地理解生态系统结构和过程提供数据支持。

3) 我国生态系统遥感观测处于快速发展阶段

生态遥感技术已被国内学者广泛用于生态系统的组成、结构与功能等方面的研究，但生态系统观测中遥感观测技术的应用不算广泛，正处于起步后的快速发展阶段，中国生态系统研究网络（CERN）已经成为世界上最大的生态系统观测研究网络之一（Fu et al.，2010）。除了利用定点的物候相机监测物候信息外，其他方式的生态系统遥感观测技术在整个网络观测要素系统中正处于探索阶段。相较于国外，美国国家生态观测站网络（NEON）建立之初就考虑了利用机载观测平台监测其核心站点（Kampe et al.，2010），获取激光雷达、高光谱和高分影像等遥感数据，用于研究土地利用、气候等的变化和入侵物种的活动所引起的生态系统响应。中国生物多样性监测网络（Sino BON）在建设时设立了近地面遥感平台，主要利用无人机开展生态系统监测。近年来，我国无人机遥感监测技术发展迅猛，并不断应用到各种生态学研究中。

8.2.8 陆地生物圈模型的应用与问题

陆地生物圈模型在评估过去陆地生物圈的变化及其归因和预测未来陆地生物圈对气候变化的响应中发挥重要作用，也成为研究区域和全球尺度陆地生态系统和环境变化问题的重要方法（彭书时等，2020）。未来气候变化预测的不确定性有一半来自陆地生物圈，例如陆地生物圈碳循环对气候变化的响应与反馈。

（1）陆地生物圈模型及其关键过程

陆地生物圈模型的发展融合了生物地球物理学、水文过程、生物地球化学循环、植被动态、自然干扰和人类活动等主要的过程（图 8-6）。目前参与国际多模型比较项目的陆地生物圈模型主要有 LPJ、CLM、ORCHIDEE、CABLE、DLEM、JULES 等，详细模型列表可参考 Huntzinger 等（2013）和 Sitch 等（2015）。

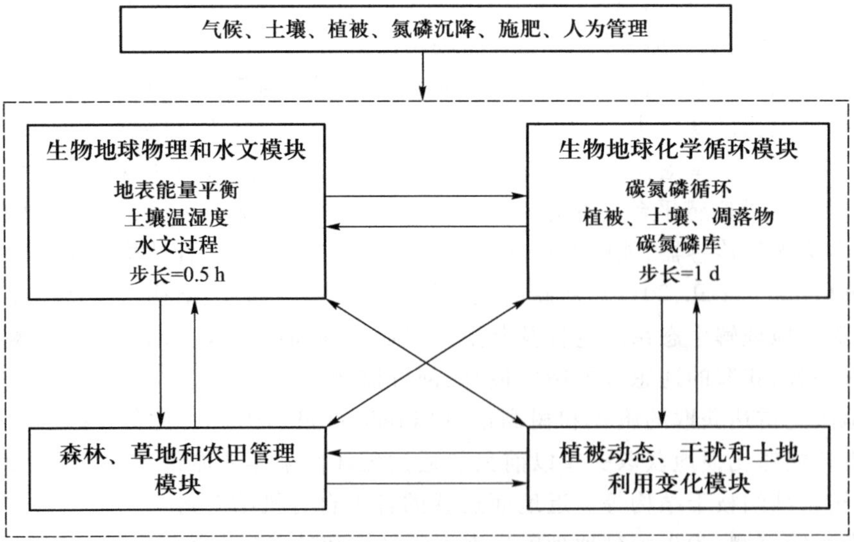

图 8-6 陆地生物圈模型框架图（以 ORCHIDEE 模型为例）

近 20 年，陆地生物圈模型的发展囊括了不同时空尺度的过程和参数，包括叶片尺度的气孔行为、光合和蒸腾作用，冠层尺度的物候、冠层温度、降水截留和空气动力学特征，植物尺度的穿透雨、树干径流、自养呼吸、净初级生产力和分配,生态系统尺度的土壤温湿度、碳库动态、氮磷吸收、分解和异氧呼吸、净生态系统生产力、蒸散发、入渗、径流、植物功能型竞争、生长、死亡和干扰等过程。

陆地生物圈模型通过参数化的数学方程描述这些不同尺度的过程和参数在小时、天、月和年等时间尺度上的动态。虽然不同的陆地生物圈模型对不同过程的参数化方案或算法有所不同,但基本框架和结构是类似的(Huntzinger et al.,2013;Fisher et al.,2014;Medlyn et al.,2015)。陆地生物圈模型对这些过程和参数的定量描述毫无疑问依赖于对生态系统生态学认知的不断深入。

(2) 陆地生物圈模型的应用

随着全球变化生态学的发展,陆地生物圈模型在大尺度碳循环、氮循环、水循环、陆-气相互作用等多个领域有广泛的应用。本节从全球变化与碳循环、水循环以及人类活动对陆地生态系统的影响三方面研究介绍陆地生物圈模型的应用和进展。

1) *碳循环*

大尺度陆地生产力和碳源汇功能的评估及其机制分析直接驱动了陆地生物圈模型中与碳循环有关的过程的发展。陆地生物圈模型也被直接用于陆地生态系统碳循环的估算、归因和预测研究。自 2006 年以来,全球碳计划每年发布基于多个陆地生物圈模型模拟估算的全球陆地碳源汇和土地利用碳排放结果(Le Quéré et al.,2018)。基于国际多模型比较项目(MsTMIP)中多个陆地生物圈模型模拟结果,Huntzinger 等(2017)报道了大气 CO_2 浓度上升是过去 50 年陆地碳汇的主要原因,气候变化和土地利用削弱了陆地碳汇,氮沉降贡献了(18±12)%的陆地碳汇。基于国际陆地生物圈模型比较项目(TRENDY)中多个陆地生物圈模型模拟结果,Zhu 等(2016)对近 30 年遥感观测到的地球变绿进行归因后发现,大气 CO_2 浓度上升是地球变绿的主要原因。虽然陆地生物圈模型近年来发展迅速,但陆地生物圈模型对碳循环的模拟仍有很大的不确定性,特别是在氮磷与碳的交互作用、生态系统对极端气候事件的响应、CH_4 和 N_2O 等温室气体排放与吸收、冻土、微生物和植物对气候变化适应性等方面,陆地生物圈模型研究还很薄弱。为了准确预测未来陆地碳循环,仍需要加强陆地生物圈模型对关键过程的准确刻画(Prentice and Cowling,2013)。

2) *水循环*

陆地生物圈模型对水文过程的模拟可以用来识别历史径流变化的影响因素(气候、人类活动、植被变化等),预估水文过程对未来气候变化和人类活动的响应,探讨合理的水资源管理策略等。Yang 等(2015)将 7 个陆地生物圈模型模拟的地表径流与同一个流量演算模型耦合起来,对全球 16 个大型流域的模拟进行评估后发现,模型在低纬度和中纬度地区对河流流量季节变化的模拟较好,而在高纬度地区低估了冰雪融化导致的洪峰流量。模拟低估了近 30 年来流量的变化趋势,但多数模型能够解释 50%以上的河流流量年际波动。土地利用变化对流量的季节变化和均值影响较弱,但对长期趋势具有显著影响。热带地区降水量大,准确模拟地表水文过程对于预测未来气候变化非常重要。Santini 和 Caporaso(2018)评估了 20 个“耦合模型比较计划第五阶段”(CMIP5)地球系统模式中的陆地生物圈模型对刚果河流量的模拟情况。模型可以较好地模拟月和年尺度上河流流量相对于平均状态的偏离,但是普遍高估了季节变化,特别是低估了枯水期的水量。此外,干扰通过影响植被状态,也可以影响陆地水文过程。

3) 人类活动对陆地生态系统的影响

土地利用和土地管理强度的变化影响生物地球化学循环并通过改变地表状态产生生物物理反馈,历史时期土地利用变化贡献了约 25%的人为碳排放(Le Quéré et al.,2018),但对区域气候的影响仍有待进一步评估。未来随着人口增加,土地资源将变得更加稀缺,如何在不同利用类型间分配土地资源以及能否通过土地管理减缓气候变化,都是应对气候变化需要回答的科学问题。国际上在 CMIP6 框架下发起了土地利用模型比较计划(Land Use Model Intercomparison Project,LUMIP),以推动不同陆地生物圈模型使用相同的驱动数据和模拟方法,回答气候政策中与土地利用和管理密切相关的科学问题(Lawrence et al.,2016)。多个融合农作物模块的陆地生物圈模型(如 CLM-crop、LPJ-GUESS、LPJmL、ORCHIDEE-crop)参与全球格点作物模型比较计划(The Global Gridded Crop Model Intercomparison,GGCMI)(Elliott et al.,2015)。融入草地管理模块的陆地生物圈模型(如 DLEM、LPJ-GUESS、LPJmL、ORCHIDEE)已被用于定量评估全球及区域牧草生产潜力对气候变化、大气 CO_2 含量升高、草地利用强度等因子的响应,模拟区域草地碳动态及温室气体排放,以及对草地管理模式和利用强度进行优化和重建。

8.3 前沿方向及优先领域

8.3.1 生态系统温室气体通量观测技术及应用

(1) 从碳水通量观测扩展到多种痕量气体通量集成研究

除 CO_2 外,CH_4 和 N_2O 作为主要的温室气体越来越受到研究者关注。随着 CH_4 和 N_2O 高频气体分析仪的出现,涡度相关和箱式通量技术也被广泛应用于 CH_4 和 N_2O 通量的研究,特别是在湿地等 CH_4 和 N_2O 排放量大的生态系统中。根据生态系统不同库间碳氮水同位素组成的差异,可以建立并量化各库之间的联系,明确生态系统碳氮水的生物地球化学循环过程及其控制机制。随着激光红外光谱技术在痕量气体及其稳定同位素测量中的应用,多种痕量气体中 ^2H、^{13}C、^{15}N 和 ^{18}O 等同位素组成的连续监测得以实现(Xiao et al.,2018)。发挥稳定同位素技术在示踪和溯源方面的优势,并将其与通量观测结合,已经为研究大气-植物-土壤碳氮水传输过程与途径、通量组分区分提供了可能(Wingate et al.,2010;Xiao et al.,2018)。在没有高频气体分析仪或下垫面风浪区较小的情况下,通量梯度法可以有效观测生态系统(或土壤)与大气之间的温室气体及其同位素通量,同时也可以作为涡度相关法的配套观测和有益补充(Maier and Schack-Kirchner,2014;赵佳玉等,2020)。

(2) 从单一尺度通量观测扩展到多尺度多源数据整合研究

涡度相关和箱式通量技术作为生态系统水平通量过程的主要观测手段,在空间尺度上仍具有局限性,只能反映有限空间范围的生态系统过程。为了实现对区域甚至更大尺度生态系统结构、过程和功能的观测研究,需要将大尺度的大气过程与中小尺度的植被土壤生态过程结合,建立多尺度大气-植物-土壤生态过程的长期观测体系。植物性状作为植物对全球变化响应的敏感性指标已备受关注(Wright et al.,2004)。随着全球植物叶片和根系性状数据库的建立与完善,植物性状研究也从器官和物种水平发展到生态系统水平(He et al.,2019)。多尺度植物性状概念的提出与应用将有助于研究者更深入地理解通量长期变异和空间格局调控机理及其对环境变化的响应与适应能力(He et al.,2019;Keenan et al.,2019)。随着仪器设备、物联网和计算机技术的迅猛发展,物候、叶绿素荧光等与生态系统碳水循环相关的功能指标也实现了高频(分钟至小时尺度)联网观测。涡度通量数据与物候、叶绿素荧光、卫星遥感等多源数据的结合,将显著提升对区域和全球尺度碳循环的研究精度,并有助于碳水等循环模型的验证与优化。

(3) 区域和全球通量的联网观测研究

建立区域和全球通量观测网络的主要目标是获取长期生态系统能量、CO_2 和水汽等通量数据,定量评估生态系统能量、CO_2 和水汽通量强度及其时空变异,明晰调控生态系统通量季节和年际变异的主要气候因子,理解植被类型、物候和土地利用变化等因素在影响生态系统碳水通量的时空变异中的作用,明确生态系统水平碳源汇关系和区域及全球尺度碳水平衡,为碳循环模型预测提供数据验证与支持(Baldocchi,2003,2020)。为了更好地实现这些目标,数据共享是最关键的一步。FLUXNET 分别在 2000 年、2007 年和 2015 年发布了 3 版全球通量数据集,这对模型验证以及模型不确定性分析是非常有帮助的(Pastorello et al.,2017)。随着对生态系统通量过程认识的加强,人们在认识生态系统变化特征与过程机制时必须依靠多尺度、长期和跨区域的联网观测研究。在建立观测体系时要注重顶层设计,构建多尺度、多目标、多过程的长期观测技术体系;加强与国内外通量观测站点的合作和联网研究,回答全球变化与碳循环所面临的区域和全球尺度科学问题。

8.3.2 生态系统增温和 FACE 实验及应用

(1) 生态系统增温实验研究

1) 全土壤剖面增温实验

由于深层土壤对生态系统碳循环的贡献越来越受到重视,并且气候模型也预测深层土壤和表层土壤的未来增温程度相似(Pries et al.,2017),所以包括深层土壤的全土壤剖面增温技术近些年受到广泛重视。该技术在 2009 年首次应用于温带落叶阔叶林的增温预实验(Hanson et al.,2011),1 个重复,样方直径是 3.0 m,在直径 3.5 m(包括缓冲区 50 cm)的圆周内均匀地将24根铁管和电缆垂直埋入地下0~3 m,通过测定不同深度的土壤温度和程序反馈控制,对整个土壤剖面(0~2 m)增温4 ℃。2013年开始,在美国加利福尼亚州针叶林生态系统进行了有重复的全土壤剖面增温实验(Pries et al.,2017),对原技术的细节做了微调,例如改为22根铁管和电缆,埋入地下2.4 m,同时为弥补表层土壤的热损失(因为空气没有增温),在直径1 m和2 m的样方四周、土壤深度5 cm处,水平埋入两圈加热电缆。结果显示,对10~100 cm的土壤可以均匀地增温4 ℃,表层0~10 cm的增温效果较弱(2~3 ℃)。基于该技术发现,该针叶林不同深度的土壤呼吸对增温的响应没有显著差别,并且相比传统的只对表层土壤增温的实验结果,这种包括深层土壤的全土壤剖面增温处理会引起更多的土壤碳排放(Pries et al.,2017)。

2) 全生态系统增温实验

全生态系统增温是对包括地上植物和地下全部土壤在内的全生态系统进行增温的技术。在早期预实验(Hanson et al.,2011)的基础上,自2015年开始,在明尼苏达州的云杉林-泥炭地生态系统开展了包括5个温度梯度以及2个CO_2浓度的野外大型实验(SPRUCE)(Hanson et al.,2017)。SPRUCE实验的样方直径为12 m,采用8 m高的开顶箱和热空气对地上植物和空气增温,并采用3圈(半径分别为5.42 m、4.00 m、2.00 m)垂直埋入0~3 m土壤(泥炭)的电缆(分别是48根、12根、6根)对地下全土壤剖面进行增温。根据不同深度土壤温度的测定数据和计算机程序反馈控制电缆和热空气,可以对整个生态系统进行不同梯度(对照和增温2.25 ℃、4.50 ℃、6.75 ℃、9.00 ℃)的增温处理。全生态系统增温导致木本植物的春季展叶期提前、秋季落叶期推迟,且这种变化随增温梯度呈现线性趋势,表明光周期对该生态系统木本植物的物候期没有显著影响;深层泥炭地增温会导致CH_4和CO_2排放显著增加,而且CH_4排放对温度增加更加敏感。全生态系统增温技术成本相对较高,操作起来较复杂,但是包含了生态系统全部组分、最接近真实增温情景,因此是最先进、最前沿的生态系统尺度的野外增温实验技术。

3) 野外增温的联网实验

虽然目前已经开展了大量的野外增温控制实验,但是由于不同的增温实验具有不同的增温方式,而且增温方式可能会影响陆地生态系统过程对增温的响应,因此不同野外增温控制实验的研究结果之间并不可比。同时,由于生态系统的空间异质性,单个地点、单个生态系统的控制实验结果在外推或验证模型时,有较大的不确定性,因此迫切需要在多个地点、多个生态系统,采用统一的可协调的方法和技术进行联网实验(Luo et al.,2011)。最近十年,国际上已经针对降水变化和养分变化开展了全球联网实验,并且发表了一大批高水平的研究成果(Knapp et al.,2015)。因此,未来需要采用统一的技术,特别是新一代的全土壤剖面增温和全生态系统增温技术,开展全国甚至全球尺度的联网实验(Torn et al.,2015),将极大地推动陆地生态系统碳循环响应气候变化的研究,为深入了解生态过程(特别是深层土壤过程、植物-土壤-微生物互作过程)并显著提高碳循环模型的预测可靠性提供实测数据(Shaver et al.,2000)。

(2) 生态系统 FACE 实验研究

1) FACE 技术创新

随着国际上大型 FACE 系统的逐步停止运行,FACE 技术创新进入了瓶颈。目前建设的 FACE 系统逐步在向小型化和简易化发展。过去的 FACE 基础建设量大,需要投入大量的建设成本。但是一旦建设好后,不可移动也不可更换研究对象,更像是一个一次性的研究项目。随着工控技术的提升和基础建设的简易化,未来的 FACE 系统要注重集成化和可移动,实现一次建设多次利用的目标。同时,气体浓度的控制仍然是目前 FACE 装置的技术瓶颈,如何将气体均匀地释放到植物冠层,从而更加真实地模拟未来条件下的气体浓度,这需要摸索不同的气体释放方式,同时在程序控制中结合气象因子实现稳定条件。

2) FACE 研究的应用创新

地下生态过程是陆地生态系统的关键组成部分,O_3 损伤植物叶片,同时减缓了根系生长,降低植物的根冠比,从而影响土壤中的养分状况和微生物过程。但 O_3 对地上生态过程影响的机制尚无定论,且大量的研究是利用开顶箱内的盆栽实验,原位的 FACE 实验更有利于开展地下生态过程的研究(Cheng et al.,2012)。已有的 FACE 研究还是以地上过程为主,缺乏对地下过程的关注。随着地下生态过程观测技术和研究手段的快速发展,FACE 实验今后应以地下生态系统为主要研究对象,加强全球变化影响植物根系、凋落物归还、土壤碳氮转化与可利用性、土壤微生物结构与功能和土壤动物等地下生态过程的研究。揭示 O_3 影响地下过程的机制并量化全球 O_3 浓度升高对地下生态过程的影响。

CO_2 和 O_3 浓度升高、干旱胁迫、氮沉降和降水格局分布等多因子实验能够揭示全球变化对生态系统的复合影响。多种非生物胁迫对植物个体存在拮抗、协同和无交互作用等不同影响,多个全球变化因子如何影响植物个体生理生态过程和生态系统,需要通过实验验证。研究已经表明,干旱降低气孔导度,减少 O_3 进入叶片的通量,两者对植物个体存在拮抗作用(Gao et al.,2017a)。CO_2 浓度升高对植物具有施肥效应,但随着土壤氮有效性的降低,对陆地固碳的刺激作用逐渐降低(Long,2006)。因此,单一因子的 FACE 实验不能真实反映气候变化对陆地生态系统的影响,利用 FACE 技术设置多因子实验能够揭示多重非生物胁迫的影响,从而为全球变化模型提供有力的理论基础。

两极、赤道和高原地区是全球变化影响的热点区域,但目前的 FACE 研究主要集中在中纬度地区。利用 FACE 观测的数据进行全球模拟评估的时候,会高估或低估全球变化对以上区域的影响。利用当前局限于中纬度地区的单点研究,在整合分析中存在数据代表性不够全面的问题(Tian et al.,2018)。全球联网实验是在全球不同区域采用相同的实验设计开展控制实验,这有助于评估不同生态系统对全球变化的响应,提供可比性更高的研究结果,也为模型评估提供关键参数。

8.3.3 生态系统碳氮水氢、氧同位素技术及应用

(1) 碳同位素技术与其他新技术的耦合

1) 碳稳定同位素耦合光谱成像技术的高精度原位检测方法

目前,碳稳定同位素示踪耦合原位检测技术在生态学中的应用还面临诸多问题,特别是在土壤系统中,由于土壤的复杂性,多种原位检测技术的性能均受到限制,碳稳定同位素示踪耦合原位检测技术使性能提升,是其推广应用的前提。由于土壤颗粒的强荧光背景以及土壤孔隙气体的干扰,拉曼光谱成像对土壤样品的检测难度很大。因此,干扰掩蔽和矫正技术的研发对碳稳定同位素耦合拉曼光谱成像技术在植物-土壤系统研究中的应用,以及通过类土壤介质和土壤有机体分离间接实现对土壤体系的研究,都至关重要(何勇,2016)。

2) 碳同位素耦合超高分辨率成像技术

尽管 NanoSIP 能够完成对土壤碳稳定同位素空间分布的超高分辨率成像,但成本太高,且测量范围在纳米尺度(Rumpel et al.,2015)。将^{14}C同位素示踪与放射自显影相结合,能够直观呈现植物和土壤中碳的分布与传输过程,为准确解析碳元素源-汇关系和分配动态提供有力工具(Pausch and Kuzyakov,2011)。在利用放射自显影技术研究^{14}C在土壤中的空间分布时,土壤颗粒对β^-粒子的激发、电离和轫致辐射等过程可强烈削弱^{14}C信号。通过基质转移、衰减系数核算等手段有望校正测定偏差,可有效提高该技术在土壤样品检测中的可信度。磷光体成像的应用提高了放射自显影技术的安全性和灵敏度,为其在生态学中的推广应用提供了良好的机遇。同位素示踪与超高分辨率成像技术相结合,能在微观尺度上研究碳周转中植物-土壤-微生物的互相作用过程以及碳与其他元素的耦合关系,对全球碳循环的机理揭示有重要意义。

3) 碳同位素探针技术耦合微生物生态学多组学分析技术

尽管 PFLA-SIP、DNA/RNA-SIP 技术有力推动了微生物群落动态与生态系统功能的关联研究,但深入揭示生物地球化学循环微生物驱动机制仍需要碳稳定同位素示踪技术与多组学技术的结合。碳稳定同位素探针-宏基因组/宏转录组技术能够揭示特定生态过程中活性微生物群落组成、功能多样性、生态网络关系等,实现对碳氮等元素微生物周转过程的代谢通路预测和重构(Radajewski et al.,2000;Dumont et al.,2006)。宏基因组和宏转录组整合分析为研究复杂碳代谢过程提供了可能性,而蛋白组学、代谢组学技术则为特定底物的代谢通路的建立提供直接依据,是生态系统中生物地球化学循环过程完整解析的必经之路。

(2) 氮同位素分馏效应及其标记技术

1) 氮同位素分馏效应

氮稳定同位素自然丰度示踪法被证明是研究氮循环过程的有效手段(Robinson,2001;

Houlton et al.,2006),被用于指示生态系统中氮的来源和周转过程,例如分析植物生长策略、追踪 NO_x 和 NH_3 的排放源和量化生态系统尺度上的反硝化速率。然而,利用 $\delta^{15}N$ 研究氮循环过程,必须考虑氮循环各个过程的氮同位素分馏效应。例如,利用近十年来发展的生态系统氮循环同位素模型和硝酸盐氮氧同位素自然丰度法量化生态系统反硝化速率时,必须考虑反硝化作用过程中氮同位素分馏效应(Fang et al.,2015);利用植物氮同位素研究植物氮吸收策略时,必须考虑植物氮吸收以及植物内部的氮转移过程中的氮同位素分馏效应(Houlton et al.,2007)。在未来对氮循环的研究中,应重点考虑各个过程中氮同位素分馏效应的研究,而进一步将含氮化合物的 $\delta^{15}N$、同位素分馏效应与生物地球化学模型相结合,也会加深对氮循环的理解,并为这些模型的验证提供综合约束(Bai and Houlton,2009;Denk et al.,2017)。

2) ^{15}N 标记技术应用

陆地生态系统氮稳定同位素标记技术得到长足的发展,如利用 ^{15}N 交叉标记技术研究土壤氮转化速率、气态氮损失和氮在生态系统内部的去向及分配等(Müller et al.,2007;Templer et al.,2012;Xi et al.,2016)。然而目前,生态系统尺度上的研究样方面积仍然在几十到几百平方米。随着同位素标记产品的多样化和成本降低,未来的研究可以标记不同的氮形态,也可发展到集水区尺度的示踪研究,如集水区或景观尺度上不同形态氮损失的研究。另外,区域尺度 ^{15}N 示踪研究也有必要进一步发展,例如 Fang 等(2015)正在开展的我国森林 ^{15}N 示踪网络研究,在国家尺度上利用 ^{15}N 标记技术研究不同气候区森林生态系统沉降氮的去向和分配。目前已有的 ^{15}N 示踪研究主要集中于短期氮去向研究,缺乏长时间尺度的研究。然而,已有研究表明,在农田生态系统中,肥料氮的利用和损失是长期的过程(Sebilo et al.,2013);在森林生态系统中,沉降氮能较长时间地滞留在生态系统内部且在不同组分中分配比例发生变化(Goodale,2017;Li et al.,2019)。因此,在全球变化背景下,深入了解长时间尺度下氮在生态系统内部的滞留、损失以及周转对于评估氮的生态环境效应意义深远。

(3) 水氢、氧同位素技术与生态水文过程

1) 技术和方法的改进

从技术和方法层面上看,生态系统水氢、氧同位素分析和应用仍然面临一些亟待解决的问题(汤显辉等,2020):① 植物水分来源研究中,基于氢同位素计算的水源水贡献率与基于氧同位素的结果不一致,引起氢氧同位素结果差异的原因是什么?是否和真空抽提过程中存在的潜在水与纤维素之间的氢交换有关?抑或是因为氢同位素的平衡分馏系数远大于动力学分馏系数,而氧同位素的平衡分馏系数与动力学分馏系数相当,所以两者示踪效果不同?② 怎样在野外环境下实现对 δ_T 或 δ_E 的无干扰测量,使其更接近野外真实值?③ 水汽源区相对湿度作为 ^{17}O-excess 的唯一控制因子存在一定争议,其他因素和生态过程对 ^{17}O-excess 的影响能否忽略或如何量化?^{17}O-excess 能否为生态系统水循环过程提供更多有用信息?④ 叶片水力学性状与 Péclet 效应有怎样的关联?怎样把水力学性状的测量整合到 Péclet 效应的测量体系中?

⑤ 叶片水与 CO_2 的 ^{18}O 交换的平衡系数在单叶和冠层尺度是否存在差别？将叶片尺度水富集研究拓展到生态系统尺度时，不同时间、空间和生态系统的富集过程及其控制机理是否存在差异？

2）水氢、氧同位素技术应用

蒸散发拆分、植物水分来源区分、叶片水富集机理以及水氢、氧同位素和碳同位素信号在生态系统尺度的耦合仍将是水氢、氧同位素分析技术聚焦的主要方向。同时可以预见到，生态系统水分 ^{17}O 的测量和应用、植物叶片吸水、根系水力再分配等领域的同位素应用也将逐步走向成熟。具体包括以下几个方面（汤显辉等，2020）：① 植物水分来源区分：植物水分利用策略的多样性及其对全球变化的响应；从“同位素生态位”的角度解释干旱或半干旱区物种共存机制；完善“直接平衡法”等无须抽提步骤的土壤或植物茎叶水氢、氧同位素分析的新方法，进一步提高水氢、氧同位素分析的效率。② 蒸散发拆分：生态系统冠层蒸腾与土壤蒸发通量比例的季节及年际变化动态规律探讨；施肥、灌溉等管理措施对农田生态系统水分收支的影响；建立全方位整合生态系统各组分包括土壤和植物茎叶的综合性分析方法，并在此基础上探究环境变化情境下蒸腾和蒸发比例的变化与植物水分来源变化的内在联系。③ 叶片水富集机理：完善 Péclet 效应的测量方法，建立可以大范围调控不同环境因子的实验体系，深化 Péclet 效应对环境梯度响应机制的研究；逐步由单叶尺度上推至冠层尺度，建立分析森林和草原等生态系统冠层尺度 Péclet 效应的相关方法（农田生态系统参考 Xiao et al.，2012）。④ ^{17}O 的测量和应用：测量 ^{17}O 的便捷、高精度仪器的逐步推广应用；生态系统水分 ^{17}O 的主要影响因素及其控制机制的深入探究；明确 ^{17}O-excess 在反演水源区相对湿度时的适用范围及限制条件；挖掘更多 ^{17}O-excess 反映生态系统水循环过程的有用信息。⑤ 水碳耦合：同时测量叶片 $C^{16}O^{18}O$ 和 $H_2{}^{18}O$，以区分叶肉细胞导度不同的组分以及探究叶片尺度水碳耦合机制；$\delta^{13}C$ 和 $\delta^{18}O$ 双同位素技术探究水分利用效率变化的生理驱动机制；探究叶片尺度拓展到个体乃至生态系统尺度时，水碳耦合过程的差异及其控制机制（Lin and Ehleringer，1997）。

8.3.4 土壤团聚体和生物标志物技术及应用

（1）土壤团聚体技术及应用

土壤团聚体对有机碳的固着与保护机制是当前碳循环研究的热点也是难点之一。目前以 X 射线 CT 扫描技术、光谱技术和质谱技术为代表的新技术和新方法已成为研究土壤团聚体结构与功能的重要手段（Six et al.，2004；Vogel et al.，2014）。土壤团聚体与有机碳的关系研究也从简单的数量分析发展到有机碳在团聚体中固定、周转过程的机理研究，为揭示土壤团聚体对有机碳的保护机制提供了新的视角。

然而，由于仪器设备的缺乏和较高的分析费用，我国利用这些新技术的研究还比较缺乏。以往土壤团聚体与有机碳关系研究多集中在农业生态系统，自然生态系统（森林、灌丛、草地）的研究相对较少。利用现代分析技术研究自然生态系统土壤团聚体如何随时间推移而形成和变化，阐明土壤团聚体对有机碳的固定机制，尤其是土壤团聚体中矿物对有机碳的吸附过程，量化团聚体中有机碳的周转过程，解析土壤理化环境的异质性与其对生物过程以及以碳循环为代表的生态系统功能的影响等，将是今后土壤相关学科及生态系统生态学的重点研究方向。

(2) 生物标志物技术及应用

1) 生物标志物方法的问题与改进

生物标志物在有机质的来源解析和动态监测方面具有巨大的应用前景，但是其在土壤中的应用需要充分考虑以下两方面的局限性。首先，土壤中大部分(>50%)的有机质在分子水平上仍然不能被解析或提取分析(Hedges et al.,2000)；任何一类生物标志物的总量仅占土壤总碳的很小一部分(通常为0.1%~10%)。因此，尽管生物标志物可以指示和追踪特定有机组分的环境行为，但不能用以表征土壤碳库的总体特性。其次，尽管许多生物标志物已经有了非常成熟和常规的分析提取方法，但由于土壤、沉积物等环境样品的复杂性，不同样品的提取效率和背景杂质干扰仍然需要经过严格的评估。例如，黏土矿物和铁氧化物对于木质素具有不同程度的吸附和物理保护作用，进而影响氧化铜催化氧化法的提取效率，降低木质素酚的产率(Wang et al.,2017)。因此，对于生物标志物的应用需要充分考虑样品的特性、提取效率以及影响目标化合物含量的潜在因素。

2) 生物标志物方法应用新方向

除了稳定同位素，^{14}C 分析与生物标志物的结合是一个新兴的应用方向。Eglinton 等(1996)首次利用制备液相色谱分离和纯化脂类生物标志物并进行自然丰度^{14}C 测定。其在探讨天然有机质的来源和环境驻留时间方面显示了巨大的优势(Douglas et al.,2018)，并逐渐拓展到木质素酚类(Feng et al.,2013)、黑炭(Coppola et al.,2018)等非脂类的生物标志物。此类技术在土壤中的应用将有助于进一步解析土壤有机碳库的自然周转时间和在全球变化下的稳定性变化。此外，不同营养级之间的碳氮交换和交互作用是近些年生态系统研究中方兴未艾的方向(Ferrier-Pages and Leal,2019)。基于生物标志物的单体同位素分析具有高度的特异性和选择性，可为解析生态系统营养级及其元素循环提供潜在的分析工具。目前营养级的研究主要利用氨基酸的单体 $\delta^{15}N$ 分析，其他生物标志物(如 PLFA、蜡质脂类)的 $\delta^{13}C$、$\delta^{2}H$ 也可在具有环境梯度(特别是同位素标记)的系统中追踪元素的跨营养级传递和循环特征。

8.3.5　微生物组学技术及应用

(1) 开发与整合微生物组学新技术和方法

微生物组学研究在很大程度上取决于微生物组学的技术和方法水平的高低。随着微生物组学的发展，新算法和计算平台层出不穷(高贵锋和褚海燕，2020)。在技术和方法的选择上应结合研究目的，对不同方法进行比较，提高准确度和互补性。在数据分析方面，微生物组学研究涉及海量数据的获取、统计分析和建模等，因此，生物信息学显得尤为重要，其发展才能更好地推动微生物组学研究。在未来十年,微生物组学数据分析将转变为微生物组数据科学。微生物组学大数据的收集、存储、功能挖掘和开发利用是制约微生物组学发展的核心问题(Xu et al.,2017)。如何充分挖掘、利用现有的海量测序数据是微生物组学研究面临的另一个重要挑战。未来还可进一步整合其他组学数据,包括宏蛋白组学、宏代谢组学和单细胞测序等数据,从而能更全面、系统地解析微生物组,为我国微生物组学研究发展奠定坚实的基础(Shi et al.,2019)。

(2) 多学科交叉与多组学相结合

微生物组学的信息分析最终目标是要阐明微生物群落组成、功能、结构,以及群落与环境的相互作用,所以,如何有效地利用和挖掘微生物组学数据来建立分子生态的理论,是微生物组学信息分析过程中的重中之重。微生物组学研究需要与生态学相结合,可以先借鉴宏观生态学已经建立起来的生态理论和模型,运用于微观的微生物群落上,然后通过改进这些理论和模型来理解和改造微生物群落,从而为环境变化的预测提供依据。此外,微生物学和土壤物理学、土壤化学等学科的交叉,将更有利于系统解析微生物组结构、功能及其环境影响机制。微生物组学的发展也离不开多组学结合的研究策略,包括微生物分离培养、生态学鉴定和代谢产物分析等。多组学结合是未来微生物组学研究发展的必然趋势,现阶段的研究除了要简化复杂的多组学数据,还应注重微生物培养组学的发展和应用,以便更好地解析微生物群落结构及功能(Bashiardes et al.,2016;Vilanova and Porcar,2016)。

(3) 微生物组学技术应用研究

1) 微生物的时空分布

我国幅员辽阔,生境复杂多样,不同地区气候、植被和土壤类型差异较大,且受人类活动干扰程度不同。借助微生物组学技术研究微生物的时空分布有助于深入挖掘土壤中的未知生物资源(包括细菌、古菌、真核生物和病毒等)和微生物组的代谢产物(如氨基酸、抗生素和激素等),深刻理解土壤中微生物多样性的产生和维持机制,阐明影响微生物群落的主要环境因子。未来微生物组在较大时空尺度下的动态变化值得关注,特别是在一些特殊生境,如气候变化敏感区、干旱半干旱区和海陆交错带等。此外,不局限于单个营养级,也可从食物网角度解析微生物地理分布格局及其与驱动因子、植物区系等的直接关系。在此基础上,研究环境微生物组对全球变化的响应,包括全球气候变化、农业管理措施和土地利用方式改变等,可进一步预测全球变化背景下微生物群落及其功能的演变方向。

2) 植物-微生物互作

在自然界中,正常生长的植物(包括地上和地下部分)表面和内部都富集了数量庞大且种类繁多的微生物,这些微生物为植物微生物组(Müller et al.,2016),通过协作和竞争形成稳定的群落结构,对植物生长发育、抗病、抗逆等至关重要。然而,大多数研究主要集中在豆科植物-根瘤菌、共生菌根真菌、某些病原菌和非共生植物根际促生菌上,这些微生物仅是植物微生物组中比例很小的一部分。未来还应扩展到植物整体微生物组,以便更全面系统地解析植物微生物组的结构和功能。应注重从植物整体微生物组层面上，对植物-土壤-微生物系统的营养物质、生长调节化合物、信号分子（酚类化合物、黄酮类化合物、独脚金内酯等）的生物合成、生物活性及调控机制等物质流和信息流进行深入分析，深刻理解生物互作过程中的分子生物学和生物化学基础，从而为微生物合成生物学的进一步开展提供重要的科学依据。

3）微生物组功能调控

基于微生物组结构和功能对生物圈的广泛影响，深入理解、发掘并利用微生物组资源，定向调控微生物组的生态调控作用和功能，将为解决人类正面临的粮食安全、环境污染、全球气候变化和能源等问题提供革命性的新思路和新方法。基于微生物组工程的常规原则和最佳方法，提出一种重复的设计-构建-检测-学习（DBTL）循环，以推进微生物组工程研究和技术发展（Lawson et al.,2019）。在农业生产上，结合作物根际微生物组和叶片微生物组等，研究微生物组对作物抗病、抗逆、产量、品质等的调控机制，研究微生物组对作物连作障碍的影响和克服手段。在污染治理上，随着现代工农业的飞速发展，一些难降解的新兴污染物不断出现，如抗生素、内分泌干扰物和阻燃剂等。尽管微生物具有强大的环境修复能力，但其进化速度远不及新兴污染物出现的速度，因此亟须应用合成生物学来解决这一难题。通过研究微生物的代谢通路，不断挖掘微生物代谢通路中与代谢产物相关的重要元件，包括降解元件、转运元件、趋化元件和抗逆元件等，为环境污染的微生物修复提供技术支持。微生物组学技术将继续在环境生态领域发挥巨大作用，相关研究成果将为解决农业可持续发展、环境污染修复、应对气候变化等关键问题提供崭新思路。

8.3.6 野生动物监测技术及应用

（1）加强监测技术的交叉融合

野生动物监测是生态系统监测管理和保护的重要内容。DNA 条形码技术和高通量测序技术的运用，使得对无脊椎动物多样性大规模监测成为可能。监测技术的发展促进野生动物的监测与调查，也相应地促进统计分析方法的发展，例如目前许多红外相机监测采用基于占域框架的网格布设（Li et al.,2018b），促进了占域模型的应用和完善。红外相机和 GPS 追踪技术多用于数量相对较少、较难捕捉动物个体的脊椎动物，而 DNA 条形码技术更适合容易获得组织样本的无脊椎动物。GPS 追踪和具有无线传输功能的红外相机需运用卫星或移动蜂窝网络接收或传输数据，这将导致难以获得较多的样本量而最终影响推论的质量（Rodgers,2001）。DNA 宏条形码技术在实际使用过程中存在 PCR 扩增的偏向性。由于无脊椎动物样品的复杂性和多重性，单个分子标记难以涵盖所有已知物种序列数据库。目前，节肢动物各物种的参考序列数据库仍未建立完善，很多物种 DNA 条形码未知，甚至存在对应物种的错误，这大大影响了高通量数据的比对分析。因此，需要加强方法的交叉融合，有效促进野生动物调查的准确性，达到从分子进化、种群变迁、群落组成等多个层次揭示生态系统维持机制的目的。

(2) 建立监测数据智能化管理平台

野生动物监测新技术与新方法带来的最突出的问题是,虽然高效率、高密度的数据采集方式产生了大量的数据,但数据后期的清洗、筛选、管理、整合和分析目前主要依靠人工完成,例如数以万计的红外相机图片中的物种鉴别和大批量追踪信息的过滤需要投入大量的人力。随着现代计算机技术的快速发展(例如处理性能的飞速提高、并行计算技术的成熟)、模式识别理论的日益完善、大规模数据库系统和人工智能技术在专业领域的成功应用以及网络和数据检索技术的完善等,可以通过特征图像(包括野外生态图像)自动鉴定动物类别,完成数据的快速清洗、鉴别等过程,为开展重点野生动物类群长期多样性监测提供了便利(Gaston and O'Neill,2004;Yao et al.,2012)。建立综合性监测数据信息服务共享平台将成为未来野生动物监测的发展趋势。智能平台可实现数据综合管理、数据综合展示和用户智能化管理(Urbano et al.,2010;Steenweg et al.,2017)。对地球环境中采集的DNA进行高通量测序将会展现出更加丰富的分类操作单元以及生态功能数据,机器学习方法将依据高通量测序数据重现生态网络内的各种相互作用(Bohan et al.,2017)。

8.3.7 生态遥感监测技术及应用

(1) 多源、长时序的生态系统遥感观测数据融合研究

随着遥感观测平台的丰富、传感器的多样化、对地观测技术的发展,用于刻画生态系统的遥感数据呈指数增长。然而,实现多源数据融合和长时序遥感数据构建仍存在一定的困难,包括不同平台数据的时空尺度差异问题、不同传感器获取的数据融合问题、同系列卫星遥感的传感器变化问题等。如何开发算法解决多源数据融合问题,充分发挥各种遥感数据的优势,挖掘长时序遥感数据信息,实现生态系统多时相、多尺度的动态监测,是未来生态系统遥感监测研究的难点和热点。与此同时,随着遥感大数据时代的来临,海量数据的存储、管理、计算、分析以及原有数据处理和挖掘技术难以满足需求,如何结合云计算和大数据分析方法,实现生态遥感数据的智能处理和大尺度生态系统过程机制挖掘,都是未来遥感技术在生态系统研究应用中的重要发展方向。

(2) 新数据推动生态系统理论的新认知

激光雷达和日光诱导叶绿素荧光等新兴遥感技术的出现和发展,为生态系统研究提供新的数据源。激光雷达为生态系统生态学研究提供传统手段难以获取的从米级到毫米级的精细三维结构信息,能够从更精细的树木构型,如枝干长度、夹角、分枝数量等,去分析、验证已有生态学理论,全面地认知森林的物质生产规律。同时,激光雷达技术也为构建高精度冠层结构信息的真实三维场景提供可能,促进传统二维空间的辐射传输模型向三维转化。利用激光雷达获取的真实场景,基于八叉树体素化、蒙特卡罗光线追踪的三维辐射模型,可以模拟真实的三维能量分布(Li et al.,2018a),结合精细的树木结构,能够直接、定量地研究光的分布如何影响树木生长和竞争。叶绿素荧光遥感为生态系统生产力的直接估测提供更为可靠的新方法,而且还能较传统植被指数更早地揭示植被健康状况变化以及环境胁迫的影响。应该充分利用激光雷达提供的精细三维信息和日光诱导叶绿素荧光提供的光合信息，结合三维辐射传输模型，以全新的视角开展生态系统的物质分配、能量流动研究，推动生态系统生态学从经验统计走向定量计量。

(3) 融入近地面遥感的生态系统观测体系

随着5G通信、物联网(IoT)、无线传感器网络、无人控制系统等新技术的发展，生态系统联网观测迎来一次新的技术发展。目前，生态观测研究网络逐渐向基于物联网技术的自动观测以及融合地面和遥感观测的多尺度监测发展。如何将集卫星、航空飞机、无人机、地面遥感于一体的立体观测融入现有技术体系中，是值得探讨的。近年来，随着国内高新企业的崛起，无人控制系统和无人机载荷迅速迭代更新，无人机、无人飞艇、无人车和无人船等各种自动化观测载具陆续出现，能够实现定制、动态的水、陆、空移动观测，扩大生态学研究的监测范围。如何以生态观测研究站为中心，借助5G、物联网技术实现在线监测，融入无人控制系统，实现多尺度遥感观测，完善“天-空-地”全面立体的生态系统观测体系，是生态系统观测发展所面临的一个重大挑战。

(4) 大数据范式的生态遥感研究

随着各种数据的迅猛增长，数据密集型科学发现已经成为科学发现的新范式，并逐渐在各个学科出现。大数据时代的研究离不开海量数据的获取，一方面，随着遥感概念、技术和设备的泛化，遥感观测不再只是国家机构、研究组织的独占品，遥感逐渐开始“个人化”“小型化”。智能手机作为个人遥感时代最重要的终端，人们通过“花伴侣”“绿途”等App拍摄照片获取专业物种和植被信息，其上传的照片数据经过清洗、归类、分析，能够为生态学家的研究提供海量数据(Teacher et al.,2013)。这类App为大数据时代的科学观测提供了新方式，能够极大地提升观测范围的广度，丰富生态学家的研究数据。另一方面，随着全球对地观测系统日益完善，通过各种平台联动、协同观测，可以实现对全球陆地的立体观测和动态监测，为生态学理论的研究提供海量的遥感数据；结合大数据技术从海量信息中挖掘可用信息，提升对生态系统结构和过程的理解，降低生态模型的不确定性。国内学者利用星载激光雷达获取全球上万个森林的树高分布信息，分析探讨了树高分布的限制因子，发现树高与可用水量间存在先上升后下降的相关关系，过多的水量对树木生长具有一定的抑制作用，修正了其他学者对树高与水分可用性关系的认知(Tao et al.,2016)。

8.3.8 陆地生物圈模型及应用

(1) 碳氮磷交互作用

大气CO_2浓度上升对植被生长的施肥效应会受到氮磷营养元素的限制(Terrer et al.,2018)，从而可能限制未来陆地碳汇强度，同时增加模型对未来陆地生态系统碳平衡评估的不确定性(Zaehle et al.,2015)。多个陆地生物圈模型在已有碳循环的基础上耦合氮循环过程，但已有的模型对碳氮耦合模拟的不确定性仍然很大，改进模型碳氮耦合是模型研究的挑战(Zaehle et al.,2014)。磷循环也会影响植被生长等碳循环过程，在陆地生物圈模型中耦合磷循环也是目前模型的研究热点(Fleischer et al.,2019)。

(2) 土壤物理和微生物过程模拟

土壤团聚体等对土壤物理和碳氮磷循环过程有着重要影响,但目前模型仍缺乏对土壤团聚体形成等物理过程的模拟(Bradford et al.,2016)。土壤微生物对土壤有机碳的分解和形成至关重要。在陆地生物圈模型中,耦合土壤微生物过程可能会降低陆地对气候变化的正反馈强度(Wieder et al.,2013),但这一研究结果不确定性很大,有待进一步研究。目前如何在陆地生物圈模型中模拟土壤物理过程和微生物过程及其对生态系统碳氮磷循环的影响,是当前的研究热点和难点(Wieder et al.,2018)。

(3) 人类活动的模拟

地球陆地表层42%~68%的面积受人类活动影响,人类对森林、草地和农田的经营管理,如人工林管理、木材采集、放牧、割草、施肥、灌溉等,直接影响生态系统结构和功能。另外,迁徙耕作、耕地过度开垦、过度放牧、泥炭地开发(包括火干扰)以及气候变化(全球变暖、降水强度变化、干旱等)可能造成土地退化(水蚀、风蚀、营养流失、质地变化),并对生态系统碳循环产生显著影响。随着人类对生态系统的影响日益加剧,如何在陆地生物圈模型中模拟人类活动也是当前的研究热点和难点(Naudts et al.,2016)。

(4) 森林干扰模拟

干扰(火灾、风灾、虫灾、雪灾、干旱、病原性灾害等)是森林生态系统的固有组成部分,对森林生态系统造成破坏性影响,可以改变森林结构、物种组成并影响其生态系统服务功能。全球变化既可以通过气候变化影响干扰发生的频率、范围和强度,又可以通过影响植被组成间接影响干扰的发生(Seidl et al.,2017)。然而,干扰在陆地生物圈模型中的表征仍不完善。目前多数模型包括基于机制的火灾模块(Rabin et al.,2017),然而对于其他形式干扰的模拟仍普遍欠缺。模拟某些自然灾害(如风灾)以及多重干扰的相互作用需要解析森林冠层结构,以表征灾害过后冠层结构变化对次生灾害发生的影响。可以预见,不断完善对森林干扰的模拟将是下一阶段模型发展的一个重点方向。

(5) 模型-数据融合

随着观测数据的积累和大数据时代的来临,如何利用不同时空尺度的观测数据提高模型的模拟精度也是当前的研究热点和难点(Prentice and Cowling,2013)。如何降低陆地生物圈模型的不确定性是科学界面临的巨大挑战。陆地生物圈模型的不确定性主要来源于模型结构、过程、参数、气候和土壤驱动数据。基于观测数据和数据模型融合算法优化模型参数(Bastrikov et al.,2018)可以显著提高陆地生物圈模型的模拟精度。全球从叶片到生态系统尺度的观测数据和全球变化控制实验等数据越来越多,为模型参数优化和模型数据融合提供基础(Prentice and Cowling,2013)。但目前,观测数据和全球变化控制实验主要集中在温带和寒带,降低陆地生物圈模型在热带模拟的不确定性需要加强热带的观测和模型数据融合研究(Fleischer et al.,2019)。

经 典 文 献

文献	主要发现
Baldocchi DD. 2003. Assessing ecosystem carbon balance: Problems and prospects of the eddy covariance technique. Global Change Biology, 9:478-492.	涡度相关技术:系统介绍了涡度相关技术及其在生态系统碳循环研究中的应用
Midwood AJ, Millard P. 2011. Challenges in measuring the $\delta^{13}C$ of the soil surface CO_2 efflux. Rapid Communications in Mass Spectrometry, 25:232-242.	箱式通量技术:综述了土壤排放 CO_2 的 $\delta^{13}C$ 值观测方法及挑战
Maier M, Schack-Kirchner H. 2014. Using the gradient method to determine soil gas flux: A review. Agricultural and Forest Meteorology, 192-193: 78-95.	通量梯度技术:从概念、方法、应用、局限与挑战等角度,对梯度法进行全面评价
Shaver GR, Canadell J, Chapin FS, et al. 2000. Global warming and terrestrial ecosystems: A conceptual framework for analysis. BioScience, 50:871-882.	增温实验技术:提出了气候变暖影响陆地生态系统的概念框架,介绍了各种野外增温技术
Rich RL, Stefanski A, Montgomery RA, et al. 2015. Design and performance of combined infrared canopy and belowground warming in the B4WarmED (Boreal Forest Warming at an Ecotone in Danger) experiment. Global Change Biology, 21:2334-2348.	增温实验技术:介绍了结合地上红外辐射灯管和地下土壤加热电缆,对森林林下植物和表层土壤进行增温的技术
Hendrey GR, Ellsworth DS, Lewin KF, et al. 1999. A free-air enrichment system for exposing tall forest vegetation to elevated atmospheric CO_2. Global Change Biology, 5:293-309.	FACE 实验技术:全球第一个建设在森林内的 FACE 实验平台及其设计和运行现状
Tang H, Liu G, Han Y, et al. 2011. A system for free-air ozone concentration elevation with rice and wheat: Control performance and ozone exposure regime. Atmospheric Environment, 45(35):6276-6282.	FACE 实验技术:我国第一个稻麦轮作 O_3-FACE 平台及其控制算法和浓度控制表现
Lin G, Ehleringer JR. 1997. Carbon isotopic fractionation does not occur during dark respiration in C_3 and C_4 plants. Plant Physiology, 114(1):391-394.	碳同位素技术:运用 C_3 植物和 C_4 植物对碳同位素利用的差异,研究了叶肉细胞异养呼吸过程中碳同位素分馏效应
Radajewski S, Ineson P, Parekh NR, et al. 2000. Stable-isotope probing as a tool in microbial ecology. Nature, 403(6770):646-649.	碳同位素技术:碳同位素和 DNA/RNA-稳定同位素探针偶联的技术为微生物生态学研究提供了有力的工具

续表

文献	主要发现
Houlton BZ, Sigman DM, Hedin LO. 2006. Isotopic evidence for large gaseous nitrogen losses from tropical rainforests. PNAS, 103(23): 8745-8750.	氮同位素技术：提出了氮同位素量化气态氮损失的模型
Dijkstra P, Ishizu A, Doucett R, et al. 2006. ^{13}C and ^{15}N natural abundance of the soil microbial biomass. Soil Biology and Biochemistry, 38: 3257-3266.	氮同位素技术：第一次系统研究不同土壤中微生物^{15}N自然丰度变化，土壤中微生物氮相对于土壤总氮和可溶性氮总是更富集^{15}N
Fang Y, Koba K, Makabe A, et al. 2015. Microbial denitrification dominates nitrate losses from forest ecosystems. PNAS, 112(5): 1470-1474.	氮同位素技术：为大尺度、大范围估算森林生态系统气态氮损失，进而计算氮收支平衡，提供了一种新的思路和方法
Cernusak LA, Barbour MM, Arndt SK, et al. 2016. Stable isotopes in leaf water of terrestrial plants. Plant, Cell and Environment, 39: 1087-1102.	水氢、氧同位素技术：系统介绍了陆生植物叶片水氢、氧同位素时空分异及调控机理
Roden JS, Lin G, Ehleringer JR. 2000. A mechanistic model for interpretation of hydrogen and oxygen isotope ratios in treering cellulose. Geochimica et Cosmochimica Acta, 64: 21-35.	水氢、氧同位素技术：整合了从土壤水到年轮纤维素的同位素分馏效应，并提出了年轮纤维素同位素机理模型
Helliwell JR, Sturrock CJ, Grayling KM, et al. 2013. Applications of X-ray computed tomography for examining biophysical interactions and structural development in soil systems: A review. European Journal of Soil Science, 64: 279-297.	土壤团聚体技术：综述了 X 射线 CT 扫描在土壤结构研究中的应用
Rabot E, Wiesmeier M, Schluter S, et al. 2018. Soil structure as an indicator of soil functions: A review. Geoderma, 314: 122-137.	土壤团聚体技术：从方法学角度及土壤功能相关性出发，对常用的几种土壤结构特性进行了分析和讨论
Kögel-Knabner I. 2002. The macromolecular organic composition of plant and microbial residues as inputs to soil organic matter. Soil Biology and Biochemistry, 34: 139-162.	生物标志物技术：系统总结了植物和微生物不同组织的分子组成特点，为解析土壤有机质的母质特征和形成过程提供理论指导
Amelung W, Brodowski S, Sandhage-Hofmann A, et al. 2008. Combining biomarker with stable isotope analyses for assessing the transformation and turnover of soil organic matter. Advances in Agronomy, 100: 155-250.	生物标志物技术：综合分析和梳理采用"生物标志物-稳定同位素技术"进行土壤有机质特点解析的研究
Aguiar-Pulido V. 2016. Metagenomics, metatranscriptomics, and metabolomics: Approaches for microbiome analysis. Libertas Academica, 12: 5-16.	微生物组学技术：介绍了宏基因组学、宏转录组学和宏代谢组学技术和工具及分析方法，建议将多组学的数据进行整合分析

续表

文献	主要发现
Vilanova C, Porcar M. 2016. Are multi-omics enough? Nature Microbiology, 1: 16101.	微生物组学技术：多组学结合能得到较完整的结果，但无法获得微生物间的相互作用。微生物组学研究要结合多组学、微生物分离培养和生态学鉴定
Pimm SL, Alibhai S, Bergl R, et al. 2015. Emerging technologies to conserve biodiversity. Trends in Ecology and Evolution, 30: 685-696.	动物监测技术：综合近年来生物多样性保护领域新技术新方法的出现和应用，特别是非入侵监测技术的发展趋势，深入讨论了如何有效地收集、整合和分析数据以解决现实的保护问题
Kays R, Crofoot MC, Jetz W, et al. 2015. Terrestrial animal tracking as an eye on life and planet. Science, 348: aaa2478.	动物监测技术：综述了陆生动物追踪技术的发展、变迁与应用领域
Kerr JT, Ostrovsky M. 2003. From space to species: Ecological application for remote sensing. Trends in Ecology and Evolution, 18: 299-305.	生态遥感技术：综述了遥感技术在生态系统研究中的应用进展，表明遥感技术推动了其在大尺度研究中的发展
Hyde P, Dubayah R, Walker W, et al. 2006. Mapping forest structure for wildlife habitat analysis using multi-sensor (LiDAR, SAR/InSAR, ETM+, Quickbird) synergy. Remote Sensing of Environment, 102(1-2): 63-73.	生态遥感技术：研究将 LiDAR、RADAR 和光学传感器获得的森林结构指标的估计值与实测值进行比较，表明 LiDAR 是估算冠层高度和生物量的最佳传感器
Srinivasan S, Popescu SC, Eriksson M, et al. 2015. Terrestrial laser scanning as an effective tool to retrieve tree level height, crown width, and stem diameter. Remote Sensing, 7(2): 1877-1896.	生态遥感技术：地面激光扫描是反演单木树高、冠幅和胸径的有效测量工具，填补了单木尺度手动测量和大规模机载激光雷达测量之间的空缺
Prentice IC, Cowling SA. 2013. Dynamic Global Vegetation Models. In: Levin SA(ed). Encyclopedia of Biodiversity. 2nd edn. San Diego: Academic Press, 670-689.	陆地生物圈模型：综述了全球动态植被模型及其应用
Fisher JB, Huntzinger DN, Schwalm CR, et al. 2014. Modeling the terrestrial biosphere. Annual Review of Environment and Resources, 39(1): doi: 10.1146/annurev-environ-012913-093456.	陆地生物圈模型：介绍陆地生物圈模型过程并总结模型研究趋势
Medlyn BE, Zaehle S, De Kauwe MG, et al. 2015. Using ecosystem experiments to improve vegetation models. Nature Climate Change, 5: 528-534.	陆地生物圈模型：基于生态系统观测和控制实验改进陆地生物圈模型

参考文献

陈世苹,游翠海,胡中民,等. 2020. 涡度相关技术及其在陆地生态系统通量研究中的应用. 植物生态学报,44:291-304.

方精云,朱江玲,石岳. 2018. 生态系统对全球变暖的响应. 科学通报,63:136-140.

方运霆,刘冬伟,朱飞飞,等. 2020. 氮稳定同位素技术在陆地生态系统氮循环研究中的应用. 植物生态学报,44:373-383.

冯晓娟,王依云,刘婷,等. 2020. 生物标志物及其在生态系统研究中的应用. 植物生态学报,44:384-394.

冯兆忠,徐彦森,尚博. 2020. FACE实验技术和方法回顾及其在全球变化研究中的应用. 植物生态学报,44:340-349.

高贵锋,褚海燕. 2020. 微生物组学的技术和方法及其应用. 植物生态学报,44:395-408.

葛体达,王东东,祝贞科,等. 2020. 碳同位素示踪技术及其在陆地生态系统碳循环研究中的应用与展望. 植物生态学报,44:360-372.

郭庆华,胡天宇,马勤,等. 2020. 新一代遥感技术助力生态系统生态学研究. 植物生态学报,44:418-435.

何勇. 2016. 光谱及成像技术在农业中的应用. 北京:科学出版社.

冷疏影. 2016. 地理科学三十年:从经典到前沿. 北京:商务印书馆.

林光辉. 2013. 稳定同位素生态学. 北京:高等教育出版社.

彭书时,岳超,常锦峰. 2020. 陆地生物圈模型的发展与应用. 植物生态学报,44:436-448.

汤显辉,陈永乐,李芳,等. 2020. 水同位素分析与生态系统过程示踪:技术、应用以及未来挑战. 植物生态学报,44:350-359.

魏杰,陈昌华,王晶苑,等. 2020. 箱式通量观测技术和方法的理论假设及其应用进展. 植物生态学报,44:318-329.

温学发. 2020. 新技术和新方法推动生态系统生态学研究. 植物生态学报,44:287-290.

肖文宏,周青松,朱朝东,等. 2020. 野生动物监测技术和方法应用进展与展望. 植物生态学报,44:409-417.

于贵瑞,孙晓敏. 2017. 陆地生态系统通量观测的原理与方法(第二版). 北京:高等教育出版社.

于振良,葛剑平,于贵瑞,等. 2016. 生态学的现状与发展趋势. 北京:高等教育出版社.

赵佳玉,肖薇,张弥,等. 2020. 通量梯度法在温室气体及同位素通量观测研究中的应用与展望. 植物生态学报,44:305-317.

中国生态学学会. 2020. 中国生态学学科40年发展回顾. 北京:科学出版社.

朱彪,陈迎. 2020. 陆地生态系统野外增温控制实验的技术与方法. 植物生态学报,44:330-339.

Aemisegger F, Pfahl S, Sodemann H, et al. 2014. Deuterium excess as a proxy for continental moisture recycling and plant transpiration. Atmospheric Chemistry and Physics, 14:4029-4054.

Aguiar-Pulido V. 2016. Metagenomics, metatranscriptomics, and metabolomics: Approaches for microbiome analysis. Libertas Academica, 12:5-16.

Amelung W, Brodowski S, Sandhage-Hofmann A, et al. 2008. Combining biomarker with stable isotope analyses for assessing the transformation and turnover of soil organic matter. Advances in Agronomy, 100:155-250.

Aronson EL, McNulty SG. 2009. Appropriate experimental ecosystem warming methods by ecosystem, objective, and practicality. Agricultural and Forest Meteorology, 149:1791-1799.

Aubinet M, Vesala T, Papale D. 2012. Eddy Covariance: A Practical Guide to Measurement and Data Analysis. Dordrech, Netherlands: Springer.

Bai E, Houlton BZ. 2009. Coupled isotopic and process-based modeling of gaseous nitrogen losses from tropical rain forests. Global Biogeochemical Cycles, 23: GB2011.

Baldocchi D. 2003. Assessing ecosystem carbon balance: Problems and prospects of the eddy covariance technique. Global Change Biology, 9: 478-492.

Baldocchi D. 2020. How eddy covariance flux measurements have contributed to our understanding of global change biology. Global Change Biology, 26: 242-260.

Baldocchi D, Chu HS, Reichstein M. 2018. Inter-annual variability of net and gross ecosystem carbon fluxes: A review. Agricultural and Forest Meteorology, 249: 520-533.

Barbour MM, Evans JR, Simonin KA, et al. 2016. Online CO_2 and H_2O oxygen isotope fractionation allows estimation of mesophyll conductance in C_4 plants, and reveals that mesophyll conductance decreases as leaves age in both C_4 and C_3 plants. New Phytologist, 210: 875-889.

Barbour MM, Farquhar GD. 2000. Relative humidity- and ABA-induced variation in carbon and oxygen isotope ratios of cotton leaves. Plant, Cell and Environment, 23: 473-485.

Bashiardes S, Zilberman-Schapira G, Elinav E. 2016. Use of metatranscriptomics in microbiome research. Bioinformatics and Biology Insights, 10: 19-25.

Bastida F, Hernández T, García C. 2014. Metaproteomics of soils from semiarid environment: Functional and phylogenetic information obtained with different protein extraction methods. Journal of Proteomics, 101: 31-42.

Bastrikov V, MacBean N, Bacour C, et al. 2018. Land surface model parameter optimisation using in situ flux data: Comparison of gradient-based versus random search algorithms (a case study using ORCHIDEE v1.9.5.2). Geoscientific Model Development, 11: 4739-4754.

Begon M, Townsend CR, Harper JL. 2016. Ecology: From Individual to Ecosystem. 4th edn. Australia: Blackwell Publishing.

Blanco-Canqui H, Lai R. 2004. Mechanisms of carbon sequestration in soil aggregates. Critical Reviews in Plant Sciences, 23: 481-504.

Bohan DA, Caron-Lormier G, Muggleton S, et al. 2011. Automated discovery of food webs from ecological data using logic-based machine learning. PloS One, 6: e29028.

Bohan DA, Vacher C, Tamaddoni-Nezhad A, et al. 2017. Next-generation global biomonitoring: Large-scale, automated reconstruction of ecological networks. Trends in Ecology and Evolution, 32: 477-487.

Bradford MA, Wieder WR, Bonan GB, et al. 2016. Managing uncertainty in soil carbon feedbacks to climate change. Nature Climate Change, 6: 751-758.

Brede B, Lau A, Bartholomeus HM, et al. 2017. Comparing RIEGL RiCOPTER UAV LiDAR derived canopy height and DBH with terrestrial LiDAR. Sensors, 17: 2371.

Bu HL, Wang F, McShea WJ, et al. 2016. Spatial co-occurrence and activity patterns of mesocarnivores in the temperate forests of Southwest China. PloS One, 11: e0164271.

Butnor JR, Doolittle JA, Kress L, et al. 2001. Use of ground-penetrating radar to study tree roots in the southeastern United States. Tree Physiology, 21: 1269-1278.

Cernusak LA, Barbour MM, Arndt SK, et al. 2016. Stable isotopes in leaf water of terrestrial plants. Plant, Cell and Environment, 39: 1087-1102.

Chambers JQ, Asner GP, Morton DC, et al. 2007. Regional ecosystem structure and function: Ecological insights from remote sensing of tropical forests. Trends in Ecology and Evolution, 22: 414-423.

Chave J. 2013. The problem of pattern and scale in ecology: What have we learned in 20 years? Ecology Letters, 16 (s1): 4-16.

Cheng L, Booker FL, Tu C, et al. 2012. Arbuscular mycorrhizal fungi increase organic carbon decomposition under elevated CO_2. Science, 337: 1084-1087.

Cheng WX. 2009. Rhizosphere priming effect: Its functional relationships with microbial turnover, evapotranspiration, and C-N budgets. Soil Biology and Biochemistry, 41: 1795-1801.

Coppola AI, Wiedemeier DB, Galy V, et al. 2018. Global-scale evidence for the refractory nature of riverine black carbon. Nature Geoscience, 11: 584-588.

Craig H. 1961. Isotopic variations in meteoric waters. Science, 133: 1702-1703.

Dansgaard W. 1964. Stable isotopes in precipitation. Tellus, 16: 436-468.

Davidson EA, Janssens IA. 2006. Temperature sensitivity of soil carbon decomposition and feedbacks to climate change. Nature, 440: 165-173.

Denk TRA, Mohn J, Decock C, et al. 2017. The nitrogen cycle: A review of isotope effects and isotope modeling approaches. Soil Biology and Biochemistry, 105: 121-137.

Di Bella JM, Bao Y, Gloor GB, et al. 2013. High throughput sequencing methods and analysis for microbiome research. Journal of Microbiological Methods, 95: 401-414.

Dijkstra P, Ishizu A, Doucett R, et al. 2006. ^{13}C and ^{15}N natural abundance of the soil microbial biomass. Soil Biology and Biochemistry, 38: 3257-3266.

Douglas PMJ, Pagani M, Eglinton TI, et al. 2018. A long-term decrease in the persistence of soil carbon caused by ancient Maya land use. Nature Geoscience, 11: 645-651.

Duangchantrasiri S, Umponjan M, Simcharoen S, et al. 2016. Dynamics of a low-density tiger population in Southeast Asia in the context of improved law enforcement. Conservation Biology, 30: 639-648.

Dumbrell AJ, Ferguson RMW, Clark DR. 2016. Microbial community analysis by single-amplicon high-throughput next generation sequencing: Data analysis—from raw output to ecology. In: McGenity TJ, Timmis KN, Nogales B (eds). Hydrocarbon and Lipid Microbiology Protocols. Heidelberg: Springer, 155-206.

Dumont MG, Radajewski SM, Miguez CB, et al. 2006. Identification of a complete methane monooxygenase operon from soil by combining stable isotope probing and metagenomic analysis. Environmental Microbiology, 8: 1240-1250.

Eder E, Spielvogel S, Kölbl A, et al. 2010. Analysis of hydrolysable neutral sugars in mineral soils: Improvement of alditol acetylation for gas chromatographic separation and measurement. Organic Geochemistry, 41: 580-585.

Eglinton TI, Aluwihare LI, Bauer JE, et al. 1996. Gas chromatographic isolation of individual compounds from complex matrices for radiocarbon dating. Analytical Chemistry, 68: 904-912.

Ehleringer JR, Dawson TE. 1992. Water uptake by plants: Perspectives from stable isotope composition. Plant, Cell and Environment, 15: 1073-1082.

Elliott J, Müller C, Deryng D, et al. 2015. The Global Gridded Crop Model Intercomparison: Data and modeling protocols for Phase 1 (v1.0). Geoscientific Model Development, 8: 261-277.

Epron D, Cabral OMR, Laclau JP, et al. 2015. In situ $^{13}CO_2$ pulse labelling of field-grown eucalypt trees revealed the effects of potassium nutrition and throughfall exclusion on phloem transport of photosynthetic carbon. Tree Physiology, 36: 6-21.

Falkowski PG, Fenchel T, Delong EF. 2008. The microbial engines that drive Earth's biogeochemical cycles. Science, 320: 1034-1039.

Fang YT, Koba K, Makabe A, et al. 2015. Microbial denitrification dominates nitrate losses from forest ecosystems. PNAS, 112: 1470-1474.

Farquhar GD, Cernusak LA, Barnes B. 2007. Heavy water fractionation during transpiration. Plant Physiology, 143:

11-18.

Farquhar GD, Lloyd J. 1993. Carbon and Oxygen Isotope Effects in the Exchange of Carbon Dioxide between Terrestrial Plants and the Atmosphere. San Diego: Academic Press.

Feng MM, Adams JM, Fan KK, et al. 2018. Long-term fertilization influences community assembly processes of soil diazotrophs. Soil Biology and Biochemistry, 126: 151-158.

Feng XJ, Vonk JE, van Dongen BE, et al. 2013. Differential mobilization of terrestrial carbon pools in Eurasian Arctic river basins. PNAS, 110: 14168-14173.

Feng ZZ, Uddling J, Tang HY, et al. 2018. Comparison of crop yield sensitivity to ozone between open-top chamber and free-air experiments. Global Change Biology, 24: 2231-2238.

Ferrier-Pages C, Leal MC. 2019. Stable isotopes as tracers of trophic interactions in marine mutualistic symbioses. Ecology and Evolution, 9: 723-740.

Fisher JB, Huntzinger DN, Schwalm CR, et al. 2014. Modeling the terrestrial biosphere. Annual Review of Environment and Resources, 39: 91-123.

Fleischer K, Rammig A, de Kauwe MG, et al. 2019. Amazon forest response to CO_2 fertilization dependent on plant phosphorus acquisition. Nature Geoscience, 12: 736-741.

Fogel ML, Griffin PL, Newsome SD. 2016. Hydrogen isotopes in individual amino acids reflect differentiated pools of hydrogen from food and water in *Escherichia coli*. PNAS, 113: 201525703.

Frey S, Fisher JT, Burton AC, et al. 2017. Investigating animal activity patterns and temporal niche partitioning using camera-trap data: Challenges and opportunities. Remote Sensing in Ecology and Conservation, 3: 123-132.

Frostegård A, Bååth E. 1996. The use of phospholipid fatty acid analysis to estimate bacterial and fungal biomass in soil. Biology and Fertility of Soils, 22: 59-65.

Fu BJ, Li SG, Yu XB, et al. 2010. Chinese ecosystem research network: Progress and perspectives. Ecological Complexity, 7: 225-233.

Gao F, Catalayud V, Paoletti E, et al. 2017a. Water stress mitigates the negative effects of ozone on photosynthesis and biomass in poplar plants. Environmental Pollution, 230: 268-279.

Gao LL, Becker G, Liang AA, et al. 2017b. Effect of different tillage systems on aggregate structure and inner distribution of organic carbon. Geoderma, 288: 97-104.

Gaston KJ, O'Neill MA. 2004. Automated species identification: Why not? Philosophical Transactions: Biological Sciences, 359: 655-667.

Ge TD, Li BZ, Zhu ZK, et al. 2017. Rice rhizodeposition and its utilization by microbial groups depends on N fertilization. Biology and Fertility of Soils, 53: 37-48.

Gibson JF, Shokralla S, Curry C, et al. 2015. Large-scale biomonitoring of remote and threatened ecosystems via high-throughput sequencing. PloS One, 10: e0138432.

Gilbert JA, Thomas S, Cooley NA, et al. 2009. Potential for phosphonoacetate utilization by marine bacteria in temperate coastal waters. Environmental Microbiology, 11: 111-125.

Gohl DM, Vangay P, Garbe J, et al. 2016. Systematic improvement of amplicon marker gene methods for increased accuracy in microbiome studies. Nature Biotechnology, 34: 942-949.

Goodale CL. 2017. Multiyear fate of a ^{15}N tracer in a mixed deciduous forest: Retention, redistribution, and differences by mycorrhizal association. Global Change Biology, 23: 867-880.

Guanter L, Zhang Y, Jung M, et al. 2014. Global and time-resolved monitoring of crop photosynthesis with chlorophyll fluorescence. PNAS, 111: E1327-E1333.

Hanson PJ, Childs KW, Wullschleger SD, et al. 2011. A method for experimental heating of intact soil profiles for application to climate change experiments. Global Change Biology, 17: 1083-1096.

Hanson PJ, Edwards NT, Garten CT, et al. 2000. Separating root and soil microbial contributions to soil respiration: A review of methods and observations. Biogeochemistry, 48: 115-146.

Hanson PJ, Riggs JS, Nettles WR, et al. 2017. Attaining whole-ecosystem warming using air and deep-soil heating methods with an elevated CO_2 atmosphere. Biogeosciences, 14: 861-883.

Hayes JM, Freeman KH, Popp BN, et al. 1990. Compound-specific isotopic analyses: A novel tool for reconstruction of ancient biogeochemical processes. Organic Geochemistry, 16: 1115-1128.

He NP, Liu CC, Piao SL, et al. 2019. Ecosystem traits linking functional traits to macroecology. Trends in Ecology and Evolution, 34: 200-210.

Hebert PDN, Cywinska A, Ball SL. 2003. Biological identifications through DNA barcodes. Proceedings of the Royal Society B: Biological Sciences, 270: 313-321.

Hebert PDN, Gregory TR. 2005. The promise of DNA barcoding for taxonomy. Systematic Biology, 54: 852-859.

Hedges JI, Eglinton G, Hatcher PG, et al. 2000. The molecularly-uncharacterized component of nonliving organic matter in natural environments. Organic Geochemistry, 31: 945-958.

Helliwell JR, Sturrock CJ, Grayling KM, et al. 2013. Applications of X-ray computed tomography for examining biophysical interactions and structural development in soil systems: A review. European Journal of Soil Science, 64: 279-297.

Hendrey GR, Ellsworth DS, Lewin KF, et al. 1999. A free-air enrichment system for exposing tall forest vegetation to elevated atmospheric CO_2. Global Change Biology, 5: 293-309.

Hilker T, Gitelson A, Coops NC, et al. 2011. Tracking plant physiological properties from multi-angular tower-based remote sensing. Oecologia, 165: 865-876.

Hill EM, Robinson LA, Abdul-Sada A, et al. 2018. Arbuscular mycorrhizal fungi and plant chemical defence: Effects of colonisation on aboveground and belowground metabolomes. Journal of Chemical Ecology, 44: 198-208.

Horner-Devine MC, Carney KM, Bohannan BJM. 2004a. An ecological perspective on bacterial biodiversity. Proceedings of the Royal Society B: Biological Sciences, 271: 113-122.

Horner-Devine MC, Lage M, Hughes JB, et al. 2004b. A taxa-area relationship for bacteria. Nature, 432: 750-753.

Houghton R. 2005. Aboveground forest biomass and the global carbon balance. Global Change Biology, 11: 945-958.

Houlton BZ, Sigman DM, Hedin LO. 2006. Isotopic evidence for large gaseous nitrogen losses from tropical rainforests. PNAS, 103(23): 8745-8750.

Houlton BZ, Sigman DM, Schuur EAG, et al. 2007. A climate-driven switch in plant nitrogen acquisition within tropical forest communities. PNAS, 104: 8902-8906.

Hungate BA, Holland EA, Jackson RB, et al. 1997. The fate of carbon in grasslands under carbon dioxide enrichment. Nature, 388: 576-579.

Huntzinger DN, Michalak AM, Schwalm C, et al. 2017. Uncertainty in the response of terrestrial carbon sink to environmental drivers undermines carbon-climate feedback predictions. Scientific Reports, 7: 4765.

Huntzinger DN, Schwalm C, Michalak AM, et al. 2013. The North American carbon program multi-scale synthesis and terrestrial model intercomparison project—Part 1: Overview and experimental design. Geoscientific Model Development, 6: 2121-2133.

Hyde P, Dubayah R, Walker W, et al. 2006. Mapping forest structure for wildlife habitat analysis using multi-sensor (LiDAR, SAR/InSAR, ETM+, Quickbird) synergy. Remote Sensing of Environment, 102(1-2): 63-73.

Ishikawa NF, Togashi H, Kato Y, et al. 2016. Terrestrial-aquatic linkage in stream food webs along a forest chronosequence: Multi-isotopic evidence. Ecology, 97: 1146-1158.

Jex CN, Pate GH, Blyth AJ, et al. 2014. Lignin biogeochemistry: From modern processes to Quaternary archives. Quaternary Science Reviews, 87: 46-59.

Ji Y, Ashton L, Pedley SM, et al. 2013. Reliable, verifiable and efficient monitoring of biodiversity via metabarcoding. Ecology Letters, 16, 1245-1257.

Jøergensen RG. 2018. Amino sugars as specific indices for fungal and bacterial residues in soil. Biology and Fertility of Soils, 54: 559-568.

Kammer A, Tuzson B, Emmenegger L, et al. 2011. Application of a quantum cascade laser-based spectrometer in a closed chamber system for real-time $\delta^{13}C$ and $\delta^{18}O$ measurements of soil-respired CO_2. Agricultural and Forest Meteorology, 151: 39-48.

Kampe T, Johnson B, Kuester M, et al. 2010. NEON: The first continental-scale ecological observatory with airborne remote sensing of vegetation canopy biochemistry and structure. Journal of Applied Remote Sensing, 4: 043510.

Kays R, Crofoot MC, Jetz W, et al. 2015. Terrestrial animal tracking as an eye on life and planet. Science, 348: aaa2478.

Kerr JT, Ostrovsky M. 2003. From space to species: Ecological application for remote sensing. Trends in Ecology and Evolution, 18: 299-305.

Keenan TF, Moore DJP, Desai A. 2019. Growth and opportunities in networked synthesis through AmeriFlux. New Phytologist, 222: 1685-1687.

Kiem R, Knicker H, Körschens M, et al. 2000. Refractory organic carbon in C-depleted arable soils, as studied by ^{13}C NMR spectroscopy and carbohydrate analysis. Organic Geochemistry, 31: 655-668.

Kimball BA, Alonso-Rodríguez AM, Cavaleri MA, et al. 2018. Infrared heater system for warming tropical forest understory plants and soils. Ecology and Evolution, 8: 1932-1944.

Kimball BA, White JW, Ottman MJ, et al. 2015. Predicting canopy temperatures and infrared heater energy requirements for warming field plots. Agronomy Journal, 107: 129-141.

Kingston JD, Hill A, Marino BD. 1994. Isotopic evidence for neogene hominid paleoenvironments in the Kenya rift valley. Science, 264: 955-959.

Klein T, Siegwolf RT, Körner C. 2016. Belowground carbon trade among tall trees in a temperate forest. Science, 352 (6283): 342-344.

Kleiner M, Dong XL, Hinzke T, et al. 2018. Metaproteomics method to determine carbon sources and assimilation pathways of species in microbial communities. PNAS, 115: E5576-E5584.

Knapp AK, Hoover DL, Wilcox KR, et al. 2015. Characterizing differences in precipitation regimes of extreme wet and dry years: Implications for climate change experiments. Global Change Biology, 21: 2624-2633.

Kögel-Knabner I. 2002. The macromolecular organic composition of plant and microbial residues as inputs to soil organic matter. Soil Biology and Biochemistry, 34: 139-162.

Kong AYY, Six J, Bryant DC, et al. 2005. The relationship between carbon input, aggregation, and soil organic carbon stabilization in sustainable cropping systems. Soil Biology and Biochemistry, 69: 1078-1085.

Kool DM, Chung H, Tate KR, et al. 2007. Hierarchical saturation of soil carbon pools near a natural CO_2 spring. Global Change Biology, 13: 1282-1293.

Kuptz D, Matyssek R, Grams TEE. 2011. Seasonal dynamics in the stable carbon isotope composition $\delta^{13}C$ from non-leafy branch, trunk and coarse root CO_2 efflux of adult deciduous (*Fagus sylvatica*) and evergreen (*Picea abies*) trees. Plant, Cell and Environment, 34: 363-373.

Kuzyakov Y. 2006. Sources of CO_2 efflux from soil and review of partitioning methods. Soil Biology and Biochemistry, 38: 425-448.

Kuzyakov Y, Domanski G. 2000. Carbon input by plants into the soil. Review. Journal of Plant Nutrition and Soil Science, 163: 421-431.

Kuzyakov Y, Gavrichkova O. 2010. Review: Time lag between photosynthesis and carbon dioxide efflux from soil: A review of mechanisms and controls. Global Change Biology, 16: 3386-3406.

Lawrence DM, Hurtt GC, Arneth A, et al. 2016. The Land Use Model Intercomparison Project (LUMIP) contribution to CMIP6: Rationale and experimental design. Geoscientific Model Development, 9: 2973-2998.

Lawson CE, Harcombe WR, Hatzenpichler R, et al. 2019. Common principles and best practices for engineering microbiomes. Nature Reviews Microbiology, 17: 725-741.

Le Quéré C, Andrew RM, Friedlingstein P, et al. 2018. Global carbon budget 2018. Earth System Science Data, 10: 2141-2194.

Lehmann J, Kleber M. 2015. The contentious nature of soil organic matter. Nature, 528(7580): 60-68.

Li SL, Gurmesa GA, Zhu WX, et al. 2019. Fate of atmospherically deposited NH_4^+ and NO_3^- in two temperate forests in China: Temporal pattern and redistribution. Ecological Applications, 29: e01920.

Li WK, Guo QH, Tao SL, et al. 2018a. VBRT: A novel voxel-based radiative transfer model for heterogeneous three-dimensional forest scenes. Remote Sensing of Environment, 206: 318-335.

Li X, Bleisch WV, Jiang X. 2018b. Using large spatial scale camera trap data and hierarchical occupancy models to evaluate species richness and occupancy of rare and elusive wildlife communities in Southwest China. Diversity and Distributions, 24: 1560-1572.

Liang C, Cheng G, Wixon DL, et al. 2011. An Absorbing Markov Chain approach to understanding the microbial role in soil carbon stabilization. Biogeochemistry, 106: 303-309.

Liang C, Schimel JP, Jastrow JD. 2017. The importance of anabolism in microbial control over soil carbon storage. Nature Microbiology, 2: 17105.

Lin G, Ehleringer JR. 1997. Carbon isotopic fractionation does not occur during dark respiration in C_3 and C_4 plants. Plant Physiology, 114(1): 391-394.

Long SP. 2006. Food for thought: Lower-than-expected crop yield stimulation with rising CO_2 concentrations. Science, 312: 1918-1921.

Long SP, Ainsworth EA, Leakey ADB, et al. 2005. Global food insecurity. Treatment of major food crops with elevated carbon dioxide or ozone under large-scale fully open-air conditions suggests recent models may have overestimated future yields. Philosophical Transactions of the Royal Society B, 360: 2011-2020.

Luo YQ, Melillo J, Niu SL, et al. 2011. Coordinated approaches to quantify long-term ecosystem dynamics in response to global change. Global Change Biology, 17: 843-854.

Maier M, Schack-Kirchner H. 2014. Using the gradient method to determine soil gas flux: A review. Agricultural and Forest Meteorology, 192-193: 18-95.

Makita N, Yaku R, Ohashi M, et al. 2013. Effects of excising and washing treatments on the root respiration rates of Japanese cedar (*Cryptomeria japonica*) seedlings. Journal of Forest Research, 18: 379-383.

McCarthy MD, Benner R, Lee C, et al. 2007. Amino acid nitrogen isotopic fractionation patterns as indicators of heterotrophy in plankton, particulate, and dissolved organic matter. Geochimica et Cosmochimica Acta, 71: 4727-4744.

Medlyn BE, Zaehle S, De Kauwe MG, et al. 2015. Using ecosystem experiments to improve vegetation models. Nature Climate Change, 5: 528-534.

Melaas EK, Richardson AD, Friedl MA, et al. 2013. Using FLUXNET data to improve models of springtime vegetation activity onset in forest ecosystems. Agricultural and Forest Meteorology, 171-172: 46-56.

Midwood AJ, Millard P. 2011. Challenges in measuring the $\delta^{13}C$ of the soil surface CO_2 efflux. Rapid Communications in Mass Spectrometry, 25: 232-242.

Midwood AJ, Thornton B, Millard P. 2008. Measuring the ^{13}C content of soil-respired CO_2 using a novel open chamber system. Rapid Communications in Mass Spectrometry, 22: 2073-2081.

Moreira M, Sternberg L, Martinelli L, et al. 1997. Contribution of transpiration to forest ambient vapour based on isotopic measurements. Global Change Biology, 3: 439-450.

Moreno JL, Torres IF, García C, et al. 2019. Land use shapes the resistance of the soil microbial community and the C cycling response to drought in a semi-arid area. Science of the Total Environment, 648: 1018-1030.

Müller C, Rütting T, Kattge J, et al. 2007. Estimation of parameters in complex ^{15}N tracing models by Monte Carlo sampling. Soil Biology and Biochemistry, 39: 715-726.

Müller DB, Vogel C, Bai Y, et al. 2016. The plant microbiota: Systems-level insights and perspectives. Annual Review of Genetics, 50: 211-234.

Naudts K, Chen Y, McGrath MJ, et al. 2016. Europes forest management did not mitigate climate warming. Science, 351: 597-600.

Nesme J, Achouak W, Agathos SN, et al. 2016. Back to the future of soil metagenomics. Frontiers in Microbiology, 7: 73.

Norby R, Edwards N, Riggs J, et al. 1997. Temperature-controlled open-top chambers for global change research. Global Change Biology, 3: 259-267.

Norby RJ, Zak DR. 2011. Ecological lessons from Free-Air CO_2 Enrichment (FACE) experiments. Annual Review of Ecology, Evolution, and Systematics, 42: 181-203.

Nowak RS, Ellsworth DS, Smith SD. 2004. Functional responses of plants to elevated atmospheric CO_2——Do photosynthetic and productivity data from FACE experiments support early predictions? New Phytologist, 162: 253-280.

O' Malley MA. 2007. The nineteenth century roots of "everything is everywhere". Nature Reviews Microbiology, 5: 647-651.

O' Brien TG, Baillie JEM, Krueger L, et al. 2010. The wildlife picture index: Monitoring top trophic levels. Animal Conservation, 13, 335-343.

Ohlsson KEA, Singh B, Holm S, et al. 2005. Uncertainties in static closed chamber measurements of the carbon isotopic ratio of soil-respired CO_2. Soil Biology and Biochemistry, 37: 2273-2276.

Otto A, Shunthirasingham C, Simpson MJ. 2005. A comparison of plant and microbial biomarkers in grassland soils from the Prairie Ecozone of Canada. Organic Geochemistry, 36: 425-448.

Pastorello G, Papale D, Chu H, et al. 2017. A new data set to keep a sharper eye on land-air exchanges. Eos, 98: doi: 10. 1029/2017eo071597.

Pausch J, Kuzyakov Y. 2011. Photoassimilate allocation and dynamics of hotspots in roots visualized by ^{14}C phosphor imaging. Journal of Plant Nutrition and Soil Science, 174: 12-19.

Pettorelli N, Laurance WF, O' Brien TG, et al. 2014. Satellite remote sensing for applied ecologists: Opportunities and challenges. Journal of Applied Ecology, 51: 839-848.

Pettorelli N, Vik JO, Mysterud A, et al. 2005. Using the satellite-derived NDVI to assess ecological responses to environmental change. Trends in Ecology and Evolution, 20: 503-510.

Pimm SL, Alibhai S, Bergl R, et al. 2015. Emerging technologies to conserve biodiversity. Trends in Ecology and Evolution, 30: 685-696.

Plaza C, Pegoraro E, Bracho R, et al. 2019. Direct observation of permafrost degradation and rapid soil carbon loss in tundra. Nature Geoscience, 12: 627-631.

Poussin C, Sierro N, Boué S, et al. 2018. Interrogating the microbiome: Experimental and computational considerations in support of study reproducibility. Drug Discovery Today, 23: 1644-1657.

Prentice IC, Cowling SA. 2013. Dynamic global vegetation models. In: Levin SA (ed). Encyclopedia of Biodiversity. 2nd edn. Amsterdam: Elsevier.

Pries CEH, Castanha C, Porras RC, et al. 2017. The whole-soil carbon flux in response to warming. Science, 355: 1420-1422.

Rabbi SMF, Wilson BR, Lockwood PV, et al. 2014. Soil organic carbon mineralization rates in aggregates under contrasting land uses. Geoderma, 216: 10-18.

Rabin SS, Melton JR, Lasslop G, et al. 2017. The Fire Modeling Intercomparison Project (FireMIP), phase 1: Experimental and analytical protocols with detailed model descriptions. Geoscientific Model Development, 10: 1175-1197.

Rabot E, Wiesmeier M, Schluter S, et al. 2018. Soil structure as an indicator of soil functions: A review. Geoderma, 314: 122-137.

Radajewski S, Ineson P, Parekh NR, et al. 2000. Stable-isotope probing as a tool in microbial ecology. Nature, 403 (6770): 646-649.

Raut S, Polley HW, Fay PA, et al. 2018. Bacterial community response to a preindustrial-to-future CO_2 gradient is limited and soil specific in Texas Prairie grassland. Global Change Biology, 24: 5815-5827.

Rich RL, Stefanski A, Montgomery RA, et al. 2015. Design and performance of combined infrared canopy and belowground warming in the B4WarmED (Boreal Forest Warming at an Ecotone in Danger) experiment. Global Change Biology, 21: 2334-2348.

Rilling MC, Aguilartrigueros CA, Bergmann J, et al. 2015. Plant root and mycorrhizal fungal traits for understanding soil aggregation. New Phytologist, 205: 1385-1388.

Robinson D. 2001. $\delta^{15}N$ as an integrator of the nitrogen cycle. Trends in Ecology and Evolution, 16: 153-162.

Rochette P, Flanagan LB, Gregorich EG. 1999. Separating soil respiration into plant and soil components using analyses of the natural abundance of carbon-13. Soil Science Society of America Journal, 63: 1207-1213.

Roden JS, Lin G, Ehleringer JR. 2000. A mechanistic model for interpretation of hydrogen and oxygen isotope ratios in treering cellulose. Geochimica et Cosmochimica Acta, 64: 21-35.

Rodgers AR. 2001. Recent telemetry technology. In: Millspaugh JJ, Marzluff JM (eds). Radio Tracking and Animal Population. San Diego: Academic Press, 79-121.

Rovero F, Martin E, Rosa M, et al. 2014. Estimating species richness and modelling habitat preferences of tropical forest mammals from camera trap data. PloS One, 9: e103300.

Rumpel C, Baumann K, Remusat L, et al. 2015. Nanoscale evidence of contrasted processes for root-derived organic matter stabilization by mineral interactions depending on soil depth. Soil Biology and Biochemistry, 85: 82-88.

Santini M, Caporaso L. 2018. Evaluation of freshwater flow from rivers to the sea in CMIP5 simulations: Insights from the Congo river basin. Journal of Geophysical Research, 123: 10278-10300.

Schadt EE, Turner S, Kasarskis A. 2010. A window into third-generation sequencing. Human Molecular Genetics, 19: R227-R240.

Schmidt MW, Torn MS, Abiven S, et al. 2011. Persistence of soil organic matter as an ecosystem property. Nature, 478: 49-56.

Schouten S, Hopmans EC, Damsté JSS. 2013. The organic geochemistry of glycerol dialkyl glycerol tetraether lipids: A review. Organic Geochemistry, 54: 19-61.

Sebilo M, Mayer B, Nicolardot B, et al. 2013. Long-term fate of nitrate fertilizer in agricultural soils. PNAS, 110: 18185-18189.

Seidl R, Thom D, Kautz M, et al. 2017. Forest disturbances under climate change. Nature Climate Change, 7: 395-402.

Shaver GR, Canadell J, Chapin FS, et al. 2000. Global warming and terrestrial ecosystems: A conceptual framework for analysis. BioScience, 50: 871-882.

Shi GX, Yao BQ, Liu YJ, et al. 2017. The phylogenetic structure of AMF communities shifts in response to gradient warming with and without winter grazing on the Qinghai-Tibet Plateau. Applied Soil Ecology, 121: 31-40.

Shi WY, Qi HY, Sun QL, et al. 2019. gcMeta: A global catalogue of metagenomics platform to support the archiving, standardization and analysis of microbiome data. Nucleic Acids Research, 47: D637-D648.

Sistla SA, Moore JC, Simpson RT, et al. 2013. Long-term warming restructures Arctic tundra without changing net soil carbon storage. Nature, 497: 615-618.

Sitch S, Friedlingstein P, Gruber N, et al. 2015. Recent trends and drivers of regional sources and sinks of carbon dioxide. Biogeosciences, 12: 653-679.

Six J, Bossuyt H, Degryze S, et al. 2004. A history of research on the link between (micro) aggregate, soil biota, and soil organic matter dynamics. Soil and Tillage Research, 79: 7-31.

Sollins P, Kramer MG, Swanston C, et al. 2009. Sequential density fractionation across soils of contrasting mineralogy: Evidence for both microbial- and mineral-controlled soil organic matter stabilization. Biogeochemistry, 96: 209-231.

Srinivasan S, Popescu SC, Eriksson M, et al. 2015. Terrestrial laser scanning as an effective tool to retrieve tree level height, crown width, and stem diameter. Remote Sensing, 7(2): 1877-1896.

Steenweg R, Hebblewhite M, Kays RA, et al. 2017. Scaling-up camera traps: Monitoring the planet's biodiversity with networks of remote sensors. Frontiers in Ecology and the Environment, 15: 26-34.

Taberlet P, Coissac E, Pompanon F, et al. 2012. Towards next-generation biodiversity assessment using DNA metabarcoding. Molecular Ecology, 21: 2045-2050.

Tang H, Liu G, Han Y, et al. 2011. A system for free-air ozone concentration elevation with rice and wheat: Control performance and ozone exposure regime. Atmospheric Environment, 45(35): 6276-6282.

Tao SL, Guo QH, Li C, et al. 2016. Global patterns and determinants of forest canopy height. Ecology, 97: 3265-3270.

Teacher AGF, Griffiths DJ, Hodgson DJ, et al. 2013. Smartphones in ecology and evolution: A guide for the apprehensive. Ecology and Evolution, 3: 5268-5278.

Templer PH, Mack MC, Chapin FS, et al. 2012. Sinks for nitrogen inputs in terrestrial ecosystems: A meta-analysis of ^{15}N tracer field studies. Ecology, 93: 1816-1829.

Terrer C, Vicca S, Stocker BD, et al. 2018. Ecosystem responses to elevated CO_2 governed by plant-soil interactions and the cost of nitrogen acquisition. New Phytologist, 217: 507-522.

Thevenot M, Dignac MF, Rumpel C. 2010. Fate of lignins in soils: A review. Soil Biology and Biochemistry, 42(8): 1200-1211.

Thomas T, Gilbert J, Meyer F. 2012. Metagenomics—a guide from sampling to data analysis. Microbial Informatics and Experimentation, 2: 1-12.

Thompson LR, Sanders JG, McDonald D, et al. 2017. A communal catalogue reveals Earth's multiscale microbial diversity. Nature, 551: 457-463.

Tian D, Du EZ, Jiang L, et al. 2018. Responses of forest ecosystems to increasing N deposition in China: A critical review. Environmental Pollution, 243: 75-86.

Tipple BJ, Berke MA, Doman CE, et al. 2013. Leaf-wax n-alkanes record the plant-water environment at leaf flush. PNAS, 110: 2659-2664.

Tkacz A, Hortala M, Poole PS. 2018. Absolute quantitation of microbiota abundance in environmental samples. Microbiome, 6: 110.

Tomkiewicz SM, Fuller MR, Kie JG, et al. 2010. Global positioning system and associated technologies in animal behaviour and ecological research. Philosophical Transactions of the Royal Society B, 365: 2163-2176.

Torn MS, Chabbi A, Crill P, et al. 2015. A call for international soil experiment networks for studying, predicting, and managing global change impacts. Soil, 1: 575-582.

Trivedi P, Delgado-Baquerizo M, Jeffries TC, et al. 2017. Soil aggregation and associated microbial communities modify the impact of agricultural management on carbon content. Environmental Microbiology, 19: 3070-3086.

Turner DP, Ritts WD, Cohen WB, et al. 2003. Scaling gross primary production (GPP) over boreal and deciduous forest landscapes in support of MODIS GPP product validation. Remote Sensing of Environment, 88: 256-270.

Uclés O, Villagarcía L, Moro MJ, et al. 2014. Role of dewfall in the water balance of a semiarid coastal steppe ecosystem. Hydrological Processes, 28: 2271-2280.

Urbano F, Cagnacci F, Calenge C, et al. 2010. Wildlife tracking data management: A new vision. Philosophical Transactions of the Royal Society B, 365: 2177-2185.

van Nuland ME, Wooliver RC, Pfennigwerth AA, et al. 2016. Plant-soil feedbacks: Connecting ecosystem ecology and evolution. Functional Ecology, 30: 1032-1042.

Vargas R, Detto M, Baldocchi DD, et al. 2010. Multiscale analysis of temporal variability of soil CO_2 production as influenced by weather and vegetation. Global Change Biology, 16: 1589-1605.

Vilanova C, Porcar M. 2016. Are multi-omics enough? Nature Microbiology, 1: 16101.

Vogel C, Mueller CW, Hoschen C, et al. 2014. Submicron structures provide preferential spots for carbon and nitrogen sequestration in soils. Nature Communications, 5: 2947.

Wang DZ, Kong LF, Li YY, et al. 2016a. Environmental microbial community proteomics: Status, challenges and perspectives. International Journal of Molecular Sciences, 17: 1275.

Wang J, Chapman SJ, Yao HY. 2016b. Incorporation of ^{13}C-labelled rice rhizodeposition into soil microbial communities under different fertilizer applications. Applied Soil Ecology, 101: 11-19.

Wang T, Royle JA, Smith JL, et al. 2018. Living on the edge: Opportunities for Amur tiger recovery in China. Biological Conservation, 217: 269-279.

Wang YY, Wang H, He JS, et al. 2017. Iron-mediated soil carbon response to water-table decline in an alpine wetland. Nature Communications, 8: 15972.

Wen XF, Lee X, Sun XM, et al. 2012. Dew water isotopic ratios and their relationships to ecosystem water pools and fluxes in a cropland and a grassland in China. Oecologia, 168: 549-561.

Whitman T, Lehmann J. 2015. A dual-isotope approach to allow conclusive partitioning between three sources. Nature Communications, 6: 8708.

Wieder WR, Bonan GB, Allison SD. 2013. Global soil carbon projections are improved by modelling microbial processes. Nature Climate Change, 3: 909-912.

Wieder WR, Hartman MD, Sulman BN, et al. 2018. Carbon cycle confidence and uncertainty: Exploring variation among soil biogeochemical models. Global Change Biology, 24: 1563-1579.

Wingate L, Ogée J, Burlett R, et al. 2010. Photosynthetic carbon isotope discrimination and its relationship to the carbon isotope signals of stem, soil and ecosystem respiration. New Phytologist, 188: 576-589.

Wright IJ, Reich PB, Westoby M, et al. 2004. The worldwide leaf economics spectrum. Nature, 428: 821-827.

Xi D, Bai R, Zhang LM, et al. 2016. Contribution of anammox to nitrogen removal in two temperate forest soils. Applied and Environmental Microbiology, 82: 4602-4612.

Xiao J, Zhuang Q, Law BE, et al. 2010. A continuous measure of gross primary production for the conterminous United States derived from MODIS and AmeriFlux data. Remote Sensing of Environment, 114: 576-591.

Xiao W, Lee XH, Wen XF, et al. 2012. Modeling biophysical controls on canopy foliage water ^{18}O enrichment in wheat and corn. Global Change Biology, 18: 1769-1780.

Xiao W, Wei ZW, Wen XF. 2018. Evapotranspiration partitioning at the ecosystem scale using the stable isotope method—a review. Agricultural and Forest Meteorology, 263: 346-361.

Xu J, Ma B, Su XQ, et al. 2017. Emerging trends for microbiome analysis: From single-cell functional imaging to microbiome big data. Engineering, 3: 66-70.

Yang H, Piao SL, Zeng ZZ, et al. 2015. Multicriteria evaluation of discharge simulation in dynamic global vegetation models. Journal of Geophysical Research: Atmospheres, 120: 7488-7505.

Yang T, Adams JM, Shi Y, et al. 2017. Soil fungal diversity in natural grasslands of the Tibetan Plateau: Associations with plant diversity and productivity. New Phytologist, 215: 756-765.

Yang WH, McDowell AC, Brooks PD, et al. 2014. New high precision approach for measuring ^{15}N-N_2 gas fluxes from terrestrial ecosystems. Soil Biology and Biochemistry, 69: 234-241.

Yao Q, Lv J, Liu Q, et al. 2012. An insect imaging system to automate rice light-trap pest identification. Journal of Integrative Agriculture, 11: 978-985.

Yu GR, Zhu XJ, Fu YL, et al. 2013. Spatial patterns and climate drivers of carbon fluxes in terrestrial ecosystems of China. Global Change Biology, 19: 798-810.

Zaehle S, Jones CD, Houlton B, et al. 2015. Nitrogen availability reduces CMIP5 projections of twenty-first-century land carbon uptake. Journal of Climate, 28: 2494-2511.

Zaehle S, Medlyn BE, de Kauwe MG, et al. 2014. Evaluation of 11 terrestrial carbon-nitrogen cycle models against observations from two temperate Free-Air CO_2 Enrichment studies. New Phytologist, 202: 803-822.

Zhou J, Yang ZY, Wu GH, et al. 2018. The relationship between soil CO_2 efflux and its carbon isotopic composition under non-steady-state conditions. Agricultural and Forest Meteorology, 256-257: 492-500.

Zhu FF, Dai LM, Hobbie EA, et al. 2019. Uptake patterns of glycine, ammonium, and nitrate differ among four common tree species of Northeast China. Frontiers in Plant Science, 10: 799.

Zhu ZC, Piao SL, Myneni RB, et al. 2016. Greening of the earth and its drivers. Nature Climate Change, 6: 791-795.

本章作者：温学发、陈世苹、朱彪、冯兆忠、葛体达、方运霆、宋欣、沈海花、冯晓娟、褚海燕、肖治术、郭庆华、彭书时

指导专家：林光辉、孙晓敏、李胜功

第 9 章

生态系统观测网络及实验平台

摘要：长期观测与控制实验是生态系统生态学研究的重要手段。本章总结国内外主要的生态系统观测网络以及全球变化和生物多样性研究领域代表性的控制实验平台。全球性的观测网络主要包括：国际长期生态研究网络（ILTER）、美国国家生态观测站网络（NEON）和中国生态系统研究网络（CERN）等综合观测研究网络，以及全球通量观测研究网络（FLUXNET）等特定要素观测网络。生态系统实验平台主要包括 FACE 实验、养分添加实验网络（NutNet）、干旱实验网络（Drought-Net）以及以美国 Cedar Creek 实验、BIODEPTH 欧洲草地实验、德国耶拿实验等为代表的生物多样性与生态系统功能控制实验。作者认为，未来生态系统观测和实验的发展趋势是：在观测方面，推进生态系统网络观测的标准化、规范化和自动化，开展基于“天-空-地”一体化的立体综合观测；在控制实验方面，开展较长时间尺度的野外控制实验、大范围的联网实验研究以及实验-模型整合研究。

9.1 引　　言

工业革命以来，化石燃料利用、森林过伐、草原过度放牧等人类活动引起大气中 CO_2 等温室气体浓度增加，导致全球气候变暖。同时，工业化与城市化过程中，大气污染、氮沉降、富营养化等各种环境问题竞相出现。上述环境变化对全球生态系统产生了深刻影响，使人类赖以生存的生态系统和生物多样性遭受不同程度的破坏，从而威胁人类福祉（Millennium Ecosystem Assessment，2005）。厘清生态系统的变化及其驱动机制是开展全球环境治理、实现人类可持续发展的基础。作为生态系统生态学研究的重要手段，针对生态系统的观测和实验为准确认识生态系统结构和功能响应环境变化提供了有效途径。

国内外学者依托生态系统定位研究站开展了大量观测研究，例如著名的洛桑试验站（现称洛桑研究所）积累了长达 170 多年的观测资料，这些长期观测资料为认识生态系统的结构和功能奠定了科学基础。然而，由于缺乏统一的观测标准，站点尺度的观测已无法满足回答区域、国家乃至全球尺度生态环境问题的需要，亟须联合并集成小尺度的观测站点开展长期联网研究（傅伯杰和刘宇，2014）。在此背景下，20 世纪 80 年代，全球范围内各种生态系统观测研究网络开始建立。依据观测对象和观测指标，这些观测网络可分为综合观测研究网络和针对特定生态系统类型或者生态系统特定组分的特定要素观测网络。这些网络为促进生态学发展、推动公众教育、制定管理决策提供有力支撑。

在观测网络蓬勃发展的同时,生态系统实验研究也取得了显著进步。尤其是全球变化控制实验(如FACE实验、全土壤剖面增温实验等)的出现,为认识生态系统对全球变化的响应与适应提供重要依据(De Boeck et al.,2015)。近年来,针对不同实验中涉及的实验处理、测定指标以及测定方法不一致等问题,学术界开始倡导在区域和全球尺度上基于统一方法开展联网控制实验研究。其中,最有代表性的是养分添加实验网络(NutNet)、干旱实验网络(Drought-Net)以及森林生物多样性与生态系统功能研究平台(如TreeDivNet)。为了促进国内学者对相关观测网络以及重要实验平台的了解,本章介绍国内外主要的生态系统观测网络以及全球变化和生物多样性研究领域代表性的控制实验平台。在此基础上,对未来生态系统观测和实验的发展趋势进行展望。

9.2 生态系统观测网络

9.2.1 综合观测研究网络

随着气候变化等重大环境问题的出现,不同国家和国际组织启动了野外观测实验研究计划,形成许多生态系统综合观测研究网络。其中,国际长期生态研究网络(International Long-Term Ecological Research Network,ILTER)是最具代表性的全球性网络;美国长期生态研究网络(US Long-Term Ecological Research Network,US-LTER)、美国国家生态观测站网络(National Ecological Observatory Network,NEON)、英国环境变化监测网络(UK Envionmental Change Network,ECN)以及中国生态系统研究网络(Chinese Ecosystem Research Network,CERN)和国家生态系统观测研究网络(Chinese National Ecosystem Research Network,CNERN)是比较著名的国家综合观测网络。通过长期联网观测获取连续的野外观测数据,有助于认识生态系统结构与功能的时空格局,同时有望为区域和国家可持续发展提供科技支撑。

(1) 国际综合观测研究网络

1) 国际长期生态研究网络

1993年,国际长期生态研究网络(ILTER)在国际长期生态学网络研究会议上成立,是一个以研究长期生态学现象为主要目标的国际性学术组织(Vanderbilt and Gaiser,2017;Mirtl et al.,2018;傅伯杰和刘宇,2014)。ILTER的目标是提升对区域和全球尺度生态学现象的理解,支撑区域和全球生态系统管理,促进长期生态学研究的国际合作(Hobbie et al.,2003;傅伯杰和刘宇,2014)。目前ILTER已发展成为一个全球性的重要学术组织,共包括44个成员网络,涵盖全球1094个站点(图9-1),分为美洲、东亚及太平洋、非洲和欧洲四个主要区域网络(截至2019年11月)。其中,美国长期生态研究网络(US-LTER)、英国环境变化监测网络(ECN)和中国生态系统研究网络(CERN)处于领先地位,并称为世界三大国家生态系统监测网络(傅伯杰等,2007;于贵瑞等,2018)。

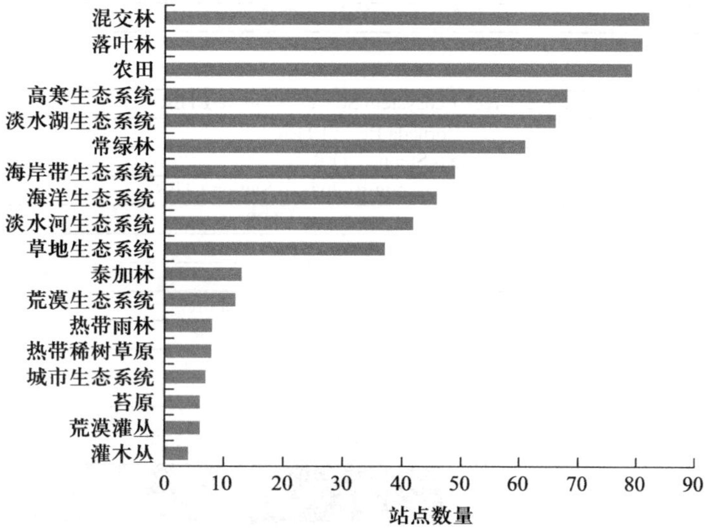

图9-1 ILTER站点分布

ILTER关注的科学问题包括生态系统完整性、生态系统功能和生物多样性变化的驱动机制、气候变化对生态系统过程的影响等。具体目标是:① 为生态观测研究站的建设提供装置和设备清单等,形成适用于长期生态观测研究站的发展指南;② 促进国际上长期生态学研究人员之间的学术交流和项目合作;③ 解决生态学研究中涉及的取样方法、尺度转换等一系列问题;④ 基于长期生态学研究成果开展公众教育,辅助管理决策(赵士洞,2001)。长期目标是开展全球生态环境、生态资源的联合监测和合作研究,支撑全球生态环境、自然资源、社会经济等长期可持续发展(赵士洞,2001)。

2) 美国长期生态研究网络

美国长期生态研究网络(US-LTER)建立于1980年,是世界上成立最早的长期生态研究网络,目前拥有28个台站(图9-2),覆盖了森林、草地、农田、荒漠等多种生态系统类型。其目的是为研究人员、决策者及社会公众提供生态系统状态、服务功能及生物多样性保护和管理等方面的知识。具体目标是:① 了解不同时空尺度上各类生态系统的格局与过程;② 通过长期的多学科研究,获得重要发现并发展新理论;③ 生成标准化的观测和试验数据并长期保存相关标本和样品;④ 向研究人员提供标准化数据;⑤ 为决策者提供信息、知识、建议和决策支持;⑥ 通过培训等方式传播长期生态学研究成果,培养新一代科学家。

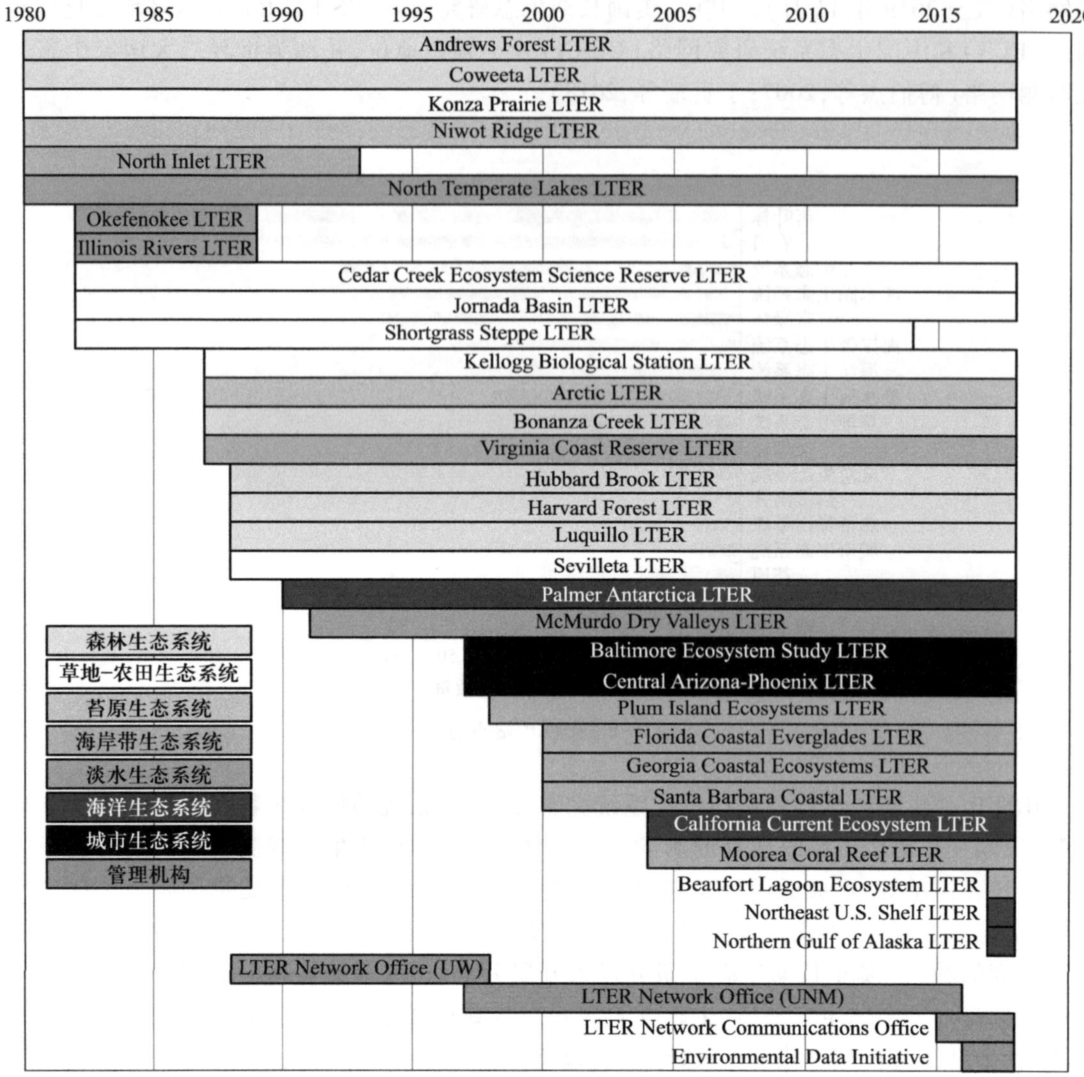

图 9-2　US-LTER 发展历程(见书末彩插)

US-LTER 重视台站联网研究及网络层面的综合科学研究,主要涉及生物多样性、生物地球化学循环、生态系统对气候变化的响应、人类-自然耦合生态系统研究等领域(于秀波和付超,2007)。其关注的科学问题主要包括:① 气候变化和人类活动如何改变生态系统结构与功能;② 生物群落结构变化与能量和物质通量变化之间的相互作用;③ 生态系统的变化如何影响生态系统服务;④ 生态系统服务的变化如何影响人类(傅伯杰等,2007)。经过几十年的发展,该网络在发展长期生态学的理论和方法、开展观测和研究、推动教育和服务社会等方面取得了显著成绩。

3) 美国国家生态观测站网络

为了通过网络式的观测、试验、研究和综合分析,监测美国生态环境的变化及其影响因素，并预测未来生态环境变化的趋势，为生态系统管理提供决策建议（Teeri and Raven，2002；赵士洞，2005；Keller et al.，2008），美国于 2000 年开始筹建国家生态观测站网络（NEON）。NEON 为了保证观测指标的一致性和数据质量，从台站布设、观测指标到监测设施均按照统一的设计和规范；通过与卫星遥感观测数据的进一步集成，实现美国国家生态系统时空变化的长期连续有效监测，代表目前国际上生态系统观测研究网络的最新发展水平（图 9-3）（傅伯杰和刘宇，2014）。与 US-LTER 相比，NEON 从根本上改变了传统的小规模、地域性研究方式，形成大陆尺度的一体化观测研究平台。

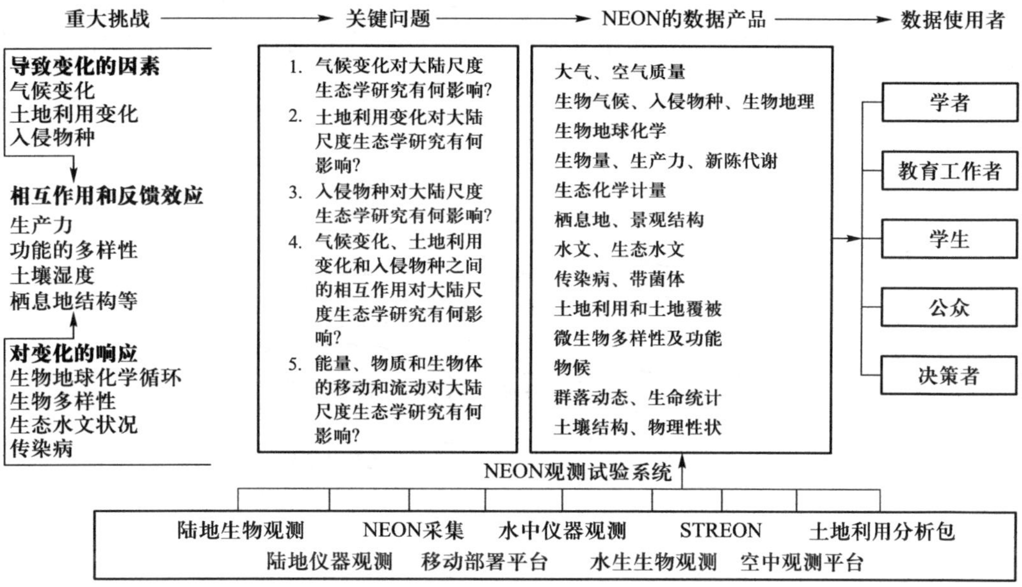

图 9-3 NEON 的系统框架（傅伯杰和刘宇，2014）

在站点布局设计上，NEON 为了保证站点的空间代表性，综合考虑地形、气候、植被等多因素进行站点的严格筛选。目前已提供 47 个陆地生态站和 34 个水域生态站的水、土、气、生标准数据产品，包括自动监测数据、野外采样数据和航空遥感数据等。NEON 依据植被分区图划分了 20 个区域，基本保证每个区域均同时包含陆地和水域生态站，只有第 20 个区域（太平洋热带区域）仅有 1 个陆地生态站。观测设施主要包括野外定位观测系统、移动部署平台、空中观测平台以及标本和样本管理系统，构成高度信息化和自动化、“天-空-地”一体化的大陆尺度生态系统观测研究平台。全面配置先进的实验室、野外观测仪器、观测站设备等基础设施，并通过先进的通信方式进行联网，建成具有计算、分析和建模能力的信息化科研环境。

NEON 的目标是利用先进的仪器和装备，开展生态系统的观测和试验，研究国家尺度生态系统的变化及成因，并预测其未来变化趋势，为国家重大环境问题的解决提供支撑。具体的研究任务主要包括：① 为研究人员开展不同时空尺度的生态学研究提供观测仪器和设施；② 建立在线服务系统，用户可以远程获取观测网络的监测数据；③ 通过数据共享和综合分析,可以辅助研究人员开展模型研究,预测人类活动对生态系统和环境的影响(赵士洞,2005)。

4) 英国环境变化监测网络

英国环境变化监测网络(ECN)成立于1992年,由12个陆地生态系统监测站和45个淡水生态系统监测站组成,覆盖英国主要环境梯度和生态系统类型,其中陆地生态系统的监测从1993年开始,而淡水生态系统的监测从1994年开始。ECN的主要目标是:① 通过监测一系列具有重要环境意义的变量,获取可比较的长期数据;② 对数据进行整合分析,识别自然和人为导致的环境变化及其原因;③ 区分短期波动与长期趋势,预测未来变化;④ 为科学研究提供支撑。其关注的科学问题包括气象因子、氮沉降、人类活动的趋势和变异及其对生物多样性和生态系统功能的影响等(图9-4)。

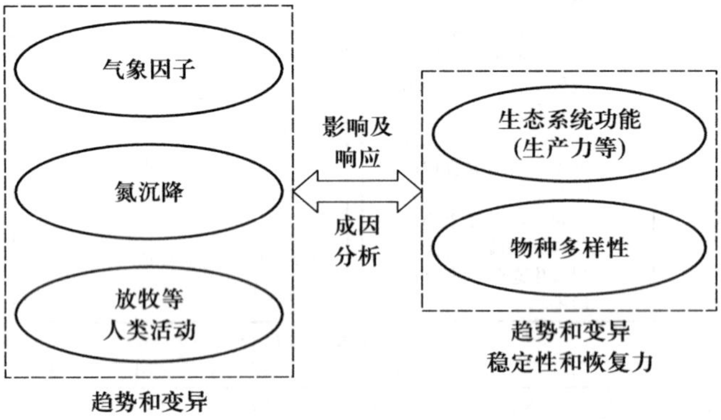

图9-4 ECN关注的主要科学问题

ECN根据各个生态系统类型的特点制定监测指标体系,并针对各监测指标制定标准的监测方法及数据质量控制技术体系(刘海江等,2014)。ECN制定数据管理政策,对外提供数据共享,包括物理数据、化学数据、无脊椎动物数据、脊椎动物数据、植被数据、生态系统服务数据6大类共513个数据集。隶属于该网络的洛桑试验站早在1843年就开始布置土壤肥力与肥料效益长期定位试验,是世界上持续时间最长的田间试验,该试验积累的长达170多年的数据和样品为全球科学家提供了宝贵资料。

(2) 国内综合观测研究网络

我国是世界上最早开展生态系统长期定位观测的国家之一,拥有中国生态系统研究网络(CERN)、国家生态系统观测研究网络(CNERN)、中国森林生态系统定位研究网络(CFERN)等定位观测研究网络。其中,CERN在我国最早开展生态系统长期定位研究。

1) 中国生态系统研究网络

为解决我国生态环境保护与可持续发展中的重大科技问题,提升资源环境领域科技创新基础平台和综合研究能力，中国科学院于 1988 年创建了中国生态系统研究网络(CERN)(Fu et al.,2010;孙鸿烈等,2014)。CERN 根据生态系统的地带性和整体性原理设计，生态站空间布局科学合理，涵盖我国森林、草地、荒漠、农田等多种生态系统类型，具有较好的空间代表性；实现水分、土壤、大气、生物等多种生态要素的综合观测(于贵瑞和于秀波，2013)。目前 CERN 由 1 个综合中心、1 个数据中心和 5 个学科分中心(水分、土壤、大气、生物、水域)以及 44 个生态站组成，是由 48 个综合观测场、120 个辅助观测场、1100 多个定位监测点、15 000 多个固定调查样地组成的国家生态观测试验系统，观测指标达 282 个(于贵瑞和于秀波,2013)(图 9-5)。CERN 的目标是通过生态系统野外台站的长期定位观测试验与区域综合研究，揭示生态系统结构、功能、过程与服务特征及变化规律，为我国生态系统管理提供科学数据、示范模式和决策依据。

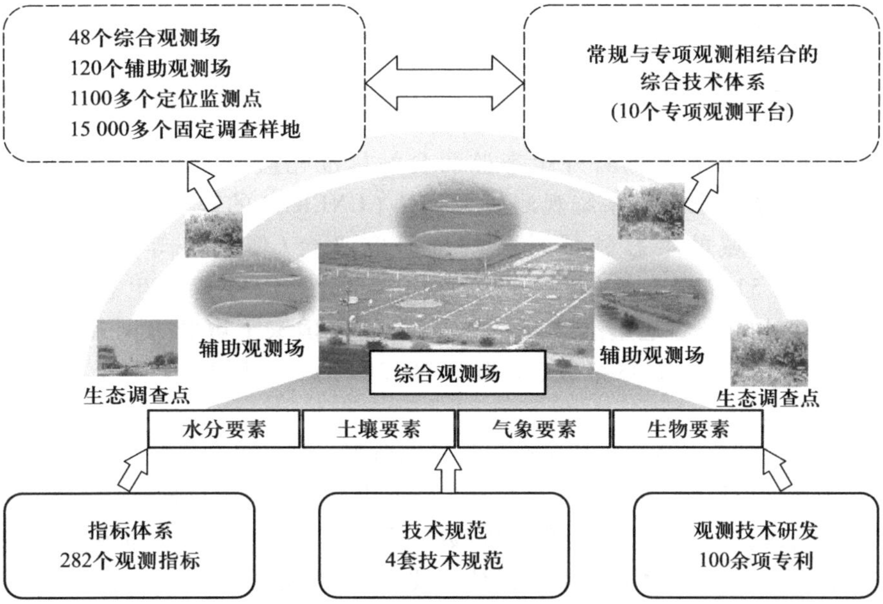

图 9-5 CERN 的组成

CERN 的核心任务是观测、研究、示范，具体包括：① 按照统一的监测规范对我国主要生态系统类型进行长期定位监测；② 研究生态系统的结构、功能及变化，为国家生态系统管理提供决策依据；③ 发展生态系统优化管理的技术方法，并在全国开展示范模式；④ 针对全球生态环境问题开展国际合作研究(黄铁青和牛栋,2005)。CERN 的核心研究领域包括：① 人类活动与生态系统结构、功能变化；② 生态系统碳氮水循环过程与管理；③ 生态系统对气候变化的响应与适应；④ 生物多样性保育与生物资源利用；⑤ 生态系统恢复与区域可持续发展；⑥ 生态监测、模拟与生态信息应用技术(Fu et al.,2010)。

经过 30 余年的建设与发展，CERN 已成为覆盖全国的分布式、网络化大型科学观测与试验研究基础设施，涵盖全国主要生态系统类型与关键区域，成为具有重要国际影响的前沿研究基地。CERN形成观测指标、数据采集、质量控制等一系列技术标准规范，保障生态站的观测和试验数据的标准化和规范化获取；实现数据采集-传输-存储-管理-处理-模型模拟-集成分析-可视化-共享服务一体化信息平台的建设；整合典型生态系统长期观测数据、专项观测数据及科研论文数据，形成由长期定位观测和专题科学研究数据等组成的数据资源体系，成为我国最大的生态系统观测研究数据共享资源（廖小罕等，2020）。为了促进数据共享，CERN采取出版数据集丛书、发表数据论文专刊以及在线和离线共享等措施，探索保障数据生产者、使用者和管理者权益的数据开放共享模式。2011年将生态站数据组织出版，包括农田、草地与荒漠、森林以及湖泊湿地海湾生态系统，共4卷51册；2017年在《中国科学数据》期刊组织出版水、土、气、生长期监测数据论文专辑；2018年在 *Earth System Science Data* 发表数据论文（Ren et al.，2018）。为推进CERN数据的国际共享，与地球数据观测网络（Data Observation Network for Earth，DataONE）合作开发了CERN国际共享数据服务系统，向国际用户提供共享数据的元数据查看、数据申请和下载等服务。

2）国家生态系统观测研究网络

为实现分属于不同部门的野外生态监测台站标准化监测及资源整合和共享，科技部于2005年启动了国家生态系统观测研究网络（CNERN）的建设，在国家层面建立跨部门、跨行业、跨地域的生态领域科技基础研究平台（傅伯杰等，2007；刘海江等，2014）。该网络由51个生态站（包括18个农田生态站、17个森林生态站、9个草地与荒漠生态站、7个水体与湿地生态站），2个农业子网（国家土壤肥力网和国家种质资源圃网）以及1个综合研究中心组成（刘海江等，2014），其中36个生态站同时隶属于CERN（郭学兵等，2017）。

CNERN制定国家生态系统野外研究网络长期监测指标体系和规范，整合国家台站的观测试验样地、观测试验设施、各种野外观测设备和室内分析仪器以及各台站保存的植物和土壤样品，统一进行规范化的改造和提升，制定数据采集和质量控制的标准和规范，形成包括数据资源和实物资源的资源体系。基于云计算技术，搭建我国第一个生态学领域的国家层次数据管理和共享服务云平台，为我国科研人员和公众提供数据资源和实物资源的共享服务（郭学兵等，2017；苏文等，2016）。基于CNERN开放共享的观测数据，我国科学家在生态系统研究方面取得一系列成果，促进我国生态学科的发展。

9.2.2 特定要素观测网络

除了综合观测研究网络，国内外学者针对某一特定科学问题也开展了特定生态系统要素的联网观测。其中，国际上比较有代表性的包括全球通量观测研究网络（FLUXNET）、长期多点分解实验（Long-Term Intersite Decomposition Experiment Team，LIDET）、全球森林监测网络（Forest Global Earth Observatory，ForestGEO）、森林冠层塔吊研究网络（The Canopy Crane Network）、全球高山环境观测研究计划（Global Observation Research Initiative in Alpine Environments，GLORIA）。国内比较有代表性的有中国陆地生态系统通量观测研究网络（ChinaFLUX）、中国生物多样性监测与研究网络（Sino BON）、中国森林生物多样性监测网络(CForBio)、中国物候观测网(Chinese Phenological Observation Network,CPON)、中国东部森林生长监测平台、根系生物学与生态过程观测研究网络(Rhizonet)。

(1) 国际特定要素观测网络

1) 全球通量观测研究网络

生态系统与大气之间的气体通量是揭示生态系统碳汇功能及其变异的重要指标。生态学界从20世纪70年代前后开始利用涡度相关技术开展生态系统碳水通量观测,认识大气边界层的物质和能量交换特征(Anderson et al.,1984; Desjardins,1974)。进入80年代之后,开展观测的站点逐步增多,并先后启动了水文和大气先行性试验(Hydrologic Atmospheric Pilot Experiment,HAPEX)、加拿大北方生态系统大气研究(Boreal Ecosystems Atmosphere Study,BOREAS)等国际通量观测研究计划,进一步推动了涡度相关技术在气象学和生态学研究中的应用(Baldocchi et al.,1988,1996; Wofsy et al., 1993)。特别是1995年拉蒂勒会议之后,欧洲通量网(EUROFLUX/CarboEurope)和美洲通量网(AmeriFlux)先后于1996年和1997年启动。1998年,在美国国家航空航天局(NASA)和地球观测系统(EOS)的支持下,全球通量观测研究网络(FLUXNET)成立,形成全球尺度生态系统通量的协同观测研究网络(Baldocchi et al.,2001)。

截至2017年2月,在FLUXNET注册的生态系统通量观测的活跃研究站点已达914个(图9-6)。观测站点主要来自三大类,一是区域性通量研究网络,如美洲通量网(AmeriFlux)、欧洲综合碳观测系统(ICOS)、大洋洲通量网(OzFlux)、亚洲通量网(AsiaFlux)和非洲通量网(CarboAfrica)等;二是国家性通量观测研究网络,如日本通量网(JapanFlux)、墨西哥通量网(MexFlux)、加拿大通量网(FluxCanada)和中国陆地生态系统通量观测研究网络(ChinaFLUX)等;三是专项性研究机构,如欧洲温室气体计划(GHG-Europe)、气候变化与极端气候下的陆地生态系统碳循环(CarboExtreme)和欧洲碳循环观测设施项目(IMECC)等。总体来看,北美、欧洲和东亚地区的观测站点较为密集,而其他地区相对偏少;森林、草地和农田为主要的观测站点类型,其他类型的观测站点相对偏少;大部分站点位于温带和热带地区,其他区域的站点分布相对偏少,特别是中亚、南亚和非洲地区的观测站点还相对稀少(图9-7)。

自2001年成立以来,FLUXNET在全球生态系统通量观测研究中具有以下4个功能:① 编辑和发布碳、水、热量通量数据和气象、植物、土壤数据的基本构架,以及数据库的建设方案;② 支持站点之间的校准和通量比较等活动,提出观测数据质量控制的技术方案,并组织开展全球通量共享数据集的构建;③ 举行国际学术研讨会和通量观测技术培训班等,开展观测数据和学术思想的交流和讨论;④ 定期发布最新研究进展、数据库建设以及各类科研信息等(Baldocchi et al.,2001)。

截至目前,FLUXNET先后发布了3次生态系统通量观测共享数据集:① Marconi数据集。根据2000年6月FLUXNET集成研究国际研讨会上达成的共识,基于EUROFLUX和AmeriFlux的观测数据,整编完成了由森林、草地和农田等类型生态系统共37个站点、97个

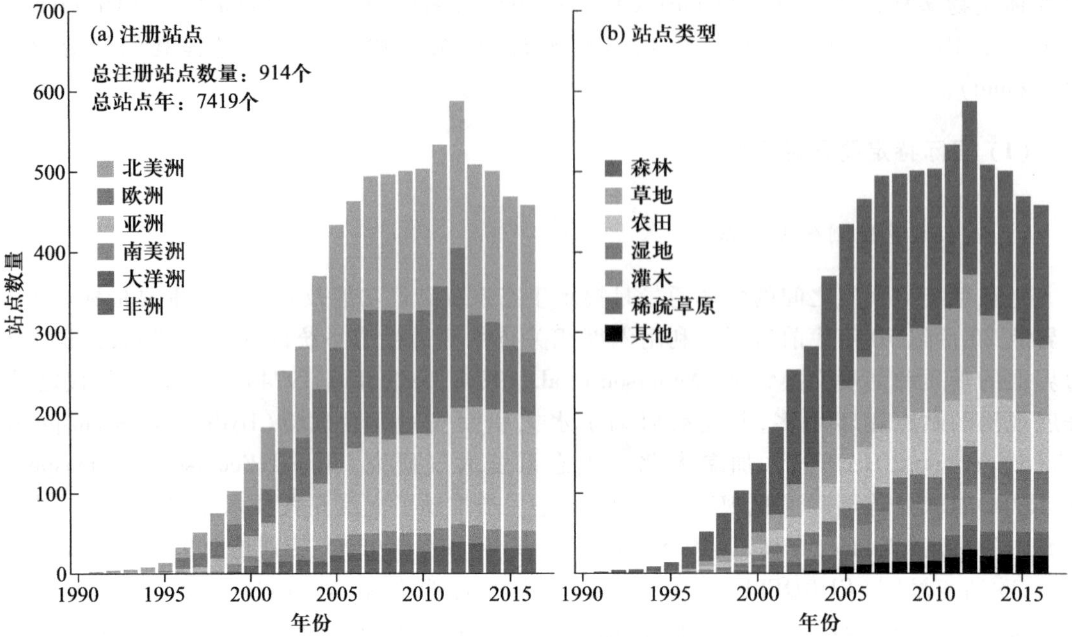

图 9-6 FLUXNET 注册观测站点数量与类型(见书末彩插)

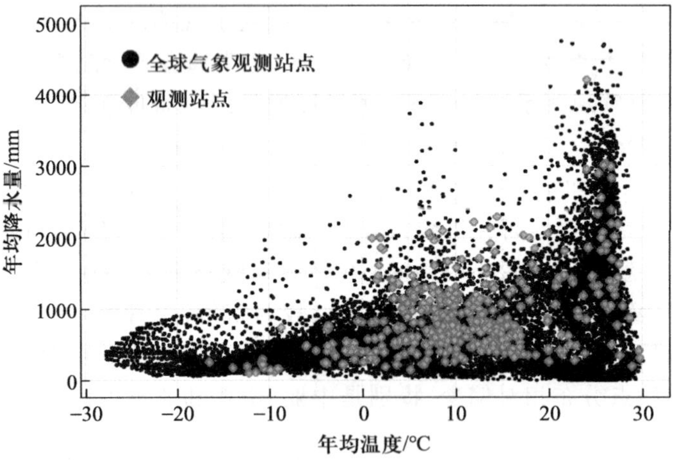

图 9-7 FLUXNET 观测站点的气候特征(Falge et al.,2017)

站点年组成的 Marconi 数据集,该数据集以 1996—1998 年为主,包括部分站点 1992—1995 年和 1999—2000 年的观测数据(Falge et al.,2005)。② La Thuile 集成数据集。2007 年,FLUXNET 发布了 La Thuile 集成数据集,包含来自全球不同区域观测研究网络 252 个观测站点、965 个站点年的生态系统碳水和能量通量观测数据。该数据集首次明确了 FLUXNET 数据的分级共享原则,并收集到全球不同研究团队提交的 110 份集成研究计划,推动了一大批高水平研究成果的产出。③ FLUXNET2015 数据集。2015 年,FLUXNET 发布了第三次共享数据集,并在 2016 年补充和更新了部分数据集。该数据集包含了 212 个站点、1500 个站点年的观测数据，其中部分站点的观测数据长度超过了20年，参与共享的站点基本涵盖了从北极苔原到非洲南部萨瓦纳等主要的陆地生态系统类型。

2）长期多点分解实验

凋落物分解是生态系统碳循环中的重要环节。为了研究底物质量与微气象条件对凋落物分解及养分动态的长期影响，北美生态学家在1990年组织开展了一项多达28个站点、为期超过10年（1990—2002年）的长期多点分解实验。LIDET具体分为3个小组，包括：① 野外实验组，负责分解袋的野外放置和回收，同时提供气候、植被和土壤背景信息；② 测试分析组，负责化学分析测定、数据管理和处理；③ 模型模拟组，负责综合分析凋落物分解过程中碳氮动态机制，检验和改进模型中关于凋落物分解相关的假设（LIDET，1995）。

LIDET实验设计主要考虑站点、凋落物类型（叶、根及木质残体）和时间等因素。具体而言，从北美典型的植被类型中选择28个站点，这些站点的气候梯度大（年均温-7~26 ℃，年降水量230~4000 mm）。每个实验站点均设置10种用于分解实验的标准样品，包括3种细根（<2 mm，来自禾草、阔叶树和针叶树）、6种凋落叶片（木质素与全氮的比值为5~75）以及木质残体（以木榫为实验样品）（LIDET，1995）。凋落物分解实验采用分解袋法，分解袋大小为20 cm × 20 cm，用于叶片凋落物的分解袋正面和背面网眼孔径分别为1 mm和55 mm，用于细根的分解袋正面和背面网眼孔径均为55 mm。为量化网眼孔径的影响，另设置正面和背面网眼孔径分别为7 mm和55 mm的分解袋。每个分解袋单独编号，装入10 g凋落叶片样品或5 g细根样品，分10次取回，其中热带站点每3~6个月取回1次，其他站点每年取回1次，对于每个站点、每个物种和每次取样均设置4个重复。除了标准凋落物样品外，每个站点还设置了部分相同的凋落物分解样品，用于校准标准样品的实验结果，每个站点、每个物种和每次取样均设置4个重复，在每次取回标准样品时随机取回。取回的样品置于烘箱烘干至恒重，研磨后测定化学组分，包括氮、磷、灰分、木质素、纤维素、阳离子含量等。

LIDET提升了学术界对凋落物分解过程碳、氮动态及其影响机制的认识。基于LIDET实验结果，Harmon等（2009）分析了叶片和细根凋落物分解过程质量损失随时间的变化规律后发现，基于长期分解实验估算的分解速率约为1年短期分解实验所得分解速率的75%。Parton等（2007）分析了凋落物分解过程中氮的释放规律及其影响因素后发现，叶片凋落物分解过程中氮的释放主要受初始氮含量和分解剩余物质量的影响，与分解剩余物质量呈非线性关系；细根分解过程中氮的释放与分解剩余物质量呈线性相关，而且较少发生氮固持。在LIDET的基础上，Manzoni等（2008）整合了全球凋落物分解实验数据，分析了凋落物分解氮释放过程的化学计量关系后发现，凋落物质量控制着氮固持向氮释放的转变，而且改变了分解者呼吸作用特征，即分解者通过降低碳利用效率“开采”含氮量低的残留物。此外，LIDET实验结果提供了高质量的基础数据，有助于模型对于凋落物分解过程的精确模拟（Adair et al.，2008；Currie et al.，2010；Smith et al.，2011；Bonan et al.，2013）。

3）全球森林监测网络

全球森林监测网络(ForestGEO)由美国史密森热带研究所推动建立。自1981年Robin Foster和Stephen Hubbell在巴拿马Barro Colorado岛建立了第一个50 hm^2样地以来，ForestGEO已成为全球最大的森林监测网络(Anderson-Teixeira et al.,2015)。截至2019年，ForestGEO已在全球27个国家和地区建立了67个2~120 hm^2的样地。监测木本植物约13 000种，个体数超过600万株，样地遍布美洲、亚洲、欧洲、非洲以及大洋洲，基本代表了热带雨林、喀斯特季雨林、亚热带森林以及温带森林等地带性森林植被，样地年均温和年降水量分别为-3.2~28.3 ℃和369~5272 mm。

ForestGEO采用统一的监测标准，通过对大型森林样地内胸径大于1 cm的木本植物个体进行挂牌、标记、鉴定和测量，获取群落组成基础数据，每5年复查一次。除此之外，ForestGEO样地还通过补充其他监测内容，包括幼苗、藤本植物、开花和种子产量、物候、枯倒木和凋落物、功能性状、分子标记、土壤、红外相机等，对森林生态系统中相互作用的重要组分进行监测，进而加深对群落格局和动态变化过程的认识(Anderson-Teixeira et al.,2015)。与传统的样方调查相比，大样地方法采样强度大，能够提供群落组成以及物种空间分布信息，进而为研究森林群落物种多样性形成机制及其对气候变化的响应提供翔实的动态数据(Condit,1998)。ForestGEO主要关注以下科学问题：① 为什么森林能够维持很高的物种多样性？如何保持森林群落生物多样性？② 森林在稳定气候变化中发挥了什么作用？如何合理利用森林并提高森林固碳能力？③ 什么因素决定了森林生产力？如何可持续地利用森林资源？

ForestGEO是全球唯一能够在不同时空尺度提供长期监测数据集的森林监测平台。不仅能用于揭示森林物种多样性形成、维持以及丧失的过程和机制，还可为生物多样性保护及生物自然资源的可持续性管理提供决策依据。此外，ForestGEO的多点监测还能用于全面评估气候变化对森林群落的影响及途径。

4）森林冠层塔吊研究网络

森林冠层是森林群落树冠的集合体，拥有丰富的生物多样性，是森林群落与大气层交互作用重要的生态功能界面，对塑造和维持森林群落的结构和功能、保护生物多样性、应对全球变化具有重要作用(Ozanne et al.,2003;Nakamura et al.,2017)。自Perry(1978)提出单绳攀爬技术以后，学术界开始关注林冠生物多样性等林冠生态学的研究。此后，又发展了热气球、空中走廊、林冠方舟等技术用于森林冠层生态学的研究。1990年，美国史密森热带研究所在巴拿马建成全球第一个塔吊用于热带森林冠层的研究(Parker et al.,1992)。为了充分发挥现有塔吊设施在林冠生物多样性研究中的作用，中国科学院西双版纳热带植物园于2015年举办了“林冠生态学与生物多样性”国际研讨会，并倡议建立森林冠层塔吊研究网络，目前该网络共包含15个森林林冠塔吊研究样点(Nakamura et al.,2017)。

森林冠层塔吊系统由高于林冠的塔身，360°可控性旋转、覆盖较大森林范围的塔臂及系于塔臂可上下、前后移动、可载人及仪器设备的吊篮组成，从而实现对森林冠层的监测和研究(图9-8)。与传统森林冠层观测技术相比，森林塔吊覆盖范围大，便于无破坏、重复观测；

可观测整个林冠结构,并在林冠进行控制实验操作;可自由获取三维空间环境和详细的生物观测信息,可控性好、安全性高。森林冠层塔吊研究网络关注的科学问题主要包括:① 森林冠层生物多样性格局及动态规律;② 森林冠层在森林生物多样性及群落结构形成与维持中的作用;③ 生物地球化学循环、森林生态系统功能及服务;④ 全球变化对森林生态系统的影响及其机制;⑤ 森林生物多样性遥感监测(Nakamura et al.,2017)。

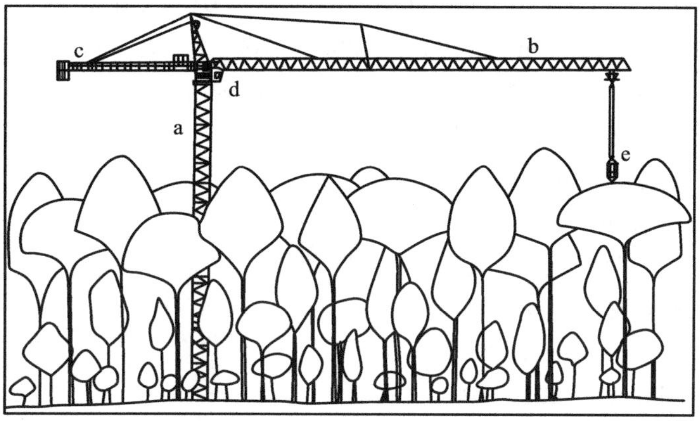

图 9-8 森林冠层塔吊系统示意图(Parker et al.,1992)
a,塔身;b,塔臂;c,平衡臂和配重;d,控制(操作)室;e,吊篮。

目前,已有 20 多个国家建立 60 余个森林塔吊及森林冠层空中走廊等用于林冠研究的设施,其中较有代表性的是 2014 年法国、荷兰、德国科学家在法属圭亚那建立的冠层操作永久访问系统(Canopy Operating Permanent Access System,COPAS)。此外,中国科学院在吉林长白山、浙江古田山(图 9-9)、湖南八大公山、四川栗子坪、广东鼎湖山、云南哀牢山、云南云杉坪、云南西双版纳建立了 8 座森林塔吊,形成了世界单一国家最大的森林冠层生物多样性监测专项网络,与全球其他国家和地区的森林冠层研究平台一起构成国际森林冠层塔吊研究网络。

图 9-9 浙江古田山林冠塔吊(王云泉摄)(见书末彩插)

5）全球高山环境观测研究计划

全球高山环境观测研究计划（GLORIA）是一个致力于通过长期观测评估气候变化对高山生态系统生物多样性影响的国际山地研究网络。GLORIA 主要聚焦高山区，即林线以上的区域，包括树线交错带、高山区和积雪带（Körner，2003；Nagy and Grabherr，2009；Körner et al.，2011）。GLORIA 最早于1998年和1999年分别在奥地利阿尔卑斯山东北石灰岩地区以及西班牙内华达山脉进行了测试（Pauli et al.，2003）。2001年，在欧洲18个研究区率先建立了72个山峰监测样地（Pauli et al.，2004）。2003—2004年，美国科迪勒拉山（Cordilleras）、秘鲁南部、新西兰以及澳大利亚的研究样地也先后建立，随后逐渐发展为全球性网络。该网络目前包括来自全球主要山脉和植被区的131个研究点。

GLORIA 各样点主要采用“多峰研究法”（multi-summit approach）（图9-10）进行长期监测，以便对气候变化如何影响全球不同区域山地植被和生物多样性开展比较研究（Grabherr et al.，2000；Pauli et al.，2009；Grabherr et al.，2010）。具体来讲，通过在每个目标区同一个区域气候带类型内选择满足条件的至少四座不同海拔高度的山峰，在山峰最高点以下5 m 登高线上，在东、南、西、北四个主方位上分别设置一个3 m × 3 m 样方群，在每个样方群的四角分别设置1个1 m^2 样方，共计设置16个1 m^2 样方。在山峰区上部（5 m 山峰区）和山峰区下部（10 m 山峰区）分别设置4个监测扇区。通过观测记录物种组成与盖度、地表类型，估测物种多度，连续温度监测，照相以及观察记录目标区总体状况，构建基于维管植物格局和土壤温度变化等的数据集。在完成标准监测方案的基础上，还通过在现有的标准样地内设置更多的1 m^2 样方对山峰扇区开展补充调查，并增加对苔藓和地衣类等其他植物的调查取样等。另外，在特定研究点也增加了一些额外监测项目，例如蝴蝶物种编目、节肢动物调查、土壤理化性质以及社会经济和文化方面的调查等（Pauli et al.，2015）。

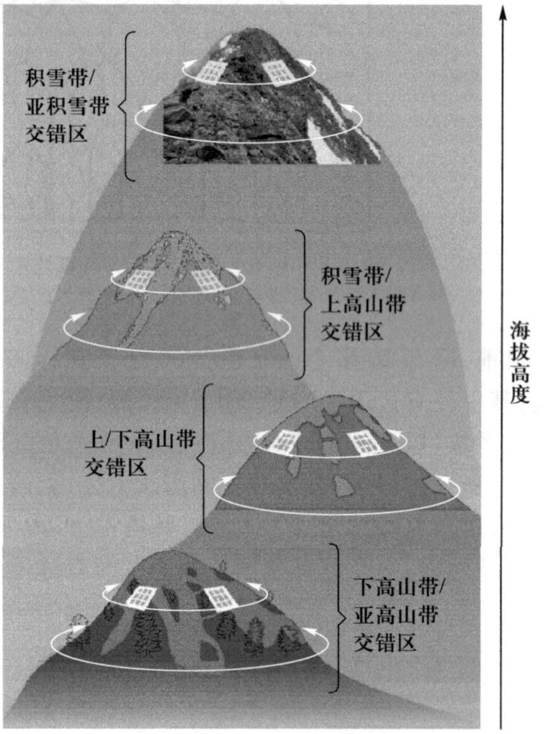

图9-10　GLORIA“多峰研究法”示意图。每个目标区内包含4个海拔高度不一的山峰，白线所示分别为5 m 以及10 m 山峰区（Pauli et al.，2015）

GLORIA 的基本目标包括：① 提供全球山地系统主要气候梯度物种丰富度、植物物种组成、盖度、多度、裸地百分比以及土壤温度、积雪期的标准化定量数据集；② 通过对永久样地的长期监测（每5~10年复查一次），揭示物种及植被分布格局变化趋势，评估气候变化对植被格局变化的影响；③ 记录非生物环境的变化，并通过对土壤温度的连续测定，结合样方融雪和积雪时间计算植物生长季的长度;④ 建立全球适用的评估气候变化对自然、半自然环境中高山植被和生物多样性影响的指标体系;⑤ 评估气候变化所引起的生物多样性丧失和生态系统不稳定性风险;⑥ 为制定缓解气候变化对生物多样性的威胁的保护策略提供科学依据(Pauli et al.,2015)。

(2) 国内特定要素观测网络

1) 中国陆地生态系统通量观测研究网络

中国陆地生态系统通量观测研究网络(ChinaFLUX)于2002年正式创建(Yu et al.,2006;于贵瑞等,2014)。2014年,通过联合国内不同行业部门进一步形成中国通量观测研究联盟,成为以生态系统碳氮水通量长期、连续观测与研究为核心目标的科学研究联盟,并发展为国内最具规模的通量观测研究网络。ChinaFLUX的站点布局强调生态系统格局的区域地理分异性、区域尺度生态系统类型的多样性以及关键地带的空间代表性。截至目前,ChinaFLUX包括80个观测站,涵盖森林、草地、农田、湿地、荒漠、城市和水体等不同类型的生态系统。

ChinaFLUX的目标是:① 创建中国陆地生态系统通量观测平台,提升国家生态系统观测研究网络的综合观测能力,积累生态过程与生态环境的多要素、长期性连续观测数据。② 构建生态系统碳氮水通量的观测理论和方法论体系,发展野外协同观测平台、数据-模型融合平台和国际交流合作平台。③ 开展生态系统-样带-区域的多尺度碳氮水循环过程机理研究,评价生态系统碳源汇特征及其时空分布,服务于国家陆地生态系统碳收支评估和碳汇定量认证(于贵瑞和孙晓敏,2018;于贵瑞等,2014)。

ChinaFLUX具有四个技术特色:① 结合样地和重点功能区的空间分布,构建站点-样带-区域生态系统通量的多尺度综合观测技术体系;② 发展复杂地形地貌条件下的碳水通量观测技术体系,构建生态系统通量观测数据质量控制、数据远程传输和在线处理系统;③ 研制碳氮水同位素通量原位连续观测新技术,建成生态系统碳氮水通量与同位素通量整合的综合观测系统;④ 基于协同观测数据,结合改进的生态过程机理模型和遥感反演模型,构建数据-模型融合系统(于贵瑞等,2014;于贵瑞和孙晓敏,2018)。

ChinaFLUX的建设和发展填补全球通量观测研究的空白区域,推动亚洲通量网(AsiaFlux)的重组,带动我国野外台站观测研究的发展。ChinaFLUX在开展多种物质通量-环境要素-生态过程以及生态系统碳氮水通量与循环过程协同观测的基础上,系统研究生态系统碳氮水交换过程的时间动力学机制、空间格局的生物地理生态学机制以及碳-氮-水耦合循环机制。首次量化54个典型生态系统碳收支速率,确认我国碳汇功能区地理分布;揭示"年均温和降水量空间格局控制生态系统碳交换与生产力空间变异规律"及"生态系统光合生产与呼吸消耗的空间格局耦联共变规律"(Chen et al.,2013;Yu et al.,2013);发现长期被忽视的"亚洲东部亚热带森林碳汇功能区",改变关于全球碳汇功能区分布的传统认识(Yu et al.,2014)。研究成果丰富了生态系统碳循环及系统生态学的科学认识,证实我国森林管理在应对全球气候变化中的重要贡献和未来潜力,为国家尺度的碳管理和气候谈判提供科学理论基础和依据。

2）中国生物多样性监测与研究网络

为了监测我国典型区域生物多样性的长期动态变化，中国科学院于2013年启动中国生物多样性监测与研究网络(Sino BON)建设。2014年，Sino BON正式成为亚太地区生物多样性监测网络(Asia-Pacific Biodiversity Observation Network，AP BON)和全球生物多样性监测网络(Group on Earth Observation：Biodiversity Observation Network，GEO BON)成员。其主要任务是以野外监测样地、样带、样点建设为核心，借助分子生物学技术、计算机信息技术、遥感技术、3D形态识别与分析技术等现代科学技术手段，从基因、物种、种群、群落、生态系统和景观水平对生物多样性进行全面监测与系统研究，最终建成布局合理、综合配套的全国性生物多样性监测与研究网络平台，为国家履行《生物多样性公约》、保护生物多样性和生物资源提供数据和决策支持(马克平，2015)。截至目前，Sino BON已建成由30个监测主点和60个监测辅点组成的生物多样性监测网络基础框架，包括动物多样性、植物多样性、微生物多样性等10个监测专项网以及1个综合监测管理中心。10个监测专项网包括：兽类多样性监测专项网、鸟类多样性监测专项网、两栖爬行类多样性监测专项网、内陆水体鱼类多样性监测专项网、昆虫多样性监测专项网、土壤动物多样性监测专项网、森林植物多样性监测专项网、草原荒漠多样性监测专项网、林冠生物多样性监测专项网以及土壤微生物多样性监测专项网(冯晓娟等，2019)。

3）中国森林生物多样性监测网络

中国森林生物多样性监测网络(CForBio)是由中国科学院生物多样性委员会于2004年组织中科院相关单位并联合若干大学和科研机构建立的我国第一个森林生物多样性长期动态监测和研究网络平台(马克平，2015)。与ForestGEO关注热带森林不同，该网络首次将基于大样地的森林生物多样性动态监测方法拓展至亚热带和温带森林，是世界上首个从寒温带到热带、横跨完整气候带谱的大型森林动态样地研究网络。

截至2019年，CForBio在我国东部森林区沿纬度梯度设置一系列大型森林动态监测样地，涵盖我国主要的地带性森林植被，包括大兴安岭25 hm^2样地(寒温带针叶林)、黑龙江丰林30 hm^2样地(红松针阔叶混交林)、黑龙江凉水18 hm^2样地(阔叶红松林和谷地云冷杉林)、黑龙江穆棱25 hm^2样地(东北红豆杉林)、长白山25 hm^2样地(温带森林)、北京东灵山20 hm^2样地(暖温带中部)、河南宝天曼25 hm^2样地(暖温带南部)、浙江天童山20 hm^2样地(中亚热带东部)、浙江古田山24 hm^2样地(中亚热带)、湖南八大公山25 hm^2样地(亚热带高海拔)、广东鼎湖山20 hm^2样地(南亚热带)、广西弄岗15 hm^2样地(喀斯特季雨林)以及云南西双版纳20 hm^2样地(热带季雨林)等。

CForBio以《中国植被区划》中的森林植被区划作为顶层设计和监测样地选择的核心依据，在我国5个主要森林植被区域设置大型固定样地，主要关注对象是我国典型地带性森林植被。每个森林植被区域设1~3个大样地，覆盖我国14个主要森林植被地带，每个森林大样地的面积在16~25 hm^2(米湘成等，2016)。该网络按照ForestGEO技术规范建设，使用全站仪将森林大样地划分为多个20 m×20 m的样方，调查并挂牌标记各样方内胸径(DBH)≥1 cm的木本植物。调查内容包括植物的类别、位置和胸径等，每5年进行一次复查。此外，还在各样地内陆续开展种子雨、幼苗、功能性状和谱系、生长、草本植物、凋落物、倒木及枯立木、土壤、野生动物以及微生物等常规监测（图 9-11）。

图 9-11　CForBio 主要监测内容（陈磊提供）

依托该网络，相关研究团队研究森林群落构建、物种多样性维持等关键问题，建立我国森林生物多样性监测规范，采用统一的监测方法和规程对我国典型森林生物多样性格局和动态进行监测，为开展森林生物多样性的长期监测奠定基础。现阶段 CForBio 的科学目标主要包括：① 在全国尺度监测不同典型地带性森林群落组成和生物多样性格局及变化趋势；② 厘清不同地带性森林群落生物多样性维持机制的区域分异规律；③ 阐明气候变化情景下的生物多样性维持和群落重构机制；④ 建成国家尺度的森林生物多样性监测网络，服务国家重大战略需求（米湘成等，2016）。

4）中国物候观测网

中国物候观测网（CPON）于 1961 年由著名地理学家竺可桢先生创建。自 1963 年开始，陆续在全国各地建立 49 个观测站点，并定期出版物候观测年报。在逾半个世纪的观测中，受社会动荡和国家科研体制变更影响，出现过两次间断。1996 年因经费紧缺，绝大部分物候观测工作停止。2002 年，中国科学院地理科学与资源研究所恢复了 CPON 的 19 个观测站点，编制和修订了《中国物候观测规范》，开展了规范、系统的观测。截至目前，该网络覆盖 40 个站点，涵盖寒温带针叶林、温带针叶落叶阔叶混交林、暖温带落叶阔叶林、亚热带常绿阔叶林、热带雨林、温带草原和温带荒漠等生物群区，形成覆盖全国七大生态系统类型、总观测量达近千个植物种、近 100 万条观测信息的物候数据集。

自创建以来，CPON 重点观测动植物物候和常见气象水文现象。各站点观测对象共涉及 35 种共同观测植物、127 种地方性观测植物、12 种动物、4 种农作物和 12 种气象水文现象。其中，木本植物观测的物候期主要包括：开始展叶期、展叶盛期、花序或花蕾出现期、开花始期、开花盛期、叶开始变色期、叶全部变色期、开始落叶期、落叶末期等 25 个指标；草本植物观测的物候期主要包括:开始展叶期、展叶盛期、开花始期、开花盛期、叶开始黄枯期、完全黄枯期等16个指标;动物观测的物候期主要包括:始见期、绝见期、始鸣期和终鸣期等6个指标;气象水文现象观测的物候期包括:初、终霜日期,初、终雪日期,池塘、湖泊、河流结冰日期、解冻日期等26个指标。近年来,CPON自主研制了同时性、无视差的新型多光谱成像系统,用于长期、稳定、精确监测并记录植被光谱及物候期变化。依托CPON,我国学者在物候变化的时空格局(Ge et al.,2015)、春季物候变化(Ge et al.,2014a,2014b)、物候对气温敏感性的地理分布规律(Dai et al.,2014)等方面取得重要进展,有力地推动我国物候学领域的快速发展。

5) 中国东部森林生长监测平台

为研究森林树木生长的规律及其控制因素,北京大学于2011年建立了"中国东部森林生长监测平台"(Chi et al.,2017)。该平台在我国东部森林分布区的17座山体,选取保存完好的91个地带性森林永久样方,对样方内所有胸径(DBH)≥5cm的树木安装生长环,精确测量我国东部森林常见树木的生长规律;共完成了约15 000棵树木的生长监测,同时采用连续生长监测仪对主要优势树种的生长进行连续监测。此外,还在太白山和贡嘎山设置海拔梯度,并在浙江古田山设置演替阶段梯度。除了监测森林生长,还在每个样地测定土壤理化性质,并采用温湿度连续记录仪(EM50)监测局地小气候,同时监测每个物种的生态属性。中国东部森林生长监测平台的建立,将进一步精确计量我国森林生长的分布格局及成因,研究生物多样性与生态系统功能的关系,探索森林植物群落构建与物种共存机制。

6) 根系生物学与生态过程观测研究网络

根系生物学与生态过程观测研究网络(Rhizonet)是由中国科学院地理科学与资源研究所发起成立的地下生物学观测研究网络。该网络主要关注地下生态过程及其与地上过程之间的联系,通过对根系、根际过程、土壤及地上部分各组分的动态观测,构建以根系和菌根真菌生态过程为核心的数据库,准确量化根系在生态系统中对能量、碳、养分和水通量的调控作用,发展地下生态学领域的新理论和新方法。Rhizonet目前包括12个观测样点,涵盖温带森林、亚热带森林、热带森林、温带草地和温带沙漠等生物群系。每个样点监测气象指标、土壤理化性质、根寿命、根属性与根际动态以及其他生态系统基本指标。

Rhizonet通过标准方法对比不同观测地点根系寿命、菌根动态、土壤微生物及地上物候等,主要关注以下科学问题:① 地下过程的关键参数(生产力、周转、物候)在不同物种之间以及沿着环境梯度如何变化? ② 植物地下和地上性状的协同变异规律是什么? ③ 地下与地上过程的关联如何影响生态系统功能? 依托Rhizonet,我国学者近年来在根功能属性生物地理格局(Ma et al.,2018)、亚高山森林群落细根垂直分布格局及经济谱理论(Li et al.,2019,2020)、内蒙古典型草原和干旱荒漠植物根属性与寿命关联等方面取得重要进展(Liu et al.,2016;Zhou et al.,2018,2019),有力推动根系生态学的发展。

9.3 生态系统实验平台

野外控制实验和大型实验装置是研究生态系统过程及其对环境变化响应的重要手段。其中，生物圈2号是大型实验装置研究的范例。此外，研究人员也在全球范围内开展了大量 CO_2 富集、氮沉降、增温和降水变化等单因子和多因子交互控制实验，以及生物多样性与生态系统功能控制实验。

9.3.1 全球变化控制实验

(1) FACE 实验

作为陆地生态系统碳汇的主体，森林生态系统对大气 CO_2 浓度上升的响应深刻影响陆地生物圈与大气圈之间的反馈关系。然而，早期的实验大多基于树木幼苗，其结果不能真实反映森林生态系统对 CO_2 浓度升高的响应。并且，早期的 CO_2 熏蒸实验多是通过构建开顶箱或封闭温室控制 CO_2 浓度，这些实验装置会对微环境产生影响，改变装置内的温湿度，进而干扰实验结果。在此背景下，1994 年，杜克大学和布鲁克海文国家实验室在北卡罗来纳州火炬松(*Pinus taeda* L.)人工林建立了杜克森林 FACE(Free-Air CO_2 Enrichment)实验平台，既实现了对大气 CO_2 浓度的控制，又避免了对微环境的干扰(Hendrey et al., 1999)。该实验重点关注树木生长、水分利用和碳吸收对 CO_2 浓度上升的响应(Schlesinger et al., 2006)。

杜克森林 FACE 实验设置包括 7 个直径为 30 m 的环形样地，其中 4 个样地进行 CO_2 浓度增加处理(+200 ppm①)，旨在模拟 2050 年大气 CO_2 浓度，剩余 3 个样地的布设与处理样地一致，但不进行 CO_2 浓度增加。杜克森林 FACE 实验装置将 CO_2 扩散到大气中，从而实现对圆形样地 CO_2 浓度的控制(Hendrey et al., 1999)。该装置主要包括四部分：① CO_2 供应系统；② 大容量鼓风机和环状输气管道系统；③ 32 根垂直释气管；④ 中央控制系统。在该实验启动的前 6 年，CO_2 浓度增加装置在空气温度>5 ℃ 时全天保持运行；从 2003 年开始，CO_2 浓度增加装置仅在空气温度>5 ℃的白天保持运行。

依托该平台，研究人员对土壤理化性质、树木生理生态、生产力与呼吸等参数进行了系统观测。杜克森林 FACE 实验从生态系统水平上揭示了温带针叶林对未来 CO_2 浓度增加的响应，该平台促进了学术界对 CO_2 浓度增加长期生态效应的认识(Ainsworth and Piao, 2005)。实验结果表明，初期 CO_2 浓度增加显著提高了冠层叶片光合速率，促进了胸高断面积增长，增加了根的生长和呼吸，促进了生物量和凋落物的累积；但随着实验年限增加，CO_2 的施肥效应呈降低趋势，表现出渐进性氮限制(Schlesinger et al., 2006; McCarthy et al., 2010;

① 1 ppm = 10^{-6}。

Ellsworth et al.,2012)。由于养分可利用性的限制,CO_2浓度增加所导致的森林生长加速和碳汇增加可能随时间推移逐渐减弱甚至消失,这意味着短期实验结果无法用于预测CO_2浓度增加的长期效应(Johnson,2006)。更为重要的启示是,地球系统模型应将养分的限制作用考虑进去,否则会高估未来情景下CO_2浓度增加对陆地生态系统生产力和碳汇的促进效应。

(2) 增温控制实验

观测资料和模型预测结果显示,全球平均气温在20世纪约升高了0.5 ℃,至21世纪末还将继续升高2~5 ℃(McCarthy et al.,2001)。在此背景下,生态学家开展了大量增温控制实验来研究气候变暖对陆地生态系统的影响,其中最有代表性的是在哈佛森林开展的土壤增温实验。该实验从1991年开始,是目前全球持续时间最长的增温实验(Peterjohn et al.,1993;Melillo et al.,2017)。该实验旨在研究长期土壤增温如何影响森林生态系统土壤碳氮循环过程、植物-土壤相互作用和微生物群落组成及其活性,旨在阐明森林生态系统结构和功能对气候变暖的响应机理。

该实验在温带落叶阔叶林中设置18块6 m× 6 m的实验样地,分成6个区组,每个区组包括对照样地、干扰控制样地和增温样地各1块,样地之间设置1 m缓冲区。通过在10 cm土壤深度埋设加热管进行增温,埋设加热管后土壤进行回填,通过设置布设加热管但不开启加热系统的样地进行干扰控制。样地5 cm深度布设温度传感器实时监测土壤温度。如果增温样地和对照样地的土壤温度差异低于5 ℃,则加热系统开启;当土壤温差超过5 ℃,加热系统关闭,从而实现增温样地比对照样地土壤温度持续高5 ℃左右(Peterjohn et al.,1993)。依托该实验平台,研究人员对生物地球化学循环相关的指标进行长期观测,包括土壤理化性质、温室气体通量、氮矿化、微生物生物量及其多样性等。

该实验的贡献是揭示了土壤碳循环过程对气候变暖的长期响应及其机制(Melillo et al.,2002,2017;Frey et al.,2013)。通过长达26年的增温实验结果表明,土壤有机质分解和土壤CO_2通量变化对土壤增温的响应表现为四个不同阶段,且增温影响下土壤有机碳损失的时间、量级和温度适应主要受到四个因素的共同影响,即易被土壤微生物利用的土壤碳库的消耗、微生物量的减少、微生物碳利用效率以及微生物群落结构的变化(Melillo et al.,2017)。

(3) 降水控制实验

降水格局(如降水频率、季节分配)变化对草地生态系统的影响可能会超过年总降水量单独变化的影响,而温度升高和降水格局变化的共同作用会对土壤水分和生产力产生更为重要的影响。在此背景下,美国生态学家Alan Knapp等从1998年开始在Konza草原长期生态研究站开展了一项长期降水控制实验,旨在研究降水量和降水频率的变化对草地生态系统的影响。

Konza草原降水控制实验包括12套降水控制装置。该装置通过聚乙烯塑料顶棚去除样地内自然降水,并将其引流导入黑色聚乙烯储水罐中,流量控制系统通过灌溉喷头将储水罐中的雨水按照实验设计用量均匀喷洒到样地中。其中,设置6套装置作为对照样地,降水控制装置截留的雨水在降水同期重新喷洒回样地，自动喷水装置通过雨量筒和流量计确保降水装置喷水量与降水量相同。另外6套装置用于降水处理，模拟降水间隔期延长和单次降水量增加的情景。具体而言，降水事件（24小时降水量>5 mm定义为一个降水事件）的间隔时间延长50%，而生长季降水总量与对照样地一致。每套装置覆盖面积为9.14 m × 14.0 m，其中6 m × 6 m用于研究草地生态系统对降水格局变化的响应。实验装置每年4—10月运行，主要模拟生长季降水的变化。依托该实验平台，研究人员主要观测以下指标：① 自然降水量和微气象条件；② 土壤全碳、全氮及速效氮含量；③ 植物水势、光合作用速率、叶绿素荧光参数及叶片元素含量；④ 群落结构、地上和地下生产力；⑤ 土壤呼吸、凋落物分解等。

Konza草原长期降水控制实验模拟了暴雨频率降低但单次降水量增加的情景，促进了学术界对草原生态系统响应降水格局变化的认识。实验结果表明，总降水量不变的情况下，更多极端降水的发生增加了土壤湿度和植物多样性的时间变异，同时降低了土壤呼吸和地上生产力（Knapp et al.，2002）。作为一项先锋研究，Konza草原长期降水控制实验关注降水频率和降水时间变化所导致的生态效应，推动极端降水和干旱情景模拟的实验和模型研究（Hoover et al.，2014；Gherardi and Sala，2015；Hufkens et al.，2016；Knapp et al.，2015，2017a），促进学术界对于降水变化的生态效应的认识。

（4）氮沉降模拟实验

1）密歇根森林氮沉降模拟实验

氮沉降的持续增加会对生态系统结构和功能产生深刻影响。为研究氮沉降的生态效应，生态学家开展了大量氮沉降模拟实验。其中比较有代表性的是北美生态学家自1994年在密歇根五大湖区4个森林站点开展的氮沉降模拟实验（Saiya-Cork et al.，2002；Zak et al.，2004）。该实验是全球持续时间最长的氮添加实验之一，旨在揭示长期氮沉降背景下碳、氮循环响应机制及生态系统氮饱和的长期效应。密歇根森林氮沉降模拟实验包括沿气候梯度分布在500 km样带上的4个研究站点。每个站点设置了对照、30 kg N · hm^{-2} · a^{-1} 2个处理和3个重复，总计6块30 m×30 m的样地，每块样地周边有10 m宽的缓冲区。氮添加在生长季分6次进行，将$NaNO_3$颗粒均匀撒施在林下地表。

该实验主要测定以下指标：① 背景环境信息：降水量、氮沉降、土壤和大气温湿度；② 土壤理化性质和微生物属性：有机碳含量、全氮和速效氮含量、微生物量、多样性和酶活性等；③ 植物养分与生长相关指标：叶片和凋落物养分含量、乔木胸径和树高、凋落物量、根系生物量、物候期、冠层气体交换等；④ 土壤呼吸和凋落物分解速率；⑤ 林下植被群落结构；⑥ 生态系统碳、氮、水收支等（Saiya-Cork et al.，2002；Burton et al.，2004；Zak et al.，2004）。

密歇根森林氮沉降模拟实验是全球持续时间最长、最为系统的氮沉降模拟实验之一，该实验平台的建立促进了学术界对森林氮沉降生态效应的认识。研究发现，长期硝态氮添加产生以下效应：① 改变生态系统氮循环过程（Zak et al.，2004）；② 对微生物群落组成、土壤酶活性产生显著影响（Saiya-Cork et al.，2002；Freedman et al.，2015）；③ 显著降低林下幼苗更新和群落结构(Talhelm et al.,2013);④ 降低北部硬木林土壤呼吸(Burton et al.,2004)和凋落物分解速率(Xia et al.,2018),同时增加生态系统碳累积(Pregitzer et al.,2008;Zak et al.,2017)。

2) 鼎湖山森林氮沉降模拟实验

为研究我国南亚热带森林生态系统响应与适应的过程及机制,中国科学院华南植物园莫江明课题组于 2002 年在鼎湖山保护区建立了我国最早的森林生态系统长期氮沉降模拟实验研究平台(图 9-12)。该实验选取南亚热带代表性的三种森林类型(即季风常绿阔叶林、针阔叶混交林和针叶林)为对象,通过外加氮模拟氮沉降,实现对生态系统的氮控制,设置了 0、50、100 和 150 kg N · hm^{-2} · a^{-1} 4 个氮处理水平,2003 年 7 月开始林下喷施处理。该实验观测指标主要包括:生物多样性(植物、微生物和土壤动物)、植物生长和光合生理、土壤酸化、关键元素生物地球化学循环、水文化学、同位素示踪等。该实验率先在国内开展森林生态系统对模拟氮沉降的响应及机理研究(Mo et al.,2008;Lu et al.,2010,2014),为野外长期实验研究提供范例;探讨我国南方典型森林生态系统氮素生物地球化学循环的响应规律(Lu et al.,2018;Zheng et al.,2018),丰富全球变化背景下对生物地球化学机理的认识,推动我国在碳-氮循环交互作用研究领域的发展。

图 9-12　鼎湖山森林氮沉降模拟实验设计(鲁显楷提供)

(5) 多因子控制实验

1) Jasper Ridge 草地多因子控制实验

尽管多种全球变化因子同步发生,但大多数实验仅关注其中 1~2 个,致使学术界对于多种全球变化因子共同效应的认识仍然十分有限。在此背景下,从 1998 年开始,美国卡内基科学研究所 Christopher Field 教授和斯坦福大学 Harold Mooney 教授在 Jasper Ridge 生物保护区的草地生态系统开展了多因子控制实验(Jasper Ridge Global Change Experiment, JRGCE)。该实验同时考虑气候变暖、CO_2 浓度上升、降水增加和氮沉降增加四个全球变化因子及其交互作用对草地生态系统的影响。这是全球第一个在自然生态系统开展的同时包含四个因子的全球变化控制实验。该实验假设,草地生态系统对多种全球变化因子的响应能够通过其对单因子的响应进行预测。如果实验结果支持这一假设,则可以通过综合以往的单因子实验结果,预测生态系统对多因子变化的响应;反之则说明,单因子实验结果对于理解全球变化生态效应的作用有限(Zhu et al.,2016)。

JRGCE 实验中,每个全球变化因子分别设置对照和处理 2 个梯度和 8 个重复。因此,共设置 32 个直径为 2 m 的圆形样地,每个圆形样地又划分为 4 个实验处理单元,总计有 128 个单元,样地之间以及单元之间均通过玻璃板进行隔离处理。CO_2 浓度和增温处理模拟的是 21 世纪末的预测情景。CO_2 处理样地进行 CO_2 浓度倍增处理(冠层浓度约为 700 ppm),通过 FACE 系统达到处理效果。增温处理通过红外加热装置实现,植被冠层比对照样地增温 1.0~1.5 ℃,在土壤表层的增温效果仅为冠层增温效果的一半。降水处理通过地表喷水装置实现,比背景降水增加 50%,在每次自然降水后进行添加,而且雨季末期也进行降水添加,以模拟雨季延长 3 周的情景,这一处理旨在模拟太平洋沿岸气候变湿的预测情景。氮添加处理参考欧洲部分地区所达到的最高氮沉降水平进行设置,添加速率为 70 kg N · hm^{-2} · a^{-1},以硝酸钙形式进行添加。此外,还设置了 4 个没有安装仪器的样地,用来检验实验仪器可能带来的影响(Zhu et al.,2016)。

JRGCE 实验主要观测净初级生产力、地下碳输入、水分和养分状况以及群落物种组成的变化,结果发现,生态系统对多种全球变化因子的响应并非单因子效应的简单加和。这些实验结果促进了学术界对于多种全球变化因子相互作用的认识。例如,3 年实验处理后发现,单独增加 CO_2 浓度显著促进了草地净初级生产力,而当温度、降水和氮同时增加时,CO_2 浓度增加反而降低了草地生产力,表明生产力对全球变化的响应强烈依赖于多种因子的相互作用(Shaw et al.,2002)。与净初级生产力的响应不同,植物多样性对多种全球变化因子的响应则表现为加和效应(Zavaleta et al.,2003)。长达 17 年的实验结果表明,单个因子及因子间相互作用没有表现出随时间的渐进性变化,净初级生产力对温度和降水均表现为单峰响应,其峰值随着 CO_2 浓度和速效氮水平增加而增加,未来气候变化将使得该生态系统偏离最大生产力条件,而且年际变异较大(Zhu et al.,2016)。JRGCE 实验作为多因子控制实验的典型案例,强调生态系统内在的复杂性、生态系统对多种全球变化因子的交互响应以及全球年际间气候变异对生态系统响应的调控作用,对学术界探究全球变化响应的机理以及改进现有的碳循环模型均具有重要启示(Rustad,2008)。

2) 多伦温带草原全球变化多因子控制实验

为揭示气候变化和人类活动对典型草原生态系统结构与功能的影响,万师强课题组 2005 年在内蒙古的中国科学院植物研究所多伦恢复生态学试验示范研究站建立了温带草原全球变化多因子控制实验平台。该实验包含刈割、施肥、温度和降水四个因子处理,采用嵌套式设计(图 9-13),分为四级,共 1024 个实验单元。一级处理为刈割处理和对照处理,实验小区面积为 92 m × 60 m,重复 4 次;二级处理为氮、磷施肥处理,每个刈割和对照小区分成 4 份，面积为 44 m × 28 m，分别用于施氮肥、施磷肥、施氮磷肥处理和对照；三级处理包括春季增雨、夏季增雨和对照，设在二级处理的施氮肥和对照小区，面积为 10 m × 15 m；四级处理为增温处理，只针对三种增雨处理的小区（自然生长下只增雨），小区面积为 3 m× 4 m。刈割处理在每年 8 月末进行；施肥处理在每年 7 月上旬进行，氮肥和磷肥使用量分别为 10 g N · m^{-2} 和 5 g P · m^{-2}；春季增雨（5—6 月，每周 1 次，每次 15 mm，共计 8 次 120 mm）和夏季增雨（7—8 月，每周 1 次，每次 15 mm，共计 8 次 120 mm）通过喷灌设备实现；增温处理通过红外线辐射器进行，全年全天候加热。

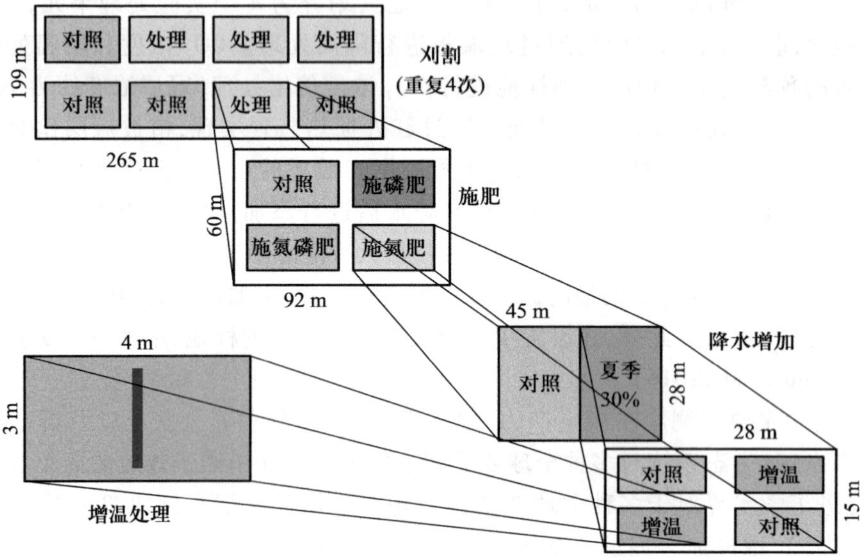

图 9-13　多伦温带草原全球变化多因子控制实验设计图（夏建阳提供）

该实验主要监测土壤、大气、光照、水分等环境因子以及植物个体、种群、群落和生态系统等对全球变化的响应。具体而言，土壤监测包括土壤中不同形态的碳、氮、磷含量及其动态变化，土壤动物和微生物组成，呼吸速率及碳、氮含量，温室气体通量，土壤稳定性同位素等。植物监测包括光合作用、呼吸作用和蒸腾作用等生理生态过程，植物个体和群落生态特征，地上与地下生长动态，植物氮、磷含量及凋落物分解，稳定同位素，生态系统气体交换等。

多伦温带草原全球变化多因子控制实验取得丰硕的科研成果，阐明温带草原生态系统碳循环过程（Niu et al.，2008，2009，2010；Liu et al.，2009；Bai et al.，2010）、群落结构与物种组成（Yang et al.，2011a，2011b）、水分与养分利用（Niu et al.，2011；Xu et al.，2015）、生态系统稳定性（Yang et al.，2012）对全球变化因子的响应及其机制，揭示单个全球变化因子间的交互效应（Niu et al.，2009）。总之，该实验揭示全球变化条件下我国温带典型草原生态系统的响应与适应机制，为草原生态系统可持续管理提供重要依据。

9.3.2　全球变化控制实验网络

单点控制实验可以反映样点尺度生态系统过程对全球变化的响应,但很难得出普适性的结论。并且,不同实验研究的处理、方法、测定指标等不统一会导致 Meta 分析的结果存在较大误差。在此背景下,近年来,学术界开始倡导基于统一的实验设计、测定指标和测定方法开展联网控制实验。其中最具代表性的研究网络包括养分添加实验网络(NutNet)和干旱实验网络(Drought-Net)。

(1) 区域性全球变化控制实验网络

中国森林养分添加实验网络

为系统研究我国典型森林生态系统关键生态过程(尤其是碳循环)对大气氮沉降的响应,北京大学生态学系从 2010 年开始,在我国东部地区 7 个站点选取 10 个林型建立中国森林养分添加实验网络(Nutrient Enrichment Experiments in China's Forests,NEECF)(Du et al.,2013)。该网络涵盖从大兴安岭北方针叶林到海南尖峰岭热带山地雨林等我国东部所有典型森林植被类型,为深入认识氮沉降对森林生态系统健康与功能的综合影响提供良好平台。

NEECF 的养分添加实验采用随机区组设计,设立 0(对照)、20 kg N · hm^{-2} · a^{-1}、50 kg N · hm^{-2} · a^{-1} 和 100 kg N · hm^{-2} · a^{-1}共 4 个水平的氮添加处理,每个处理重复 3 次,设置 12 个大小为 20 m × 20 m 的样方,任意两个相邻样方之间设置> 10 m 宽的缓冲带。每块样方中心区域 15 m × 15 m 的面积用于观测和采样。为了保证与以往同类实验结果的可比性,设置了 50 kg N · hm^{-2} · a^{-1} 和 100 kg N · hm^{-2} · a^{-1} 的氮添加梯度。此外,考虑到敏感森林生态系统较低的氮沉降临界负荷以及我国森林背景氮沉降水平,该实验还设置了20 kg N · hm^{-2} · a^{-1} 氮添加梯度。氮添加处理在生长季每月进行一次,非生长季有雪覆盖期间不做任何处理。每次将相应剂量 NH_4NO_3 溶于 30 L 水混合均匀,用背式喷雾器均匀喷洒到林下,对照组喷洒相同量的水(Du et al.,2013)。

NEECF 的养分添加实验的观测指标包括背景氮沉降速率、背景气象因子、土壤化学性质与元素含量、植物多样性与生物量、根系与凋落物产量、植物化学计量属性、土壤呼吸、土壤酶活性、微生物生物量及其多样性等。NEECF 平台至今已运行 10 年,增进了学术界关于我国森林生态系统土壤化学属性、土壤微生物与酶活性、植物化学计量属性、林下植物多样性、树木生长与森林碳汇对氮添加响应的认识(Tian et al.,2018)。

(2) 全球性全球变化控制实验网络

1) 养分添加实验网络

工业革命以来,化石燃料燃烧和农业施肥导致生态系统中氮和磷的输入量显著增加(Penuelas et al.,2013)。同时,栖息地丧失和退化以及选择性狩猎将消费者不成比例地从食物网中移除。尽管这些人类活动对陆地生态系统产生显著影响,目前还没有全球尺度的实验网络来量化这些因素对生态系统结构和功能的影响。针对这一不足，养分添加实验网络(NutNet)旨在通过联网实验研究养分添加和放牧对全球草地生态系统的影响。

NutNet采用完全相同的实验设计在全球上百个站点开展实验，从荒漠草原到北极苔原，涵盖了大部分以草本植物为主的生态系统。该实验网络设计了10个处理，包括氮、磷、钾添加及其交互处理(8个处理)；为防止微量元素成为限制性营养元素，在添加钾肥的处理中还添加了微量元素，对照和氮磷钾全部添加的处理进行围封防止食草动物的采食(2个处理)。通过测定物种组成、植物盖度、地上生物量、植物和土壤养分等指标，拟解决草地生态系统中生物多样性与生产力的关系，多种营养元素的共同作用对生产力与多样性关系的影响，食草动物和养分添加对植物的生物量、多样性和生态系统结构的影响等关键科学问题。自创建以来，NutNet在多样性-生产力的关系、多种营养元素的生态作用以及养分供应与食草动物之间的相互作用等方面取得了重大进展。依托该研究网络已发表学术论文50余篇，其中30余篇发表在*Nature*及其子刊、*Science*、*PNAS*、*Ecology Letters*等期刊上。

2) 干旱实验网络

过去几十年来，全球范围内干旱事件频繁发生并且干旱程度呈增加趋势(Smith, 2011)。以往的研究表明，陆地生态系统对干旱的响应呈现很大差异(Knapp et al., 2017b)。然而，目前尚不清楚为什么某些生态系统比其他生态系统的响应更强，这限制了学术界在区域、大陆和全球尺度上预测干旱影响的能力。为了提高模型的预测能力，生态学家首先需要阐明不同生态系统类型对不同干旱程度的敏感性机制，然后通过在更大的环境梯度上纳入这种变化来改进现有的建模框架。在此背景下，干旱实验网络(Drought-Net)联合全球科学家研究干旱对陆地生态系统的影响，试图促进学术界对陆地生态系统干旱敏感性影响因素的理解。

干旱实验网络除了共享以往干旱实验的数据，同时还构建新的国际干旱实验网络。具体来讲，干旱实验网络选择具有代表性的森林和草地生态系统建立干旱模式实验，即通过遮雨棚控制降水量，研究草地和森林生态系统对极端干旱的响应。目前，全球站点已经超过100个。干旱处理根据每个地点的历史降水量确定，采用发生概率小于10%的降水量作为实验处理，定义为极端干旱。干旱实验网络测定指标包括物种组成、物种多度、地上生物量、植物养分、土壤理化性质等。该联网实验的研究目标是揭示不同生态系统对极端干旱的差异性响应及其潜在机制。自2017年创建以来，干旱实验网络在极端干旱的定义和模拟方法、全球降水与生产力关系等方面取得了一系列重要进展，在*Global Change Biology*、*Methods in Ecology and Evolution*、*Ecology*等期刊发表论文10余篇。

9.3.3 生物多样性与生态系统功能控制实验

(1) 草地生物多样性与生态系统功能研究平台

自1992年在德国召开“生物多样性与生态系统功能”(Biodiversity and Ecosystem Functioning, BEF)会议，以及在巴西举行联合国世界环境与发展会议后，生物多样性丧失对生态系统功能和服务的影响成为生态学研究关注的热点问题。草地生态系统是开展BEF实验的理想场所，其中比较有代表性的是美国Cedar Creek实验、BIODEPTH欧洲草地实验、德国耶拿实验以及我国内蒙古草原物种去除实验平台等。

美国明尼苏达州Cedar Creek实验建立于1994年，是世界上最早建立的BEF实验（图9-14）。实验包括168个9 m × 9 m的样方，分别栽种1、2、4、8、16种多年生草地植物。这些植物是从一个包括18个物种的种库（4种C_3禾草、4种C_4禾草、4种豆科植物、4种非豆科杂类草、2种木本植物）中随机选择的。Cedar Creek实验设有大量重复样方（平均每个多样性水平有35个重复），较大的实验样方也使其能够嵌套涉及食草、寄生和捕食性昆虫等多个营养级。该实验定期测定植物地上生物量和物种组成、昆虫多样性和多度、根系数量、土壤元素和含水量、光等生物和非生物指标，并在*Nature*等期刊发表了与生态系统功能和服务相关的系列论文，产生了重要的国际影响（Tilman et al.，1996，1997）。

图9-14 Cedar Creek实验（Forest Isbell摄）

BIODEPTH欧洲草地实验（BIODiversity and Ecosystem Processes in Terrestrial Herbaceous ecosystem）于1996年在欧洲8个国家同时开展，采用完全相同的实验设计，在480个小区中用不同的植物组合模拟200种类型的草地群落，探讨生物多样性丧失对生态系统功能的影响。

作为欧洲最早的生物多样性实验平台之一，德国耶拿实验建立于2002年，位于德国萨勒河河边，占地约10 hm^2，包括超过400个实验样方（图9-15）。耶拿实验设计是从一个60个植物物种的种库中选择1~60种植物进行播种，同时考虑1~4个植物功能群。该实验系统研究了生产力、碳储量、氮循环、食草昆虫、传粉、有机物分解等多个生态系统功能与物种多样性的关系。

中国内蒙古草原物种去除实验平台（Inner Mongolia Grassland Removal Experiment，IMGRE）（图9-16）通过去除不同植物功能群建立多样性梯度，研究草原生态系统功能的响应（Wu et al.，2015）。样地中的植被分为5个功能群，样方大小为6 m×6 m。实验中通过去

图 9-15 德国耶拿实验(照片版权:The Jena Experiment)

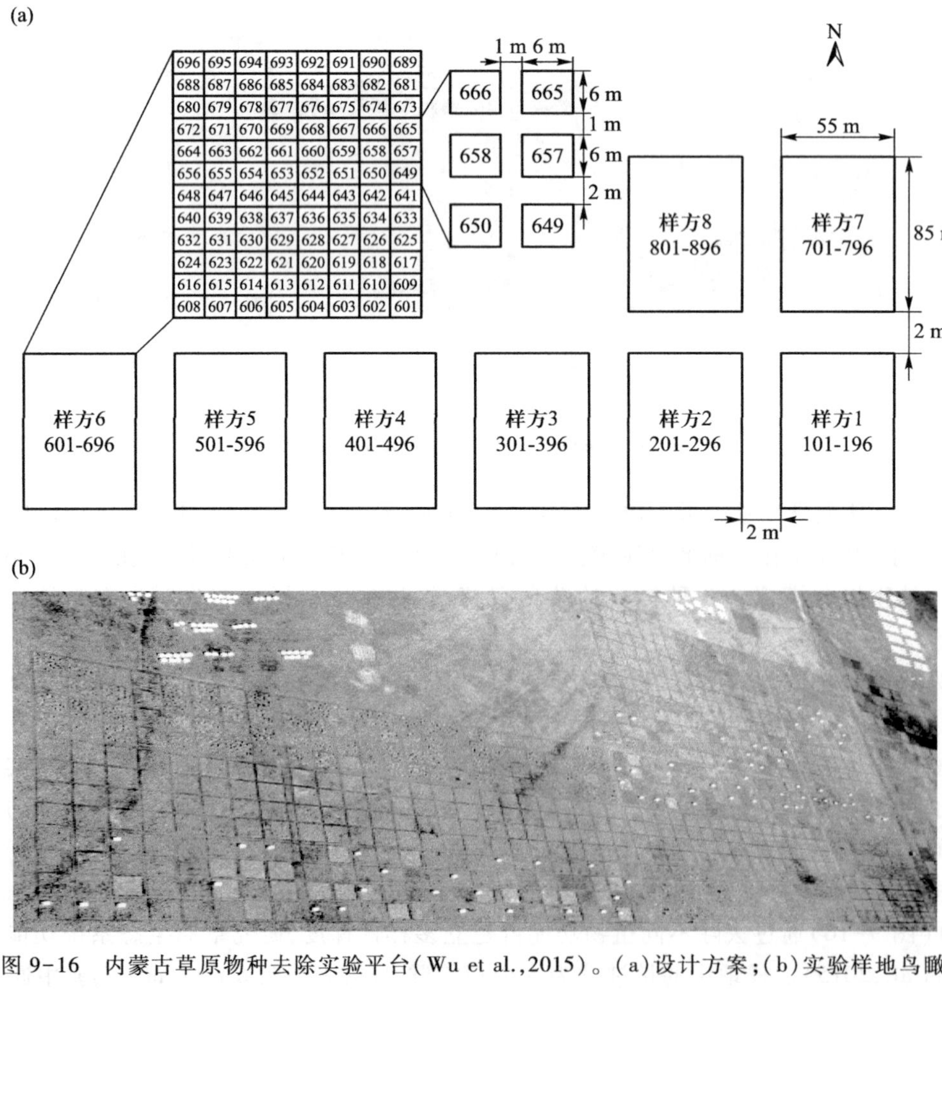

图 9-16 内蒙古草原物种去除实验平台(Wu et al.,2015)。(a)设计方案;(b)实验样地鸟瞰图

除 0、1、2、3、4 和 5 个功能群建立 6 个多样性梯度。功能群去除是采用全因子设计,最终 6 个多样性水平的 32 种功能群去除组合,每种处理重复 8 次,共有 256 个样方。依托该实验平台发现,功能群移除降低植物生产力,并导致土壤微生物群落的功能多样性下降,从而使得土壤食物网变得更加脆弱(Chen et al.,2016;Pan et al.,2016;Zhang et al.,2017)。

(2) 森林生物多样性与生态系统功能研究平台

早期 BEF 的研究主要集中在草地生态系统(马克平,2013)。近 20 年来,森林生态系统中两者的关系也逐渐受到广泛关注。截至目前,全球范围内建立了 26 个森林 BEF 控制实验平台,这些平台涵盖寒带、温带、地中海、热带和亚热带森林生态系统类型。这些 BEF 研究平台主要分布于欧洲和北美温带森林区域,其中 2003 年建于德国图林根州的 BIOTREE 实验平台(Biodiversity and Ecosystem Functioning in Experimental Tree Stands)是较早建成的温带森林 BEF 研究平台。该平台由 3 个面积分别为 40、23、11 hm^2 的子实验区构成,树种丰富度梯度为 1、2、4、6 和 10 种。其目标是定量分析物种多样性对树木生长、长期碳固定、养分循环和群落结构等生态学过程的影响,阐明 BEF 关系的驱动机制,为森林可持续性管理提供科学依据。

国际树种多样性实验网络(The International Diversity Experiment Network with Trees, IDENT)是美国、加拿大、德国和意大利在温带森林联合建立的联网 BEF 实验平台。TreeDivNet 平台位于芬兰萨塔昆达,于 1999 年建成,是全球唯一的寒带森林、也是最早建成的森林 BEF 研究平台,面积仅 6.5 hm^2,树种丰富度包括 1、2、3、5 种(图 9-17)。这些平台从物种多样性、功能多样性和遗传多样性等多个维度,探讨生物多样性对树木生长和初级生产力的影响。例如,IDENT 平台的结果表明,树种多样性和群落水平植物功能多样性促进了植物生长,但是谱系多样性并未影响植物初级生产力(Grossman et al.,2017);相反,在多样性较高的群落,植株个体之间树冠结构的空间互补性也提高了群落水平的生产力(Williams et al.,2017)。

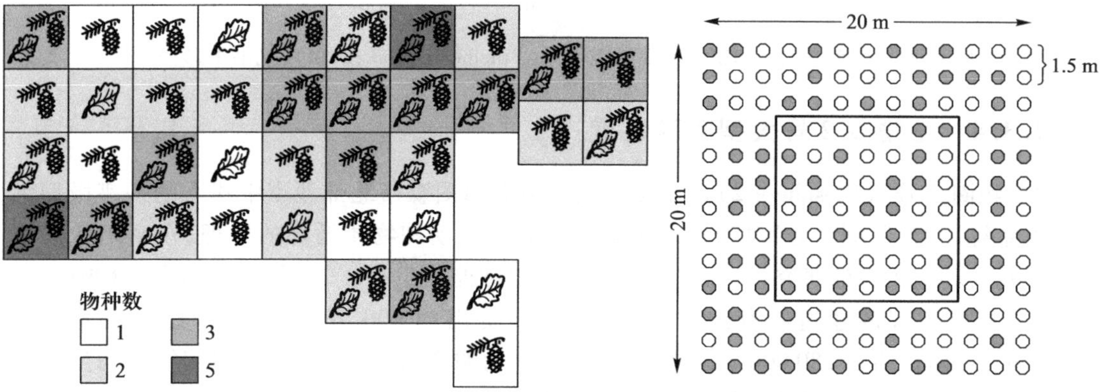

图 9-17 芬兰萨塔昆达实验平台(TreeDivNet)

2008 年,中国科学院植物研究所和德国、瑞士等国家的科研机构合作,在江西新岗山建立了亚热带森林 BEF 研究平台(BEF-China)。BEF-China 是全球目前包含树种最多且建于地形复杂林区的唯一的亚热带森林实验平台,旨在研究亚热带森林生物多样性对生态系统功能的影响及其内在机制。BEF-China 包括比较实验样区和主实验区两个部分。其中,比较实验样区位于浙江古田山国家级自然保护区天然林内,共随机设有 27 个 30 m × 30 m 的小样地,分属五个森林演替阶段。各阶段群落的平均年龄依次为<20 年(5 个)、<40 年(4 个)、<60 年(5 个)、<80 年(6 个)和≥80 年(7 个)。主实验区位于江西新岗山,包括样地 A 和样地 B,分别建于临近的两大自然坡地,总占地约 50 hm^2,共 566 个样方(样地 A 含 271 个,样地 B 含 295 个),分别设置有 1、2、4、8、16、24 六种乔木多样性和 0、2、4、8 四种灌木多样性(图 9-18)。依托该平台,研究人员发现,亚热带森林多样性增加显著促进森林初级生产力,多样性最高的混种样方碳储量约为单种种植样方的两倍(Huang et al.,2018)。此外还发现,灌木树种与乔木树种存在竞争关系,种植灌木树种会限制乔木的生长和初级生产力,但这种负效应会随着样方多样性的增加而下降(Huang et al.,2018)。

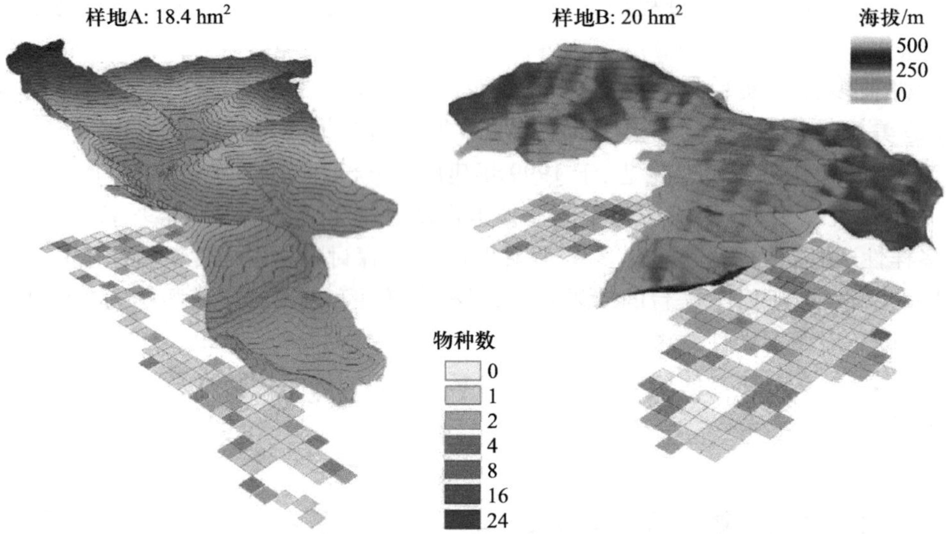

图 9-18　江西新岗山 BEF-China 研究平台(Bruelheide et al.,2014)(见书末彩插)

9.3.4　生物圈 2 号大型实验装置

“生物圈 2 号”(Biosphere 2)是在美国亚利桑那州图森市北部沙漠中建立的一座微型人工生态系统。“生物圈 2 号”基于地球生态系统能量流动和物质循环的原理,在密闭状态下开展生物与环境关系的研究,旨在探讨人类离开地球能否生存。“生物圈 2 号”于 1991 年 5 月建成,整个工程的建造经费约 2 亿美元,运转费用约 600 万美元/年。其占地面积为 1.28 hm^2,总体积约为 180 000 m^3(图 9-19)。“生物圈 2 号”以地球南北回归线间的生态系统为样板,设有 5 个自然生物群落(热带雨林、热带草原、海洋、沼泽、沙漠)和 2 个人工生物群落(集约农业区和居住区),共有 4000 种动物、植物、微生物。“生物圈 2 号”建成后,科研人员分别于 1991 年 9 月—1993 年 6 月和 1994 年 3 月—1995 年 1 月两次进入该系统进行研究。在研究过程中,“生物圈 2 号”存在的问题逐渐显现,并最终宣告失败。

图 9-19 生物圈 2 号外观图

究其失败的原因,主要概括为以下几点(Cohen and Tilman,1996):① O_2 未能顺利循环是导致“生物圈 2 号”失败的首要原因。细菌在分解土壤有机质的过程中消耗了大量的 O_2,而细菌释放出的 CO_2 被“生物圈 2 号”内的混凝土墙壁吸附,使之未能进一步被植物光合作用利用。这导致植物光合作用变弱,O_2 浓度降低。虽然实验后期研究人员尝试向“生物圈 2 号”添加 O_2,但此时植物光合作用产生的 O_2 已无法抵消细菌分解作用对 O_2 的消耗。同时,“生物圈 2 号”内 N_2O 浓度也急剧上升,严重威胁着实验人员的身体健康(Cohen and Tilman,1996)。② “生物圈 2 号”内种间关系失衡也是该实验失败的重要原因。“生物圈 2 号”内的生态系统相比于真实的地球生态系统过于简化。在设计该仿真生态系统时,研究人员主要关注植被数量,并未按比例引入动物、植物和微生物。研究人员和系统引入的动物虽然能消耗一定量的植物,但人类主要消费动物蛋白和农作物,所饲养的动物也主要以作物秸秆为食。这导致系统内植被生长产生的凋落物大量积累。同时,系统内高的 CO_2 浓度使得高固碳能力的藤本植物过度生长。这减少了其他植物的生存空间,导致植物多样性急剧下降。系统内环境的变化还使得动物大量灭绝。引入的脊椎动物物种数量减少了近 80%,能传播花粉的动物全部灭绝。这限制了部分开花植物的授粉过程,进一步加剧了植物物种的丢失(郭双生和孙金镖,1996)。③ 无法维持正常的水循环也是“生物圈 2 号”实验失败不可忽视的一个方面。系统内海洋所占比例远小于真实的地球生态系统,这使得水循环无法正常运行,降水时空分配的平衡被打破,最终导致荒漠区因降水过多变成草原。同时,“生物圈 2 号”上方的玻璃顶罩使得系统内温度(尤其是顶部温度)远高于实验设定,这导致水循环速率加快,系统内设备无法为研究人员净化足够的饮用水,造成生活用水短缺。④ 食物短缺也促使了该工程的结束。虽然“生物圈 2 号”在设计时规划了很高比例的农田,但并未配备专业种植人员。研究人员种植的水稻、麦子经常无法结籽,造成粮食供应不足。不过,二次进驻时特意挑选了一位农学领域的专业人员,这一问题便得到解决。“生物圈 2

号”实验使科学界认识到，尽管人类可以掌握越来越多的高新技术和生态学知识，但营造如地球一样完美运行的人工生态系统也是不可能的（方精云，2000）。

9.4 未来展望

9.4.1 生态系统观测的发展趋势

（1）开展基于多种技术手段的“天-空-地”一体化的立体综合观测

生态系统联网观测是研究全球变化与陆地生态系统相互关系的重要手段（牛栋等，2006）。尽管国内外建立了许多生态系统观测网络，从不同层面对全球变化对陆地生态系统的影响进行了长期跟踪观测，积累了大量数据。但是在目前网络观测中，对于生态系统过程指标的监测手段较为单一，不同的研究方法均存在各自的缺陷，单一的监测手段可能导致研究结果出现偏差。例如，对于生产力的观测，地面观测只能进行有限样地、不连续的监测，不能准确反映生产力在时间和空间尺度上的变异性；尽管卫星遥感能够进行大范围且连续观测，但是观测数据主要反映植被冠层信息，并不能估算林下植被生物量；激光雷达技术能够对生态系统的三维结构进行全面的监测，但是由于费用较高，只能进行小范围的观测（Hu et al.，2016）。因此，有必要采用基于多种技术手段的“天-空-地”一体化的立体综合观测，将各种方法获得的数据相互校正，实现生态系统网络观测数据的准确性、完整性和连续性。

（2）促进生态系统网络观测的标准化、规范化和自动化，实现数据共享和多学科综合交叉

人类活动正从局地、区域到全球尺度强烈地影响着地球系统，成为全球环境变化的重要因素（Ceballos et al.，2015）。在此背景下，亟须增强全球和区域环境变化管理所需的可持续野外长期联网观测，开展陆地表层系统集成研究，向更为全面和系统、时空尺度更为广阔、多学科交叉融合更为深入频繁的方向发展。不仅强调时空格局与生态系统过程耦合、生态系统过程与生态系统服务耦合，更强调多尺度、多学科、多要素和多源数据集成，形成知识-科学-决策的有效连接，服务于全球环境变化对策的制订（Soranno and Schimel，2014；于贵瑞等，2018）。传感器技术的革新带来了野外观测在时空尺度上的扩展与精度上的提升，致使观测数据的容量、产生速度与数据种类快速增长。同时，随着信息技术发展及大数据、人工智能、物联网等新技术的应用，野外科学观测的频率与自动化水平将进一步提高，也将更加注重野外科学观测的自动化和联网观测与研究，推进野外科学观测标准化和自动化以及数据共享和多学科综合交叉（于贵瑞等，2018；Reichstein et al.，2019）。此外，随着同位素、核磁共振、宏基因组等新兴技术的应用，有必要进一步制定完整的、规范化的生态系统监测技术体系与方法，推进网络观测的标准化和规范化，构建科学大数据系统，为模型准确预测未来全球变化背景下生态系统结构和功能的变化提供数据支撑

（牛书丽等，2020）。

9.4.2 控制实验发展的新趋势

（1）基于新技术改进控制实验对全球变化要素的模拟效果

尽管目前全球变化控制实验研究取得长足进步，国内外建立了大量涵盖各类全球变化要素的控制实验平台，并依托这些平台在生态系统响应全球变化方面取得了重要发现，但以往的控制实验对全球变化要素（如温度、CO_2、氮沉降）的模拟效果存在一定偏差，或因同时引起其他环境因子的变化而导致实验结果的不确定性。例如，哈佛森林增温实验仅针对土壤进行增温（Melillo et al.，2017），且样地面积偏小，不能很好地模拟真实状态下生态系统对全球变暖的响应。受实验设计的制约，该实验的结果还存在不确定性。在森林生态系统中，氮沉降模拟实验通常在林下进行氮添加处理，忽略了氮沉降与森林冠层的相互作用，因此有必要进行冠层氮沉降模拟实验（Zhang et al.，2015）。FACE 实验存在 CO_2 浓度空间分布不均匀的问题，鉴于此，有研究者设计了 WEB-FACE 实验，其思路是将导管输送系统缠绕布设在冠层上，从而把 CO_2 气体均匀释放到冠层中（Pepin and Körner，2002）。全球变化实验设计的完善有望促进学术界对全球变化生态效应的认识。

（2）基于长期控制实验揭示全球变化对生态系统的影响机制

现有的概念模型预测结果显示，生态系统对全球变化的响应呈现阶段性，即生态系统的短期和长期响应存在差异（Smith et al.，2009）。同时，很多生态学过程（如土壤碳周转）对全球变化的响应需要一定时间，而短期实验很难监测到一些关键生态学过程的变化（Luo et al.，2011）。这样一来，短期实验和长期实验的结果可能存在较大差异（Knapp et al.，2012）。例如，Melillo 等（2017）基于 26 年的增温实验结果显示，土壤增温导致的有机质分解和土壤呼吸通量呈现四个阶段，并且显著的碳损失和稳定状态交替出现。然而，受科研经费、研究兴趣等因素的限制，现有的控制实验平台大多集中在较短的时间尺度，长期控制实验平台仍然十分缺乏。因此，为了理解生态系统过程对全球变化的长期响应，未来需要开展较长时间尺度的野外控制实验。

（3）基于联网控制实验揭示生态系统响应全球变化的普适性规律

尽管目前在全球范围内已开展了不少全球变化控制实验，但不同的实验中涉及的实验处理不一致，有的实验是单因素，有的实验涉及多因素，即使是同一种处理，采用的方法也不完全一致。例如，对于增温实验而言，有的研究采用红外辐射器增温，而有的研究则采用开顶箱等其他方法。此外，不同的实验中涉及的测定指标也不一致。这些问题的存在很大程度上限制了单点实验结果的普适性，也就是单个点上的实验结果难以外推至更大的尺度。在此背景下，联网实验成为生态系统生态学发展的新趋势。全球联网实验平台能够有效地回答区域性和全球性的重大生态学问题（Knapp et al.，2012；Fraser et al.，2013；Borer et al.，2014），同时作为一个系统的研究平台，能够充分促进学科内和学科间的学术交流（Torn et al.，2015）。因此，联网实验研究是系统评估全球变化对区域和全球尺度生态系统影响的有效手段,也是全球变化实验研究发展的新方向。如前文所述,目前养分添加实验网络(NutNet)已成功运行,干旱实验网络(Drought-Net)正在构建。值得期待的是,将来可能会出现增温等其他因素甚至多因素交互的联网控制实验。

(4) 更加重视全球变化控制实验与地球系统模型之间的整合

作为全球变化领域的重要手段,控制实验研究和模型研究可以互为补充,但以往的全球变化控制实验往往独立于模型研究,实验-模型的整合研究仍然十分缺乏。长期以来,实验和模型工作者关注的科学问题、研究的时空尺度以及利用的技术手段存在差异,导致实验数据未能用于优化模型,而模型结果也很少用来指导实验研究(Luo et al.,2011),最终导致学术界对陆地生态系统碳循环与气候变暖之间反馈关系的理解仍然存在较大不确定性。为了降低这种不确定性,近年来,实验-模型整合研究逐渐受到学术界的重视(Jiang et al.,2017),一些新启动的项目中特别强调实验和模型之间的整合。其中最有代表性的是由美国能源部(DOE)资助的两个长达10年的下一代生态系统实验项目,即NGEE-Arctic(Next-Generation Ecosystem Experiments-Arctic)和NGEE-Tropics(Next-Generation Ecosystem Experiments-Tropics)。这两个项目主要关注在全球碳循环中起着关键作用、对气候变化敏感以及在地球系统模型中研究不够彻底的北极和热带森林生态系统,旨在加强对北极和热带森林生态系统关键生态过程的理解,发展高分辨率的地球系统模型(earth system model,ESM),预测北极和热带生态系统对全球变化的响应。总体而言,新一代生态系统实验中所倡导的实验-模型整合的理念将会在很长一段时间内成为生态系统实验发展的重要方向。

经 典 文 献

文献	主要发现
Cohen JE,Tilman D. 1996. Biosphere 2 and biodiversity—the lessons so far. Science,274:1150-1151.	系统总结了“生物圈2号”实验失败的原因,认为在当前现有的科技水平下,人类无法营造一个如地球一样可供人类生存的人工生态系统。基于此,呼吁人类善待和保护地球
Tilman D, Wedin D, Knops J. 1996. Productivity and sustainability influenced by biodiversity in grassland ecosystems. Nature,379:718-720.	基于明尼苏达州Cedar Creek草地生物多样性控制实验平台,验证了生物多样性-生产力和生物多样性-资源利用可持续性假说,发现物种多样性可通过提高资源利用效率提升群落生产力
DeLucia EH, Hamilton JG, Naidu SL, et al. 1999. Net primary production of a forest ecosystem with experimental CO_2 enrichment. Science, 284: 1177-1179.	通过在美国北卡罗来纳州火炬松样地开展的CO_2富集实验发现,CO_2浓度上升促进了树木生长及叶片和细根生物量,使净初级生产力增加了25%

续表

文献	主要发现
Nadelhoffer KJ, Emmett BA, Gundersen P, et al. 1999. Nitrogen deposition makes a minor contribution to carbon sequestration in temperate forests. Nature, 398:145-148.	通过欧洲和北美的9个温带森林样点的^{15}N标记实验,估算了氮沉降对森林碳汇的贡献,发现氮沉降对全球森林碳汇的贡献有限
Baldocchi D, Falge E, Gu L, et al. 2001. FLUXNET: A new tool to study the temporal and spatial variability of ecosystem-scale carbon dioxide, water vapor, and energy flux densities. Bulletin of the American Meteorological Society, 82:2415-2434.	从生态系统尺度CO_2、水汽和能量通量时空变化格局的角度,系统阐述了全球通量观测研究网络(FLUXNET)的主要功能以及获得的科学认知
Hubbell SP. 2001. The Unified Neutral Theory of Biodiversity and Biogeography. Princeton: Princeton University Press.	基于全球森林监测网络(ForestGEO)巴拿马Barro Colorado岛热带森林样地长期监测数据,提出了基于个体生态等价性的群落物种共存中性理论,引发了关于生态位和中性过程对群落物种多样性形成和维持机制影响的广泛讨论
Loreau M, Hector A. 2001. Partitioning selection and complementarity in biodiversity experiments. Nature, 412:72-76.	提出了定量评估抽样效应和互补效应的方法,利用泛欧洲BIODEPTH草地BEF实验平台数据证明了互补效应是生物多样性与生态系统功能正相关关系的关键驱动因素
Knapp AK, Fay PA, Blair JM, et al. 2002. Rainfall variability, carbon cycling, and plant species diversity in a mesic grassland. Science, 298:2202-2205.	通过在美国堪萨斯州草原生态系统开展的长期降水控制实验发现,在降水量不变的情况下,更多的极端降水加剧了土壤水分和植物多样性的年际波动,而土壤CO_2排放和地上生产力则显著下降
Teeri JA, Raven PH. 2002. A national ecological observatory network. Science, 298:1893.	提出了美国国家生态观测站网络(NEON)建设的必要性和重要意义,指出该网络将在不同时空尺度上开展生态系统监测和研究,能够增强对人类活动和地球系统之间关系的认知,从而为应对全球变化提供支撑
Ge Q, Wang H, Rutishauser T, et al. 2015. Phenological response to climate change in China: A meta-analysis. Global Change Biology, 21:265-274.	揭示了近50年我国春季物候提前和秋季物候推迟的趋势,发现90.8%的春夏季物候期提前,69%的秋季物候期推迟,且不同类群变化不一致:春夏季提前趋势最小为昆虫,最大为两栖动物;秋季推迟趋势最大为昆虫,最小为乔木
Yu G, Wen X, Sun X, et al. 2006. Overview of ChinaFLUX and evaluation of its eddy covariance measurement. Agricultural and Forest Meteorology, 137:125-137.	阐述了中国陆地生态系统通量观测研究网络(ChinaFLUX)的科学目标、建设背景、设计方案等,详细描述了观测方法、数据质量以及数据应用,总结了相关研究成果及未来研究重点

续表

文献	主要发现
Parton W, Silver WL, Burke IC, et al. 2007. Global-scale similarities in nitrogen release patterns during long-term decomposition. Science, 315: 361-364.	通过北美长期(10 年)多点分解实验(LIDET)发现,凋落叶氮的净释放主要受初始氮含量和剩余残体量决定;死根氮释放与分解呈正相关,而且表现出较低的净氮固持
Fu B, Li S, Yu X, et al. 2010. Chinese ecosystem research network: Progress and perspectives. Ecological Complexity, 7: 225-233.	综述了中国生态系统研究网络(CERN)创建的背景、目标和任务,总结了其在碳循环领域的研究成果,并指出了未来需特别关注的 6 个核心领域
Norby RJ, Zak DR. 2011. Ecological lessons from Free-Air CO_2 Enrichment (FACE) experiments. Annual Review of Ecology, Evolution, and Systematics, 42: 181-203.	总结了 FACE 实验取得的主要进展,包括 CO_2 浓度上升促进净初级生产力但其效应随时间而减弱;生态系统碳累积主要受生产力向植物和土壤的分配以及碳氮交互作用的影响;植物群落结构会发生变化,但对微生物群落结构的影响较小
Knapp AK, Smith MD, Hobbie SE, et al. 2012. Past, present, and future role of long-term experiments in the LTER network. BioScience, 62: 377-389.	分析了美国长期生态研究网络(US-LTER)在了解生态系统过程的变化、辅助管理和决策、支持生态学研究等方面的作用,强调了长期生态学实验在研究生态系统对环境长期响应方面的重要价值
Harpole W, Sullivan L, Lind E, et al. 2016. Addition of multiple limiting resources reduces grassland diversity. Nature, 537: 93-96.	通过养分添加实验网络(NutNet),揭示了添加营养元素会降低生态位维数和物种多样性,并从生态位维数的角度为生物多样性丢失提供了一个理论解释
Melillo JM, Frey SD, DeAngelis KM, et al. 2017. Long-term pattern and magnitude of soil carbon feedback to the climate system in a warming world. Science, 358: 101-105.	通过在哈佛温带森林开展的长达 26 年的土壤增温实验,首次揭示长期增温对土壤有机碳分解和 CO_2 排放影响的四个阶段特征
Huang Y, Chen Y, Castro-Izaguirre N, et al. 2018. Impacts of species richness on productivity in a large-scale subtropical forest experiment. Science, 362: 80-83.	基于亚热带森林 BEF 研究平台(BEF-China)长期观测和实验数据证实,即使在高生物多样性的森林生态系统中,物种多样性对生产力仍具有促进作用,且该效应随实验时间延长而增强,物种在功能性状和空间上的互补效应是其主要驱动机制
Chen L, Swenson NG, Ji N, et al. 2019. Differential soil fungus accumulation and density dependence of trees in a subtropical forest. Science, 366: 124-128.	基于中国森林生物多样性监测网络(CForBio)古田山亚热带森林样地长期监测数据,揭示了亚热带森林同种负密度制约和群落补偿效应的形成机制,发现植物病原真菌和外生菌根真菌累积速率的权衡是森林群落物种共存的关键,拓展了经典的 Janzen-Connell 假说

参考文献

方精云. 2000. 全球生态学:气候变化与生态响应. 北京:高等教育出版社.

冯晓娟,米湘成,肖治术,等. 2019. 中国生物多样性监测与研究网络建设及进展. 中国科学院院刊,34(12):1389-1398.

傅伯杰,刘宇. 2014. 国际生态系统观测研究计划及启示. 地理科学进展,33:893-902.

傅伯杰,牛栋,于贵瑞. 2007. 生态系统观测研究网络在地球系统科学中的作用. 地理科学进展,26:1-16.

郭双生,孙金镖. 1996. 美国生物圈 2 号及其研究. 中国航天,04:29-32+35.

郭学兵,苏文,唐新斋,等. 2017. 云计算环境下 CNERN 资源管理与服务平台的构建. 中国科技资源导刊,49:30-37.

黄铁青,牛栋. 2005. 中国生态系统研究网络(CERN):概况、成就和展望. 地球科学进展,08:895-902.

廖小罕,封志明,高星,等. 2020. 野外科学观测研究台站(网络)和科学数据中心建设发展. 地理学报,75:2669-2683.

刘海江,孙聪,齐杨,等. 2014. 国内外生态环境观测研究台站网络发展概况. 中国环境监测,30:125-131.

马克平. 2013. 生物多样性与生态系统功能的实验研究. 生物多样性,21:247-248.

马克平. 2015. 中国生物多样性监测网络建设:从 CForBio 到 Sino BON. 生物多样性,23:1-2.

米湘成,郭静,郝占庆,等. 2016. 中国森林生物多样性监测:科学基础与执行计划. 生物多样性,24:1203-1219.

牛栋,李正泉,于贵瑞. 2006. 陆地生态系统与全球变化的联网观测研究进展. 地球科学进展,21:1119-1206.

牛书丽,王松,汪金松,等. 2020. 大数据时代的整合生态学研究——从观测到预测. 中国科学:地球科学,50:1323-1338.

苏文,郭学兵,何洪林. 2016. 国家生态系统观测研究网络实物资源服务研究. 科技管理研究,4:102-112.

孙鸿烈,陈宜瑜,于贵瑞,等. 2014. 国际重大研究计划与中国生态系统研究展望——中国生态大讲堂百期学术演讲暨 2014 年春季研讨会评述. 地理科学进展,33:865-873.

于贵瑞,何洪林,周玉科. 2018. 大数据背景下的生态系统观测与研究. 中国科学院院刊,33:832-837.

于贵瑞,孙晓敏. 2018. 陆地生态系统通量观测的原理与方法(第二版). 北京:高等教育出版社.

于贵瑞,于秀波. 2013. 中国生态系统研究网络与自然生态系统保护. 中国科学院院刊,28:275-283.

于贵瑞,张雷明,孙晓敏. 2014. 中国陆地生态系统通量观测研究网络(ChinaFLUX)的主要进展及发展展望. 地理科学进展,33:903-917.

于秀波,付超. 2007. 美国长期生态学研究网络的战略规划——走向综合科学的未来. 地球科学进展,22:1087-1093.

赵士洞. 2001. 国际长期生态研究网络(ILTER)——背景、现状和前景. 植物生态学报,25:510-512.

赵士洞. 2005. 美国国家生态观测站网络(NEON)——概念、设计和进展. 地球科学进展,20:578-583.

Adair EC, Parton WJ, Del Grosso SJ, et al. 2008. Simple three-pool model accurately describes patterns of long-term litter decomposition in diverse climates. Global Change Biology, 14:2636-2660.

Ainsworth EA, Piao SL. 2005. What have we learned from 15 years of Free-Air CO_2 Enrichment (FACE)? A meta-analytic review of the responses of photosynthesis, canopy properties and plant production to rising CO_2. New Phytologist, 165:351-372.

Anderson DE, Verma SB, Rosenberg NJ. 1984. Eddy-correlation measurements of CO_2, latent-heat, and sensible heat fluxes over a crop surface. Boundary-Layer Meteorology, 29:263-272.

Anderson-Teixeira KJ, Davies SJ, Bennett AC, et al. 2015. CTFS-ForestGEO: A worldwide network monitoring forests in an era of global change. Global Change Biology, 21: 528-549.

Bai W, Wan S, Niu S, et al. 2010. Increased temperature and precipitation interact to affect root production, mortality, and turnover in a temperate steppe: Implications for ecosystem C cycling. Global Change Biology, 16: 1306-1316.

Baldocchi DD, Hicks BB, Meyers TP. 1988. Measuring biosphere-atmosphere exchanges of biologically related gases with micrometeorological methods. Ecology, 69: 1331-1340.

Baldocchi D, Falge E, Gu L, et al. 2001. FLUXNET: A new tool to study the temporal and spatial variability of ecosystem-scale carbon dioxide, water vapor, and energy flux densities. Bulletin of the American Meteorological Society, 82: 2415-2434.

Baldocchi D, Valentini R, Running S, et al. 1996. Strategies for measuring and modelling carbon dioxide and water vapour fluxes over terrestrial ecosystems. Global Change Biology, 2: 159-168.

Bonan GB, Hartman MD, Parton WJ, et al. 2013. Evaluating litter decomposition in earth system models with long-term litterbag experiments: An example using the Community Land Model version 4(CLM 4). Global Change Biology, 19: 957-974.

Borer ET, Grace JB, Harpole WS, et al. 2017. A decade of insights into grassland ecosystem responses to global environmental change. Nature Ecology and Evolution, 1: 0118.

Borer ET, Harpole WS, Adler PB, et al. 2014. Finding generality in ecology: A model for globally distributed experiments. Methods in Ecology and Evolution, 5: 65-73.

Bruelheide H, Nadrowski K, Assmann T, et al. 2014. Designing forest biodiversity experiments: General considerations illustrated by a new large experiment in subtropical China. Methods in Ecology and Evolution, 5: 74-89.

Burton AJ, Pregitzer KS, Crawford JN, et al. 2004. Simulated chronic NO_3^- deposition reduces soil respiration in northern hardwood forests. Global Change Biology, 10: 1080-1091.

Ceballos G, Ehrlich PR, Barnosky AD, et al. 2015. Accelerated modern human-induced species losses: Entering the sixth mass extinction. Science Advances, 1: e1400253.

Chen D, Pan Q, Bai Y, et al. 2016. Effects of plant functional group loss on soil biota and net ecosystem exchange: A plant removal experiment in the Mongolian grassland. Journal of Ecology, 104: 734-743.

Chen L, Swenson NG, Ji N, et al. 2019. Differential soil fungus accumulation and density dependence of trees in a subtropical forest. Science, 366: 124-128.

Chen Z, Yu G, Ge J, et al. 2013. Temperature and precipitation control of the spatial variation of terrestrial ecosystem carbon exchange in the Asian region. Agricultural and Forest Meteorology, 182: 266-276.

Chi XL, Guo Q, Fang JY, et al. 2017. Seasonal characteristic and determinants of tree growth in a Chinese subtropical forest. Journal of Plant Ecology, 10: 4-12.

Cohen JE, Tilman D. 1996. Biosphere 2 and Biodiversity—the lessons so far. Science, 274: 1150-1151.

Condit R. 1998. Tropical Forest Census Plots: Methods and Results from Barro Colorado Island, Panama and A Comparison with Other Plots. Berlin: Springer.

Currie WS, Harmon ME, Burke IC, et al. 2010. Cross-biome transplants of plant litter show decomposition models extend to a broader climatic range but lose predictability at the decadal time scale. Global Change Biology, 16: 1744-1761.

Dai J, Wang H, Ge Q. 2014. The spatial pattern of leaf phenology and its response to climate change in China. International Journal of Biometeorology, 58: 521-528.

De Boeck HJ, Vicca S, Roy J, et al. 2015. Global change experiments: Challenges and opportunities. BioScience, 65:

922-931.

Desjardins RL. 1974. A technique to measure CO_2 exchange under field conditions. International Journal of Biometeorology, 18:76-83.

Du E, Zhou Z, Li P, et al. 2013. NEECF: A project of nutrient enrichment experiments in China's forests. Journal of Plant Ecology, 6(5): 428-435.

Ellsworth DS, Thomas R, Crous KY, et al. 2012. Elevated CO_2 affects photosynthetic responses in canopy pine and subcanopy deciduous trees over 10 years: A synthesis from Duke FACE. Global Change Biology, 18:223-242.

Falge E, Aubinet M, Bakwin PS, et al. 2005. FLUXNET marconi conference gap-filled flux and meteorology data, 1992–2000. Data set. Available on-line (http//www.daac.ornl.gov) from ORNL DAAC, Oak Ridge, Tennessee, USA.

Falge E, Aubinet M, Bakwin PS, et al. 2017. FLUXNET research network site characteristics, investigators, and bibliography, 2016. ORNL DAAC, Oak Ridge, Tennessee, USA.

Fraser LH, Henry AL, Carlyle CN, et al. 2013. Coordinated distributed experiments: An emerging tool for testing global hypotheses in ecology and environmental science. Frontiers in Ecology and the Environment, 11: 147-155.

Freedman ZB, Romanowicz KJ, Upchurch RA, et al. 2015. Differential responses of total and active soil microbial communities to long-term experimental N deposition. Soil Biology and Biochemistry, 90:275-282.

Frey SD, Lee J, Melillo JM, et al. 2013. The temperature response of soil microbial efficiency and its feedback to climate. Nature Climate Change, 3:395-398.

Fu B, Li S, Yu X, et al. 2010. Chinese ecosystem research network: Progress and perspectives. Ecological Complexity, 7:225-233.

Fu Y, Yu G, Sun X, et al. 2006. Depression of net ecosystem CO_2 exchange in semi-arid *Leymus chinensis* steppe and alpine shrub. Agricultural and Forest Meteorology, 137:234-244.

Ge Q, Wang H, Dai J. 2014a. Simulating changes in the leaf unfolding time of 20 plant species in China over the twenty-first century. International Journal of Biometeorology, 58:473-484.

Ge Q, Wang H, Rutishauser T, et al. 2015. Phenological response to climate change in China: A meta-analysis. Global Change Biology, 21:265-274.

Ge Q, Wang H, Zheng J, et al. 2014b. A 170 year spring phenology index of plants in Eastern China. Journal of Geophysical Research: Biogeosciences, 119:301-311.

Gherardi LA, Sala OE. 2015. Enhanced precipitation variability decreases grass- and increases shrub-productivity. PNAS, 112:12735-12740.

Grabherr G, Gottfried M, Pauli H. 2000. GLORIA: A global observation research initiative in alpine environments. Mountain Research and Development, 20:190-191.

Grabherr G, Gottfried M, Pauli H. 2010. Climate change impacts in alpine environments. Geography Compass, 4: 1133-1153.

Grossman JJ, Cavender-Bares J, Hobbie SE, et al. 2017. Species richness and traits predict overyielding in stem growth in an early-successional tree diversity experiment. Ecology, 98:2601-2614.

Harmon ME, Silver WL, Fasth B, et al. 2009. Long-term patterns of mass loss during the decomposition of leaf and fine root litter: An intersite comparison. Global Change Biology, 15:1320-1338.

Hendrey GR, Ellsworth DS, Lewin KF, et al. 1999. A free-air enrichment system for exposing tall forest vegetation to elevated atmospheric CO_2. Global Change Biology, 5:293-309.

Hoover DL, Knapp AK, Smith MD. 2014. Resistance and resilience of a grassland ecosystem to climate extremes. Ecology, 95:2646-2656.

Hobbie JE, Carpenter SR, Grimm NB, et al. 2003. The US long term ecological research program. BioScience, 53: 21-32.

Hu T, Su Y, Xue B, et al. 2016. Mapping global forest aboveground biomass with spaceborne LiDAR, optical imagery, and forest inventory data. Remote Sensing, 8: 565.

Huang Y, Chen Y, Castro-Izaguirre N, et al. 2018. Impacts of species richness on productivity in a large-scale subtropical forest experiment. Science, 362: 80-83.

Hufkens K, Keenan TF, Flanagan LB, et al. 2016. Productivity of North American grasslands is increased under future climate scenarios despite rising aridity. Nature Climate Change, 6: 710-714.

Jiang LF, Jiang J, Liang JY, et al. 2017. Frontiers of ecosystem modeling and large-scale experiments. In: Chabbi A, Loescher HW (eds). Terrestrial Ecosystem Research Infrastructures: Challenges and Opportunities. Boca Raton: CRC Press.

Johnson DW. 2006. Progressive N limitation in forests: Review and implications for long-term responses to elevated CO_2. Ecology, 87: 64-75.

Keller M, Schimel DS, Hargrove WW, et al. 2008. A continental strategy for the National Ecological Observatory Network. Frontiers in Ecology and the Environment, 6: 282-284.

Knapp AK, Avolio ML, Beier C, et al. 2017a. Pushing precipitation to the extremes in distributed experiments: Recommendations for simulating wet and dry years. Global Change Biology, 23: 1774-1782.

Knapp AK, Ciais P, Smith MD. 2017b. Reconciling inconsistencies in precipitation-productivity relationships: Implications for climate change. New Phytologist, 214: 41-47.

Knapp AK, Fay PA, Blair JM, et al. 2002. Rainfall variability, carbon cycling, and plant species diversity in a mesic grassland. Science, 298: 2202-2205.

Knapp AK, Smith MD, Hobbie SE, et al. 2012. Past, present, and future role of long-term experiments in the LTER network. BioScience, 62: 377-389.

Knapp AK, Carroll CJW, Denton EM, et al. 2015. Differential sensitivity to regional-scale drought in six central US grasslands. Oecologia, 177: 949-957.

Körner C. 2003. Alpine Plant Life: Functional Plant Ecology of High Mountain Ecosystems. Berlin: Springer.

Körner C, Paulsen J, Spehn EM. 2011. A definition of mountains and their bioclimatic belts for global comparisons of biodiversity data. Alpine Botany, 121: 73-78.

Li F, Hu H, McCormlack ML, et al. 2019. Community-level economics spectrum of fine-roots driven by nutrient limitations in subalpine forests. Journal of Ecology, 107: 1238-1249.

Li F, McCormack ML, Liu X, et al. 2020. Vertical fine-root distributions in five subalpine forest types shifts with soil properties across environmental gradients. Plant and Soil, 456: 129-143.

LIDET. 1995. Meeting the challenge of long-term, broad-scale ecological experiments (No. 19). US LTER Network Office, University of Washington, College of Forest Resources.

Liu B, He J, Zeng F, et al. 2016. Life span and structure of ephemeral root modules of different functional groups from a desert system. New Phytologist, 211: 103-112.

Liu W, Zhang Z, Wan S. 2009. Predominant role of water in regulating soil and microbial respiration and their responses to climate change in a semiarid grassland. Global Change Biology, 15: 184-195.

Lu X, Mao Q, Gilliam FS, et al. 2014. Nitrogen deposition contributes to soil acidification in tropical ecosystems. Global Change Biology, 20: 3790-3801.

Lu X, Mo J, Gilliam FS, et al. 2010. Effects of experimental nitrogen additions on plant diversity in an old-growth tropical forest. Global Change Biology, 16: 2688-2700.

Lu X, Vitousek PM, Mao Q, et al. 2018. Plant acclimation to long-term high nitrogen deposition in an N-rich tropical forest. PNAS, 115: 5187-5192.

Luo Y, Melillo J, Niu S, et al. 2011. Coordinated approaches to quantify long-term ecosystem dynamics in response to global change. Global Change Biology, 17: 843-854.

Ma ZQ, Guo DL, Xu XL, et al. 2018. Evolutionary history resolves global organization of root functional traits. Nature, 555: 94-97.

Manzoni S, Jackson RB, Trofymow JA, et al. 2008. The global stoichiometry of litter nitrogen mineralization. Science, 321: 684-686.

McCarthy HR, Oren R, Johnsen KH, et al. 2010. Re-assessment of plant carbon dynamics at the Duke Free-Air CO_2 Enrichment site: Interactions of atmospheric [CO_2] with nitrogen and water availability over stand development. New Phytologist, 185: 514-528.

McCarthy JJ, Canziani OF, Leary NA, et al. 2001. Climate Change 2001: Impacts, Adaptation, and Vulnerability: Contribution of Working Group II to the Third Assessment Report of the Intergovernmental Panel on Climate Change (Vol. 2). Cambridge: Cambridge University Press.

Melillo JM, Frey SD, DeAngelis KM, et al. 2017. Long-term pattern and magnitude of soil carbon feedback to the climate system in a warming world. Science, 358: 101-105.

Melillo JM, Steudler PA, Aber JD, et al. 2002. Soil warming and carbon-cycle feedbacks to the climate system. Science, 298: 2173-2176.

Millennium Ecosystem Assessment. 2005. Ecosystems and Human Well-being. Washington, DC: Island press.

Mirtl M, Borer ET, Djukic I, et al. 2018. Genesis, goals and achievements of Long-Term Ecological Research at the global scale: A critical review of ILTER and future directions. Science of the Total Environment, 626: 1439-1462.

Mo J, Zhang W, Zhu W, et al. 2008. Nitrogen addition reduces soil respiration in a mature tropical forest in southern China. Global Change Biology, 14: 403-412.

Nagy L, Grabherr G. 2009. The Biology of Alpine Habitats. Oxford and New York: Oxford University Press.

Nakamura A, Kitching RL, Cao M, et al. 2017. Forests and their canopies: Achievements and horizons in canopy science. Trends in Ecology and Evolution, 32: 438-451.

Niu S, Wu M, Han Y, et al. 2008. Water-mediated responses of ecosystem carbon fluxes to climatic change in a temperate steppe. New Phytologist, 177: 209-219.

Niu S, Wu M, Han Y, et al. 2010. Nitrogen effects on net ecosystem carbon exchange in a temperate steppe. Global Change Biology, 16: 144-155.

Niu S, Xing X, Zhang Z, et al. 2011. Water-use efficiency in response to climate change: From leaf to ecosystem in a temperate steppe. Global Change Biology, 17: 1073-1082.

Niu S, Yang H, Zhang Z, et al. 2009. Non-additive effects of water and nitrogen addition on ecosystem carbon exchange in a temperate steppe. Ecosystems, 12: 915-926.

Ozanne CMP, Anhuf D, Boulter SL, et al. 2003. Biodiversity meets the atmosphere: A global view of forest canopies. Science, 301: 183-186.

Pan Q, Tian D, Naeem S, et al. 2016. Effects of functional diversity loss on ecosystem functions are influenced by compensation. Ecology, 97: 2293-2302.

Parker GG, Smith AP, Hogan KP. 1992. Access to the upper forest canopy with a large tower crane. BioScience, 42: 664-670.

Parton W, Silver WL, Burke IC, et al. 2007. Global-scale similarities in nitrogen release patterns during long-term decomposition. Science, 315: 361-364.

Pauli H, Gottfried M, Dirnböck T, et al. 2003. Assessing the long-term dynamics of endemic plants at summit habitats. In: Nagy L, Grabherr G, Körner C, et al (eds). Alpine Biodiversity in Europe—a Europe-wide Assessment of Biological Richness and Change. Berlin: Springer, 195-207.

Pauli H, Gottfried M, Hohenwallner D, et al. 2004. The GLORIA Field Manual—Multi-Summit Approach. 4th version. European Commission DG Research, EUR 21213. Office for Official Publications of the European Communities, Luxembourg.

Pauli H, Gottfried M, Klettner C, et al. 2009. A global long-term observation system for mountain biodiversity: Lessons learned and upcoming challenges. In: Sharma E (ed). International Mountain Biodiversity Conference: Biodiversity Conservation and Management for Enhanced Ecosystem Services—responding to the challenges of global change. Kathmandu: International Centre for Integrated Mountain Development (ICIMOD), 120-128.

Pauli H, Gottfried M, Lamprecht A, et al. 2015. The GLORIA field manual—standard Multi-Summit approach, supplementary methods and extra approaches. 5th edn. GLORIA-Coordination, Austrian Academy of Sciences and University of Natural Resources and Life Sciences, Vienna.

Penuelas J, Poulter B, Sardans J, et al. 2013. Human-induced nitrogen-phosphorus imbalances alter natural and managed ecosystems across the globe. Nature Communications, 4: 2934.

Pepin S, Körner C. 2002. Web-FACE: A new canopy Free-Air CO_2 Enrichment system for tall trees in mature forests. Oecologia, 133: 1-9.

Perry DR. 1978. A method of access into the crowns of emergent and canopy trees. Biotropica, 10: 155-157.

Peterjohn WT, Melillo JM, Bowles FP, et al. 1993. Soil warming and trace gas fluxes: Experimental design and preliminary flux results. Oecologia, 93: 18-24.

Pregitzer KS, Burton AJ, Zak DR, et al. 2008. Simulated chronic nitrogen deposition increases carbon storage in Northern Temperate forests. Global Change Biology, 14: 142-153.

Reichstein M, Camps-Valls G, Stevens B, et al. 2019. Deep learning and process understanding for data-driven Earth system science. Nature, 566: 195-204.

Ren X, He H, Zhang L, et al. 2018. Global radiation, photosynthetically active radiation, and the diffuse component dataset of China, 1981–2010. Earth System Science Data, 10: 1217-1226.

Rustad LE. 2008. The response of terrestrial ecosystems to global climate change: Towards an integrated approach. Science of the Total Environment, 404: 222-235.

Saiya-Cork KR, Sinsabaugh RL, Zak DR. 2002. The effects of long term nitrogen deposition on extracellular enzyme activity in an *Acer saccharum* forest soil. Soil Biology and Biochemistry, 34: 1309-1315.

Schlesinger WH, Bernhardt ES, DeLucia EH, et al. 2006. The Duke Forest FACE experiment: CO_2 enrichment of a loblolly pine forest. In: Nösberger J, Long SP, Norby RJ, et al (eds). Managed Ecosystems and CO_2. Berlin: Springer, 197-212.

Shaw MR, Zavaleta ES, Chiariello NR, et al. 2002. Grassland responses to global environmental changes suppressed by elevated CO_2. Science, 298: 1987-1990.

Smith AC, Bhatti JS, Chen H, et al. 2011. Modelling above- and below-ground mass loss and N dynamics in wooden dowels (LIDET) placed across North and Central America biomes at the decadal time scale. Ecological Modelling, 222: 2276-2290.

Smith MD. 2011. The ecological role of climate extremes: Current understanding and future prospects. Journal of Ecology, 99: 651-655.

Smith MD, Knapp AK, Collins SL. 2009. A framework for assessing ecosystem dynamics in response to chronic resource alterations induced by global change. Ecology, 90: 3279-3289.

Soranno PA, Schimel DS. 2014. Macrosystems ecology: Big data, big ecology. Frontiers in Ecology and the Environment, 12: 3.

Talhelm AF, Burton AJ, Pregitzer KS, et al. 2013. Chronic nitrogen deposition reduces the abundance of dominant forest understory and groundcover species. Forest Ecology and Management, 293: 39-48.

Teeri JA, Raven PH. 2002. A national ecological observatory network. Science, 298: 1893.

Tian D, Du E, Jiang L, et al. 2018. Responses of forest ecosystems to increasing N deposition in China: A critical review. Environmental Pollution, 243: 75-86.

Tilman D, Naeem S, Knops J, et al. 1997. Biodiversity and ecosystem properties. Science, 278: 1865-1869.

Tilman D, Wedin D, Knops J. 1996. Productivity and sustainability influenced by biodiversity in grassland ecosystems. Nature, 379: 718-720.

Torn MS, Chabbi A, Crill P, et al. 2015. A call for international soil experiment networks for studying, predicting, and managing global change impacts. Soil, 1: 575-582.

Vanderbilt K, Gaiser E. 2017. The international long term ecological research network: A platform for collaboration. Ecosphere, 8: e01697.

Wang X, Cao L, Fox AD, et al. 2019. Stochastic simulations reveal few green wave surfing populations among spring migrating herbivorous waterfowl. Nature Communications, 10: 2187.

Williams LJ, Paquette A, Cavender-Bares J, et al. 2017. Spatial complementarity in tree crowns explains overyielding in species mixtures. Nature Ecology and Evolution, 1: 0063.

Wofsy SC, Goulden ML, Munger JW, et al. 1993. Net exchange of CO_2 in a midlatitude forest. Science, 260: 1314-1317.

Wu J, Naeem S, Elser J, et al. 2015. Testing biodiversity-ecosystem functioning relationship in the world's largest grassland: Overview of the IMGRE project. Landscape Ecology, 30: 1723-1736.

Xia M, Talhelm AF, Pregitzer KS. 2018. Long-term simulated atmospheric nitrogen deposition alters leaf and fine root decomposition. Ecosystems, 21: 1-14.

Xiang Z, Fan P, Chen H, et al. 2019. Routine allomaternal nursing in a free-ranging Old World monkey. Science Advances, 5: eaav0499.

Xu Z, Ren H, Cai J, et al. 2015. Antithetical effects of nitrogen and water availability on community similarity of semiarid grasslands: Evidence from a nine-year manipulation experiment. Plant and Soil, 397: 357-369.

Yang H, Jiang L, Li L, et al. 2012. Diversity-dependent stability under mowing and nutrient addition: Evidence from a 7-year grassland experiment. Ecology Letters, 15: 619-626.

Yang H, Li Y, Wu M, et al. 2011a. Plant community responses to nitrogen addition and increased precipitation: The importance of water availability and species traits. Global Change Biology, 17: 2936-2944.

Yang H, Wu M, Liu W, et al. 2011b. Community structure and composition in response to climate change in a temperate steppe. Global Change Biology, 17: 452-465.

Yu G, Chen Z, Piao S, et al. 2014. High carbon dioxide uptake by subtropical forest ecosystems in the east Asian monsoon region. PNAS, 111: 4910-4915.

Yu G, Wen X, Sun X, et al. 2006. Overview of ChinaFLUX and evaluation of its eddy covariance measurement. Agricultural and Forest Meteorology, 137: 125-137.

Yu G, Zhu X, Fu Y, et al. 2013. Spatial patterns and climate drivers of carbon fluxes in terrestrial ecosystems of China. Global Change Biology, 19: 798-810.

Zak DR, Freedman ZB, Upchurch RA, et al. 2017. Anthropogenic N deposition increases soil organic matter accumulation without altering its biochemical composition. Global Change Biology, 23: 933-944.

Zak DR, Pregitzer KS, Holmes WE, et al. 2004. Anthropogenic N deposition and the fate of $^{15}NO_3^-$ in a northern hardwood ecosystem. Biogeochemistry, 69: 143-157.

Zavaleta ES, Shaw MR, Chiariello NR, et al. 2003. Additive effects of simulated climate changes, elevated CO_2, and nitrogen deposition on grassland diversity. PNAS, 100: 7650-7654.

Zhang L, Yu G, Sun X, et al. 2006. Seasonal variations of ecosystem apparent quantum yield (α) and maximum photosynthesis rate(P_{max}) of different forest ecosystems in China. Agricultural and Forest Meteorology, 137: 176-187.

Zhang M, Yu G, Zhuang J, et al. 2011. Effects of cloudiness change on net ecosystem exchange, light use efficiency, and water use efficiency in typical ecosystems of China. Agricultural and Forest Meteorology, 151: 803-816.

Zhang W, Shen W, Zhu S, et al. 2015. Can canopy addition of nitrogen better illustrate the effect of atmospheric nitrogen deposition on forest ecosystem? Scientific Reports, 5: 11245.

Zhang X, Johnston ER, Barberán A, et al. 2017. Decreased plant productivity resulting from plant group removal experiment constrains soil microbial functional diversity. Global Change Biology, 23: 4318-4332.

Zheng M, Zhang W, Luo Y, et al. 2018. Stoichiometry controls asymbiotic nitrogen fixation and its response to nitrogen inputs in a nitrogen-saturated forest. Ecology, 99: 2037-2046.

Zhou M, Bai W, Zhang Y, et al. 2018. Multi-dimensional patterns of variation in root traits among coexisting herbaceous species in temperate steppes. Journal of Ecology, 106: 2320-2331.

Zhou M, Wang J, Bai W, et al. 2019. The response of root traits to precipitation change of herbaceous species in temperate steppes. Functional Ecology, 33: 2030-2041.

Zhu K, Chiariello NR, Tobeck T, et al. 2016. Nonlinear, interacting responses to climate limit grassland production under global change. PNAS, 113: 10589-10594.

本章作者：杨元合、杜恩在、陈磊、任小丽、张雷明、庾强、马泽清、戴君虎、何洪林
指导专家：于贵瑞、马克平、葛剑平

术语缩写简表

英文缩写	英文名称	中文名称	章节
AMF	arbuscular mycorrhizal fungi	丛枝菌根真菌	3.3.5，6.2.1
BAF	bioaccumulation factor	生物富集因子	4.2.3
BEF	biodiversity and ecosystem function	生物多样性与生态系统功能	1.3.3，2.2.2，5.1，9.3.3
BEMF	biodiversity and ecosystem multifunctionality	生物多样性与生态系统多功能性	5.3.3
BMF	biomagnification factor	生物放大因子	4.2.3
CABLE	community atmosphere biosphere land exchange model	CABLE 模型	8.2.8
CASA	Carnegie-Ames-Stanford Approach	CASA 模型	3.3.1
CAT	catalase	过氧化氢酶	4.2.1，6.2.5
CCM	CO_2-concentrating mechanism	CO_2 浓缩机制	6.2.7
CEVSA	carbon exchange between vegetation, soil and atmosphere	模拟植被、土壤和大气之间碳交换的生物地球化学模型	3.3.1
CLM	community land model	CLM 模型	8.2.8
CT	computed tomography	电子计算机断层扫描	8.2.4
CUE	carbon use efficiency	碳利用效率	6.2.3
DDE	dichloro-diphenyl-dichloroethylene	二氯二苯基二氯乙烯	4.2.6
DDT	dichloro-diphenyl-trichloroethane	二氯二苯基三氯乙烷	4.2.6
DLEM	dynamic land ecosystem model	动态土地生态系统模型	8.2.8
DNA	deoxyribonucleic acid	脱氧核糖核酸	2.2.3
DNA/RNA-SIP	DNA/RNA-based stable isotope probing	稳定同位素核酸探测技术	8.3.3

续表

英文缩写	英文名称	中文名称	章节
DNDC	denitrification-decomposition	反硝化-分解过程模型	3.3.4
ECL_G	gross ecosystem carbon leakage	生态系统总碳泄漏	3.3.1
ECM	ectomycorrhiza	外生菌根	6.2.1
EDC	endocrine disrupting chemical	内分泌干扰物质	1.3.3，4.1
ENSO	El Niño-southern oscillation	厄尔尼诺-南方涛动	6.2.3
ESM	earth system model	地球系统模型	9.4.2
FACE	Free Air CO_2 Enrichment	自由式空气 CO_2 浓度增加系统	6.2.1，8.2.2，9.1
GC-MS	gas chromatograph-mass spectrometer	气相色谱-质谱联用仪	8.2.4
GIS	geographic information system	地理信息系统	1.2.1，7.3.1
GluN/MurN	glucosamine/muramic acid	氨基葡萄糖与胞壁酸的比值	8.2.4
GPP	gross primary productivity	总初级生产力	1.2.1，3.3.1，6.2.2
GPS	global positioning system	全球定位系统	1.2.1，7.3.1，8.2.6
HCB	hexachlorobenzene	六氯苯	4.2.6
HCH	hexachlorocyclohexanes	六氯环己烷	4.2.6
HPLC	high performance liquid chromatography	高效液相色谱	8.2.4
HSPF	hydrological simulation program-FORTRAN	水文模拟模型	3.3.4
HYPE	hydrological predictions for the environment	环境水文预报模型	3.3.4
LPJ	Lund-Potsdam-Jena Model	隆德-波茨坦-耶拿动态植被模型	8.2.8
LUCC	land-use and land-cover change	土地利用/土地覆被的变化	6.2.6
MBT	methylation of branched tetraethers	支链 GDGT 的甲基化和环化指数	8.2.4
MODIS	moderate-resolution imaging spectroradiometer	中分辨率成像光谱仪	3.3.1，8.2.7

续表

英文缩写	英文名称	中文名称	章节
NBP	net biome productivity	净生物群区生产力	1.2.1, 3.3.1
NEE	net ecosystem exchange	净生态系统交换量	3.3.2
NEP	net ecosystem productivity	净生态系统生产力	1.2.1, 3.3.1
NPP	net primary productivity	净初级生产力	1.2.1, 3.3.1, 6.2.1
NRP	net regional productivity	净区域生产力	3.3.1
NSC	nonstructural carbohydrate	非结构性碳水化合物	6.2.3
ORCHIDEE	Organising Carbon and Hydrology in Dynamic Ecosystems	ORCHIDEE 地表模型	8.2.8
OTC	open top chamber	开顶箱	6.2.1
PAH	polycyclic aromatic hydrocarbon	多环芳烃	4.2.7
PBDE	polybrominated diphenyl ether	多溴联苯醚	4.2.7
PCB	polychlorinated biphenyl	多氯联苯	4.2.6
PCR	polymerase chain reaction	聚合酶链式反应	8.2.5
PFAS	polyfluoroalkyl substance	多氟烷基物质	4.2.1
PFC	perfluorinated compound	全氟化合物	4.2
PLFA-SIP	phospholipid fatty acids-based stable isotope probing	稳定同位素磷脂脂肪酸探测技术	8.2.3
POD	peroxidase	过氧化物酶	6.2.5
POP	persistent organic pollutant	持久性有机污染物	1.3.3, 4.1
R_a	autotrophic respiration	自养呼吸	3.3.1
R_h	heterotrophic respiration	异养呼吸	3.3.1
RS	remote sensing	遥感	1.2.1, 7.3.1
SOC	soil organic carbon	土壤有机碳	5.3.3
SOM	soil organic matter	土壤有机质	3.3.5
SPAC	soil-plant-atmosphere continuum	土壤-植物-大气连续体	3.3.1, 6.2.3
SPI	stomatal pore area index	气孔面积指数	3.3.2
TMF	trophic magnification factor	营养级放大因子	4.2.3

续表

英文缩写	英文名称	中文名称	章节
T-RFLP	terminal restriction fragment length polymorphism	末端限制性片段长度多态性	2.3.1
TRY	Plant Trait Database	全球植物性状数据库	2.3.3
TVGM	time variant gain model	非线性时变增益模型	3.3.4
UV-B	ultraviolet-B	紫外线-B(波长为315~280 nm)	3.3.6
WUE	water use efficiency	水分利用效率	3.3.2，6.2.3

机构、平台、研究计划缩写简表

英文缩写	英文名称	中文名称	章节
AmeriFlux	American FLUX Observation and Research Network	美洲通量网	9.2.2
AP BON	Asia-Pacific Biodiversity Observation Network	亚太地区生物多样性监测网络	9.2.2
AsiaFlux	Asian FLUX Observation and Research Network	亚洲通量网	9.2.2
BEF-China	The Biodiversity-Ecosystem Functioning Experiment China	亚热带森林 BEF 研究平台	9.3.3
BIODEPTH	Bio-Diversity and Ecological Processes in Terrestrial Herbaceous ecosystems	BIODEPTH 欧洲草地实验	5.2.2，9.3.3
BIOTREE	Biodiversity and Ecosystem Functioning in Experimental Tree Stands	2003 年建于德国图林根州的温带森林 BEF 研究平台	9.3.3
BOREAS	Boreal Ecosystems Atmosphere Study	加拿大北方生态系统大气研究	9.2.2
CarboAfrica	Carbon cycle and other GHG gases in Sub-Saharan Africa	非洲通量网	9.2.2
CarboExtreme	The Terrestrial Carbon Cycle under Climate Variability and Extremes	气候变化与极端气候下的陆地生态系统碳循环	9.2.2
CBD	*Convention on Biological Diversity*	《生物多样性公约》	5.2.2
CERN	Chinese Ecosystem Research Network	中国生态系统研究网络	1.4.1，6.3.1，8.2.7，9.2.1
CFERN	Chinese Forest Ecosystem Research Network	中国森林生态系统定位研究网络	9.2.1
CForBio	Chinese Forest Biodiversity	中国森林生物多样性监测网络	9.2.2

续表

英文缩写	英文名称	中文名称	章节
ChinaFLUX	Chinese FLUX Observation and Research Network	中国陆地生态系统通量观测研究网络	3.3.1，9.2.2
CMIP5	the Coupled Model Intercomparison Project Phase 5	耦合模型比较计划第五阶段	8.2.8
CNERN	National Ecosystem Research Network of China	国家生态系统观测研究网络	9.2.1
CPON	Chinese Phenological Observation Network	中国物候观测网	9.2.2
CZO	Critical Zone Observatories	关键带观测网络	6.3.1
DIVERSITAS	Biological Diversity Plan	生物多样性计划	6.1
ECN	UK Envionmental Change Network	英国环境变化监测网络	9.2.1
EOS	Earth Observation System	地球观测系统	9.2.2
EPA	US Environmental Protection Agency	美国国家环境保护局	4.2.2
EUROFLUX	Long term carbon dioxide and water vapour fluxes of European forests and interactions with the Climate System	欧洲通量网	9.2.2
FAO	Food and Agriculture Organization of the United Nations	联合国粮食及农业组织	7.3.6
FluxCanada	Canadian FLUX Observation and Research Network	加拿大通量网	9.2.2
FLUXNET	Global FLUX Observation and Research Network	全球通量观测研究网络	1.3.3，9.2.2
ForestGEO	Forest Global Earth Observatory	全球森林监测网络	9.2.2
GBIF	Global Biodiversity Information Facility	全球生物多样性信息网络	2.3.3
GCP	Global Carbon Project	全球碳计划	3.3.1
GCTE	Global Change and Terrestrial Ecosystem	全球变化和陆地生态系统	6.1
GEO BON	Group on Earth Observation: Biodiversity Observation Network	全球生物多样性监测网络	9.2.2

续表

英文缩写	英文名称	中文名称	章节
GEOHAB	Global Ecology and Oceanography of Harmful Algal Blooms	全球有害藻华的生态学和海洋学研究计划	6.2.7
GGCMI	The Global Gridded Crop Model Intercomparison	全球格点作物模型比较计划	8.2.8
GHG-Europe	Greenhouse gas management in European land use systems	欧洲温室气体计划	9.2.2
GLOBEC	Global Ecosystem Dynamics	全球生态系统动力学研究计划	6.2.7
GLORIA	Global Observation Research Initiative in Alpine Environments	全球高山环境观测研究计划	9.2.2
GPM	Global Phenological Monitoring	全球物候监测网	1.3.3
GTOS	Global Terrestrial Observing System	全球陆地观测系统	1.4.1
HAPEX	Hydrologic Atmospheric Pilot Experiment	水文和大气先行性试验	9.2.2
IBP	International Biological Program	国际生物学计划	1.2.2, 6.2.2
ICOS	Integrated Carbon Observation System	欧洲综合碳观测系统	9.2.2
ICSU	International Council for Sciences	国际科学理事会	1.2.2, 6.1
IDENT	The International Diversity Experiment Network with trees	国际树种多样性实验网络	9.3.3
IGBP	International Geosphere-Biosphere Program	国际地圈-生物圈计划	1.2.2, 6.1
IHDP	International Human Dimensions Programme	全球变化人文因素计划	6.1
ILTER	International Long Term Ecological Research Network	国际长期生态研究网络	1.3.3, 6.3.1, 9.2.1
IMBER	Integrated Marine Biogeochemistry and Ecosystem Research	海洋生物地球化学与海洋生态系统整合研究计划	6.2.7
IMECC	Infrastructure for Measurement of the European Carbon Cycle	欧洲碳循环观测设施项目	9.2.2

续表

英文缩写	英文名称	中文名称	章节
IMGRE	Inner Mongolian Grassland Removal Experiment	内蒙古草原物种去除实验(平台)	5.3.2, 9.3.3
IMoSEB	International Mechanism of Scientific Expertise on Biodiversity	生物多样性科学知识国际机制	1.2.2
IPBES	The Intergovernmental Science-Policy Platform on Biodiversity and Ecosystem Services	生物多样性和生态系统服务政府间科学政策平台	1.2.2, 5.2.2
IPCC	Intergovernmental Panel on Climate Change	政府间气候变化专门委员会	1.2.2, 3.3.1, 6.2
ISSC	International Council for Science	国际社会科学理事会	6.1
LIDET	Long-Term Intersite Decomposition Experiment Team	北美长期多点分解实验	9.2.2
LUMIP	Land Use Model Intercomparison Project	土地利用模型比较计划	8.2.8
MA	The Millennium Ecosystem Assessment	千年生态系统评估	1.2.2
MAB	Man and the Biosphere Program	联合国人与生物圈计划	1.2.2, 6.1
Mexflux	Mexican FLUX Observation and Research Network	墨西哥通量网	9.2.2
MIREC	The Maternal-Infant Research on Environmental Chemicals	母婴环境化学研究	4.2.1
NACA	Network of Aquaculture Centres in Asia-Pacific	亚太水产养殖中心网络	7.3.6
NASA	National Aeronautics and Space Administration	美国国家航空航天局	9.2.2
NCBI	National Center for Biotechnology Information	美国国家生物技术信息中心	2.3.3
NEECF	Nutrient Enrichment Experiments in China's Forests	中国森林养分添加实验网络	9.3.2
NEON	National Ecological Observatory Network	美国国家生态观测站网络	1.3.3, 8.2.7, 9.2.1

续表

英文缩写	英文名称	中文名称	章节
NGEE	Next Generation Ecosystem Experiments	下一代生态系统实验项目	9.4.2
OzFlux	Australian and New Zealand Flux Research and Monitoring	大洋洲通量网	9.2.2
REACH	Registration, Evaluation and Authorization of Chemicals	《关于化学品注册、评估、许可和限制的法规》	4.3.1
Rhizonet	A network linking roots, the rhizosphere and soil science with aboveground ecosystem ecology	根系生物学与生态过程观测研究网络	9.2.2
SCOPE	Scientific Committee on Problems of the Environment	环境问题科学委员会	5.2.2
SER	Society for Ecological Restoration International	国际生态恢复学会	7.1
Sino BON	Chinese Biodiversity Observation Network	中国生物多样性监测网络	8.2.7, 9.2.2
UNEP	United Nations Environment Programme	联合国环境规划署	1.2.2
UNESCO	United Nations Educational, Scientific and Cultural Organization	联合国教科文组织	1.2.2
US-LTER	US Long Term Ecological Research Network	美国长期生态研究网络	9.2.1
WCRP	World Climate Research Program	世界气候研究计划	6.1
WMO	World Meteorological Organization	世界气象组织	1.2.2

索引

R

S

T

U

W

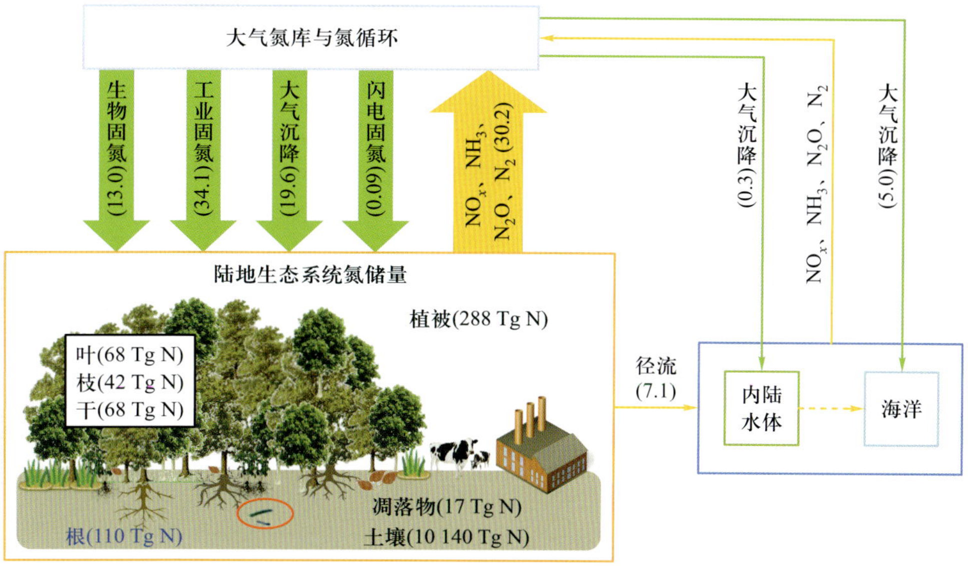

图 3-2　中国陆地生态系统氮循环

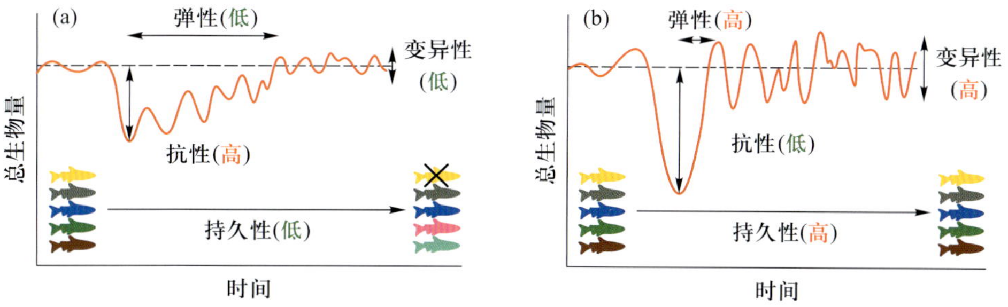

图 5-2　生态系统稳定性 4 种常用指标的示意图(修改自 Donohue et al.,2016)

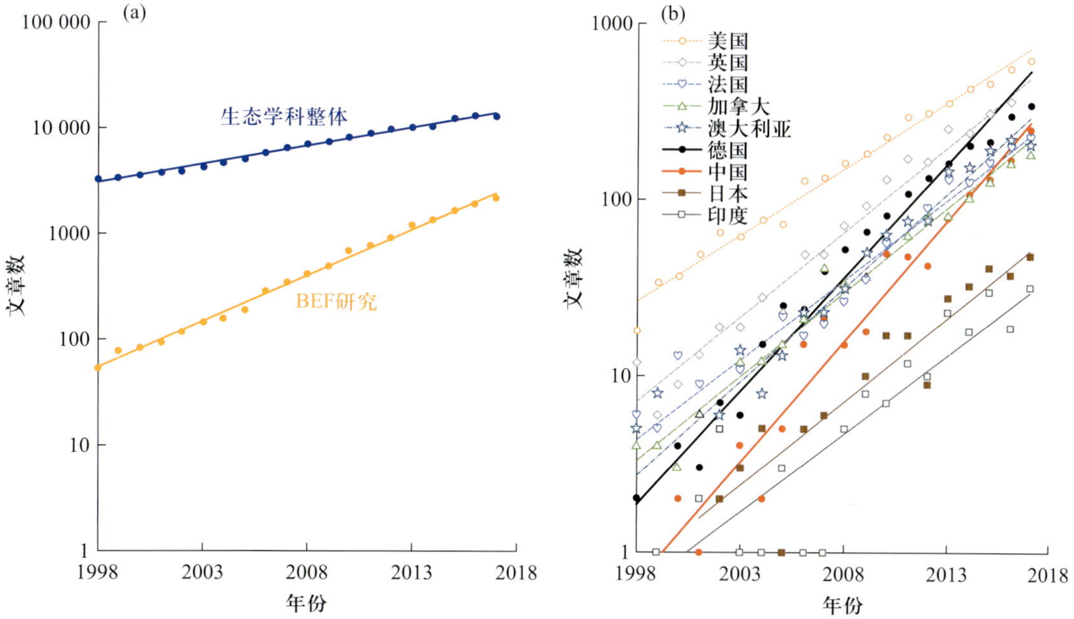

图 5-4　过去 20 年生态学科整体与 BEF 领域论文发表数量变化趋势。(a)全球趋势;(b)主要国家 BEF 文章数量增长趋势

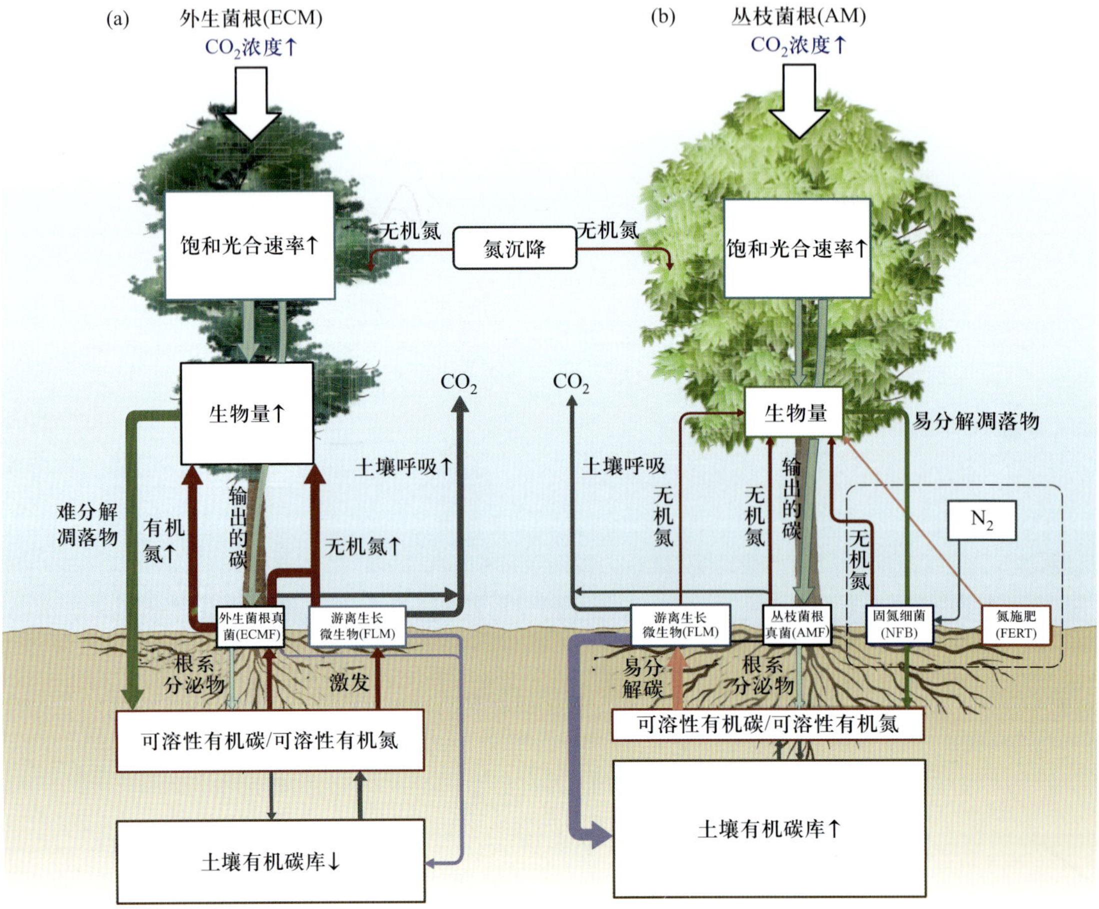

图 6-1 CO_2 浓度升高对低氮需求的外生菌根系统(a)和高氮需求的丛枝菌根系统(b)的影响(Terrer et al., 2018)。图中方框大小代表 CO_2 浓度升高导致的库的大小,箭头的粗细代表 CO_2 浓度升高导致的通量大小;↑代表 CO_2 浓度升高的正效应,↓代表负效应

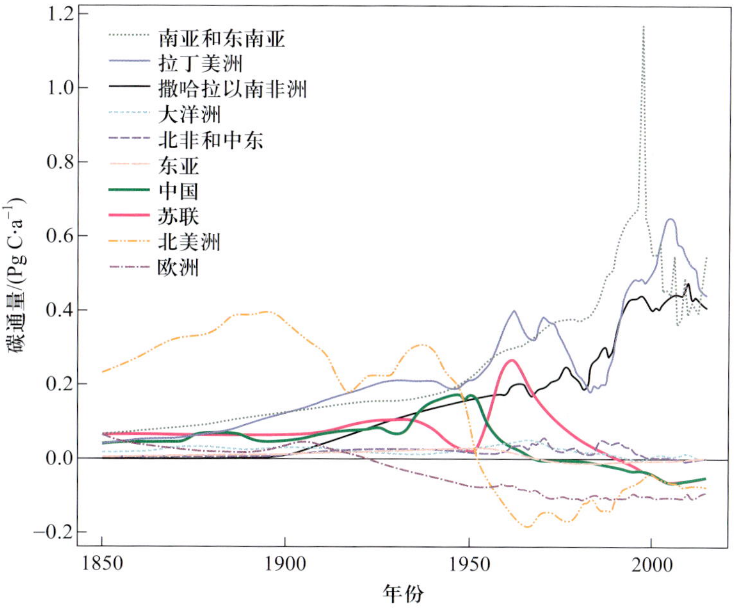

图 6-5 全球 10 个国家和地区 LUCC 造成的净碳排放量。南亚和东南亚地区的显著年际变化是与燃烧相关的排放(数据来自 Houghton and Nassikas,2017)

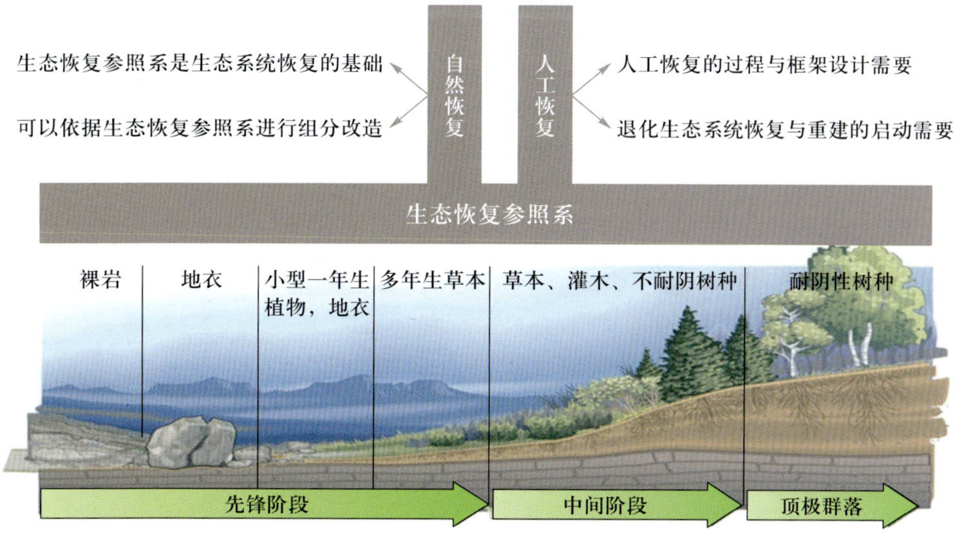

图 7-3 生态恢复参照系对退化生态系统的自然恢复与人工恢复的意义

图 7-11　深圳福田国家级自然保护区实验区湿地（鱼塘）恢复与生境重建。(a)鱼塘恢复规划图；(b)生境重建区（左）与鱼塘对照区（右）；(c)鱼塘重建为黑脸琵鹭（*Platalea minor*）的栖息地，湿地恢复与生境重建效果明显（照片来源：深圳市红树林湿地保护基金会）

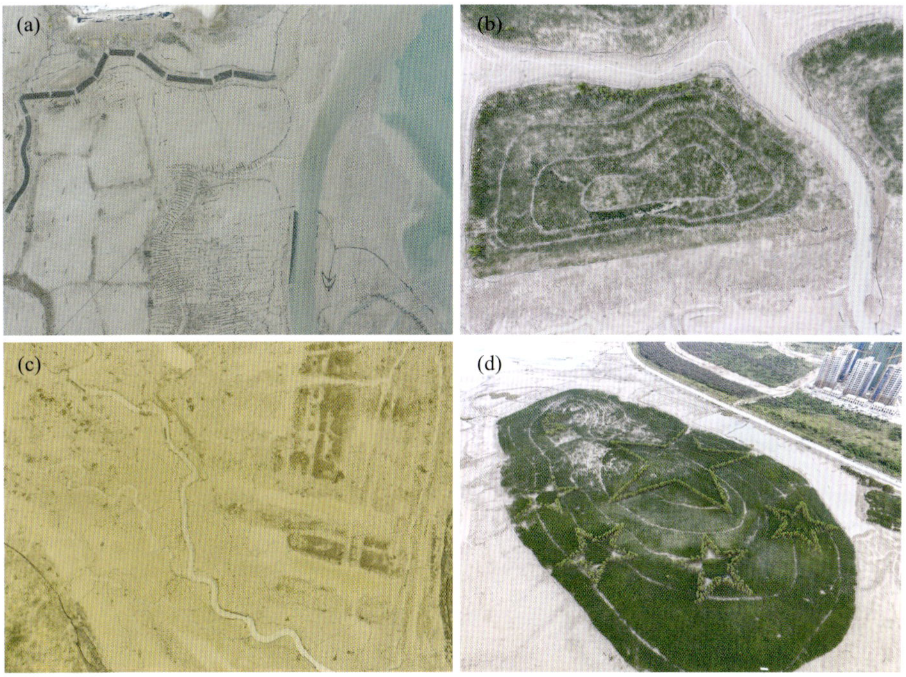

图 7-17 厦门同安湾红树林湿地恢复对比:(a)和(c)恢复前的滩涂状况;(b)和(d)恢复后建成的红树林湿地公园

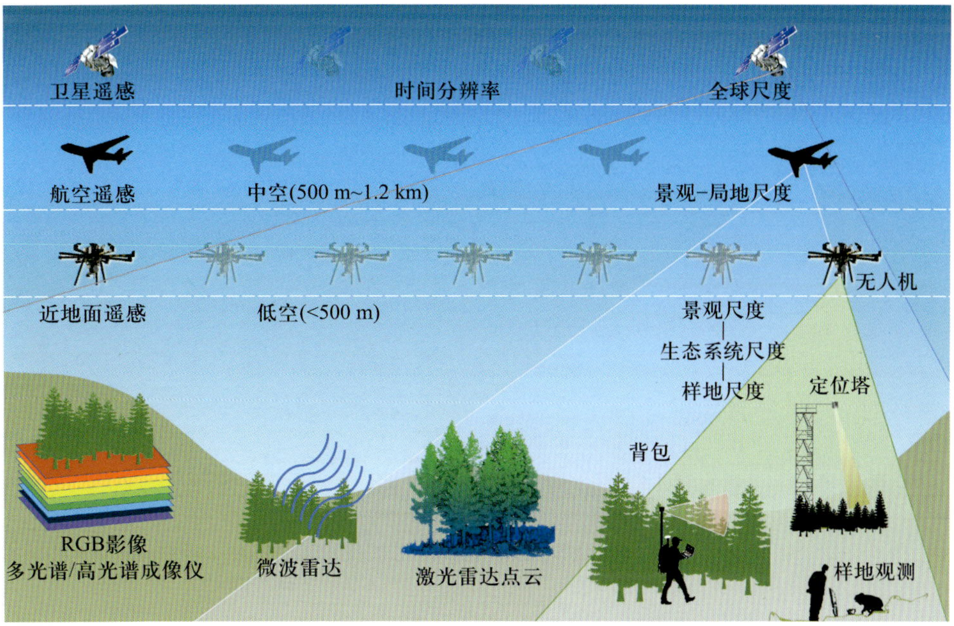

图 8-5 多尺度、多平台的生态系统遥感监测概念图

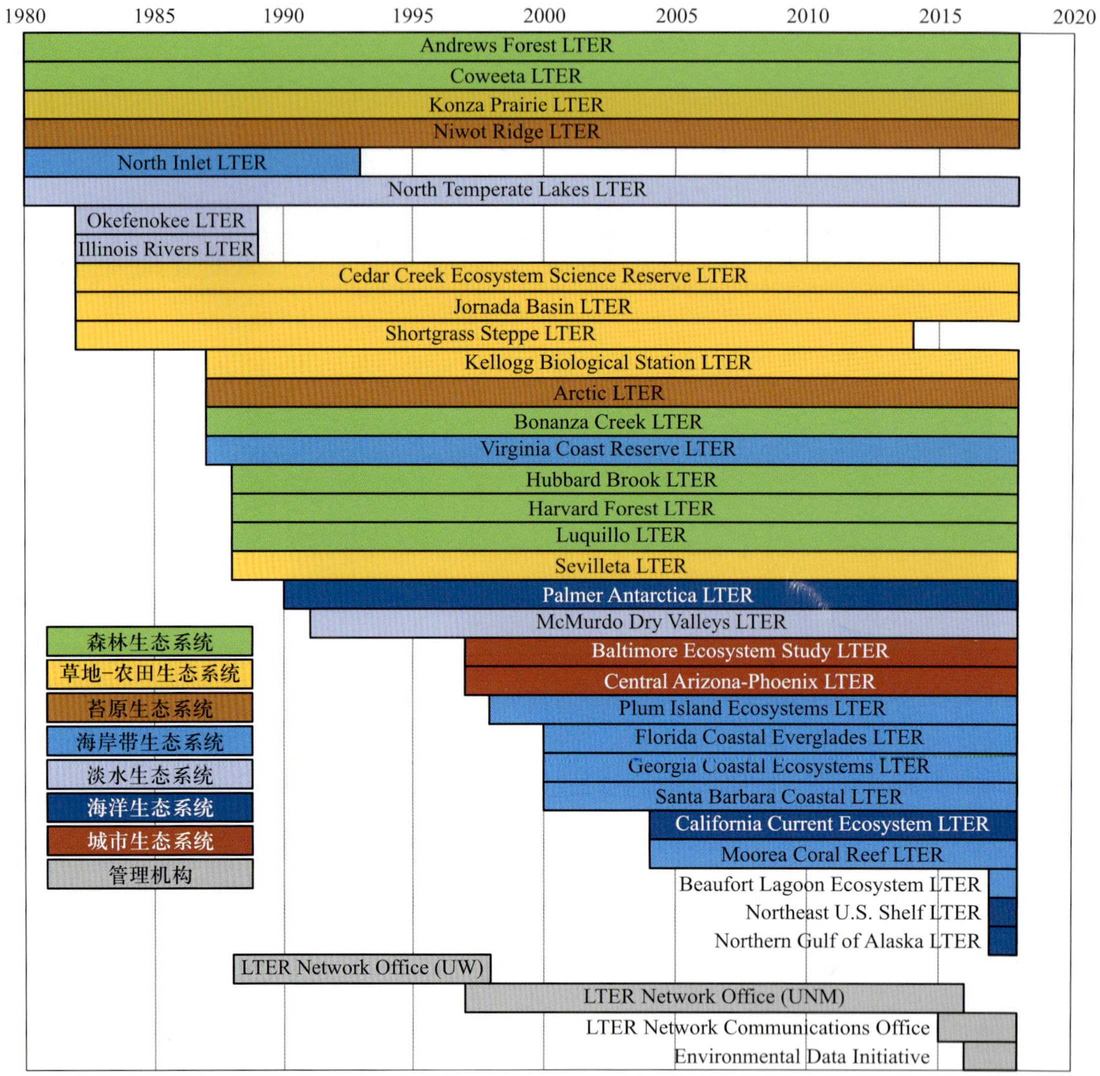

图 9-2　US-LTER 发展历程

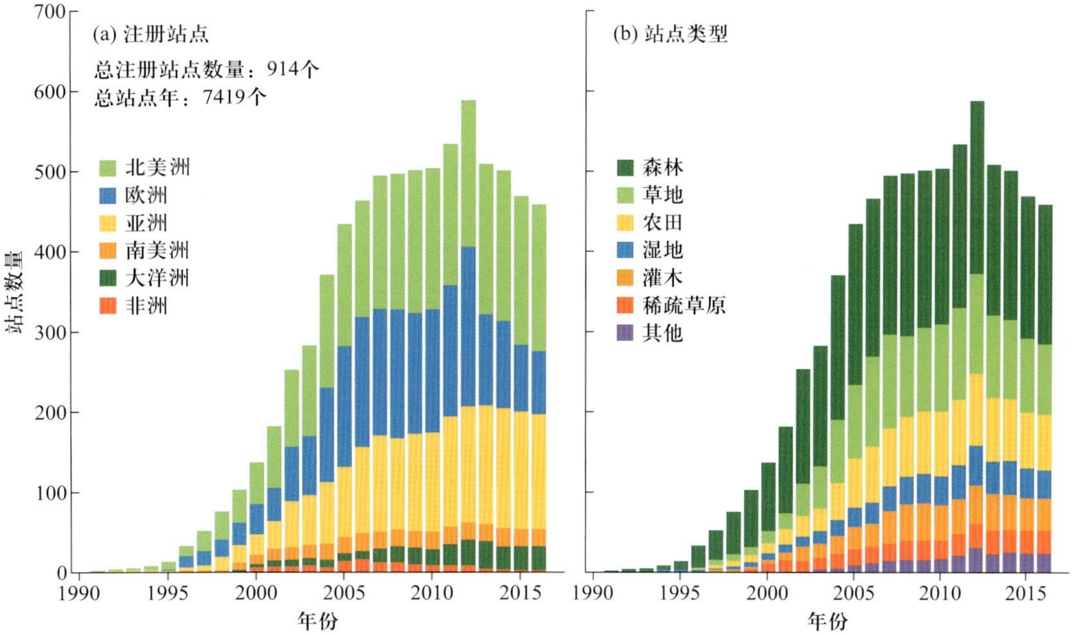

图 9-6 FLUXNET 注册观测站点数量与类型

图 9-9 浙江古田山林冠塔吊(王云泉摄)

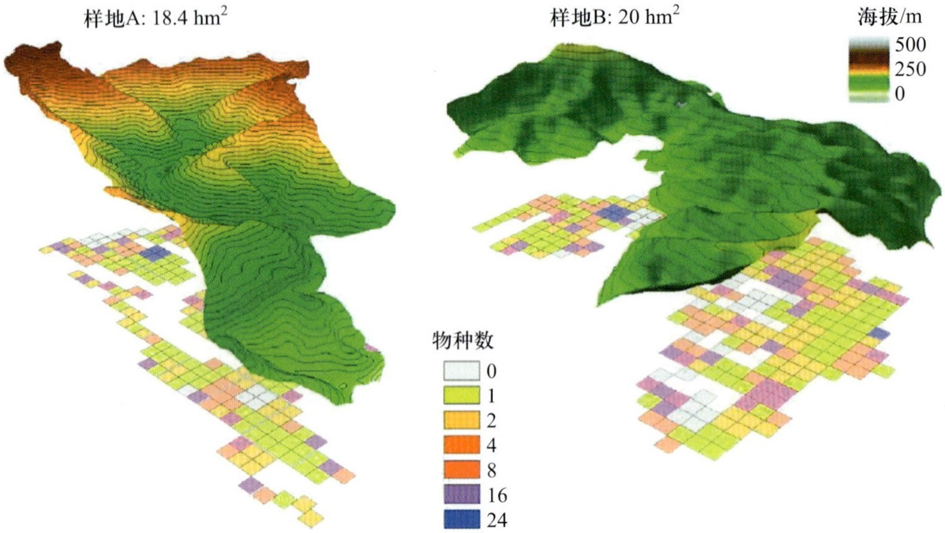

图 9-18　江西新岗山 BEF-China 研究平台（Bruelheide et al.,2014）